PROBABILIDAD Y ESTADÍSTICA PARA INGENIERÍA Y CIENCIAS

Idania
Sebastiani

PROBABILIDAD Y ESTADÍSTICA PARA INGENIERÍA Y CIENCIAS

Sheldon M. Ross

Traducción:
Ma. del Carmen Hano Roa
Traductora profesional

Revisión técnica:
Matemático Julio César García Piña
Departamento de Matemáticas
Universidad Iberoamericana, Santa Fe

McGRAW-HILL

MÉXICO • BUENOS AIRES • CARACAS • GUATEMALA • LISBOA
MADRID • NUEVA YORK • SAN JUAN • SANTAFÉ DE BOGOTÁ
SANTIAGO • SÃO PAULO
AUCKLAND • LONDRES • MILÁN • MONTREAL • NUEVA DELHI
SAN FRANCISCO • SINGAPUR • ST. LOUIS • SIDNEY • TORONTO

Gerente de división: René Serrano Nájera
Gerente de producto: Sergio Cervantes González
Supervisor de edición: Felipe Hernández Carrasco
Supervisor de producción: Zeferino García García

PROBABILIDAD Y ESTADÍSTICA

DERECHOS RESERVADOS © 2002, respecto a la primera edición en español por
McGRAW-HILL/INTERAMERICANA EDITORES, S.A. DE C.V.
A Subsidiary of the **McGraw-Hill** *Companies*

Cedro Núm. 512, Col. Atlampa
Delegación Cuauhtémoc
06450, México, D.F.
Miembro de la Cámara Nacional de la Industria Editorial Mexicana, Reg. Núm. 736

ISBN 970-10-3456-2

Translated from the second English edition of
INTRODUCTION TO PROBABILITY AND STATISTICS FOR
ENGINEERS AND SCIENTISTS
SHELDON M. ROSS
Copyright © 2000, by Harcourt/Academic Press
All rights reserved
ISBN 0-12-598472-3

1234567890   09876543201

Impreso en México   Printed in Mexico

Esta obra se terminó de
imprimir en Julio del 2001 en
Litográfica Ingramex
Centeno Núm. 162-1
Col. Granjas Esmeralda
Delegación Iztapalapa
09810 México, D.F.

Se tiraron 7,000 ejemplares

Para
Elise

CONTENIDO

NO

* Material opcional.

■
PREFACIO

Este libro está escrito para un curso introductorio en estadística, o en probabilidad y estadística, para estudiantes de ingeniería, ciencias de la computación, matemáticas, estadística y ciencias naturales. Como tal, presupone el conocimiento del cálculo elemental.

El capítulo 1 ofrece una breve introducción a la estadística, presentando sus dos ramas, estadística descriptiva y estadística inferencial. El objeto de estudio de la estadística descriptiva se considera en el capítulo 2. En este capítulo se presentan gráficas y tablas que describen un conjunto de datos, así como medidas que resumen algunas de las propiedades importantes del conjunto de datos.

Para poder obtener conclusiones de los datos, es necesario tener conocimiento del origen de los datos. Por ejemplo, con frecuencia se supone que los datos constituyen una "muestra aleatoria" de alguna población. Para entender exactamente lo que esto significa y cuáles son sus consecuencias al relacionar propiedades de los datos muestrales con propiedades de toda la población, es necesario tener algunos conocimientos de probabilidad, que es el tema del capítulo 3; en él se introduce la idea de experimento probabilístico, se explica el concepto de probabilidad de un evento, y se presentan los axiomas de probabilidad. Nuestro estudio de la probabilidad continúa en el capítulo 4, donde se tratan los importantes conceptos de variable aleatoria y de esperanza, y en el capítulo 5, en el que se consideran algunos tipos especiales de variables aleatorias encontradas con frecuencia en las aplicaciones. Se presentan variables aleatorias tales como la binomial, la de Poissson, la hipergeométrica, la normal, la uniforme, la gama, chi cuadrada, t y F.

En el capítulo 6 estudiamos la distribución de probabilidad de estadísticos muestrales tales como la media y la varianza muestrales. Mostramos el uso de un importante resultado teórico de la probabilidad, conocido como el teorema del límite central, para aproximar la distribución de probabilidad de la media muestral. También presentamos la distribución de probabilidad conjunta de la media muestral y la varianza muestral en el caso especial en el que los datos provienen de una población normalmente distribuida.

El capítulo 7 muestra cómo usar datos para estimar parámetros de interés. Por ejemplo, quizás un científico desee determinar qué proporción de los lagos del medio oeste se ven afectados por la lluvia ácida. Se estudian dos tipos de estimadores. Los primeros estiman la cantidad de interés mediante un solo número (por ejemplo, se puede estimar que 47 por ciento de los lagos del medio oeste se ven afectados por la lluvia ácida); mientras que los segundos dan una estimación en forma de un intervalo de valores (por ejemplo, se puede estimar que entre el 45 y 49 por ciento de los lagos se ven afectados por la lluvia ácida). Estos últimos estimadores también nos dan el "nivel de confianza" que podemos tener respecto a su validez. Así, por ejemplo, mientras podemos estar bastante seguros de que el verdadero porcentaje de lagos afectados no es 47, podemos tener, digamos, 95 por ciento de seguridad de que el porcentaje real está entre 45 y 49.

El capítulo 8 presenta el importante tema de la prueba de hipótesis estadística, que trata del uso de los datos para probar si una hipótesis específica es admisible. Por ejemplo, tal prueba puede rechazar la hipótesis de que menos del 44 por ciento de los lagos del medio oeste estén afectados por la lluvia ácida. Aquí se expone el concepto del valor p, que mide en qué grado resulta admisible la hipótesis, una vez observados los datos. Se consideran varias pruebas de hipótesis relacionadas con los parámetros de una y de dos poblaciones normales. También se presentan pruebas de hipótesis relacionadas con los parámetros de Bernoulli y de Poisson.

El capítulo 9 trata el importante tema de la regresión. Se consideran tanto la regresión lineal simple –incluyendo subtemas tales como regresión a la media, análisis residual y mínimos cuadrados ponderados– como la regresión multilineal.

El capítulo 10 presenta el análisis de varianza. Se consideran problemas tanto de un factor como de dos factores (con y sin la posibilidad de interacción).

El capítulo 11 explica las pruebas de bondad de ajuste, que sirven para probar si un modelo propuesto es consistente con los datos. Aquí presentamos la clásica prueba chi cuadrada de bondad de ajuste y la aplicamos a la prueba de la independencia de tablas de contingencia. La sección final de este capítulo introduce el procedimiento de Kolmogorov-Smirnov para probar si los datos provienen de una distribución de probabilidad continua específica.

El capítulo 12 trata de las pruebas de hipótesis no paramétricas, que se pueden usar cuando no es posible suponer que la distribución tenga alguna forma paramétrica específica (como por ejemplo, la normal).

El capítulo 13 considera el estudio del control de calidad, una técnica estadística clave en los procesos de producción y de fabricación. Se consideran diversos diagramas de control, entre los que se incluyen no sólo los diagramas de control de Shewhart, sino también otros más sofisticados basados en promedios móviles y sumas acumuladas.

El capítulo 14 se ocupa de los problemas relacionados con pruebas de vida. En este capítulo la distribución exponencial, más que la distribución normal, juega un papel clave.

En el libro se incluye un disco para PC que sirve para resolver la mayoría de los problemas estadísticos propuestos. Por ejemplo, el disco calcula los valores p de la mayoría de las pruebas de hipótesis, incluyendo aquellas relacionadas con el análisis de varianza y con la regresión. También se puede usar para obtener probabilidades en la mayoría de las distribuciones comunes. (Para aquellos estudiantes que no tengan acceso a una computadora personal, en el libro vienen tablas que se pueden usar para resolver todos los problemas del libro.) En el disco se incluye un programa que ilustra el teorema del límite central. Este programa considera variables aleatorias que toman los valores 0, 1, 2, 3, 4, y permiten al usuario dar las probabilidades para estos valores junto con un entero n. Después, el programa grafica la función de masa de probabilidad de la suma de n variables aleatorias independientes que tienen esta distribución. Al ir aumentando el valor de n, uno puede "ver" cómo la función de masa converge hacia la forma de una distribución de densidad normal.

Capítulo 1

INTRODUCCIÓN A LA ESTADÍSTICA

1.1 INTRODUCCIÓN

En el mundo de hoy es cada vez más aceptado que para aprender sobre algo primero se tienen que recolectar datos. La *estadística* es el arte de aprender a partir de datos. La estadística tiene que ver con la recolección de datos, su subsecuente descripción, y su análisis, lo cual con frecuencia lleva a la obtención de conclusiones.

1.2 RECOLECCIÓN DE DATOS Y ESTADÍSTICA DESCRIPTIVA

Algunas veces un análisis estadístico empieza con un conjunto dado de datos: por ejemplo, el gobierno recolecta y publica regularmente datos sobre la precipitación total, los temblores ocurridos, la tasa de desempleo, el producto interno bruto y la tasa de inflación anuales. La estadística se puede utilizar para describir, resumir y analizar estos datos.

En otras ocasiones no se cuenta aún con los datos; en cuyo caso la teoría estadística se puede usar para diseñar un experimento apropiado para generar los datos. El experimento que se escoja dependerá del uso que uno quiera hacer de los datos. Por ejemplo, supongamos que un profesor quiere determinar cuál de los dos métodos para enseñar programación a principiantes resulta más efectivo. Para averiguar esto el profesor puede dividir a los estudiantes en dos grupos, y emplear en cada grupo uno de los métodos de enseñanza. Al final de la clase aplica un examen a los estudiantes y luego compara las calificaciones de los dos grupos. Si los datos, que resultan de las calificaciones obtenidas por los miembros de cada grupo, son significativamente mayores en uno de los grupos, entonces puede parecer razonable suponer que sea mejor el método de enseñanza empleado en ese grupo.

Sin embargo, es importante notar que para obtener una conclusión válida a partir de los datos, resulta esencial que los estudiantes hayan sido divididos en grupos, de manera que ningún grupo tenga una mayor posibilidad de incluir a los estudiantes con una mayor aptitud natural para la programación. Por ejemplo, el profesor no pondrá a las alumnas del grupo en una clase y a los alumnos en otro. Ya que si lo hace así, aunque las alumnas obtengan calificaciones significativamente más altas que las de los alumnos, no será claro si esto ocurre debido al método de enseñanza empleado, o al hecho de que las mujeres inherentemente posean mejores capacidades que los hombres para aprender programación. La forma aceptada para evitar esto consiste en dividir a los miembros de la clase en dos grupos "aleatoriamente". Este término significa que la elección se hace de tal forma que todas las maneras posibles de elegir a los miembros de cada grupo sean igualmente probables.

Terminado el experimento habrá que describir los datos. Por ejemplo, será necesario presentar las calificaciones de los dos grupos, así como las medidas resumidas como la calificación promedio de los miembros de cada grupo. A esta parte de la estadística, que tiene que ver con describir y resumir datos, se le llama *estadística descriptiva*.

1.3 ESTADÍSTICA INFERENCIAL Y MODELOS DE PROBABILIDAD

Una vez que se ha realizado el experimento anterior, y que se han descrito y resumido los datos, esperamos determinar qué método de enseñanza es mejor. A esta parte de la estadística que tiene que ver con la obtención de conclusiones se le llama *estadística inferencial*.

Para obtener conclusiones a partir de los datos, debemos tener en cuenta la posibilidad de la casualidad. Por ejemplo, suponga que el promedio de calificaciones de los miembros del primer grupo es bastante mayor que el de los miembros del segundo grupo. ¿Concluiremos que este incremento se debe al método de enseñanza empleado? ¿O es posible que el método de enseñanza no sea el responsable de este incremento en las calificaciones, sino que más bien las calificaciones mayores del primer grupo ocurran por casualidad? Por ejemplo, el hecho de que de 10 veces que se lanza una moneda 7 veces caiga cara no necesariamente significa que la moneda tenga más posibilidades de caer cara en lanzamientos futuros. Quizá sea una moneda común y corriente, y que sólo por casualidad haya caído cara en 7 de 10 lanzamientos. (Por otro lado, si la moneda hubiera caído cara en 47 de 50 lanzamientos, entonces pensaríamos que no se trata de una moneda común y corriente.)

Para obtener conclusiones lógicas de los datos, usualmente realizamos algunas suposiciones acerca de las posibilidades (o *probabilidades*) de obtener los diferentes valores de los datos. Nos referimos a la totalidad de estas suposiciones como un *modelo de probabilidad* para los datos.

Algunas veces la naturaleza de los datos sugiere el modelo de probabilidad que va a asumirse. Por ejemplo, suponga que un ingeniero quiere determinar la proporción de chips de computadora que, producidos mediante un nuevo método, resultan defectuosos. Para esto el ingeniero selecciona un grupo de estos chips, para obtener como dato el número de chips defectuosos en este grupo. Si los chips seleccionados han sido tomados "aleatoriamente", es razonable suponer que cada uno de ellos tiene la probabilidad p de estar defectuoso, donde p es la proporción desconocida de todos los chips producidos por el nuevo método, que salen defectuosos. Entonces, el dato que se obtenga se emplea para hacer inferencias acerca de p.

En otras situaciones, el modelo de probabilidad adecuado para un conjunto dado de datos no será tan evidente. Sin embargo, una cuidadosa descripción y presentación de los datos nos permite, algunas veces, inferir un modelo razonable, que podemos tratar de verificar después con el uso de datos adicionales.

Puesto que la base de la inferencia estadística es la formulación de un modelo de probabilidad para describir los datos, una comprensión de la estadística inferencial requiere algún conocimiento de la teoría de la probabilidad. En otras palabras, la estadística inferencial comienza con la suposición de que en términos de probabilidades se pueden describir aspectos importantes del fenómeno en estudio; y después obtiene conclusiones empleando los datos para hacer inferencias acerca de estas probabilidades.

1.4 POBLACIONES Y MUESTRAS

En estadística mostramos interés en obtener información acerca de una colección total de elementos a los que llamaremos la *población*. La población con frecuencia resulta demasiado grande para que examinemos cada uno de sus miembros. Por ejemplo, podríamos tener todos los residentes de un estado determinado, o todos los aparatos de televisión producidos el año pasado por un fabricante en particular, o todos los hogares de una comunidad determinada. En tales casos, tratamos de saber algo acerca de la población escogiendo y examinando a un subgrupo de sus elementos. A este subgrupo de la población se le denomina *muestra*.

Si la muestra brinda información acerca de toda la población debe ser representativa de la población en algún sentido. Por ejemplo, suponga que deseamos conocer la distribución de edades de las personas residentes en una ciudad dada, y obtenemos las edades de las 100 primeras personas que entran en la biblioteca de la ciudad. Si la edad promedio de estas 100 personas es 46.2 años, ¿estará justificada la conclusión de que tal edad es el promedio de toda la población? Probablemente no, ya que argumentaríamos que la muestra escogida en este caso es probable que no sea representativa del total de la población, ya que, por lo general, los jóvenes y los ciudadanos mayores son quienes van más a la biblioteca que los ciudadanos en edad laboral.

En algunas situaciones, como en el ejemplo de la biblioteca, se nos presenta una muestra y tenemos que decidir si esta muestra es razonablemente representativa de toda la población. Con frecuencia, en la práctica, no se puede suponer que una muestra dada sea representativa de toda la población a menos que haya sido tomada de forma aleatoria. Ésta es la razón por la que cualquier regla no aleatoria para seleccionar una muestra produce, a menudo, una muestra inherentemente sesgada hacia algunos valores u opuesta a otros valores.

Así aunque parece paradójico, resulta más probable que obtengamos una muestra representativa escogiendo a los miembros de la muestra de una forma completamente aleatoria, sin alguna consideración previa sobre los elementos que serán seleccionados. En otras palabras, no debemos tratar de escoger la muestra deliberadamente de manera que contenga, por ejemplo, los mismos porcentajes, de cada género y de cada profesión, que se encuentran en la población general. Más bien, debemos dejar a la "casualidad" el trabajo de obtener burdamente los porcentajes correctos. Una vez que se ha obtenido una muestra aleatoria, estudiando sus elementos podemos utilizar la inferencia estadística para obtener conclusiones acerca de toda la población.

TABLA 1.1 *Número total de defunciones en Inglaterra*

Año	Defunciones	Muertes por plaga
1592	25 886	11 503
1593	17 844	10 662
1603	37 294	30 561
1625	51 758	35 417
1636	23 359	10 400

Fuente: John Graunt, Observations Made upon the Bills of Mortality. 3a. ed. London: John Martin and James Allesty (1a. ed. 1662)

1.5 BREVE HISTORIA DE LA ESTADÍSTICA

Una recolección sistemática de datos sobre la población y la economía en las ciudades italianas Venecia y Florencia durante el Renacimiento. La palabra *estadística*, derivada de la palabra *estado*, se usó para referirse a una recolección de hechos de interés para el Estado. La idea de recolectar datos se difundió desde Italia a otros países de Europa Occidental. Ya en la primera mitad del siglo XVI era común que los gobiernos europeos pidieran a sus habitantes que registraran los nacimientos, casamientos y defunciones. A causa de las pobres condiciones de salubridad, este último estadístico era de particular interés.

La alta tasa de mortalidad en Europa antes del siglo XIX se debía principalmente a las enfermedades epidémicas, a las guerras y las hambrunas. Entre las epidemias las peores fueron las plagas. Empezando con la Peste Negra en 1348, las plagas aparecieron con frecuencia durante casi 400 años. En 1562 la ciudad de Londres empezó a publicar semanalmente certificados de defunción como una manera de alertar a la corte real para que se mudara al campo. En un principio, dichos certificados informaban sobre el lugar del deceso y si se había debido a una plaga. Ya por 1625 los certificados se expandieron para incluir todas las causas de muerte.

En 1662 el comerciante inglés John Graunt publicó un libro titulado *Natural and Political Observations Made upon the Bills of Mortality*. La tabla 1.1, que presenta el número total de defunciones en Inglaterra y los números debidos a la plaga en cinco años distintos, se tomó de este libro.

Graunt usó certificados de defunción para estimar la población de las ciudades. Por ejemplo, para estimar la población de Londres en 1660, estudió los hogares de ciertas colonias (o vecindades) de Londres y encontró que, en promedio, había 3 defunciones por cada 88 personas. Dividiendo entre 3 demostró que, en promedio, había aproximadamente una defunción por cada 88/3 personas. Como los certificados de Londres reportaban 13 200 defunciones ese año, Graunt estimó que la población de Londres sería de aproximadamente

$$13\ 200 \times 88/3 = 387\ 200$$

Graunt usó esta estimación para proyectar una cifra para toda Inglaterra. En su libro percibió que estas cifras podrían resultar de interés para los gobernantes del país, como un indicador tanto del

TABLA 1.2   *Tabla de mortalidad de John Graunt*

Edad al morir	Número de muertes por 100 nacimientos
0–6	36
6–16	24
16–26	15
26–36	9
36–46	6
46–56	4
56–66	3
66–76	2
76 y más	1

Nota: Las categorías no incluyen el valor de la derecha. Por ejemplo 0-6 significa todas las edades desde 0 hasta 5 años.

número de hombres que podían ser reclutados para el ejército como del número que podía ser gravado con impuestos.

Graunt también empleó los certificados de defunción —y un inteligente trabajo para suponer quién moría, de qué enfermedad y a qué edad— para inferir las edades al morir. (Recuerde que los certificados de defunción únicamente registraban la causa y el lugar de la defunción, no la edad.) Después Graunt utilizó esta información para calcular tablas que daban la proporción de la población que moría a diferentes edades. La tabla 1.2 es una de las tablas de mortalidad de Graunt; esta tabla establece, por ejemplo, que de 100 nacidos 36 personas morirían antes de llegar a la edad de 6 años, 24 morirán entre los 6 y los 15 años, etcétera.

Los estimados de Graunt de las edades a las que morían las personas fueron de gran interés para quienes estaban en el negocio de venta de anualidades. Anualidades son lo contrario de los seguros de vida, es decir, uno paga una suma de dinero como inversión y después recibe pagos regulares durante toda la vida.

Los trabajos de Graunt sobre las tablas de mortalidad inspiraron los posteriores trabajos de Edmund Halley en 1693. Halley, el descubridor del cometa que lleva su nombre (y también la persona responsable, tanto por su apoyo moral como financiero, de la publicación del famoso *Principia Mathematica* de Isaac Newton), utilizó las tablas de mortalidad para calcular la probabilidad de que una persona de cualquier edad viviera hasta alcanzar otra determinada edad. Halley influyó para convencer a las aseguradoras de su época de que la prima de un seguro de vida anual dependiera de la edad de la persona asegurada.

Siguiendo la práctica de Graunt y de Halley, la recolección de datos aumentó constantemente durante el resto del siglo XVII y hasta el siglo XVIII. Por ejemplo, la ciudad de París comenzó a recolectar certificados de defunción en 1667; y ya para 1730 registrar la edad a la que morían las personas se había convertido en una práctica común en todo Europa.

El término *estadística*, usado hasta el siglo XVIII como una síntesis de ciencia descriptiva de los estados, se fue identificando en el siglo XIX con los números. En los años 30 del siglo XIX el término en la Gran Bretaña y en Francia se consideraba casi universalmente como sinónimo de la "ciencia numérica" de la sociedad. Este cambio de significado se debió a la amplia disponibilidad de registros de censos y de otras tabulaciones que comenzaron a ser recolectadas y publicadas sistemáticamente por los gobiernos de Europa Occidental y de Estados Unidos, empezando alrededor de 1800.

Aunque durante el siglo XIX la teoría de la probabilidad había sido desarrollada por matemáticos como Jacob Bernoulli, Karl Friedrich Gauss y Pierre Simon Laplace, su uso en el estudio de los hallazgos estadísticos era casi inexistente, a causa de que la mayoría de los estadísticos sociales de la época se conformaban con dejar hablar a los datos por sí mismos. A los estadísticos de aquella época no les interesaba hacer inferencias acerca de individuos, les interesaba, más bien, la sociedad como un todo. Por ende, no tenían interés en hacer muestreos y trataban de obtener censos de toda la población. Así, la inferencia probabilística de una muestra a toda la población era casi desconocida en la estadística social del siglo XIX.

No fue sino hasta finales del siglo XIX cuando la estadística empezó a ocuparse de inferir conclusiones a partir de datos numéricos. El movimiento empezó con los trabajos de Francis Galton, en los que analizaba la herencia del genio mediante el uso de los que ahora nosotros llamaríamos análisis de regresión y de correlación (véase capítulo 9), y obtuvo mucho de su ímpetu debido a los trabajos de Karl Pearson. Pearson, quien desarrolló las pruebas chi cuadrada de bondad de ajuste (véase capítulo 11), fue el primer director de los laboratorios Galton, fundados por Francis Galton en 1904. Ahí Pearson inició un programa de investigación que se proponía desarrollar nuevos métodos para el uso de estadísticas en la inferencia. Su laboratorio invitó a estudiantes avanzados de la ciencia y de la industria para estudiar métodos estadísticos que pudieran aplicarse en sus campos. Uno de sus primeros investigadores visitantes fue W. S. Gosset, un químico en formación que mostró su devoción a Pearson publicando su propio trabajo bajo el nombre de "Student". (Una famosa historia cuenta que Gosset no quiso publicar este trabajo bajo su nombre por temor de que sus patrones, la cervecería Guinness, se disgustaran al descubrir que uno de sus químicos estaba haciendo investigación en estadística.) Gosset es famoso por haber desarrollado la prueba t (véase capítulo 8).

Dos de las más importantes áreas de la estadística aplicada al comienzo del siglo XX fueron agricultura y biología poblacionales. Esto sucedió por el interés de Pearson y de otros de sus colaboradores de su laboratorio, y también a los notables logros del científico inglés Roland A. Fisher. La teoría de la inferencia desarrollada por estos pioneros —incluyendo, entre otros, al hijo de Karl Pearson, Egon, y al estadístico matemático, Jerzy Neyman, polaco de nacimiento—, era suficientemente general para tratar un amplio rango de problemas prácticos y cuantitativos. Como resultado, un número rápidamente creciente de personas de la ciencia, los negocios y del gobierno empezaron a considerar a la estadística como una herramienta capaz de proporcionar soluciones cuantitativas a problemas prácticos y científicos (véase tabla 1.3).

Hoy en día las ideas de la estadística están en todas partes. La estadística descriptiva se encuentra en todo periódico y en toda revista. La estadística inferencial se ha vuelto indispensable en salud pública y en investigación médica, en ingeniería y estudios científicos, en mercadotecnia y control de calidad, en educación, contaduría, economía, predicciones meteorológicas, encuestas de opinión, deportes, seguros, apuestas, y en toda investigación que se precie de ser científica. La estadística se ha enraizado en nuestra herencia intelectual.

TABLA 1.3 *Cómo fue cambiando la definición de estadística*

La estadística tiene como objetivo dar una representación fiel de un estado en una determinada época (Quetelet, 1849).

La estadística proporciona las únicas herramientas mediante las cuales se puede abrir una brecha a través de la formidable espesura de dificultades que acompañan el camino de aquellos que persiguen la ciencia del hombre (Galton, 1889).

La estadística puede considerarse i) como el estudio de las poblaciones, ii) como el estudio de la variación y iii) como el estudio de métodos de reducción de datos (Fisher, 1925).

La estadística es la disciplina científica que se ocupa de la recolección, el análisis, y la interpretación de datos obtenidos a partir de observaciones o de experimentos. Esta materia tiene una estructura coherente basada en la teoría de la probabilidad, e incluye muchos procedimientos diferentes que contribuyen a la investigación y al desarrollo a través de toda la ciencia y la tecnología (E. Pearson, 1936).

Estadística es el nombre de aquella ciencia y arte que se ocupa de inferencias inciertas: que usa números para averiguar algo acerca de la naturaleza y de la experiencia (Weaver, 1952).

La estadística se ha vuelto conocida en el siglo xx como la herramienta matemática para analizar datos experimentales y datos provenientes de observaciones (Porter, 1986).

La estadística es el arte de adquirir conocimientos a partir de datos (este libro, 1999).

Problemas

1. La próxima semana tendrá lugar una elección y, realizando encuestas en una muestra de la población votante, queremos predecir si ganará el candidato republicano o el candidato demócrata. ¿Cuál de los siguientes métodos de selección es probable que ofrezca una muestra representativa?

   (a) Encuestar a todas las personas en edad de votar que asistan a un juego de baloncesto universitario.

   (b) Encuestar a todas las personas en edad de votar que salgan de un fino restaurante del centro de la ciudad.

   (c) Obtener una copia de la lista de votantes registrados, escoger en forma aleatoria a 100 de estas personas y encuestarlas.

   (d) Usar los resultados de una encuesta de televisión en la que la estación pide a su auditorio llamar y decir a cuál escoge.

   (e) Escoger nombres del directorio telefónico y llamar a estas personas.

2. El método empleado en el problema 1(e) condujo a predicciones desastrosas en la elección presidencial de 1936, cuando Franklin Roosevelt derrotó a Alfred Landon de manera aplastante. El *Literary Digest* había predicho la victoria para Landon. La revista basó sus predicciones en una muestra de votantes escogidos de listas de propietarios de automóviles y teléfonos.

   (a) ¿Por qué piensa usted que no fue tan acertada la predicción de *Literary Digest*?

   (b) ¿Ha cambiado algo de 1936 a la actualidad que lo haga pensar que el método usado por *Literary Digest* funcionaría mejor ahora?

3. Un investigador está tratando de determinar la edad promedio a la que muere una persona en Estados Unidos. Para esto lee durante 30 días la sección de notas fúnebres (obituario) del

New York Times y anota las edades de las personas que murieron en Estados Unidos. ¿Piensa usted que con este método obtendrá una muestra representativa?

4. Para determinar la proporción de personas que son fumadores en su localidad se ha decidido encuestar a las personas en uno de estos lugares de su localidad:

   (a) en la alberca
   (b) en el boliche
   (c) en el centro comercial
   (d) en la biblioteca

   ¿En cuál de estos lugares potenciales para realizar la encuesta sería más probable una aproximación razonable a la proporción que se busca? ¿Por qué?

5. Una universidad planea llevar a cabo un estudio para determinar el salario de sus recién egresados. Se toma una muestra aleatoria de 200 recién graduados y se les envían unos cuestionarios sobre su trabajo actual. Sin embargo, de estos 200 sólo 87 fueron regresados. Suponga que el promedio de los salarios anuales informados haya sido $75 000.

   (a) ¿Estaría en lo correcto la universidad si pensara que $75 000 sería una buena aproximación al salario promedio de sus egresados? Explique el razonamiento que sustenta su respuesta.
   (b) Si su respuesta en la parte (a) es no, ¿puede usted pensar en un conjunto de condiciones relacionadas con el grupo que regresó el cuestionario, para las que sería una buena aproximación?

6. En un artículo se informaba que en un estudio sobre la ropa que llevaban peatones que murieron en accidentes de tráfico en la noche, se encontró que 80 por ciento de las víctimas llevaban ropas de colores oscuros; y 20 por ciento, ropas de colores claros. La conclusión que se obtiene en el artículo resulta que es más seguro usar ropa de colores claros por la noche.

   (a) ¿Está justificada esta conclusión? Explique.
   (b) Si su respuesta en la parte (a) es no, ¿qué otra información se necesitaría antes de poder obtener una conclusión?

7. Critique el método de Graunt para estimar la población de Londres. ¿Cuál es la suposición implícita que él está haciendo?

8. Los certificados de defunción enlistan 12 246 muertes en 1658. Suponiendo que un estudio sobre los habitantes de Londres mostrara que aproximadamente 2 por ciento de la población haya muerto ese año, utilice el método de Graunt para estimar la población de Londres en 1658.

9. Suponga que usted fuera un vendedor de perpetuidades en 1662, cuando fue publicado el libro de Graunt. Explique cómo emplearía sus datos sobre las edades a las que se moría la gente.

10. Basándose en las tablas de mortalidad de Graunt:

    (a) ¿Qué proporción de las personas vivían más allá de los 6 años?
    (b) ¿Qué proporción llegaba hasta la edad de 46 años?
    (c) ¿Qué proporción moría entre los 6 y los 36 años?

Capítulo 2

ESTADÍSTICA DESCRIPTIVA

2.1 INTRODUCCIÓN

En este capítulo presentamos el objeto de estudio de la estadística descriptiva, y al hacerlo aprenderemos maneras de describir y resumir un conjunto de datos. La sección 2.2 trata de las maneras de describir un conjunto de datos. Las subsecciones 2.2.1 y 2.2.2 indican cómo se pueden describir los datos que asumen relativamente pocos valores distintos, mediante el uso de tablas y gráficas de frecuencias; mientras que la sección 2.2.3 trata de datos cuyo conjunto de valores se agrupan en varios intervalos. La sección 2.3 analiza las formas de resumir conjuntos de datos empleando estadísticos, que son cantidades numéricas cuyos valores quedan determinados por los datos. La subsección 2.3.1 considera tres estadísticos que sirven para indicar el centro del conjunto de datos: la media muestral, la mediana muestral, y la moda muestral. La subsección 2.3.2 introduce la varianza muestral y su raíz cuadrada, llamada desviación estándar muestral. Estos valores se utilizan para indicar la dispersión de los valores en el conjunto de datos. La subsección 2.3.3 trata de los percentiles muestrales que son estadísticos que nos dicen, por ejemplo, qué valores de los datos son mayores que el 95 por ciento de todos los datos. En la sección 2.4 presentamos la desigualdad de Chevyshev para datos muestrales. Esta famosa desigualdad da un límite inferior para la proporción de datos que pueden diferir de la media muestral en más de k veces la desviación estándar muestral. Puesto que todo conjunto de datos satisface la desigualdad de Chevyshev, en ciertas situaciones, que se discuten en la sección 2.5, obtenemos estimados más precisos de la proporción de los datos que cae dentro de k desviaciones estándar muestrales de la media muestral. En la sección 2.5 indicamos que cuando la gráfica de los datos tiene forma de campana se dice que el conjunto de datos es aproximadamente normal, y entonces se dan estimaciones más precisas mediante la llamada regla empírica. La sección 2.6 se ocupa de las situaciones en las que los datos consisten de parejas de valores. Se introduce una técnica gráfica para la presentación de tales datos, denominada como diagrama de dispersión; así como el coeficiente de correlación muestral, un estadístico que indica el grado en que un valor grande del primer miembro de las parejas tiende a corresponder a un valor grande del segundo.

2.2 DESCRIPCIÓN DE DATOS

Los hallazgos numéricos de un estudio deben ser presentados concisa y claramente, y de tal manera que un observador obtenga una impresión rápida de las características esenciales de los datos. A través de los años se ha encontrado que tablas y gráficas son recursos particularmente útiles en la presentación de datos, que revelan características importantes tales como el rango, el grado de concentración, y la simetría de los datos. En esta sección mostramos algunas de las maneras comunes de presentar datos mediante tablas y gráficas.

2.2.1 TABLAS Y GRÁFICAS DE FRECUENCIAS

Un conjunto de datos que tiene un número relativamente pequeño de valores distintos se presenta adecuadamente en una *tabla de frecuencias*. Por ejemplo, la tabla 2.1 es una tabla de frecuencias de los datos consistentes en los salarios anuales iniciales (dados en miles de dólares) de 42 estudiantes recién egresados de ingeniería eléctrica. La tabla 2.1 nos indica, entre otras cosas, que cuatro de los graduados tuvieron un salario inicial de $27 000, el salario inicial más bajo; mientras que sólo un estudiante alcanzó el salario más alto, $40 000. El salario inicial más común fue de $32 000, que fue el caso de 10 de los estudiantes.

Los datos de una tabla de frecuencias se pueden representar gráficamente mediante una *gráfica de líneas* que localiza los distintos valores de los datos en el eje horizontal e indica sus frecuencias mediante la altura de líneas verticales. En la figura 2.1 se ilustra una gráfica de líneas de los datos presentados en la tabla 2.1.

Cuando se aumenta el grosor de las líneas de una gráfica de línea, a la gráfica se le llama *gráfica de barras*. La figura 2.2 presenta una gráfica de barras.

Otro tipo de gráfica que sirve para representar una tabla de frecuencias es el *polígono de frecuencias*, que marca las frecuencias de los diferentes valores de datos en el eje vertical y, después, conecta los puntos marcados con líneas rectas. La figura 2.3 presenta un polígono de frecuencias de los datos de la tabla 2.1

TABLA 2.1   *Salario inicial anual*

Salario inicial	Frecuencias
27	4
28	1
29	3
30	5
31	8
32	10
33	0
34	5
36	2
37	3
40	1

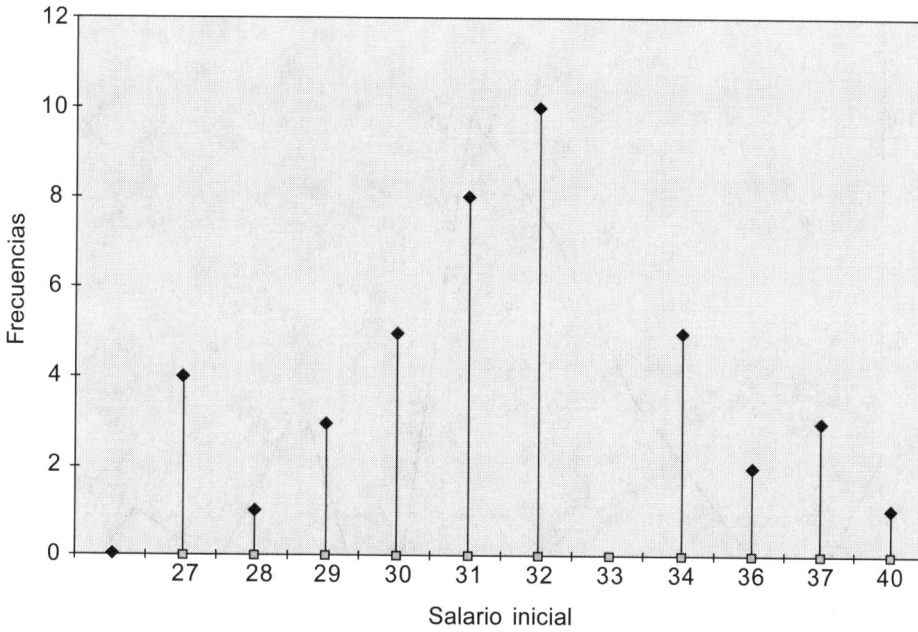

FIGURA 2.1 *Datos de salario inicial.*

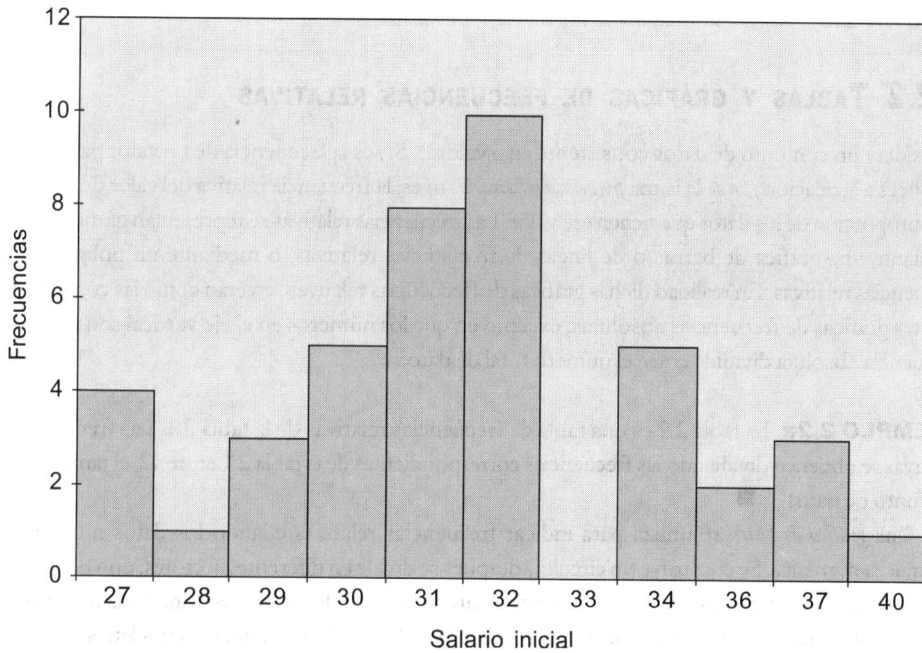

FIGURA 2.2 *Gráfica de barras de los datos de salario inicial.*

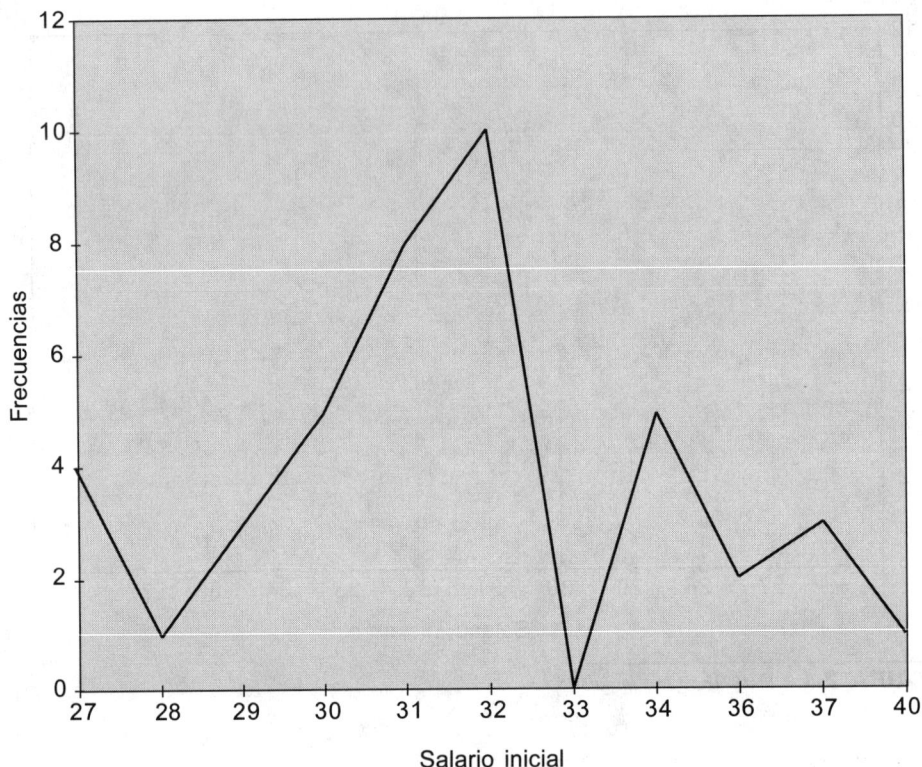

FIGURA 2.3 *Polígono de frecuencias de los datos de salario inicial.*

2.2.2 TABLAS Y GRÁFICAS DE FRECUENCIAS RELATIVAS

Considere un conjunto de datos consistente en n valores. Si f es la frecuencia de un valor particular, entonces a la relación f/n se le llama *frecuencia relativa*. Esto es, la frecuencia relativa del valor de un dato es la proporción de los datos que tienen ese valor. Las frecuencias relativas se representan gráficamente mediante una gráfica de barras o de líneas de frecuencias relativas, o mediante un polígono de frecuencias relativas. En realidad dichas gráficas de frecuencias relativas se verán como las correspondientes gráficas de frecuencias absolutas, excepto en que los números en el eje vertical son ahora la frecuencia absoluta dividida entre el número total de datos.

EJEMPLO 2.2a La tabla 2.2 es una tabla de frecuencias relativas de la tabla 2.1. Las frecuencias relativas se obtienen dividiendo las frecuencias correspondientes de la tabla 2.1 entre 42, el tamaño del conjunto de datos. ∎

Una *gráfica de pastel* se utiliza para indicar frecuencias relativas cuando los datos no son de naturaleza numérica. Se construye un círculo y después se divide en diferentes sectores; uno para cada tipo distinto de valor de los datos. La frecuencia relativa del valor de un dato está indicada por el área de su sector, siendo esta área igual al área total del círculo multiplicada por la frecuencia relativa del valor del dato.

TABLA 2.2

Salario inicial	Frecuencias
27	4/42 = .0952
28	1/42 = .0238
29	3/42
30	5/42
31	8/42
32	10/42
33	0
34	5/42
36	2/42
37	3/42
40	1/42

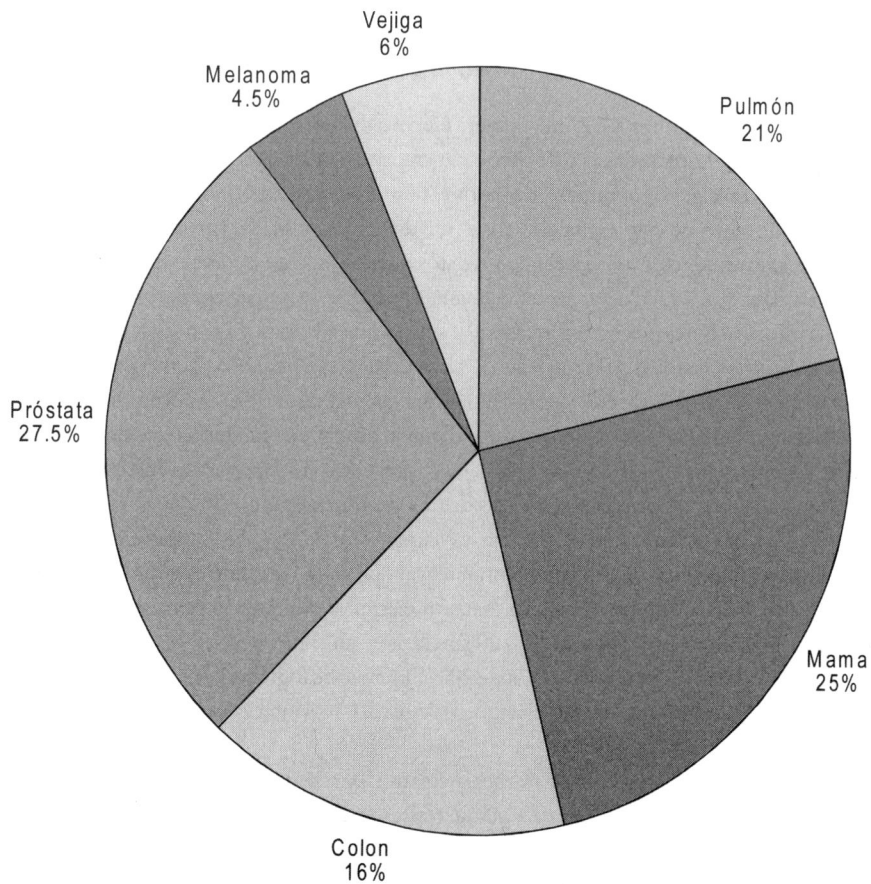

Vejiga 6%

Melanoma 4.5%

Pulmón 21%

Próstata 27.5%

Mama 25%

Colon 16%

FIGURA 2.4

EJEMPLO 2.2b Los datos siguientes se refieren a los distintos tipos de cáncer que afectan a los 200 pacientes más recientemente internados en una clínica especializada en tratamiento para cáncer. Estos datos se representan en la gráfica de pastel mostrada en la figura 2.4. ∎

Tipo de cáncer	Número de casos nuevos	Frecuencias relativas
Pulmón	42	.21
Mama	50	.25
Colon	32	.16
Próstata	55	.275
Melanoma	9	.045
Vejiga	12	.06

2.2.3 DATOS AGRUPADOS, HISTOGRAMAS, OJIVAS Y DIAGRAMAS DE TALLO Y HOJAS

Como observamos en la sección 2.2.2, una manera efectiva de representar un conjunto de datos es, a menudo, emplear una gráfica de líneas o de barras para representar las frecuencias de los valores de los datos. Sin embargo, en algunos conjuntos de datos el número de valores distintos resulta demasiado grande para emplear este método. En tales casos es útil dividir los valores en grupos o *intervalos de clase*, y después graficar el número de los valores de los datos que cae en cada intervalo de clase. El número de intervalos de clase que se escoja deberá ser de manera que 1) no se tengan tan pocas clases a costa de perder mucha información de los valores reales de los datos en cada clase y 2) no se tengan demasiadas clases, lo cual da como resultado frecuencias de clase demasiado pequeñas como para mostrar un patrón discernible. Aunque es frecuente emplear de 5 a 10 intervalos de clase, el número apropiado resulta una elección subjetiva, y por supuesto, usted puede probar distintos números de intervalos de clase para determinar cuál de los diagramas resultantes parece ser más revelador acerca de los datos. Es común, aunque no esencial, emplear intervalos de una misma longitud.

A los extremos de un intervalo de clase se les llama *límites de clase*. Adoptaremos la *convención de inclusión del extremo izquierdo* que estipula que un intervalo de clase contiene el punto de su extremo izquierdo pero no el de su extremo derecho. Así, por ejemplo, el intervalo de clase 20-30 contiene todos los valores que son mayores o *iguales a* 20 y menores que 30.

La tabla 2.3 presenta los tiempos de vida de 200 lámparas incandescentes. Una tabla de frecuencias de clase con los datos de la tabla 2.3 se ilustra en la tabla 2.4. Los intervalos de clase son de longitud 100, empezando el primero en 500.

A una gráfica de barras que ilustra las clases mediante barras adyacentes una a la otra se le llama *histograma*. El eje vertical de un histograma puede representar ya sea las frecuencias de clase o las frecuencias relativas de clase; en el primer caso, a esta gráfica se le da el nombre de *histograma de frecuencias*; y en el segundo, *histograma de frecuencias relativas*. La figura 2.5 presenta un histograma de frecuencias de los datos en la tabla 2.4.

TABLA 2.3 *Vida en horas de 200 lámparas incandescentes*

Tiempos de vida del artículo

1 067	919	1 196	785	1 126	936	918	1 156	920	948
855	1 092	1 162	1 170	929	950	905	972	1 035	1 045
1 157	1 195	1 195	1 340	1 122	938	970	1 237	956	1 102
1 022	978	832	1 009	1 157	1 151	1 009	765	958	902
923	1 333	811	1 217	1 085	896	958	1 311	1 037	702
521	933	928	1 153	946	858	1 071	1 069	830	1 063
930	807	954	1 063	1 002	909	1 077	1 021	1 062	1 157
999	932	1 035	944	1 049	940	1 122	1 115	833	1 320
901	1 324	818	1 250	1 203	1 078	890	1 303	1 011	1 102
996	780	900	1 106	704	621	854	1 178	1 138	951
1 187	1 067	1 118	1 037	958	760	1 101	949	992	966
824	653	980	935	878	934	910	1 058	730	980
844	814	1 103	1 000	788	1 143	935	1 069	1 170	1 067
1 037	1 151	863	990	1,035	1 112	931	970	932	904
1 026	1 147	883	867	990	1 258	1 192	922	1 150	1 091
1 039	1 083	1 040	1 289	699	1 083	880	1 029	658	912
1 023	984	856	924	801	1 122	1 292	1 116	880	1 173
1 134	932	938	1 078	1 180	1 106	1 184	954	824	529
998	996	1 133	765	775	1 105	1 081	1 171	705	1 425
610	916	1 001	895	709	860	1 110	1 149	972	1 002

TABLA 2.4 *Una tabla de frecuencias de clase*

Intervalo de clase	Frecuencia (Número de valores de los datos en el intervalo)
500–600	2
600–700	5
700–800	12
800–900	25
900–1000	58
1 000–1 100	41
1 100–1 200	43
1 200–1 300	7
1 300–1 400	6
1 400–1 500	1

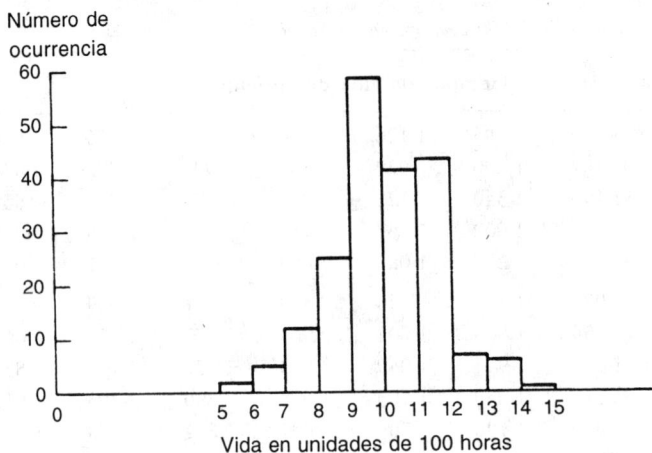

FIGURA 2.5 *Un histograma de frecuencias.*

Algunas veces nos interesa una gráfica de frecuencias acumuladas (o de frecuencias relativas acumuladas). Un punto en el eje horizontal de una de estas gráficas representa uno de los posibles valores de los datos; su punto correspondiente en el eje vertical da el número (o la proporción) de datos cuyos valores son menores o iguales a él. En la figura 2.6 se ilustra una gráfica de frecuencias relativas acumuladas de los datos en la tabla 2.3. De esta figura podemos concluir que 100 por ciento de los valores de los datos son menores a 1 500, aproximadamente 40 por ciento son menores o iguales a 900, aproximadamente 80 por ciento son menores o iguales a 1 100, y así sucesivamente. Una gráfica de frecuencias acumuladas se denomina *ojiva*.

Una manera adecuada de organizar un conjunto de datos de tamaño pequeño a moderado consiste en utilizar un diagrama de *tallo y hoja*. Estas gráficas se obtienen dividiendo cada uno de los

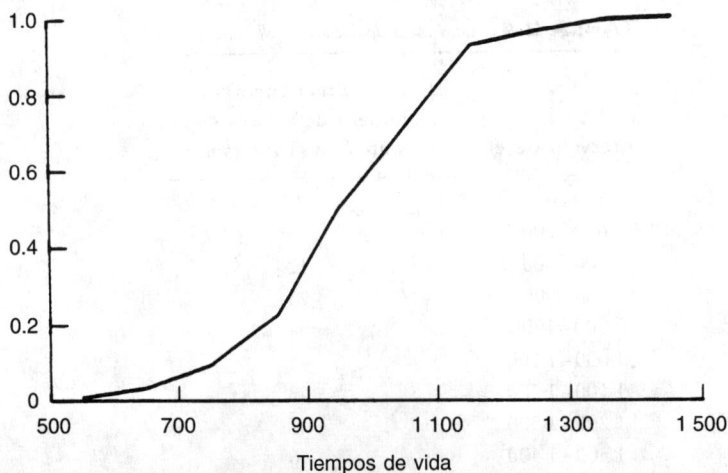

FIGURA 2.6 *Una gráfica de frecuencias acumuladas.*

TABLA 2.5 *Temperaturas mínimas diarias normales. Ciudades escogidas*

[En grados Farenheit. Datos del aeropuerto excepto los indicados. Basados en un periodo de 30 años estándar, 1961 a 1990]

Estado	Estación	Ene.	Feb.	Mar.	Abril	Mayo	Junio	Julio	Ago.	Sept.	Oct.	Nov.	Dic.	Prom. anual
AL	Mobile........	40.0	42.7	50.1	57.1	64.4	70.7	73.2	72.9	68.7	57.3	49.1	43.1	57.4
AK	Juneau........	19.0	22.7	26.7	32.1	38.9	45.0	48.1	47.3	42.9	37.2	27.2	22.6	34.1
AZ	Phoenix.......	41.2	44.7	48.8	55.3	63.9	72.9	81.0	79.2	72.8	60.8	48.9	41.8	59.3
AR	Little Rock....	29.1	33.2	42.2	50.7	59.0	67.4	71.5	69.8	63.5	50.9	41.5	33.1	51.0
CA	Los Angeles....	47.8	49.3	50.5	52.8	56.3	59.5	62.8	64.2	63.2	59.2	52.8	47.9	55.5
	Sacramento....	37.7	41.4	43.2	45.5	50.3	55.3	58.1	58.0	55.7	50.4	43.4	37.8	48.1
	San Diego.....	48.9	50.7	52.8	55.6	59.1	61.9	65.7	67.3	65.6	60.9	53.9	48.8	57.6
	San Francisco	41.8	45.0	45.8	47.2	49.7	52.6	53.9	55.0	55.2	51.8	47.1	42.7	49.0
CO	Denver........	16.1	20.2	25.8	34.5	43.6	52.4	58.6	56.9	47.6	36.4	25.4	17.4	36.2
CT	Hartford	15.8	18.6	28.1	37.5	47.6	56.9	62.2	60.4	51.8	40.7	32.8	21.3	39.5
DE	Wilmington	22.4	24.8	33.1	41.8	52.2	61.6	67.1	65.9	58.2	45.7	37.0	27.6	44.8
DC	Washington	26.8	29.1	37.7	46.4	56.6	66.5	71.4	70.0	62.5	50.3	41.1	31.7	49.2
FL	Jacksonville....	40.5	43.3	49.2	54.9	62.1	69.1	71.9	71.8	69.0	59.3	50.2	43.4	57.1
	Miami	59.2	60.4	64.2	67.8	72.1	75.1	76.2	76.7	75.9	72.1	66.7	61.5	69.0
GA	Atlanta.......	31.5	34.5	42.5	50.2	58.7	66.2	69.5	69.0	63.5	51.9	42.8	35.0	51.3
HI	Honolulu......	65.6	65.4	67.2	68.7	70.3	72.2	73.5	74.2	73.5	72.3	70.3	67.0	70.0
ID	Boise.........	21.6	27.5	31.9	36.7	43.9	52.1	57.7	56.8	48.2	39.0	31.1	22.5	39.1
IL	Chicago.......	12.9	17.2	28.5	38.6	47.7	57.5	62.6	61.6	53.9	42.2	31.6	19.1	39.5
	Peoria........	13.2	17.7	29.8	40.8	50.9	60.7	65.4	63.1	55.2	43.1	32.5	19.3	41.0
IN	Indianapolis ...	17.2	20.9	31.9	41.5	51.7	61.0	65.2	62.8	55.6	43.5	34.1	23.2	42.4
IA	Des Moines....	10.7	15.6	27.6	40.0	51.5	61.2	66.5	63.6	54.5	42.7	29.9	16.1	40.0
KS	Wichita	19.2	23.7	33.6	44.5	54.3	64.6	69.9	67.9	59.2	46.6	33.9	23.0	45.0

(continúa al reverso)

TABLA 2.5 *(continuación)*

Estado	Estación	Ene.	Feb.	Mar.	Abril	Mayo	Junio	Julio	Ago.	Sept.	Oct.	Nov.	Dic.	Prom. anual
KY	Louisville	23.2	26.5	36.2	45.4	54.7	62.9	67.3	65.8	58.7	45.8	37.3	28.6	46.0
LA	New Orleans	41.8	44.4	51.6	58.4	65.2	70.8	73.1	72.8	69.5	58.7	51.0	44.8	58.5
ME	Portland	11.4	13.5	24.5	34.1	43.4	52.1	58.3	57.1	48.9	38.3	30.4	17.8	35.8
MD	Baltimore	23.4	25.9	34.1	42.5	52.6	61.8	66.8	65.7	58.4	45.9	37.1	28.2	45.2
MA	Boston	21.6	23.0	31.3	40.2	49.8	59.1	65.1	64.0	56.8	46.9	38.3	26.7	43.6
MI	Detroit	15.6	17.6	27.0	36.8	47.1	56.3	61.3	59.6	52.5	40.9	32.2	21.4	39.0
	Sault Ste. Marie	4.6	4.8	15.3	28.4	38.4	45.5	51.3	51.3	44.3	36.2	25.9	11.8	29.8
MN	Duluth	−2.2	2.8	15.7	28.9	39.6	48.5	55.1	53.3	44.5	35.1	21.5	4.9	29.0
	Minneapolis–St. Paul	2.8	9.2	22.7	36.2	47.6	57.6	63.1	60.3	50.3	38.8	25.2	10.2	35.3
MS	Jackson	32.7	35.7	44.1	51.9	60.0	67.1	70.5	69.7	63.7	50.3	42.3	36.1	52.0
MO	Kansas City	16.7	21.8	32.6	43.8	53.9	63.1	68.2	65.7	56.9	45.7	33.6	21.9	43.7
	St. Louis	20.8	25.1	35.5	46.4	56.0	65.7	70.4	67.9	60.5	48.3	37.7	26.0	46.7
MT	Great Falls	11.6	17.2	22.8	31.9	40.9	48.6	53.2	52.2	43.5	35.8	24.3	14.6	33.1

Fuente: National Oceanic and Atmospheric Administration, Climatography of the United States, núm. 81.

datos en dos partes —su tallo y su hoja—. Por ejemplo, si todos los datos son números de dos dígitos, podemos tomar como su tallo la parte del número correspondiente a las decenas, y como su hoja la parte del dígito correspondiente a las unidades. Así, el número 62 se expresa como

Tallo	**Hoja**
6	2

y los dos valores 62 y 67 se expresan como

Tallo	**Hoja**
6	2, 7

EJEMPLO 2.2c La tabla 2.5 da los promedios mensuales y anuales de las temperaturas mínimas diarias en 35 ciudades de Estados Unidos.

El promedio anual de las temperaturas mínimas diarias dadas en la tabla 2.5 se representan en el siguiente diagrama de tallo y hoja.

```
7 │ 0.0
6 │ 9.0
5 │ 1.0, 1.3, 2.0, 5.5, 7.1, 7.4, 7.6, 8.5, 9.3
4 │ 0.0, 1.0, 2.4, 3.6, 3.7, 4.8, 5.0, 5.2, 6.0, 6.7, 8.1, 9.0, 9.2
3 │ 3.1, 4.1, 5.3, 5.8, 6.2, 9.0, 9.1, 9.5, 9.5
2 │ 9.0, 9.8
```

2.3 RESUMEN DE CONJUNTOS DE DATOS

Los experimentos de hoy en día, con frecuencia manejan conjuntos de datos enormes. Por ejemplo, con la finalidad de estudiar las consecuencias para la salud de ciertas prácticas comunes, en 1951 los estadísticos médicos R. Doll y A. B. Hill enviaron cuestionarios a todos los doctores en el Reino Unido, y recibieron cerca de 40 000 respuestas. Las preguntas se referían a la edad, hábitos alimenticios y la costumbre de fumar. A las personas que respondieron se les llevó un seguimiento durante los siguientes 10 años y se investigaron las causas de aquellos que murieron. Para obtener una impresión de una cantidad tan grande de datos, resulta útil resumirlos mediante alguna medición adecuada que se tome. En esta sección presentamos algunos *estadísticos* que resumen dónde un estadístico es una cantidad numérica cuyo valor queda determinado por los datos.

2.3.1 MEDIA MUESTRAL, MEDIANA MUESTRAL Y MODA MUESTRAL

En esta sección introducimos algunos de los estadísticos que se usan para describir el centro de un conjunto de valores de datos. Para empezar suponga que tenemos un conjunto de datos que consiste de n valores numéricos $x_1, x_2, \ldots, x_n$. La media muestral es el promedio aritmético de estos valores.

Definición

La *media muestral*, denotada por $\bar{x}$, está definida por

$$\bar{x} = \sum_{i=1}^{n} x_i/n$$

Con frecuencia se simplifica el cálculo de la media muestral observando que, si para constantes a y b

$$y_i = ax_i + b, \qquad i = 1, \ldots, n$$

entonces, la media muestral del conjunto de datos $y_1, y_2, \ldots, y_n$ es

$$\bar{y} = \sum_{i=1}^{n} (ax_i + b)/n = \sum_{i=1}^{n} ax_i/n + \sum_{i=1}^{n} b/n = a\bar{x} + b$$

EJEMPLO 2.3a Las puntuaciones de los ganadores en el torneo de golf U.S. Master de 1982 a 1991 fueron los siguientes:

$$284, 280, 277, 282, 279, 285, 281, 283, 278, 277$$

Encuentre la media muestral de estas puntuaciones.

SOLUCIÓN En lugar de sumar estos valores directamente, es más fácil restar primero, de cada uno, 280 para obtener los nuevos valores $y_i = x_i - 280$:

$$4, 0, -3, 2, -1, 5, 1, 3, -2, -3$$

Como el promedio aritmético del conjunto de datos transformado es

$$\bar{y} = 6/10$$

tenemos que

$$\bar{x} = \bar{y} + 280 = 280.6 \quad \blacksquare$$

Algunas veces queremos determinar la media muestral de un conjunto de datos dados en una tabla de frecuencias, donde se enlistan los k valores distintos $v_1, \ldots, v_k$ con sus correspondientes frecuencias $f_1, \ldots, f_k$. Como tales conjuntos de datos consisten de $n = \sum_{i=1}^{k} f_i$ observaciones, en las que el valor v_i aparece f_i veces, para cada $i = 1, \ldots, k$, se sigue que la media muestral de los n valores de los datos es

$$\bar{x} = \sum_{i=1}^{k} v_i f_i/n$$

Escribiendo lo anterior como

$$\bar{x} = \frac{f_1}{n}v_1 + \frac{f_2}{n}v_2 + \cdots + \frac{f_k}{n}v_k$$

vemos que la media muestral es un *promedio ponderado* de los distintos valores, donde el peso dado al valor v_i, es igual a la proporción de los n valores de datos que son iguales a v_i, $i = 1,\ldots, k$.

EJEMPLO 2.3b La siguiente es una tabla de frecuencias que da las edades de los miembros de una orquesta sinfónica de jóvenes adultos.

Edad	Frecuencia
15	2
16	5
17	11
18	9
19	14
20	13

Encuentre la media muestral de las edades de los 54 miembros de la orquesta.

SOLUCIÓN

$$\bar{x} = (15 \cdot 2 + 16 \cdot 5 + 17 \cdot 11 + 18 \cdot 9 + 19 \cdot 14 + 20 \cdot 13)/54 \approx 18.24 \quad \blacksquare$$

Otro estadístico que sirve para indicar el centro de un conjunto de datos es la *mediana muestral* que, dicho en pocas palabras, es el valor de en medio del conjunto de datos ordenados de menor a mayor (en orden creciente).

Definición

Ordene de menor a mayor los valores de un conjunto de datos de tamaño n. Si n es non, la *mediana muestral* es el valor en la posición $(n + 1)/2$; si n es par, entonces, es el promedio de los valores en las posiciones $n/2$ y $n/2 + 1$.

Así, la mediana muestral de un conjunto de tres valores es el segundo de los valores ordenados de menor a mayor, y en un conjunto de cuatro valores, es el promedio del segundo y el tercero de los valores ordenados de menor a mayor.

EJEMPLO 2.3c Encuentre la mediana muestral de los datos dados en el ejemplo 2.3b.

SOLUCIÓN Como tenemos 54 valores de datos, entonces, una vez ordenados los datos de menor a mayor, la mediana muestral es el promedio de los valores en las posiciones 27 y 28. La mediana muestral es 18.5. $\blacksquare$

La media muestral y la mediana muestral son estadísticos útiles para describir la tendencia central de un conjunto de datos. La media muestral hace uso de todos los datos y se ve afectada por valores extremos que sean mucho más grandes o mucho más pequeños que los otros; la mediana muestral hace uso solamente de uno o dos de los valores centrales y así no se ve afectada por valores extremos. Conocer cuál de las dos será más útil depende de la información que se quiera obtener de los datos. Por ejemplo, si el gobierno de una ciudad tiene un impuesto sobre la tasa de ingresos y quiere estimar el total de ingresos que obtendrá mediante este impuesto, entonces la media muestral de los ingresos de sus residentes resultará un estadístico más útil. Por otro lado, si el gobierno está pensando en construir casas para las personas de clase media, y quiere determinar la proporción de la población que podrá comprarlas, entonces la mediana muestral será, probablemente, más útil.

EJEMPLO 2.3d   En un estudio reportado en Hoel, D. G., "A representation of mortality data by competing risks", *Biometrics*, **28**, pp. 475-488, 1972, se le dio a cada uno de los ratones, de un grupo de ratones de cinco semanas de edad, una radiación de 300 rad; se dividieron los ratones en dos grupos; al primer grupo se le mantuvo en un ambiente libre de gérmenes, y al segundo en condiciones normales de laboratorio. Después se observó el número de días hasta su muerte. Los datos de aquellos que murieron a causa de un limfoma de timo se ofrecen en los siguientes diagramas de tallo y hoja (cuyos tallos están en unidades de cientos de días). El primer diagrama corresponde a los ratones colocados en condiciones libres de gérmenes; y el segundo, a los ratones puestos en condiciones normales.

Ratones en ambiente libre de gérmenes

1	58, 92, 93, 94, 95
2	02, 12, 15, 29, 30, 37, 40, 44, 47, 59
3	01, 01, 21, 37
4	15, 34, 44, 85, 96
5	29, 37
6	24
7	07
8	00

Ratones en ambiente convencional

1	59, 89, 91, 98
2	35, 45, 50, 56, 61, 65, 66, 80
3	43, 56, 83
4	03, 14, 28, 32

Determine la media muestral y la mediana muestral de los dos conjuntos de ratones.

SOLUCIÓN   De los diagramas de tallo y hoja resulta claro que la media muestral del conjunto de ratones puestos en un ambiente libre de gérmenes es mayor que la media muestral del conjunto de ratones colocados en un ambiente normal de laboratorio. Haciendo los cálculos se observa que la media muestral del primer grupo es 344.07, mientras que la del segundo grupo es 292.32. Por otro lado, como en el grupo de los ratones puestos en condiciones libres de gérmenes hay 29 datos, la mediana muestral es el dato 15 del conjunto de datos ordenados de menor a mayor, que es 259; análogamente la mediana muestral en el otro conjunto de ratones es el dato 10 del conjunto de datos ordenados de mayor a menor, que es 265. Mientras que la media muestral del primer grupo es bastante mayor, las medianas muestrales son aproximadamente iguales. La razón es que mientras la media muestral del primer grupo se ve bastante afectada por los cinco valores mayores de 500, estos valores tienen un efecto mucho menor sobre la mediana muestral. Más aún, la mediana muestral seguiría siendo la misma si estos cinco valores se remplazaran por cualesquiera otros cinco valores mayores o iguales a 259. Del diagrama de tallo y hoja parece ser que las condiciones libres de gérmenes aumentaron el tiempo de vida de los cinco ratones que vivieron más; pero no resulta claro cuál fue, si es que hubo alguno, el efecto en el tiempo de vida de los otros ratones. ■

Otro estadístico que se ha usado para indicar la tendencia central de un conjunto de datos es la *moda muestral*, que se define como el valor que se presenta con mayor frecuencia. Si no hay sólo un valor que ocurre con más frecuencia, entonces a todos los valores que se presenten con la frecuencia mayor se les llama *valores modales*.

EJEMPLO 2.3e La siguiente tabla de frecuencias presenta los resultados obtenidos al tirar un dado 40 veces.

Valor	Frecuencia
1	9
2	8
3	5
4	5
5	6
6	7

Encuentre **(a)** la media muestral, **(b)** la mediana muestral y **(c)** la moda muestral.

SOLUCIÓN **(a)** La media muestral es

$$\bar{x} = (9 + 16 + 15 + 20 + 30 + 42)/40 = 3.05$$

(b) La mediana muestral es el promedio del dato 20 y el dato 21 del conjunto de datos ordenados de menor a mayor, y es igual a 3. **(c)** La moda muestral es 1, que es el valor que ocurre con más frecuencia. ■

2.3.2 VARIANZA MUESTRAL Y DESVIACIÓN ESTÁNDAR MUESTRAL

Una vez que hemos presentado los estadísticos que describen las tendencias centrales de un conjunto de datos, estamos ahora interesados en aquellos que describen la dispersión o variabilidad de los valores de los datos. Un estadístico que podría usarse con este propósito, sería uno que midiera el que hace la varianza muestral, que por razones técnicas, divide la suma de los cuadrados de las diferencias entre $n-1$ y no entre n, y donde n es el tamaño del conjunto de datos.

Definición

La *varianza muestral*, llamada s^2, de un conjunto de datos $x_1, \ldots, x_n$, está definida mediante

$$s^2 = \sum_{i=1}^{n} (x_i - \bar{x})^2 / (n-1)$$

EJEMPLO 2.3f Encontrar la varianza muestral de los conjuntos de datos **A** y **B** dados abajo.

$$\mathbf{A} : 3, 4, 6, 7, 10 \qquad \mathbf{B} : -20, 5, 15, 24$$

SOLUCIÓN Como la media muestral del conjunto de datos **A** es $\bar{x} = (3 + 4 + 6 + 7 + 10)/5 = 6$, se sigue que su varianza muestral es

$$s^2 = [(-3)^2 + (-2)^2 + 0^2 + 1^2 + 4^2]/4 = 7.5$$

La media muestral del conjunto de datos **B** también es 6; su varianza muestral es

$$s^2 = [(-26)^2 + (-1)^2 + 9^2 + (18)^2]/3 \approx 360.67$$

Mientras los dos conjuntos de datos tienen la misma media muestral, hay mucha más variabilidad en los datos del conjunto **B** que en los del conjunto de datos **A**. ■

La siguiente identidad algebraica a menudo es útil para calcular la varianza muestral.

Identidad algebraica

$$\sum_{i=1}^{n} (x_i - \bar{x})^2 = \sum_{i=1}^{n} x_i^2 - n\bar{x}^2$$

Esta identidad se prueba como sigue:

$$\sum_{i=1}^{n} (x_i - \bar{x})^2 = \sum_{i=1}^{n} (x_i^2 - 2x_i\bar{x} + \bar{x}^2)$$

$$= \sum_{i=1}^{n} x_i^2 - 2\bar{x} \sum_{i=1}^{n} x_i + \sum_{i=1}^{n} \bar{x}^2$$

$$= \sum_{i=1}^{n} x_i^2 - 2n\bar{x}^2 + n\bar{x}^2$$

$$= \sum_{i=1}^{n} x_i^2 - n\bar{x}^2$$

El cálculo de la varianza muestral también se puede simplificar observando que si

$$y_i = a + bx_i, \qquad i = 1, \ldots, n$$

entonces $\bar{y} = a + b\bar{x}$, y entonces

$$\sum_{i=1}^{n}(y_i - \bar{y})^2 = b^2 \sum_{i=1}^{n}(x_i - \bar{x})^2$$

Esto es, si s_y^2 y s_x^2 son las respectivas varianzas muestrales, entonces

$$s_y^2 = b^2 s_x^2$$

En otras palabras, al sumar una constante a cada uno de los valores no se modifica la varianza muestral; mientras que si se multiplica cada valor por una constante, se obtiene una nueva varianza muestral que es igual a la anterior multiplicada por el cuadrado de la constante.

EJEMPLO 2.3g Los datos siguientes dan el número mundial de accidentes fatales de aerolíneas de la lista de transportes aéreos comerciales durante el periodo de 1985 a 1993.

Año	1985	1986	1987	1988	1989	1990	1991	1992	1993
Accidentes	22	22	26	28	27	25	30	29	24

Fuente: Civil Aviation Statistics of the World, anual.

Encuentre la varianza muestral del número de accidentes en estos años.

SOLUCIÓN Empecemos por restar 22 a cada valor para obtener el nuevo conjunto de datos

$$0, 0, 4, 6, 5, 3, 8, 7, 2$$

Llamándole a los datos transformados $y_1, \ldots, y_9$, tenemos

$$\sum_{i=1}^{n} y_i = 35, \qquad \sum_{i=1}^{n} y_i^2 = 16 + 36 + 25 + 9 + 64 + 49 + 4 = 203$$

Entonces, como la varianza muestral de los datos transformados es igual a la varianza muestral de los datos originales, usando la identidad algebraica obtenemos

$$s^2 = \frac{203 - 9(35/9)^2}{8} \approx 8.361 \quad \blacksquare$$

El programa 2.3 del disco que acompaña este texto se puede usar para calcular la varianza muestral de conjuntos grandes de datos.

A la raíz cuadrada positiva de la varianza muestral se le denomina *desviación estándar muestral*.

Definición

A la cantidad s definida mediante

$$s = \sqrt{\sum_{i=1}^{n} (x_i - \bar{x})^2/(n-1)}$$

se le llama *desviación estándar muestral.*

La desviación estándar muestral se mide en las mismas unidades en que se miden los datos.

2.3.3 PERCENTILES MUESTRALES Y DIAGRAMAS DE CAJA

Dicho en pocas palabras, el $100p$ percentil muestral de un conjunto de datos es aquel valor tal que $100p$ por ciento de los valores de los datos son menores o iguales a él, $0 \le p \le 1$. Más formalmente tenemos la siguiente definición.

Definición

El *$100p$ percentil muestral* es aquel valor de los datos tal que $100p$ por ciento de los datos son menores que o iguales a él y $100(1-p)$ por ciento son mayores que o iguales a él. Si existen dos valores de los datos que satisfagan esta condición, entonces el $100p$ percentil es el promedio aritmético de estos dos valores.

Para determinar el $100p$ percentil muestral de un conjunto de datos de tamaño n, necesitamos determinar los valores de los datos tales que

1. Al menos np de los valores sean menores o iguales a él.

2. Al menos $(1-p)$ sean mayores o iguales a él.

Para conseguir esto, primero ordene los datos en orden creciente. Después observe que si np no es un entero, entonces el único valor de los datos que satisface las condiciones anteriores es aquel cuya posición en los datos ordenados de menor a mayor sea el menor entero mayor que np. Por ejemplo, Si $n = 22$ y $p = .8$, entonces necesitamos un valor de los datos tal que al menos 17.6 de los valores sean menores que o iguales a él. Resulta claro que únicamente el valor 18 en el conjunto de datos ordenados de menor a mayor satisface ambas condiciones y es el 80 percentil muestral. Ahora bien, si np es un entero, es fácil comprobar que tanto np como $np + 1$ satisfacen las condiciones anteriores y, entonces, el $100p$ percentil muestral es el promedio de estos valores.

EJEMPLO 2.3h En la tabla 2.6 se presenta una lista de las poblaciones de las 30 ciudades más populosas de Estados Unidos en 1990. Encuentre **(a)** el 10 percentil muestral y **(b)** el 95 percentil muestral.

SOLUCIÓN   (a) Como el tamaño de la muestra es 30 y 30(.10) = 3, el 10 percentil muestral es el promedio del tercero y cuarto valores del conjunto de valores ordenado de menor a mayor. Así que el 10 percentil muestral es

$$\frac{447\ 619 + 465\ 648}{2} = 456\ 633.5$$

(b) Como 30(.95) = 28.5, el 95 percentil muestral es el valor número 29 en el conjunto de datos ordenados de menor a mayor, que es 3 485 557.   ∎

TABLA 2.6   *Población de 30 de las mayores ciudades de Estados Unidos*

Posición	Ciudad	1990
1	New York, NY	7 322 564
2	Los Ángeles, CA	3 485 557
3	Chicago, IL	2 783 726
4	Houston, TX	1 629 902
5	Philadelphia, PA	1 585 577
6	San Diego, CA	1 110 623
7	Detroit, MI	1 027 974
8	Dallas, TX	1 007 618
9	Phoenix, AZ	983 403
10	San Antonio, TX	935 393
11	San Jose, CA	782 224
12	Indianapolis, IN	741 952
13	Baltimore, MD	736 014
14	San Francisco, CA	723 959
15	Jacksonville, FL	672 971
16	Columbus, OH	632 945
17	Milwaukee, WI	628 088
18	Memphis, TN	610 337
19	Washington, DC	606 900
20	Boston, MA	574 283
21	Seattle, WA	516 259
22	El Paso, TX	515 342
23	Nashville-Davidson, TN	510 784
24	Cleveland, OH	505 616
25	New Orleans, LA	496 938
26	Denver, CO	467 610
27	Austin, TX	465 648
28	Fort Worth, TX	447 619
29	Oklahoma City, OK	444 724
30	Portland, OR	438 802

Fuente: Bureau of the Census, U.S. Dept. of Commmerce (las 100 ciudades más populosas ordenadas según el censo de abril de 1990; revisado en abril de 1994).

El 50 percentil muestral es, por supuesto, la mediana muestral. Este percentil junto con el 25 y con el 75 percentiles muestrales constituyen los cuartiles muestrales.

Definición

Al 25 percentil muestral se le denomina *primer cuartil,* al 50 percentil muestal se le llama la mediana muestral o el *segundo cuartil,* al 75 percentil muestral se nombra como el *tercer cuartil.*

Los cuartiles dividen a un conjunto de datos en cuatro partes, de manera que aproximadamente 25 por ciento de los datos sean menores que el primer cuartil, 25 por ciento estén entre el primer y el segundo cuartiles, 25 por ciento estén entre el segundo y el tercer cuartiles, y 25 por ciento sean mayores que el tercer cuartil.

EJEMPLO 2.3i El sonido se mide en decibeles y se denota dB. Un decibel es aproximadamente el nivel de un sonido débil que alguien con un buen oído puede percibir en un lugar silencioso; un susurro mide cerca de 30 dB; una voz humana en una conversación normal es de aproximadamente 70 dB; un radio fuerte corresponde a cerca de 100 dB. Un sonido molesto para el oído tiene normalmente un nivel de unos 120 dB.

Los siguientes datos muestran niveles de sonido medidos en 36 momentos diferentes en la Grand Central Station en Manhattan.

82, 89, 94, 110, 74, 122, 112, 95, 100, 78, 65, 60, 90, 83, 87, 75, 114, 85

69, 94, 124, 115, 107, 88, 97, 74, 72, 68, 83, 91, 90, 102, 77, 125, 108, 65

Determine los cuartiles.

SOLUCIÓN Un diagrama de tallo y hoja de los datos quedaría como sigue:

6	0, 5, 5, 8, 9
7	2, 4, 4, 5, 7, 8
8	2, 3, 3, 5, 7, 8, 9
9	0, 0, 1, 4, 4, 5, 7
10	0, 2, 7, 8
11	0, 2, 4, 5
12	2, 4, 5

El primer cuartil es de 74.5 que es el promedio entre el noveno y el décimo datos del conjunto de datos ordenados de menor a mayor; el segundo cuartil es 89.5, que es el promedio de los datos 18 y 19 del conjunto de datos ordenados de menor a mayor; el tercer cuartil es 104.5, que es el promedio de los datos 27 y 28 del conjunto de datos ordenados de menor a mayor. ∎

FIGURA 2.7 *Un diagrama de caja.*

Un *diagrama de caja* con frecuencia se usa para graficar algunos de los estadísticos que resumen un conjunto de datos. Se dibuja en un eje horizontal un segmento de línea que va del dato más pequeño al más grande; por la línea pasa una "caja" que empieza en el primer y va hasta el tercer cuartil, y en la que el valor del segundo cuartil está indicado por una línea vertical. Por ejemplo, los 42 datos dados en la tabla 2.1 van del valor menor que es 27 al valor mayor que es 40. El valor del primer cuartil (que es igual al valor del dato en la posición 11 de los datos ordenados de menor a mayor) es 30; el valor del segundo cuartil (que es igual al promedio de los datos 21 y 22 del conjunto de los datos ordenados de menor a mayor) es 31.5; y el valor del tercer cuartil (que es el valor 32 del conjunto de datos ordenados de menor a mayor) es 34. El diagrama de caja de este conjunto de datos se ilustra en la figura 2.7.

A la longitud del segmento de línea en el diagrama de caja, que es igual al valor mayor menos el valor menor, se le llama *rango* de los datos. También a la longitud de la caja misma, que es igual al tercer cuartil menos el primer cuartil, se le denomina *rango intercuartil.*

2.4 DESIGUALDAD DE CHEVYSHEV

Sean $\bar{x}$ y s la media muestral y la desviación estándar muestral de un conjunto de datos. Suponga que $s > 0$. La desigualdad de Chebyshev establece que para cualquier valor $k \geq 1$ más del $100(1 - 1/k^2)$ por ciento de los datos están dentro del intervalo que va desde $\bar{x} - ks$ hasta $\bar{x} + ks$. Así, por ejemplo, si tomamos $k = 3/2$, se tiene, de acuerdo con la desigualdad de Chebyshev, que más de $100(5/9) = 55.56$ por ciento de los datos de un conjunto de datos se encuentran a una distancia no mayor de $1.5s$ de la media muestral $\bar{x}$, tomando $k = 2$ se muestra que más del 75 por ciento de los datos se encuentran a menos de $2s$ de la media muestral; y tomando $k = 3$ se muestra que más de $800/9 \approx 88.9$ por ciento de los datos se encuentra a menos de 3 desviaciones estándar de $\bar{x}$.

Cuando se especifica el tamaño de un conjunto de datos, la desigualdad de Chebyshev puede ser más precisa, como se indica en la siguiente aseveración formal y en su demostración.

Desigualdad de Chebyshev

Sean $\bar{x}$ y s la media muestral y la desviación estándar muestral del conjunto de datos $x_1, \ldots, x_n$, donde $s > 0$. Sea

$$S_k = \{i, 1 \leq i \leq n : |x_i - \bar{x}| < ks\}$$

y sea $N(S_k)$ el número de elementos en el conjunto S_k. Entonces para toda $k \geq 1$,

$$\frac{N(S_k)}{n} \geq 1 - \frac{n-1}{nk^2} > 1 - \frac{1}{k^2}$$

Demostración

$$(n-1)s^2 = \sum_{i=1}^{n}(x_i - \bar{x})^2$$

$$= \sum_{i \in S_k}(x_i - \bar{x})^2 + \sum_{i \notin S_k}(x_i - \bar{x})^2$$

$$\geq \sum_{i \notin S_k}(x_i - \bar{x})^2$$

$$\geq \sum_{i \notin S_k}k^2s^2$$

$$= k^2s^2(n - N(S_k))$$

donde la primera desigualdad resulta debido a que ninguno de los términos que se suman es negativo; la segunda sigue ya que $(x_i - \bar{x})^2 \geq k^2s^2$ cuando $i \notin S_k$. Dividiendo ambos miembros de la desigualdad anterior entre nk^2s^2 se obtiene

$$\frac{n-1}{nk^2} \geq 1 - \frac{N(S_k)}{n}$$

y el resultado queda probado.   □

Debido a que la desigualdad de Chebyshev se satisface universalmente, puede esperarse que para un conjunto de datos determinado el porcentaje de los datos verdadero que cae dentro del intervalo de $\bar{x} - ks$ a $\bar{x} + ks$ pueda ser bastante más grande que el límite dado por la desigualdad.

EJEMPLO 2.4a En la tabla 2.7 se presenta una lista de los 14 automóviles de pasajeros más vendidos en Estados Unidos en 1993. Usando el disco del texto, vemos que la media muestral y la desviación estándar muestral de estos datos son

$$\bar{x} = 239\ 434.43, \qquad s = 62\ 235.02$$

La desigualdad de Chebyshev establece que al menos 55.56 por ciento de los datos están en el intervalo

$$(\bar{x} - 3s/2, \bar{x} + 3s/2) = (146\ 081.90, 332\ 786.96)$$

mientras que en realidad $100(13/14) = 92.1$ por ciento de los datos caen dentro de estos límites.   ∎

TABLA 2.7   *Los automóviles de pasajeros más vendidos en Estados Unidos en 1993 (nacionales e importados)*

1993		
1.	Ford Taurus	380 448
2.	Honda Accord	330 030
3.	Toyota Camry	299 737
4.	Chevrolet Cavalier	273 617
5.	Ford Escort	269 034
6.	Honda Civic	255 579
7.	Saturn	229 356
8.	Chevrolet Lumina	219 683
9.	Ford Tempo	217 644
10.	Pontiac Grand Am	214 761
11.	Toyota Corolla	193 749
12.	Chevrolet Corsica/Beretta	171 794
13.	Nissan Sentra	167 351
14.	Buick LeSabre	149 299

Fuente: American Automobile Manufacturers Assn.

2.5 CONJUNTOS DE DATOS NORMALES

Muchos de los grandes conjuntos de datos observados en la práctica tienen histogramas que son similares. Con frecuencia estos histogramas alcanzan su máximo en la mediana muestral y, después, decrecen a ambos lados de este punto de manera simétrica con forma de campana. Se dice que tales conjuntos de datos son *normales* y a sus histogramas se les llama *histogramas normales*. La figura 2.8 representa el histograma de un conjunto de datos normal.

Si el histograma de un conjunto de datos es casi como un histograma normal, entonces decimos que el conjunto de datos es *aproximadamente normal*. Por ejemplo, diríamos que el histograma dado en la figura 2.9 es el histograma de un conjunto de datos aproximadamente normal, mientras que los

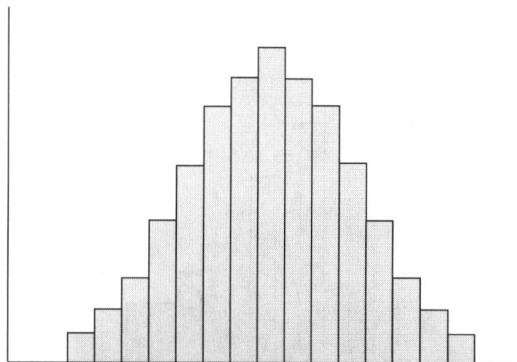

FIGURA 2.8   *Histograma de un conjunto de datos normal.*

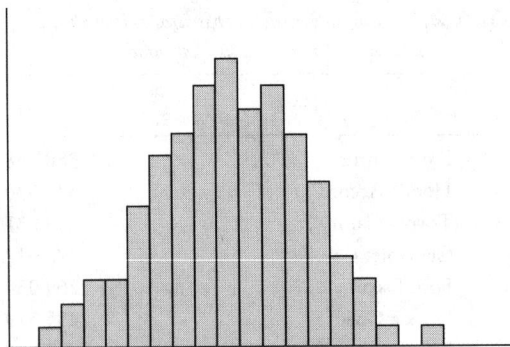

FIGURA 2.9 *Histograma de un conjunto de datos aproximadamente normal.*

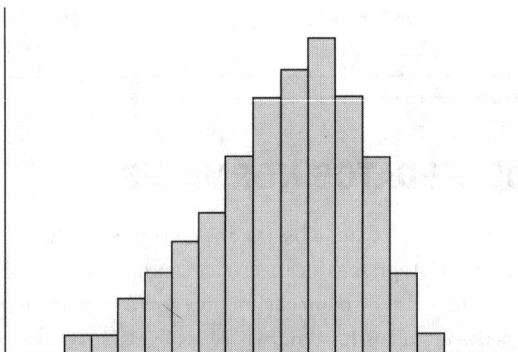

FIGURA 2.10 *Histograma de un conjunto de datos sesgado a la izquierda.*

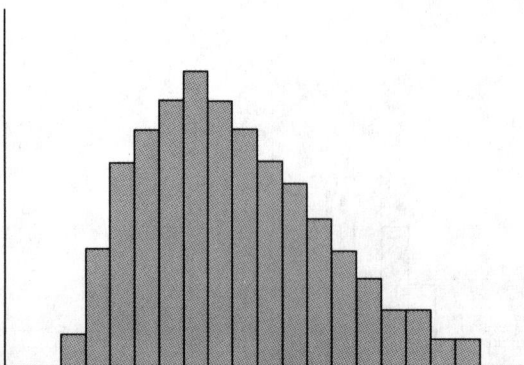

FIGURA 2.11 *Histograma de un conjunto de datos sesgado a la derecha.*

histogramas presentados en las figuras 2.10 y 2.11 no lo son (porque los dos son bastante asimétricos). Cualquier conjunto de datos que no sea aproximadamente simétrico respecto a su mediana muestral se dice que está *sesgado*. Está "sesgado a la derecha" si tiene una cola larga a la derecha, y está "sesgado a la izquierda" si tiene una cola larga a la izquierda. El conjunto de datos presentado en la figura 2.10 está sesgado a la izquierda y el presentado en la figura 2.11 está sesgado a la derecha.

De la simetría de un histograma normal se sigue que un conjunto de datos que es aproximadamente normal tendrá sus media muestral y mediana muestral aproximadamente iguales.

Suponga que $\bar{x}$ y s son la media muestral y la desviación estándar muestral de un conjunto de datos aproximadamente normal. La siguiente regla, conocida como *regla empírica*, especifica la proporción aproximada de los datos que están a no más de s, $2s$ y $3s$ de la media muestral $\bar{x}$.

La regla empírica

Si un conjunto de datos es aproximadamente normal con media muestral $\bar{x}$ y desviación estándar muestral s, entonces las siguientes proposiciones son verdaderas.

1. Aproximadamente 68 por ciento de las observaciones están a no más de

$$\bar{x} \pm s$$

2. Aproximadamente 95 por ciento de las observaciones están a no más de

$$\bar{x} \pm 2s$$

3. Aproximadamente 99.7 por ciento de las observaciones están a no más de

$$\bar{x} \pm 3s$$

EJEMPLO 2.5a El siguiente diagrama de tallo y hoja representa las calificaciones obtenidas por estudiantes de ingeniería industrial en un examen de estadística.

```
9 │ 0, 1, 4
8 │ 3, 5, 5, 7, 8
7 │ 2, 4, 4, 5, 7, 7, 8
6 │ 0, 2, 3, 4, 6, 6
5 │ 2, 5, 5, 6, 8
4 │ 3, 6
```

Si colocamos el diagrama de tallo y hoja apoyado en su lado izquierdo, observamos que el correspondiente histograma es aproximadamente normal. Úselo para comprobar la regla empírica.

SOLUCIÓN Mediante un cálculo se obtiene que

$$\bar{x} \approx 70.571, \qquad s \approx 14.354$$

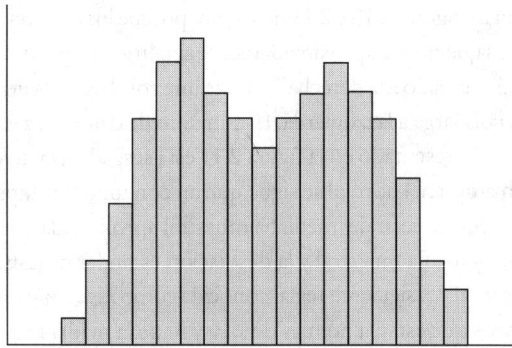

FIGURA 2.12 *Histograma de un conjunto de datos bimodal.*

La regla empírica establece que aproximadamente 68 por ciento de los datos están entre 56.2 y 84.9; el porcentaje real es $1\,500/28 \approx 53.6$. Análogamente la regla empírica dice que aproximadamente 95 por ciento de los datos están entre 41.86 y 99.28, mientras que el porcentaje real es 100. ■

Un conjunto de datos que se obtiene muestreando una población que está formada por subpoblaciones de distintos tipos usualmente no es normal. Los histogramas que se obtienen de tales datos más bien parecen el resultado de la combinación, o superposición, de histogramas normales y por esto, con frecuencia, tienen más de un máximo o joroba. Como el histograma en estos máximos locales estará más alto que en sus puntos cercanos, estos máximos son similares a modas. Un conjunto de datos cuyo histograma tiene dos máximos locales se dice que es *bimodal*. El conjunto de datos presentado en la figura 2.12 es bimodal.

2.6 CONJUNTOS DE DATOS POR PAREJAS Y EL COEFICIENTE DE CORRELACIÓN MUESTRAL

Con frecuencia nos encontramos con conjuntos de datos que consisten de parejas de valores que tienen alguna relación entre sí. Si cada elemento en tales conjuntos de datos tiene un valor x y un valor y, entonces representamos el *i-ésimo* dato mediante el par (x_i, y_i). Por ejemplo, con el objetivo de determinar la relación entre la temperatura diaria al mediodía (medida en grados Celsius) y el número de partes defectuosas producidas en ese día, una empresa registra los datos presentados en la tabla 2.8. En este conjunto de datos, x_i representa la temperatura en grados Celsius, y y_i el número de partes defectuosas producidas en el día i.

Una manera útil de representar un conjunto de parejas de datos consiste en graficar los datos en una gráfica bidimensional, en la cual en el eje x se representan los valores x de los datos, y en el eje y, los valores y. Estas gráficas se denominan diagramas de dispersión. La figura 2.13 presenta un diagrama de dispersión para los datos de la tabla 2.8.

Una cuestión de interés respecto a un conjunto de datos por parejas es si valores grandes de x tienden a estar apareados con valores grandes de y, y valores pequeños de x con valores pequeños de y; si esto no es así, entonces, preguntamos si valores grandes de una de las variables tienden a estar apareados con valores pequeños de la otra. Con frecuencia se puede dar una respuesta aproximada a

TABLA 2.8   *Datos de temperatura y defectuosos*

Día	Temperatura	Número de defectuosos
1	24.2	25
2	22.7	31
3	30.5	36
4	28.6	33
5	25.5	19
6	32.0	24
7	28.6	27
8	26.5	25
9	25.3	16
10	26.0	14
11	24.4	22
12	24.8	23
13	20.6	20
14	25.1	25
15	21.4	25
16	23.7	23
17	23.9	27
18	25.2	30
19	27.4	33
20	28.3	32
21	28.8	35
22	26.6	24

estas cuestiones mediante el diagrama de dispersión. Por ejemplo, la figura 2.13 indica que parece haber alguna conexión entre las temperaturas altas y un número grande de artículos defectuosos. Para tener una medida cuantitativa de esta relación, desarrollamos ahora un estadístico que trata de medir el grado en el cual valores grandes de x corresponden a valores grandes de y, y valores pequeños de x a valores pequeños de y.

Suponga que el conjunto de datos consiste de parejas de valores (x_i, y_i), $i = 1, \ldots, n$. Para obtener un estadístico que se utilice para medir la relación entre los valores individuales de un conjunto de parejas de datos, sean $\bar{x}$ y $\bar{y}$ las medias muestrales de los valores x y de los valores y, respectivamente. Para una pareja de datos i, considere que $x_i - \bar{x}$, la desviación respecto a la media muestral de su valor x, y $y_i - \bar{y}$ la desviación de su valor y de la media muestral. Ahora si x_i es un valor x grande, entonces será mayor que el promedio de las x, y la desviación $x_i - \bar{x}$ será un número positivo. De manera similar, si x_i tiene un valor x pequeño, la desviación $x_i - \bar{x}$ será negativa. Como lo mismo vale para las desviaciones de y, concluimos lo siguiente:

Cuando valores grandes de la variable x tienden a estar relacionados con valores grandes de la variable y y valores pequeños de la variable x tienden a estar relacionados con valores pequeños de la variable y, entonces, el signo, ya sea positivo o negativo, de $x_i - \bar{x}$ y $y_i - \bar{y}$ tenderá a ser el mismo.

Número de
defectuosos

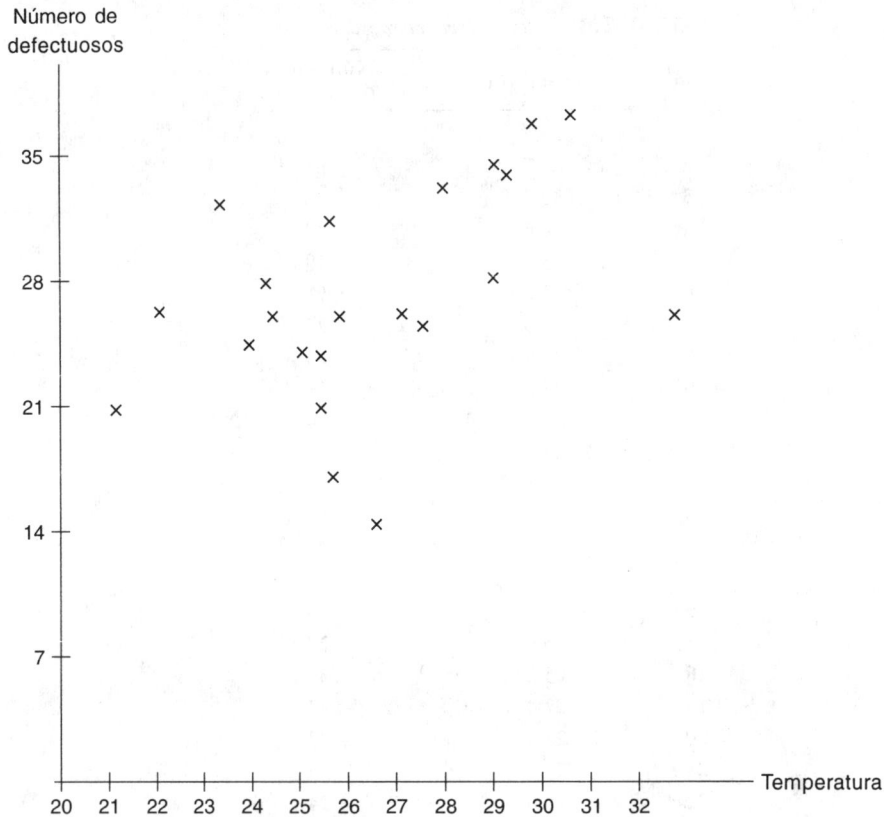

FIGURA 2.13 *Un diagrama de dispersión.*

Ahora si $x_i - \bar{x}$ y $y_i - \bar{y}$ tienen ambos el mismo signo (ya sea positivo o negativo), entonces su produ!cto $(x_i - \bar{x})(y_i - \bar{y})$ será positivo. Con lo que resulta que cuando valores grandes de x tienden a estar relacionados con valores grandes de y y valores pequeños de x tiendan a estar relacionados con valores pequeños de y, entonces $\sum_{i=1}^{n}(x_i - \bar{x})(y_i - \bar{y})$ tenderá a ser un número grande positivo. [De hecho, cuando valores grandes (pequeños) de x están relacionados con valores grandes (pequeños) de y no sólo todos los productos tendrán signo positivo, sino que, además, como sigue de un resultado matemático conocido como lema de Hardy, la suma de las parejas de productos tendrá su valor mayor cuando la mayor diferencia $x_i - \bar{x}$ esté apareada con la mayor diferencia $y_i - \bar{y}$, la siguiente mayor diferencia $x_i - \bar{x}$ esté apareada con la siguiente mayor diferencia $y_i - \bar{y}$, y así sucesivamente.] Además, de manera similar se deduce que cuando valores grandes de x_i tienden a aparearse con valores pequeños de y_i, entonces el signo de $x_i - \bar{x}$ y el de $y_i - \bar{y}$ serán opuestos y $\sum_{i=1}^{n}(x_i - \bar{x})(y_i - \bar{y})$ será un número grande negativo.

Para determinar lo que significa que $\sum_{i=1}^{n}(x_i - \bar{x})(y_i - \bar{y})$ sea "grande", primero estandarizamos esta suma dividiendo entre $n - 1$ y, después, entre el producto de las dos desviaciones estándar muestrales. Al estadístico que se obtiene se denomina *coeficiente de correlación muestral*.

Definición

Sean s_x y s_y la desviación estándar muestral de los valores x y la desviación estándar muestral de los valores y, respectivamente. Al *coeficiente de correlación muestral* llamémosle r, de las parejas de datos (x_i, y_i), $i = 1,\ldots, n$ está definido por

$$r = \frac{\sum_{i=1}^{n}(x_i - \bar{x})(y_i - \bar{y})}{(n-1)s_x s_y}$$

$$= \frac{\sum_{i=1}^{n}(x_i - \bar{x})(y_i - \bar{y})}{\sqrt{\sum_{i=1}^{n}(x_i - \bar{x})^2 \sum_{i=1}^{n}(y_i - \bar{y})^2}}$$

Cuando $r > 0$ decimos que las parejas de datos muestrales están *correlacionadas positivamente*, y cuando $r < 0$ decimos que están *correlacionadas negativamente*.

Las siguientes son propiedades del coeficiente de correlación muestral.

Propiedades de *r*

1.
$$-1 \leq r \leq 1$$

2. Si para constantes a y b, con $b > 0$,

$$y_i = a + bx_i, \qquad i = 1, \ldots, n$$

    entonces $r = 1$.

3. Si para constantes a y b, con $b < 0$,

$$y_i = a + bx_i, \qquad i = 1, \ldots, n$$

    entonces $r = -1$.

4. Si r es el coeficiente de correlación muestral de las parejas de datos $x_i, y_i, i = 1,\ldots, n$, entonces también es el coeficiente de correlación muestral de las parejas de datos

$$a + bx_i, \qquad c + dy_i, \qquad i = 1, \ldots, n$$

siempre que b y d sean ambos positivos o ambos negativos.

La propiedad 1 dice que el coeficiente de correlación muestral r está siempre entre -1 y $+1$. La propiedad 2 afirma que r será igual a $+1$ cuando haya una relación de línea recta (también llamada lineal) entre las parejas de datos de manera que valores grandes de y correspondan a valores grandes de *x*. La propiedad 3 indica que *r* será igual a −1 cuando la relación sea lineal y valores grandes de *y* correspondan a valores pequeños de *x*. La propiedad 4 declara que el valor de *r* permanece inalterable cuando se suma una constante a cada una de las variables *x* (o a cada una de las variables *y*) o cuando cada variable *x* (o cada variable *y*) se multiplica por una constante positiva. Esta propiedad implica que *r* no depende de las dimensiones empleadas para medir los datos. Por ejemplo, el coeficiente de correlación muestral entre la altura y el peso de una persona no depende de si la altura se mide en pies o en pulgadas ni de si el peso se mide en libras o en kilogramos. También si uno de los valores en la pareja es la temperatura, el coeficiente de correlación muestral es el mismo, ya sea que ésta se mida en Fahrenheit o en Celcius.

El valor absoluto del coeficiente de correlación muestral *r* (esto es, |*r*|, sin tomar en cuenta el signo) es una medida de la fuerza de la relación lineal entre los valores de *x* y los valores de *y* de una pareja de datos. Un valor de |*r*| igual a 1 significa que existe una relación lineal perfecta —esto es, que una línea recta puede pasar a través de todos los puntos de los datos (x_i, y_i), $i = 1, \ldots, n$—. Un valor de |*r*| alrededor de .8 significa que la relación lineal es relativamente fuerte; aunque no hay una línea recta que pase a través de todos los puntos de los datos, hay una que queda "cercana" a todos ellos. Un valor de |*r*| alrededor de .3 significa que la relación lineal es relativamente débil.

El signo de *r* indica la dirección de la relación. Resulta positiva cuando valores pequeños de *y* tienden a corresponder a valores pequeños de *x*, y valores grandes de *y* tienden a corresponder a

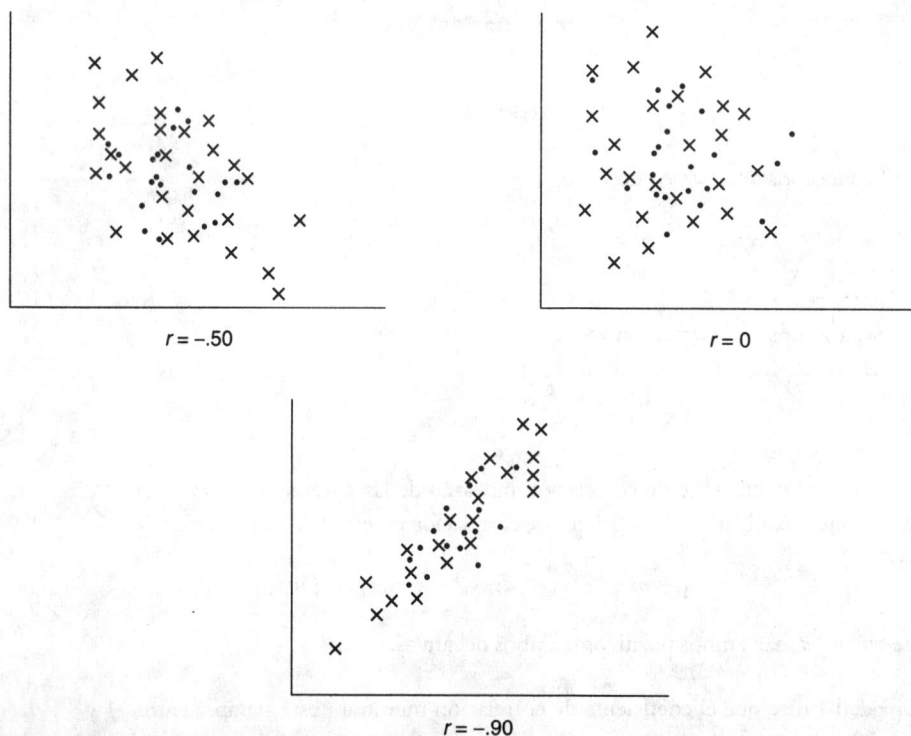

$r = -.50$ $r = 0$

$r = -.90$

FIGURA 2.14   *Coeficiente de correlación muestral.*

valores grandes de x (entonces una línea recta de aproximación apunta hacia arriba), y es negativa cuando valores grandes de y tienden a corresponder a valores pequeños de x y valores pequeños de y tienden a corresponder a valores grandes de x (entonces una línea recta de aproximación apunta hacia abajo). En la figura 2.14 se representan diagramas de dispersión de conjuntos de datos con diferentes valores de r.

EJEMPLO 2.6a   Encuentre el coeficiente de correlación muestral de los datos que se presentan en la tabla 2.8.

SOLUCIÓN   Calculando se obtiene la solución

$$r = .4189$$

indicando así una correlación positiva relativamente débil entre la temperatura diaria y el número de artículos defectuosos producidos por día.   ■

EJEMPLO 2.6b   Los siguientes datos presentan la tasa de pulsaciones en reposo (en pulsaciones por minuto) y los años de escolaridad de 10 individuos. En la figura 2.15 se presenta un diagrama de dispersión de estos datos. El coeficiente de correlación muestral de estos datos es $r = -.7638$. Esta correlación negativa indica que en este conjunto de datos una tasa de pulsaciones alta está fuertemente asociada con pocos años en la escuela y una tasa de pulsaciones baja con muchos años en la escuela.   ■

Persona	1	2	3	4	5	6	7	8	9	10
Años de escuela	12	16	13	18	19	12	18	19	12	14
Tasa de pulsaciones	73	67	74	63	73	84	60	62	76	71

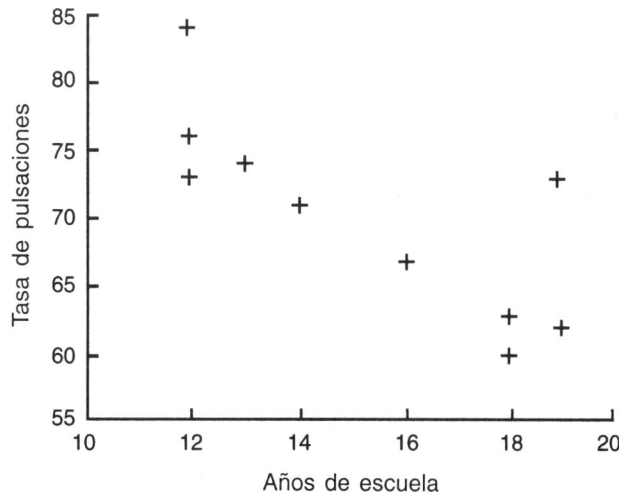

FIGURA 2.15   *Diagrama de dispersión de años de escuela y tasa de pulsaciones.*

La correlación mide asociación, no causalidad

Los resultados del ejemplo 2.6b indican una fuerte correlación negativa entre los años de educación de un individuo y su tasa de pulsaciones en reposo. Sin embargo, esto no implica que años de escuela adicionales reduzcan directamente la tasa de pulsaciones de una persona. Esto es, aunque más años de escuela tienden a estar asociados con menor tasa de pulsaciones en descanso, ello no significa que más años de escuela sean una causa directa de menores pulsaciones. A menudo, la explicación de tales asociaciones está en un factor inesperado que está relacionado con ambas variables en consideración. En este ejemplo, puede ser que la persona que ha estado más tiempo en la escuela esté mejor informada de hallazgos recientes en el área de la salud, y así esté más consciente de la importancia del ejercicio y de la buena nutrición; o quizá no sean los conocimientos los que hagan la diferencia, sino más bien el hecho de que las personas que han tenido más educación obtienen trabajos que les permiten tener más tiempo para el ejercicio y más dinero para gastar en una buena nutrición. La fuerte correlación negativa entre años de escuela y pulsaciones resulta probablemente de una combinación de éstos y otros factores.

Problemas

1. La siguiente es una muestra de los precios, redondeados a centavos, por galón de gasolina estándar sin plomo en el área de la Bahía de San Francisco en junio de 1997.

    137, 139, 141, 137, 144, 141, 139, 137, 144, 141, 143, 143, 141

    Represente estos datos mediante

    (a) Una tabla de frecuencias.
    (b) Una gráfica de líneas de frecuencias relativas.

2. Explique cómo se puede construir una gráfica de pastel. Si el valor de uno de los datos tiene una frecuencia relativa r, ¿a qué ángulo deberá trazarse las líneas que definen la sección que le corresponde?

3. Las siguientes son las reservas de petróleo estimadas en miles de millones de barriles, en cuatro regiones del hemisferio occidental.

Estados Unidos	38.7
Sudamérica	22.6
Canadá	8.8
México	60.0

Represente estos datos en un diagrama de pastel.

4. La siguiente tabla da el tiempo promedio que las personas tardan en transportarse a su centro de trabajo en 50 estados, así como el porcentaje de quienes usan el transporte público.

(a) Represente los datos del tiempo promedio para transportarse al trabajo mediante un histograma.

(b) Represente los datos del porcentaje de los trabajadores que usan transporte público mediante un diagrama de tallo y hojas.

Región, división y estado	Tiempo medio de transporte al trabajo	
	Porcentaje de quienes usan transporte público	Tiempo medio de transporte al trabajo[1] (en minutos)
Estados Unidos . .	**5.3**	**22.4**
Noreste	**12.8**	**24.5**
New England	5.1	21.5
Maine	0.9	19.0
New Hampshire . . .	0.7	21.9
Vermont	0.7	18.0
Massachusetts	8.3	22.7
Rhode Island	2.5	19.2
Connecticut	3.9	21.1
Atlántico Medio	15.7	25.7
New York	24.8	28.6
New Jersey	8.8	25.3
Pennsylvania	6.4	21.6
Oeste Medio	**3.5**	**20.7**
Noreste Central . . .	4.3	21.7
Ohio	2.5	20.7
Indiana	1.3	20.4
Illinois	10.1	25.1
Michigan	1.6	21.2
Wisconsin	2.5	18.3
Noroeste Central . .	1.9	18.4
Minnesota	3.6	19.1
Iowa	1.2	16.2
Missouri	2.0	21.6
North Dakota	0.6	13.0
South Dakota	0.3	13.8
Nebraska	1.2	15.8
Kansas	0.6	17.2
Sur	**2.6**	**22.0**
Atlántico Sur	3.4	22.5
Delaware	2.4	20.0
Maryland	8.1	27.0
Virginia	4.0	24.0
West Virginia	1.1	21.0
North Carolina	1.0	19.8

(*continúa*)

Región, división y estado	Tiempo medio de transporte al trabajo	
	Porcentaje de quienes usan transporte público	Tiempo medio de transporte al trabajo[1] (en minutos)
South Carolina	1.1	20.5
Georgia	2.8	22.7
Florida	2.0	21.8
Sureste Central . . .	1.2	21.1
Kentucky	1.6	20.7
Tennessee	1.3	21.5
Alabama	0.8	21.2
Mississippi	0.8	20.6
Suroeste Central . . .	2.0	21.6
Arkansas	0.5	19.0
Louisiana	3.0	22.3
Oklahoma	0.6	19.3
Texas	2.2	22.2
Oeste	**4.1**	**22.7**
Mountain	2.1	19.7
Montana	0.6	14.8
Idaho	1.9	17.3
Wyoming	1.4	15.4
Colorado	2.9	20.7
New Mexico	1.0	19.1
Arizona	2.1	21.6
Utah	2.3	18.9
Nevada	2.7	19.8
Pacífico	4.8	23.8
Washington	4.5	22.0
Oregon	3.4	19.6
California	4.9	24.6
Alaska	2.4	16.7
Hawaii	7.4	23.8

[1] *Se excluyen personas que trabajan en casa.*

Fuente: Oficina de los censos de Estados Unidos. Censo de Población y Habitación de 1990.

5. Elija un libro o un artículo y cuente el número de palabras en cada una de las 100 primeras oraciones. Presente los datos en un diagrama de tallo y hojas. Ahora elija otro libro u otro artículo de otro autor, y haga lo mismo. ¿Se parecen los dos diagramas de tallo y hoja? ¿Piensa usted que éste podría ser un método para decir si los dos diferentes artículos fueron escritos por autores distintos?

6. La tabla siguiente presenta el número de accidentes y tragedias en aerolíneas comerciales de Estados Unidos de 1980 a 1995.

Seguridad en aerolíneas de Estados Unidos, transportadores comerciales registrados, 1980-1995

	Vuelos (en millones)	Acci-dentes fatales	Trage-dias	Accidentes fatales por 100 000 vuelos		Vuelos (en millones)	Acci-dentes fatales	Trage-dias
1980	5.4	0	0	0.000	1988	6.7	3	285
1981	5.2	4	4	0.077	1989	6.6	11	278
1982	5.0	4	233	0.060	1990	6.9	6	39
1983	5.0	4	5	0.079	1991	6.8	4	62
1984	5.4	1	4	0.018	1992	7.1	4	33
1985	5.8	4	197	0.069	1993	7.2	1	1
1986	6.4	2	5	0.016	1994	7.5	4	239
1987	6.6	4	231	0.046[1]	1995	8.1	2	166

Fuente: National Transportation Safety Board.

(a) Represente, en una tabla de frecuencias, el número de accidentes, por año, en las aerolíneas.

(b) Elabore un polígono de frecuencias del número de accidentes, por año, en las aerolíneas.

(c) Presente una gráfica de frecuencias acumulada relativa del número de accidentes, por año, en las aerolíneas.

(d) Encuentre la media muestral del número de accidentes, por año, en las aerolíneas.

(e) Determine la mediana muestral del número de accidentes, por año, en las aerolíneas.

(f) Encuentre la moda muestral del número de accidentes, por año, en las aerolíneas.

(g) Encuentre la desviación estándar muestral del número de accidentes, por año, en las aerolíneas.

7. (Use la tabla del problema 6.)

(a) En un histograma represente el número de accidentes fatales, por año, en las aerolíneas.

(b) Represente el número de tragedias, anuales, en las aerolíneas en un diagrama de tallo y hojas.

(c) Encuentre la media muestral del número de accidentes, por año, en las aerolíneas.

(d) Determine la mediana muestral del número de accidentes, por año, en las aerolíneas.

(e) Encuentre la desviación estándar muestral del número de accidentes, por año, en las aerolíneas.

8. Use los datos que se dan en la siguiente tabla para

(a) construir un diagrama de tallo y hojas

(b) encontrar la mediana muestral del número de teléfonos, por cada 100 personas, en los distintos países mencionados en la lista.

9. Usando la tabla mostrada en el problema 4, encuentre la media y la mediana muestrales del tiempo promedio de transporte en los estados en el

País	Líneas telefónicas por cada 100 personas, 1994
Argelia	4
Argentina	14
Australia	50
Austria	47
Bélgica	45
Brasil	7
Bulgaria	34
Canadá	58
Chile	11
China	2
Colombia	9
Costa Rica	13
Cuba	3
Chipre	45
República Checa	21
Dinamarca	60
República Dominicana	8
Ecuador	5
Egipto	4
Finlandia	55
Francia	55
Alemania	48
Grecia	48
Guatemala	2
Honduras	2
Hong Kong	54
Hungría	17
Islandia	56
India	1
Indonesia	1
Irán	7
Iraq	3
Irlanda	33
Israel	37
Italia	43
Jamaica	10
Japón	48
Corea del Sur	40
Kuwait	23
Líbano	9

(*continúa*)

País	Líneas telefónicas por cada 100 personas, 1994
Luxemburgo	54
Malasia	15
México	9
Marruecos	4
Países Bajos	51
Nueva Zelanda	47
Noruega	55
Pakistán	1
Panamá	11
Paraguay	3
Perú	4
Filipinas	2
Polonia	13
Portugal	35
Puerto Rico	33
Rusia	16
Rumania	12
Arabia Saudita	10
Singapur	47
Sudáfrica	9
España	37
Suecia	68
Suiza	60
Siria	5
Taiwán	40
Tailandia	4
Trinidad y Tobago	16
Túnez	5
Turquía	20
Reino Unido	47
Estados Unidos	59
Uruguay	17
Venezuela	11

Fuente: Unión de Telecomunicación Internacional, Berna, Suiza.

(a) Noreste

(b) Oeste Medio

(c) Sur

(d) Oeste

10. Los siguientes datos son los precios medianos de las casas en varias ciudades de Estados Unidos, en 1992 y en 1994.

Precio mediano de las casas existentes

Ciudad	Abril 1992	Abril 1994
Akron, OH	$75 500	$81 600
Albuquerque, NM	86 700	103 100
Anaheim/Santa Ania, CA	235 100	209 500
Atlanta, GA	85 800	93 200
Baltimore, MD	111 500	115 700
Baton Rouge, LA	71 800	78 400
Birmingham, AL	89 500	99 500
Boston, MA	168 200	170 600
Bradenton, FL	80 400	86 400
Buffalo, NY	79 700	82 400
Charleston, SC	82 000	91 300
Chicago, IL	131 100	135 500
Cincinnati, OH	87 500	93 600
Cleveland, OH	88 100	94 200
Columbia, SC	85 100	82 900
Columbus, OH	90 300	92 800
Corpus Christi, TX	62 500	71 700
Dallas, TX	90 500	95 100
Daytona Beach, FL	63 600	66 200
Denver, CO	91 300	111 200
Des Moines, IA	71 200	77 400
Detroit, MI	77 500	84 500
EI Paso, TX	65 900	73 600
Grand Rapids, MI	73 000	76 600
Hartford, CT	141 500	132 900
Honolulu, HI	342 000	355 000
Houston, TX	78 200	84 800
Indianapolis, IN	80 100	90 500
Jacksonville, FL	75 100	79 700
Kansas City, MO	76 100	84 900
Knoxville, TN	78 300	88 600
Las Vegas, NV	101 400	110 400
Los Ángeles, CA	218 000	188 500

Fuente: National Association of Realtors: datos de mediados de 1994.

(a) Represente los datos de 1992 en un histograma.
(b) Represente los datos de 1994 en un diagrama de tallo y hojas.
(c) Encuentre la mediana muestral de los precios medianos de 1992.
(d) Encuentre la mediana muestral de los precios medianos de 1994.

11. La siguiente tabla indica el número de peatones, clasificados de acuerdo con edad y sexo, muertos en accidentes en la vía pública en Inglaterra en 1922.

   (a) Aproxime la media muestral de las edades de los hombres.
   (b) Aproxime la media muestral de las edades de las mujeres.
   (c) Aproxime los cuartiles de los hombres muertos.
   (d) Aproxime los cuartiles de las mujeres muertas.

Edad	Número de hombres	Número de mujeres
0–5	120	67
5–10	184	120
10–15	44	22
15–20	24	15
20–30	23	25
30–40	50	22
40–50	60	40
50–60	102	76
60–70	167	104
70–80	150	90
80–100	49	27

12. Los siguientes son los porcentajes de contenido de cenizas en 12 muestras de carbón encontradas cercanas unas de otras:

$$9.2, 14.1, 9.8, 12.4, 16.0, 12.6, 22.7, 18.9, 21.0, 14.5, 20.4, 16.9$$

Encuentre

   (a) la media muestral y
   (b) la desviación estándar muestral de estos porcentajes.

13. Utilizando la tabla mostrada en el problema 4, encuentre la varianza muestral de los promedios de tiempo de transporte en los estados que están en

   (a) Atlántico Sur
   (b) región de las montañas (mountain)

14. La media muestral y la varianza muestral de cinco valores de datos son $\bar{x} = 104$ y $s^2 = 4$, respectivamente. Si tres de los valores de los datos son 102, 100, 105, ¿cuáles son los valores de los otros dos datos?

15. La tabla siguiente indica el pago anual promedio, por estado, en 1992 y 1993.

   (a) ¿Piensa usted que la media muestral de los promedios de los 50 estados sea igual al valor correspondiente para todo Estados Unidos?

(b) Si su respuesta en la parte (a) es no, explique qué otra información además de los 50 promedios sería necesaria para determinar el salario medio muestral de todo el país. También explique cómo usaría usted la información adicional para calcular esta cantidad.

(c) Encuentre la mediana muestral de los promedios de 1992 y 1993.

(d) Encuentre la media muestral, para los promedios de 1992, de los 10 primeros estados en la lista.

(e) Encuentre la desviación estándar muestral, para los promedios de 1993, de los primeros 10 estados en la lista.

Sueldo promedio anual por estados: 1992 y 1993

[**En dólares, excepto cambio porcentual.** De trabajadores protegidos por ley de seguro de desempleo estatal y de trabajadores civiles federales protegidos por la compensación de desempleo para empleados federales, 96 por ciento aproximadamente, de los sueldos y salarios de los empleados civiles en 1993. Se excluyen la mayoría de los trabajadores de la agricultura y de las granjas pequeñas, todas las fuerzas armadas, funcionarios electos de la mayoría de los estados, empleados de los ferrocarriles, la mayoría de los trabajadores domésticos, estudiantes que trabajan en las escuelas, empleados de ciertas organizaciones no lucrativas, y la mayoría de los individuos que laboran de manera independiente. El sueldo incluye bonos, valor en efectivo de comidas y alojamiento, y propinas y otras prestaciones.]

Estado	Sueldo promedio anual		Estado	Sueldo promedio anual	
	1992	1993		1992	1993
Estados Unidos ..	**25 897**	**26 362**	Missouri	23 550	23 898
Alabama...........	22 340	22 786	Montana	19 378	19 932
Alaska	31 825	32 336	Nebraska.......	20 355	20 815
Arizona	23 153	23 501	Nevada	24 743	25 461
Arkansas..........	20 108	20 337	New Hampshire ..	24 866	24 962
California.........	28 902	29 468	New Jersey	32 073	32 716
Colorado	25 040	25 682	New Mexico	21 051	21 731
Connecticut	32 603	33 169	New York	32 399	32 919
Delaware	26 596	27 143	North Carolina ..	22 249	22 770
District of Columbia ..	37 951	39 199	North Dakota ...	18 945	19 382
Florida...........	23 145	23 571	Ohio...........	24 845	25 339
Georgia	24 373	24 867	Oklahoma......	21 698	22 003
Hawaii..........	25 538	26 325	Oregon	23 514	24 093
Idaho............	20 649	21 188	Pennsylvania	25 785	26 274
Illinois...........	27 910	28 420	Rhode Island	24 315	24 889
Indiana	23 570	24 109	South Carolina...	21 398	21 928
Iowa	20 937	21 441	South Dakota ...	18 016	18 613
Kansas	21 982	22 430	Tennessee	22 807	23 368
Kentucky.........	21 858	22 170	Texas	25 088	25 545
Louisiana	22 342	22 632	Utah..........	21 976	22 250

(continúa)

Estado	Sueldo promedio anual		Estado	Sueldo promedio anual	
	1992	**1993**		**1992**	**1993**
Maine	21 808	22 026	Vermont	22 360	22 704
Maryland	27 145	27 684	Virginia	24 940	25 496
Massachusetts	29 664	30 229	Washington	25 553	25 760
Michigan	27 463	28 260	West Virginia . . .	22 168	22 373
Minnesota	25 324	25 711	Wisconsin	23 008	23 610
Mississippi	19 237	19 694	Wyoming	21 215	21 745

Fuente: U.S. Bureau of Labor Statistics, Employment and Wages Annual Averages 1993; y USLD News Release 94-451, Average Annual Pay by State and Industry, 1993.

16. Los datos siguientes indican el tiempo de vida (en horas) de los elementos de una muestra de 40 transistores:

> 112, 121, 126, 108, 141, 104, 136, 134
> 121, 118, 143, 116, 108, 122, 127, 140
> 113, 117, 126, 130, 134, 120, 131, 133
> 118, 125, 151, 147, 137, 140, 132, 119
> 110, 124, 132, 152, 135, 130, 136, 128

(a) Determine la media, la mediana y la moda muestrales.

(b) Represente estos datos en una gráfica de frecuencias relativas acumuladas.

17. En un experimento en el que se midió el porcentaje de reducción por secado de 50 tipos de arcilla se obtuvieron los siguientes datos:

> 18.2   21.2   23.1   18.5   15.6
> 20.8   19.4   15.4   21.2   13.4
> 16.4   18.7   18.2   19.6   14.3
> 16.6   24.0   17.6   17.8   20.2
> 17.4   23.6   17.5   20.3   16.6
> 19.3   18.5   19.3   21.2   13.9
> 20.5   19.0   17.6   22.3   18.4
> 21.2   20.4   21.4   20.3   20.1
> 19.6   20.6   14.8   19.7   20.5
> 18.0   20.8   15.8   23.1   17.0

(a) Elabore el diagrama de tallo y hojas de estos datos.

(b) Calcule la media, la mediana y la moda muestrales.

(c) Calcule la varianza muestral.

(d) Agrupe los datos en intervalos de clase de tamaño 1 por ciento; empiece con el valor 13.0, y dibuje un histograma.

(e) Con los datos agrupados, considerando a cada uno de los datos de un intervalo como si estuviera en el punto medio del intervalo, calcule la media y la varianza muestrales, y compare estos resultados con los obtenidos en las partes (b) y (c). ¿Por qué hay diferencia entre ambos?

18. Una manera eficiente de calcular la media y la varianza muestrales de un conjunto de datos x_1, $x_2, \ldots, x_n$ es la siguiente. Sea

$$\bar{x}_j = \frac{\sum_{i=1}^{j} x_i}{j}, \qquad j = 1, \ldots, n$$

la media muestral de los primeros j valores de los datos; y sea

$$s_j^2 = \frac{\sum_{i=1}^{j} (x_i - \bar{x}_j)^2}{j - 1}, \qquad j = 2, \ldots, n$$

la varianza muestral de los primeros j valores, $j \geq 2$. Entonces con $s_1^2 = 0$, se puede demostrar que

$$\bar{x}_{j+1} = \bar{x}_j + \frac{x_{j+1} - \bar{x}_j}{j + 1}$$

y

$$s_{j+1}^2 = \left(1 - \frac{1}{j}\right) s_j^2 + (j + 1)(\bar{x}_{j+1} - \bar{x}_j)^2$$

(a) Use las fórmulas anteriores para calcular la media y la varianza muestrales de los valores de los datos 3, 4, 7, 2, 9, 6.

(b) Verifique los resultados que obtuvo en la parte (a) haciendo los cálculos de la manera acostumbrada.

(c) Verifique la fórmula dada arriba para $\bar{x}_{j+1}$ en términos de $\bar{x}_j$.

19. Use los datos de los precios de casas, dados en el problema 10, para encontrar el

(a) 10 percentil de los precios medianos

(b) 40 percentil de los precios medianos

(c) 90 percentil de los precios medianos

20. Use la tabla siguiente para encontrar los cuartiles de los salarios promedio de 1992 y 1993 en las áreas especificadas.

Salario anual promedio, para las áreas metropolitanas especificadas: 1992 y 1993

[**En dólares.** Áreas metropolitanas ordenadas de acuerdo con el salario promedio en 1993. Incluye datos de las áreas estadísticas metropolitanas y de las áreas estadísticas metropolitanas primarias, definidas hasta el 30 de junio de 1993. En las áreas de New England, se usaron las definiciones del área metropolitana del condado de New England (NECMA, por sus siglas en inglés). Para mayores detalles véase la fuente. Véase también la nota de la tabla en la página 49.]

Área metropolitana	1992	1993
Área metropolitana	**27 051**	**27 540**
New York, NY.............................	38 802	39 381
San Jose, CA.............................	37 068	38 040
Middlesex-Somerset-Hunterdon, NJ	34 796	35 573
San Francisco, CA.............................	34 364	35 278
Newark, NJ.............................	34 302	35 129
New Haven-Bridgeport-Stamford-Danbury-Waterbury, CT ...	34 517	35 058
Trenton, NJ.............................	33 960	34 365
Bergen-Passaic, NJ.............................	33 555	34 126
Anchorage, AK.............................	33 007	33 782
Washington, DC-MD-VA-WV.............................	32 337	33 170
Jersey City, NJ.............................	31 638	32 815
Hartford, CT.............................	31 967	32 555
Los Angeles-Long Beach, CA.............................	31 165	31 760
Oakland, CA.............................	30 623	31 701
Detroit, MI.............................	30 534	31 622
Chicago, IL.............................	30 210	30 720
Boston-Worcester-Lawrence-Lowell-Brockton, MA-NH	30 100	30 642
Flint, MI.............................	29 672	30 512
Nassau-Suffolk, NY.............................	29 708	30 226
Houston, TX.............................	29 794	30 069
Orange County, CA.............................	29 353	29 916
Philadelphia, PA-NJ.............................	29 392	29 839
Dutchess County, NY.............................	29 262	29 730
Kokomo, IN.............................	28 676	29 672
Dallas, TX.............................	28 813	29 489
Seattle-Bellevue-Everett, WA.............................	29 466	29 399
Huntsville, AL.............................	28 944	29 243
Wilmington-Newark, DE-MD.............................	28 635	29 232
New London-Norwich, CT.............................	27 926	28 630

Fuente: Departamento de Estadística Laboral de Estados Unidos, USDL News Release 94-516, Average Annual Pay Levels in Metropolitan Areas.

21. Para resolver este problema utilice el siguiente diagrama que indica las cantidades en dinero dedicadas a la investigación en 15 universidades en 1992.

(a) ¿A qué universidades se les asignaron más de 225 millones de dólares?

(b) Aproxime la media muestral de las cantidades asignadas a estas universidades.

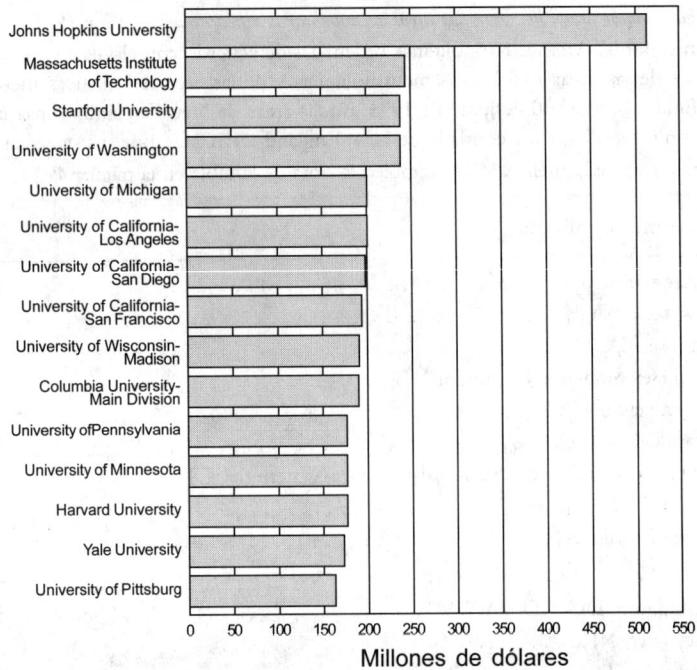

Fuente: *Diagrama hecho por el departamento de los censos de Estados Unidos.*

Las 15 mejores universidades. Obligaciones federales para la investigación y el desarrollo: 1992.

(c) Aproxime la varianza muestral de las cantidades asignadas a estas universidades.

(d) Aproxime los cuartiles de las cantidades asignadas a estas universidades.

22. De la tabla que se presenta en el problema 4, use la parte que da los porcentajes de trabajadores de cada estado que emplean el transporte público para ir al trabajo, y dibuje un diagrama de caja con estos 50 porcentajes.

23. La siguiente tabla indica el número de perros, agrupados por razas, registrados en la American Kennel Club en 1995. Represente estos números en un diagrama de caja.

24. En un complejo petroquímico se midió el promedio de la concentración de partículas, en microgramos por metro cúbico, en 36 artículos escogidos al azar. Las concentraciones obtenidas fueron las siguientes:

5, 18, 15, 7, 23, 220, 130, 85, 103, 25, 80, 7, 24, 6, 13, 65, 37, 25,

24, 65, 82, 95, 77, 15, 70, 110, 44, 28, 33, 81, 29, 14, 45, 92, 17, 53

(a) Represente estos datos mediante un histograma.

(b) ¿Este histograma es aproximadamente normal?

Los 25 mejores registros del American Kennel Club

Raza	Rango 1995	Número de registrados 1995
Labrador Retriever	1	132 051
Rottweiler	2	93 656
German Shepherd Dog	3	78 088
Golden Retriever	4	64 107
Beagle	5	57 063
Poodle	6	54 784
Cocker Spaniel	7	48 065
Dachshund	8	44 680
Pomeranian	9	37 894
Yorkshire Terrier	10	36 881
Dalmatian	11	36 714
Shih Tzu	12	34 947
Shetland Sheepdog	13	33 721
Chihuahua	14	33 542
Boxer	15	31 894
Miniature Schnauzer	16	30 256
Siberian Husky	17	24 291
Doberman Pinscher	18	18 141
Miniature Pinscher	19	17 810
Chow Chow	20	17 722
Maltese	21	16 179
Basset Hound	22	16 055
Boston Terrier	23	16 031
Pug	24	15 927
English Springer Spaniel	25	15 039

Fuente: American Kennel Club, Nueva York, NY: Perros registrados durante el año que se indica.

25. Al estudiar la velocidad de evaporación del agua en lechos de evaporación de salmuera, un ingeniero químico obtuvo las siguientes pulgadas de evaporación en cada uno de 55 días de julio repartidos en 4 años. Los datos se dan en el siguiente diagrama de tallo y hojas, que muestra que el menor de los datos fue .02 pulgadas y el mayor .56 pulgadas.

```
.0 | 2, 6
.1 | 1, 4
.2 | 1, 1, 1, 3, 3, 4, 5, 5, 5, 6, 9
.3 | 0, 0, 2, 2, 2, 3, 3, 3, 3, 4, 4, 5, 5, 5, 6, 6, 7, 8, 9
.4 | 0, 1, 2, 2, 2, 3, 4, 4, 4, 5, 5, 5, 6, 7, 8, 8, 8, 9, 9
.5 | 2, 5, 6
```

Encuentre la

(a) media muestral

(b) mediana muestral

(c) la desviación estándar muestral de estos datos

(d) ¿Los datos parecen ser aproximadamente normales?

(e) ¿Qué porcentaje de los valores de los datos está a no más de 1 desviación estándar de la media?

26. Los siguientes son los promedios de calificaciones de 30 estudiantes recién admitidos en el departamento de Ingeniería Industrial e Investigación de Operaciones de la Universidad de California en Berkeley.

3.46, 3.72, 3.95, 3.55, 3.62, 3.80, 3.86, 3.71, 3.56, 3.49, 3.96, 3.90, 3.70, 3.61

3.72, 3.65, 3.48, 3.87, 3.82, 3.91, 3.69, 3.67, 3.72, 3.66, 3.79, 3.75, 3.93, 3.74,

3.50, 3.83

(a) Represente estos datos en un diagrama de tallo y hojas.

(b) Calcule la media muestral $\bar{x}$.

(c) Calcule la desviación estándar muestral s.

(d) Determine la proporción de los datos que está a no más de $\bar{x} \pm 1.5s$ y compare con el límite inferior dado por la desigualdad de Chebyshev.

(e) Determine la proporción de los datos que está a no más de $\bar{x} \pm 2s$ y compare con el límite inferior dado por la desigualdad de Chebyshev.

27. Los datos en el problema 26, ¿parecen ser aproximadamente normales? Usando los resultados de los incisos (c) y (d) del problema anterior compare las proporciones aproximadas dadas por la regla empírica con las proporciones reales.

28. ¿Esperaría usted que un histograma de los pesos de todos los miembros de un club de salud fuera aproximadamente normal?

29. Use los datos del problema 16.

(a) Calcule la media y la mediana muestrales.

(b) ¿Estos datos son aproximadamente normales?

(c) Calcule la desviación estándar muestral s.

(d) Qué porcentaje de los datos caen dentro de $\bar{x} \pm 1.5s$?

(e) Compare la respuesta que dio usted en el inciso (d) con la dada por la regla empírica.

(f) Compare la respuesta que dio usted en el inciso (d) con los límites dados por la desigualdad de Chebyshev.

30. Use los datos correspondientes a los primeros 10 estados dados en la tabla del problema 15.

(a) Dibuje un diagrama de dispersión que relacione los salarios de 1992 con los de 1993.

(b) Determine el coeficiente de correlación muestral.

Grado y campo	Graduados 1991 y 1992 (1 000)	1993[1] Distribución en porcentaje					Salario mediano[4] (en miles de dólares)
		En escuelas[2]	Empleados		No empleados o estudiantes de TC		
			En S&E[3]	En otras			
Bachiller	**639.4**	**22**	**22**	**50**	**6**		**24.0**
De todos los campos de la ciencia	521.1	24	13	57	6		22.1
Ciencias matemáticas y de la computación	77.6	11	32	51	5		28.5
Ciencias de la vida y afines	99.7	38	14	43	6		21.0
Ciencias físicas y afines	33.8	39	28	29	4		26.0
Ciencias sociales y afines	310.0	21	6	66	6		21.0
De todos los campos de la ingeniería	118.4	15	60	20	5		33.8
Ingeniería aeroespacial e ingenierías relacionadas	7.3	23	35	37	6		29.0
Ingeniería química	6.7	16	70	10	4		40.0
Ingeniería civil y arquitectura	15.6	12	69	15	4		31.0
Ingeniería eléctrica, electrónica, de la computación y de las comunicaciones	41.8	16	59	18	7		35.0
Ingeniería industrial	7.7	7	59	30	3		33.0
Ingeniería mecánica	25.1	13	65	19	3		35.0
Otras ingenierías	14.1	17	53	25	5		33.0

(continúa)

1993[1] Distribución en porcentaje

Grado y campo	Graduados 1991 y 1992 (1 000)	En escuelas[2]	Empleados		No empleados o estudiantes de TC	Salario mediano[4] (en miles de dólares)
			En S&E[3]	En otras		
De maestría	**115.6**	**23**	**48**	**24**	**5**	**38.1**
De todos los campos de la ciencia........	74.6	26	37	31	5	33.8
Ciencias matemáticas y de la computación	24.1	16	48	31	5	40.0
Ciencias de la vida y afines...........	13.2	28	35	31	6	29.0
Ciencias físicas y afines	10.6	38	46	13	4	34.0
Ciencias sociales y afines	26.7	31	24	39	6	28.0
De todos los campos de la ingeniería	41.0	17	68	11	4	42.9
Ingeniería aeroespacial e ingenierías relacionadas	1.9	26	56	16	3	40.0
Ingeniería química	1.7	33	56	7	4	44.0
Ingeniería civil y arquitectura ...	4.9	15	74	7	5	38.8
Ingeniería eléctrica, electrónica, de la computación y de las comunicaciones ..	15.7	15	71	10	4	44.0
Ingeniería industrial	2.6	13	63	20	4	42.5
Ingeniería mecánica	6.4	17	72	6	4	42.0
Otras ingenierías	7.9	18	61	18	3	43.0

[1] Abril.   [2] Estudiantes de tiempo completo.   [3] En ciencias e ingenierías.   [4] Se excluyen estudiantes y empleados que son trabajadores independientes.

Fuente: National Science Foundation/SRS. National Survey of Recent College Graduates: 1993.

Tipo y posición	1975	1980	1985	1988	1989	1990	1991	1992	1993
Salarios en dólares									
Maestros[1]	8.233	10.764	15.460	19.400	(NA)	20.486	21.481	22.171	22.505
Egresados universitarios:									
Ingeniería	12.744	20.136	26.880	29.856	30.852	32.304	34.236	34.620	35.004
Contaduría	11.880	15.720	20.628	25.140	25.908	27.408	27.924	28.404	28.020
Ventas: mercadotecnia.	10.344	15.936	20.616	23.484	27.768	27.828	26.580	26.532	28.536
Administración de negocios	9.768	14.100	19.896	23.880	25.344	26.496	26.256	27.156	27.564
Artes liberales[2]	9.312	13.296	18.828	23.508	25.608	26.364	25.560	27.324	27.216
Química	11.904	17.124	24.216	27.108	27.552	29.088	29.700	30.360	30.456
Matemática: estadística	10.980	17.604	22.704	25.548	28.416	28.944	29.244	29.472	30.756
Economía: finanzas	10.212	14.472	20.964	23.928	25.812	26.712	26.424	27.708	28.584
Ciencias de la computación	(NA)	17.712	24.156	26.904	28.608	29.100	30.924	30.888	31.164
Índice (1975 = 100)									
Maestros[1]	100	131	187	236	(NA)	249	261	269	273
Egresados universitarios:									
Ingeniería	100	158	211	234	242	253	268	271	275
Contaduría	100	132	174	212	218	230	235	239	236
Ventas: mercadotecnia	100	154	199	227	268	269	257	256	276
Administración de negocios	100	144	204	244	259	271	268	278	282
Artes liberales[2]	100	143	202	252	275	283	274	293	292
Química	100	144	203	228	231	244	249	255	256
Matemática: estadística	100	160	207	233	258	263	266	268	280
Economía: finanzas	100	142	205	234	252	261	258	271	280
Ciencias de la computación[3]	(NA)	125	171	190	202	205	218	217	218

NA no disponible. [1] *Estimada. Salario medio mínimo. Fuente: National Education Association, Washington, DC, datos no publicados.* [2] *Se excluyen química, matemáticas, economía y ciencias de la computación.* [3] *Índice para ciencias de la computación (1978 = 100).*

Fuente: Excepto lo indicado: Northwestern University Placement Center, Evanston, IL, The Northwestern University Lindquist-Endicott Report (copyright).

31. La tabla que se presenta en las páginas 55 y 56 indica el salario inicial mediano de estudiantes con grado de bachiller y de maestría, en los campos de las ciencias y de la ingeniería. Use esta tabla para

    (a) dibujar un diagrama de dispersión, y
    (b) encontrar el coeficiente de correlación muestral de los salarios para el grado de bachiller y el grado de maestría.

32. Use la tabla de la página 57 para encontrar el coeficiente de correlación muestral entre los salarios

    (a) de ingeniería y de contaduría;
    (b) de ingeniería y de ciencias de la computación;
    (c) de ingeniería y de enseñanza en escuelas públicas;
    (d) de ventas y de química.

33. Use los datos de las primeras 10 ciudades que aparecen en la tabla 2.5 para dibujar un diagrama de dispersión y encontrar el coeficiente de correlación muestral entre las temperaturas de enero y de julio.

34. Verifique las propiedades **2** y **3** del coeficiente de correlación muestral.

35. Verifique la propiedad **4** del coeficiente de correlación muestral.

36. En un estudio con niños de 2o. y 4o. grados el investigador aplicó a cada estudiante una prueba de lectura. Al observar los resultados, el investigador encontró una correlación positiva entre la calificación obtenida en la prueba y la estatura. El investigador concluyó que los estudiantes más altos leen mejor porque pueden ver mejor el pizarrón. ¿Qué piensa usted?

Capítulo 3

ELEMENTOS DE PROBABILIDAD

3.1 INTRODUCCIÓN

El concepto de la probabilidad de un evento particular en un experimento está sujeto a varios significados o interpretaciones. Por ejemplo, si se dice que un geólogo manifestó "que hay una posibilidad de 60 por ciento de encontrar petróleo en una determinada región", probablemente todos nosotros tendremos una idea de lo que se está diciendo. En efecto, la mayoría de nosotros interpretará esto de una de estas dos maneras, ya sea suponiendo que

1. el geólogo siente que, a la larga, en el 60 por ciento de las regiones en las que las condiciones ambientales sean muy semejantes a las condiciones en la región en consideración, habrá petróleo;

    o suponiendo que

2. el geólogo cree que es más probable que haya petróleo en la región, a que no haya. En realidad .6 es una medida de la creencia del geólogo en la hipótesis de que en la región haya petróleo.

A las dos interpretaciones anteriores de la probabilidad de un evento se les conoce como la interpretación de la frecuencia y la interpretación subjetiva (o personal) de la probabilidad. En la *interpretación de la frecuencia,* se considera que la probabilidad de un resultado dado en un experimento es una "propiedad" del resultado. Se supone que esta propiedad se puede determinar operacionalmente mediante una repetición continua del experimento; la probabilidad del resultado observable, será considerada como la proporción de ocasiones en que se obtenga este resultado. Ésta es la interpretación de la probabilidad más extendida entre los científicos.

En la interpretación subjetiva, no se considera la probabilidad de un resultado como una propiedad del experimento, sino más bien se considera como la creencia que tiene la persona que evalúa la probabilidad de que ese resultado ocurra. En esta interpretación, la probabilidad se vuelve un concepto personal, y no tiene significado más allá de expresar el grado de creencia de uno. Tal interpretación de probabilidad es con frecuencia favorecida por filósofos y por algunas personas que toman decisiones económicas.

Sin importar la interpretación que cada quien le dé a la probabilidad, hay un consenso general respecto a que las matemáticas de la probabilidad son las mismas en ambos casos. Por ejemplo, si usted piensa que la probabilidad de que mañana llueva es .3, y si usted cree que la probabilidad de que esté nublado, pero sin lluvia es .2, entonces, pensará que la probabilidad de que esté nublado o llueva es de .5, independientemente de la interpretación personal de la probabilidad. En este capítulo presentamos las reglas aceptadas, o axiomas, utilizados en la teoría de la probabilidad. Pero para esto necesitamos estudiar el concepto de espacio muestral y los eventos de un experimento.

3.2 ESPACIO MUESTRAL Y EVENTOS

Considere un experimento cuyos resultados no se pueden predecir con certeza. Aunque el resultado del experimento no se puede saber con antelación, supongamos que sí se conoce el conjunto de todos los resultados posibles. A este conjunto de todos los resultados posibles de un experimento se le llama *espacio muestral* del experimento y se denota por S. Los siguientes son algunos ejemplos.

1. Si el resultado de un experimento consiste en determinar el sexo de un niño recién nacido, entonces

$$S = \{f, m\}$$

donde el resultado f significa que el recién nacido es femenino, y m que es masculino.

2. Si el experimento consiste en una carrera de siete caballos numerados 1, 2, 3, 4, 5, 6, 7, entonces

$$S = \{\text{todos las ordenaciones de } (1, 2, 3, 4, 5, 6, 7)\}$$

Los resultados (2, 3, 1, 6, 5, 4, 7) significan, por ejemplo, que el caballo número 2 fue el primero, después el número 3, luego el número 1, y así sucesivamente.

3. Suponga que nos interesa determinar la dosis de valor que se le debe dar a un paciente para que el paciente reaccione positivamente. Un espacio muestral posible para este experimento es el conjunto S que consiste de todos los números positivos. Esto es,

$$S = (0, \infty)$$

donde el resultado será x si el paciente reacciona a una dosis de valor x pero no a una menor.

A todo subconjunto E de un espacio muestral se le conoce como un *evento*. Esto es, un evento es un conjunto que consiste de resultados posibles de un experimento. Si el resultado de un experimento está contenido en *E,* entonces decimos que *E* ha ocurrido. Los siguientes son algunos ejemplos de eventos.

En el ejemplo 1 si $E = \{f\}$, entonces *E* es el evento que el recién nacido sea una niña. De manera similar, si $F = \{m\}$, entonces *F* es el evento que el recién nacido sea un niño.

En el ejemplo 2 si

$$E = \{\text{todos los resultados en } S \text{ que empiecen con 3}\}$$

entonces, *E* es el evento que el caballo número 3 gane la carrera.

Para cualesquiera dos eventos *E* y *F* de un espacio muestral *S* definimos un nuevo evento $E \cup F$, llamado la *unión* de los eventos *E* y *F,* que consiste de todos los resultados que están ya sea en *E* o en *F* o en ambos. Esto es, el evento $E \cup F$ ocurrirá *ya sea* que ocurra *E* o *F*. Así, en el ejemplo 1 si $E = \{f\}$ y $F = \{m\}$, entonces $E \cup F = \{f, m\}$. Esto es, $E \cup F$ sería todo el espacio muestral *S*. En el ejemplo 2 si $E = \{$todos los resultados que empiecen con 6$\}$ es el evento de que el caballo número 6 gane, y $F = \{$todos los resultados que tengan 6 en la segunda posición$\}$ es el evento de que el caballo número 6 llegue en segundo lugar, entonces $E \cup F$ es el evento de que el caballo número 6 llegue en primer o segundo lugar.

De igual forma, para cualesquiera dos eventos *E* y *F*, también podemos definir un nuevo evento *EF*, llamado la *intersección* de *E* y *F*, que consiste de todos los resultados que están en los dos, en *E* y en *F*. Es decir, el evento *EF* ocurrirá sólo si los dos, *E* y *F*, ocurren. Así, en el ejemplo 3, si $E = (0, 5)$ es el evento de que la dosis necesaria sea menor a 5, y $F = (2, 10)$ es el evento de que esté entre 2 y 10, entonces $EF = (2, 5)$ es el evento de que la dosis necesaria esté entre 2 y 5. En el ejemplo 2 si $E = \{$todos los resultado que terminan con 5$\}$ es el evento de que el caballo número 5 llegue al último y $F = \{$todos los resultados que empiezan con 5$\}$ es el evento de que el caballo número 5 llegue en primer lugar, entonces el evento *EF* no contiene ningún resultado y por ende no puede ocurrir. Para darle un nombre a un evento tal, nos referiremos a él como el evento nulo y lo denotaremos por $\emptyset$. $\emptyset$ representa el evento que no tiene ningún resultado. Si $EF = 0$, lo que implica que no pueden ocurrir los dos, *E* y *F*, entonces decimos que *E* y *F* son *mutuamente excluyentes*.

Para todo evento *E*, definimos el evento E^c, llamado el *complemento de E*, que consiste de todos los resultados en el espacio muestral *S* que no están en *E*. Es decir, E^c ocurrirá si y sólo si *E* no ocurre. En el ejemplo 1, si $E = \{m\}$ es el evento de que sea un niño, entonces $E^c = \{f\}$ es el evento de que sea una niña. Note también que como el experimento debe tener algún resultado, tenemos que $S^c = 0$.

Para cualesquiera dos eventos *E* y *F*, si todos los resultados en *E* están también en *F*, entonces decimos que *E* está contenido en *F* y escribimos $E \subset F$ (o lo que es equivalente, $F \supset E$. Si $E \subset F$, entonces la ocurrencia de *E* necesariamente implica la ocurrencia de *F*. Si $E \subset F$ y $F \subset E$, entonces decimos que *E* y *F* son iguales (o idénticos) y escribimos $E = F$.

También podemos definir uniones e intersecciones de más de dos eventos. En particular la unión de los eventos $E_1, E_2, \ldots, E_n$, denotada ya sea $E_1 \cup E_2 \cup \cdots \cup E_n$ o $\cup_1^n E_i$, se define como el evento que consiste de todos los resultados que están en E_i por lo menos para una $i = 1, 2, \ldots, n$. De manera similar la intersección de los eventos $E_i, i = 1, 2, \ldots, n$, denotada por $E_1 E_2 \ldots E_n$ se define como el evento que consiste de todos los resultados que están en todos los eventos $E_i, i = 1, 2, \ldots, n$. En otras palabras, la unión de E_i ocurre cuando *por lo menos* uno de los eventos E_i ocurre; la intersección ocurre cuando *todos* los eventos E_i ocurren.

3.3 DIAGRAMAS DE VENN Y ÁLGEBRA DE EVENTOS

Una representación gráfica de eventos que es muy útil para ilustrar relaciones lógicas entre ellos es el *diagrama de Venn*. El espacio muestral S está representado por todos los puntos dentro de un rectángulo grande, y los eventos $E, F, G,...$, están representados por todos los puntos dentro de círculos en el rectángulo. Los eventos de interés pueden quedar *indicados* sombreando regiones apropiadas del diagrama. Por ejemplo, en los tres diagramas de Venn que se muestran en la figura 3.1, las áreas sombreadas representan los eventos $E \cup F$, EF y E^c, respectivamente. El diagrama de Venn de la figura 3.2 indica que $E \subset F$.

Las operaciones de la formación de uniones, intersecciones y complementos de eventos obedecen ciertas reglas, no muy distintas a las reglas del álgebra. Ofrecemos algunas de ellas.

Ley conmutativa	$E \cup F = F \cup E$	$EF = FE$
Ley asociativa	$(E \cup F) \cup G = E \cup (F \cup G)$	$(EF)G = E(FG)$
Ley distributiva	$(E \cup F)G = EG \cup FG$	$EF \cup G = (E \cup G)(F \cup G)$

Estas relaciones se verifican mostrando que cualquier resultado que esté contenido en el lado izquierdo del evento también está contenido en el lado derecho del evento y viceversa. Una manera para demostrarlo es mediante diagramas de Venn. Por ejemplo, la ley distributiva se puede verificar mediante la secuencia de diagramas que aparecen en la figura 3.3.

La siguiente relación entre las tres operaciones básicas para formar uniones, intersecciones y complementos de eventos se conoce como *Ley de DeMorgan*.

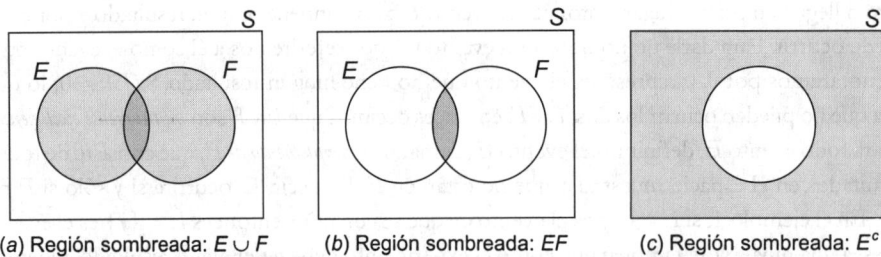

(a) Región sombreada: $E \cup F$ (b) Región sombreada: EF (c) Región sombreada: E^c

FIGURA 3.1   *Diagramas de Venn.*

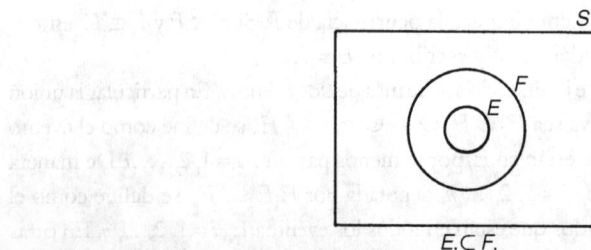

$E \subset F.$

FIGURA 3.2   *Diagrama de Venn.*

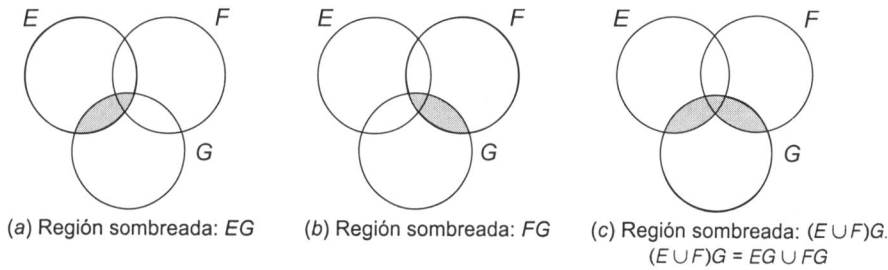

(a) Región sombreada: *EG*   (b) Región sombreada: *FG*   (c) Región sombreada: (*E* ∪ *F*)*G*.
(*E* ∪ *F*)*G* = *EG* ∪ *FG*

FIGURA 3.3   *Prueba de la ley distributiva.*

$$(E \cup F)^c = E^c F^c$$

$$(EF)^c = E^c \cup F^c$$

3.4 AXIOMAS DE PROBABILIDAD

Parece ser un hecho empírico que si un experimento se repite de forma continua bajo exactamente las mismas condiciones, entonces para todo evento E, la proporción de las veces que el resultado está contenido en E se acerca a algún valor constante conforme aumenta el número de repeticiones. Por ejemplo, si se lanza una moneda continuamente, entonces la proporción de lanzamientos que caen cara se acerca a un valor conforme aumenta el número de lanzamientos. Esta frecuencia límite constante es lo que tenemos en mente cuando hablamos de la probabilidad de un evento.

Desde un punto de vista puramente matemático, para cada evento E de un experimento con un espacio muestral S, supondremos que hay un número, denotado por $P(E)$, que está de acuerdo con los tres axiomas siguientes.

AXIOMA 1

$$0 \leq P(E) \leq 1$$

AXIOMA 2

$$P(S) = 1$$

AXIOMA 3

Para toda secuencia de eventos mutuamente excluyentes $E_1, E_2, \ldots$ (esto es, eventos para los que $E_i E_j = 0$ cuando $i \neq j$),

$$P\left(\bigcup_{i=1}^{n} E_i\right) = \sum_{i=1}^{n} P(E_i), \qquad n = 1, 2, \ldots, \infty$$

A $P(E)$ le llamamos la probabilidad del evento E.

Así el axioma 1 establece que la probabilidad de que el resultado de un experimento esté contenido en E es algún número entre 0 y 1. El axioma 2 señala que, con probabilidad 1, el resultado será un elemento del espacio muestral S. El axioma 3 establece que para cualquier conjunto de eventos mutuamente excluyentes la probabilidad de que por lo menos uno de estos eventos ocurra es igual a la suma de sus respectivas probabilidades.

Hay que notar que si interpretamos $P(E)$ como la frecuencia relativa del evento E cuando el experimento se repite un número grande de veces, entonces $P(E)$ verdaderamente satisface los axiomas anteriores. Por ejemplo, la proporción (o frecuencia) de veces que el resultado está en E está claramente entre 0 y 1, y la proporción de veces que está en S es 1 (ya que todos los resultados están en S). También si E y F no tienen resultados en común, entonces la proporción de veces que el resultado está, ya sea en E o en F, es la suma de sus respectivas frecuencias. Como ilustración de esto último, supongamos que el experimento consiste en tirar un par de dados, y que E es el evento de que la suma sea 2, 3 o 12, y F es el evento de que la suma sea 7 u 11. Entonces si el resultado E ocurre 11 por ciento de las veces, y el resultado F, 22 por ciento de las veces, entonces 33 por ciento de las veces el resultado será 2, 3, 12, 7 u 11.

Ahora usaremos estos axiomas para probar dos sencillas proposiciones respecto a las probabilidades. Primero observamos que E y E^c son mutuamente excluyentes, y como $E \cup E^c = S$ por los axiomas 2 y 3 tenemos que

$$1 = P(S) = P(E \cup E^c) = P(E) + P(E^c)$$

O equivalentemente, tenemos la siguiente:

PROPOSICIÓN 3.4.1

$$P(E^c) = 1 - P(E)$$

En otras palabras, la proposición 3.4.1 indica que la probabilidad de que un evento no ocurra es 1 menos la probabilidad de que sí ocurra. Por ejemplo, si la probabilidad de que al lanzar una moneda salga cara es $\frac{3}{8}$, la probabilidad de que salga cruz es $\frac{5}{8}$.

Nuestra segunda proposición ofrece la relación entre la probabilidad de la unión de dos eventos en términos de las probabilidades individuales y la probabilidad de la intersección.

PROPOSICIÓN 3.4.2

$$P(E \cup F) = P(E) + P(F) - P(EF)$$

Prueba

Esta proposición se prueba más fácilmente mediante el uso de un diagrama de Venn, como se ilustra en la figura 3.4. Como las regiones I, II y III son mutuamente excluyentes, se tiene que

$$P(E \cup F) = P(\text{I}) + P(\text{II}) + P(\text{III})$$

$$P(E) = P(\text{I}) + P(\text{II})$$

$$P(F) = P(\text{II}) + P(\text{III})$$

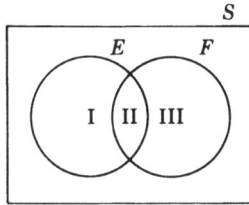

FIGURA 3.4

que muestra que

$$P(E \cup F) = P(E) + P(F) - P(\text{II})$$

y con esto termina la prueba, ya que $\text{II} = EF$.

EJEMPLO 3.4a Un 28 por ciento de los hombres estadounidenses fuma cigarros, 7 por ciento fuma puros, y 5 por ciento fuma ambos, cigarros y puros. ¿Qué porcentaje de los hombres no fuman ni cigarros ni puros?

SOLUCIÓN Sea E el evento de que un hombre seleccionado al azar fume cigarros y B el evento de que fume puros. Entonces la probabilidad de que esta persona fume cigarros o puros es

$$P(E \cup F) = P(E) + P(F) - P(EF) = .07 + .28 - .05 = .3$$

Por lo que la probabilidad de que la persona no fume es .7, lo que implica que el 70 por ciento de los hombres estadounidenses no fuma ni cigarros ni puros. ■

3.5 ESPACIO MUESTRAL CON RESULTADOS IGUALMENTE PROBABLES

En un gran número de experimentos resulta natural suponer que cada punto en el espacio muestral tiene la misma posibilidad de ocurrir. Es decir, en muchos experimentos en los que el espacio muestral S es un conjunto finito, digamos $S = \{1, 2, ..., N\}$ con frecuencia es natural suponer que

$$P(\{1\}) = P(\{2\}) = \cdots = P(\{N\}) = p \quad \text{(muestral)}$$

Ahora, de los axiomas 2 y 3 se sigue que

$$1 = P(S) = P(\{1\}) + \cdots + P(\{N\}) = Np$$

lo que muestra que

$$P(\{i\}) = p = 1/N$$

De esto se sigue el axioma 3 que para todo evento E,

$$P(E) = \frac{\text{Número de puntos en } E}{N}$$

En palabras, si suponemos que todos los resultados de un experimento tienen la misma posibilidad de ocurrir, entonces la probabilidad de cada evento E es igual a la proporción de puntos en el espacio muestral que están contenidos en E.

Por lo que con frecuencia es necesario calcular probabilidades para contar el número de maneras diferentes en las que puede ocurrir un evento dado. Para esto utilizaremos la regla siguiente.

PRINCIPIOS BÁSICOS DE CONTEO

Suponga que se van a realizar dos experimentos. Entonces si el experimento 1 tiene m resultados posibles y si, para cada uno de los resultados del experimento 1, hay n posibles resultados del experimento 2, entonces hay en total mn posibles resultados de los dos experimentos.

Prueba del principio básico

El principio básico se prueba enumerando todos los resultados posibles de los dos experimentos, como sigue:

$$(1, 1), (1, 2), \ldots, (1, n)$$
$$(2, 1), (2, 2), \ldots, (2, n)$$
$$\vdots$$
$$(m, 1), (m, 2), \ldots, (m, n)$$

donde afirmamos que el resultado es (i, j) si el experimento 1 produjo el resultado i-ésimo de sus posibles resultados, y el experimento 2 produjo el resultado j-ésimo de sus posibles resultados. Así, el conjunto de resultados posibles consiste de m renglones, cada uno con n elementos, lo cual prueba el resultado. □

EJEMPLO 3.5a De una urna que contiene 6 pelotas blancas y 5 negras, se toman dos pelotas "en forma aleatoria". ¿Cuál es la probabilidad de que una de las pelotas tomadas sea blanca y la otra negra?

SOLUCIÓN Si consideramos que el orden en que se toman las pelotas es significativo, entonces la primera pelota que se tome puede ser cualquiera de las 11 pelotas, y la segunda cualquiera de las 10 restantes, entonces el espacio muestral consiste de $11 \cdot 10 = 110$ puntos. Más aún, hay $6 \cdot 5 = 30$ maneras en las cuales se puede tomar la primera pelota blanca y la segunda negra, y de forma similar hay $5 \cdot 6 = 30$ maneras en las que la primera pelota es negra y la segunda blanca. Suponiendo que "tomada en forma aleatoria" significa que cada uno de los 110 puntos del espacio muestral tiene la misma probabilidad de ocurrir entonces vemos que la probabilidad deseada es

$$\frac{30 + 30}{110} = \frac{6}{11} \quad \blacksquare$$

Cuando los experimentos a realizarse son más de dos, se puede generalizar el principio básico como sigue:

■

Generalización del principio básico de conteo

Si se van a realizar r experimentos, tales que el primero puede tener cualquiera de n_1 resultados posibles, y si para cada uno de estos n_1 resultados posibles hay, para el segundo experimento, n_2 resultados posibles, y si para cada uno de los resultados posibles de los dos primeros experimentos hay n_3 resultados posibles del tercer experimento, y si, ..., entonces hay un total de $n_1 \cdot n_2 \cdots n_r$ resultados posibles de los r experimentos.

■

Como un ejemplo de lo anterior determinemos el número de las diferentes maneras en las que n objetos distintos pueden acomodarse en un orden lineal. Por ejemplo, ¿de cuántas maneras distintas se pueden ordenar las letras *a, b, c*? Enumerándolas vemos que hay 6 maneras; que son, *abc, acb, bac, bca, cab, cba*. A cada una de estas maneras de ordenarlas se le conoce como una *permutación*. Por lo tanto, existen 6 permutaciones posibles para un conjunto de 3 objetos. Este resultado también lo habríamos podido obtener mediante el principio básico, pues el primer objeto en la permutación puede ser cualquiera de los 3, después el segundo objeto en la permutación se puede elegir de cualquiera de los 2 restantes, y el tercer objeto en la permutación se escoge del único restante. Así existen $3 \cdot 2 \cdot 1 = 6$ permutaciones posibles.

Suponga ahora que tenemos n objetos. Razonando de manera análoga, tenemos que hay

$$n(n-1)(n-2)\cdots 3 \cdot 2 \cdot 1$$

permutaciones diferentes de n objetos. Para la expresión anterior es útil introducir la notación $n!$, que se lee "n factorial". Es decir,

$$n! = n(n-1)(n-2)\cdots 3 \cdot 2 \cdot 1$$

Entonces, por ejemplo, $1! = 1$, $2! = 2 \cdot 1 = 2$, $3! = 3 \cdot 2 \cdot 1 = 6$, $4! = 4 \cdot 3 \cdot 2 \cdot 1 = 24$, y así sucesivamente. Resulta útil definir $0! = 1$.

EJEMPLO 3.5b En una clase de teoría de la probabilidad hay 6 hombres y 4 mujeres. Se hace un examen y se ordena a los estudiantes de acuerdo con su desempeño. Suponiendo que no hay dos estudiantes con la misma calificación, **(a)** ¿de cuántas maneras distintas pueden quedar ordenados los estudiantes? **(b)** Si se considera que todas las maneras posibles de ordenar a los estudiantes son igualmente posibles, ¿cuál es la probabilidad de que las mujeres obtengan los 4 primeros lugares?

SOLUCIÓN

(a) Debido a que cada orden particular corresponde a una manera particular de ordenar a 10 personas, tenemos que la respuesta a esta pregunta es $10! = 3\,628\,800$.

(b) Ya que hay 4! maneras de ordenar a las mujeres y 6! maneras de ordenar a los hombres, del principio básico se sigue que hay $(6!)(4!) = (720)(24) = 17\,280$ maneras de ordenarlos, en las cuales las mujeres ocuparán los primeros 4 lugares. Entonces, la probabilidad buscada es

$$\frac{6!\,4!}{10!} = \frac{4 \cdot 3 \cdot 2 \cdot 1}{10 \cdot 9 \cdot 8 \cdot 7} = \frac{1}{210} \quad \blacksquare$$

EJEMPLO 3.5c Si n personas se presentan en una habitación, ¿cuál es la probabilidad de que no haya dos que celebren su cumpleaños el mismo día del año? ¿Qué tan grande deberá ser n de manera que esta probabilidad sea menor que $\frac{1}{2}$?

SOLUCIÓN Debido a que cada persona puede celebrar su cumpleaños en cualquiera de los 365 días, hay en total 365^n resultados posibles. (Estamos omitiendo la posibilidad de que alguien celebre su cumpleaños el 29 de febrero.) Más aún, hay $(365)(364)(363)\cdots(365 - n + 1)$ resultados posibles donde no hay dos personas que celebren su cumpleaños el mismo día. Esto resulta así porque el cumpleaños de la primera persona puede ser cualquiera de los 365 días, el de la siguiente persona cualquiera de los 364 días restantes, el de la siguiente cualquiera de los 363 días restantes, y así sucesivamente. Suponiendo que todos los resultados sean igualmente posibles, tenemos que la probabilidad buscada es

$$\frac{(365)(364)(363)\cdots(365 - n + 1)}{(365)^n}$$

Es un hecho bastante sorprendente que para $n = 23$ la probabilidad anterior es menor a $\frac{1}{2}$. Es decir, si hay 23 personas en una habitación, la probabilidad de que al menos dos de ellas tengan su cumpleaños en el mismo día excede $\frac{1}{2}$. Muchas personas encuentran esto sorprendente. Pero aún más sorprendente es el hecho de que la probabilidad aumenta a .970 cuando hay 50 personas en la habitación, y con 100 personas en la habitación las posibilidades son de más de tres millones a uno [esto es, la posibilidad es mayor a $(3 \times 10^6)/(3 \times 10^6 + 1)$] de que por lo menos dos personas tengan su cumpleaños el mismo día. $\quad \blacksquare$

Suponga ahora que estamos interesados en determinar el número de grupos diferentes de r objetos que se pueden formar con un total de n objetos. Por ejemplo, ¿cuántos grupos diferentes de tres se pueden seleccionar de los 5 objetos A, B, C, D, E? Para contestar esto se razona como sigue. Como hay 5 maneras de seleccionar el objeto inicial, 4 maneras de seleccionar el siguiente objeto, y 3 maneras de seleccionar el último objeto, entonces hay $5 \cdot 4 \cdot 3$ maneras de seleccionar grupos de 3 cuando el orden en que los objetos se seleccionan es relevante. Pero como cada grupo de 3, digamos el grupo que consiste de los objetos A, B, C, será contado 6 veces (es decir, se contarán todas las permutaciones $ABC, ACB, BAC, BCA, CAB, CBA$, cuando el orden de selección es relevante), se tiene que el número total de grupos diferentes que se pueden formar es $(5 \cdot 4 \cdot 3)/(3 \cdot 2 \cdot 1) = 10$.

En general, como $n(n-1)\cdots(n-r+1)$ representa el número de las diferentes maneras en las que se pueden tomar, de n objetos, grupos de r objetos, cuando el orden de selección se considera relevante (ya que el primero que se elija puede ser cualquiera de los n, y el segundo que se elija, *cualquiera* de los $n-1$ restantes, etc.), y como cada grupo de r objetos será contado $r!$ veces contando así, se tiene que el número de grupos diferentes de r objetos que pueden formarse a partir de un conjunto de n objetos es

$$\frac{n(n-1)\cdots(n-r+1)}{r!} = \frac{n!}{(n-r)!r!}$$

NOTACIÓN Y TERMINOLOGÍA

Definimos $\binom{n}{r}$, para $r \leq n$ mediante

$$\binom{n}{r} = \frac{n!}{(n-r)!r!}$$

y a $\binom{n}{r}$ le llamamos el número de *combinaciones* de n objetos tomados de r a la vez.

Dado que $\binom{n}{r}$ representa el número de grupos diferentes de tamaño r que se pueden tomar de un conjunto de tamaño n, cuando el orden de selección no se considera relevante. Por ejemplo, hay

$$\binom{8}{2} = \frac{8\cdot 7}{2\cdot 1} = 28$$

grupos diferentes de tamaño 2 que se pueden tomar de un grupo de 8 personas, y

$$\binom{10}{2} = \frac{10\cdot 9}{2\cdot 1} = 45$$

grupos diferentes de tamaño 2 que se pueden tomar de un conjunto de 10 personas. Y como $0! = 1$, observe que

$$\binom{n}{0} = \binom{n}{n} = 1$$

EJEMPLO 3.5d De un grupo de 6 hombres y 9 mujeres se va a seleccionar un comité de 5 integrantes. Si se realiza la selección de manera aleatoria, ¿cuál es la probabilidad de que el comité esté formado por 3 hombres y 2 mujeres?

SOLUCIÓN Supongamos que "de manera aleatoria" significa que cada una de las $\binom{15}{5}$ combinaciones posibles tiene la misma posibilidad de ser elegida. Por lo tanto, hay $\binom{6}{3}$ maneras diferentes de tomar 3 hombres y $\binom{9}{2}$ maneras diferentes de tomar 2 mujeres, tenemos que la probabilidad buscada está dada por

$$\frac{\binom{6}{3}\binom{9}{2}}{\binom{15}{5}} = \frac{240}{1001} \qquad \blacksquare$$

EJEMPLO 3.5e De un conjunto de n objetos se va a tomar una muestra aleatoria de tamaño k. ¿Cuál es la probabilidad de que un objeto dado esté entre los k seleccionados?

SOLUCIÓN El número de maneras diferentes de tomar k objetos que contengan el objeto dado es $\binom{1}{1}\binom{n-1}{k-1}$. Entonces la probabilidad de que un objeto particular esté entre los k seleccionados es

$$\binom{n-1}{k-1} \bigg/ \binom{n}{k} = \frac{(n-1)!}{(n-k)!(k-1)!} \bigg/ \frac{n!}{(n-k)!k!} = \frac{k}{n} \quad \blacksquare$$

EJEMPLO 3.5f Un equipo de baloncesto consta de 6 jugadores negros y 6 jugadores blancos. Para acomodarlos en sus habitaciones se van a elegir pares de jugadores. Si estos pares se formaran al azar, ¿cuál es la probabilidad de que ninguno de los jugadores negros tenga un compañero de cuarto blanco?

SOLUCIÓN Empecemos por imaginarnos que los 6 pares están numerados. Esto es, hay un primer par, un segundo par, un tercer par, etcétera. Puesto que el primer par se puede formar de $\binom{12}{2}$ maneras distintas; y como para cada par que se elija como el primer par hay $\binom{10}{2}$ maneras distintas de tomar el segundo par; y como para cada elección que se haga de los dos primeros pares hay $\binom{8}{2}$ maneras de tomar el tercer par, y así sucesivamente, tenemos, según el principio básico generalizado de conteo, que hay

$$\binom{12}{2}\binom{10}{2}\binom{8}{2}\binom{6}{2}\binom{4}{2}\binom{2}{2} = \frac{12!}{(2!)^6}$$

maneras distintas de dividir a los jugadores en un *primer* par, un *segundo* par, etcétera. Por lo que hay $(12)!/2^6 6!$ maneras distintas de dividir a los jugadores en 6 pares (no ordenados) de 2 cada uno. Además, como mediante el mismo razonamiento se tiene que hay $6!/2^3 3!$ maneras distintas de formar pares entre los jugadores blancos, y $6!/2^3 3!$ maneras distintas de hacer pares entre los jugadores negros, tenemos que hay $(6!/2^3 3!)^2$ pares donde no hay un negro y un blanco como compañeros de cuarto. Por lo que si los pares se hacen al azar (de manera que todos los resultados sean igualmente posibles), entonces la probabilidad buscada es

$$\left(\frac{6!}{2^3 3!}\right)^2 \bigg/ \frac{(12)!}{2^6 6!} = \frac{5}{231} = .0216$$

Así es que hay sólo 2 posibilidades en 100 de que al formar los pares al azar no se tenga ningún par en el que un blanco y un negro sean compañeros de cuarto. $\quad \blacksquare$

3.6 PROBABILIDAD CONDICIONAL

En esta sección presentamos uno de los conceptos más importantes de la teoría de la probabilidad: el concepto de probabilidad condicional. Su importancia es doble. En primer lugar, con frecuencia queremos calcular probabilidades teniendo solamente una información parcial respecto a los resultados de un experimento, o volver a calcularlas a la luz de una mayor información. En tales casos, las probabilidades que se buscan son probabilidades condicionales. Segundo, con frecuencia nos encontramos con que la manera más fácil de calcular la probabilidad de un evento es bajo una "condición" primaria de ocurrencia o no ocurrencia de un evento secundario.

Como un ejemplo de probabilidad condicional, suponga que tiramos un par de dados. Como espacio muestral S de este experimento se puede tomar el siguiente conjunto de 36 resultados

$$S = \{(i, j), \quad i = 1, 2, 3, 4, 5, 6, \quad j = 1, 2, 3, 4, 5, 6\}$$

donde decimos que el resultado es (i, j) si el primer dado cae en i y el segundo en j. Suponga ahora que cada uno de los 36 resultados posibles tiene la misma posibilidad de ocurrir; tiene, por lo tanto, una probabilidad de $\frac{1}{36}$. (En un caso así decimos que el dado es legal.) Considere además que observamos que en el primer dado cae un 3. Así, ¿cuál es la probabilidad de que la suma de los dados sea 8? Para calcular esta probabilidad razonamos como sigue: puesto que en el primer dado tenemos un 3, sólo hay 6 resultados posibles en nuestro experimento, (3, 1), (3, 2), (3, 3), (3, 4), (3, 5) y (3, 6). Además, como cada uno de estos resultados tiene la misma posibilidad de ocurrir, tendrán todos las mismas probabilidades. Esto es, puesto que el primer dado cayó 3, entonces la probabilidad (condicional) de cada uno de los resultados (3, 1), (3, 2), (3, 3), (3, 4), (3, 5), (3, 6) es $\frac{1}{6}$, mientras que la probabilidad (condicional) de los otros 30 puntos del espacio muestral es 0. Por lo tanto, la probabilidad buscada es $\frac{1}{6}$.

Si E y F representan, respectivamente, los eventos de que la suma de los dados es 8, y en el primer dado cae un 3, entonces a la probabilidad que acabamos de obtener se le llama la probabilidad condicional de E puesto que ha ocurrido F, y se denota

$$P(E|F)$$

Una fórmula general para $P(E|F)$, válida para todos los eventos E y F, se obtiene de la misma forma que acabamos de describir. Es decir, si el evento F ocurre, entonces para que E ocurra es necesario que la ocurrencia de interés sea un punto, tanto en E como en F; es decir, debe ser un punto de EF. Ahora como sabemos que F ha ocurrido, F se vuelve nuestro nuevo espacio muestral (reducido), y la probabilidad de que el evento EF ocurra será igual a la probabilidad de EF relativa a la probabilidad de F. Esto es,

$$P(E|F) = \frac{P(EF)}{P(F)} \tag{3.6.1}$$

Observe que la ecuación 3.6.1 únicamente está bien definida si $P(F) > 0$, esto es, $P(E|F)$ únicamente está definida si $P(F) > 0$. (Véase la figura 3.5.)

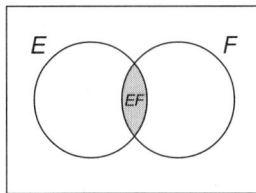

FIGURA 3.4 $P(E|F) = \dfrac{P(EF)}{P(F)}$

La definición de probabilidad condicional dada por la ecuación 3.6.1 es consistente con la interpretación de la probabilidad como una frecuencia relativa a largo plazo. Para ver esto, suponga que un experimento se repite un número n grande de veces. Entonces como $P(F)$ es la proporción, a largo plazo, de experimentos en los que ocurre F, tenemos que F ocurrirá aproximadamente $nP(F)$ veces. De manera similar, en aproximadamente $nP(EF)$ de los experimentos, ocurrirán ambos, E y F. Entonces, de los aproximadamente $nP(F)$ experimentos cuyo resultado está en F, en aproximadamente $nP(F)$ de ellos el resultado estará también en E. Es decir, de aquellos experimentos en los que el resultado está en F, la proporción de aquellos cuyo resultado está también en E es aproximadamente

$$\frac{nP(EF)}{nP(F)} = \frac{P(EF)}{P(F)}$$

Debido a que esta aproximación se vuelve exacta conforme n crece y crece, se tiene que 3.6.1 brinda una definición apropiada de la probabilidad condicional de E puesto que F ha ocurrido.

EJEMPLO 3.6a Un recipiente contiene 5 transistores defectuosos (inmediatamente fallan cuando se ponen en uso), 10 transistores parcialmente defectuosos (que fallan después de unas horas en uso) y 25 transistores aceptables. Del recipiente se toma aleatoriamente un transistor y se pone en funcionamiento. Si no falla inmediatamente, ¿cuál es la probabilidad de que sea aceptable?

SOLUCIÓN Ya que el transistor no falla inmediatamente, sabemos que no es uno de los 5 defectuosos y, entonces, la probabilidad buscada es:

$$P\{\text{aceptable} \mid \text{no defectuoso}\}$$

$$= \frac{P\{\text{aceptable, no defectuoso}\}}{P\{\text{no defectuoso}\}}$$

$$= \frac{P\{\text{aceptable}\}}{P\{\text{no defectuoso}\}}$$

donde la última igualdad resulta de que el transistor será tanto aceptable como no defectuoso si es aceptable. Por lo tanto, si se supone que cada uno de los 40 transistores tiene la misma posibilidad de ser elegido, entonces

$$P\{\text{aceptable} \mid \text{no defectuoso}\} = \frac{25/40}{35/40} = 5/7$$

Observe que esta probabilidad también se hubiera obtenido, de manera directa, del espacio muestral reducido. Esto es, como sabemos que el transistor no es defectuoso, el problema se reduce a calcular la probabilidad de que un transistor, tomado, en forma aleatoria, de un recipiente que contiene 25 transistores aceptables y 10 parcialmente defectuosos, sea aceptable. Claramente esto es igual a $\frac{25}{35}$. ∎

EJEMPLO 3.6b La organización en la que trabaja Jones va a ofrecer, a los empleados que tienen por lo menos un hijo varón, una comida para padre e hijo. Se invita a cada uno de estos empleados a que asista con su hijo menor. Si se sabe que Jones tiene sólo dos hijos, ¿cuál es la probabilidad condicional de que ambos sean niños puesto que está invitado a la comida? Suponga que el espacio muestral está dado por $S = \{(b, b), (b, g), (g, b), (g, g)\}$ y que todos estos resultados sean igualmente posibles [(b, g) significa, por ejemplo, que el hijo menor es un niño y la hija mayor es una niña].

SOLUCIÓN El conocimiento de que Jones ha sido invitado a la cena es equivalente a saber que por lo menos tiene un hijo varón. Entonces, si B denota el evento de que los dos son varones, y A el evento que por lo menos uno de ellos es varón, tenemos que la probabilidad buscada $P(B|A)$ está dada por

$$P(B|A) = \frac{P(BA)}{P(A)}$$
$$= \frac{P(\{(b, b)\})}{P(\{(b, b), (b, g), (g, b)\})}$$
$$= \frac{\frac{1}{4}}{\frac{3}{4}} = \frac{1}{3}$$

Muchos lectores piensan incorrectamente que la probabilidad condicional de dos varones, dado que al menos uno lo es, es $\frac{1}{2}$ en desacuerdo con la probabilidad correcta, $\frac{1}{3}$; ellos piensan que es igualmente posible que el hijo de Jones que no va a la cena sea un niño o una niña. Sin embargo, su error está en suponer que estas dos posibilidades son igualmente probables. Recuerde que en el inicio teníamos cuatro resultados igualmente posibles. Saber que tiene por lo menos un niño es equivalente a saber que el resultado no es (g, g). Así es que nos quedamos con los tres resultados igualmente posibles (b, b), (b, g), (g, b) demostrando que la posibilidad de que el hijo de Jones que no asiste a la cena sea niña es el doble de la posibilidad de que sea niño. ∎

Al multiplicar ambos lados de la ecuación 3.6.1 por $P(F)$ obtenemos

$$P(EF) = P(F)P(E|F) \tag{3.6.2}$$

Tenemos que la ecuación 3.6.2 establece que la probabilidad de que ambos, F y E, los dos, ocurran es igual a la probabilidad de que F ocurra multiplicada por la probabilidad condicional de E dado que F haya ocurrido. Con frecuencia, la ecuación 3.6.2 es muy útil para calcular la probabilidad de la intersección de eventos. Esto se ilustra mediante el ejemplo siguiente.

EJEMPLO 3.6c La señora Pérez piensa que hay un 30 por ciento de posibilidad de que la empresa donde labora abra una sucursal en Phoenix. Si lo hace, ella tiene un 60 por ciento de seguridad de que será nombrada directora de esta nueva oficina. ¿Con qué probabilidad Pérez será la directora de una sucursal en Phoenix?

SOLUCIÓN Si B denota el evento de que la compañía abra una oficina filial en Phoenix y M el evento de que Pérez sea nombrada su directora, entonces la probabilidad buscada es $P(BM)$, que se obtienen de

$$P(BM) = P(B)P(M|B)$$
$$= (.3)(.6)$$
$$= .18$$

Por lo tanto, con un 18 por ciento de posibilidad Pérez será la directora en Phoenix. ∎

3.7 FÓRMULA DE BAYES

Sean E y F eventos. Podemos expresar E como

$$E = EF \cup EF^c$$

de tal forma que, si un elemento está en E debe estar tanto en E como en F, o en E pero no en F (figura 3.6). Como EF y EF^c son mutuamente excluyentes, por el axioma 3 se tiene que

$$P(E) = P(EF) + P(EF^c)$$
$$= P(E|F)P(F) + P(E|F^c)P(F^c)$$
$$= P(E|F)P(F) + P(E|F^c)[1 - P(F)] \tag{3.7.1}$$

La ecuación 3.7.1 establece que la probabilidad del evento E es un promedio ponderado de la probabilidad del evento E puesto que F ha ocurrido y de la probabilidad condicional de E puesto que F no ha ocurrido. A cada probabilidad condicional se le da tanto peso según la probabilidad del evento que condiciona. Ésta es una fórmula extremadamente útil, ya que nos permite determinar la probabilidad de un evento "condicionándolo" primero a que un segundo evento ocurra o no. Hay muchos casos en los cuales es difícil calcular, de manera directa, la probabilidad de un evento; pero se puede calcular inmediatamente si se sabe si un segundo evento ha ocurrido o no.

EJEMPLO 3.7a Una compañía de seguros divide a las personas en dos clases, quienes son propensos a accidentes y quienes no lo son. Sus estadísticas muestran que una persona propensa a accidentes tendrá, en no más de un año, un accidente con una probabilidad de .4; mientras que esta probabilidad decrece a .2 para personas no propensas a accidentes. Si pensamos que 30 por ciento de la población es propensa a accidentes, ¿cuál es la probabilidad de que una persona que compra una nueva póliza tenga un accidente en no más de un año?

SOLUCIÓN Obtenemos la probabilidad deseada condicionando primero si quien ha adquirido la póliza es o no propensa a accidentes. Sea A_1 el evento de que la persona que compró la póliza tendrá un accidente en no más de un año; y A el evento de que la persona que compró la póliza sea propenso a accidentes. Entonces, la probabilidad deseada $P(A_1)$ está dada por

$$P(A_1) = P(A_1|A)P(A) + P(A_1|A^c)P(A^c)$$
$$= (.4)(.3) + (.2)(.7) = .26 \quad ∎$$

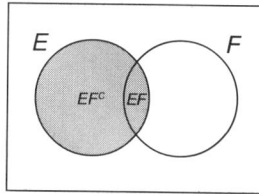

FIGURA 3.6 $E = EF \cup EF^c$.

En la siguiente serie de ejercicios indicaremos cómo revalorar la asignación inicial de una probabilidad a la luz de información adicional (o nueva). Es decir, mostraremos cómo incorporar nueva información a una evaluación inicial de una probabilidad para obtener una actualización de la probabilidad

EJEMPLO 3.7b Considere una vez más el ejemplo 3.7a y suponga que un nuevo asegurado ha tenido un accidente a no más de un año de haber comprado su póliza. ¿Cuál es la probabilidad de que sea propenso a accidentes?

SOLUCIÓN Inicialmente, al comprar el cliente su seguro, pensamos que había una posibilidad de 30 por ciento de que la persona fuera propensa a accidentes. Esto es, $P(A) = .3$. Sin embargo, con base en el hecho de que tuvo un accidente en no más de un año, volvemos a evaluar su probabilidad de ser propenso a accidentes como sigue

$$P(A|A_1) = \frac{P(AA_1)}{P(A_1)}$$

$$= \frac{P(A)P(A_1|A)}{P(A_1)}$$

$$= \frac{(.3)(.4)}{.26} = \frac{6}{13} = .4615 \quad \blacksquare$$

EJEMPLO 3.7c Al contestar una pregunta en un examen de opción múltiple, una estudiante o sabe la respuesta o adivina. Sea p la probabilidad de que sepa la respuesta y $1 - p$ la probabilidad de que adivine. Suponga que una estudiante que adivina la respuesta acierte con una probabilidad de $1/m$, donde m es el número de alternativas en la opción múltiple. ¿Cuál es la probabilidad condicional de que una estudiante haya sabido la respuesta a la pregunta puesto que su respuesta fue correcta?

SOLUCIÓN Sean C y K, respectivamente, los eventos de que la estudiante contestó la pregunta correctamente y el evento de que realmente sabía la respuesta. Para calcular

$$P(K|C) = \frac{P(KC)}{P(C)}$$

primero observamos que

$$P(KC) = P(K)P(C|K)$$

$$= p \cdot 1$$

$$= p$$

Para calcular la probabilidad de que la estudiante conteste correctamente, condicionamos a si ella sabía o no la respuesta. Esto es,

$$P(C) = P(C|K)P(K) + P(C|K^c)P(K^c)$$

$$= p + (1/m)(1 - p)$$

Así la probabilidad buscada está dada por

$$P(K|C) = \frac{p}{p + (1/m)(1 - p)} = \frac{mp}{1 + (m - 1)p}$$

Y, por ejemplo, si $m = 5$, $p = \frac{1}{2}$, entonces la probabilidad de que una estudiante supiera la respuesta a una pregunta que contestó correctamente es $\frac{5}{6}$. ∎

EJEMPLO 3.7d Una prueba de sangre de laboratorio es 99 por ciento efectiva para detectar una cierta enfermedad cuando ocurre realmente. Sin embargo, la prueba también da un resultado "positivo falso" en 1 por ciento de las personas sanas a las que se les aplica. (Es decir, si se le hace la prueba a una persona sana, con probabilidad de .01 por ciento el resultado de la prueba implicará que la persona padece la enfermedad.) Si .5 por ciento de la población tiene realmente la enfermedad, ¿cuál es la probabilidad de que una persona tenga la enfermedad si la prueba dio resultado positivo?

SOLUCIÓN Sea D el evento de que la persona a la que se le ha hecho la prueba tiene la enfermedad, y E el evento de que tiene un resultado positivo en su prueba. La probabilidad buscada $P(D|E)$ se obtiene así

$$P(D|E) = \frac{P(DE)}{P(E)}$$

$$= \frac{P(E|D)P(D)}{P(E|D)P(D) + P(E|D^c)P(D^c)}$$

$$= \frac{(.99)(.005)}{(.99)(.005) + (.01)(.995)}$$

$$= .3322$$

Así, tenemos que solamente 33 por ciento de las personas en quienes la prueba da un resultado positivo padecen realmente la enfermedad. Como muchos estudiantes se sorprenden por este resultado (ya que ellos esperarían que el resultado fuera mucho más alto porque la prueba de sangre parece ser confiable), quizá valdrá la pena presentar un segundo argumento que, aunque menos riguroso que el anterior, resulte más revelador. Lo efectuaremos ahora.

Debido a que .5 personas de la población realmente tienen la enfermedad, se sigue que, en promedio, una persona de cada 200 a las que se les haga la prueba padecen de la enfermedad. La prueba confirmará correctamente que esta persona tiene la enfermedad con una probabilidad de .99. Esto es, en promedio, en cada 200 personas a las que se les aplique ésta, la prueba confirmará correctamente que .99 personas tienen la enfermedad. Por otro lado, de cada (en promedio) 199 personas sanas, la prueba indicará incorrectamente que (199)(.01) de estas personas padecen la enfermedad. Así, por cada .99 personas enfermas para las que la prueba indique correctamente que tienen la enfermedad, hay (en promedio) 1.99 personas sanas para las que la prueba incorrectamente indica que están enfermas. Por lo que la proporción de las veces que el resultado de la prueba es correcto, cuando indica que una persona está enferma es

$$\frac{.99}{.99 + 1.99} = .3322 \quad \blacksquare$$

La ecuación 3.7.1 también resulta útil cuando se desea reevaluar probabilidades (personales) a la luz de información adicional. Considere, por ejemplo, los siguientes casos.

EJEMPLO 3.7e En cierto momento de una investigación criminal, el inspector encargado está 60 por ciento convencido de la culpabilidad de un sospechoso. Suponga ahora que se descubre una *nueva* evidencia que muestra que el criminal tiene cierta característica (como por ejemplo, ser zurdo, ser calvo, tener cabello castaño, etcétera). Si 20 por ciento de la población tiene dicha característica, ¿qué tan seguro estará ahora el investigador de la culpabilidad del sospechoso, si resulta que el sospechoso pertenece a este grupo?

SOLUCIÓN Si G denota el evento de que el sospechoso es culpable, y C el evento de que posee la característica del criminal, entonces tenemos

$$P(G|C) = \frac{P(GC)}{P(C)}$$

Ahora

$$P(GC) = P(G)P(C|G)$$
$$= (.6)(1)$$
$$= .6$$

Para calcular la probabilidad de que el sospechoso tenga la característica, la condicionamos a si es o no culpable. Esto es,

$$P(C) = P(C|G)P(G) + P(C|G^c)P(G^c)$$
$$= (1)(.6) + (.2)(.4)$$
$$= .68$$

donde hemos supuesto que la probabilidad de que el sospechoso tenga la característica, siendo realmente inocente, es igual a .2, que es la proporción de la población que tiene la característica. Por lo que

$$P(G|C) = \frac{60}{68} = .882$$

y con lo que el inspector estará ahora 88 por ciento seguro de la culpabilidad del sospechoso. ∎

EJEMPLO 3.7e (continuación) Ahora supongamos que la nueva evidencia está sujeta a distintas interpretaciones posibles, y que en realidad sólo muestra que es 90 por ciento posible que el criminal tenga dicha característica. En este caso, ¿qué tan posible sería que el sospechoso fuera culpable (suponiendo como antes que él posee esta característica)?

SOLUCIÓN En este caso, la situación es como antes con excepción de que la probabilidad de que el sospechoso tenga la característica, dado que es culpable ahora es de .9 (en lugar de 1). Entonces,

$$P(G|C) = \frac{P(GC)}{P(C)}$$

$$= \frac{P(G)P(C|G)}{P(C|G)P(G) + P(C|G^c)P(G^c)}$$

$$= \frac{(.6)(.9)}{(.9)(.6) + (.2)(.4)}$$

$$= \frac{54}{62} = .871$$

la cual es un poco menor que en el caso anterior (¿por qué?). ∎

La ecuación 3.7.1 se puede generalizar de la siguiente manera. Suponga que $F_1, F_2, \ldots, F_n$ son eventos mutuamente excluyentes, tales que

$$\bigcup_{i=1}^{n} F_i = S$$

En otras palabras, exactamente uno de los eventos $F_1, F_2, \ldots, F_n$ debe ocurrir. Escribiendo

$$E = \bigcup_{i=1}^{n} EF_i$$

y usando el hecho de que los eventos EF_i, $i = 1, \ldots, n$ son mutuamente excluyentes, percibimos que

$$P(E) = \sum_{i=1}^{n} P(EF_i)$$

$$= \sum_{i=1}^{n} P(E|F_i)P(F_i) \tag{3.7.2}$$

De esta manera, la ecuación 3.7.2 muestra cómo, dados los eventos F_1, F_2,..., F_n, de los cuales debe ocurrir uno y sólo uno, podemos calcular $P(E)$ "condicionando" primero en cuál de los eventos F_i ocurre. Es decir, esta ecuación establece que $P(E)$ es igual al promedio ponderado de $P(E \mid F_i)$, siendo cada término ponderado por la probabilidad del evento al cual está condicionado.

Suponga ahora que E ha ocurrido y que queremos determinar cuál de F_j también ocurrió. Por la ecuación 3.7.2, observamos que

$$P(F_j \mid E) = \frac{P(EF_j)}{P(E)}$$

$$= \frac{P(E \mid F_j)P(F_j)}{\sum\limits_{i=1}^{n} P(E \mid F_i)P(F_i)} \tag{3.7.3}$$

A la ecuación 3.7.3 se le conoce como *fórmula de Bayes*, por el filósofo inglés Thomas Bayes. Si consideramos a los eventos F_j como "hipótesis" posibles a cerca de algo, se puede interpretar que la fórmula de Bayes nos indica cómo es nuestra opinión acerca de dicha hipótesis antes que el experimento [esto es, $P(F_i)$] sea modificado por las evidencias del mismo.

EJEMPLO 3.7f Un aeroplano ha desaparecido y se piensa que hay las mismas posibilidades de que haya caído en una de tres regiones. Sea $1 - \alpha_i$ la probabilidad de que al buscar el aeroplano sea encontrado en la *i*-ésima región, puesto que el aeroplano realmente está en esa región, i = 1, 2, 3. (A las constantes α_i se les llama *probabilidades de supervisión* porque ellas representan las probabilidades de supervisión del aeroplano; generalmente se atribuyen a condiciones geográficas y ambientales de la región.) ¿Cuál es la probabilidad condicional de que el aeroplano esté en la *i*-ésima región puesto que la búsqueda en la región 1 no tuvo éxito i = 1, 2, 3?

SOLUCIÓN Sea R_i, i = 1, 2, 3, el evento de que el aeroplano está en la región *i*, y E el evento de que una búsqueda en la región 1 no tuvo éxito. Con la fórmula de Bayes, obtenemos que

$$P(R_1 \mid E) = \frac{P(ER_1)}{P(E)}$$

$$= \frac{P(E \mid R_1)P(R_1)}{\sum\limits_{i=1}^{3} P(E \mid R_i)P(R_i)}$$

$$= \frac{(\alpha_1)(1/3)}{(\alpha_1)(1/3) + (1)1/3 + (1)(1/3)}$$

$$= \frac{\alpha_1}{\alpha_1 + 2}$$

Para $j = 2, 3$,

$$P(R_j \mid E) = \frac{P(E \mid R_j)P(R_j)}{P(E)}$$

$$= \frac{(1)(1/3)}{(\alpha_1)1/3 + 1/3 + 1/3}$$

$$= \frac{1}{\alpha_1 + 2}, \quad j = 2, 3$$

Así, por ejemplo, si $\alpha_i = .4$, entonces la probabilidad condicional de que el aeroplano esté en la región 1, puesto que no se encontró, en una búsqueda en esa región es $\frac{1}{6}$. ∎

3.8 EVENTOS INDEPENDIENTES

Los ejemplos anteriores indican que $P(E|F)$, la probabilidad condicional de E dado F, en general no es igual a $P(E)$, la probabilidad incondicional de E. En otras palabras, saber que F ha ocurrido, generalmente modifica las posibilidades de ocurrencia de E. En el caso especial donde $P(E|F) = P(E)$, decimos que E es independiente de F. Esto es, E es independiente de F si por saber que F ha ocurrido no se modifica la posibilidad de que E ocurra.

Dado que $P(E|F) = P(EF)/P(F)$ tenemos que E es independiente de F si

$$P(EF) = P(E)P(F) \tag{3.8.1}$$

Ya que la ecuación es simétrica en E y en F, tenemos que siempre que E sea independiente de F también lo es F de E. Así, tenemos la definición siguiente:

Definición

Dos eventos E y F se dice que son *independientes* si satisfacen la ecuación 3.8.1. Dos eventos E y F que no son independientes se dice que son *dependientes*.

EJEMPLO 3.8a Se selecciona aleatoriamente una carta de una baraja común de 52 cartas. Si A es el evento de que la carta elegida sea un as, y H es el evento de que sea un corazón, entonces A y H son independientes, ya que $P(AH) = \frac{1}{52}$, $P(A) = \frac{4}{52}$ y $P(H) = \frac{13}{52}$. ∎

EJEMPLO 3.8b Si E denota el evento de que el siguiente presidente será un republicano, y F el evento de que habrá un fuerte terremoto en menos de un año, entonces la mayoría de las personas estarán de acuerdo en aceptar que E y F son independientes. Sin embargo, quizás habrá algunas controversias para aceptar que E es independiente de G, si G es el evento de que dentro de los próximos dos años ocurrirá una recesión. ∎

Ahora demostraremos que si E es independiente de F, también es independiente de F^c.

PROPOSICIÓN 3.8.1

Si E y F son independientes, entonces también lo son E y F^c.

Demostración

Suponga que E y F son independientes. Puesto que $E = EF \cup EF^c$, y EF y EF^c es claro que son mutuamente excluyentes, tenemos que

$$P(E) = P(EF) + P(EF^c)$$

$$= P(E)P(F) + P(EF^c) \quad \text{por la independencia de } E \text{ y } F$$

o equivalente,

$$P(EF^c) = P(E)(1 - P(F))$$

$$= P(E)P(F^c)$$

con lo que queda probada la proposición.   □

Así si E es independiente de F, entonces la probabilidad de que E ocurra no se modifica por la información acerca de la ocurrencia o no de F.

Suponga ahora que E es independiente de F y también de G. ¿Entonces E es necesariamente independiente de FG? La respuesta, un tanto cuanto sorprendente es no. Consideremos el siguiente ejemplo.

EJEMPLO 3.8c Se tiran dos dados legales. Sea E_7 el evento de que la suma de los dados sea 7. Sea F el evento de que el primer dado cae en 4, y sea T el evento de que el segundo dado cae en 3. Se puede demostrar (véase problema 36) que E_7 es independiente de F y también de T; pero es claro que E_7 no es independiente de FT [ya que $P(E_7 | FT) = 1$].   ■

Parece ser que del ejemplo anterior se desprende que la definición apropiada de la independencia de tres eventos E, F y G tendrá que ir más allá de la mera suposición de que todos los $\binom{3}{2}$ pares de eventos sean independientes. Esto nos lleva a la siguiente definición.

Definición

Los tres eventos E, F y G se dice que son independientes si

$$P(EFG) = P(E)P(F)P(G)$$

$$P(EF) = P(E)P(F)$$

$$P(EG) = P(E)P(G)$$

$$P(FG) = P(F)P(G)$$

Deberá observarse que si los eventos E, F, G son independientes, entonces E será independiente de cualquier evento formado con F y G. Por ejemplo, E es independiente de $F \cup G$ ya que

$$P(E(F \cup G)) = P(EF \cup EG)$$

$$= P(EF) + P(EG) - P(EFG)$$

$$= P(E)P(F) + P(E)P(G) - P(E)P(FG)$$

$$= P(E)[P(F) + P(G) - P(FG)]$$

$$= P(E)P(F \cup G)$$

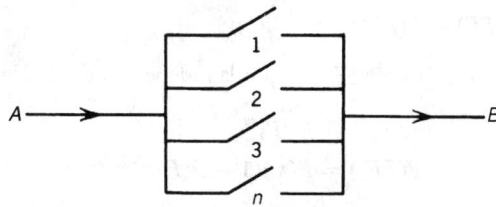

FIGURA 3.7 *Sistema paralelo: funciona si la corriente fluye de A a B.*

Por supuesto que podemos extender la definición de independencia a más de tres eventos. Los eventos $E_1, E_2, \ldots, E_n$ se dice que son independientes si para todo subconjunto $E_1, E_2, \ldots, E_r$, $r \leq n$ de estos eventos

$$P(E_{1'} E_{2'} \cdots E_{r'}) = P(E_{1'}) P(E_{2'}) \cdots P(E_{r'})$$

Algunas veces se da el caso de que el experimento probabilístico en consideración implica la realización de una secuencia de subexperimentos. Por ejemplo, si el experimento consiste en lanzar muchas veces una moneda, entonces podemos considerar cada lanzamiento como un subexperimento. En muchos casos se vuelve razonable suponer que los resultados en un grupo de subexperimentos no afectan las probabilidades de los resultados de otros subexperimentos. Si es éste el caso, entonces decimos que los subexperimentos son independientes.

EJEMPLO 3.8d Un sistema compuesto de n componentes separados se dice que es un sistema paralelo si funciona cuando por lo menos uno de los componentes funciona (véase figura 3.7). En tales sistemas, si el componente i funciona, independientemente de otros componentes, con probabilidad p_i, $i = 1, 2, \ldots, n$, ¿cuál es la probabilidad de que el sistema funcione?

SOLUCIÓN Sea A_i el evento de que el componente i funciona. Entonces

$$
\begin{aligned}
P\{\text{el sistema funcione}\} &= 1 - P\{\text{el sistema no funcione}\} \\
&= 1 - P\{\text{ningún componente funciona}\} \\
&= 1 - P\left(A_1^c A_2^c \cdots A_n^c\right) \\
&= 1 - \prod_{i=1}^{n}(1 - p_i) \qquad \text{por independencia} \quad \blacksquare
\end{aligned}
$$

Problemas

1. Una caja contiene tres canicas: una roja, una verde y una azul. Considere un experimento el cual consista en tomar una canica de la caja, volver a ponerla en la caja y tomar una segunda canica de la caja. Describa el espacio muestral. Vuélvalo a hacer pero tomando la segunda canica sin volver a poner la primera en la caja.

2. Un experimento consiste en lanzar una moneda tres veces. ¿Cuál es el espacio muestral de este experimento? ¿Qué evento corresponde al experimento en el que se obtienen más caras que cruces?

3. Sea $S = \{1, 2, 3, 4, 5, 6, 7\}$, $E = \{1, 3, 5, 7\}$, $F = \{4, 7, 6\}$, $G = \{1, 4\}$. Encuentre

(a) EF;   (c) EG^c;   (e) $E^c(F \cup G)$;

(b) $E \cup FG$;   (d) $EF^c \cup G$;   (f) $EG \cup FG$.

4. Se lanzan dos dados. Sea E el evento de que la suma de los dados sea un número impar, F el evento de que el primer dado caiga en 1, y G el evento de que la suma de los dados sea 5. Describa los eventos EF, $E \cup F$, FG, EF^c, EFG.

5. Un sistema se compone de cuatro elementos, cada uno de los cuales o está funcionando o está descompuesto. Analice el experimento que consiste en observar el estado de cada elemento, y donde el resultado del experimento se da mediante el vector (x_1, x_2, x_3, x_4), donde x_i = 1 si el elemento i está funcionado y $x_1 = 0$ si el elemento i está descompuesto.

(a) ¿Cuántos resultados hay en el espacio muestral de este experimento?

(b) Suponga que el sistema funciona si ambos elementos, 1 y 2, están trabajando, o si ambos elementos, 3 y 4, están trabajando. Especifique todos los resultados del evento de que el sistema está funcionando.

(c) Sea E el evento de que ambos elementos, 1 y 3, están descompuestos. ¿Cuántos resultados contiene el evento E?

6. Sean E, F, G tres eventos. Encuentre las expresiones para los eventos E, F, G

(a) sólo E ocurre;

(b) ocurren E y G, pero no F;

(c) ocurre por lo menos uno de los eventos;

(d) por lo menos ocurren dos de los eventos;

(e) los tres eventos ocurren;

(f) no ocurre ninguno de los eventos;

(g) cuando mucho ocurre uno de los eventos;

(h) cuando mucho ocurren dos de los eventos;

(i) ocurren exactamente dos de los eventos;

(j) cuando mucho ocurren tres de los eventos.

7. Encuentre expresiones simples para los eventos

(a) $E \cup E^c$;

(b) EE^c;

(c) $(E \cup F)(E \cup F^c)$;

(d) $(E \cup F)(E^c \cup F)(E \cup F^c)$;

(e) $(E \cup F)(F \cup G)$.

8. Utilice diagramas de Venn (o cualquier otro método) para mostrar que

(a) $EF \subset E$, $E \subset E \cup F$;

(b) si $E \subset F$ entonces $F^c \subset E^c$;

(c) las leyes conmutativas son válidas;

(d) las leyes asociativas son válidas;

(e) $F = FE \cup FE^c$;

(f) $E \cup F = E \cup E^c F$;

(g) Las leyes de DeMorgan son válidas.

9. Dado el siguiente diagrama de Venn, describa en términos de E, F y G los eventos denotados en el diagrama por los números romanos I a VII.

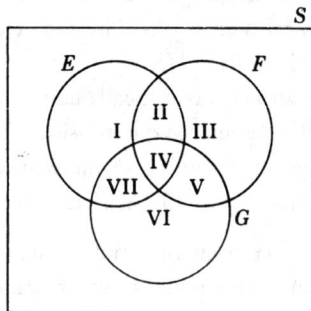

10. Demuestre que si $E \subset F$ entonces $P(E) \leq P(F)$. (*Sugerencia*: Escriba F como la unión de dos eventos mutuamente excluyentes, siendo E uno de ellos.)

11. Pruebe la desigualdad de Boole

$$P\left(\bigcup_{i=1}^{n} E_i\right) \leq \sum_{i=1}^{n} P(E_i)$$

12. Si $P(E) = .9$ y $P(F) = .9$ demuestre que $P(EF) \geq .8$. En general, pruebe la desigualdad de Bonferroni, esto es que

$$P(EF) \geq P(E) + P(F) - 1$$

13. Pruebe que

(a) $P(EF^c) = P(E) - P(EF)$

(b) $P(E^c F^c) = 1 - P(E) - P(F) + P(EF)$

14. Muestre que la probabilidad de que exactamente uno de los eventos E o F ocurra es igual a $P(E) + P(F) - 2P(EF)$.

15. Calcule $\binom{9}{3}$, $\binom{9}{6}$, $\binom{7}{2}$, $\binom{7}{5}$, $\binom{10}{7}$.

16. Demuestre que

$$\binom{n}{r} = \binom{n}{n-r}$$

Ahora presente un argumento de combinatoria para lo anterior explicando por qué al tomar r elementos de un conjunto de tamaño n es equivalente a tomar $n - r$ elementos de ese mismo conjunto.

17. Demuestre que

$$\binom{n}{r} = \binom{n-1}{r-1} + \binom{n-1}{r}$$

Para dar un argumento de combinatoria, considere un conjunto de n objetos y fije su atención en uno de ellos. ¿Cuántos conjuntos diferentes de tamaño r contienen a este objeto y cuántos no?

18. Se pone en fila un grupo de 5 niños y 10 niñas en un orden aleatorio; es decir, se asume que cada una de las 15! permutaciones tiene la misma probabilidad.

    (a) ¿Cuál es la probabilidad de que la persona en el cuarto lugar sea niño?
    (b) ¿Qué puede decir de la persona en la posición 12?
    (c) ¿Cuál es la probabilidad de que un niño determinado esté en el tercer lugar?

19. En un pueblo hay 5 hoteles. Si en un día llegan 3 personas a alguno de los hoteles, ¿cuál es la probabilidad de que cada uno llegue a un hotel diferente? ¿Cuáles son las suposiciones que realiza?

20. En un pueblo hay 4 lugares en los que reparan televisiones. Si 4 televisiones se descomponen, ¿cuál es la probabilidad de que exactamente llamen a dos de estos lugares? ¿Cuáles están siendo sus supuestos?

21. Una mujer tiene n llaves, de las cuales una abre su casa. Si prueba las llaves en forma aleatoria y va descartando las que no le sirven, ¿cuál es la probabilidad de que abra la puerta en el k-ésimo intento? ¿Cuál es la probabilidad si no descarta las llaves ya probadas?

22. En un clóset hay 8 pares de zapatos. Si se toman 4 zapatos en forma aleatoria, ¿cuál es la probabilidad de que (a) no se tome ningún par completo (b) haya exactamente 1 par completo?

23. El rey viene de una familia de 2 niños. ¿Cuál es la probabilidad de que el otro niño sea una hermana?

24. Una pareja tiene 2 hijos. ¿Cuál es la probabilidad de que los dos sean niñas si la mayor es una niña?

25. Cincuenta y dos por ciento de los estudiante de una universidad son del sexo femenino. Cinco por ciento de los estudiantes en esta universidad están terminando ciencias de la computación. Dos por ciento de los estudiantes son mujeres que están terminando ciencias de la computación. Si se toma un estudiante en forma aleatoria, encuentre la probabilidad condicional de que éste

    (a) sea mujer puesto que está estudiando ciencias de la computación;
    (b) estudie ciencias de la computación puesto que es mujer.

26. Se hizo una encuesta a 500 parejas de trabajadores sobre su salario anual, y se obtuvo la información siguiente:

	Esposo	
Esposa	Menos de $25 000	Más de $25 000
Menos de $25 000	212	198
Más de $25 000	36	54

Así, por ejemplo, en 36 de las parejas la esposa ganaba más y el esposo menos de $25 000. Si se toma una pareja al azar, ¿cuál es

(a) la probabilidad de que el esposo gane más de $25 000?
(b) la probabilidad condicional de que la esposa gane más de $25 000 ya que el esposo gana más de esta cantidad?
(c) la probabilidad condicional de que la esposa gane más de $25 000 ya que el esposo gana menos de esta cantidad?

27. En una localidad hay dos fábricas que producen radios. Cada radio producido en la fábrica A tiene una probabilidad de .05 de salir defectuoso; mientras que cada radio producido en la fábrica B tiene una probabilidad de .01 de salir defectuoso. Suponga que usted compra dos radios que han sido producidos en la misma fábrica y que las posibilidades de que hayan sido producidas en la fábrica A o de la fábrica B son iguales. Si prueba el primer radio y resulta defectuoso, ¿cuál es la probabilidad condicional de que el otro también esté defectuoso?

28. Demuestre que

$$\frac{P(H|E)}{P(G|E)} = \frac{P(H)}{P(G)} \frac{P(E|H)}{P(E|G)}$$

Suponga que antes de observar nuevas evidencias la posibilidad de que la hipótesis H sea verdadera es el triple de la probabilidad de que la hipótesis G sea verdadera. Si la nueva evidencia tiene el doble de posibilidades de ser verdadera si G es verdadera que si F es verdadera, ¿qué hipótesis tiene más posibilidad de ser verdadera una vez observadas las evidencias?

29. Le pide a un vecino que mientras usted sale de vacaciones le riegue una planta enfermiza. Si no la riegan la probabilidad de que muera es .8; si la riegan la probabilidad de que muera es .15. Usted está 90 por ciento seguro de que su vecino se acordará de regar la planta.

(a) ¿Cuál es la probabilidad de que la planta aún esté viva cuando usted regrese?
(b) Si la encuentra muerta, ¿cuál es la probabilidad de que a su vecino se le haya olvidado regarla?

30. En una urna se ponen dos pelotas que tienen la misma posibilidad de estar coloreadas ya sea de rojo o de verde. Cada vez que se selecciona una de las pelotas en forma aleatoria, se anota su color y se regresa a la urna. Si las dos primeras que se toman están pintadas de rojo, ¿cuál es la probabilidad de que

(a) las dos pelotas en la urna estén pintadas de rojo?
(b) la siguiente pelota que se tome sea roja?

31. En una comunidad de jubilados, 600 de las 1 000 personas que la forman se clasifican como republicanos; mientras que el resto se clasifica como demócratas. En una elección local en la cual todos votan, 60 republicanos votaron por el candidato demócrata, y 50 demócratas votaron por el candidato republicano. Si un miembro de la comunidad tomado en forma aleatoria votó por el candidato republicano, ¿cuál es la probabilidad de que sea demócrata?

32. Cada uno de dos balones se pinta de negro o de dorado, y después se coloca en una urna. Suponga que para cada balón la probabilidad de que se haya pintado de negro es $\frac{1}{2}$, y que estos eventos son independientes.

(a) Suponga que usted se entera de que se usó la pintura dorada (así que por lo menos uno de los balones está pintado de este color.) Calcule la probabilidad condicional de que los dos balones estén pintados de dorado.

(b) Suponga que la urna se voltea y se sale uno de los balones, el cual está pintado de dorado. En este caso, ¿cuál es la probabilidad de que los dos balones estén pintados de dorado? Explique.

33. Se tienen dos muebles idénticos, cada uno con dos cajones. El mueble A tiene en cada cajón una moneda de plata; el mueble B tiene en un cajón una moneda de oro y en el otro una moneda de plata. Se selecciona en forma aleatoria uno de los muebles, se abre uno de sus cajones y se encuentra una moneda de plata. ¿Cuál es la probabilidad de que haya una moneda de plata en el otro cajón?

34. Suponga que hubiera una prueba para detectar cáncer que tuviera una precisión del 95 por ciento, tanto en las personas que padecen la enfermedad como en quienes no la padecen. Si .4 por ciento de la población tiene cáncer, calcule la probabilidad de que una persona tenga cáncer ya que la prueba indica eso.

35. Suponga que una compañía de seguros clasifica a las personas en una de tres categorías respecto al riesgo: bueno, promedio o malo. Sus registros indican que la probabilidad de que una persona clasificada con riesgo bueno, promedio o malo se vea involucrada en un accidente en el lapso de un año es de .05, .15 y .30, respectivamente. Si 20 por ciento personas de la población están clasificadas como de riesgo "bueno", 50 por ciento como "promedio" y 30 por ciento como "malo", ¿qué proporción de las personas tiene accidentes durante un año determinado? Si el poseedor de la póliza A no tuvo accidentes en 1987, ¿cuál es la probabilidad de que tenga riesgo "bueno"?

36. Se tira un par de dados. Sea E el evento de que la suma de los dados sea igual a 7.

(a) Demuestre que E es independiente del evento en el cual el primer dado cayó 4.

(b) Demuestre que E es independiente del evento en el cual el segundo dado cayó 3.

37. La probabilidad de que se cierre la compuerta i en los circuitos que se muestran abajo está

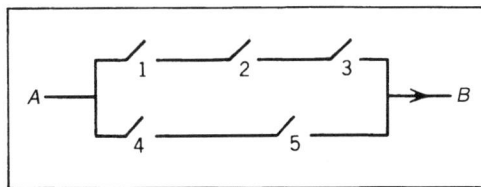

(a)

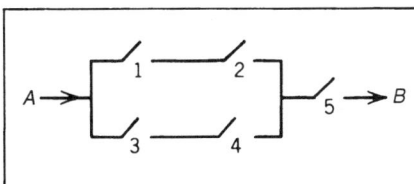

(b)

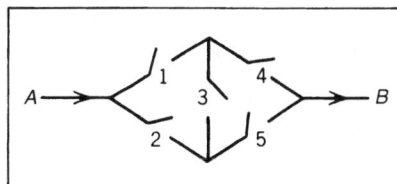

(c)

dada por p_i, $i = 1, 2, 3, 4, 5$. Si todas las compuertas funcionan independientemente, ¿cuál es la probabilidad de que la corriente fluya de A a B en el circuito correspondiente?

38. Se dice que un sistema de ingeniería con n componentes es un sistema k de n ($k \leq n$) si el sistema funciona si y sólo si k de los n componentes funcionan. Suponga que todos los componentes funcionan en forma independiente.

    (a) Si el componente i-ésimo funciona con probabilidad P_i, $i = 1, 2, 3, 4$ calcule la probabilidad de que funcione un sistema 2 de 4.
    (b) Repita el inciso (a) con un sistema 3 de 5.

39. Se tira una moneda legal 5 veces. Encuentre la probabilidad de que

    (a) en los primeros tres lanzamientos caiga lo mismo;
    (b) ya sea que en los primeros tres lanzamientos o en los últimos tres lanzamientos caiga lo mismo;
    (c) hay por lo menos dos caras en los primeros tres lanzamientos y, por lo menos, dos cruces en los últimos tres lanzamientos.

40. Suponga que se llevan a cabo n experimentos independientes, cada uno de los cuales puede tener como resultado 0, 1 o 2, con probabilidades .3, .5 y .2, respectivamente. Calcule la probabilidad de que tanto el resultado 1 como el resultado 2 se presenten por lo menos una vez. (*Sugerencia:* Considere la probabilidad complementaria.)

41. Un sistema paralelo funciona si por lo menos uno de sus componentes funciona. Considere un sistema paralelo con n componentes y suponga que cada componente funciona de manera independiente con probabilidad $\frac{1}{2}$. Encuentre la probabilidad condicional de que el componente 1 funcione ya que el sistema está funcionando.

42. Un determinado organismo posee un par de cada uno de 5 genes diferentes (que designaremos con las primeras letras del alfabeto). Cada uno de los genes aparece de dos formas (que designaremos por letras mayúsculas o minúsculas). Las letras mayúsculas representarán al gene dominante, en el sentido de que si un organismo posee el par de genes xX tendrá la apariencia correspondiente al gene X. Por ejemplo, si el gene X corresponde a ojos cafés, y el gene x a ojos azules, entonces un individuo que tenga ya sea el par de genes XX o xX tendrá ojos cafés; mientras que uno que tenga el par de genes xx será de ojos azules. A la apariencia característica de un organismo se le llama su fenotipo y a su constitución genética, su genotipo. (Entonces, dos organismos aA, bB, cc, dD, ee y AA, BB, cc, DD, ee tendrán diferentes genotipos pero el mismo fenotipo.) En un apareamiento entre dos organismos, cada uno contribuye, al azar, con uno de sus genes de cada par. Se supone que las cinco contribuciones (una de cada uno de los 5 tipos) de un organismo son independientes, y también son independientes de las contribuciones de su compañero. En un apareamiento entre dos organismos que tengan genotipos aA, bB, cC, dD, eE y aa, bB, cc, Dd, ee, ¿cuál es la probabilidad de que la progenie se parezca: (1) fenotípicamente o (2) genotípicamente

    (a) al primer progenitor?
    (b) al segundo progenitor?
    (c) a ambos progenitores?
    (d) a ninguno de los progenitores?

43. A tres prisioneros les informa su carcelero que uno de ellos a sido elegido, al azar, para ser ejecutado y que los otros dos serán liberados. El prisionero A le pide a su carcelero que le diga en privado cuál de sus compañeros será liberado, argumentando que no hay peligro en dar esta información porque él ya sabe que por lo menos uno de ellos será liberado. El carcelero se rehúsa a darle esta información diciendo que si A supiera cuál de sus compañeros va a ser liberado, entonces su propia probabilidad de ser ejecutado aumentaría de $\frac{1}{3}$ a $\frac{1}{2}$, porque entonces él sería uno de los dos prisioneros. ¿Qué opina usted del razonamiento del carcelero?

44. Aunque mis padres tienen ojos cafés yo tengo ojos azules. ¿Cuál es la probabilidad de que mi hermana tenga ojos azules?

45. Cuántas personas habrá que reunir de manera que la probabilidad de que al menos una de ellas haya nacido el 29 de febrero sea de $\frac{1}{2}$. ¿En qué suposiciones se basa?

Capítulo 4

VARIABLES ALEATORIAS Y ESPERANZA MATEMÁTICA

4.1 VARIABLES ALEATORIAS

Cuando se lleva a cabo un experimento aleatorio, no nos interesan todos los detalles de los resultados del experimento, sino sólo los valores de algunas cantidades numéricas determinadas por estos resultados. Por ejemplo, si lanzamos dos dados nos interesa el resultado de la suma de ellos sin que nos importe realmente los números en cada uno de los dados. Es decir, nos interesa saber que la suma fue 7; pero no nos importa saber si el resultado fue (1, 6), (2, 5), (3, 4), (4, 3), (5, 2) o (6, 1). A un ingeniero civil tampoco le importa el aumento o la disminución diaria del nivel de agua en una presa (lo cual se toma como resultado experimental), sino solamente el nivel del agua al final de una época de lluvias. A estas cantidades de interés determinadas por el resultado del experimento se les conoce como *variables aleatorias*.

Como el valor de la variable aleatoria está determinado por el resultado del experimento, podemos asignar probabilidades a sus valores posibles.

EJEMPLO 4.1a Si X denota la variable aleatoria definida como la suma de los números al lanzar dos dados legales, entonces

$$P\{X = 2\} = P\{(1, 1)\} = \tfrac{1}{36} \tag{4.1.1}$$

$$P\{X = 3\} = P\{(1, 2), (2, 1)\} = \tfrac{2}{36}$$

$$P\{X = 4\} = P\{(1, 3), (2, 2), (3, 1)\} = \tfrac{3}{36}$$

$$P\{X = 5\} = P\{(1, 4), (2, 3), (3, 2), (4, 1)\} = \tfrac{4}{36}$$

$$P\{X = 6\} = P\{(1, 5), (2, 4), (3, 3), (4, 2), (5, 1)\} = \tfrac{5}{36}$$

$$P\{X = 7\} = P\{(1, 6), (2, 5), (3, 4), (4, 3), (5, 2), (6, 1)\} = \tfrac{6}{36}$$

$$P\{X = 8\} = P\{(2, 6), (3, 5), (4, 4), (5, 3), (6, 2)\} = \tfrac{5}{36}$$

$$P\{X = 9\} = P\{(3, 6), (4, 5), (5, 4), (6, 3)\} = \tfrac{4}{36}$$

$$P\{X = 10\} = P\{(4, 6), (5, 5), (6, 4)\} = \tfrac{3}{36}$$

$$P\{X = 11\} = P\{(5, 6), (6, 5)\} = \tfrac{2}{36}$$

$$P\{X = 12\} = P\{(6, 6)\} = \tfrac{1}{36}$$

Es decir, la variable aleatoria X puede tomar cualquier valor entero entre 2 y 12, y la probabilidad de que tome cada uno de estos valores está dada por la ecuación 4.1.1. Como X tiene que tomar algún valor se necesita tener

$$1 = P(S) = P\left(\bigcup_{i=2}^{12}\{X = i\}\right) = \sum_{i=2}^{12} P\{X = i\}$$

lo cual es fácilmente verificable a partir de la ecuación 4.1.1.

Otra variable aleatoria de interés en este experimento es el valor del primer dado. Si denotamos a esta variable aleatoria con Y, entonces Y tiene las mismas posibilidades de tomar cualquiera de los valores de 1 a 6. Es decir,

$$P\{Y = i\} = 1/6, \qquad i = 1, 2, 3, 4, 5, 6 \quad \blacksquare$$

EJEMPLO 4.1b Suponga que un individuo compra dos componentes electrónicos, cada uno de los cuales puede tener algún defecto o ser aceptable. Suponga, además, que los cuatro resultados posibles, (d, d), (d, a), (a, d), (a, a), tienen las probabilidades respectivas .09, .21, .21, .49 [donde (d, d) significa que ambos componentes tienen algún defecto; (d, a) que el primer componente tiene algún defecto y el segundo es aceptable, etcétera]. Si denotamos con X el número de componentes aceptables adquiridos en la compra, entonces X es una variable aleatoria que toma uno de los valores 0, 1, 2 con probabilidades respectivas

$$P\{X = 0\} = .09$$

$$P\{X = 1\} = .42$$

$$P\{X = 2\} = .49$$

Si lo que nos interesara fuera que, si por lo menos uno de los componentes fuera aceptable, definiríamos una variable aleatoria I mediante:

$$I = \begin{cases} 1 & \text{si } X = 1 \text{ o } 2 \\ 0 & \text{si } X = 0 \end{cases}$$

Si A denota el evento de que por lo menos se obtuvo un componente aceptable, entonces a I se le llama la variable aleatoria *indicadora* del evento A, ya que I sería igual a 1 o a 0 según ocurra A. Las probabilidades correspondientes a los valores posibles de I son

$$P\{I = 1\} = .91$$

$$P\{I = 0\} = .09 \quad \blacksquare$$

En los dos ejemplos anteriores, la variable aleatoria de interés tomaba un número finito de valores. A las variables aleatorias que toman un número finito o contable de valores posibles se les llama *discretas*. Sin embargo, también existen variables aleatorias que toman un continuo de valores. A éstas se les conoce como variables aleatorias *continuas*. Un ejemplo es la variable aleatoria que denota el tiempo de vida de un automóvil, si se supone que el tiempo de vida de éste toma cualquier valor en un intervalo (a, b).

La *función de distribución acumulada*, o simplemente la *función de distribución*, F de una variable aleatoria X está definida para todo número real x mediante

$$F(x) = P\{X \leq x\}$$

Es decir, $F(x)$ es la probabilidad de que la variable aleatoria X tome un valor menor o igual a x. *Sugerencia:* Usaremos la notación $X \sim F$ para significar que F es la función de distribución de X.

Todas las preguntas de probabilidad acerca de X se pueden contestar en términos de su función de distribución F. Por ejemplo, suponga que queremos calcular $P\{a < X \leq b\}$. Esto se consigue observando, primero, que el evento $\{X \leq b\}$ se expresa como la unión de dos eventos mutuamente excluyentes $\{X \leq a\}$ y $\{a < X \leq b\}$. Por lo que aplicando el axioma 3 tenemos

$$P\{X \leq b\} = P\{X \leq a\} + P\{a < X \leq b\}$$

o

$$P\{a < X \leq b\} = F(b) - F(a)$$

EJEMPLO 4.1c Suponga que la función de distribución de la variable aleatoria X es

$$F(x) = \begin{cases} 0 & x \leq 0 \\ 1 - \exp\{-x^2\} & x > 0 \end{cases}$$

¿Cuál es la probabilidad de que X sea mayor que 1?

SOLUCIÓN La probabilidad que se busca se calcula como sigue:

$$P\{X > 1\} = 1 - P\{X \leq 1\}$$
$$= 1 - F(1)$$
$$= e^{-1}$$
$$= .368 \quad \blacksquare$$

4.2 TIPOS DE VARIABLES ALEATORIAS

Como ya se dijo, una variable aleatoria que puede tomar a lo más un número contable de valores se dice que es *discreta*. Para una variable aleatoria discreta X, definimos la *función de masa de probabilidad* $p(a)$ de X mediante

$$p(a) = P\{X = a\}$$

La función de masa de probabilidad $p(a)$ es positiva para, a lo más, un número contable de valores de a. Es decir, si X asume uno de los valores $x_1, x_2, \ldots$, entonces

$$p(x_i) > 0, \qquad i = 1, 2, \ldots$$

$$p(x) = 0, \qquad \text{para todos los otros valores de } x$$

Como X debe tomar uno de los valores x_i, tenemos

$$\sum_{i=1}^{\infty} p(x_i) = 1$$

EJEMPLO 4.2a Considere una variable aleatoria X que es igual a 1, 2 o 3. Si sabemos que

$$p(1) = \tfrac{1}{2} \qquad \text{y} \qquad p(2) = \tfrac{1}{3}$$

entonces, se sigue (ya que $p(1) + p(2) + p(3) = 1$) que

$$p(3) = \tfrac{1}{6}$$

En la figura 4.1 se presenta una gráfica de $p(x)$. ∎

La función de distribución acumulada F se puede expresar en términos de $p(x)$ mediante

$$F(a) = \sum_{\text{toda } x \leq a} p(x)$$

Si X es una variable aleatoria discreta cuyos valores posibles son $x_1, x_2, x_3, \ldots$, con $x_1 < x_2 < x_3 < \ldots$, entonces su función de distribución F es una función escalonada. Es decir, el valor de F es constante en los intervalos (x_{i-1}, x_i) y después sube un escalón (o salta) de tamaño $p(x_i)$ en x_i.

Por ejemplo, suponga que X tiene una función de masa de probabilidad dada (como en el ejemplo 4.2a) por

$$p(1) = \tfrac{1}{2}, \qquad p(2) = \tfrac{1}{3}, \qquad p(3) = \tfrac{1}{6}$$

entonces, la función de distribución acumulada F de X está dada por

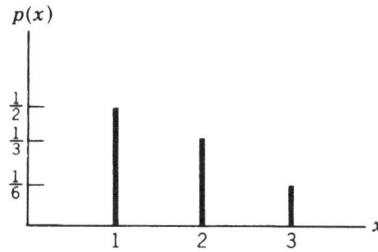

FIGURA 4.1   *Gráfica de p(x). Ejemplo 4.2a.*

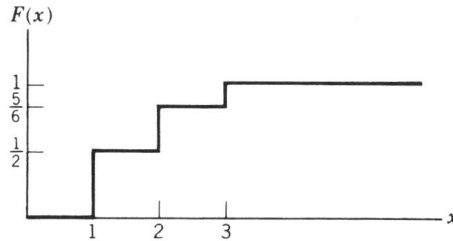

FIGURA 4.2   *Gráfica de* F(x).

$$F(a) = \begin{cases} 0 & a < 1 \\ \frac{1}{2} & 1 \le a < 2 \\ \frac{5}{6} & 2 \le a < 3 \\ 1 & 3 \le a \end{cases}$$

Lo cual se representa gráficamente en la figura 4.2.

Mientras el conjunto de valores posibles para una variable aleatoria discreta es contable, con frecuencia hay que considerar variables aleatorias cuyo conjunto de valores posibles es no contable. Sea X una de estas variables aleatorias. Se dice que X es una variable aleatoria continua si existe una función no negativa, $f(x)$, definida para todo real $x \in (-\infty, \infty)$, que tiene la propiedad de que para todo conjunto B de números reales

$$P\{X \in B\} = \int_B f(x)\, dx \qquad (4.2.1)$$

A la función $f(x)$ se le llama la *función de densidad de probabilidad* de la variable aleatoria X.

En otras palabras, la ecuación 4.2.1 nos dice que la probabilidad de que X esté en B se puede obtener integrando la función de densidad de probabilidad sobre el conjunto B. Como X debe asumir algún valor, $f(x)$ debe satisfacer

$$1 = P\{X \in (-\infty, \infty)\} = \int_{-\infty}^{\infty} f(x)\, dx$$

Todo enunciado probabilístico respecto de X se puede dar en términos de $f(x)$. Por ejemplo, sea $B = [a, b]$, entonces, con la ecuación 4.2.1 se tiene que

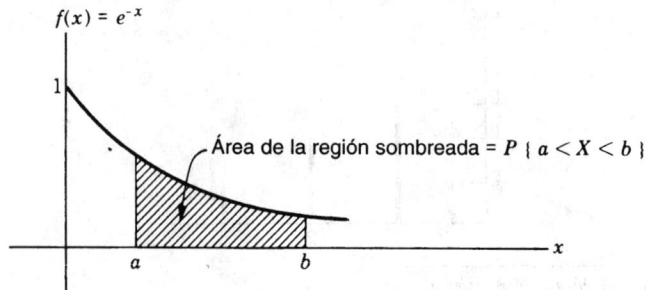

FIGURA 4.3   *La función de densidad de probabilidad.* $f(x) = \begin{cases} e^{-x} & x \geq 0 \\ 0 & x < 0 \end{cases}$.

$$P\{a \leq X \leq b\} = \int_a^b f(x)\,dx \qquad (4.2.2)$$

Si consideramos $a = b$ en la ecuación anterior,

$$P\{X = a\} = \int_a^a f(x)\,dx = 0$$

Esta ecuación indica que la probabilidad de que una variable aleatoria continua asuma un valor *particular* cualquiera es cero (véase figura 4.3).

La relación entre la distribución acumulada $F(\cdot)$ y la densidad de probabilidad $f(\cdot)$ se expresa por

$$F(a) = P\{X \in (-\infty, a]\} = \int_{-\infty}^a f(x)\,dx$$

Diferenciando ambos lados se obtiene

$$\frac{d}{da}F(a) = f(a)$$

Es decir, la densidad es la derivada de la función de distribución acumulada. Se puede obtener una interpretación un poco más intuitiva de la función de densidad, a partir de la ecuación 4.2.2, como sigue

$$P\left\{a - \frac{\varepsilon}{2} \leq X \leq a + \frac{\varepsilon}{2}\right\} = \int_{a-\varepsilon/2}^{a+\varepsilon/2} f(x)\,dx \approx \varepsilon f(a)$$

donde ε es pequeña. En otras palabras, la probabilidad de que X esté contenida en un intervalo de longitud ε alrededor del punto a es aproximadamente $\varepsilon f(a)$. De donde vemos que $f(a)$ es una medida de la posibilidad de que la variable aleatoria esté cerca de a.

EJEMPLO 4.2b Suponga que X es una variable aleatoria continua cuya función de densidad de probabilidad está dada por

$$f(x) = \begin{cases} C(4x - 2x^2) & 0 < x < 2 \\ 0 & \text{de otra manera} \end{cases}$$

(a) ¿Cuál es el valor de C?

(b) Encuentre $P\{X > 1\}$.

SOLUCIÓN (a) Como f es una función de densidad de probabilidad, debemos tener que $\int_{-\infty}^{\infty} f(x)\, dx = 1$, lo que implica que

$$C \int_0^2 (4x - 2x^2)\, dx = 1$$

o

$$C \left[2x^2 - \frac{2x^3}{3} \right] \Big|_{x=0}^{x=2} = 1$$

o

$$C = \tfrac{3}{8}$$

(b) Así que

$$P\{X > 1\} = \int_1^{\infty} f(x)\, dx = \tfrac{3}{8} \int_1^2 (4x - 2x^2)\, dx = \tfrac{1}{2} \quad \blacksquare$$

4.3 VARIABLES ALEATORIAS DISTRIBUIDAS CONJUNTAMENTE

Con frecuencia, en un experimento dado, nos interesa no sólo la función de distribución de probabilidad de una variable aleatoria individual, sino también la relación entre dos o más variables aleatorias. Por ejemplo, en un experimento sobre las posibles causas de cáncer tal vez nos interese la relación entre el número promedio de cigarros fumados por día y la edad a la cual la persona contrae el cáncer. De manera similar, un ingeniero puede interesarse por la relación entre la resistencia al corte y el diámetro de una soldadura de punto en un espécimen fabricado con hoja de acero.

Para especificar la relación entre dos variables aleatorias definimos la función de distribución de probabilidad acumulada conjunta de X y Y mediante

$$F(x, y) = P\{X \leq x, Y \leq y\}$$

Un conocimiento de la función de distribución de probabilidad conjunta permite, por lo menos en teoría, calcular la probabilidad de cualquier afirmación relacionada con los valores de X y de Y. Por ejemplo, la función de distribución de X, llamémosla F_X, se puede obtener de la función de distribución conjunta F de X y Y de la manera siguiente:

$$F_X(x) = P\{X \leq x\}$$
$$= P\{X \leq x, Y < \infty\}$$
$$= F(x, \infty)$$

De manera similar la función de distribución acumulada de Y está dada por

$$F_Y(y) = F(\infty, y)$$

En el caso en que X y Y sean, ambas, variables aleatorias discretas, cuyos valores posibles son, respectivamente, $x_1, x_2, \ldots,$ y $y_1, y_2, \ldots$, definimos la *función de masa de probabilidad conjunta* de X y Y, $p(x_i, y_j)$ de la manera siguiente

$$p(x_i, y_j) = P\{X = x_i, Y = y_j\}$$

Las funciones de masa de probabilidad individual de X y de Y se obtienen fácilmente de la función de masa de probabilidad conjunta mediante el siguiente razonamiento. Como Y debe de tomar alguno de los valores y_j se sigue que el evento $\{X = x_i\}$ se escribe como la unión, sobre todas las j, de los eventos mutuamente excluyentes $\{X = x_i, Y = y_j\}$. Es decir,

$$\{X = x_i\} = \bigcup_j \{X = x_i, Y = y_j\}$$

y así, empleando el axioma 3 de la función de probabilidad se observa que

$$P\{X = x_i\} = P\left(\bigcup_j \{X = x_i, Y = y_j\}\right) \qquad (4.3.1)$$
$$= \sum_j P\{X = x_i, Y = y_j\}$$
$$= \sum_j p(x_i, y_j)$$

De manera similar, se obtiene $P\{Y = y_j\}$ sumando $p(x_i, y_j)$ sobre todos los valores de x_i, esto es,

$$P\{Y = y_j\} = \sum_i P\{X = x_i, Y = y_j\} \qquad (4.3.2)$$
$$= \sum_i p(x_i, y_j)$$

Por lo tanto, especificando la función de masa de probabilidad conjunta, se determinan las funciones de masa individuales. No obstante, hay que observar que el reverso no es verdadero. Saber que $P\{X = x_i\}$ y $P\{Y = y_j\}$ no determina el valor de $P\{X = x_i, Y = y_j\}$.

EJEMPLO 4.3a Suponga que se toman al azar 3 baterías de un conjunto que consta de 3 baterías nuevas, 4 usadas que todavía funcionan y 5 defectuosas. Si X y Y denotan, respectivamente, el número de baterías nuevas y de baterías usadas que todavía funcionan, que fueron elegidas, entonces la función de masa de probabilidad conjunta de X y Y, $p(i,j) = P\{X = i, Y = j\}$ está dada por

$$p(0, 0) = \binom{5}{3}\Big/\binom{12}{3} = 10/220$$

$$p(0, 1) = \binom{4}{1}\binom{5}{2}\Big/\binom{12}{3} = 40/220$$

$$p(0, 2) = \binom{4}{2}\binom{5}{1}\Big/\binom{12}{3} = 30/220$$

$$p(0, 3) = \binom{4}{3}\Big/\binom{12}{3} = 4/220$$

$$p(1, 0) = \binom{3}{1}\binom{5}{2}\Big/\binom{12}{3} = 30/220$$

$$p(1, 1) = \binom{3}{1}\binom{4}{1}\binom{5}{1}\Big/\binom{12}{3} = 60/220$$

$$p(1, 2) = \binom{3}{1}\binom{4}{2}\Big/\binom{12}{3} = 18/220$$

$$p(2, 0) = \binom{3}{2}\binom{5}{1}\Big/\binom{12}{3} = 15/220$$

$$p(2, 1) = \binom{3}{2}\binom{4}{1}\Big/\binom{12}{3} = 12/220$$

$$p(3, 0) = \binom{3}{3}\Big/\binom{12}{3} = 1/220$$

Estas probabilidades se pueden expresar más fácilmente en forma tabular como se indica en la tabla 4.1.

El lector debe observar que la función de masa de probabilidad de X se obtiene calculando las sumas de los renglones, de acuerdo con la ecuación 4.3.1, mientras que la función de masa de probabilidad de Y se determina calculando las sumas de las columnas, de acuerdo con la ecuación 4.3.2. Puesto que en estas tablas las funciones de masa de probabilidad individual de X y de Y aparecen al margen, con frecuencia se les llama funciones de masa de probabilidad marginal de X y de Y, respectivamente. Hay que notar que en estas tablas se puede comprobar que la tabla está correcta, verificando que la suma del renglón marginal (o de la columna marginal) sea 1. (¿Por qué debe ser igual a 1 la suma de los números en el renglón (o en la columna) marginal?) ∎

TABLA 4.1 $P\{X = i, Y = j\}$

i \ j	0	1	2	3	Suma de renglones $= P\{X = i\}$
0	$\frac{10}{220}$	$\frac{40}{220}$	$\frac{30}{220}$	$\frac{4}{220}$	$\frac{84}{220}$
1	$\frac{30}{220}$	$\frac{60}{220}$	$\frac{18}{220}$	0	$\frac{108}{220}$
2	$\frac{15}{220}$	$\frac{12}{220}$	0	0	$\frac{27}{220}$
3	$\frac{1}{220}$	0	0	0	$\frac{1}{220}$
Suma de columnas = $P\{Y = j\}$	$\frac{56}{220}$	$\frac{112}{220}$	$\frac{48}{220}$	$\frac{4}{220}$	

EJEMPLO 4.3b Suponga que 15 por ciento de las familias de cierta comunidad no tienen hijos, 20 por ciento tienen 1, 35 por ciento tiene 2, y 30 por ciento tienen 3; considere además que cada uno de los hijos tiene la misma (e independiente) posibilidad de ser niño o niña. Si se elige una familia, al azar, de esta comunidad, entonces B, el número de niños y G, el número de niñas, en esta familia tendrá la función de masa de probabilidad conjunta que aparece en la tabla 4.2.

Estas probabilidades se obtienen como sigue

$$P\{B = 0, G = 0\} = P\{\text{ningún niño}\}$$

$$= .15$$

$$P\{B = 0, G = 1\} = P\{1 \text{ niña y } 1 \text{ hijo en total}\}$$

$$= P\{1 \text{ hijo}\} \, P\{1 \text{ niña} \,|\, 1 \text{ hijo}\}$$

$$= (.20)\left(\tfrac{1}{2}\right) = .1$$

$$P\{B = 0, G = 2\} = P\{2 \text{ niñas y } 2 \text{ hijos en total}\}$$

$$= P\{2 \text{ hijos}\} \, P\{2 \text{ niñas} \,|\, 2 \text{ hijos}\}$$

$$= (.35)\left(\tfrac{1}{2}\right)^2 = .0875$$

TABLA 4.2 $P\{B = i, G = j\}$

i \ j	0	1	2	3	Suma de renglones $= P\{B = i\}$
0	.15	.10	.0875	.0375	.3750
1	.10	.175	.1125	0	.3875
2	.0875	.1125	0	0	.2000
3	.0375	0	0	0	.0375
Suma de columnas = $P\{G = j\}$	.3750	.3875	.2000	.0375	

$$P\{B = 0, G = 3\} = P\{3 \text{ niñas y 3 hijos en total}\}$$

$$= P\{3 \text{ hijos}\} \, P\{3 \text{ niñas} \mid 3 \text{ hijos}\}$$

$$= (.30) \left(\tfrac{1}{2}\right)^3 = .0375$$

Dejamos al lector la verificación del resto de la tabla 4.2, que, entre otras cosas, nos indica que la familia seleccionada tendrá por lo menos 1 niña con probabilidad .625. ∎

Se dice que X y Y tienen un *continuo conjunto* si existe una función $f(x, y)$ definida para todos los reales x, y, con la propiedad de que para todo conjunto C de pares de números reales (es decir, C es un conjunto en el plano bidimensional)

$$P\{(X, Y) \in C\} = \iint\limits_{(x,y) \in C} f(x, y) \, dx \, dy \tag{4.3.3}$$

A la función $f(x, y)$ se le llama *función de densidad de probabilidad conjunta* de X y Y. Si A y B son conjuntos de números reales, y definimos $C = \{(x, y): x \in A, y \in B\}$, observamos que de la ecuación 4.3.3 se tiene que

$$P\{X \in A, Y \in B\} = \int_B \int_A f(x, y) \, dx \, dy \tag{4.3.4}$$

Como

$$F(a, b) = P\{X \in (-\infty, a], Y \in (-\infty, b]\}$$

$$= \int_{-\infty}^{b} \int_{-\infty}^{a} f(x, y) \, dx \, dy$$

mediante diferenciación se obtiene

$$f(a, b) = \frac{\partial^2}{\partial a \, \partial b} F(a, b)$$

siempre que las derivadas parciales estén definidas. Otra interpretación de la función de densidad conjunta se obtiene de la ecuación 4.3.4, como sigue:

$$P\{a < X < a + da, b < Y < b + db\} = \int_{b}^{d+db} \int_{a}^{a+da} f(x, y) \, dx \, dy$$

$$\approx f(a, b) \, da \, db$$

donde da y db son pequeñas y $f(x, y)$ es continua en a, b. Por lo tanto, $f(a, b)$ es una medida de qué tan probable es que el vector aleatorio (X, Y) esté cerca de (a, b).

Si X y Y son continuos conjuntos, entonces son individualmente continuos y su función de densidad de probabilidad se obtiene como sigue:

$$P\{X \in A\} = P\{X \in A, Y \in (-\infty, \infty)\} \tag{4.3.5}$$

$$= \int_A \int_{-\infty}^{\infty} f(x, y) \, dy \, dx$$

$$= \int_A f_X(x) \, dx$$

donde

$$f_X(x) = \int_{-\infty}^{\infty} f(x, y)\, dy$$

es, entonces, la función de densidad de probabilidad de X. De manera similar, la función de densidad de probabilidad de Y está dada por

$$f_Y(y) = \int_{-\infty}^{\infty} f(x, y)\, dx \tag{4.3.6}$$

EJEMPLO 4.3c La función de densidad conjunta de X y Y está dada por

$$f(x, y) = \begin{cases} 2e^{-x}e^{-2y} & 0 < x < \infty, 0 < y < \infty \\ 0 & \text{de otra manera} \end{cases}$$

Calcule **(a)** $P\{X > 1, Y < 1\}$; **(b)** $P\{X < Y\}$, y **(c)** $P\{X < a\}$.

SOLUCIÓN

(a)
$$P\{X > 1, Y < 1\} = \int_0^1 \int_1^{\infty} 2e^{-x}e^{-2y}\, dx\, dy$$

$$= \int_0^1 2e^{-2y}(-e^{-x}|_1^{\infty})\, dy$$

$$= e^{-1} \int_0^1 2e^{-2y}\, dy$$

$$= e^{-1}(1 - e^{-2})$$

(b)
$$P\{X < Y\} = \iint\limits_{(x,y):x<y} 2e^{-x}e^{-2y}\, dx\, dy$$

$$= \int_0^{\infty} \int_0^y 2e^{-x}e^{-2y}\, dx\, dy$$

$$= \int_0^{\infty} 2e^{-2y}(1 - e^{-y})\, dy$$

$$= \int_0^{\infty} 2e^{-2y}\, dy - \int_0^{\infty} 2e^{-3y}\, dy$$

$$= 1 - \frac{2}{3}$$

$$= \frac{1}{3}$$

(c)
$$P\{X < a\} = \int_0^a \int_0^\infty 2e^{-2y}e^{-x}\, dy\, dx$$

$$= \int_0^a e^{-x}\, dx$$

$$= 1 - e^{-a} \quad \blacksquare$$

4.3.1 VARIABLES ALEATORIAS INDEPENDIENTES

Se dice que las variables aleatorias X y Y son independientes si para cualesquiera dos conjuntos A y B de números reales

$$P\{X \in A, Y \in B\} = P\{X \in A\}P\{Y \in B\} \tag{4.3.7}$$

En otras palabras, X y Y son independientes si para todo A y B, los eventos $E_A = \{X \in A\}$ y $F_B = \{Y \in B\}$ son independientes.

Usando los tres axiomas de probabilidad se puede demostrar que la ecuación 4.3.7 se cumple si y sólo si para todo a, b

$$P\{X \le a, Y \le b\} = P\{X \le a\}P\{Y \le b\}$$

Por lo que, en términos de la función de distribución conjunta F de X y Y, X y Y son independientes si

$$F(a, b) = F_X(a)F_Y(b) \qquad \text{para toda } a, b$$

Cuando X y Y son variables aleatorias discretas, la condición de independencia de la ecuación 4.3.7 es equivalente a

$$p(x, y) = p_X(x)p_Y(y) \qquad \text{para toda } x, y \tag{4.3.8}$$

donde p_X y p_Y son las funciones de masa de probabilidad de X y de Y. La equivalencia se cumple debido a que si la ecuación 4.3.7 se satisface, entonces, tomando los conjuntos A y B como los conjuntos, con un solo punto, $A = \{x\}$, $B = \{y\}$ obtenemos la ecuación 4.3.8. Más aún, si la ecuación 4.3.8 es válida, entonces, para todo par de conjuntos A, B

$$P\{X \in A, Y \in B\} = \sum_{y \in B}\sum_{x \in A} p(x, y)$$

$$= \sum_{y \in B}\sum_{x \in A} p_X(x)p_Y(y)$$

$$= \sum_{y \in B} p_Y(y) \sum_{x \in A} p_X(x)$$

$$= P\{Y \in B\}P\{X \in A\}$$

y así llegamos a la ecuación 4.3.7.

En el caso del continuo conjunto la condición de independencia es equivalente a

$$f(x, y) = f_X(x)f_Y(y) \qquad \text{para toda } x, y$$

Dicho en pocas palabras, X y Y son independientes si el conocimiento del valor de la una no modifica la distribución de la otra. Se dice que las variables aleatorias que no son independientes, son dependientes.

EJEMPLO 4.3d Suponga que X y Y son variables aleatorias independientes que tienen la función de densidad común

$$f(x) = \begin{cases} e^{-x} & x > 0 \\ 0 & \text{de otra manera} \end{cases}$$

Encuentre la función de densidad de la variable aleatoria X/Y.

SOLUCIÓN Empezamos por determinar la función de distribución de X/Y. Para $a > 0$

$$F_{X/Y}(a) = P\{X/Y \le a\}$$

$$= \iint\limits_{x/y \le a} f(x, y)\, dx\, dy$$

$$= \iint\limits_{x/y \le a} e^{-x} e^{-y}\, dx\, dy$$

$$= \int_0^\infty \int_0^{ay} e^{-x} e^{-y}\, dx\, dy$$

$$= \int_0^\infty (1 - e^{-ay}) e^{-y}\, dy$$

$$= \left[-e^{-y} + \frac{e^{-(a+1)y}}{a+1} \right] \Bigg|_0^\infty$$

$$= 1 - \frac{1}{a+1}$$

Mediante diferenciación se obtiene que la función de densidad de X/Y está dada por

$$f_{X/Y}(a) = 1/(a+1)^2, \qquad 0 < a < \infty \qquad \blacksquare$$

De exactamente la misma manera como lo hicimos para $n = 2$ podemos, también, definir las distribuciones de probabilidad conjunta para n variables aleatorias. Por ejemplo, la función de distribución de probabilidad acumulada conjunta $F(a_1, a_2, \ldots, a_n)$ para las n variables aleatorias X_1, $X_2, \ldots, X_n$ se define por

$$F(a_1, a_2, \ldots, a_n) = P\{X_1 \leq a_1, X_2 \leq a_2, \ldots, X_n \leq a_n\}$$

Si estas variables aleatorias son discretas, definimos su función de masa de probabilidad conjunta $p(x_1, x_2, \ldots, x_n)$ mediante

$$p(x_1, x_2, \ldots, x_n) = P\{X_1 = x_1, X_2 = x_2, \ldots, X_n = x_n\}$$

Más aún, se dice que las n variables aleatorias son continuas conjuntas si existe una función $f(x_1, x_2, \ldots, x_n)$, llamada la función de densidad de probabilidad conjunta, tal que para todo conjunto C en el espacio n

$$P\{(X_1, X_2, \ldots, X_n) \in C\} = \underset{(x_1, \ldots, x_n) \in C}{\int \int \cdots \int} f(x_1, \ldots, x_n) \, dx_1 \, dx_2 \cdots dx_n$$

En particular, para cada n conjuntos $A_1, A_2, \ldots, A_n$ de números reales

$$P\{X_1 \in A_1, X_2 \in A_2, \ldots, X_n \in A_n\}$$
$$= \int_{A_n} \int_{A_{n-1}} \cdots \int_{A_1} f(x_1, \ldots, x_n) \, dx_1 \, dx_2 \cdots dx_n$$

El concepto de independencia se puede definir para más de dos variables aleatorias. En general se dice que las n variables aleatorias $X_1, X_2, \ldots, X_n$ son independientes, si para todos los conjuntos $A_1, A_2, \ldots, A_n$ de números reales

$$P\{X_1 \in A_1, X_2 \in A_2, \ldots, X_n \in A_n\} = \prod_{i=1}^{n} P\{X_i \in A_i\}$$

Como antes, se puede demostrar que esta condición es equivalente a

$$P\{X_1 \leq a_1, X_2, \leq a_2, \ldots, X_n \leq a_n\}$$
$$= \prod_{i=1}^{n} P\{X_1 \leq a_i\} \qquad \text{para toda } a_1, a_2, \ldots, a_n$$

Por último, decimos que una colección infinita de variables aleatorias es independiente si cada subcolección finita de ellas es independiente.

EJEMPLO 4.3e Suponga que se considera a los cambios diarios sucesivos en los precios de un determinado *stock* como variables aleatorias distribuidas de forma idéntica e independientes, con una función de masa de probabilidad dada por

$$P\{\text{el cambio diario sea } i\} = \begin{cases} -3 & \text{con probabilidad .05} \\ -2 & \text{con probabilidad .10} \\ -1 & \text{con probabilidad .20} \\ 0 & \text{con probabilidad .30} \\ 1 & \text{con probabilidad .20} \\ 2 & \text{con probabilidad .10} \\ 3 & \text{con probabilidad .05} \end{cases}$$

Entonces, la probabilidad de que los precios del *stock* aumenten sucesivamente en 1, 2 y 0 puntos en los próximos tres días es

$$P\{X_1 = 1, X_2 = 2, X_3 = 0\} = (.20)(.10)(.30) = .006$$

donde por X_i hemos denotado el cambio en el i-ésimo día. ■

*4.3.2 DISTRIBUCIONES CONDICIONALES

La relación entre dos variables aleatorias puede verse más claramente, considerando la distribución condicional de una de ellas, dado el valor de la otra.

Recuerde que dados dos eventos E y F, la probabilidad condicional de E dado F está definida, siempre y cuando $P(F) > 0$, mediante

$$P(E|F) = \frac{P(EF)}{P(F)}$$

Así, si X y Y son variables aleatorias discretas resulta natural definir la función de masa de probabilidad condicional de X puesto que $Y = y$, mediante

$$p_{X|Y}(x|y) = P\{X = x | Y = y\}$$
$$= \frac{P\{X = x, Y = y\}}{P\{Y = y\}}$$
$$= \frac{p(x, y)}{p_Y(y)}$$

para todos los valores y tales que $p_y(y) > 0$.

EJEMPLO 4.3f Si en el ejemplo 4.3b sabemos que la familia elegida tiene una niña, calcule la función de masa de probabilidad condicional del número de niños en la familia.

SOLUCIÓN Primero, en la tabla 4.2, observe que

$$P\{G = 1\} = .3875$$

Así que

$$P\{B = 0|G = 1\} = \frac{P\{B = 0, G = 1\}}{P\{G = 1\}} = \frac{.10}{.3875} = 8/31$$

$$P\{B = 1|G = 1\} = \frac{P\{B = 1, G = 1\}}{P\{G = 1\}} = \frac{.175}{.3875} = 14/31$$

$$P\{B = 2|G = 1\} = \frac{P\{B = 2, G = 1\}}{P\{G = 1\}} = \frac{.1125}{.3875} = 9/31$$

$$P\{B = 3|G = 1\} = \frac{P\{B = 3, G = 1\}}{P\{G = 1\}} = 0$$

* Sección opcional.

Entonces, por ejemplo, puesto que hay una niña, existen 23 de 31 posibilidades de que haya por lo menos también 1 niño. ∎

EJEMPLO 4.3g Suponga que $p(x, y)$, la función de masa de probabilidad conjunta de X y Y, está dada por

$$p(0, 0) = .4, \qquad p(0, 1) = .2, \qquad p(1, 0) = .1, \qquad p(1, 1) = .3.$$

Calcule la función de masa de la probabilidad condicional de X ya que $Y = 1$.

SOLUCIÓN Primero observe que

$$P\{Y = 1\} = \sum_x p(x, 1) = p(0, 1) + p(1, 1) = .5$$

Por lo que,

$$P\{X = 0|Y = 1\} = \frac{p(0, 1)}{P\{Y = 1\}} = 2/5$$

$$P\{X = 1|Y = 1\} = \frac{p(1, 1)}{P\{Y = 1\}} = 3/5 \quad ∎$$

Si X y Y tienen una función de densidad de probabilidad conjunta $f(x, y)$, entonces la función de densidad de probabilidad condicional de X, puesto que $Y = y$, está definida para todos los valores de y tales que $f_Y(y) > 0$, mediante

$$f_{X|Y}(x|y) = \frac{f(x, y)}{f_Y(y)}$$

Para mostrar la definición multiplicamos el lado izquierdo por dx y el lado derecho por $(dx\, dy)/dy$ y se obtiene

$$f_{X|Y}(x|y)\, dx = \frac{f(x, y)\, dx\, dy}{f_Y(y)\, dy}$$

$$\approx \frac{P\{x \leq X \leq x + dx, y \leq Y \leq y + dy\}}{P\{y \leq Y \leq y + dy\}}$$

$$= P\{x \leq X \leq x + dy|y \leq Y \leq y + dy\}$$

En otras palabras, para valores pequeños de dx y dy, $f_{X|Y}(x|y)dx$ representa la probabilidad de que X esté entre x y $x + dx$ ya que Y está entre y y $y + dy$.

El uso de densidades condicionales nos permite definir probabilidades condicionales de eventos asociados con una variable aleatoria cuando se nos da el valor de una segunda variable aleatoria. Es decir, si X y Y son continuos conjuntamente, entonces, para todo conjunto A,

$$P\{X \in A|Y = y\} = \int_A f_{X|Y}(x|y)\, dx$$

EJEMPLO 4.3h La densidad conjunta de X y Y está dada por

$$f(x, y) = \begin{cases} \frac{12}{5}x(2 - x - y) & 0 < x < 1, 0 < y < 1 \\ 0 & \text{de otra manera} \end{cases}$$

Calcule la densidad condicional de X, puesto que $Y = y$, donde $0 < y < 1$.

SOLUCIÓN Para $0 < x < 1$, $0 < y < 1$, tenemos

$$f_{X|Y}(x|y) = \frac{f(x, y)}{f_Y(y)}$$

$$= \frac{f(x, y)}{\int_{-\infty}^{\infty} f(x, y)\, dx}$$

$$= \frac{x(2 - x - y)}{\int_0^1 x(2 - x - y)\, dx}$$

$$= \frac{x(2 - x - y)}{\frac{2}{3} - y/2}$$

$$= \frac{6x(2 - x - y)}{4 - 3y} \quad\blacksquare$$

4.4 ESPERANZA MATEMÁTICA

Uno de los conceptos más importantes en teoría de la probabilidad es el de esperanza de una variable aleatoria. Si X es una variable aleatoria discreta que puede tomar los valores $x_1, x_2, \ldots$, la *esperanza* o el *valor esperado* de X, que se denota por $E[X]$, se define por

$$E[X] = \sum_i x_i P\{X = x_i\}$$

Es decir, el valor esperado de X es una media ponderada de los posibles valores que puede tomar X, estando cada valor ponderado por la probabilidad de que X asuma ese valor. Por ejemplo, si la función de masa de probabilidad de X está dada por

$$p(0) = \tfrac{1}{2} = p(1)$$

entonces

$$E[X] = 0\left(\tfrac{1}{2}\right) + 1\left(\tfrac{1}{2}\right) = \tfrac{1}{2}$$

es precisamente el promedio ordinario de los dos valores, 0 y 1, que puede tomar X. Por otro lado, si

$$p(0) = \tfrac{1}{3}, \qquad p(1) = \tfrac{2}{3}$$

entonces

$$E[X] = 0\left(\tfrac{1}{3}\right) + 1\left(\tfrac{2}{3}\right) = \tfrac{2}{3}$$

es un promedio ponderado de los dos valores 0 y 1, donde al valor 1 se le da el doble de peso que al valor 0, ya que $p(1) = 2p(0)$.

Otra demostración de la definición de esperanza matemática la brinda la interpretación de las probabilidades como frecuencias. Dicha interpretación supone que si se lleva a cabo la repetición infinita de eventos independientes de un experimento, entonces para todo evento E, $P(E)$ será la proporción de veces que ocurre E. Ahora consideremos una variable aleatoria X que debe tomar uno de los valores $x_1, x_2,\ldots, x_n$ con probabilidades respectivas $p(x_1), p(x_2),\ldots, p(x_n)$; y pensemos que X representa nuestras ganancias cada vez que practiquemos un juego de azar. Esto es, con probabilidad $p(x_i)$ ganaremos x_i unidades, $i = 1, 2,\ldots, n$. Según la interpretación de frecuencia, sabemos que si jugamos repetidamente este juego, entonces la proporción de veces que ganaremos x_i será $p(x_i)$. Como esto resulta verdad para toda i, $i = 1, 2,\ldots, n$, nuestras ganancias promedio por juego serán

$$\sum_{i=1}^{n} x_i p(x_i) = E[X]$$

[Para entenderlo más claramente, suponga que jugamos N veces, donde N es muy grande. Entonces, en aproximadamente $Np(x_i)$ veces ganaremos x_i, y así nuestras ganancias totales en las N veces serán

$$\sum_{i=1}^{n} x_i N p(x_i)$$

lo cual implica que nuestro promedio de ganancia por vez que juguemos será

$$\sum_{i=1}^{n} \frac{x_i N p(x_i)}{N} = \sum_{i=1}^{n} x_i p(x_i) = E[X]$$

EJEMPLO 4.4a Encuentre $E[X]$ si X es el resultado que se obtiene al tirar un dado legal.

SOLUCIÓN Como $p(1) = p(2) = p(3) = p(4) = p(5) = p(6) = \tfrac{1}{6}$, entonces se tiene

$$E[X] = 1\left(\tfrac{1}{6}\right) + 2\left(\tfrac{1}{6}\right) + 3\left(\tfrac{1}{6}\right) + 4\left(\tfrac{1}{6}\right) + 5\left(\tfrac{1}{6}\right) + 6\left(\tfrac{1}{6}\right) = \tfrac{7}{2}$$

El lector deberá observar que, en este ejemplo, el valor esperado de X no es ningún valor de los que puede tomar X. (Es decir, al tirar un dado no se puede tener como resultado 7/2.) Aunque a $E[X]$ le llamamos *la esperanza* de X, no se debe interpretar como el valor que esperamos que tome X, sino más bien como el valor promedio de X cuando el experimento se repite un número grande de veces. Esto es, si tiramos el dado repetidamente, entonces después de tirarlo un número grande de veces, el promedio de todos los resultados obtenidos será aproximadamente 7/2. (El lector interesado deberá llevarlo a cabo como un experimento.) ∎

EJEMPLO 4.4b Si I es una variable aleatoria indicadora del evento A, es decir, si

$$I = \begin{cases} 1 & \text{si } A \text{ ocurre} \\ 0 & \text{si } A \text{ no ocurre} \end{cases}$$

entonces

$$E[I] = 1P(A) + 0P(A^c) = P(A)$$

Por lo que la esperanza de la variable aleatoria indicadora del evento A es precisamente la probabilidad de que A ocurra. ∎

EJEMPLO 4.4c Entropía Para una variable aleatoria X dada, ¿cuánta información encierra el mensaje $X = x$? Iniciemos nuestro intento de cuantificarlo poniéndonos de acuerdo en que la cantidad de información en el mensaje $X = x$ dependerá de qué tan posible fue que X resultara igual a x. Además parece razonable que cuanto mayor fue la posibilidad de que X fuera igual a x, más informativo resultará el mensaje. Por ejemplo, si X representa la suma de dos dados legales, entonces parece haber más información en el mensaje de que X es igual a 7, que en el mensaje X es igual a 12, ya que la probabilidad del primer evento es $\frac{1}{36}$ y la del segundo $\frac{1}{6}$.

Denotemos $I(p)$ como la cantidad de información contenida en el mensaje que nos dice que haya ocurrido un evento, cuya probabilidad es p. Resulta claro que $I(p)$ debe ser una función decreciente, no negativa, de p. Para determinar su forma, sean X y Y variables aleatorias independientes, y suponga que $P\{X = x\} = p$ y que $P\{Y = y\} = q$. ¿Cuánta información contiene en el mensaje que nos indica que $X = x$ y que $Y = y$? Para contestar tal pregunta observe primero que la cantidad de información en la frase X es igual a x es $I(p)$. Como el conocimiento del hecho de que X es igual a x no afecta la posibilidad de que Y sea igual a y (puesto que X y Y son independientes) es razonable que la cantidad de información adicional contenida en $Y = y$ debería ser igual a $I(q)$. Entonces, parece ser que la cantidad de información contenida en el mensaje, $X = x$ y $Y = y$ es $I(p) + I(q)$. Sin embargo, por otro lado, tenemos que

$$P\{X = x, Y = y\} = P\{X = x\}P\{Y = y\} = pq$$

lo cual implica que la cantidad de información en el mensaje, X es igual a x y Y es igual a y es $I(pq)$. Así se observa que la función I debería satisfacer la identidad

$$I(pq) = I(p) + I(q)$$

No obstante, si definimos la función G mediante

$$G(p) = I(2^{-p})$$

entonces, de lo anterior vemos que

$$G(p + q) = I(2^{-(p+q)})$$
$$= I(2^{-p}2^{-q})$$
$$= I(2^{-p}) + I(2^{-q})$$
$$= G(p) + G(q)$$

Se puede demostrar que las únicas funciones (monótonas) G que satisfacen las relaciones funcionales anteriores tienen la forma

$$G(p) = cp$$

para alguna constante c. Por lo que se necesita

$$I(2^{-p}) = cp$$

o, considerando $q = 2^{-p}$

$$I(q) = -c\log_2(q)$$

para alguna constante positiva c. Es tradicional tomar $c = 1$ y afirmar que la información está medida en unidades de *bits* (abreviación de dígitos binarios).

Considere ahora una variable aleatoria X, que toma uno de los valores $x_1, \ldots, x_n$, con probabilidades respectivas $p_1, \ldots, p_n$. Como $-\log(p_i)$ representa la información encerrada en el mensaje de que X es igual a x_i, la cantidad esperada de información que será proporcionada cuando se asigne un valor a X está dada por

$$H(X) = -\sum_{i=1}^{n} p_i \log_2(p_i)$$

En teoría, a la información de la cantidad $H(X)$ se le conoce como la *entropía* de la variable aleatoria X. ∎

También podemos definir la esperanza de una variable aleatoria continua. Suponga que X es una variable aleatoria continua con función de densidad de probabilidad f. Como para un valor pequeño dx

$$f(x)\,dx \approx P\{x < X < x + dx\}$$

el promedio ponderado de todos los valores posibles de X, con los pesos dados a x igual a la probabilidad de que X esté cerca de x, es precisamente la integral sobre todas las x de $xf(x)dx$. Es, entonces, natural definir el valor esperado de X mediante

$$E[X] = \int_{-\infty}^{\infty} xf(x)\,dx$$

EJEMPLO 4.4d Considere que usted está esperando que le llegue un mensaje en algún momento después de las 5 P.M. Sabe, por experiencia, que X, el número de horas después de las 5 P.M. que pasaran hasta que el mensaje llegue, es una variable aleatoria con la siguiente función de densidad de probabilidad:

$$f(x) = \begin{cases} \dfrac{1}{1.5} & \text{si } 0 < x < 1.5 \\ 0 & \text{de otra manera} \end{cases}$$

La cantidad de tiempo esperada hasta que el mensaje llegue, después de la 5 P.M., está dada por

$$E[X] = \int_0^{1.5} \frac{x}{1.5}\, dx = .75$$

Así es que en promedio usted deberá esperar tres cuartos de hora. ∎

OBSERVACIONES

(a) El concepto de esperanza es análogo al concepto físico de centro de gravedad de una distribución de masa. Considere una variable aleatoria discreta X que tenga función de masa de probabilidad $P(x_i)$, $i \geq 1$. Si nos imaginamos una barra sin peso en la cual se encuentran pesos de masa $P(x_i)$, $i \geq 1$ en los puntos x_i, $i \geq 1$ (véase figura 4.4), entonces al punto en el cual la barra estaría en equilibrio se le conoce como centro de gravedad. Para aquellos lectores familiarizados con estática elemental, ahora es fácil mostrar que este punto está en $E[X]$.*

 (b) $E[X]$ tiene las mismas unidades de medida que X.

4.5 PROPIEDADES DEL VALOR ESPERADO

Suponga que nos asignan una variable aleatoria X y su distribución de probabilidad (es decir, su función de masa de probabilidad en el caso discreto o su función de densidad de probabilidad en el caso continuo). Considere también que deseamos calcular, no el valor esperado de X, sino el valor esperado de alguna función de X, digamos $g(X)$. ¿Cómo hacemos para tener esto? Una manera es la siguiente. Como $g(X)$ es en sí misma una variable aleatoria, debe tener una distribución de probabilidad, la cual se calcula a partir de la distribución de X. Una vez que hayamos obtenido la distribución de $g(X)$, calculamos $E[g(X)]$ mediante la definición de esperanza.

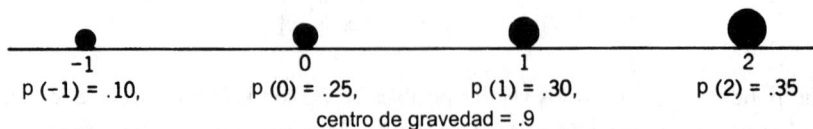

| −1 | 0 | 1 | 2 |
| p (−1) = .10, | p (0) = .25, | p (1) = .30, | p (2) = .35 |

centro de gravedad = .9

FIGURA 4.4

* Para probarlo es necesario mostrar que la suma de los pares de torsión que tienden a girar alrededor del punto de $E[X]$, es igual a 0. Es decir, se requiere demostrar que $0 = \sum_i (x_i - E[X])p(x_i)$, lo que es inmediato.

EJEMPLO 4.5a Suponga que X tiene la siguiente función de masa de probabilidad

$$p(0) = .2, \qquad p(1) = .5, \qquad p(2) = .3$$

Calcule $E[X^2]$.

SOLUCIÓN Considerando $Y = X^2$, tenemos que Y es una variable aleatoria que puede tomar uno de los valores 0^2, 1^2, 2^2, con probabilidades respectivas

$$p_Y(0) = P\{Y = 0^2\} = .2$$
$$p_Y(1) = P\{Y = 1^2\} = .5$$
$$p_Y(4) = P\{Y = 2^2\} = .3$$

Con lo que

$$E[X^2] = E[Y] = 0(.2) + 1(.5) + 4(.3) = 1.7 \quad \blacksquare$$

EJEMPLO 4.5b El tiempo en horas que toma localizar y reparar una falla eléctrica en cierta fábrica es una variable aleatoria, llamémosle X, cuya función de densidad está dada por

$$f_X(x) = \begin{cases} 1 & \text{si } 0 < x < 1 \\ 0 & \text{de otra manera} \end{cases}$$

Si el costo de una falla de duración x es x^3, ¿cuál es el costo esperado de una falla tal?

SOLUCIÓN Si $Y = X^3$ denota el costo, primero calculamos su función de distribución como sigue. Para $0 \leq a \leq 1$,

$$F_Y(a) = P\{Y \leq a\}$$
$$= P\{X^3 \leq a\}$$
$$= P\{X \leq a^{1/3}\}$$
$$= \int_0^{a^{1/3}} dx$$
$$= a^{1/3}$$

Diferenciando $F_Y(a)$, obtenemos la densidad de Y,

$$f_Y(a) = \tfrac{1}{3} a^{-2/3}, \qquad 0 \leq a < 1$$

Así

$$E[X^3] = E[Y] = \int_{-\infty}^{\infty} a f_Y(a)\, da$$

$$= \int_0^1 a \frac{1}{3} a^{-2/3}\, da$$

$$= \frac{1}{3} \int_0^1 a^{1/3}\, da$$

$$= \frac{1}{3} \frac{3}{4} a^{4/3} \Big|_0^1$$

$$= \frac{1}{4} \quad \blacksquare$$

Aunque el procedimiento anterior, en teoría, siempre nos permitirá calcular la esperanza de cualquier función de X conociendo la distribución de X, existe una manera más fácil de hacer esto. Suponga, por ejemplo, que deseamos calcular el valor esperado de $g(X)$. Como $g(X)$ toma el valor $g(x)$ cuando $X = x$, parece intuitivo que $E[g(X)]$ será un promedio ponderado de los valores de $g(X)$, donde, para una x dada, el peso, dado a $g(x)$ será igual a la probabilidad (o densidad de probabilidad en el caso continuo) de que X sea igual a x. Se puede demostrar que lo anterior es verdadero, y con ello resulta la proposición siguiente.

PROPOSICIÓN 4.5.1 ESPERANZA DE UNA FUNCIÓN DE UNA VARIABLE ALEATORIA

(a) Si X es una variable aleatoria discreta con función de masa de probabilidad $p(x)$, entonces para cualquier función g con valores reales,

$$E[g(X)] = \sum_x g(x)p(x)$$

(b) Si X es una variable aleatoria continua con función de densidad de probabilidad $f(x)$, entonces para cualquier función g con valores reales,

$$E[g(X)] = \int_{-\infty}^{\infty} g(x)f(x)\, dx$$

EJEMPLO 4.5c   Aplicando la proposición 4.5.1 al ejemplo 4.5a resulta

$$E[X^2] = 0^2(0.2) + (1^2)(0.5) + (2^2)(0.3) = 1.7$$

lo cual, por supuesto, concuerda con el resultado derivado en el ejemplo 4.5a. $\blacksquare$

EJEMPLO 4.5d   Aplicando la proposición al ejemplo 4.5b resulta

$$E[X^3] = \int_0^1 x^3\, dx \quad (\text{ya que } f(x) = 1, 0 < x < 1)$$

$$= \frac{1}{4} \quad \blacksquare$$

Un corolario inmediato de la proposición 4.5.1 es el siguiente.

Corolario 4.5.2

Si a y b son constantes, entonces

$$E[aX + b] = aE[X] + b$$

Demostración

En el caso discreto,

$$E[aX + b] = \sum_x (ax + b)p(x)$$

$$= a \sum_x xp(x) + b \sum_x p(x)$$

$$= aE[X] + b$$

En el caso continuo,

$$E[aX + b] = \int_{-\infty}^{\infty} (ax + b)f(x)\,dx$$

$$= a \int_{-\infty}^{\infty} xf(x)\,dx + b \int_{-\infty}^{\infty} f(x)\,dx$$

$$= aE[X] + b \quad \square$$

Si en el corolario 4.5.2 tomamos $a = 0$ observemos que

$$E[b] = b$$

Es decir, el valor esperado de una constante es precisamente su valor. (¿Esto es intuitivo?) También si tomamos $b = 0$, obtenemos

$$E[aX] = aE[X]$$

o, dicho verbalmente, el valor esperado de una constante multiplicada por una variable aleatoria es la constante por el valor esperado de la variable aleatoria. Al valor esperado, $E[X]$, de una variable aleatoria X se le llama también la *media* o el *primer momento* de X; y a la cantidad $E[X^n]$, $n \geq 1$, el n-ésimo momento de X. Con la proposición 4.5.1 observamos que

$$E[X^n] = \begin{cases} \displaystyle\sum_x x^n p(x) & \text{si } X \text{ es discreta} \\[2ex] \displaystyle\int_{-\infty}^{\infty} x^n f(x)\,dx & \text{si } X \text{ es continua} \end{cases}$$

4.5.1 Valor esperado de sumas de variables aleatorias

La versión de la proposición 4.5.1 para dos dimensiones establece que si X y Y son dos variables aleatorias, y g es una función de dos variables, entonces

$$E[g(X, Y)] = \sum_y \sum_x g(x, y)p(x, y) \qquad \text{en el caso discreto}$$

$$= \int_{-\infty}^{\infty} \int_{-\infty}^{\infty} g(x, y)f(x, y)\, dx\, dy \qquad \text{en el caso continuo}$$

Por ejemplo, si $g(X, Y) = X + Y$, entonces en el caso continuo

$$E[X + Y] = \int_{-\infty}^{\infty} \int_{-\infty}^{\infty} (x + y)f(x, y)\, dx\, dy$$

$$= \int_{-\infty}^{\infty} \int_{-\infty}^{\infty} xf(x, y)\, dx\, dy + \int_{-\infty}^{\infty} \int_{-\infty}^{\infty} yf(x, y)\, dx\, dy$$

$$= E[X] + E[Y]$$

Un resultado similar se puede mostrar en el caso discreto y, desde luego, para todo par de variables aleatorias X y Y,

$$E[X + Y] = E[X] + E[Y] \qquad (4.5.1)$$

Aplicando repetidas veces la ecuación 4.5.1 se demuestra que el valor esperado de la suma de cualquier número de variables aleatorias es igual a la suma de sus esperanzas individuales. Por ejemplo,

$$E[X + Y + Z] = E[(X + Y) + Z]$$

$$= E[X + Y] + E[Z] \qquad \text{por la ecuación 4.5.1}$$

$$= E[X] + E[Y] + E[Z] \qquad \text{otra vez por la ecuación 4.5.1}$$

Y en general, para toda n,

$$E[X_1 + X_2 \cdots + X_n] = E[X_1] + E[X_2] + \cdots + E[X_n] \qquad (4.5.2)$$

La ecuación 4.5.2 es una fórmula extremadamente útil, cuya aplicación se ilustrará a continuación con una serie de ejemplos.

EJEMPLO 4.5e Una empresa de construcción envió recientemente tres propuestas para trabajos con ganancias de 10, 20 y 30 (miles) de dólares. Si las probabilidades de obtener el trabajo son, respectivamente, .2, .8 y .3, ¿cuál es la ganancia total que espera la empresa?

SOLUCIÓN Denotemos con X_i, $i = 1, 2, 3$ la ganancia de la firma en el proyecto i, entonces

$$\text{ganancia total} = X_1 + X_2 + X_3$$

Por ende,

$$E[\text{ganancia total}] = E[X_1] + E[X_2] + E[X_3]$$

Ahora

$$E[X_1] = 10(.2) + 0(.8) = 2$$

$$E[X_2] = 20(.8) + 0(.2) = 16$$

$$E[X_3] = 40(.3) + 0(.7) = 12$$

y así la ganancia total que espera la empresa es de 30 mil dólares. ■

EJEMPLO 4.5f Una secretaria ha escrito N cartas junto con sus sobres respectivos. Pero se le caen los sobres al suelo y se le revuelven. Si se meten las cartas en los sobres revueltos de forma completamente aleatoria (es decir, cada una de las cartas tiene la misma posibilidad de meterse en cualquiera de los sobres), ¿cuál es el número esperado de cartas que se colocarán en el sobre que le corresponde?

SOLUCIÓN Si denotamos con X al número de cartas que se meten en el sobre que les corresponde, fácilmente calculamos $E[X]$ observando que

$$X = X_1 + X_2 + \cdots + X_N$$

donde

$$X_i = \begin{cases} 1 & \text{si la } i\text{-ésima carta se coloca en el sobre que le corresponde} \\ 0 & \text{de otra manera} \end{cases}$$

Ahora, como la i-ésima carta tiene las mismas posibilidades de colocarse en cualquiera de los N sobres, tenemos que

$$P\{X_i = 1\} = P\{\text{la } i\text{-ésima carta está en su sobre correspondiente}\} = 1/N$$

con lo que

$$E[X_i] = 1P\{X_i = 1\} + 0P\{X_i = 0\} = 1/N$$

Por lo que con la ecuación 4.5.2 resulta

$$E[X] = E[X_1] + \cdots + E[X_N] = \left(\frac{1}{N}\right)N = 1$$

Así, no importa cuántas cartas haya en promedio, exactamente una de las cartas se meterá en el sobre que le corresponde. ■

EJEMPLO 4.5g Suponga que hay cupones de 20 tipos diferentes y que cada vez que alguien obtenga un cupón tiene las mismas probabilidades que sea de cualquiera de los tipos. Calcule el número esperado de tipos diferentes que hay en un conjunto de 10 cupones.

SOLUCIÓN Sea X el número de tipos diferentes en el conjunto de 10 cupones. Calculamos $E[X]$ con la representación

$$X = X_1 + \cdots + X_{20}$$

donde

$$X_i = \begin{cases} 1 & \text{si existe por lo menos un cupón de tipo } i \text{ en el conjunto de 10} \\ 0 & \text{de otro modo} \end{cases}$$

Ahora

$$E[X_i] = P\{X_i = 1\}$$

$$= P\{\text{hay por lo menos un cupón de tipo } i \text{ en el conjunto de 10}\}$$

$$= 1 - P\{\text{no hay ningún cupón de tipo } i \text{ en el conjunto de 10 cupones}\}$$

$$= 1 - \left(\tfrac{19}{20}\right)^{10}$$

donde la última igualdad sigue de que cada uno de los 10 cupones no será (independientemente) uno de tipo i con probabilidad $\tfrac{19}{20}$. Por lo tanto,

$$E[X] = E[X_1] + \cdots + E[X_{20}] = 20[1 - \left(\tfrac{19}{20}\right)^{10}] = 8.025 \quad \blacksquare$$

Cuando se tiene que predecir el valor de una variable aleatoria surge una propiedad importante de la media. Suponga que se requiere predecir los valores de una variable aleatoria X. Si predecimos que X será igual a c, entonces el cuadrado del "error" resultante será $(X - c)^2$. Ahora mostraremos que el error cuadrado promedio se minimiza cuando predecimos que X será igual a su media μ. Para ver esto observemos que para toda constante c

$$E[(X - c)^2] = E[(X - \mu + \mu - c)^2]$$

$$= E[(X - \mu)^2 + 2(\mu - c)(X - \mu) + (\mu - c)^2]$$

$$= E[(X - \mu)^2] + 2(\mu - c)E[X - \mu] + (\mu - c)^2$$

$$= E[(X - \mu)^2] + (\mu - c^2) \quad \text{puesto que } E[X - \mu] = E[X] - \mu = 0$$

$$\geq E[(X - \mu)^2]$$

Por lo que el mejor predictor de una variable aleatoria, en términos de minimizar su error cuadrado medio, es precisamente su media.

4.6 VARIANZA

Dada una variable aleatoria X, junto con su función de distribución de probabilidad, sería muy útil poder resumir las propiedades esenciales de la función de masa mediante ciertas mediciones definidas de manera adecuada. Una de tales mediciones podría ser $E[X]$, el valor esperado de X. Sin embargo, aunque $E[X]$ genera la media ponderada de los posibles valores de X, no nos dice nada acerca de la variabilidad, o dispersión, de estos valores. Por ejemplo, mientras las siguientes variables aleatorias W, Y y Z con funciones de masa de probabilidad determinadas por

$$W = 0 \text{ con probabilidad } 1$$

$$Y = \begin{cases} -1 & \text{con probabilidad } \frac{1}{2} \\ 1 & \text{con probabilidad } \frac{1}{2} \end{cases}$$

$$Z = \begin{cases} -100 & \text{con probabilidad } \frac{1}{2} \\ 100 & \text{con probabilidad } \frac{1}{2} \end{cases}$$

tienen la misma esperanza, 0, ocurre una mayor dispersión en los posibles valores de Y que en los de W (que es una constante), y también una mayor dispersión en los posibles valores de Z que en los de Y.

Como esperamos que X tome valores alrededor de su media $E[X]$, una manera razonable de medir las variaciones de X sería observar qué tanto, en promedio, se aparta X de su media. Una manera de realizarlo sería considerar la cantidad $E[|X - \mu|]$, donde $\mu = E[X]$ y $[X - \mu]$ representa el valor absoluto de $X - \mu$. Sin embargo, resulta matemáticamente inconveniente usar esta cantidad y por lo común se considera una cantidad más adecuada, es decir, la esperanza del cuadrado de la diferencia entre X y su media. Así tenemos la definición siguiente:

Definición

Si X es una variable aleatoria con media μ, entonces la *varianza* de X, que se denota $\mathrm{Var}(X)$, se define mediante

$$\mathrm{Var}(X) = E[(X - \mu)^2]$$

Una fórmula alternativa para $\mathrm{Var}(X)$ se obtiene de:

$$\begin{aligned} \mathrm{Var}(X) &= E[(X - \mu)^2] \\ &= E[X^2 - 2\mu X + \mu^2] \\ &= E[X^2] - E[2\mu X] + E[\mu^2] \\ &= E[X^2] - 2\mu E[X] + \mu^2 \\ &= E[X^2] - \mu^2 \end{aligned}$$

Es decir

$$\mathrm{Var}(X) = E[X^2] - (E[X])^2 \tag{4.6.1}$$

En otras palabras, la varianza de X es igual al valor esperado del cuadrado de X menos el cuadrado del valor esperado de X. En la práctica ésta es la forma más sencilla de calcular $\mathrm{Var}(X)$.

EJEMPLO 4.6a Calcule Var(X) cuando X representa el resultado al tirar un dado legal.

SOLUCIÓN Como $P\{X = i\} = \frac{1}{6}$, $i = 1, 2, 3, 4, 5, 6$, entonces tenemos

$$E[X^2] = \sum_{i-1}^{6} i^2 P\{X = i\}$$

$$= 1^2\left(\tfrac{1}{6}\right) + 2^2\left(\tfrac{1}{6}\right) + 3^3\left(\tfrac{1}{6}\right) + 4^2\left(\tfrac{1}{6}\right) + 5^2\left(\tfrac{1}{6}\right) + 6^2\left(\tfrac{1}{6}\right)$$

$$= \tfrac{91}{6}$$

Y, como ya se mostró en el ejemplo 4.4a que $E[X] = \frac{7}{2}$ por la ecuación 4.6.1, resulta que

$$Var(X) = E[X^2] - (E[X])^2$$

$$= \tfrac{91}{6} - \left(\tfrac{7}{2}\right)^2 = \tfrac{35}{12} \quad \blacksquare$$

EJEMPLO 4.6b Varianza de una variable aleatoria indicadora. Si para algún evento A,

$$I = \begin{cases} 1 & \text{si ocurre el evento } A \\ 0 & \text{si no ocurre el evento } A \end{cases}$$

entonces

$$Var(I) = E[I^2] - (E[I])^2$$

$$= E[I] - (E[I])^2 \quad \text{ya que } I^2 = I \text{ (como } 1^2 = 1 \text{ y } 0^2 = 0)$$

$$= E[I](1 - E[I])$$

$$= P(A)[1 - P(A)] \quad \text{ya que, por el ejemplo 4.4b, } E[I] = P(A) \quad \blacksquare$$

Una igualdad útil para varianzas, para todas las constantes a y b, es

$$Var(aX + b) = a^2 \, Var(X) \tag{4.6.2}$$

Para probar la ecuación 4.6.2, sea $\mu = E[X]$, y recuerde que $E[aX + b] = a\mu + b$. Entonces según la definición de varianza,

$$Var(aX + b) = E[(aX + b - E[aX + b])^2]$$

$$= E[(aX + b - a\mu - b)^2]$$

$$= E[(aX - a\mu)^2]$$

$$= E[a^2(X - \mu)^2]$$

$$= a^2 E[(X - \mu)^2]$$

$$= a^a \, Var(X)$$

Dando valores a y b en la ecuación 4.6.2, se obtienen algunos corolarios interesantes. Por ejemplo, si consideramos $a = 0$ en la ecuación 4.6.2, entonces

$$\text{Var}(b) = 0$$

Es decir, la varianza de una constante es 0. (¿Esto es intuitivo?) De forma similar, haciendo $a = 1$ obtenemos

$$\text{Var}(X + b) = \text{Var}(X)$$

Es decir, la varianza de una constante más una variable aleatoria es igual a la varianza de la variable aleatoria. (¿Esto es intuitivo? Piénselo). Finalmente, si $b = 0$ se obtiene

$$\text{Var}(aX) = a^2 \text{Var}(X)$$

A la cantidad $\sqrt{\text{Var}(X)}$ se le llama *desviación estándar* de X. La desviación estándar está dada en las mismas unidades en que está dada la media.

OBSERVACIONES

Así como la media es el centro de gravedad de una distribución de masa, la varianza representa, en la terminología de la mecánica, el momento de inercia.

4.7 COVARIANZA Y VARIANZA DE SUMAS DE VARIABLES ALEATORIAS

En la sección 4.5 mostramos que la esperanza de una suma de variables aleatorias es igual a la suma de sus esperanzas. Para varianzas, el resultado correspondiente no es generalmente válido. Considere

$$\begin{aligned}
\text{Var}(X + X) &= \text{Var}(2X) \\
&= 2^2 \text{Var}(X) \\
&= 4 \text{Var}(X) \\
&\neq \text{Var}(X) + \text{Var}(X)
\end{aligned}$$

Sin embargo, hay un caso importante donde la varianza de una suma de variables aleatorias es igual a la suma de sus varianzas; esto ocurre cuando las variables aleatorias son independientes. Antes de demostrar esto, definamos el concepto de la covarianza de dos variables aleatorias.

Definición

La *covarianza* de dos variables aleatorias X y Y, que se escribe $\text{Cov}(X, Y)$ se define mediante

$$\text{Cov}(X, Y) = E[(X - \mu_x)(Y - \mu_y)]$$

donde μ_x y μ_y son las medias de X y Y, respectivamente.

Expandiendo el lado derecho de la definición se obtiene una expresión útil para la covarianza $\text{Cov}(X, Y)$, lo cual resulta

$$\begin{aligned} \text{Cov}(X, Y) &= E[XY - \mu_x Y - \mu_y X + \mu_x \mu_y] \\ &= E[XY] - \mu_x E[Y] - \mu_y E[X] + \mu_x \mu_y \\ &= E[XY] - \mu_x \mu_y - \mu_y \mu_x + \mu_x \mu_y \\ &= E[XY] - E[X]E[Y] \end{aligned} \tag{4.7.1}$$

De la definición observamos que la covarianza satisface las siguientes propiedades:

$$\text{Cov}(X, Y) = \text{Cov}(Y, X) \tag{4.7.2}$$

y

$$\text{Cov}(X, X) = \text{Var}(X) \tag{4.7.3}$$

Otra propiedad de la covarianza, que se desprende inmediatamente de su definición, es que, para toda constante a,

$$\text{Cov}(aX, Y) = a\,\text{Cov}(X, Y) \tag{4.7.4}$$

La demostración de la ecuación 4.7.4 se deja como ejercicio.

La covarianza, igual que la esperanza, posee una propiedad aditiva.

Lema 4.7.1

$$\text{Cov}(X + Z, Y) = \text{Cov}(X, Y) + \text{Cov}(Z, Y)$$

Demostración

$$\begin{aligned} \text{Cov}(X &+ Z, Y) \\ &= E[(X + Z)Y] - E[X + Z]E[Y] \quad \text{de la ecuación 4.7.1} \\ &= E[XY] + E[ZY] - (E[X] + E[Z])E[Y] \\ &= E[XY] - E[X]E[Y] + E[ZY] - E[Z]E[Y] \\ &= \text{Cov}(X, Y) + \text{Cov}(Z, Y) \quad \square \end{aligned}$$

El lema 4.7.1 se generaliza fácilmente (véase problema 48) para demostrar que

$$\text{Cov}\left(\sum_{i=1}^{n} X_i, Y\right) = \sum_{i=1}^{n} \text{Cov}(X_i, Y) \tag{4.7.5}$$

lo cual da lugar a la siguiente

PROPOSICIÓN 4.7.2

$$\text{Cov}\left(\sum_{i=1}^{n} X_i, \sum_{j=1}^{m} Y_j\right) = \sum_{i=1}^{n}\sum_{j=1}^{m} \text{Cov}(X_i, Y_j)$$

Demostración

$$\text{Cov}\left(\sum_{i=1}^{n} X_i, \sum_{j=1}^{m} Y_j\right)$$

$$= \sum_{i=1}^{n} \text{Cov}\left(X_i, \sum_{j=1}^{m} Y_j\right) \quad \text{de la ecuación 4.7.5}$$

$$= \sum_{i=1}^{n} \text{Cov}\left(\sum_{j=1}^{m} Y_j, X_i\right) \quad \text{por la propiedad de simetría, ecuación 4.7.2}$$

$$= \sum_{i=1}^{n}\sum_{j=1}^{m} \text{Cov}\left(Y_j, X_i\right) \quad \text{otra vez de la ecuación 4.7.5}$$

y el resultado se obtiene aplicando otra vez la propiedad de la ecuación 4.7.2.   □

La ecuación 4.7.3 da lugar a la siguiente fórmula para la varianza de una suma de variables aleatorias.

Corolario 4.7.3

$$\text{Var}\left(\sum_{i=1}^{n} X_i\right) = \sum_{i=1}^{n} \text{Var}(X_i) + \sum_{i=1}^{n}\sum_{\substack{j=1 \\ j\neq i}}^{n} \text{Cov}(X_i, X_j)$$

Demostración

La demostración sigue inmediatamente de la proposición 4.7.2 tomando $m = n$ y $Y_j = X_j$ para $j = 1,\dots,n$.   □

Para el caso $n = 2$, el corolario 4.7.3 señala que

$$\text{Var}(X + Y) = \text{Var}(X) + \text{Var}(Y) + \text{Cov}(X, Y) + \text{Cov}(Y, X)$$

o, utilizando la ecuación 4.7.2

$$\text{Var}(X + Y) = \text{Var}(X) + \text{Var}(Y) + 2\,\text{Cov}(X, Y) \tag{4.7.6}$$

Teorema 4.7.4

Si X y Y son variables aleatorias independientes, entonces

$$\text{Cov}(X, Y) = 0$$

y así para $X_1, \ldots, X_n$ independientes

$$\text{Var}\left(\sum_{i=1}^{n} X_i\right) = \sum_{i=1}^{n} \text{Var}(X_i)$$

Demostración

Necesitamos probar que $E[XY] = E[X]E[Y]$. En el caso discreto,

$$E[XY] = \sum_{j} \sum_{i} x_i y_j P\{X = x_i, Y = y_j\}$$

$$= \sum_{j} \sum_{i} x_i y_j P\{X = x_i\} P\{Y = y_j\} \qquad \text{por independencia}$$

$$= \sum_{y} y_j P\{Y = y_j\} \sum_{i} x_i P\{X = x_i\}$$

$$= E[Y]E[X]$$

Como un argumento similar resulta válido para todos los otros casos, el resultado está probado. $\square$

EJEMPLO 4.7a Considere la varianza de la suma que se obtiene de 10 lanzamientos independientes de un dado legal.

SOLUCIÓN Si X_i denota el resultado en el lanzamiento i-ésimo, tenemos que

$$\text{Var}\left(\sum_{1}^{10} X_i\right) = \sum_{1}^{10} \text{Var}(X_i)$$

$$= 10\frac{35}{12} \qquad \text{del ejemplo 4.6a}$$

$$= \frac{175}{6} \quad \blacksquare$$

EJEMPLO 4.7b Calcule la varianza del número de caras en 10 lanzamientos independientes de una moneda legal.

SOLUCIÓN Sea

$$I_j = \begin{cases} 1 & \text{si en el lanzamiento } j\text{-ésimo cae cara} \\ 0 & \text{si en el lanzamiento } j\text{-ésimo cae cruz} \end{cases}$$

entonces, el número total de caras es igual a

$$\sum_{j=1}^{10} I_j$$

Entonces, con el teorema 4.7.4

$$\text{Var}\left(\sum_{j=1}^{10} I_j\right) = \sum_{j=1}^{10} \text{Var}(I_j)$$

Ahora, como I_j es una variable aleatoria indicadora de un evento que tiene probabilidad $\frac{1}{2}$, con el ejemplo 4.6b se tiene que

$$\text{Var}(I_j) = \frac{1}{2}\left(1 - \frac{1}{2}\right) = \frac{1}{4}$$

y entonces

$$\text{Var}\left(\sum_{j=1}^{10} I_j\right) = \frac{10}{4} \quad \blacksquare$$

La covarianza de dos variables aleatorias es importante como un indicador de la relación que existe entre ellas. Por ejemplo, considere el caso en que X y Y sean variables indicadoras de la ocurrencia o no de los eventos A y B. Es decir, para los eventos A y B, definimos

$$X = \begin{cases} 1 & \text{si ocurre } A \\ 0 & \text{de otra manera} \end{cases} \qquad Y = \begin{cases} 1 & \text{si ocurre } B \\ 0 & \text{de otra manera} \end{cases}$$

y observe que

$$XY = \begin{cases} 1 & \text{si } X = 1, Y = 1 \\ 0 & \text{de otra manera} \end{cases}$$

Así

$$\text{Cov}(X, Y) = E[XY] - E[X]E[Y]$$
$$= P\{X = 1, Y = 1\} - P\{X = 1\}P\{Y = 1\}$$

De donde vemos que

$$\text{Cov}(X, Y) > 0 \Leftrightarrow P\{X = 1, Y = 1\} > P\{X = 1\}P\{Y = 1\}$$
$$\Leftrightarrow \frac{P\{X = 1, Y = 1\}}{P\{X = 1\}} > P\{Y = 1\}$$
$$\Leftrightarrow P\{Y = 1 | X = 1\} > P\{Y = 1\}$$

Es decir, la covarianza de X y Y es positiva si el resultado $X = 1$ hace más posible que $Y = 1$ (lo cual, como se ve fácilmente por simetría, también implica el reverso).

En general, se puede demostrar que un valor positivo de $Cov(X, Y)$ es un indicador de que Y tiende a aumentar conforme se incrementa X; mientras que un valor negativo indica que Y tiende a disminuir conforme aumenta X. La fuerza de la relación entre X y Y, está indicada por la correlación entre X y Y, una cantidad sin dimensión que se obtiene dividiendo la covarianza entre el producto de las desviaciones estándar de X y de Y. Es decir,

$$Corr(X, Y) = \frac{Cov(X, Y)}{\sqrt{Var(X) \, Var(Y)}}$$

Se puede demostrar (véase problema 49) que esta cantidad siempre toma un valor entre -1 y $+1$.

4.8 FUNCIONES GENERADORAS DE MOMENTOS

La función generadora del momento $\phi(t)$ de una variable aleatoria X está definida para todos los valores de t mediante

$$\phi(t) = E[e^{tX}]$$

$$= \begin{cases} \sum_x e^{tx} p(x) & \text{si } X \text{ es discreta} \\ \int_{-\infty}^{\infty} e^{tx} f(x) \, dx & \text{si } X \text{ es continua} \end{cases}$$

A $\phi(t)$ le llamamos la función generadora de momento porque todos los momentos de X se pueden obtener mediante diferenciación sucesiva de $\phi(t)$. Por ejemplo,

$$\phi'(t) = \frac{d}{dt} E[e^{tX}]$$

$$= E\left[\frac{d}{dt}(e^{tX})\right]$$

$$= E[Xe^{tX}]$$

Así,

$$\phi'(0) = E[X]$$

De manera similar,

$$\phi''(t) = \frac{d}{dt}\phi'(t)$$

$$= \frac{d}{dt}E[Xe^{tX}]$$

$$= E\left[\frac{d}{dt}(Xe^{tX})\right]$$

$$= E[X^2 e^{tX}]$$

y entonces

$$\phi''(0) = E[X^2]$$

En general, la n-ésima derivada de $\phi(t)$ evaluada en $t = 0$ es igual a $E[X^n]$; es decir,

$$\phi^n(0) = E[X^n], \qquad n \geq 1$$

Una propiedad importante de la función generadora de momento es que *la función generadora de momento de la suma de variables aleatorias independientes es precisamente el producto de funciones generadora de momentos individuales.* Para ver esto, suponga que X y Y son independientes y tienen las funciones generadoras de momento $\phi_X(t)$ y $\phi_Y(t)$, respectivamente. Entonces la función generadora de momento, $\phi_{X+Y}(t)$, de $X + Y$ está dada por

$$\begin{aligned}
\phi_{X+Y}(t) &= E[e^{t(X+Y)}] \\
&= E[e^{tX} e^{tY}] \\
&= E[e^{tX}] E[e^{tY}] \\
&= \phi_X(t)\phi_Y(t)
\end{aligned}$$

donde la penúltima igualdad sigue del teorema 4.7.4, ya que X y Y, y e^{tX} y e^{tY}, son independientes.

Otro resultado importante es que la *función generadora de momento determina la distribución de manera única.* Es decir, hay una correspondencia uno a uno entre la función generadora de momento y la función de distribución de una variable aleatoria.

4.9   DESIGUALDAD DE CHEVYSHEV Y LA LEY DÉBIL DE LOS GRANDES NÚMEROS

Iniciamos esta sección demostrando un resultado conocido como desigualdad de Markov.

PROPOSICIÓN 4.9.1   DESIGUALDAD DE MARKOV

Si X es una variable aleatoria que únicamente toma valores no negativos, entonces para todo valor $a > 0$

$$P\{X \geq a\} \leq \frac{E[X]}{a}$$

Demostración

Damos una demostración para el caso en que X es continua con densidad f.

$$E[X] = \int_0^\infty xf(x)\,dx$$

$$= \int_0^a xf(x)\,dx + \int_a^\infty xf(x)\,dx$$

$$\geq \int_a^\infty xf(x)\,dx$$

$$\geq \int_a^\infty af(x)\,dx$$

$$= a\int_a^\infty f(x)\,dx$$

$$= aP\{X \geq a\}$$

con lo que el resultado queda probado. $\square$

Como corolario se obtiene la proposición 4.9.2.

PROPOSICIÓN 4.9.2 DESIGUALDAD DE CHEBYSHEV

Si X es una variable aleatoria con media μ y varianza σ^2 entonces para toda $k > 0$

$$P\{|X - \mu| \geq k\} \leq \frac{\sigma^2}{k^2}$$

Demostración

Como $(X - \mu)^2$ es una variable aleatoria no negativa, podemos aplicar la desigualdad de Markov (con $a = k^2$) para obtener

$$P\{(X - \mu)^2 \geq k^2\} \leq \frac{E[(X - \mu)^2]}{k^2} \qquad (4.9.1)$$

Pero como $(X - \mu) \geq k^2$ si y sólo si $|X - \mu| \geq k$, la ecuación 4.9.1 es equivalente a

$$P\{|X - \mu| \geq k\} \leq \frac{E[(X - \mu)^2]}{k^2} = \frac{\sigma^2}{k^2}$$

con lo que se termina la prueba. $\square$

La importancia de las desigualdades de Markov y Chebyshev radica en que permitan derivar los límites en las probabilidades cuando sólo la media, o la media y la varianza, de la distribución de probabilidad se conocen. Por supuesto, si se conoce la distribución real, entonces las posibilidades que se desean se calcularían exactamente y no necesitaríamos recurrir a los límites.

EJEMPLO 4.9a Suponga que se sabe que el número de artículos producidos por semana en una fábrica es una variable aleatoria con media de 50.

(a) ¿Qué podemos decir acerca de la probabilidad de que la producción de esta semana exceda 75?

(b) Si se sabe que la varianza de la producción semanal es 25, entonces ¿qué podemos decir acerca de la probabilidad de que la producción de esta semana esté entre 40 y 60?

SOLUCIÓN Sea X el número de artículos que se producirán en una semana:

(a) Por la desigualdad de Markov

$$P\{X > 75\} \leq \frac{E[X]}{75} = \frac{50}{75} = \frac{2}{3}$$

(b) Por la desigualdad de Chebyshev

$$P\{|X - 50| \geq 10\} \leq \frac{\sigma^2}{10^2} = \frac{1}{4}$$

Así,

$$P\{|X - 50| < 10\} \geq 1 - \tfrac{1}{4} = \tfrac{3}{4}$$

y la probabilidad de que la producción de esta semana esté entre 40 y 60 es de por lo menos .75. ■

Sustituyendo k por $k\sigma$ en la ecuación 4.9.1, podemos escribir la desigualdad de Chevyshev como

$$P\{|X - \mu| > k\sigma\} \leq 1/k^2$$

Esta ecuación nos dice que la probabilidad de que una variable aleatoria difiera de su media más de k desviaciones estándar se determina por $1/k^2$.

Terminaremos esta sección empleando la desigualdad de Chevyshev para demostrar la ley débil de los grandes números, la cual señala que la probabilidad de que el promedio de los n primeros términos en una sucesión de variables aleatorias independiente e idénticamente distribuidas difiera de su media en más de ε tiende a 0 conforme n tiende a infinito.

Teorema 4.9.3 La débil ley de los grandes números

Sea $X_1, X_2,\ldots,$ una sucesión de variables aleatorias independientes e idénticamente distribuidas, cada una con media $E[X_i] = \mu$. Entonces para toda $\varepsilon > 0$,

$$P\left\{\left|\frac{X_1 + \cdots + X_n}{n} - \mu\right| > \varepsilon\right\} \to 0 \qquad \text{así } n \to \infty$$

Prueba

Demostraremos el teorema únicamente con la suposición adicional de que las variables aleatorias tienen una varianza finita σ^2. Ahora, como

$$E\left[\frac{X_1 + \cdots + X_n}{n}\right] = \mu \qquad y \qquad \text{Var}\left(\frac{X_1 + \cdots + X_n}{n}\right) = \frac{\sigma^2}{n}$$

por la desigualdad de Chebyshev resulta que

$$P\left\{\left|\frac{X_1 + \cdots + X_n}{n} - \mu\right| > \varepsilon\right\} \leq \frac{\sigma^2}{n\varepsilon^2}$$

con lo cual se prueba el teorema. $\square$

Como una aplicación del teorema anterior, suponga que se lleva a cabo una sucesión de ensayos independientes. Sea E un determinado evento y denotemos por $P(E)$ la probabilidad de que E ocurra en uno de los ensayos. Considerando

$$X_i = \begin{cases} 1 & \text{si } E \text{ ocurre en el ensayo } i \\ 0 & \text{si } E \text{ no ocurre en el ensayo } i \end{cases}$$

tenemos que $X_1 + X_2 + \ldots + X_n$ representa el número de veces que E ocurre en los primeros n ensayos. Como $E[X_i] = P(E)$ entonces, por la débil ley de los grandes números, tenemos que para todo número positivo ε, tan pequeño como sea, la probabilidad de que la proporción de los primeros n ensayos, en los que E ocurre, difiera de $P(E)$ en más de ε tiende a cero conforme n crece.

Problemas

1. Se ordenan 5 hombres y 5 mujeres de acuerdo con sus calificaciones en un examen. Suponga que no hay dos calificaciones iguales y que los 10! órdenes posibles son igualmente probables. Sea X la posición más alta alcanzada por una mujer (por ejemplo, $X = 2$ si la persona con la mejor calificación fue un hombre y la siguiente calificación fue de una mujer). Encuentre $P\{X = i\}$, $i = 1, 2, 3,\ldots, 8, 9, 10$.

2. Si X representa la diferencia entre el número de caras y el número de cruces cuando se lanza una moneda n veces. ¿Cuáles pueden ser los valores de X?

3. Si se supone que la moneda del problema 2 es legal, ¿cuáles son las probabilidades correspondientes a cada uno de los valores que puede tomar X para $n = 3$?

4. La función de distribución de la variable aleatoria X está dada por (véase parte superior de la página siguiente).

(a) Grafique esta función de distribución.
(b) Determine $P\{X > \frac{1}{2}\}$
(c) Calcule $P\{2 < X \leq 4\}$
(d) Determine $P\{X < 3\}$
(e) Calcule $P\{X = 1\}$

$$F(x) = \begin{cases} 0 & x < 0 \\ \dfrac{x}{2} & 0 \leq x < 1 \\ \dfrac{2}{3} & 1 \leq x < 2 \\ \dfrac{11}{12} & 2 \leq x < 3 \\ 1 & 3 \leq x \end{cases}$$

5. Suponga que nos dan la función de distribución F de una variable aleatoria X. Explique cómo determinaría $P\{X = 1\}$. (*Sugerencia*: necesitará usar el concepto de límite.)

6. El tiempo en horas que puede funcionar una computadora sin descomponerse es una variable aleatoria continua, con función de densidad de probabilidad dada por

$$f(x) = \begin{cases} \lambda e^{-x/100} & x \geq 0 \\ 0 & x < 0 \end{cases}$$

¿Cuál es la probabilidad de que una computadora funcione entre 50 y 150 horas sin descomponerse? ¿Cuál es la probabilidad de que funcione menos de 100 horas?

7. El tiempo de vida de cierto tipo de tubos para radio es una variable aleatoria que tiene una función de densidad de probabilidad dada por

$$f(x) = \begin{cases} 0 & x \leq 100 \\ \dfrac{100}{x^2} & x > 100 \end{cases}$$

¿Cuál es la probabilidad de que en un radio exactamente 2 de 5 de estos tubos tenga que ser cambiado en las primeras 150 horas de funcionamiento? Suponga que los eventos E_i, $i = 1, 2, 3, 4, 5$, de que el tubo i-ésimo tenga que ser cambiado en este intervalo de tiempo, son independientes.

8. Si la función de densidad de X es igual a

$$f(x) = \begin{cases} c e^{-2x} & 0 < x < \infty \\ 0 & x < 0 \end{cases}$$

encuentre c. Determine $P\{X > 2\}$.

9. Se sabe que un dispositivo de 5 transistores contiene 3 que están defectuosos. Hay que probar los transistores uno por uno hasta encontrar los defectuosos. Denotemos con N_1 al número de pruebas que hay que hacer hasta encontrar el primer transistor defectuoso y con N_2 el número de pruebas adicionales para encontrar el segundo transistor defectuoso. Encuentre la función de masa de probabilidad conjunta de N_1 y N_2.

10. La función de densidad de probabilidad conjunta de X y Y está dada por

$$f(x, y) = \frac{6}{7}\left(x^2 + \frac{xy}{2}\right), \qquad 0 < x < 1, \qquad 0 < y < 2$$

(a) Verifique que ésta es realmente una función de densidad conjunta.

(b) Calcule la función de densidad de X.

(c) Encuentre $P\{X > Y\}$.

11. Sean $X_1, X_2,\ldots, X_n$ variables aleatorias independientes, cada una con una distribución uniforme (0, 1). Sea M = máximo $(X_1, X_2,\ldots, X_n)$. Muestre que la función de distribución de M, $F_M(\cdot)$, está dada por

$$F_M(x) = x^n, \qquad 0 \le x \le 1$$

¿Cuál es la función de densidad de probabilidad de M?

12. La densidad conjunta de X y Y está dada por

$$f(x, y) = \begin{cases} xe^{-(x+y)} & x > 0, y > 0 \\ 0 & \text{de otra manera} \end{cases}$$

(a) Calcule la densidad de X.

(b) Determine la densidad de Y.

(c) ¿X y Y son independientes?

13. La densidad conjunta de X y Y es

$$f(x, y) = \begin{cases} 2 & 0 < x < y, 0 < y < 1 \\ 0 & \text{de otra manera} \end{cases}$$

(a) Calcule la densidad de X.

(b) Determine la densidad de Y.

(c) ¿X y Y son independientes?

14. La función de densidad conjunta de X y Y se factoriza en una parte que depende sólo de x y otra parte que depende sólo de y, muestre que X y Y son independientes. Es decir, si

$$f(x, y) = k(x)l(y), \qquad -\infty < x < \infty, \quad -\infty < y < \infty$$

demuestre que X y Y son independientes.

15. ¿El problema 14 es consistente con los resultados en los problemas 12 y 13?

16. Suponga que X y Y son variables aleatorias continuas independientes. Muestre que

(a) $P\{X + Y \le a\} = \displaystyle\int_{-\infty}^{\infty} F_X(a - y)f_Y(y)\,dy$

(b) $P\{X \le Y\} = \displaystyle\int_{-\infty}^{\infty} F_X(y)f_Y(y)\,dy$

donde f_Y es la función de densidad de Y y F_X es la función de distribución de X.

17. Cuando una corriente I (medida en amperes) fluye a través de una resistencia R (medida en ohms), la corriente generada (medida en watts) está dada por $W = I^2R$. Suponga que I y R son variables aleatorias independientes con densidades

$$f_I(x) = 6x(1-x) \quad 0 \le x \le 1$$

$$f_R(x) = 2x \qquad\quad 0 \le x \le 1$$

Determine la función de densidad de W.

18. En el ejemplo 4.3b determine la función de masa de probabilidad condicional del tamaño de una familia elegida al azar que tenga 2 niñas.

19. Calcule la función de densidad condicional de X dado que $Y = y$ en **(a)** en el problema 10 y **(b)** en el problema 13.

20. Muestre que X y Y son independientes si y sólo si

    (a) $P_{X|Y}^{(x|y)} = p_X(x)$ en el caso discreto

    (b) $f_{X|Y}^{(x|y)} = f_X(x)$ en el caso continuo

21. Calcule el valor esperado de la variable aleatoria en el problema 1.

22. Determine el valor esperado de la variable aleatoria en el problema 3.

23. Todas las noches varios meteorólogos informan la "probabilidad" de que llueva al día siguiente. Para juzgar qué tan buenas son sus predicciones, calificaremos a cada uno como sigue: si dice que lloverá con probabilidad p, le daremos la calificación

    $$1 - (1-p)^2 \qquad \text{si llueve}$$

    $$1 - p^2 \qquad \text{si no llueve}$$

    Iremos siguiendo las calificaciones durante cierto periodo y concluiremos que quien hace mejores predicciones del tiempo es el meteorólogo con el mejor promedio. Suponga que un meteorólogo se entera de esto y quiere maximizar su calificación esperada. Si esta persona realmente cree que con probabilidad p^* lloverá mañana, ¿qué valor de p dará para maximizar su calificación esperada?

24. Una compañía de seguros escribe una póliza a efecto de que una cantidad de dinero A sea pagada si un evento E ocurre en el lapso de un año. Si la compañía estima que E ocurrirá, con probabilidad p, en el lapso de un año, ¿cuánto deberá cobrarle al cliente de manera que su ganancia esperada sea el 10 por ciento de A?

25. Llegan a un estadio de futbol 4 autobuses con 148 niños de una escuela. Los autobuses llevan, respectivamente, 40, 33, 25 y 50 estudiantes. Se selecciona al azar a uno de los estudiantes. Sea X el número de estudiantes en el camión donde iba el estudiante seleccionado. También se selecciona aleatoriamente a uno de los 4 conductores de los autobuses. Sea Y el número de estudiantes en su autobús.

    (a) ¿Cuál piensa usted que será mayor $E[X]$ o $E[Y]$?
    (b) Calcule $E[X]$ y $E[Y]$.

26. Suponga que dos equipos juegan una serie de juegos que termina cuando uno de ellos haya ganado i juegos. Suponga que cada juego es ganado, independientemente, por el jugador A con probabilidad p. Encuentre el número esperado de juegos que deben ser jugados cuando $i = 2$. También muestre que este número se maximiza cuando $p = \frac{1}{2}$.

27. La función de densidad de X está dada por

$$f(x) = \begin{cases} a + bx^2 & 0 \le x \le 1 \\ 0 & \text{de otra manera} \end{cases}$$

Si $E[X] = \frac{3}{5}$, encuentre a y b.

28. El tiempo de vida en horas de tubos electrónicos es una variable aleatoria con una función de densidad de probabilidad dada por

$$f(x) = a^2 x e^{-\alpha x}, \qquad x \ge 0$$

Calcule el tiempo de vida esperado de estos tubos.

29. Si $X_1, X_2, \ldots, X_n$ son variables aleatorias independientes con una función de densidad común

$$f(x) = \begin{cases} 1 & 0 < x < 1 \\ 0 & \text{de otra manera} \end{cases}$$

Encuentre **(a)** $E[\text{Máx}(X_1, \ldots, X_n)]$ y **(b)** $E[\text{Mín}(X_1, \ldots, X_n)]$.

30. Suponga que X tiene una función de densidad

$$f(x) = \begin{cases} 1 & 0 < x < 1 \\ 0 & \text{de otra manera} \end{cases}$$

Calcule $E[X^n]$ **(a)** calculando la densidad de X^n y utilizando después la definición de esperanza y **(b)** utilizando la proposición 4.5.1.

31. El tiempo que toma reparar una computadora personal es una variable aleatoria cuya densidad, en horas, está dada por

$$f(x) = \begin{cases} \frac{1}{2} & 0 < x < 2 \\ 0 & \text{de otra manera} \end{cases}$$

El costo de la reparación depende del tiempo que toma y es igual a $40 + 30\sqrt{x}$ donde x es el tiempo. Calcule el costo esperado por la reparación de una computadora personal.

32. Si $E[X] = 2$ y $E[X^2] = 8$, calcule **(a)** $E[(2 + 4X)^2]$ y **(b)** $E[X^2 + (X + 1)^2]$.

33. De una urna que contiene 17 canicas blancas y 23 canicas negras, se seleccionan 10 canicas en forma aleatoria. Sea X el número de canicas blancas seleccionadas. Calcule $E[X]$

(a) definiendo variables indicadoras apropiadas, X_i, $i = 1, \ldots, 10$ de manera que

$$X = \sum_{i=1}^{10} X_i$$

(b) definiendo variables indicadoras apropiadas Y_i, $i = 1, \ldots, 17$ de manera que

$$X = \sum_{i=1}^{17} Y_i$$

34. Si X es una variable aleatoria continua que tiene una función de distribución F, entonces su *mediana* está definida como el valor de m para el cual

$$F(m) = 1/2$$

   Encuentre la mediana de las variables aleatorias con función de densidad

   (a) $f(x) = e^{-x}, \quad x \geq 0$;
   (b) $f(x) = 1, \quad 0 \leq x \leq 1$.

35. La mediana, como la moda, es importante para predecir el valor de una variable aleatoria. Mientras que en el texto se dijo que la media de una variable aleatoria constituye el mejor predictor desde el punto de vista de minimizar el valor esperado del cuadrado del error, la mediana es el mejor predictor si uno quiere minimizar el valor esperado del valor absoluto del error. Esto es, $E[|X - c|]$ se minimiza cuando c es la mediana de la función de distribución de X. Pruebe este resultado cuando X es continua, con función de distribución F y función de densidad f. (*Sugerencia*: Escriba

$$
\begin{aligned}
E[|X - c|] &= \int_{-\infty}^{\infty} |x - c| f(x)\, dx \\
&= \int_{-\infty}^{c} |x - c| f(x)\, dx + \int_{c}^{\infty} |x - c| f(x)\, dx \\
&= \int_{-\infty}^{c} (c - x) f(x)\, dx + \int_{c}^{\infty} (x - c) f(x)\, dx \\
&= cF(c) - \int_{-\infty}^{c} x f(x)\, dx + \int_{c}^{\infty} x f(x)\, dx - c[1 - F(c)]
\end{aligned}
$$

   Ahora, use el cálculo para encontrar el valor minimizante de c.)

36. Decimos que m_p es el *100p percentil* de la función de distribución F si

$$F(m_p) = p$$

   Encuentre m_p para la distribución con función de densidad

$$f(x) = 2e^{-2x}, \quad x \geq 0$$

37. Una comunidad consta de 100 parejas casadas. Si en el lapso de un año mueren 50 miembros de la comunidad, ¿cuál es el número esperado de matrimonios que permanecerán intactos? Suponga que el grupo de personas que muere es igualmente probable que sea cualquiera de los $\binom{200}{50}$ grupos de tamaño 50 (*Sugerencia*: Para $i = 1,\ldots, 100$ sea

$$X_i = \begin{cases} 1 & \text{si ninguno de los miembros de la pareja } i \text{ muere} \\ 0 & \text{de otra manera} \end{cases}$$

38. Calcule la esperanza y la varianza del número de éxitos en n ensayos independientes, cada uno de los cuales da como resultado un éxito con probabilidad p. ¿La independencia es necesaria?

39. Suponga que es igualmente probable que X tome cualquiera de los valores 1, 2, 3, 4. Calcule **(a)** $E[X]$ y **(b)** Var(X).

40. Sea $p_i = P\{X = i\}$ y suponga que $p_1 + p_2 + p_3 = 1$. Si $E[X] = 2$, ¿qué valor de p_1, p_2, p_3 **(a)** maximiza y **(b)** minimiza Var(X)?

41. Calcule la media y la varianza del número de caras en tres lanzamientos de una moneda legal.

42. Argumente que para toda variable aleatoria X

$$E[X^2] \geq (E[X])^2$$

¿Cuándo tiene uno la igualdad?

43. Una variable aleatoria X, que representa el peso (en onzas) de un artículo, tiene una función de densidad dada por (z)

$$(z) = \begin{cases} (z - 8) & \text{para } 8 \leq z \leq 9 \\ (10 - z) & \text{para } 9 < z \leq 10 \\ 0 & \text{de otra manera} \end{cases}$$

(a) Calcule la media y la varianza de la variable aleatoria X.

(b) Los fabricantes venden un artículo a un precio de $2.00. Garantizan la devolución del dinero a los clientes que encuentren que el artículo pesa menos de 8.25 oz. El costo de producción está relacionado con el peso del artículo mediante la relación $x/15 + .35$. Encuentre la ganancia esperada por artículo.

44. Suponga que la dureza Rockwell X y la pérdida de la abrasión Y de un espécimen (datos codificados) tienen una densidad conjunta dada por

$$f_{XY}(u, v) = \begin{cases} u + v & \text{para } 0 \leq u, v \leq 1 \\ 0 & \text{de otra manera} \end{cases}$$

(a) Encuentre las densidades marginales de X y Y.

(b) Encuentre $E[X]$ y Var(X).

45. Un producto se clasifica de acuerdo con el número de defectos que tiene y con la fábrica que lo produjo. Sean X_1 y X_2 variables aleatorias que representan el número de defectos por unidad (que puede tomar los valores 0, 1, 2 o 3) y el número de la fábrica (que puede tomar los valores 1 o 2), respectivamente. Los números en la tabla que se muestra en la página siguiente representan la función de masa de probabilidad conjunta de un producto elegido al azar.

(a) Encuentre la distribución de probabilidad marginal de X_1 y X_2.

(b) Encuentre $E[(X_1)]$, $E[(X_2)]$, Var(X_1), Var(X_2) y Cov(X_1, X_2).

X_1 \ X_2	1	2
0	$\frac{1}{8}$	$\frac{1}{16}$
1	$\frac{1}{16}$	$\frac{1}{16}$
2	$\frac{3}{16}$	$\frac{1}{8}$
3	$\frac{1}{8}$	$\frac{1}{4}$

46. Una máquina elabora un producto que se examina (inspección al 100 por ciento) antes de ser enviado. En el instrumento de medición es difícil leer entre 1 y $1\frac{1}{3}$ (datos codificados). Una vez que se ha realizado el examen, la dimensión medida tiene densidad

$$(z) = \begin{cases} kz^2 & \text{para } 0 \leq z \leq 1 \\ 1 & \text{para } 1 < z \leq 1\frac{1}{3} \\ 0 & \text{de otra manera} \end{cases}$$

(a) Encuentre el valor de k.

(b) ¿Qué porción de los artículos caerá fuera de la zona difusa (cae entre 0 y 1)?

(c) Encuentre la media y la varianza de esta variable aleatoria.

47. Verifique la ecuación 4.7.4.

48. Pruebe la ecuación 4.7.5 empleando la inducción matemática.

49. Si X tiene varianza σ_x^2 y Y tiene varianza σ_y^2. Empezando con

$$0 \leq \text{Var}(X/\sigma_x + Y/\sigma_y)$$

demuestre que

$$-1 \leq \text{Corr}(X, Y)$$

Ahora empleando que

$$0 \leq \text{Var}(X/\sigma_x - Y/\sigma_y)$$

concluya que

$$-1 \leq \text{Corr}(X, Y) \leq 1$$

Usando el resultado que indica que $\text{Var}(Z) = 0$ implica que Z es constante, argumente que si $\text{Corr}(X,Y) = 1$ o -1 entonces X y Y están relacionadas mediante

$$Y = a + bx$$

donde el signo de b es positivo si la correlación es 1 y negativo si es -1.

50. Considere n experimentos independientes, cada uno de los cuales tiene uno de i resultados, $i = 1, 2, 3$, con probabilidades respectivas $p_1, p_2, p_3, \sum_{i=1}^{3} p_i = 1$. Sea N_i el número de experi-

mentos con el resultado i. Muestre que $Cov(N_1, N_2) = -np_1p_2$. Explique también por qué es intuitivo que esta covarianza sea negativa. (*Sugerencia:* Para $i = 1,\ldots, n$ sea

$$X_i = \begin{cases} 1 & \text{si el experimento } i \text{ tiene como resultado 1} \\ 0 & \text{si el experimento } i \text{ no tiene como resultado 1} \end{cases}$$

De manera similar para $j = 1,\ldots, n$, sea

$$Y_j = \begin{cases} 1 & \text{si el experimento } j \text{ tiene como resultado 2} \\ 0 & \text{si el experimento } j \text{ no tiene como resultado 2} \end{cases}$$

Argumente que

$$N_1 = \sum_{i=1}^{n} X_i, \qquad N_2 = \sum_{j=1}^{n} Y_j$$

Use después la proposición 4.7.2 y el teorema 4.7.4.)

51. En el ejemplo 4.5f calcule $Cov(X_i, X_j)$ y utilice este resultado para demostrar que $Var(X) = 1$.

52. Si X_1 y X_2 tienen la misma función de distribución de probabilidad, demuestre que

$$Cov(X_1 - X_2, X_1 + X_2) = 0$$

Observe que no se presupone independencia.

53. Suponga que X tiene función de densidad

$$f(x) = e^{-x}, \qquad x > 0$$

Calcule la función generadora de momento de X y use este resultado para determinar su media y su varianza. Compruebe la media que obtiene calculándola directamente.

54. Si la función de densidad de X es

$$f(x) = 1, \qquad 0 < x < 1$$

determine $E[e^{tX}]$. Diferencie para obtener $E[X^n]$ y después compruebe su respuesta.

55. Suponga que X es una variable aleatoria con media y varianza, ambas iguales a 20. ¿Qué se puede decir de $P\{0 \le X \le 40\}$?

56. Un profesor sabe, por experiencia, que la calificación de un estudiante en su examen final es una variable aleatoria cuya media es 75.

(a) Dé un límite superior para la probabilidad de que la calificación de un estudiante sea de más de 85. Suponga además que el profesor sabe que la varianza de las calificaciones del estudiante es de 25.

(b) ¿Qué se puede decir sobre la probabilidad de que la calificación del estudiante esté entre 65 y 85?

(c) ¿Cuántos estudiantes tendrán que realizar el examen para asegurar con probabilidad, al menos de .9, de que el promedio de la clase estará entre 5 y 75?

Capítulo 5

VARIABLES ALEATORIAS ESPECIALES

Existe cierto tipo de variables aleatorias que se presentan continuamente en la práctica. En este capítulo estudiaremos algunas de estas variables.

5.1 LAS VARIABLES ALEATORIAS DE BERNOULLI Y BINOMIAL

Suponga que se realiza un experimento o un ensayo, cuyos resultados se clasifican como "éxito" o "fracaso". Si consideramos $X = 1$ cuando el resultado es un éxito, y $X = 0$ cuando el resultado es un fracaso, entonces la función de masa de probabilidad de X está dada por

$$P\{X = 0\} = 1 - p$$
$$P\{X = 1\} = p \qquad (5.1.1)$$

donde p, $0 \leq p \leq 1$, es la probabilidad de que el ensayo sea un "éxito".

Se dice que una variable aleatoria X es una variable aleatoria de Bernoulli (en honor al matemático suizo James Bernoulli) si su función de masa de probabilidad está dada por la ecuación 5.1.1 para alguna $p \in (0, 1)$. Su valor esperado es

$$E[X] = 1 \cdot P\{X = 1\} + 0 \cdot P\{X = 0\} = p$$

Es decir, la esperanza de una variable aleatoria de Bernoulli consiste en la probabilidad de que la variable aleatoria sea igual 1.

Suponga ahora que se van a realizar n experimentos independientes, cada uno de los cuales tendrá como resultado "éxito" con probabilidad p, y "fracaso" con probabilidad $1 - p$. Si X representa el número de éxitos obtenidos en n experimentos, entonces se dice que X es una variable aleatoria *binomial* con parámetros (n, p).

La función de masa de probabilidad de una variable aleatoria binomial con parámetros n y p se obtiene con

$$P\{X = i\} = \binom{n}{i} p^i (1-p)^{n-i}, \qquad i = 0, 1, \ldots, n \tag{5.1.2}$$

donde$\binom{n}{i} = n!/[i!(n-i)!]$ es el número de grupos diferentes de i objetos que pueden tomarse de un conjunto de n objetos. La validez de la ecuación 5.1.2 se verifica observando primero que la probabilidad de que se tengan i éxitos y $n-i$ fracasos en una sucesión determinada de n resultados es, puesto que hemos supuesto que los experimentos son independientes, $p^i(1-p)^{n-i}$. La ecuación 5.1.2 sigue entonces de que hay $\binom{n}{i}$ sucesiones diferentes de n resultados con i éxitos y $n-i$ fracasos, lo cual quizá se observe más claramente considerando que hay $\binom{n}{i}$ maneras diferentes de tener i experimentos que tengan un éxito como resultado. Por ejemplo, si $n = 5$, $i = 2$, entonces hay $\binom{5}{2}$ maneras diferentes de tener dos experimentos cuyo resultado sea el éxito (*successes*), que son

$$(s, s, f, f, f) \qquad (f, s, s, f, f) \qquad (f, f, s, f, s)$$
$$(s, f, s, f, f) \qquad (f, s, f, s, f)$$
$$(s, f, f, s, f) \qquad (f, s, f, f, s) \qquad (f, f, f, s, s)$$
$$(s, f, f, f, s) \qquad (f, f, s, s, f)$$

donde, por ejemplo, el resultado (f, s, f, s, f) significa que los éxitos ocurrieron en los experimentos 2 y 4. Como cada uno de los $\binom{5}{2}$ resultados tiene probabilidad $p^2(1-p)^3$, vemos que la probabilidad de tener 2 éxitos en 5 experimentos independientes es $\binom{5}{2}p^2(1-p)^3$. Observe que por el teorema del binomio las probabilidades suman 1, es decir,

$$\sum_{i=0}^{\infty} p(i) = \sum_{i=0}^{n} \binom{n}{i} p^i (1-p)^{n-i} = [p + (1-p)]^n = 1$$

En la figura 5.1 se representan las funciones de masa de probabilidad de tres variables aleatorias binomiales, cuyos parámetros respectivos son (10, .5), (10, .3) y (10, .6). La primera es simétrica respecto al valor .5; mientras que la segunda está un poco sesgada hacia los valores inferiores, y la tercera, hacia los valores superiores.

EJEMPLO 5.1a Se sabe que los discos producidos en una empresa salen defectuosos con probabilidad, independiente unos de otros, de .01. La compañía vende los discos en paquetes de 10 y garantiza el reembolso del dinero si más de 1 de 10 discos sale defectuoso. ¿Cuál es la proporción de paquetes que se devuelven? Si alguien compra tres paquetes, ¿cuál es la probabilidad de que devuelva exactamente uno de ellos?

SOLUCIÓN Si X es el número de discos defectuosos en un paquete, entonces suponiendo que los clientes siempre aprovechen la garantía, se tiene que X es una variable aleatoria binomial con parámetros (10, .01). Así, la probabilidad de que un paquete tenga que ser cambiado es

$$P\{X > 1\} = 1 - P\{X = 0\} - P\{X = 1\}$$

$$= 1 - \binom{10}{0}(.01)^0(.99)^{10} - \binom{10}{1}(.01)^1(.99)^9 \approx .005$$

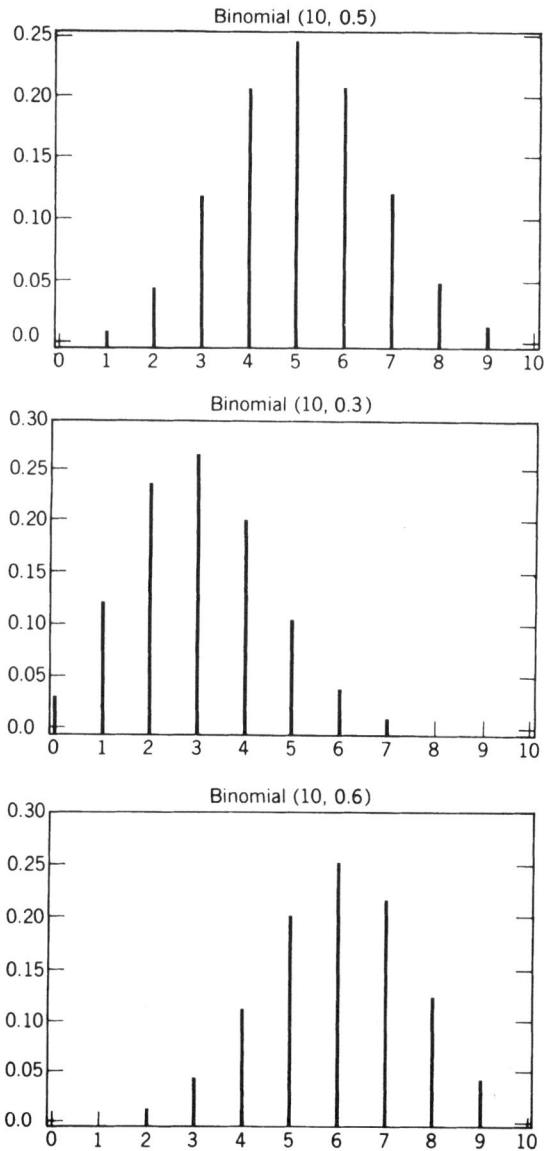

FIGURA 5.1   *Función de masa de probabilidad binomial.*

Como cada paquete será devuelto, independientemente, con una probabilidad de .005, tenemos, por la ley de los grandes números, que a la larga .5 por ciento de los paquetes tendrán que ser devueltos.

De lo anterior tenemos que el número de paquetes que tendrá que devolver la persona constituye una variable aleatoria binomial con parámetros $n = 3$ y $p = .005$. Por lo tanto, la probabilidad de que exactamente uno de los tres paquetes tenga que devolverse es $\binom{3}{1}(.005)(.995)^2 = .015$.   ∎

EJEMPLO 5.1b El color de los ojos de uno se determina por un solo par de genes, de los cuales el gen para ojos cafés es dominante sobre el gen para ojos azules. Ello significa que una persona que tenga dos genes para ojos azules tendrá ojos azules; mientras que quien tenga, ya sea dos genes para ojos cafés o un gen para ojos cafés y otro para ojos azules tendrá ojos cafés. Cuando dos personas se casan, sus descendientes reciben de cada uno de los progenitores un gen tomado en forma aleatoria del par de genes del progenitor. Si el hijo mayor de un par de progenitores de ojos cafés tiene ojos azules, ¿cuál es la probabilidad de que exactamente dos de los otros cuatro hijos (sin considerar gemelos) de la pareja tenga también ojos azules?

SOLUCIÓN Para empezar, observamos que si el hijo mayor tiene ojos azules, entonces ambos progenitores deben tener un gen de ojos cafés y un gen de ojos azules. (Porque si uno de los dos tuviera dos genes de ojos cafés, entonces cada hijo tendría por lo menos un gen de ojos cafés y sería, entonces, de ojos cafés.) La probabilidad de que un descendiente de esta pareja tenga ojos azules es igual a la probabilidad de que reciba el gen de ojos azules de cada uno de sus progenitores, la cual es $(\frac{1}{2})(\frac{1}{2}) = \frac{1}{4}$. Entonces, como para cada uno de los otros cuatro hijos la probabilidad de tener ojos azules es $\frac{1}{4}$ tenemos que la probabilidad de que exactamente dos de los hijos tengan este color de ojos es

$$\binom{4}{2}(1/4)^2(3/4)^2 = 27/128 \quad \blacksquare$$

EJEMPLO 5.1c Un sistema de comunicación consta de n componentes, cada uno de los cuales funcionará independientemente con probabilidad p. El sistema funciona de forma adecuada si por lo menos la mitad de sus componentes funciona.

   (a) ¿Para que valores de p tiene más probabilidades de funcionar adecuadamente un sistema de 5 componentes que uno de 3 componentes?
   (b) En general, ¿cuándo resulta mejor un sistema de $2k + 1$ componentes que uno de $2k - 1$?

SOLUCIÓN

   (a) Debido a que el número de componentes que estén funcionando es una variable aleatoria binomial con parámetros (n, p) entonces la probabilidad de que un sistema de 5 componentes funcione adecuadamente es

$$\binom{5}{3}p^3(1-p)^2 + \binom{5}{4}p^4(1-p) + p^5$$

   mientras que la probabilidad correspondiente para un sistema de 3 componentes es

$$\binom{3}{2}p^2(1-p) + p^3$$

   Por tanto, el sistema de 5 componentes es mejor si

$$10p^3(1-p)^2 + 5p^4(1-p) + p^5 \geq 3p^2(1-p) + p^3$$

lo que se reduce a

$$3(p - 1)^2(2p - 1) \geq 0$$

o

$$p \geq \tfrac{1}{2}$$

(b) En general, un sistema con $2k + 1$ componentes será mejor que uno con $2k - 1$ componentes si (y sólo si) $p \geq \tfrac{1}{2}$. Para demostrar esto, considere un sistema de $2k + 1$ componentes y denotemos por X el número del primero $2k - 1$ que funciona. Entonces

$$P_{2k+1} \text{(efectivo)} = P\{X \geq k + 1\} + P\{X = k\}(1 - (1 - p)^2) + P\{X = k - 1\}p^2$$

lo que se obtiene debido a que el sistema de $2k + 1$ componentes será adecuado ya sea que

(1) $X \geq k + 1$;
(2) $X = k$ y por lo menos uno de los dos componentes restantes funcione; o
(3) $X = k - 1$ y los dos siguientes funcionen.

Como

$$P_{2k-1} \text{(efectivo)} = P\{X \geq k\}$$
$$= P\{X = k\} + P\{X \geq k + 1\}$$

tenemos que

$$P_{2k+1} \text{(efectivo)} - P_{2k-1} \text{(efectivo)}$$
$$= P\{X = k - 1\}p^2 - (1 - p)^2 P\{X = k\}$$
$$= \binom{2k - 1}{k - 1} p^{k-1}(1 - p)^k p^2 - (1 - p)^2 \binom{2k - 1}{k} p^k (1 - p)^{k-1}$$
$$= \binom{2k - 1}{k} p^k (1 - p)^k \left[p - (1 - p) \right] \quad \text{ya que} \quad \binom{2k - 1}{k - 1} = \binom{2k - 1}{k}$$
$$\geq 0 \Leftrightarrow p \geq \tfrac{1}{2} \quad \blacksquare$$

EJEMPLO 5.1d Suponga que el 10 por ciento de todos los chips producidos por una empresa de hardware están defectuosos. Si ordenamos 100 de estos chips, ¿el número X de chips defectuosos que nos dan será una variable aleatoria binomial?

SOLUCIÓN La variable aleatoria X será una variable aleatoria binomial con parámetros (100, .1) si cada chip tiene una probabilidad de 9 de funcionar bien y el funcionamiento de chips sucesivos es independiente. Si ésta es una suposición razonable, sabiendo que el 10 por ciento de los chips producidos salen defectuosos, depende además de otros factores. Por ejemplo, considere que siempre todos los chips producidos en un día, o funcionan bien o están malos (teniendo el 90 por ciento de los días chips que funcionan bien). En este caso, si sabemos que todos nuestros chips fueron fabricados el mismo día, entonces X no será una variable aleatoria binomial, lo cual se debe a que no es válida la independencia de los chips sucesivos. En este caso tendríamos

$$P\{X = 100\} = .1$$

$$P\{X = 0\} = .9 \quad \blacksquare$$

Ya que una variable aleatoria binomial X, con parámetros n y p, representa el número de éxitos en n experimentos independientes, cada uno con probabilidad de éxito p, represente a X como sigue

$$X = \sum_{i=1}^{n} X_i \qquad (5.1.3)$$

donde,

$$X_i = \begin{cases} 1 & \text{si el experimento } i\text{-ésimo es un éxito} \\ 0 & \text{de otra manera} \end{cases}$$

Como las X_i, $i = 1,\ldots, n$ son variables aleatoria de Bernoulli independientes, entonces

$$E[X_i] = P\{X_i = 1\} = p$$

$$\text{Var}(X_i) = E[X_i^2] - p^2$$

$$= p(1 - p)$$

donde la última igualdad se debe a que $X_i^2 = X_i$, y así $E[X_i^2] = E[X_i] = p$.

Con la ecuación de representación 5.1.3 resulta, ahora, fácil calcular la media y la varianza de X:

$$E[X] = \sum_{i=1}^{n} E[X_i]$$

$$= np$$

$$\text{Var}(X) = \sum_{i=1}^{n} \text{Var}(X_i) \qquad \text{ya que las } X_i \text{ son independientes}$$

$$= np(1 - p)$$

Si X_1 y X_2 son variables aleatorias binomiales independientes con parámetros respectivos (n_i, p), $i = 1, 2$, entonces su suma es binomial con parámetros ($n_1 + n_2, p$). Esto se puede ver más fácilmente observando que como X_i, $i = 1, 2$, representa el número de éxitos en n_i experimentos independientes, cada uno de los cuales tiene éxito con probabilidad p, entonces $X_1 + X_2$ representa el número de éxitos en $n_1 + n_2$ experimentos independientes, cada uno de los cuales tiene éxito con probabilidad p. Entonces, $X_1 + X_2$ es binomial con parámetros ($n_1 + n_2, p$).

5.1.1 Cálculo de la función de distribución binomial

Suponga que X es binomial con parámetros (n, p). La clave para calcular su función de distribución

$$P\{X \le i\} = \sum_{k=0}^{i} \binom{n}{k} p^k (1-p)^{n-k}, \qquad i = 0, 1, \ldots, n$$

consiste en utilizar la siguiente relación entre $P\{X = k + 1\}$ y $P\{X = k\}$:

$$P\{X = k + 1\} = \frac{p}{1-p} \frac{n-k}{k+1} P\{X = k\} \tag{5.1.4}$$

La demostración de esta ecuación queda como ejercicio.

EJEMPLO 5.1e Sea X la variable aleatoria binomial con parámetros $n = 6$ y $p = .4$. Entonces, empezando con $P\{X = 0\} = (.6)^6$ y empleando recursivamente la ecuación 5.4.1 obtenemos

$$P\{X = 0\} = (.6)^6 = .0467$$

$$P\{X = 1\} = \tfrac{4}{6}\tfrac{6}{1} P\{X = 0\} = .1866$$

$$P\{X = 2\} = \tfrac{4}{6}\tfrac{5}{2} P\{X = 1\} = .3110$$

$$P\{X = 3\} = \tfrac{4}{6}\tfrac{4}{3} P\{X = 2\} = .2765$$

$$P\{X = 4\} = \tfrac{4}{6}\tfrac{3}{4} P\{X = 3\} = .1382$$

$$P\{X = 5\} = \tfrac{4}{6}\tfrac{2}{5} P\{X = 4\} = .0369$$

$$P\{X = 6\} = \tfrac{4}{6}\tfrac{1}{6} P\{X = 5\} = .0041. \quad \blacksquare$$

El disco que acompaña al libro usa la ecuación 5.1.4 para calcular las probabilidades binomiales. Para utilizarlo, teclee los parámetros binomiales n y p, y el valor i; el programa calcula las probabilidades de que una variable aleatoria binomial (n, p) sea igual a, o menor o igual a, i.

EJEMPLO 5.1f Si X es una variable aleatoria binomial con parámetros $n = 100$ y $p = .75$, encuentre $P\{X = 70\}$ y $P\{X \le 70\}$.

SOLUCIÓN El disco del libro presenta la respuesta que aparece en la figura 5.2. $\blacksquare$

5.2 LA VARIABLE ALEATORIA DE POISSON

Una variable aleatoria X que toma los valores 0, 1, 2,..., se dice que es una variable aleatoria de Poisson con parámetro λ, $\lambda > 0$, si su función de masa de probabilidad está dada por

$$P\{X = i\} = e^{-\lambda} \frac{\lambda^i}{i!}, \qquad i = 0, 1, \ldots \tag{5.2.1}$$

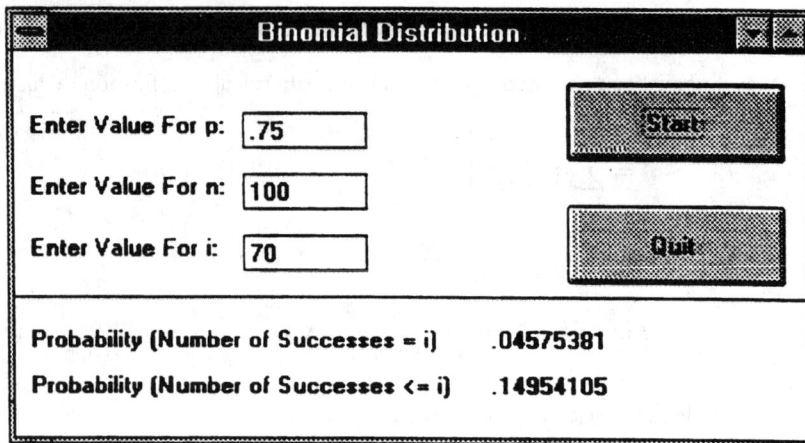

```
┌─────────────────────────────────────────────────────────────┐
│ ▬              Binomial Distribution              ▣▣         │
├─────────────────────────────────────────────────────────────┤
│                                                              │
│  Enter Value For p:  │.75      │      ┌──────────────┐       │
│                                       │    Start     │       │
│  Enter Value For n:  │100      │      └──────────────┘       │
│                                                              │
│  Enter Value For i:  │70       │      ┌──────────────┐       │
│                                       │    Quit      │       │
│                                       └──────────────┘       │
├─────────────────────────────────────────────────────────────┤
│  Probability (Number of Successes = i)     .04575381         │
│  Probability (Number of Successes <= i)    .14954105         │
│                                                              │
└─────────────────────────────────────────────────────────────┘
```

FIGURA 5.2

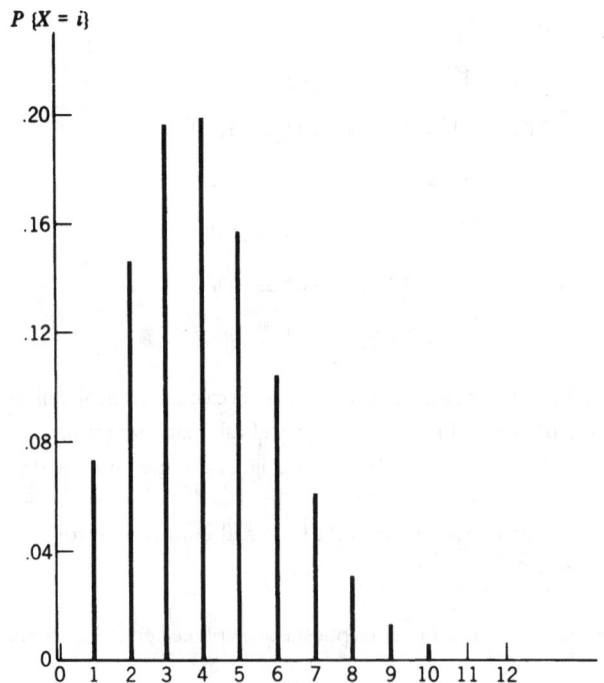

FIGURA 5.3 *La función de masa de probabilidad de Poisson* $\lambda = 4$.

El símbolo e representa una constante que es aproximadamente igual a 2.7183. Es una constante famosa en matemáticas; se le dio este nombre en honor al matemático suizo I. Euler, y constituye la base del llamado logaritmo natural.

La ecuación 5.2.1 define una función de masa de probabilidad, ya que

$$\sum_{i=0}^{\infty} p(i) = e^{-\lambda} \sum_{i=0}^{\infty} \lambda^i / i! = e^{-\lambda} e^{\lambda} = 1$$

En la figura 5.3 se incluye una gráfica de esta función de masa cuando $\lambda = 4$.

La probabilidad de Poisson fue introducida por S. D. Poisson en un libro donde trataba sobre aplicaciones de la teoría de la probabilidad a juicios, procesos de criminales y cuestiones semejantes. Dicho libro, publicado en 1837, tenía como título *Recherches sur la probabilité de jugements en matière criminelle et en matière civile.*

Como preludio a la determinación de la media y de la varianza de una variable aleatoria de Poisson, determine primero su función generadora de momento.

$$\phi(t) = E[e^{tX}]$$

$$= \sum_{i=0}^{\infty} e^{ti} e^{-\lambda} \lambda^i / i!$$

$$= e^{-\lambda} \sum_{i=0}^{\infty} (\lambda e^t)^i / i!$$

$$= e^{-\lambda} e^{\lambda e^t}$$

$$= \exp\{\lambda(e^t - 1)\}$$

Diferenciando tenemos

$$\phi'(t) = \lambda e^t \exp\{\lambda(e^t - 1)\}$$

$$\phi''(t) = (\lambda e^t)^2 \exp\{\lambda(e^t - 1)\} + \lambda e^t \exp\{\lambda(e^t - 1)\}$$

Evaluando para $t = 0$ resulta

$$E[X] = \phi'(0) = \lambda$$

$$\text{Var}(X) = \phi''(0) - (E[X])^2$$

$$= \lambda^2 + \lambda - \lambda^2 = \lambda$$

Por lo tanto, la media y la varianza de una variable aleatoria de Poisson son iguales al parámetro λ.

La variable aleatoria de Poisson tiene un amplio rango de aplicaciones en una gran variedad de áreas, porque se emplea como una aproximación para una variable aleatoria binomial con parámetros (n, p) cuando n es grande y p es pequeña. Para observarlo suponga que X es una variable aleatoria binomial con parámetros (n, p) y sea $\lambda = np$. Entonces

$$P\{X = i\} = \frac{n!}{(n-i)!\, i!} p^i (1-p)^{n-i}$$

$$= \frac{n!}{(n-i)!\, i!} \left(\frac{\lambda}{n}\right)^i \left(1 - \frac{\lambda}{n}\right)^{n-i}$$

$$= \frac{n(n-1)\cdots(n-i+1)}{n^i} \frac{\lambda^i}{i!} \frac{(1-\lambda/n)^n}{(1-\lambda/n)^i}$$

Ahora, para n grande y p pequeña

$$\left(1 - \frac{\lambda}{n}\right)^n \approx e^{-\lambda} \qquad \frac{n(n-1)\cdots(n-i+1)}{n^i} \approx 1 \qquad \left(1 - \frac{\lambda}{n}\right)^i \approx 1$$

Así que, para n grande y p pequeña,

$$P\{X = i\} \approx e^{-\lambda} \frac{\lambda^i}{i!}$$

Es decir, si se realizan n experimentos independientes, cada uno de los cuales tiene como resultado "éxito" con probabilidad p, entonces cuando n es grande y p es pequeña, el número de éxitos que se presentan es aproximadamente una variable aleatoria de Poisson con media $\lambda = np$.

Algunas variables aleatorias que normalmente obedecen la ley de probabilidad de Poisson con una buena aproximación (es decir, que satisfacen la ecuación 5.2.1 para algún valor λ) son:

1. El número de erratas en una página (o en un conjunto de páginas) de un libro.
2. El número de personas en una comunidad que llegan hasta los 100 años de vida.
3. El número de números telefónicos equivocados marcados en un día.
4. El número de transistores que se descomponen en su primer día en uso.
5. El número de clientes que entran en una oficina de correos en un día determinado.
6. El número de partículas α emitidas en un periodo fijo por alguna partícula radioactiva.

Cada una de las variables aleatorias anteriores, y muchas otras, son aproximadamente variables de Poisson, todas por la misma razón: la aproximación de Poisson a la binomial. Por ejemplo, si suponemos que la probabilidad p, de que cada letra impresa en una página sea una errata, es pequeña, entonces el número de erratas en una página será aproximadamente una variable de Poissson con media $\lambda = np$, donde n es el número (presumiblemente) grande de letras en la página. De manera similar, podemos suponer que la probabilidad p que tiene, independientemente, cada persona de una comunidad de llegar a la edad de 100 años es pequeña, y entonces el número de personas que llegarán a esa edad tienen aproximadamente una distribución de Poisson con media np, donde n es el número grande de personas en la comunidad. Dejamos al lector el encontrar las razones por las que las variables aleatorias en los ejemplos 3 a 6 tienen aproximadamente una distribución de Poisson.

EJEMPLO 5.2a Suponga que el número de accidentes semanales en un tramo de una autopista es 3. Calcule la probabilidad de que haya por lo menos un accidente esta semana.

SOLUCIÓN Sea X el número de accidentes que ocurren en el tramo en cuestión durante esta semana. Como es razonable suponer que haya un gran número de automóviles que pasen por ese tramo de la autopista, y que cada uno tenga una pequeña probabilidad de tener un accidente, el número de accidentes tendrá aproximadamente una distribución de Poisson. Así que

$$P\{X \geq 1\} = 1 - P\{X = 0\}$$

$$= 1 - e^{-3}\frac{3^0}{0!}$$

$$= 1 - e^{-3}$$

$$\approx .9502 \quad \blacksquare$$

EJEMPLO 5.2b Considere que la probabilidad de que un artículo, producido por una máquina dada, salga defectuoso es .1. Encuentre la probabilidad de que en una muestra de 10 artículos haya cuando mucho un artículo defectuoso. Suponga que la calidad de los artículos sucesivos es independiente.

SOLUCIÓN La probabilidad que se busca es $\binom{10}{0}(.1)^0(.9)^{10} + \binom{10}{1}(.1)^1(.9)^9 = .7361$, mientras que la aproximación de Poisson nos da

$$e^{-1}\frac{1^0}{0!} + e^{-1}\frac{1^1}{1!} = 2e^{-1} \approx .7358 \quad \blacksquare$$

EJEMPLO 5.2c Considere un experimento que consiste en contar el número de partículas alfa (α) emitidas en un segundo por un gramo de material radiactivo. Si por experiencias anteriores sabemos que, en promedio, son emitidas 3.2 de estas partículas α, ¿cuál es una buena aproximación a la probabilidad de que no aparezcan más de 2 partículas α?

SOLUCIÓN Si consideramos que el gramo de material radiactivo consiste de un número grande n de átomos, cada uno de los cuales tiene una probabilidad de $3.2/n$ de desintegrarse y emitir una partícula α durante el segundo considerado, entonces vemos que, con una muy buena aproximación, el número de partículas α emitidas, será una variable aleatoria de Poisson con parámetro $\lambda = 3.2$. Por lo que la probabilidad buscada es

$$P\{X \leq 2\} = e^{-3.2} + 3.2e^{-3.2} + \frac{(3.2)^2}{2}e^{-3.2}$$

$$= .382 \quad \blacksquare$$

EJEMPLO 5.2d Si el promedio diario del número de demandas en una compañía de seguros es 5, ¿cuál es la probabilidad de que haya 4 demandas en exactamente 3 de los próximos 5 días? Suponga que el número de demandas en días diferentes es independiente.

SOLUCIÓN Como, probablemente, la compañía asegura a un gran número de clientes, cada uno de los cuales tiene una probabilidad muy pequeña de presentar una demanda en un día determinado, resulta razonable suponer que el número de demandas diarias, llamémosle X, sea una variable aleatoria de Poisson. Ya que $E(X) = 5$, la probabilidad de que haya menos de 3 demandas en un día determinado es

$$P\{X < 3\} = P\{X = 0\} + P\{X = 1\} + P\{X = 2\}$$

$$= e^{-5} + e^{-5}\frac{5^1}{1!} + e^{-5}\frac{5^2}{2!}$$

$$= \frac{37}{2}e^{-5}$$

$$\approx .1247$$

Debido a que la probabilidad de que cualquier día determinado tendrá menos de 3 demandas es .125, por la ley de los grandes números tenemos que a la larga en 12.5 por ciento de los días habrá menos de 3 demandas.

Debido a que hemos supuesto independencia en el número de demandas en días sucesivos, tenemos que el número de días, en un lapso de 5 días, en los que habrá exactamente 4 demandas es una variable aleatoria binomial con parámetros 5 y $P\{X = 4\}$. Como

$$P\{X = 4\} = e^{-5}\frac{5^4}{4!} \approx .1755$$

existe la siguiente probabilidad de que en 3 de los próximos 5 días haya 4 demandas:

$$\binom{5}{3}(.1755)^3(.8245)^2 \approx .0367 \quad \blacksquare$$

Se puede demostrar que el resultado de la aproximación de Poisson es válido también en condiciones más generales que las mencionadas. Por ejemplo, suponga que se van a realizar n experimentos independientes, en los que p_i es la probabilidad de que el resultado del experimento i-ésimo sea éxito, p_i, $i = 1,\ldots, n$. Se puede demostrar que si n es grande y p_i pequeño, entonces el número de experimentos cuyo resultado es éxito tiene aproximadamente una distribución de Poisson con media igual a $\sum_{i=1}^{n} p_i$. En realidad, a veces este resultado ocurrirá aun si los experimentos no son independientes, siempre que su dependencia sea "débil". Como ejemplo considere el siguiente caso.

EJEMPLO 5.2e En una fiesta n personas ponen sus sombreros en el centro de un salón y luego se revuelven. Después cada persona toma un sombrero al azar. Si X denota el número de personas que eligieron su propio sombrero, entonces se puede demostrar que para n grande, X tiene aproximadamente una distribución de Poisson con media 1. Para saber por qué esto es cierto, sea

$$X_i = \begin{cases} 1 & \text{si a la persona } i\text{-ésima le toca su propio sombrero} \\ 0 & \text{de otra manera} \end{cases}$$

Entonces podemos expresar X como

$$X = X_1 + \cdots + X_n$$

y así puede considerarse que X representa el número de "éxitos" en n "experimentos" de los que se dice que el experimento i es un éxito si a la persona i-ésima le toca su propio sombrero. Ya que resulta igualmente probable que a la persona i-ésima le toque cualquiera de los n sombreros, uno de los cuales es su propio sombrero, tenemos que

$$P\{X_i = 1\} = \frac{1}{n} \tag{5.2.2}$$

Considere ahora que $i \neq j$ y que la probabilidad condicional de que a la persona i-ésima le toque su propio sombrero, dado que a la persona j-ésima también le tocó su propio sombrero, esto es, considere $P\{X_i = 1 | X_j = 1\}$. Ahora, puesto que a la persona j-ésima le tocó su propio sombrero, entonces es igualmente probable que al individuo i-ésimo le toque cualquiera de los $n-1$ sombreros restantes, uno de los cuales es el suyo. Así,

$$P\{X_i = 1 | X_j = 1\} = \frac{1}{n-1} \tag{5.2.3}$$

Con las ecuaciones 5.2.2 y 5.2.3 vemos que aunque los experimentos no son independientes, su dependencia es más bien débil [ya que si la probabilidad condicional anterior fuera igual a $1/n$ en lugar de $1/(n-1)$, entonces los experimentos i y j serían dependientes]; y, por lo tanto, no nos sorprende que X tenga aproximadamente una distribución de Poisson. El hecho de que $E[X] = 1$ se obtiene de que

$$E[X] = E[X_1 + \cdots + X_n]$$
$$= E[X_1] + \cdots + E[X_n]$$
$$= n\left(\frac{1}{n}\right) = 1$$

La última igualdad ocurre por la ecuación 5.2.2,

$$E[X_i] = P\{X_i = 1\} = \frac{1}{n} \quad \blacksquare$$

La distribución de Poisson tiene la propiedad reproductiva de que la suma de variables aleatorias de Poisson independientes es también una variable aleatoria de Poisson. Para comprobarlo suponga que X_1 y X_2 son variables aleatorias independientes de Poisson con medias λ y λ_2, respectivamente. Entonces, la función generadora de momento de $X_1 + X_2$ es:

$$E[e^{t(X_1+X_2)}] = E[e^{tX_1} e^{tX_2}]$$
$$= E[e^{tX_1}]E[e^{tX_2}] \qquad \text{debido a la independencia}$$
$$= \exp\{\lambda_1(e^t - 1)\} \exp\{\lambda_2(e^t - 1)\}$$
$$= \exp\{(\lambda_1 + \lambda_2)(e^t - 1)\}$$

Como $\exp\{(\lambda_1 + \lambda_2)(e^t - 1)\}$ es la función generadora de momento de una variable aleatoria de Poisson con media $\lambda_1 + \lambda_2$, se concluye, del hecho de que la función generadora de momento únicamente especifica la distribución, que $X_1 + X_2$ son variables aleatorias de Poisson con medias $\lambda_1 + \lambda_2$, respectivamente.

EJEMPLO 5.2f El número de estéreos defectuosos producidos diariamente por una fábrica determinada tiene una distribución de Poisson con media 4. ¿Cuál es la probabilidad de que en un lapso de 2 días el número de estéreos defectuosos no exceda a 3?

SOLUCIÓN Suponga que X_1, el número de estéreos defectuosos producidos durante el primer día, es independiente de X_2, el número de estéreos producidos durante el segundo día; entonces $X_1 + X_2$ es una variable de Poisson con media 8. Por lo que

$$P\{X_1 + X_2 \le 3\} = \sum_{i=0}^{3} e^{-8}\frac{8^i}{i!} = .04238 \quad \blacksquare$$

5.2.1 Cálculo de la función de distribución de Poisson

Si X es una variable de Poisson con media λ, entonces

$$\frac{P\{X = i+1\}}{P\{X = i\}} = \frac{e^{-\lambda}\lambda^{i+1}/(i+1)!}{e^{-\lambda}\lambda^i/i!} = \frac{\lambda}{i+1} \tag{5.2.4}$$

Si empezamos con $P\{X = 0\} = e^{-\lambda}$, podemos usar la ecuación 5.2.4 para calcular sucesivamente

$$P\{X = 1\} = \lambda P\{X = 0\}$$

$$P\{X = 2\} = \frac{\lambda}{2}P\{X = 1\}$$

$$\vdots$$

$$P\{X = i+1\} = \frac{\lambda}{i+1}P\{X = i\}$$

El disco compacto que viene con el libro contiene un programa para calcular probabilidades de Poisson con la ecuación 5.2.4.

5.3 LAS VARIABLES ALEATORIAS HIPERGEOMÉTRICAS

Un recipiente contiene $N + M$ baterías, de las cuales N son de calidad aceptable y las otras M están defectuosas. Se va a tomar una muestra, de tamaño n, aleatoria (sin reemplazo) en el sentido de que el conjunto de baterías que se tome en la muestra sea igualmente posible que resulte cualquiera de los $\binom{N+M}{n}$ subconjuntos de tamaño n. Si X denota el número de baterías aceptables en la muestra, entonces

$$P\{X = i\} = \frac{\dbinom{N}{i}\dbinom{M}{n-i}}{\dbinom{N+M}{n}}, \qquad i = 0, 1, \ldots, \min(N, n)^* \tag{5.3.1}$$

Toda variable aleatoria X cuya función de masa de probabilidad esté dada por la ecuación 5.3.1 se dice que es una variable aleatoria *hipergeométrica* con parámetros N, M, n.

EJEMPLO 5.3a Los componentes de un sistema de 6 elementos se toman aleatoriamente de un recipiente con 20 componentes usados. El sistema resultante funcionará si por lo menos 4 de los 6 componentes están en condiciones de funcionar. Si 15 de los 20 componentes en el recipiente están en condiciones de funcionar, ¿cuál es la probabilidad de que el sistema resultante funcione?

SOLUCIÓN Si X es el número de componentes tomados que funcionan, entonces X es hipergeométrica con parámetros 15, 5, 6. La probabilidad de que el sistema funcione es

$$P\{X \geq 4\} = \sum_{i=4}^{6} P\{X = i\}$$

$$= \frac{\dbinom{15}{4}\dbinom{5}{2} + \dbinom{15}{5}\dbinom{5}{1} + \dbinom{15}{6}\dbinom{5}{0}}{\dbinom{20}{6}}$$

$$\approx .8687 \quad \blacksquare$$

Para calcular la media y la varianza de una variable aleatoria hipergeométrica, cuya función de masa de probabilidad está dada por la ecuación 5.3.1, imagine que las baterías se van tomando una tras otra y sea

$$X_i = \begin{cases} 1 & \text{si la batería } i\text{-ésima es aceptable} \\ 0 & \text{de otra manera} \end{cases}$$

Como la batería i-ésima tiene la misma posibilidad de ser cualquiera de las $N + M$ baterías, de las cuales N son aceptables, tenemos que

$$P\{X_i = 1\} = \frac{N}{N + M} \tag{5.3.2}$$

Además, para $i \neq j$,

$$P\{X_i = 1, X_j = 1\} = P\{X_i = 1\}P\{X_j = 1 | X_i = 1\} \tag{5.3.3}$$

$$= \frac{N}{N + M}\frac{N - 1}{N + M - 1}$$

* Seguimos la convención de que $\binom{m}{r} = 0$ si $r > m$ o si $r < 0$.

que ocurre puesto que la batería i-ésima es aceptable, es igualmente probable que la batería j-ésima sea cualquiera de las $N + M - 1$ baterías de las cuales $N - 1$ están buenas.

Para calcular la media y la varianza de X, el número de baterías aceptables en una muestra de tamaño n, utilice la representación

$$X = \sum_{i=1}^{n} X_i$$

Lo cual resulta

$$E[X] = \sum_{i=1}^{n} E[X_i] = \sum_{i=1}^{n} P\{X_i = 1\} = \frac{nN}{N + M} \qquad (5.3.4)$$

Además, el corolario 4.7.3 para la varianza de una suma de variables aleatorias queda como

$$\text{Var}(X) = \sum_{i=1}^{n} \text{Var}(X_i) + 2 \sum\sum_{1 \leq i < j \leq n} \text{Cov}(X_i, X_j) \qquad (5.3.5)$$

Ahora bien, X_i es una variable aleatoria de Bernoulli y con ello

$$\text{Var}(X_i) = P\{X_i = 1\}(1 - P\{X_i = 1\}) = \frac{N}{N + M} \frac{M}{N + M} \qquad (5.3.6)$$

Además, para $i < j$,

$$\text{Cov}(X_i, X_j) = E[X_i X_j] - E[X_i]E[X_j]$$

Como tanto X_i como X_j son variables aleatorias de Bernoulli (es decir, $0 - 1$), entonces $X_i X_j$ es una variable aleatoria de Bernoulli, y con esto,

$$E[X_i X_j] = P\{X_i X_j = 1\}$$
$$= P\{X_i = 1, X_j = 1\}$$
$$= \frac{N(N - 1)}{(N + M)(N + M - 1)} \qquad \text{de la ecuación 5.3.3} \qquad (5.3.7)$$

De esta manera, de la ecuación 5.3.2 y de las anteriores sabemos que para $i \neq j$,

$$\text{Cov}(X_i, X_j) = \frac{N(N - 1)}{(N + M)(N + M - 1)} - \left(\frac{N}{N + M}\right)^2$$
$$= \frac{-NM}{(N + M)^2(N + M - 1)}$$

Como hay $\binom{n}{2}$ términos en la segunda suma del lado derecho de la ecuación 5.3.5, obtenemos, con la ecuación 5.3.6

$$\text{Var}(X) = \frac{nNM}{(N+M)^2} - \frac{n(n-1)NM}{(N+M)^2(N+M-1)}$$

$$= \frac{nNM}{(N+M)^2}\left(1 - \frac{n-1}{N+M-1}\right) \tag{5.3.8}$$

Si $p = N/(N+M)$ denota la proporción de baterías aceptables en el recipiente, reformulamos las ecuaciones 5.3.4 y 5.3.8 como sigue

$$E(X) = np$$

$$\text{Var}(X) = np(1-p)\left[1 - \frac{n-1}{N+M-1}\right]$$

Debemos observar que para p dado, conforme $N + M$ se incrementa a ∞, Var(X) converge a $np(1 - p)$, que es la varianza de una variable aleatoria binomial con parámetros (n, p). (¿Por qué era esto de esperarse?)

EJEMPLO 5.3b Un número desconocido, N, de animales habita cierta región. Para conocer el tamaño de la población, los grupos ecologistas, con frecuencia, realizan el siguiente experimento: primero atrapan un número, r, de estos animales, los marcan de alguna manera y los vuelven a liberar. Después de darles tiempo para que los animales liberados vuelvan a dispersarse en la región, capturan nuevamente, digamos, n animales. Sea X el número de animales marcados en esta segunda captura. Si suponemos que la población de animales en la región permanece constante entre las dos capturas, y que cada vez que se captura un animal es igualmente probable que sea cualquiera de los animales que están libres, tenemos que X es una variable aleatoria hipergeométrica tal que

$$P\{X = i\} = \frac{\binom{r}{i}\binom{N-r}{n-i}}{\binom{N}{n}} \equiv P_i(N)$$

Ahora considere que se observa que X es igual a i. Es decir, en la segunda captura la fracción i/n de los animales que fueron marcados. Tomando esto como una aproximación de r/N, la proporción de animales marcados en la región, obtenemos la estimación rn/i del número de animales en la región. Por ejemplo si $r = 50$ son los animales que inicialmente fueron capturados, marcados y vueltos a poner en libertad, y en la siguiente captura de $n = 100$ animales se encontró que $X = 25$ de ellos estaban marcados, entonces estimaremos que el número de animales en la región es de aproximadamente 200. ∎

Existe una relación entre variables aleatorias binomiales y la distribución hipergeométrica que nos será útil para desarrollar una prueba estadística para dos poblaciones binomiales.

EJEMPLO 5.3c Sean X y Y variables aleatorias binomiales independientes con parámetros (n, p) y (m, p), respectivamente. La función de masa de probabilidad condicional de X puesto que $X + Y = k$ es como sigue

$$P\{X = i | X + Y = k\} = \frac{P\{X = i, X + Y = k\}}{P\{X + Y = k\}}$$

$$= \frac{P\{X = i, Y = k - i\}}{P\{X + Y = k\}}$$

$$= \frac{P\{X = i\}P\{Y = k - i\}}{P\{X + Y = k\}}$$

$$= \frac{\binom{n}{i} p^i (1 - p)^{n-i} \binom{m}{k - i} p^{k-i} (1 - p)^{m-(k-i)}}{\binom{n + m}{k} p^k (1 - p)^{n+m-k}}$$

$$= \frac{\binom{n}{i} \binom{m}{k - i}}{\binom{n + m}{k}}$$

donde la antepenúltima igualdad empleó el hecho de que $X + Y$ es binomial con parámetros $(n + m, p)$. Con lo que vemos que la distribución condicional de X dado el valor de $X + Y$ es hipergeométrica.

Vale la pena destacar que lo anterior es bastante intuitivo. Suponga que se realizan $n + m$ experimentos independientes, cada uno de los cuales tiene la misma probabilidad de tener éxito; y sea X el número de éxitos en los primeros n experimentos, y Y el número de éxitos en los últimos m experimentos. Dado un total de k éxitos en los $n + m$ experimentos, se vuelve intuitivo pensar que cada subgrupo de k experimentos tiene la misma posibilidad de constar de los experimentos que tuvieron éxito como resultado. Es decir, los k experimentos que tuvieron éxito están distribuidos como una selección aleatoria de k de los $n + m$ experimentos, y así el número de los que pertenecen a los primeros n experimentos es una variable hipergeométrica. ∎

5.4 LA VARIABLE ALEATORIA UNIFORME

Se dice que una variable aleatoria X está uniformemente distribuida en un intervalo $[\alpha, \beta]$ si su función de densidad de probabilidad está dada por

$$f(x) = \begin{cases} \dfrac{1}{\beta - \alpha} & \text{si } \alpha \leq x \leq \beta \\ 0 & \text{de otra manera} \end{cases}$$

En la figura 5.4 se presenta una gráfica de esta función. Observe que la función anterior satisface los requisitos para ser una función de densidad de probabilidad, ya que

$$\frac{1}{\beta - \alpha} \int_\alpha^\beta dx = 1$$

La distribución uniforme aparece en la práctica cuando suponemos que se vuelve igualmente probable que cierta variable aleatoria esté cerca de cualquier valor en el intervalo $[\alpha, \beta]$.

La probabilidad de que X esté en cualquier subintervalo de $[\alpha, \beta]$ es igual a la longitud del intervalo dividida entre la longitud del intervalo $[\alpha, \beta]$. Ello ocurre debido a que cuando $[a, b]$ es un subintervalo de $[\alpha, \beta]$ (véase figura 5.5),

$$P\{a < X < b\} = \frac{1}{\beta - \alpha} \int_a^b dx$$

$$= \frac{b - a}{\beta - \alpha}$$

EJEMPLO 5.4a Si X está distribuida de manera uniforme en el intervalo $[0, 10]$, calcule la probabilidad de que: (a) $2 < X < 9$, (b) $1 < X < 4$, (c) $X < 5$, (d) $X > 6$.

SOLUCIÓN Las respuestas son: (a) 7/10, (b) 3/10, (c) 5/10, (d) 4/10. ■

EJEMPLO 5.4b Unos autobuses llegan a una parada determinada a intervalos de 15 minutos a partir de las 7 de la mañana. Es decir, llegan a la 7:00, 7:15, 7:30, 7:45, etcétera. Si un pasajero llega a la parada en un momento que está distribuido uniformemente entre las 7:00 y las 7:30, encuentre la probabilidad de que espere al autobús

(a) menos de 5 minutos;
(b) por lo menos 12 minutos.

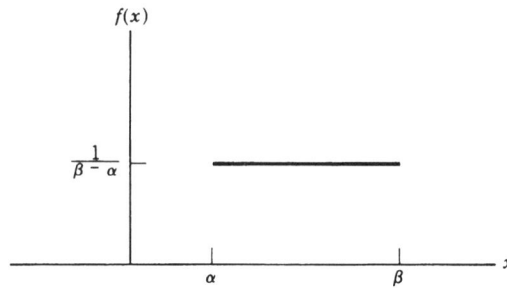

FIGURA 5.4 *Gráfica de f(x) de una función uniforme en $[\alpha, \beta]$.*

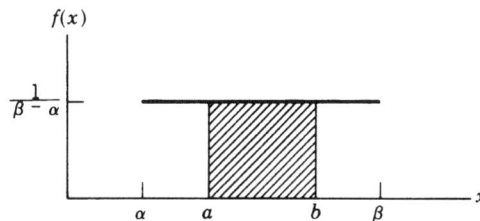

FIGURA 5.5 *Probabilidades de una variable aleatoria uniforme.*

SOLUCIÓN Sea X el tiempo en minutos que transcurre después de las 7:00 y hasta la llegada del pasajero a la parada. Como X es una variable aleatoria uniforme en el intervalo $(0, 30)$, tenemos que el pasajero tendrá que esperar menos de 5 minutos si llega entre las 7:10 y las 7:15 o entre las 7:25 y las 7:30. Por lo tanto, la probabilidad buscada en **(a)** es

$$P\{10 < X < 15\} + P\{25 < X < 30\} = \tfrac{5}{30} + \tfrac{5}{30} = \tfrac{1}{3}$$

De manera similar, tendrá que esperar por lo menos 12 minutos si llega entre las 7:00 y las 7:03, o entre las 7:15 y las 7:18, y, por lo tanto, la probabilidad buscada en **(b)** es

$$P\{0 < X < 3\} + P\{15 < X < 18\} = \tfrac{3}{30} + \tfrac{3}{30} = \tfrac{1}{5} \quad \blacksquare$$

La media de una variable aleatoria uniforme $[\alpha, \beta]$ es

$$
\begin{aligned}
E[X] &= \int_{\alpha}^{\beta} \frac{x}{\beta - \alpha}\, dx \\
&= \frac{\beta^2 - \alpha^2}{2(\beta - \alpha)} \\
&= \frac{(\beta - \alpha)(\beta + \alpha)}{2(\beta - \alpha)}
\end{aligned}
$$

o

$$E[X] = \frac{\alpha + \beta}{2}$$

O, en otras palabras, el valor esperado de una variable aleatoria uniforme $[\alpha, \beta]$ es igual al punto medio del intervalo $[\alpha, \beta]$, precisamente lo que uno esperaría. (¿Por qué?)

La varianza se calcula como sigue.

$$
\begin{aligned}
E[X^2] &= \frac{1}{\beta - \alpha} \int_{\alpha}^{\beta} x^2\, dx \\
&= \frac{\beta^3 - \alpha^3}{3(\beta - \alpha)} \\
&= \frac{\beta^2 + \alpha\beta + \alpha^2}{3}
\end{aligned}
$$

y así

$$
\begin{aligned}
\mathrm{Var}(X) &= \frac{\beta^2 + \alpha\beta + \alpha^2}{3} - \left(\frac{\alpha + \beta}{2}\right)^2 \\
&= \frac{\alpha^2 + \beta^2 - 2\alpha\beta}{12} \\
&= \frac{(\beta - \alpha)^2}{12}
\end{aligned}
$$

EJEMPLO 5.4c La corriente en un diodo semiconductor se mide, con frecuencia, mediante la ecuación de Shockley

$$I = I_0(e^{aV} - 1)$$

donde V es el voltaje a través del diodo; I_0 es la corriente inversa; a es una constante e I es la corriente resultante del diodo. Encuentre $E[I]$ si $a = 5$, $I_0 = 10^{-6}$ y V está uniformemente distribuida en $(1, 3)$.

SOLUCIÓN

$$E[I] = E[I_0(e^{aV} - 1)]$$

$$= I_0 E[e^{aV} - 1]$$

$$= I_0(E[e^{aV}] - 1)$$

$$= 10^{-6} \int_1^3 e^{5x} \frac{1}{2} \, dx - 10^{-6}$$

$$= 10^{-7}(e^{15} - e^5) - 10^{-6}$$

$$\approx .3269 \quad \blacksquare$$

Al valor de una variable aleatoria uniforme en $(0, 1)$ se le llama *número aleatorio*. La mayoría de los sistemas computarizados tienen programada una subrutina para generar (con un alto grado de precisión) secuencias de números aleatorios independientes. Por ejemplo, la tabla 5.1 presenta un conjunto de números aleatorios independientes generados por una computadora personal IBM. Los números aleatorios son muy útiles en probabilidad y estadística porque su uso permite estimar empíricamente varias probabilidades y esperanzas.

Como ejemplo del uso de números aleatorios, suponga que en un centro médico se quiere probar un nuevo medicamento que reduce el nivel de colesterol en la sangre. Para demostrar la efectividad del medicamento, el centro médico convocó a 1 000 voluntarios. Para tomar en cuenta la posibilidad de que el nivel de colesterol en la sangre de un sujeto pueda ser afectado por factores externos a la prueba (como cambios en las condiciones ambientales) se decidió dividir a los voluntarios en 2 grupos de 500, un grupo *experimental* al cual se le administrará el medicamento, y un grupo *control* al cual se le dará un simple placebo. Ni a los voluntarios ni a las personas que les administran las sustancias se les dirá cuál es el grupo al que se le administra el medicamento ni a cuál se le administra el placebo (a este tipo de pruebas se les llama *pruebas doblemente ciegas*). Falta determinar qué voluntarios formarán el grupo experimental. Por supuesto uno querrá que el grupo experimental y el grupo de control sean tan similares como sea posible en todos los aspectos, excepto en que a los miembros del primer grupo se les administrará el medicamento, mientras que a los del otro grupo se les dará el placebo; así será posible concluir que cualquier diferencia de respuesta que se observe entre los dos grupos se deba al medicamento. Hay un consenso general en que la mejor manera de lograr esto consiste en tomar a los 500 voluntarios del grupo experimental de manera completamente aleatoria. Es decir, se deben tomar de manera que cada uno de los $\binom{1000}{500}$ subconjuntos de 500 voluntarios tenga la misma probabilidad de constituir el grupo de control. ¿Cómo se puede conseguir esto?

TABLA 5.1 *Una tabla de números aleatorios.*

.68587	.25848	.85227	.78724	.05302	.70712	.76552	.70326	.80402	.49479
.73253	.41629	.37913	.00236	.60196	.59048	.59946	.75657	.61849	.90181
.84448	.42477	.94829	.86678	.14030	.04072	.45580	.36833	.10783	.33199
.49564	.98590	.92880	.69970	.83898	.21077	.71374	.85967	.20857	.51433
.68304	.46922	.14218	.63014	.50116	.33569	.97793	.84637	.27681	.04354
.76992	.70179	.75568	.21792	.50646	.07744	.38064	.06107	.41481	.93919
.37604	.27772	.75615	.51157	.73821	.29928	.62603	.06259	.21552	.72977
.43898	.06592	.44474	.07517	.44831	.01337	.04538	.15198	.50345	.65288
.86039	.28645	.44931	.59203	.98254	.56697	.55897	.25109	.47585	.59524
.28877	.84966	.97319	.66633	.71350	.28403	.28265	.61379	.13886	.78325
.44973	.12332	.16649	.88908	.31019	.33358	.68401	.10177	.92873	.13065
.42529	.37593	.90208	.50331	.37531	.72208	.42884	.07435	.58647	.84972
.82004	.74696	.10136	.35971	.72014	.08345	.49366	.68501	.14135	.15718
.67090	.08493	.47151	.06464	.14425	.28381	.40455	.87302	.07135	.04507
.62825	.83809	.37425	.17693	.69327	.04144	.00924	.68246	.48573	.24647
.10720	.89919	.90448	.80838	.70997	.98438	.51651	.71379	.10830	.69984
.69854	.89270	.54348	.22658	.94233	.08889	.52655	.83351	.73627	.39018
.71460	.25022	.06988	.64146	.69407	.39125	.10090	.08415	.07094	.14244
.69040	.33461	.79399	.22664	.68810	.56303	.65947	.88951	.40180	.87943
.13452	.36642	.98785	.62929	.88509	.64690	.38981	.99092	.91137	.02411
.94232	.91117	.98610	.71605	.89560	.92921	.51481	.20016	.56769	.60462
.99269	.98876	.47254	.93637	.83954	.60990	.10353	.13206	.33480	.29440
.75323	.86974	.91355	.12780	.01906	.96412	.61320	.47629	.33890	.22099
.75003	.98538	.63622	.94890	.96744	.73870	.72527	.17745	.01151	.47200

* EJEMPLO 5.4d Elección de un subconjunto aleatorio Suponga que de un conjunto de n elementos numerados, 1, 2,..., n, deseamos obtener un subconjunto de tamaño k tomado de manera que cada uno de los $\binom{n}{k}$ subconjuntos tenga la misma posibilidad de ser el conjunto elegido. ¿Cómo se hace esto?

Para contestar a tal pregunta vayamos de atrás para adelante, y supongamos que ya hemos generado de manera aleatoria un subconjunto de tamaño k. Ahora para cada $j = 1,..., n$, definimos

$$I_j = \begin{cases} 1 & \text{si el elemento } j \text{ está en el subconjunto} \\ 0 & \text{de otra manera} \end{cases}$$

y calculamos la distribución condicional de I_j dado que $I_1,..., I_{j-1}$. Para empezar, observe que la probabilidad de que el elemento 1 esté en un subconjunto de tamaño k es k/n (lo cual se puede ver ya sea observando que hay una probabilidad $1/n$ de que el elemento 1 haya sido el *j-ésimo* elemento elegido, $j = 1,..., k$; u observando que la proporción de resultados de la selección aleatoria, en los que el elemento 1 ha sido tomado es $\binom{1}{1}\binom{n-1}{k-1}/\binom{n}{k} = k/n$). Por lo tanto,

$$P\{I_1 = 1\} = k/n \tag{5.4.1}$$

* Opcional.

Para calcular la probabilidad condicional de que el elemento 2 esté en el subconjunto dado I_1, observe que si $I_1 = 1$, entonces además del elemento 1, los $k - 1$ miembros restantes del conjunto habrían sido tomados "al azar" de los restantes $n - 1$ elementos (en el sentido de que cada uno de los subconjuntos de tamaño $k - 1$ de los números $2, \ldots, n$ tienen las mismas probabilidades de ser los otros elementos del subconjunto). Así,

$$P\{I_2 = 1 | I_1 = 1\} = \frac{k-1}{n-1} \tag{5.4.2}$$

Análogamente, si el elemento 1 no está en el subgrupo, entonces los k miembros del subgrupo habrán sido tomados "en forma aleatoria" de los otros $n - 1$ elementos, por lo que

$$P\{I_2 = 1 | I_1 = 0\} = \frac{k}{n-1} \tag{5.4.3}$$

De las ecuaciones 5.4.2 y 5.4.3 observamos que

$$P\{I_2 = 1 | I_1\} = \frac{k - I_1}{n-1}$$

En general, tenemos que

$$P\{I_j = 1 | I_1, \ldots, I_{j-1}\} = \frac{k - \sum_{i=1}^{j-1} I_i}{n - j + 1}, \qquad j = 2, \ldots, n \tag{5.4.4}$$

La fórmula anterior resulta de que $\sum_{i=1}^{j-1} I_i$ representa al número de los primeros $j - 1$ elementos que están en el subconjunto, y entonces dados $I_1, \ldots, I_{j-1}$ quedan por tomar $k - \sum_{i=1}^{j-1} I_i$ elementos de los $n - (j - 1)$ restantes.

Como $P\{U < a\} = a$, $0 \leq a \leq 1$, cuando U es una variable aleatoria uniforme en $(0, 1)$, las ecuaciones 5.4.1 y 5.4.4 sugieren el siguiente método para generar un subconjunto aleatorio de tamaño k a partir de un conjunto con n elementos: generar una secuencia de (cuando mucho n) números aleatorios $U_1, U_2, \ldots$ y definir

$$I_1 = \begin{cases} 1 & \text{si } U_1 < \dfrac{k}{n} \\ 0 & \text{de otra manera} \end{cases}$$

$$I_2 = \begin{cases} 1 & \text{si } U_2 < \dfrac{k - I_1}{n - 1} \\ 0 & \text{de otra manera} \end{cases}$$

$$\vdots$$

$$I_j = \begin{cases} 1 & \text{si } U_j < \dfrac{k - I_1 - \cdots - I_{j-1}}{n - j + 1} \\ 0 & \text{de otra manera} \end{cases}$$

Dicho proceso termina cuando $I_1 + \cdots + I_j = k$ y el subconjunto aleatorio consiste de los k elementos, cuyos valores I son iguales a 1. Es decir, $S = \{i : I_i = 1\}$ es el subconjunto.

Por ejemplo si $k = 2$ y $n = 5$, entonces el diagrama de árbol de la figura 5.6 ilustra la técnica anterior. El conjunto aleatorio S está dado por los puntos finales del árbol. Observe que la probabilidad de obtener cualquiera de los puntos finales es $1/10$, lo cual se demuestra multiplicando las probabilidades al moverse a través del árbol hasta llegar al punto final deseado. Por ejemplo, la probabilidad de llegar al punto etiquetado $S = \{2, 4\}$ es $P\{U_1 > .4\}P\{U_2 < .5\}P\{U_3 > \frac{1}{3}\}\,P\{U_4 > \frac{1}{2}\} = (.6)(.5)\left(\frac{2}{3}\right)\left(\frac{1}{2}\right) = .1$.

Como se indica en el diagrama de árbol (véase la rama en el extremo derecho del árbol que tiene como resultado $S = \{4, 5\}$), dejamos de generar números aleatorios cuando el número de lugares restante en el conjunto que se va a elegir es igual al número restante de elementos. Es decir, el procedimiento general terminará ya sea que $\sum_{i=1}^{j} I_i = k$ o que $\sum_{i=1}^{j} I_i = k - (n - j)$. En el último caso $S = \{i \le j : I_i = 1, j+1, \ldots, n\}$. ■

5.5 VARIABLES ALEATORIAS NORMALES

Se dice que una variable aleatoria está normalmente distribuida con parámetros μ y σ^2, y escribimos $X \sim \mathcal{N}(\mu, \sigma^2)$, si su densidad es

$$f(x) = \frac{1}{\sqrt{2\pi}\sigma} e^{-(x-\mu)^2/2\sigma^2}, \qquad -\infty < x < \infty^*$$

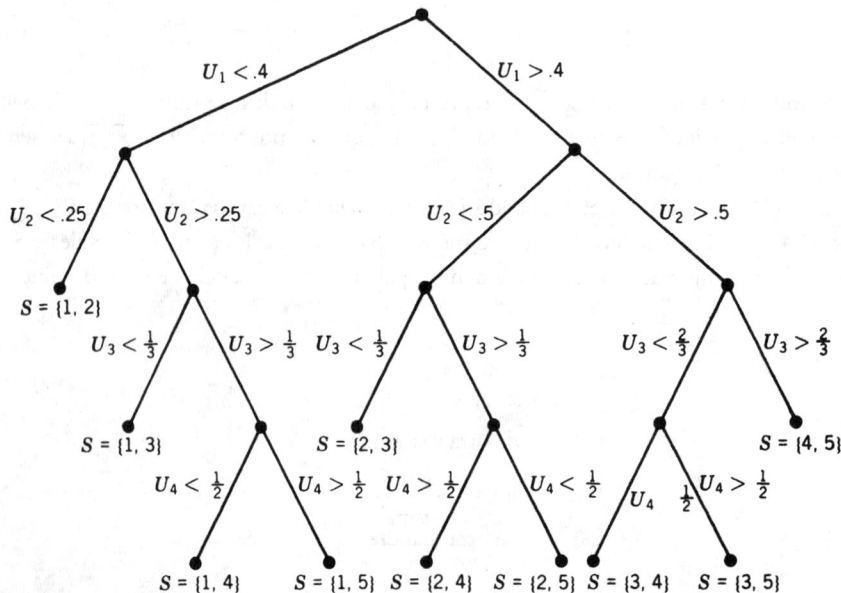

FIGURA 5.6   *Diagrama de árbol.*

---

* Para verificar que esto es en realidad una función de densidad, véase el problema 29.

La densidad normal $f(x)$ es una curva en forma de campana que resulta simétrica respecto a i y que tiene su valor máximo de $1/\sigma\sqrt{2\pi} \approx 0.399/\sigma$ en $x = \mu$ (véase figura 5.7).

El matemático francés Abraham de Moivre en 1733 introdujo la distribución normal y la usó para aproximar probabilidades asociadas con variables aleatorias binomiales, cuando el parámetro binomial n es grande. Laplace y otros divulgaron este resultado y ahora se incluye en un teorema de probabilidad conocido como el teorema del límite central, que da una base teórica para la frecuente observación empírica de que, en la práctica, muchos fenómenos aleatorios siguen, al menos aproximadamente, una distribución de probabilidad normal. Algunos ejemplos de este comportamiento son la altura de una persona, la velocidad en cualquier dirección de una molécula de gas, y el error cometido al medir una cantidad física.

La función generadora de momento de una variable aleatoria normal con parámetros μ y σ^2, se obtiene como sigue:

$$\phi(t) = E[e^{tX}]$$

$$= \frac{1}{\sqrt{2\pi}\sigma} \int_{-\infty}^{\infty} e^{tx} e^{-(x-\mu)^2/2\sigma^2} \, dx$$

$$= \frac{1}{\sqrt{2\pi}} e^{\mu t} \int_{-\infty}^{\infty} e^{t\sigma y} e^{-y^2/2} \, dy \qquad \text{considerando } y = \frac{x-\mu}{\sigma}$$

$$= \frac{e^{\mu t}}{\sqrt{2\pi}} \int_{-\infty}^{\infty} \exp\left\{-\left[\frac{y^2 - 2t\sigma y}{2}\right]\right\} \, dy$$

$$= \frac{e^{\mu t}}{\sqrt{2\pi}} \int_{-\infty}^{\infty} \exp\left\{-\frac{(y-t\sigma)^2}{2} + \frac{t^2\sigma^2}{2}\right\} \, dy$$

$$= \exp\left\{\mu t + \frac{\sigma^2 t^2}{2}\right\} \frac{1}{\sqrt{2\pi}} \int_{-\infty}^{\infty} e^{-(y-t\sigma)^2/2} \, dy$$

$$= \exp\left\{\mu t + \frac{\sigma^2 t^2}{2}\right\} \tag{5.5.1}$$

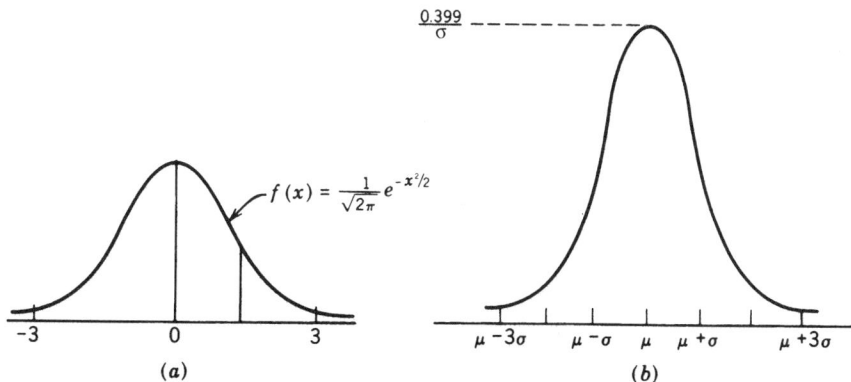

FIGURA 5.7   *La función de densidad normal (a) con* $\mu = 0$ *y* $\sigma = 1$ *y (b) con* μ *y* σ^2 *arbitrarias.*

donde la última igualdad se obtiene de

$$\frac{1}{\sqrt{2\pi}} e^{-(y-t\sigma)^2/2}$$

es la densidad de una variable aleatoria normal (con parámetros $t\sigma$ y 1) y, entonces, su integral debe ser igual a 1.

Mediante la diferenciación de la ecuación 5.5.1 obtenemos

$$\phi'(t) = (\mu + t\sigma^2) \exp\left\{\mu t + \sigma^2 \frac{t^2}{2}\right\}$$

$$\phi''(t) = \sigma^2 \exp\left\{\mu t + \sigma^2 \frac{t^2}{2}\right\} + \exp\left\{\mu t + \sigma^2 \frac{t^2}{2}\right\} (\mu + t\sigma^2)^2$$

Por lo que

$$E[X] = \phi'(0) = \mu$$

$$E[X^2] = \phi''(0) = \sigma^2 + \mu^2$$

y así

$$E[X] = \mu$$

$$\text{Var}(X) = E[X^2] - (E[X])^2 = \sigma^2$$

De esta manera μ y σ^2 representan, respectivamente, la media y la varianza de la distribución.

Un importante hecho acerca de las variables aleatorias normales es que si X es normal con media μ y varianza μ^2, entonces $Y = \alpha X + \beta$ es normal con media $\alpha\mu + \beta$ y varianza $\alpha^2\sigma^2$. Que esto es así, se percibe con facilidad empleando la función generadora de momento:

$$E[e^{t(\alpha X + \beta)}] = e^{t\beta} E[e^{\alpha t X}]$$

$$= e^{t\beta} \exp\{\mu\alpha t + \sigma^2(\alpha t)^2/2\} \qquad \text{de la ecuación 5.5.1}$$

$$= \exp\{(\beta + \mu\alpha)t + \alpha^2\sigma^2 t^2/2\}$$

Como la última ecuación es la función generadora de momento de una variable aleatoria normal con media $\beta + \mu\alpha$ y varianza $\alpha^2\sigma^2$ se tiene el resultado.

De la ecuación anterior resulta que si $X \sim \mathcal{N}(\mu, \sigma^2)$, entonces

$$Z = \frac{X - \mu}{\sigma}$$

es una variable aleatoria normal con media 0 y varianza 1. De una variable aleatoria Z así se dice que existe una distribución normal *estándar* o *unitaria*. Sea $\Phi(\cdot)$ su función de distribución. Esto es,

$$\Phi(x) = \frac{1}{\sqrt{2\pi}} \int_{-\infty}^{x} e^{-y^2/2} \, dy, \qquad -\infty < x < \infty$$

Este resultado, de que $Z = (X - \mu)/\sigma$ tiene una distribución normal estándar cuando X es normal con parámetros μ y σ^2 es muy importante, ya que nos permite escribir toda aseveración acerca de probabilidades de X, en términos de probabilidades de Z. Por ejemplo, para obtener $P\{X < b\}$, observamos que X será menor que b si y sólo si $(X - \mu)/\sigma$ es menor que $(b - \mu)/\sigma$ y entonces,

$$P\{X < b\} = P\left\{\frac{X - \mu}{\sigma} < \frac{b - \mu}{\sigma}\right\}$$

$$= \Phi\left(\frac{b - \mu}{\sigma}\right)$$

De manera similar, para toda $a < b$,

$$P\{a < X < b\} = P\left\{\frac{a - \mu}{\sigma} < \frac{X - \mu}{\sigma} < \frac{b - \mu}{\sigma}\right\}$$

$$= P\left\{\frac{a - \mu}{\sigma} < Z < \frac{b - \mu}{\sigma}\right\}$$

$$= P\left\{Z < \frac{b - \mu}{\sigma}\right\} - P\left\{Z < \frac{a - \mu}{\sigma}\right\}$$

$$= \Phi\left(\frac{b - \mu}{\sigma}\right) - \Phi\left(\frac{a - \mu}{\sigma}\right)$$

Aún falta calcular $\Phi(x)$, lo cual se ha hecho mediante una aproximación y los resultados se presentan en la tabla A1 del apéndice, donde se tabula $\Phi(x)$ (con un nivel de exactitud de 4 dígitos) para un amplio rango de valores no negativos de x. Además se puede utilizar el programa 5.5a del disco del libro para calcular $\Phi(x)$.

Aunque la tabla A1 tabula $\Phi(x)$ únicamente para valores no negativos de x, también podemos obtener $\Phi(-x)$ de la tabla sirviéndonos de la simetría (respecto a 0) de la función de densidad de probabilidad normal estándar. Es decir, para $x < 0$, si Z representa una variable aleatoria normal estándar, entonces (véase figura 5.8)

$$\Phi(-x) = P\{Z < -x\}$$

$$= P\{Z > x\} \qquad \text{por simetría}$$

$$= 1 - \Phi(x)$$

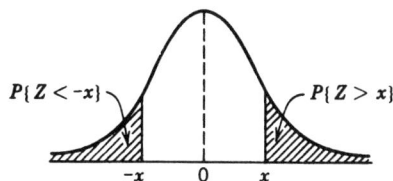

FIGURA 5.8   *Probabilidades normal estándar.*

Así, por ejemplo,

$$P\{Z < -1\} = \Phi(-1) = 1 - \Phi(1) = 1 - .8413 = .1587$$

EJEMPLO 5.5a Si X es una variable aleatoria normal con media $\mu = 3$ y varianza $\sigma^2 = 16$, encuentre

    (a) $P\{X < 11\}$;
    (b) $P\{X > -1\}$;
    (c) $P\{2 < X < 7\}$.

SOLUCIÓN

(a)
$$P\{X < 11\} = P\left\{\frac{X-3}{4} < \frac{11-3}{4}\right\}$$
$$= \Phi(2)$$
$$= .9772$$

(b)
$$P\{X > -1\} = P\left\{\frac{X-3}{4} > \frac{-1-3}{4}\right\}$$
$$= P\{Z > -1\}$$
$$= P\{Z < 1\}$$
$$= .8413$$

(c)
$$P\{2 < X < 7\} = P\left\{\frac{2-3}{4} < \frac{X-3}{4} < \frac{7-3}{4}\right\}$$
$$= \Phi(1) - \Phi(-1/4)$$
$$= \Phi(1) - (1 - \Phi(1/4))$$
$$= .8413 + .5987 - 1 = .4400 \quad \blacksquare$$

EJEMPLO 5.5b Suponga que un mensaje binario, de "0" y "1", debe transmitirse por cable de un lugar A a un lugar B. Sin embargo, como los datos enviados por el cable están sujetos a las perturbaciones de ruidos del canal, para reducir la posibilidad de error, cuando el mensaje es "1" se envía por el cable el valor 2, y cuando el mensaje es "0" se envía el valor –2. Si x, $x = \pm 2$, es el valor enviado en el lugar A, entonces R, el valor recibido en el lugar B, está dado por $R = x + N$, donde N es la perturbación de ruido del canal. Cuando se recibe el mensaje en el lugar B, el que lo recibe lo decodifica de acuerdo con la siguiente regla:

    si $R \geq .5$, entonces se concluye "1"
    si $R < .5$, entonces se concluye "0"

Como el ruido del canal está distribuido normalmente, vamos a determinar las probabilidades de error si N es una variable aleatoria normal estándar.

    Hay dos tipos de errores que se pueden presentar: uno es que se puede concluir, incorrectamente, que el mensaje "1" sea "0", y el otro que el mensaje "0" sea "1". El primer tipo de error puede ocurrir si el mensaje es "1" y $2 + N < .5$, mientras que el segundo puede ocurrir si el mensaje es "0" y $-2 + N \geq .5$.

Por lo que,

$$P\{\text{error}|\text{mensaje es "1"}\} = P\{N < -1.5\}$$

$$= 1 - \Phi(1.5) = .0668$$

y

$$P\{\text{error}|\text{mensaje es "0"}\} = P\{N > 2.5\}$$

$$= 1 - \Phi(2.5) = .0062 \quad \blacksquare$$

EJEMPLO 5.5c La corriente W disipada en una resistencia es proporcional al cuadrado del voltaje V. Esto es,

$$W = rV^2$$

donde r es una costante. Si $r = 3$, y se puede suponer (con una muy buena exactitud) que V es una variable aleatoria normal con media 6 y desviación estándar 1, encuentre

(a) $E[W]$;
(b) $P\{W > 120\}$.

SOLUCIÓN

(a)
$$E[W] = E[3V^2]$$
$$= 3E[V^2]$$
$$= 3(\text{Var}(V) + E^2[V])$$
$$= 3(1 + 36) = 111$$

(b)
$$P\{W > 120\} = P\{3V^2 > 120\}$$
$$= P\{V > \sqrt{40}\}$$
$$= P\{V - 6 > \sqrt{40} - 6\}$$
$$= P\{Z > .3246\}$$
$$= 1 - \Phi(.3246)$$
$$= .3727 \quad \blacksquare$$

Otro hecho importante consiste en que la suma de las variables aleatorias normales independientes es también una variable aleatoria normal. Para ver esto suponga que X_i, $i = 1,\ldots, n$, son independientes, siendo X_i normal con media μ_i y varianza σ_i^2. La función generadora de momento de $\sum_{i=1}^{n} X_i$ es:

$$E\left[\exp\left\{t\sum_{i=1}^{n}X_i\right\}\right] = E[e^{tX_1}e^{tX_2}\cdots e^{tX_n}]$$

$$= \prod_{i=1}^{n}E[e^{tX_i}] \qquad \text{debido a la independencia}$$

$$= \prod_{i=1}^{n}e^{\mu_i t+\sigma_i^2 t^2/2}$$

$$= e^{\mu t+\sigma^2 t^2/2}$$

donde

$$\mu = \sum_{i=1}^{n}\mu_i, \qquad \sigma^2 = \sum_{i=1}^{n}\sigma_i^2$$

Por lo tanto, $\sum_{i=1}^{n}X_i$ tiene la misma función generadora de momento que una variable aleatoria normal con media μ y varianza σ^2. Así, de la correspondencia uno a uno entre funciones generadoras de momento y distribuciones, se concluye que $\sum_{i=1}^{n}X_i$ es normal con media $\sum_{i=1}^{n}\mu_i$ y varianza $\sum_{i=1}^{n}\sigma_i^2$.

EJEMPLO 5.5d Datos de National Oceanic and Atmospheric. Administration indican que la precipitación anual en Los Ángeles es una variable aleatoria normal con una media de 12.08 pulgadas y una desviación estándar de 3.1 pulgadas.

(a) Encuentre la probabilidad de que la precipitación total de los próximos 2 años exceda las 25 pulgadas.

(b) Encuentre la probabilidad de que la precipitación del año próximo exceda a la del año siguiente por más de 3 pulgadas.

Suponga que las precipitaciones totales de los dos años siguientes son independientes.

SOLUCIÓN Sean X_1 y X_2 las precipitaciones totales de los 2 próximos años.

(a) Como $X_1 + X_2$ es normal con media 24.16 y varianza $2(3.1)^2 = 19.22$, entonces

$$P\{X_1 + X_2 > 25\} = P\left\{\frac{X_1 + X_2 - 24.16}{\sqrt{19.22}} > \frac{25 - 24.16}{\sqrt{19.22}}\right\}$$

$$= P\{Z > .1916\}$$

$$\approx .4240$$

(b) Como $-X_2$ es una variable aleatoria normal con media -12.08 y varianza $(-1)^2(3.1)^2$, resulta que $X_1 - X_2$ es normal con media 0 y varianza 19.22. Con lo cual

$$P\{X_1 > X_2 + 3\} = P\{X_1 - X_2 > 3\}$$

$$= P\left\{\frac{X_1 - X_2}{\sqrt{19.22}} > \frac{3}{\sqrt{19.22}}\right\}$$

$$= P\{Z > .6843\}$$

$$\approx .2469$$

Así, se tiene un 42.4 por ciento de posibilidad de que la precipitación total en Los Ángeles durante los 2 próximos años exceda las 25 pulgadas, y hay un 24.69 por ciento de posibilidad de que la precipitación del año próximo exceda la del año siguiente por más de 3 pulgadas. ∎

Para $\alpha \in (0, 1)$, sea z_α tal que

$$P\{Z > z_\alpha\} = 1 - \Phi(z_\alpha) = \alpha$$

Es decir, la probabilidad de que una variable aleatoria normal estándar sea mayor a z_α es igual a α (véase figura 5.9).

De la tabla A1 se obtiene el valor de z_α para toda α. Por ejemplo, como

$$1 - \Phi(1.645) = .05$$

$$1 - \Phi(1.96) = .025$$

$$1 - \Phi(2.33) = .01$$

tenemos que

$$z_{.05} = 1.645, \qquad z_{.025} = 1.96, \qquad z_{.01} = 2.33$$

También se puede usar el programa 5.5b del disco del libro para obtener el valor de z_α.

Como

$$P\{Z < z_\alpha\} = 1 - \alpha$$

tenemos que una variable aleatoria normal estándar será menor que z_α $100(1 - \alpha)$ por ciento de las veces. Como resultado llamamos a z_α el $100(1 - \alpha)$ *percentil* de la distribución normal estándar.

5.6 VARIABLES ALEATORIAS EXPONENCIALES

Una variable aleatoria continua cuya función de densidad de probabilidad está dada, para alguna $\lambda > 0$, por

$$f(x) = \begin{cases} \lambda e^{-\lambda x} & \text{si } x \geq 0 \\ 0 & \text{si } x < 0 \end{cases}$$

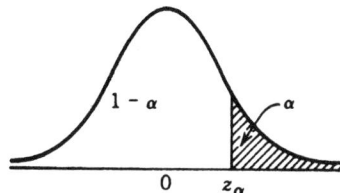

FIGURA 5.9 $P\{Z > z_\alpha\} = \alpha$.

se dice que es una variable aleatoria *exponencial* (o más simplemente se dice que está exponencialmente distribuida) con parámetro λ. La función de distribución acumulada $F(x)$ de una variable aleatoria exponencial está dada por

$$F(x) = P\{X \leq x\}$$

$$= \int_0^x \lambda e^{-\lambda y}\, dy$$

$$= 1 - e^{-\lambda x}, \qquad x \geq 0$$

En la práctica, la distribución exponencial se presenta con frecuencia como la distribución de la cantidad de tiempo que pasa hasta que ocurre un evento específico. Por ejemplo, la cantidad de tiempo (empezando a contar desde ahora) hasta que suceda un temblor, o hasta que estalle una nueva guerra, o hasta que usted reciba una llamada telefónica que sea número equivocado son variables aleatorias que en la práctica tienden a poseer una distribución exponencial (véase la sección 5.6.1 para una explicación).

La función generadora de momento de la distribución exponencial está dada por

$$\phi(t) = E[e^{tX}]$$

$$= \int_0^\infty e^{tx} \lambda e^{-\lambda x}\, dx$$

$$= \lambda \int_0^\infty e^{-(\lambda - t)x}\, dx$$

$$= \frac{\lambda}{\lambda - t}, \qquad t < \lambda$$

Diferenciando obtenemos

$$\phi'(t) = \frac{\lambda}{(\lambda - t)^2}$$

$$\phi''(t) = \frac{2\lambda}{(\lambda - t)^3}$$

y así

$$E[X] = \phi'(0) = 1/\lambda$$

$$\mathrm{Var}(X) = \phi''(0) - (E[X])^2$$

$$= 2/\lambda^2 - 1/\lambda^2$$

$$= 1/\lambda^2$$

De esta forma, λ es el recíproco de la media, y la varianza es igual al cuadrado de la media.

La propiedad clave de una variable aleatoria exponencial es que *no tiene memoria*; decimos que una variable aleatoria no negativa *no tiene memoria* si

$$P\{X > s + t | X > t\} = P\{X > s\} \quad \text{para toda } s, t \geq 0 \tag{5.6.1}$$

Para entender por qué a la ecuación 5.6.1 se le llama la propiedad de *no tener memoria*, imagine que X representa la cantidad de tiempo transcurrido hasta que cierto artículo se descompone. Ahora consideremos la probabilidad de que un artículo que está funcionando a la edad t continúe funcionando por lo menos una tiempo extra s. Como esto ocurrirá si el tiempo total de vida, en funcionamiento, del artículo, es mayor a $t + s$, puesto que el artículo aún está funcionando en el tiempo t, resulta que

$P\{$vida extra en funcionamiento de un artículo con t unidades de tiempo de vida sea mayor que $s\}$

$$= P\{X > t + s | X > t\}$$

La ecuación 5.6.1 nos dice que la distribución de la vida funcional extra de un artículo de edad t, es la misma que la de un artículo nuevo; en otras palabras, si se satisface la ecuación 5.6.1 no hay necesidad de recordar el tiempo en funcionamiento del artículo, ya que en tanto que aún esté funcionando es "tan bueno como uno nuevo".

La condición en la ecuación 5.6.1 es equivalente a

$$\frac{P\{X > s + t, X > t\}}{P\{X > t\}} = P\{X > s\}$$

o

$$P\{X > s + t\} = P\{X > s\}P\{X > t\} \qquad (5.6.2)$$

Si X es una variable aleatoria exponencial, entonces

$$P\{X > x\} = e^{-\lambda x}, \qquad x > 0$$

y se satisface la ecuación 5.6.2 (ya que $e^{-\lambda(s+t)} = e^{-\lambda s}e^{-\lambda t}$). Por lo tanto *las variables aleatorias distribuidas exponencialmente no tienen memoria* (y puede demostrarse que son las únicas variables aleatorias que no tienen memoria).

EJEMPLO 5.6a Imagine que el número de millas que puede recorrer un automóvil antes de que se le acabe la batería está distribuido exponencialmente con un valor promedio de 10 000 millas. Si una persona quiere realizar un viaje de 5 000 millas, ¿cuál es la probabilidad de que llegue al final de su viaje sin tener que cambiar la batería? ¿Qué se puede decir si la distribución no es exponencial?

SOLUCIÓN Debido a la propiedad de no tener memoria de las distribuciones exponenciales, el tiempo de vida (en miles de millas) restante de la batería es exponencial con parámetro $\lambda = 1/10$. Por lo que la probabilidad buscada es

$$P\{\text{tiempo de vida restante} > 5\} = 1 - F(5)$$
$$= e^{-5\lambda}$$
$$= e^{-1/2} \approx .604$$

Sin embargo, si la distribución del tiempo de vida F no es exponencial, entonces la probabilidad relevante es

$$P\{\text{tiempo de vida} > t + 5 \,|\, \text{tiempo de vida} > t\} = \frac{1 - F(t + 5)}{1 - F(t)}$$

donde t es el número de millas que la batería ha estado en uso antes de que se inicie el viaje. Es decir, si la distribución no es exponencial se requiere información adicional (t), para calcular la probabilidad deseada. ■

Como otra ilustración de la propiedad de no tener memoria, considere el ejemplo que sigue.

EJEMPLO 5.6b Una cuadrilla de trabajadores tiene 3 máquinas intercambiables, de las cuales 2 deben estar funcionando para que el equipo pueda realizar su trabajo. Si están en uso, cada máquina debe funcionar, antes de descomponerse, durante un tiempo distribuido exponencialmente con parámetro λ. Para empezar, los trabajadores utilizan las máquinas A y B, y dejan la máquina C como reserva para sustituir a aquella de las máquinas A o B que se descomponga primero. Entonces, podrán seguir trabajando hasta que una de las máquinas restantes se descomponga. Cuando la cuadrilla de trabajadores se vea obligada a suspender su trabajo porque sólo quede una de las máquinas sin decomponerse, ¿cuál es la probabilidad de que la máquina que siga funcionando sea la máquina C?

SOLUCIÓN A esto se puede responder fácilmente, sin necesidad de efectuar ningún cálculo, si consideramos la propiedad de no tener memoria de la distribución exponencial. El argumento es el siguiente: considere el momento en que la máquina C se pone en funcionamiento. En ese momento una de las máquinas A o B se acaba de descomponer y la otra, llamémosla máquina 0, sigue funcionando. Aunque 0 ha estado ya funcionando durante algún tiempo, por la propiedad de no tener memoria de la distribución exponencial, entonces el tiempo de vida que le queda tiene la misma distribución que el de la máquina que acaba de ser puesta en uso. El tiempo de vida restante de la máquina 0 y el de la máquina C tienen la misma distribución y, por simetría, la probabilidad de que 0 se descomponga antes que C es $\frac{1}{2}$. ■

La proposición siguiente presenta otra propiedad de la distribución exponencial.

PROPOSICIÓN 5.6.1

Si $X_1, X_2, \ldots, X_n$ son variables aleatorias exponenciales independientes con parámetros $\lambda_1, \lambda_2, \ldots \lambda_n$, respectivamente, entonces $\text{mín}(X_1, X_2, \ldots, X_n)$ es exponencial con parámetro $\sum_{i=1}^{n} \lambda_i$.

Demostración

Como el valor menor de un conjunto de números, es mayor que x si y sólo si todos los valores son mayores que x,

$$P\{\text{mín}(X_1, X_2, \ldots, X_n) > x\} = P\{X_1 > x, X_2 > x, \ldots, X_n > x\}$$

$$= \prod_{i=1}^{n} P\{X_i > x\} \qquad \text{por independencia}$$

$$= \prod_{i=1}^{n} e^{-\lambda_i x}$$

$$= e^{-\Sigma_{i=1}^{n} \lambda_i x} \quad \square$$

EJEMPLO 5.6c Un sistema en serie es aquel que necesita que todos sus componentes funcionen para que el sistema funcione. ¿Cuál es la probabilidad de que un sistema en serie con n componentes, donde los tiempos de vida de los componentes son variables aleatorias exponenciales independientes con parámetros respectivos $\lambda_1, \lambda_2, \ldots \lambda_n$, sobreviva hasta un tiempo t?

SOLUCIÓN Como la vida del sistema es igual a la del componente de vida mínima, empleando la proposición 5.6.1 resulta

$$P\{\text{la vida del sistema sea mayor a } t\} = e^{-\Sigma_i \lambda_i t} \quad \blacksquare$$

Otra propiedad útil de las variables aleatorias exponenciales es la propiedad de que cX es exponencial con parámetro λ/c, si X es exponencial con parámetro λ, y $c > 0$, lo cual se obtiene de

$$P\{cX \leq x\} = P\{X \leq x/c\}$$

$$= 1 - e^{-\lambda x/c}$$

Al parámetro λ se le llama la *tasa* de la distribución exponencial.

*5.6.1 EL PROCESO DE POISSON

Suponga que se presentan "eventos" en puntos temporales aleatorios, y sea $N(t)$ el número de eventos ocurridos en el intervalo de tiempo $[0, t]$. Se dice que estos eventos constituyen *un proceso de Poisson con tasa* λ, $\lambda > 0$, si

(a) $N(0) = 0$
(b) El número de eventos ocurridos en intervalos de tiempo disjuntos son independientes.
(c) La distribución del número de eventos que ocurre en un intervalo dado, depende tan sólo de la longitud del intervalo y no de su ubicación.
(d) $\lim_{h \to 0} \dfrac{P\{N(h) = 1\}}{h} = \lambda$
(e) $\lim_{h \to 0} \dfrac{P\{N(h) \geq 2\}}{h} = 0$

La condición (a) indica que el proceso se inicia en el tiempo 0. La condición (b), la suposición del *incremento independiente*, dice, por ejemplo, que el número de eventos hasta el momento t [es

---
* Sección opcional.

decir, $N(t)$] es independiente del número de eventos que ocurren entre t y $t + s$ [que es $N(t + s) -$ $N(t)$]. La condición (c), la suposición del *incremento estacionario,* señala que la distribución de probabilidad de $N(t + s) - N(t)$ es la misma para todos los valores de t. Las condiciones (d) y (e) indican que la probabilidad de que ocurra un evento en un intervalo pequeño de tiempo, de longitud h, es de aproximadamente λh; mientras que la probabilidad de 2 o más es aproximadamente 0.

Ahora demostraremos que estas suposiciones implican que el número de eventos que ocurren en cualquier intervalo de longitud t es una variable aleatoria de Poisson con parámetro λt. Para ser precisos, llamemos al intervalo $[0, t]$ y denotemos con $N(t)$ el número de eventos que ocurren en dicho intervalo. Para obtener una expresión para $P\{N(t) = k\}$, empezamos por dividir al intervalo $[0, t]$ en n subintervalos que no se traslapen, cada uno de longitud t/n (figura 5.10). En $[0, t]$ habrá k eventos ya sea que

   (i) $N(t)$ sea igual a k y haya, a lo mucho, un evento en cada subintervalo;

   (ii) $N(t)$ sea igual a k y, por lo menos, uno de los subintervalos contenga 2 o más eventos.

Como estas dos posibilidades son mutuamente excluyentes, y como la condición (i) es equivalente a decir que k de los n subintervalos contiene exactamente 1 evento y los otros $n - k$ contienen 0 eventos, entonces

$$P\{N(t) = k\} = P\{k \text{ de los } n \text{ subintervalos contiene exactamente 1 evento} \qquad (5.6.3)$$

$$\text{y los otros } n - k \text{ contienen 0 eventos}\} + P\{N(t) = k$$

$$\text{y por lo menos 1 subintervalo contiene 2 o más eventos}\}$$

Ahora, usando la condición (e) se puede demostrar que

$$P\{N(t) = k \text{ y por lo menos 1 subintervalo contiene 2 o más eventos}\} \qquad (5.6.4)$$

$$\rightarrow 0 \text{ conforme } n \rightarrow \infty$$

Entonces, de las condiciones (d) y (e) resulta que

$$P\{\text{exactamente 1 evento en un subintervalo}\} \approx \frac{\lambda t}{n}$$

$$P\{0 \text{ eventos en un subintervalo}\} \approx 1 - \frac{\lambda t}{n}$$

Así como los números de eventos en los diferentes subintervalos son independientes [por la condición (b)], tenemos

FIGURA 5.10

$P\{k$ de los subintervalos contienen exactamente 1 evento

y los otros $n - k$ contienen 0 eventos$\}$ (5.6.5)

$$\approx \binom{n}{k} \left(\frac{\lambda t}{n}\right)^k \left(1 - \frac{\lambda t}{n}\right)^{n-k}$$

y la aproximación, n, se hace más exacta conforme el número de subintervalos, n, se aproxima a ∞. Pero, la probabilidad en la ecuación 5.6.5 es precisamente la probabilidad de que una variable aleatoria binomial con parámetros n y $p = \lambda t/n$ sea igual a k. Así, conforme n crece y crece esto se aproxima a la probabilidad de una variable aleatoria de Poisson con media $n\lambda t/n = \lambda t$ igual a k. Así, con las ecuaciones 5.6.3, 5.6.4 y 5.6.5 vemos, dejando que n se aproxime a ∞, que

$$P\{N(t) = k\} = e^{-\lambda t}\frac{(\lambda t)^k}{k!}$$

Queda demostrado:

PROPOSICIÓN 5.6.2

Para un proceso de Poisson con tasa λ

$$P\{N(t) = k\} = e^{-\lambda t}\frac{(\lambda t)^k}{k!}, \qquad k = 0, 1, \ldots$$

Es decir, el número de eventos en un intervalo de longitud t tiene una distribución de Poisson con media λt.

Para un proceso de Poisson, sea X_1 el tiempo en que ocurre el primer evento. Para $n > 1$, sea X_n el tiempo transcurrido entre el evento $(n-1)$ y el evento n-ésimo. A la secuencia $\{X_n, n = 1, 2, \ldots\}$ se le llama la *secuencia de tiempos de entrellegada*. Por ejemplo, si $X_1 = 5$ y $X_2 = 10$, entonces el primer evento del proceso de Poisson habría ocurrido en el tiempo 5, y el segundo, en el tiempo 15.

Ahora determinamos la distribución de los X_n. Para hacerlo, observamos primero que el evento $\{X_1 > t\}$ tiene lugar si y sólo si ningún evento del proceso de Poisson ocurre en el intervalo $[0, t]$ y

$$P\{X_1 > t\} = P\{N(t) = 0\} = e^{-\lambda t}$$

Por lo tanto, X_1 tiene una distribución exponencial con media $1/\lambda$. Para obtener la distribución de X_2, observe que

$$P\{X_2 > t | X_1 = s\} = P\{0 \text{ eventos en } (s, s + t) | X_1 = s\}$$

$$= P\{0 \text{ eventos en } (s, s + t)\}$$

$$= e^{-\lambda t}$$

donde las dos últimas ecuaciones se deben a la independencia y a los incrementos estacionarios. De lo anterior concluimos que X_2 es también una variable aleatoria exponencial con media $1/\lambda$, y más aún, que X_2 es independiente de X_1. Repitiendo el mismo argumento obtenemos:

PROPOSICIÓN 5.6.3

$X_1, X_2,\ldots$ son variables aleatorias exponenciales independientes, cada una con media $1/\lambda$.

*5.7 LA DISTRIBUCIÓN GAMMA

Se dice que una variable aleatoria tiene distribución gamma con parámetros (α, λ), $\lambda > 0$, $\alpha > 0$, si su función de densidad está dada por

$$f(x) = \begin{cases} \dfrac{\lambda e^{-\lambda x}(\lambda x)^{\alpha-1}}{\Gamma(\alpha)} & x \geq 0 \\ 0 & x < 0 \end{cases}$$

donde

$$\Gamma(\alpha) = \int_0^\infty \lambda e^{-\lambda x}(\lambda x)^{\alpha-1}\, dx$$

$$= \int_0^\infty e^{-y}y^{\alpha-1}\, dy \qquad \text{(considerando } y = \lambda x)$$

La fórmula de integración por partes $\int u\, dv = uv - \int v\, du$ nos da, con $u = y^{\alpha-1}$, $dv = e^{-y}\, dy$, $v = -e^{-y}$, que para $\alpha > 1$,

$$\int_0^\infty e^{-y}y^{\alpha-1}\, dy = -e^{-y}y^{\alpha-1}\Big|_{y=0}^{y=\infty} + \int_0^\infty e^{-y}(\alpha-1)y^{\alpha-2}\, dy$$

$$= (\alpha-1)\int_0^\infty e^{-y}y^{\alpha-2}\, dy$$

o

$$\Gamma(\alpha) = (\alpha-1)\Gamma(\alpha-1) \tag{5.7.1}$$

Si α es un entero, digamos $\alpha = n$ por iteración de lo anterior obtenemos que

$$\Gamma(n) = (n-1)\Gamma(n-1)$$

$$= (n-1)(n-2)\Gamma(n-2) \qquad \text{considerando } \alpha = n-1 \text{ en la ecuación 5.7.1}$$

$$= (n-1)(n-2)(n-3)\Gamma(n-3) \quad \text{considerando } \alpha = n-2 \text{ en la ecuación 5.7.1}$$

$$\vdots$$

$$= (n-1)!\Gamma(1)$$

Como

$$\Gamma(1) = \int_0^\infty e^{-y}\, dy = 1$$

---

* Sección opcional.

se percibe que

$$\Gamma(n) = (n-1)!$$

A la función $\Gamma(\alpha)$ se le llama función *gamma*.

Es necesario observar que cuando $\alpha = 1$, la distribución gamma se reduce a la exponencial con media $1/\lambda$.

La función generadora de momento de una variable aleatoria gamma X con parámetros (α, λ) se obtiene como sigue:

$$\begin{aligned}
\phi(t) &= E[e^{tX}] \\
&= \frac{\lambda^\alpha}{\Gamma(\alpha)} \int_0^\infty e^{tx} e^{-\lambda x} x^{\alpha-1}\, dx \\
&= \frac{\lambda^\alpha}{\Gamma(\alpha)} \int_0^\infty e^{-(\lambda-t)x} x^{\alpha-1}\, dx \\
&= \left(\frac{\lambda}{\lambda-t}\right)^\alpha \frac{1}{\Gamma(\alpha)} \int_0^\infty e^{-y} y^{\alpha-1}\, dy \quad [\text{by } y = (\lambda-t)x] \\
&= \left(\frac{\lambda}{\lambda-t}\right)^\alpha
\end{aligned}$$

(5.7.2)

Por diferenciación, la ecuación 5.7.2 resulta

$$\phi'(t) = \frac{\alpha\lambda^\alpha}{(\lambda-t)^{\alpha+1}}$$

$$\phi''(t) = \frac{\alpha(\alpha+1)\lambda^\alpha}{(\lambda-t)^{\alpha+2}}$$

Por lo tanto,

$$E[X] = \phi'(0) = \frac{\alpha}{\lambda}$$

(5.7.3)

$$\begin{aligned}
\text{Var}(X) &= E[X^2] - (E[X])^2 \\
&= \phi''(0) - \left(\frac{\alpha}{\lambda}\right)^2 \\
&= \frac{\alpha(\alpha+1)}{\lambda^2} - \frac{\alpha^2}{\lambda^2} = \frac{\alpha}{\lambda^2}
\end{aligned}$$

(5.7.4)

Una propiedad importante de la distribución gamma es que si X_1 y X_2 son variables aleatorias gamma independientes con parámetros respectivos (α_1, λ) y (α_2, λ), entonces $X_1 + X_2$ es una variable aleatoria gama con parámetros ($\alpha_1 + \alpha_2$, λ). Este resultado se obtiene fácilmente ya que

$$\begin{aligned}
\phi_{X_1+X_2}(t) &= E[e^{t(X_1+X_2)}] \\
&= \phi_{X_1}(t)\phi_{X_2}(t)
\end{aligned}$$

(5.7.5)

$$= \left(\frac{\lambda}{\lambda - t}\right)^{\alpha_1} \left(\frac{\lambda}{\lambda - t}\right)^{\alpha_2} \qquad \text{por la ecuación 5.7.2}$$

$$= \left(\frac{\lambda}{\lambda - t}\right)^{\alpha_1 + \alpha_2}$$

que parece ser la función generadora de momento de una variable aleatoria gamma ($\alpha_1 + \alpha_2, \lambda$). Como una función generadora de momento únicamente caracteriza una distribución, se tiene el resultado.

El resultado anterior se puede generalizar fácilmente para ofrecer la proposición siguiente.

PROPOSICIÓN 5.7.1

Si X_i, $i = 1, \ldots, n$ son variables aleatorias gamma independientes con parámetros respectivos (α_i, λ), entonces $\sum_{i=1}^{n} X_i$ es una variable aleatoria gamma con parámetros $\sum_{i=1}^{n} \alpha_i, \lambda$.

Como la distribución gamma con parámetros ($1, \lambda$) se reduce a la exponencial con tasa λ, hemos demostrado el resultado útil siguiente.

Corolario 5.7.2

Si $X_1, \ldots, X_n$ son variables aleatorias exponenciales independientes, cada una con tasa λ, entonces $\sum_{i=1}^{n} X_i$ es una variable aleatoria gamma con parámetros (n, λ).

EJEMPLO 5.7a El tiempo de vida de una batería se distribuye exponencialmente con tasa λ. Si un tocacintas funciona con una batería, entonces el tiempo de funcionamiento total del tocacintas, que puede obtenerse de n baterías totales es una variable aleatoria gamma con parámetros (n, λ). ∎

La figura 5.11 presenta una gráfica de la densidad gamma ($\alpha, 1$) para diversos valores de α. Hay que observar que conforme α crece, la densidad empieza a parecerse a la densidad normal. Esto se explica teóricamente mediante el teorema del límite central que presentaremos en el capítulo siguiente.

5.8 DISTRIBUCIONES DERIVADAS DE LA NORMAL

5.8.1 LA DISTRIBUCIÓN CHI CUADRADA

Definición

Si $Z_1, Z_2, \ldots, Z_n$ son variables aleatorias normales estándar independientes, entonces se dice que X definida mediante

$$X = Z_1^2 + Z_2^2 + \cdots + Z_n^2 \tag{5.8.1}$$

tiene una *distribución chi cuadrada con n grados de libertad*. Emplearemos la notación

$$X \sim \chi_n^2$$

para indicar que X tiene una distribución chi cuadrada con n grados de libertad.

La distribución chi cuadrada tiene la propiedad aditiva, es decir, si X_1 y X_2 son variables aleatorias chi cuadrada independientes con n_1 y n_2 grados de libertad, respectivamente, entonces $X_1 + X_2$ es chi cuadrada con $n_1 + n_2$ grados de libertad, lo cual se puede demostrar formalmente ya sea con la función generadora de momento o, más fácilmente, observando que $X_1 + X_2$ es la suma de cuadrados de $n_1 + n_2$ variables normales estándar independientes, y por lo tanto, tiene una distribución chi cuadrada con $n_1 + n_2$ grados de libertad.

Si X es una variable aleatoria chi cuadrada con n grados de libertad, entonces para toda $\alpha \in (0, 1)$, la cantidad $\chi^2_{\alpha,n}$ está definida como una cantidad tal que

$$P\{X \geq \chi^2_{\alpha,n}\} = \alpha$$

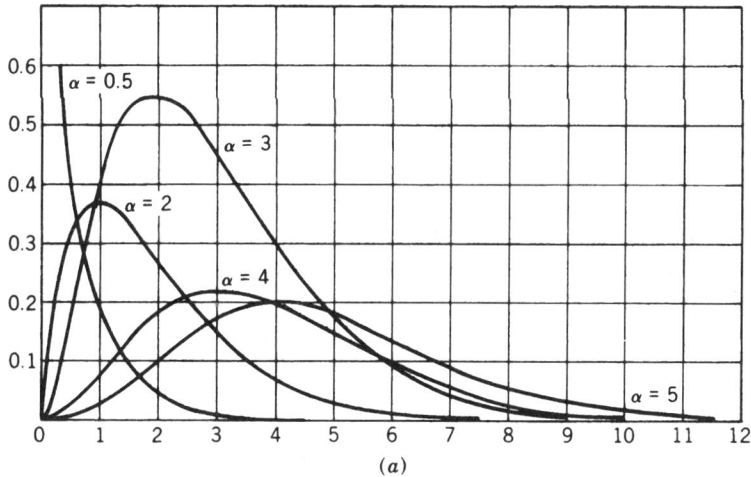

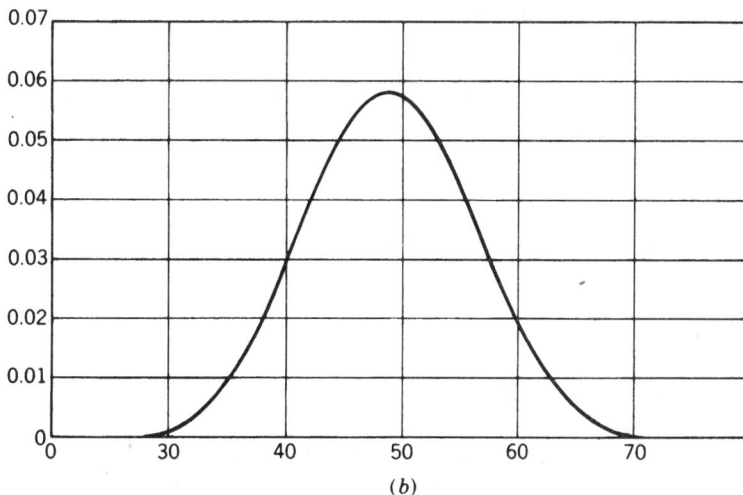

FIGURA 5.11 *Gráficas de la densidad gamma $(\alpha, 1)$ para (a) $\alpha = .5, 2, 3, 4, 5$ y (b) $\alpha = 50$.*

Esto se ilustra en la figura 5.12.

En la tabla A2 del apéndice, damos $\chi^2_{\alpha,n}$ para diversos valores de α y de n (incluyendo todos aquellos que se necesitan para resolver los problemas y ejemplos de este libro). Además, los programas 5.8.1a y 5.8.1b del disco compacto del libro se pueden utilizar para obtener probabilidades chi cuadrada y los valores de $\chi^2_{\alpha,n}$.

EJEMPLO 5.8a Determine $P\{\chi^2_{26} \le 30\}$ si χ^2_{26} es una variable aleatoria chi cuadrada con 26 grados de libertad.

SOLUCIÓN El programa 5.8.1a nos ofrece el resultado

$$P\{\chi^2_{26} \le 30\} = .7325 \quad \blacksquare$$

EJEMPLO 5.8b Encuentre $\chi^2_{.05,15}$.

SOLUCIÓN Use el programa 5.8.1b para obtener:

$$\chi^2_{.05,15} = 24.996 \quad \blacksquare$$

EJEMPLO 5.8c Suponga que estamos tratando de localizar un blanco en el espacio tridimensional, y que los errores de las tres coordenadas (en metros) al punto escogido son variables aleatorias normales independientes con media 0 y desviación estándar 2. Encuentre la probabilidad de que la distancia entre el punto escogido y el blanco sea de más de 3 metros.

SOLUCIÓN Si D es la distancia, entonces

$$D^2 = X_1^2 + X_2^2 + X_3^2$$

donde X_i es el error de la coordenada i-ésima. Como $Z_i = X_i/2$, $i = 1, 2, 3$, son todas variables aleatorias normal estándar, tenemos que

$$P\{D^2 > 9\} = P\{Z_1^2 + Z_2^2 + Z_3^2 > 9/4\}$$

$$= P\{\chi^2_3 > 9/4\}$$

$$= .5222$$

donde la última igualdad se obtuvo con el programa 5.8.1a. $\quad \blacksquare$

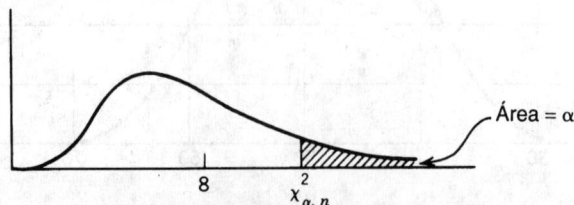

FIGURA 5.12 *La función de densidad chi cuadrada con 8 grados de libertad.*

*5.8.1.1 LA RELACIÓN ENTRE LAS VARIABLES ALEATORIAS CHI CUADRADA Y GAMMA

Calculemos la función generadora de momento de una variable aleatoria chi cuadrada con n grados de libertad. Para empezar, cuando $n = 1$

$$E[e^{tX}] = E[e^{tZ^2}] \text{ donde } Z \sim \mathcal{N}(0, 1) \tag{5.8.2}$$

$$= \int_{-\infty}^{\infty} e^{tx^2} f_Z(x) \, dx$$

$$= \frac{1}{\sqrt{2\pi}} \int_{-\infty}^{\infty} e^{tx^2} e^{-x^2/2} \, dx$$

$$= \frac{1}{\sqrt{2\pi}} \int_{-\infty}^{\infty} e^{-x^2(1-2t)/2} \, dx$$

$$= \frac{1}{\sqrt{2\pi}} \int_{-\infty}^{\infty} e^{-x^2/2\bar{\sigma}^2} \, dx \quad \text{donde } \bar{\sigma}^2 = (1 - 2t)^{-1}$$

$$= (1 - 2t)^{-1/2} \frac{1}{\sqrt{2\pi}\bar{\sigma}} \int_{-\infty}^{\infty} e^{-x^2/2\bar{\sigma}^2} \, dx$$

$$= (1 - 2t)^{-1/2}$$

donde la última igualdad ocurre porque la integral de la densidad normal $(0, \bar{\sigma}^2)$ es igual a 1. Por lo tanto, en el caso general con n grados de libertad.

$$E[e^{tX}] = E\left[e^{t\sum_{i=1}^{n} Z_i^2}\right]$$

$$= E\left[\prod_{i=1}^{n} e^{tZ_i^2}\right]$$

$$= \prod_{i=1}^{n} E[e^{tZ_i^2}] \quad \text{debido a la independencia de } Z_i$$

$$= (1 - 2t)^{-n/2} \quad \text{sigue de la ecuación 5.8.2}$$

Reconocemos a $[1/(1 - 2t)]^{n/2}$ como la función generadora de momento de una variable aleatoria gamma con parámetros $(n/2, 1/2)$. Por lo tanto, de la unicidad de la función generadora de momento se sigue que estas dos distribuciones, chi cuadrada con n grados de libertad y gamma con parámetros $n/2$ y $1/2$, son idénticas, y de esta forma se concluye que la densidad de X está dada por

$$f(x) = \frac{\frac{1}{2} e^{-x/2} \left(\frac{x}{2}\right)^{(n/2)-1}}{\Gamma\left(\frac{n}{2}\right)}, \quad x > 0$$

*Sección opcional.

En la figura 5.13 se presentan las funciones de densidad chi cuadrada con 1, 3 y 10 grados de libertad, respectivamente.

Consideremos el ejemplo 5.8c suponiendo, esta vez, que el blanco se localiza en un plano bidimensional.

EJEMPLO 5.8d Si tratamos de localizar un blanco en el plano bidimensional suponga que los errores de las coordenadas son variables aleatorias normales independientes con media 0 y desviación estándar 2. Encuentre la probabilidad de que la distancia entre el punto elegido y el blanco sea mayor a 3.

SOLUCIÓN Si D es la distancia y X_i, $i = 1, 2$ son los errores de las coordenadas, entonces

$$D^2 = X_1^2 + X_2^2$$

Como $Z_i = X_i/2$, $i = 1, 2$, son variables aleatorias normales estándar, obtenemos

$$P\{D^2 > 9\} = P\{Z_1^2 + Z_2^2 > 9/4\} = P\{\chi_2^2 > 9/4\} = e^{-9/8} \approx .3247$$

donde los cálculos realizados usan el hecho de que la distribución chi cuadrada con 2 grados de libertad es la misma que la distribución exponencial con parámetro 1/2. ∎

Puesto que la distribución chi cuadrada con n grados de libertad es idéntica a la distribución gamma con parámetros $\alpha = n/2$ y $\lambda = 1/2$, se sigue de las ecuaciones 5.7.3 y 5.7.4 que la media y la varianza de una variable aleatoria X con esta distribución es

$$E[X] = n, \qquad \mathrm{Var}(X) = 2n$$

5.8.2 LA DISTRIBUCIÓN t

Si Z y χ_n^2 son variables aleatorias independientes, Z tiene una distribución normal estándar y χ_n^2 posee una distribución chi cuadrada con n grados de libertad, entonces se dice que la variable aleatoria T_n definida por

$$T_n = \frac{Z}{\sqrt{\chi_n^2/n}}$$

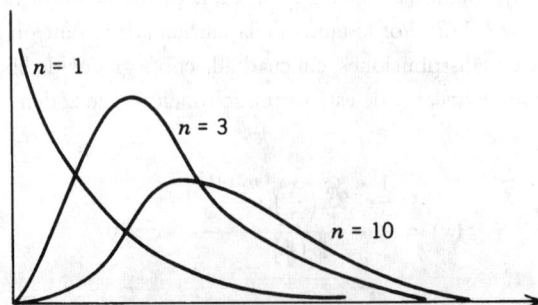

FIGURA 5.13 *La función de densidad chi cuadrada con n grados de libertad.*

con una *distribución t con n grados de libertad*. En la figura 5.14 se presenta una gráfica de la función de densidad de T_n para $n = 1$, 5 y 10.

Al igual que la densidad normal estándar, la densidad t es simétrica respecto a cero. Además conforme n aumenta, se asemeja cada vez más a una densidad normal estándar. Para entender a qué se debe lo anterior, recuerde que χ_n^2 se puede expresar como la suma de los cuadrados de normales estándar n, y así

$$\frac{\chi_n^2}{n} = \frac{Z_1^2 + \cdots + Z_n^2}{n}$$

donde $Z_1,\ldots,Z_n$ son variables aleatorias normales estándar independientes. Ahora se sigue de la débil ley de los grandes números que, para n grande χ_n^2/n se aproximará, con probabilidad cercana a 1, a $E[Z_i^2] = 1$. Por lo tanto, para n grande, $T_n = Z/\sqrt{\chi_n^2/n}$ tendrá aproximadamente la misma distribución que Z.

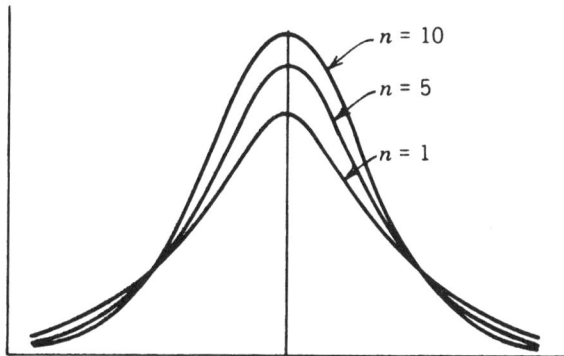

FIGURA 5.14   *Función de densidad de T_n.*

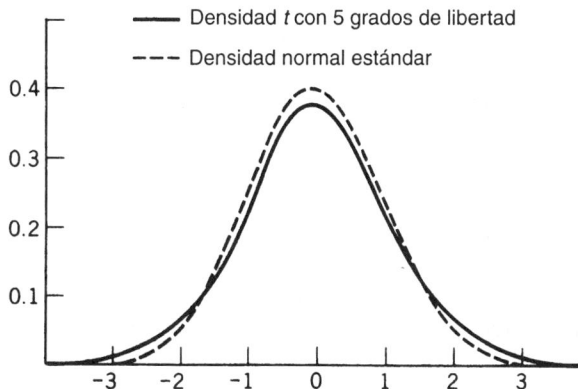

FIGURA 5.15   *Comparación de la densidad normal estándar con la densidad de T_5.*

La figura 5.15 incluye una comparación de una gráfica de la función de densidad t con 5 grados de libertad con la densidad normal estándar. Observe que la densidad t tiene "colas" más gruesas, lo cual indica una mayor variabilidad que en la densidad normal.

La media y la varianza de T_n pueden demostrarse como

$$E[T_n] = 0, \qquad n > 1$$

$$\mathrm{Var}(T_n) = \frac{n}{n-2}, \qquad n > 2$$

Así la varianza de T_n decrece hacia 1, la varianza de una variable aleatoria normal estándar, conforme n crece hacia ∞. Para α, $0 < \alpha < 1$, sea $t_{\alpha, n}$ tal que

$$P\{T_n \geq t_{\alpha,n}\} = \alpha$$

De la simetría respecto a cero de la función de densidad t se sigue que $-T_n$ tiene la misma distribución que T_n, y por ello

$$\alpha = P\{-T_n \geq t_{\alpha,n}\}$$
$$= P\{T_n \leq -t_{\alpha,n}\}$$
$$= 1 - P\{T_n > -t_{\alpha,n}\}$$

Por lo que,

$$P\{T_n \geq -t_{\alpha,n}\} = 1 - \alpha$$

que lleva a la conclusión de que

$$-t_{\alpha,n} = t_{1-\alpha,n}$$

lo cual se ilustra en la figura 5.16.

En la tabla A3 del apéndice se han tabulado los valores de $t_{\alpha, n}$ para varios n y α. Además, los programas 5.8.2a y 5.8.2b del disco compacto del libro calculan la función de distribución t y los valores de $t_{\alpha, n}$, respectivamente.

EJEMPLO 5.8e Encuentre (a) $P\{T_{12} \leq 1.4\}$ y (b) $t_{.025,\, 9}$.

SOLUCIÓN Corra los programas 5.8.2a y 5.8.2b para obtener los resultados.

(a) .9066   (b) 2.2625 ∎

5.8.3 LA DISTRIBUCIÓN F

Si χ_n^2 y χ_m^2 son variables aleatorias chi cuadrada independientes con n y m grados de libertad, respectivamente, entonces se dice que la variable aleatoria $F_{n, m}$ se define por

$$F_{n,m} = \frac{\chi_n^2/n}{\chi_m^2/m}$$

con una *distribución* F *con* n *y* m *grados de libertad.*

Para cualquier $\alpha \in (0, 1)$, sea $F_{\alpha, n, m}$ tal que

$$P\{F_{n,m} > F_{\alpha,n,m}\} = \alpha$$

Esto se ilustra en la figura 5.17.

En la tabla A4 del apéndice se tabulan las cantidades $F_{\alpha, n, m}$ para distintos valores n, m y $\alpha \leq \frac{1}{2}$. Si se quiere $F_{\alpha, n, m}$ para $\alpha > \frac{1}{2}$, esto se puede obtener con las igualdades siguientes:

$$\alpha = P\left\{ \frac{\chi_n^2/n}{\chi_m^2/m} > F_{n,m} \right\}$$

$$= P\left\{ \frac{\chi_m^2/m}{\chi_n^2/n} < \frac{1}{F_{\alpha,n,m}} \right\}$$

$$= 1 - P\left\{ \frac{\chi_m^2/m}{\chi_n^2/n} \geq \frac{1}{F_{\alpha,n,m}} \right\}$$

o equivalentemente,

$$P\left\{ \frac{\chi_m^2/m}{\chi_n^2/n} \geq \frac{1}{F_{\alpha,n,m}} \right\} = 1 - \alpha \tag{5.8.3}$$

Pero como $(\chi_m^2/m)/(\chi_n^2/n)$ tiene una distribución F con n y m grados de libertad, entonces

$$1 - \alpha = P\left\{ \frac{\chi_m^2/m}{\chi_n^2/n} \geq F_{1-\alpha,m,n} \right\}$$

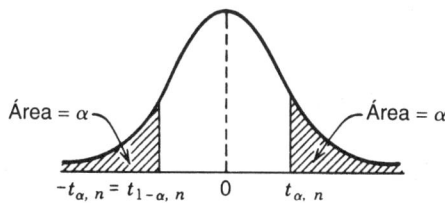

FIGURA 5.16 $t_{1-\alpha, n} = -t_{\alpha, n}.$

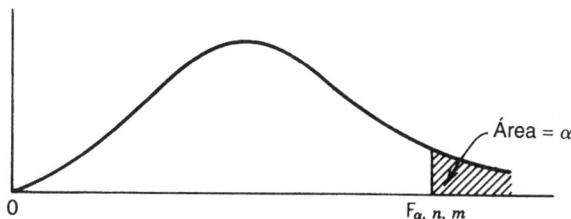

FIGURA 5.17 *Función de densidad de* $F_{n, m}.$

lo que implica, con la ecuación 5.8.3, que

$$\frac{1}{F_{\alpha,n,m}} = F_{1-\alpha,m,n}$$

Así, por ejemplo, $F_{.9,7,5} = 1/F_{.1,7,5} = 1/3.37 = .2967$, donde el valor de $F_{.1,7,5}$ se obtuvo de la tabla A4 del apéndice.

El programa 5.8.3 calcula la función de distribución de $F_{n,m}$.

EJEMPLO 5.8f Determine $P\{F_{6,14} < 1.5\}$.

SOLUCIÓN Corra el programa 5.8.3 para obtener la solución .7518. ∎

Problemas

1. Un sistema de satélite consta de 4 elementos y puede funcionar adecuadamente sólo si por lo menos 2 de los 4 componentes está en condiciones de funcionar. Si cada componente está, independientemente, en condiciones de funcionar con probabilidad .6, ¿cuál es la probabilidad de que el sistema funcione adecuadamente?

2. Un canal de comunicación transmite los dígitos 0 y 1. Pero, debido a la estática, los dígitos transmitidos se reciben incorrectamente con probabilidad .2. Suponga que deseamos transmitir un mensaje importante que consta de un dígito binario. Para reducir la posibilidad de error, transmitimos 00000 en lugar de 0 y 11111 en lugar de 1. Si quien recibe el mensaje usa decodificación de "mayoría", ¿cuál es la probabilidad de que el mensaje sea decodificado incorrectamente? ¿Qué supone usted respecto a la independencia? (Por decodificación de "mayoría" se entiende que el mensaje se decodifica como "0" si hay por lo menos tres ceros en el mensaje que se recibe, y si no es así se decodifica como 1.)

3. Si cada votante está a favor de la propuesta A con probabilidad .7, ¿cuál es la probabilidad de que exactamente 7 de 10 votantes apoyen esta propuesta?

4. Suponga que, con base en un par de genes, se clasifica un rasgo particular de una persona (como por ejemplo, el color de los ojos o el ser zurdo), y que d representa el gen dominante y r el gen recesivo. Una persona con genes dd es dominante puro, uno con rr es recesivo puro, y una con rd es híbrido. El dominante puro y el híbrido se asemejan en la apariencia. Como los niños reciben 1 gen de cada uno de sus padres, ¿cuál es la probabilidad de que 2 padres híbridos, respecto a un rasgo particular, con 4 hijos, tengan 3 de los 4 hijos con la apariencia del gen dominante?

5. Para que un avión vuele, se necesita que por lo menos la mitad de sus motores funcione. Si cada motor funciona independientemente con probabilidad p, ¿para qué valores de p hay más posibilidades de que un avión vuele con 4 motores que uno con sólo 2 motores?

6. Sea X una variable aleatoria binomial con

$$E[X] = 7 \quad \text{y} \quad \text{Var}(X) = 2.1$$

Encuentre

(a) $P\{X = 4\}$;

(b) $P\{X > 12\}$.

7. Si X y Y son variables aleatorias binomiales con parámetros respectivos (n, p) y $(n, 1 - p)$ verifique y explique las identidades siguientes:

(a) $P\{X \le i\} = P\{Y \ge n - i\}$;

(b) $P\{X = k\} = P\{Y = n - k\}$.

8. Si X es una variable aleatoria binomial con parámetros n y p, donde $0 < p < 1$, demuestre que

(a) $P\{X = k + 1\} = \dfrac{p}{1 - p} \dfrac{n - k}{k + 1} P\{X = k\}, k = 0, 1, \ldots, n - 1.$

(b) Conforme k va de 0 a n, $P(X = k)$ primero aumenta y después disminuye, alcanzando su valor máximo cuando k es el mayor entero menor o igual a $(n + 1)p$.

9. Derive la función generadora de momento de una variable aleatoria binomial y, después, utilice su resultado para comprobar las fórmulas de la media y de la varianza dadas en el texto.

10. En los casos siguientes compare la aproximación de Poisson con la correcta probabilidad binomial:

(a) $P\{X = 2\}$ cuando $n = 10, p = .1$;

(b) $P\{X = 0\}$ cuando $n = 10, p = .1$;

(c) $P\{X = 4\}$ cuando $n = 9, p = .2$.

11. Si en 50 rifas de la lotería compra usted un billete, y en cada una su posibilidad de ganar un premio es 1/100, ¿cuál es la probabilidad (aproximada) de que usted gane un premio **(a)** por lo menos una vez; **(b)** exactamente una vez, y **(c)** por lo menos dos veces?

12. El número de veces que una persona contrae un resfriado en un año constituye una variable aleatoria de Poisson con parámetro $\lambda = 3$. Suponga que acaba de salir al mercado un nuevo medicamento (basado en grandes cantidades de vitamina C) que reduce el parámetro de Poisson, en el 75 por ciento de la población, a $\lambda = 2$, y en el 25 por ciento restante no tiene efecto apreciable contra resfriados. Si una persona toma el medicamento durante un año y en ese lapso tiene cero resfriados, ¿qué tan posible es que el medicamento haya surtido efecto en esta persona?

13. En los años ochenta murieron en promedio 121.95 personas, por semana, mientras estaban en su trabajo. Ofrezca una estimación de las siguientes cantidades:

(a) la proporción de las semanas en las que hubo 130 decesos o más;

(b) la proporción de las semanas en las que hubo 100 decesos o menos.
 Explique cuál es su razonamiento.

14. En el estado de Nueva York hubo aproximadamente 80 000 casamientos el año pasado. Estime la posibilidad de que de estas parejas, por lo menos haya una donde:

(a) ambas personas hayan nacido el 30 de abril;

(b) el cumpleaños de ambas personas sea el mismo día del año.

Explique cuáles son las suposiciones que hace.

15. El número esperado de erratas por página de una determinada revista es .2. ¿Cuál es la probabilidad de que en la siguiente página que usted lea haya (a) 0 erratas y (b) 2 o más erratas? Explique cuál es su razonamiento.

16. La probabilidad de error en la transmisión de un dígito binario a través de un canal de comunicación es $1/10^3$. Escriba una expresión para la probabilidad exacta de más de 3 errores al transmitir un bloque de 10^3 bits. ¿Cuál es su valor aproximado? Suponga que se tiene independencia.

17. Si X es una variable aleatoria de Poisson con media λ, muestre que $P\{X = i\}$ aumenta primero y disminuye después, conforme i aumenta, alcanzando su valor máximo cuando i es el mayor entero menor o igual a λ.

18. Un comprador recibe un envío de 100 transistores. Su política consiste en probar 10 de los transistores y quedarse con el envío solamente si por lo menos 9 de los 10 transistores están en condiciones de funcionamiento. Si el envío contiene 20 transistores malos, ¿cuál es la probabilidad de que se quede con él?

19. Sea X la variable aleatoria hipergeométrica con parámetros n, m y k. Es decir,

$$P\{X = i\} = \frac{\binom{n}{i}\binom{m}{k-i}}{\binom{n+m}{k}}, \qquad i = 0, 1, \ldots, \text{ mín } (k, n)$$

(a) Obtenga una fórmula para $P\{X = i\}$ en términos de $P\{X = i - 1\}$.

(b) Use la parte (a) para calcular $P\{X = i\}$ para $i = 0, 1, 2, 3, 4, 5$ cuando $n = m = 10$, $k = 5$, empezando en $P\{X = 0\}$.

(c) Con base en el repaso de la parte (a), escriba un programa para calcular la función de distribución hipergeométrica.

(d) Use su programa de la parte (c) para calcular $P\{X \leq 10\}$ para $n = m = 30$, $k = 15$.

20. Se realizan, sucesivamente, experimentos independientes, cada uno de los cuales tiene éxito con probabilidad p. Sea X el primer experimento que tuvo como resultado éxito, es decir, X es igual a k si los primeros $k - 1$ experimentos resultaron fracasos, y el experimento k fue éxito. A X se le llama variable aleatoria *geométrica*. Calcule:

(a) $P\{X = k\}$, $k = 1, 2, \ldots$;

(b) $E[X]$.

Sea Y el número de experimentos necesarios para obtener r éxitos. Y es una *variable aleatoria binomial negativa*. Calcule:

(c) $P\{Y = k\}$, $k = r, r + 1, \ldots$

(*Sugerencia*: Para que Y sea igual a k, ¿cuántos éxitos debe haber en los primeros $k - 1$ ensayos y cuál debe ser el resultado en el ensayo k?)

(d) Demuestre que

$$E[Y] = r/p$$

(*Sugerencia*: Escriba $Y = Y_1 + \cdots + Y_r$, donde Y_i es el número de experimentos necesarios para llegar a i éxitos totales a partir de $i - 1$ éxitos totales.)

21. Si U está uniformemente distribuida en $(0, 1)$, muestre que $a + (b - a)U$ es uniforme en (a, b).

22. Usted llega a la parada de un camión a las 10 en punto, sabiendo que el camión llegará en algún momento, distribuido uniformemente, entre las 10 y las 10:30. ¿Cuál es la probabilidad de que usted tenga que esperar más de 10 minutos? Si a las 10:15 todavía no ha llegado el camión, ¿cuál es la probabilidad de que usted tenga que esperar por lo menos 10 minutos más?

23. Si X es una variable aleatoria normal con parámetros $\mu = 10$, $\sigma^2 = 36$, calcule:

    (a) $P\{X > 5\}$;
    (b) $P\{4 < X < 16\}$;
    (c) $P\{X < 8\}$;
    (d) $P\{X < 20\}$;
    (e) $P\{X > 16\}$.

24. Las puntuaciones, en la prueba de matemáticas del Scholastic Aptitude Test, de la población formada por los estudiantes de último año de preparatoria, tiene una distribución normal con media 500 y desviación estándar 100. Si se toman cinco estudiantes en forma aleatoria, encuentre la probabilidad de que **(a)** todos tengan puntuaciones debajo de 600 y **(b)** exactamente 3 de ellos tengan puntuaciones debajo de 640.

25. La precipitación anual por lluvias (en pulgadas) de cierta región tiene una distribución normal con $\mu = 40$, $\sigma = 4$. ¿Cuál es la probabilidad de que en 2 de los próximos 4 años la precipitación sea de más de 50 pulgadas? Suponga que las precipitaciones en los distintos años son independientes.

26. Los anchos de las ranuras (en pulgadas) de una pieza de duraluminio están distribuidos normalmente con $\mu = .9000$ y $\sigma = .0030$. Los límites dados en las especificaciones fueron $.9000 \pm .0050$. ¿Qué porcentaje de las piezas saldrá defectuoso? ¿Cuál es el valor máximo aceptable de σ que no permitirá más de 1 defectuoso en 100, si los anchos están normalmente distribuidos con $\mu = .9000$ y $\sigma = .0030$?

27. Cierto tipo de bombilla tiene un rendimiento con una distribución normal con media 2 000 bujías-pie finales y desviación estándar de 85 bujías-pie finales. Determine el límite inferior de la especificación L, de manera que sólo 5 por ciento de las bombillas producidas estén defectuosas. (Es decir, determine L tal que $P\{X \geq L\} = .95$, donde X es el rendimiento de una bombilla.)

28. Un fabricante produce pernos para los cuales se ha especificado que deben medir entre 1.19 y 1.21 pulgadas de diámetro. Si los diámetros de sus pernos tienen una distribución normal con media 1.2 pulgadas y desviación estándar de .005, ¿qué porcentaje de los pernos no cumplirán las especificaciones?

29. Sea $I = \int_{-\infty}^{\infty} e^{-x^2/2} \, dx$.

(a) Muestre que para toda μ y σ

$$\frac{1}{\sqrt{2\pi}\sigma} \int_{-\infty}^{\infty} e^{-(x-\mu)^2/2\sigma^2} \, dx = 1$$

es equivalente a $I = \sqrt{2\pi}$.

(b) Muestre que $I = \sqrt{2\pi}$ escribiendo

$$I^2 = \int_{-\infty}^{\infty} e^{-x^2/2} \, dx \int_{-\infty}^{\infty} e^{-y^2/2} \, dy = \int_{-\infty}^{\infty} \int_{-\infty}^{\infty} e^{-(x^2+y^2)/2} \, dx \, dy$$

y evaluando la integral doble mediante un cambio de variable a coordenadas polares. (Es decir, tome $x = r \cos \theta$, $y = r \sin \theta$, $dx \, dy = r \, dr \, d\theta$.)

30. Se dice que una variable aleatoria X tiene una distribución lognormal si $\log X$ está normalmente distribuida. Si X es lognormal con $E[\log X] = \mu$ y $\text{Var}(\log X) = \sigma^2$, determine la función de distribución de X. Es decir, ¿cuál es $P\{X \leq x\}$?

31. Los tiempos de vida de los chips de computadoras interactivas, fabricados por un productor de semiconductores tienen una distribución normal con media 4.4×10^6 horas y desviación estándar de 3×10^5 horas. Si un fabricante de computadoras *mainframe* necesita que por lo menos 90 por ciento de los chips de un lote grande tengan un tiempo de vida de por lo menos 4.0×10^6 horas, ¿debería contratar a la empresa de semiconductores?

32. En el problema 31, ¿cuál es la probabilidad de que un lote de 100 chips contenga por lo menos 4, cuyos tiempos de vida sean de menos de 3.8×10^6 horas?

33. El tiempo de vida de un cinescopio de televisión de color es una variable aleatoria normal con media de 8.2 años y desviación estándar de 1.4 años. ¿Qué porcentaje de estos tubos dura

   (a) más de 10 años?
   (b) menos de 5 años?
   (c) entre 5 y 10 años?

34. La precipitación anual por lluvias en Cincinnati tiene una distribución normal con media de 40.14 pulgadas y desviación estándar de 8.7 pulgadas.

   (a) ¿Cuál es la probabilidad de que este año la precipitación sea de más de 42 pulgadas?
   (b) ¿Cuál es la probabilidad de que las suma de las precipitaciones de los 2 próximos años sea de más de 84 pulgadas?
   (c) ¿Cuál es la probabilidad de que la suma de las precipitaciones de los próximos 3 años exceda 126 pulgadas?
   (d) En los incisos (b) y (c), ¿cuáles son sus suposiciones respecto a la independencia?

35. La altura de las mujeres adultas en Estados Unidos tiene una distribución normal con media de 64.5 pulgadas y desviación estándar de 2.4 pulgadas. Encuentre la probabilidad de que una mujer elegida al azar

(a) tenga menos de 63 pulgadas de estatura;

(b) tenga menos de 70 pulgadas de estatura;

(c) tenga entre 63 y 70 pulgadas de estatura;

(d) Alicia tiene una estatura de 72 pulgadas. ¿Cuál es el porcentaje de mujeres que son más bajas que Alicia?

(e) Encuentre la probabilidad de que la estatura promedio de dos mujeres tomadas al azar sea mayor a 66 pulgadas.

(f) Repita el inciso (e) con 4 mujeres tomada al azar

36. Las puntuaciones obtenidas en una prueba de IQ tienen una distribución normal con media de 100 y desviación estándar de 14.2. ¿En qué rango está el 1 por ciento superior?

37. El tiempo (en horas) que se necesita para reparar una máquina es una variable aleatoria distribuida exponencialmente, con parámetro $\lambda = 1$.

(a) ¿Cuál es la probabilidad de alcanzar un tiempo de reparación de más de 2 horas?

(b) ¿Cuál es la probabilidad condicional de que una reparación tome al menos 3 horas dado que ya ha durado más de 2 horas?

38. La duración de una radio, en años, está distribuida exponencialmente con parámetro $\lambda = \frac{1}{8}$. Si Jones compra una radio usada, ¿cuál es la probabilidad de que funcione 10 años más?

39. Jones piensa que los miles de millas que puede funcionar un coche, antes de que haya que venderlo como chatarra, es una variable aleatoria exponencial con parámetro $\frac{1}{20}$. Smith tiene un coche usado que dice que tiene sólo 10 000 millas. Si Jones compra el coche, ¿cuál es la probabilidad de que pueda usarlo todavía 20 000 millas más? Repita el ejercicio suponiendo que el tiempo de vida del coche, en millas, no tiene una distribución exponencial, sino que está uniformemente distribuido (en miles de millas) en (0, 40).

*40. Sean X_1, X_2, ..., X_n los n primeros tiempos de arribo en un proceso de Poisson y sea $S_n = \sum_{i=1}^{n} X_i$.

(a) ¿Cuál es la interpretación de S_n?

(b) Demuestre que los eventos $\{S_n \leq t\}$ y $\{N(t) \geq n\}$ son idénticos.

(c) Use la parte (b) para demostrar que

$$P\{S_n \leq t\} = 1 - \sum_{j=0}^{n-1} e^{-\lambda t}(\lambda t)^j / j!$$

(d) Por diferenciación de la función de distribución de S_n dada en la parte (c), concluya que S_n es una variable aleatoria gamma con parámetros n y λ. (Esto también se deduce del corolario 5.7.2.)

*41. Los temblores ocurren en una región dada de acuerdo con un proceso de Poisson con un índice de 5 por año.

(a) ¿Cuál es la probabilidad de que haya por lo menos dos temblores en la primera mitad del año 2010?

* De las secciones opcionales.

(b) Suponiendo que ocurre el evento en la parte (a), ¿cuál es la probabilidad de que no haya ningún temblor durante los 9 primeros meses del año 2011?

(c) Suponiendo que ocurre el evento de la parte (a), ¿cuál es la probabilidad de que haya por lo menos cuatro temblores durante los 9 primeros meses del año 2010?

*42. Considere que cuando se tira a un blanco en un plano bidimensional, la distancia horizontal del error tiene una distribución normal con media de 0 y varianza de 4, y que es independiente de la distancia vertical del error que también tiene una distribución normal con media de 0 y varianza de 4. Sea D la distancia entre el punto donde pega el tiro y el blanco. Encuentre $E[D]$.

43. Si X es una variable aleatoria chi cuadrada con 6 grados de libertad, encuentre

(a) $P\{X \leq 6\}$;

(b) $P\{3 \leq X \leq 9\}$.

44. Si X y Y son variables aleatorias chi cuadrada independientes con 3 y 6 grados de libertad, respectivamente, determine la probabilidad de que $X + Y$ sea mayor a 10.

45. Demuestre que $\Gamma(1/2) = \sqrt{\pi}$. (*Sugerencia:* Evalúe $\int_0^\infty e^{-x} x^{-1/2}\, dx$ tomando $x = y^2/2$, $dx = y\, dy$.)

46. Si T tiene una distribución t con 8 grados de libertad, encuentre **(a)** $P\{T \geq 1\}$, **(b)** $P\{T \leq 2\}$ y **(c)** $P\{-1 < T < 1\}$.

47. Si T_n tiene una distribución t con n grados de libertad, demuestre que T_n^2 tiene una distribución F con 1 y n grados de libertad.

---

* De las secciones opcionales.

Capítulo 6

DISTRIBUCIONES DE ESTADÍSTICOS MUESTRALES

6.1 INTRODUCCIÓN

La ciencia de la estadística se ocupa de obtener conclusiones a partir de los datos observados. Por ejemplo, una situación típica que se presenta en un estudio tecnológico ocurre cuando uno se enfrenta a una colección grande, o *población,* de objetos que tienen asociados valores mensurables. Uno espera llegar a algunas conclusiones acerca de la colección como un todo, realizando un *muestreo* adecuado de los objetos de esta colección, y analizando, después, los objetos muestreados.

Con el propósito de usar los datos muestrales para realizar inferencias acerca de toda la población, son necesarias algunas suposiciones respecto a la relación entre ambos (datos muestrales y población). Una de estas suposiciones, con frecuencia bastante razonable, es que existe una distribución de probabilidad (poblacional) subyacente de manera que los valores de las mediciones en los objetos que forman la población se pueden considerar como variables aleatorias independientes con esta distribución. Si se toman los datos muestrales de manera aleatoria, entonces es razonable pensar que éstos también son valores independientes que tienen esta distribución.

Definición

Si $X_1, \ldots, X_n$ son variables aleatorias independientes con una distribución común F, entonces decimos que constituyen una *muestra* (llamada algunas veces *muestra aleatoria*) de la distribución F.

La mayoría de las veces no se especifica completamente la distribución F y se emplean los datos para efectuar inferencias acerca de F. Algunas veces se supondrá que F está especificada con excepción de algunos parámetros desconocidos (por ejemplo, se puede suponer que F es una función de distribución normal con media y varianza desconocidos, o que es una función de distribución de

Poisson cuya media no se ha proporcionado), y en otras ocasiones se puede suponer que casi no se sabe nada de F (excepto, quizás, que se supone que es una distribución continua o discreta). A los problemas en que se especifica la forma de la distribución subyacente, a excepción de algunos parámetros, se les llama problemas de inferencia *paramétrica*; mientras que a los problemas en que no se presupone nada acerca de la forma de F se les llama problemas de inferencia *no paramétrica*.

EJEMPLO 6.1a   Suponga que se acaba de instalar un proceso para producir chips de computadora, y que cada uno de los chips producidos, mediante este nuevo proceso, tiene un tiempo de vida útil que es independiente con una distribución común desconocida F. Algunas veces hay razones físicas que sugieren la forma paramétrica de la distribución F; por ejemplo, nos pueden hacer suponer que F es una distribución normal, o que F es una distribución exponencial. En tales casos nos confrontamos con un problema estadístico paramétrico, en el cual buscamos usar los datos observados para estimar los parámetros de F. Por ejemplo, si sabemos que F es una distribución normal buscamos estimar su media y su varianza; si sabemos que F es exponencial buscamos estimar su media. En otras situaciones, tal vez no haya ninguna razón física para suponer que F tenga una forma determinada, en cuyo caso el problema de hacer inferencias acerca de F constituiría un problema de inferencia no paramétrica.   ∎

En este capítulo nos ocuparemos de distribuciones de probabilidad de ciertos estadísticos que provienen de una muestra, donde *estadístico* quiere decir una variable aleatoria, cuyos valores se determinan por los datos muestrales. Dos de los estadísticos importantes que trataremos aquí son la media y la varianza muestrales. En la sección 6.2 estudiaremos la media muestral y deduciremos su esperanza y su varianza. Observaremos que cuando el tamaño de la muestra es por lo menos moderadamente grande, la distribución de la media muestral es aproximadamente normal. Esto se sigue del teorema del límite central, que es uno de los conocimientos teóricos más importantes en probabilidad y que trataremos en la sección 6.3. En la sección 6.4 presentaremos el concepto de varianza muestral y determinaremos su valor esperado. En la sección 6.5 supondremos que la distribución poblacional es normal y presentaremos la distribución conjunta de la media muestral y de la varianza muestral. En la sección 6.6 vamos a considerar que tomamos la muestra de una población de elementos finita, y explicaremos qué significa que la muestra sea una "muestra aleatoria". Cuando el tamaño de la población es grande en relación con el tamaño de la muestra, entonces acostumbramos considerar a la población como si fuera infinita; ofreceremos un ejemplo de esta situación y analizaremos sus consecuencias.

6.2 LA MEDIA MUESTRAL

Consideremos una población de elementos, y que a cada uno se le ha asociado un número, un valor. Por ejemplo, la población puede consistir de los adultos de una comunidad determinada y el número asociado a cada adulto sería su ingreso anual, su estatura o su edad, etcétera. Con frecuencia suponemos que el valor asignado a cada miembro de la población se puede considerar como el valor de un variable aleatoria con esperanza μ y varianza σ^2. A las cantidades μ y σ^2 se les denomina *media poblacional* y *varianza poblacional*, respectivamente. Sea $X_1, X_2 \ldots, X_n$ una muestra de valores de esta población. La media muestral se define mediante

$$\overline{X} = \frac{X_1 + \cdots + X_n}{n}$$

Como el valor de la media muestral $\overline{X}$ está determinado por los valores de las variables aleatorias en la muestra, tenemos que $\overline{X}$ es también una variable aleatoria. Su valor esperado y su varianza se obtienen como sigue:

$$E[\overline{X}] = E\left[\frac{X_1 + \cdots + X_n}{n}\right]$$

$$= \frac{1}{n}(E[X_1] + \cdots + E[X_n])$$

$$= \mu$$

y

$$\text{Var}(\overline{X}) = \text{Var}\left(\frac{X_1 + \cdots + X_n}{n}\right)$$

$$= \frac{1}{n^2}[\text{Var}(X_1) + \cdots + \text{Var}(X_n)] \qquad \text{por independencia}$$

$$= \frac{n\sigma^2}{n^2}$$

$$= \frac{\sigma^2}{n}$$

donde μ y σ^2 son la media poblacional y la varianza poblacional, respectivamente. Por lo que el valor esperado de la media muestral es la media poblacional, μ; mientras que su varianza es $1/n$ veces por la varianza poblacional. Por lo que concluimos que $\overline{X}$ también está centrada alrededor de la media poblacional μ, pero su dispersión se reduce conforme aumenta el tamaño de la muestra. En la figura 6.1 se representan las gráficas de las funciones de densidad de probabilidad de la media muestral de una población normal estándar, para tamaños diferentes de la muestra.

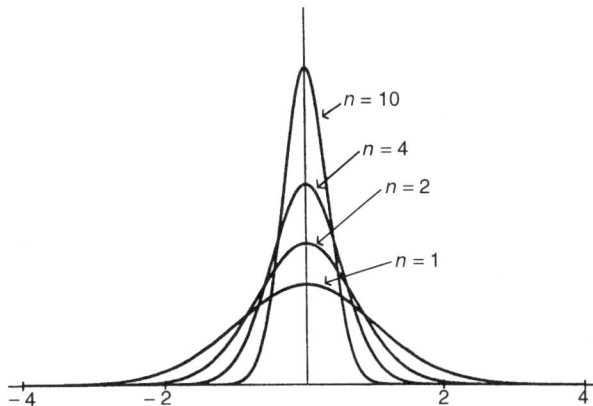

FIGURA 6.1   *Densidades de medias muestrales obtenidas de una población normal estándar.*

6.3 EL TEOREMA DEL LÍMITE CENTRAL

En esta sección consideraremos uno de los conocimientos más importantes en probabilidad, el *teorema del límite central*. En pocas palabras, el teorema del límite central dice que la suma de un número grande de variables aleatorias independientes tiene una distribución que resulta aproximadamente normal. Por lo tanto, no sólo nos da un método simple para calcular probabilidades aproximadas de sumas de variables aleatorias independientes, sino que también nos ayuda a explicar el importante hecho de que las frecuencias empíricas de muchas poblaciones naturales presenten una curva en forma de campana (es decir, una curva normal).

En su forma más simple el teorema del límite central es como sigue:

Teorema 6.3.1 El teorema del límite central

Sea $X_1, X_2, \ldots, X_n$ una sucesión de variables aleatorias independientes e idénticamente distribuidas con media μ y varianza σ^2. Entonces para n grande, la distribución de

$$X_1 + \cdots + X_n$$

es aproximadamente normal con media $n\mu$ y desviación estándar $n\sigma^2$.

Del teorema del límite central se sigue que

$$\frac{X_1 + \cdots + X_n - n\mu}{\sigma\sqrt{n}}$$

es aproximadamente una variable aleatoria normal estándar; entonces para n grande,

$$P\left\{\frac{X_1 + \cdots + X_n - n\mu}{\sigma\sqrt{n}} < x\right\} \approx P\{Z < x\}$$

donde Z es una variable aleatoria normal estándar.

EJEMPLO 6.3a Una compañía de seguros tiene 25 000 automóviles asegurados. Si el pago anual a un asegurado es una variable aleatoria con media 320 y desviación estándar 540, aproxime la probabilidad de que el pago total anual a sus asegurados sea mayor a 8.3 millones.

SOLUCIÓN Sea X el pago total anual a sus asegurados. Sea X_i el pago total anual al asegurado i. Para $n = 25\,000$ tenemos, con el teorema del límite central, que $X = \sum_{i=1}^{n} X_i$ tendrá una distribución aproximadamente normal con media $320 \times 25\,000 = 8 \times 10^6$ y desviación estándar $540\sqrt{25\,000} = 8.5381 \times 10^4$. Por lo tanto,

$$P\{X > 8.3 \times 10^6\} = P\left\{\frac{X - 8 \times 10^6}{8.5381 \times 10^4} > \frac{8.3 \times 10^6 - 8 \times 10^6}{8.5381 \times 10^4}\right\}$$

$$= P\left\{ \frac{X - 8 \times 10^6}{8.5381 \times 10^4} > \frac{.3 \times 10^6}{8.5381 \times 10^4} \right\}$$

$$\approx P\{Z > 3.51\} \qquad \text{donde } Z \text{ es una distribución normal estándar}$$

$$\approx .00023$$

De manera que hay sólo 2.3 oportunidades en 10 000 de que el pago anual de seguros sea mayor a 8.3 millones. ∎

EJEMPLO 6.3b Los ingenieros civiles creen que el peso W (en miles de libras) que puede soportar un puente sin que su estructura sufra algún daño tiene una distribución normal con media 400 y desviación estándar de 40. Suponga que el peso de un coche (también en miles de libras) es una variable aleatoria con media 3 y desviación estándar de .3. ¿Cuántos coches tendría que haber en el puente para que la probabilidad de que su estructura sufra algún daño sea mayor de .1?

SOLUCIÓN Sea P_n la probabilidad de que el puente sufra algún daño en su estructura cuando en el puente hay n coches. Esto es,

$$P_n = P\{X_1 + \cdots + X_n \geq W\}$$
$$= P\{X_1 + \cdots + X_n - W \geq 0\}$$

donde X_i es el peso del coche i-ésimo $i = 1,\ldots, n$. Por el teorema del límite central tenemos que $\sum_{i=1}^{n} X_i$ es aproximadamente normal con media $3n$ y varianza $.09n$. Por lo tanto, como W es independiente de X_i, $i = 1,\ldots, n$, y también es normal, tenemos que $\sum_{i=1}^{n} X_i - W$ es aproximadamente normal con media y desviación estándar dadas por

$$E\left[\sum_1^n X_i - W \right] = 3n - 400$$

$$\text{Var}\left(\sum_1^n X_i - W \right) = \text{Var}\left(\sum_1^n X_i \right) + \text{Var}(W) = .09n + 1\,600$$

Por lo que si

$$Z = \frac{\sum_{i=1}^{n} X_i - W - (3n - 400)}{\sqrt{.09n + 1\,600}}$$

entonces,

$$P_n = P\left\{ Z \geq \frac{-(3n - 400)}{\sqrt{.09n + 1\,600}} \right\}$$

donde Z es aproximadamente una variable aleatoria normal estándar. Ahora $P\{Z \geq 1.28\} \approx .1$, y entonces si el número n de coches es tal que

$$\frac{400 - 3n}{\sqrt{.09n + 1\,600}} \le 1.28$$

o

$$n \ge 117$$

hay por lo menos una oportunidad en 10 de que la estructura sufra algún daño. ∎

El programa 6.1 del disco que acompaña el libro ilustra el teorema del límite central. Este programa grafica la función de masa de probabilidad de la suma de n variables aleatorias independientes e idénticamente distribuidas, cada una de las cuales toma uno de los valores 0, 1, 2, 3, 4. Para utilizar el programa uno tiene que dar las probabilidades de estos cinco valores, y el valor deseado de n. En las figuras 6.2 (a) a (f) se presentan las gráficas resultantes para determinado conjunto de probabilidades cuando $n = 1, 3, 5, 10, 25, 100$.

Uno de los usos más importantes del teorema del límite central es en relación con las variables aleatorias binomiales. Como una variable aleatoria binomial X con parámetros (n, p) representa el número de éxitos en n ensayos independientes, siendo p la probabilidad de éxito de cada ensayo, expresamos esto como

$$X = X_1 + \cdots + X_n$$

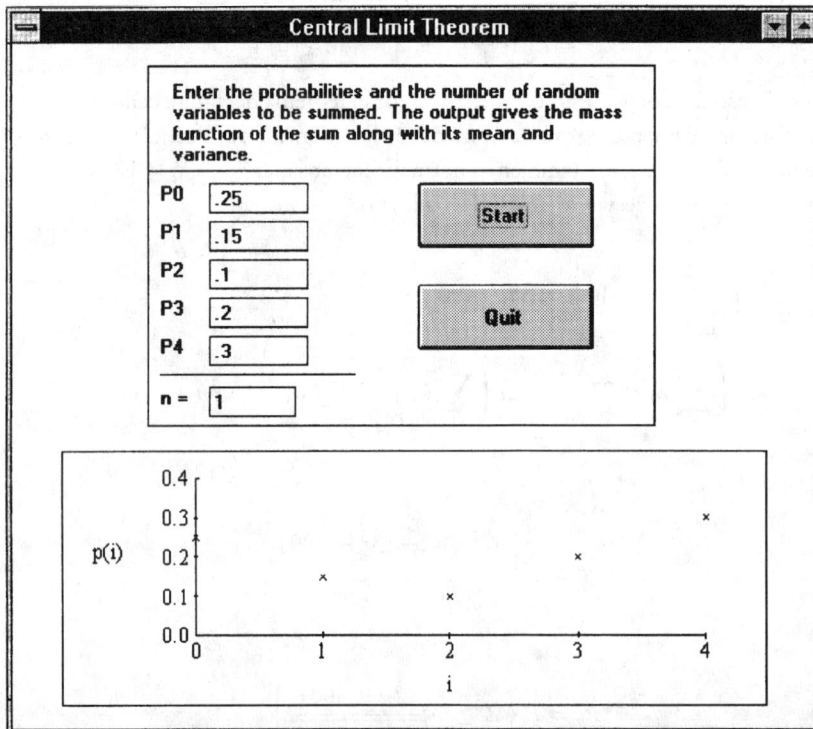

(a)

FIGURA 6.2   *(a)* $n = 1$, *(b)* $n = 3$, *(c)* $n = 5$, *(d)* $n = 10$, *(e)* $n = 25$, *(f)* $n = 100$.

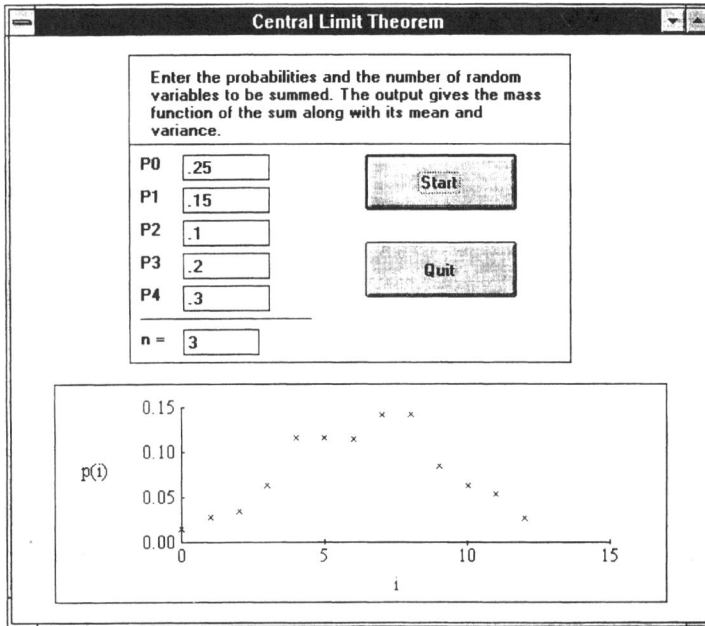

(b)

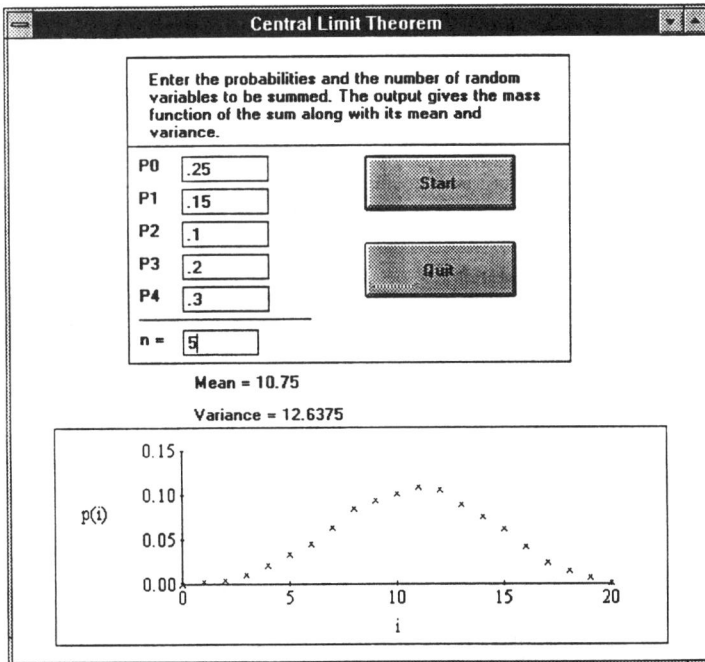

(c)

FIGURA 6.2 *(continuación)*

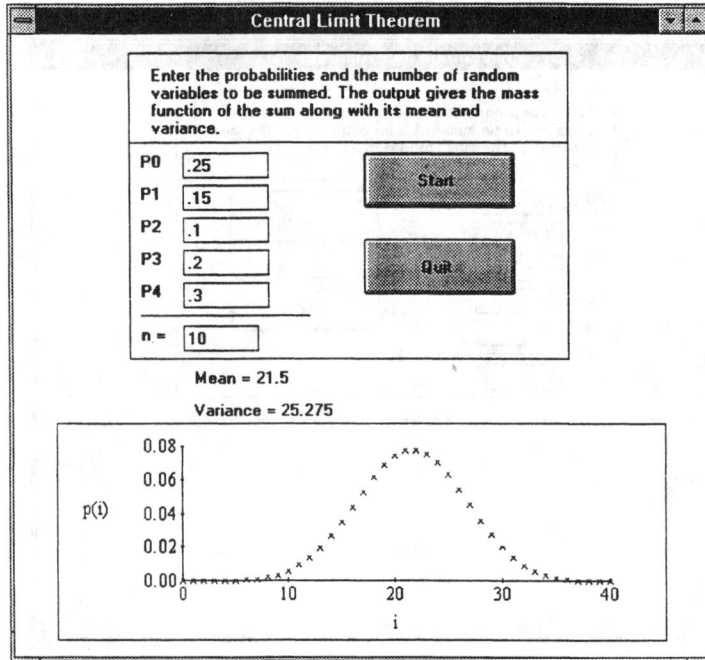

(d)

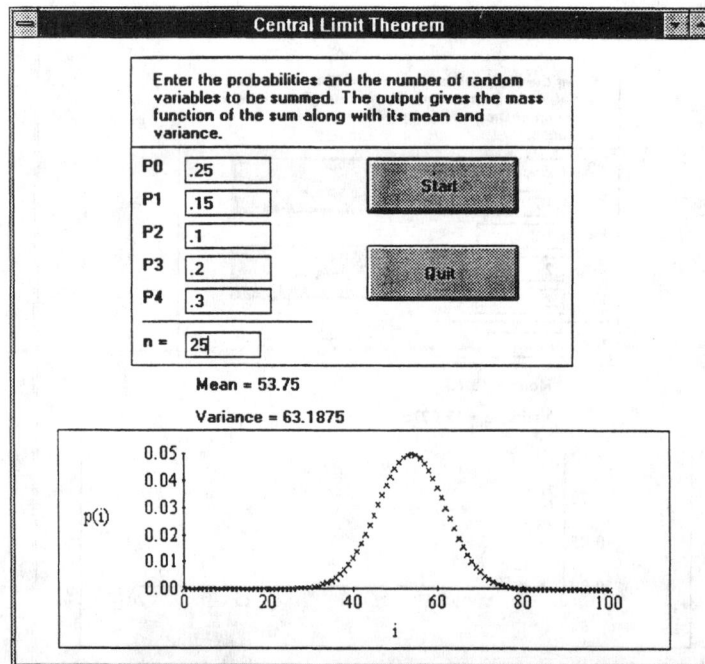

(e)

FIGURA 6.2 *(continuación)*

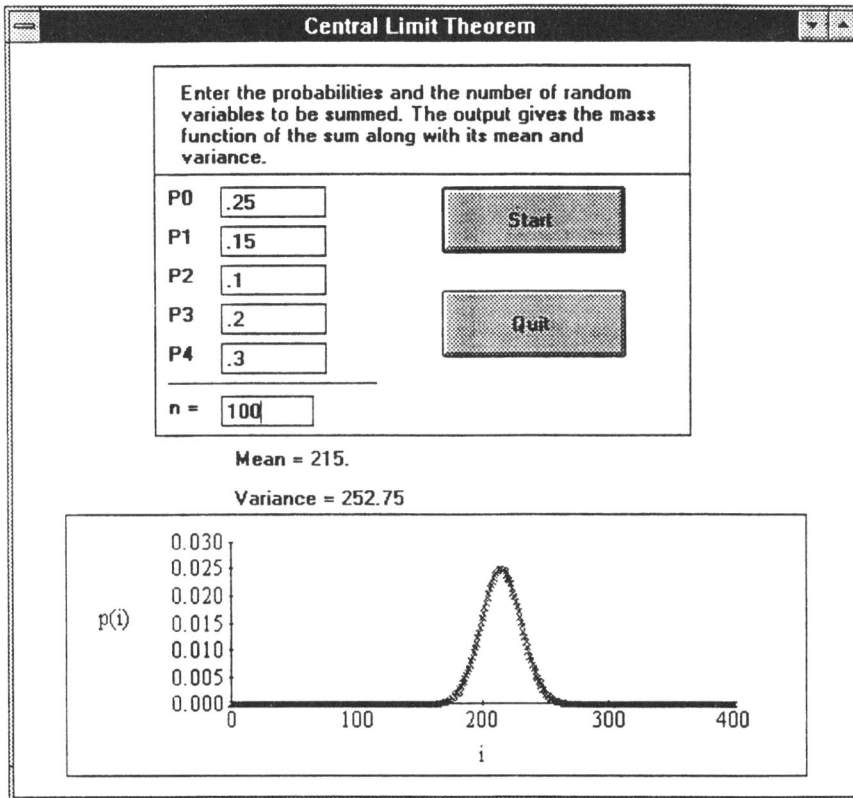

FIGURA 6.2   *(continuación)*

donde

$$X_i = \begin{cases} 1 & \text{si el ensayo } i\text{-ésimo es un éxito} \\ 0 & \text{de otra manera} \end{cases}$$

Ya que

$$E[X_i] = p, \qquad \text{Var}(X_i) = p(1-p)$$

tenemos, por el teorema del límite central, que para n grande

$$\frac{X - np}{\sqrt{np(1-p)}}$$

será aproximadamente una variable aleatoria normal estándar [véase la figura 6.3 que ilustra gráficamente cómo la función de masa de probabilidad de variable aleatoria binomial (n, p) se vuelve cada vez más normal conforme n crece].

EJEMPLO 6.3c En una determinada universidad el tamaño ideal de una clase de primer año es de 150 estudiantes. Como la universidad sabe por experiencia que en promedio sólo el 30 por ciento de los estudiantes que solicitan inscripción se inscriben realmente, sigue la política de aprobar 450 solicitudes de inscripción. Calcule la probabilidad de que se inscriban, para primer año, más de 150 alumnos.

SOLUCIÓN Sea X el número de estudiantes que se inscriben; entonces, suponiendo que cada solicitante aceptado se inscribirá independientemente, tenemos que X es una variable aleatoria binomial con parámetros $n = 450$ y $p = .3$. Como la distribución binomial es una distribución discreta y la distribución normal es una distribución continua, cuando se aplica la aproximación normal es mejor calcular $P\{X = i\}$ como $P\{i - .5 < X < i + .5\}$ (a esto se le llama la corrección de continuidad). Que resulta en la aproximación

$$P\{X > 150.5\} = P\left\{ \frac{X - (450)(.3)}{\sqrt{450(.3)(.7)}} \geq \frac{150.5 - (450)(.3)}{\sqrt{450(.3)(.7)}} \right\}$$

$$\approx P\{Z > 1.59\} = .06$$

Así, tan sólo 6 por ciento de las veces se inscribirán más de 150 de los 450 aceptados. ∎

Hay que destacar que ahora tenemos dos posibilidades de aproximar probabilidades binomiales: la aproximación de Poisson, que resulta adecuada cuando n es grande y p es pequeña, y la aproximación normal que, como se puede demostrar, es bastante buena cuando $np(1 - p)$ es grande. [La aproximación normal será en general bastante buena para valores de n que satisfagan $np(1 - p) \geq 10$.]

6.3.1 DISTRIBUCIÓN APROXIMADA DE LA MEDIA MUESTRAL

Sea $X_1, \ldots, X_n$ una muestra de una población con media μ y varianza σ^2. El teorema del límite central sirve para aproximar la distribución de la media muestral

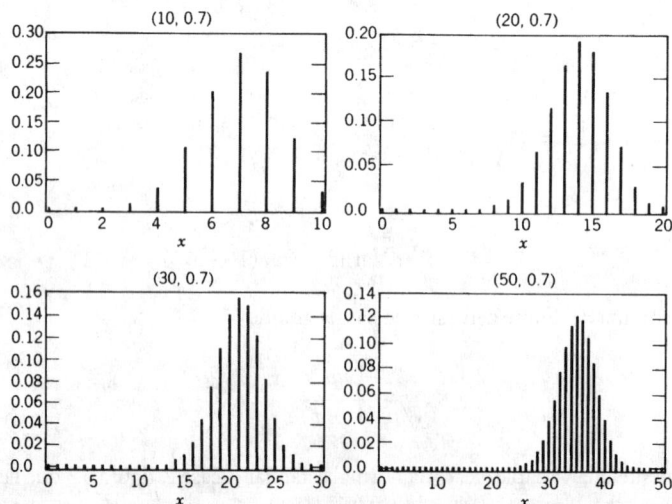

FIGURA 6.3 *Convergencia de la función de masa de probabilidad binomial a la densidad normal.*

$$\overline{X} = \sum_{i=1}^{n} X_i/n$$

Como un múltiplo constante de una variable aleatoria normal es también normal, tenemos, por el teorema del límite central, que $\overline{X}$ será aproximadamente normal cuando el tamaño n de la muestra sea grande. Como la media muestral tiene valor esperado μ y desviación estándar $\sigma/\sqrt{n}$, entonces tenemos que

$$\frac{\overline{X} - \mu}{\sigma/\sqrt{n}}$$

tiene aproximadamente una distribución normal estándar.

EJEMPLO 6.3d   Los pesos de una población de trabajadores tienen media 167 y desviación estándar 27.

(a) Si se toma una muestra de 36 trabajadores, aproxime la probabilidad de que la media muestral de sus pesos esté entre 163 y 170.

(b) Repita la parte (a) con una muestra de tamaño 144.

SOLUCIÓN   Sea Z una variable aleatoria normal estándar.

(a) Por el teorema del límite central tenemos que $\overline{X}$ es aproximadamente normal con media 167 y desviación estándar $27/\sqrt{36} = 4.5$. Entonces,

$$P\{163 < \overline{X} < 170\} = P\left\{\frac{163 - 167}{4.5} < \frac{\overline{X} - 167}{4.5} < \frac{170 - 167}{4.5}\right\}$$

$$= P\left\{-.8889 < \frac{\overline{X} - 167}{4.5} < .8889\right\}$$

$$\approx 2P\{Z < .8889\} - 1$$

$$\approx .6259$$

(b) Para una muestra de tamaño 144, la media muestral será aproximadamente normal con media 167 y desviación estándar $27/\sqrt{144} = 2.25$. Por lo que

$$P\{163 < \overline{X} < 170\} = P\left\{\frac{163 - 167}{2.25} < \frac{\overline{X} - 167}{2.25} < \frac{170 - 167}{2.25}\right\}$$

$$= P\left\{-1.7778 < \frac{\overline{X} - 167}{4.5} < 1.7778\right\}$$

$$\approx 2P\{Z < 1.7778\} - 1$$

$$\approx .9246$$

Así, cuando aumenta el tamaño de la muestra de 36 a 144 aumenta la probabilidad de .6259 a .9246.   ■

EJEMPLO 6.3e Un astrónomo quiere medir la distancia del observatorio a una estrella distante. A causa de las perturbaciones atmosféricas, ninguna medición dará la distancia exacta d. Por lo que el astrónomo decide realizar varias mediciones y usar su promedio como una estimación de la distancia real. Si el astrónomo considera que las sucesivas mediciones son variables aleatorias independientes con media de d años luz y desviación estándar de 2 años luz, ¿cuántas mediciones necesita para tener por lo menos un 95 por ciento de seguridad de que su estimación es correcta con ±.5 años luz?

SOLUCIÓN Si el astrónomo hace n mediciones, entonces $\overline{X}$, la media muestral de estas mediciones, será aproximadamente una variable aleatoria normal con media d y desviación estándar $2/\sqrt{n}$. Entonces la probabilidad de que esté entre $d \pm .5$ se obtiene como sigue:

$$P\{-.5 < \overline{X} - d < .5\} = P\left\{ \frac{-.5}{2/\sqrt{n}} < \frac{\overline{X} - d}{2/\sqrt{n}} < \frac{.5}{2/\sqrt{n}} \right\}$$

$$\approx P\{-\sqrt{n}/4 < Z < \sqrt{n}/4\}$$

$$= 2P\{Z < \sqrt{n}/4\} - 1$$

donde Z es una variable aleatoria normal estándar.

Por lo que el astrónomo deberá hacer n mediciones, con n tal que

$$2P\{Z < \sqrt{n}/4\} - 1 \geq .95$$

o, su equivalente,

$$P\{Z < \sqrt{n}/4\} \geq .975$$

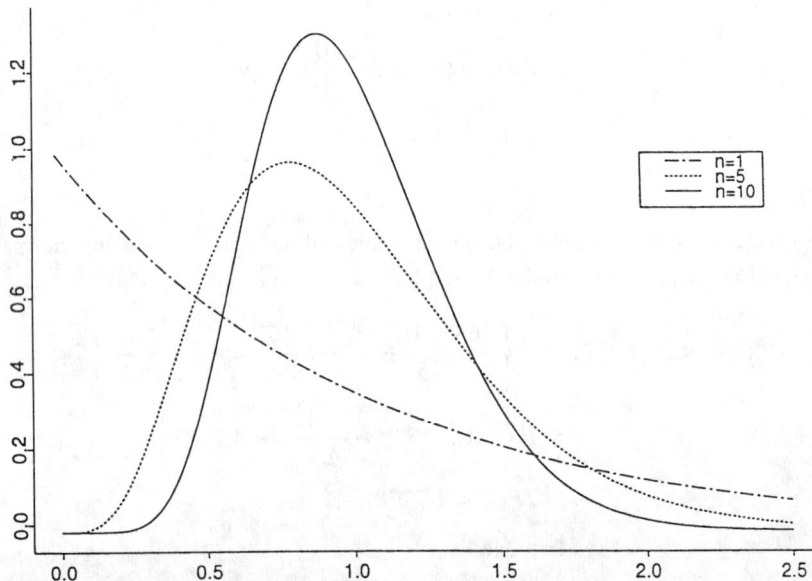

FIGURA 6.4 *Densidad del promedio de n variables aleatorias exponenciales con media 1.*

Ya que $P\{Z < 1.96\} = .975$, tenemos que n debe elegirse de manera que

$$\sqrt{n}/4 \geq 1.96$$

Es decir, se necesitan por lo menos 62 observaciones.   ■

6.3.2 Determinación del tamaño de la muestra

El teorema del límite central deja abierta la cuestión del tamaño n que debe tener la muestra para que la aproximación normal sea válida. En realidad la respuesta depende de la distribución de la población de los datos muestrales. Por ejemplo, si la distribución poblacional de que se trata es normal, entonces la media muestral $\overline{X}$ será también normal, sin importar el tamaño de la muestra. Como regla general, uno puede confiar en la aproximación normal siempre que el tamaño n de la muestra sea por lo menos de 30. Es decir, no importa qué tan anormal sea la distribución de la población de que se trate, la media muestral de una muestra cuyo tamaño es de por lo menos 30, será aproximadamente normal. En la mayoría de los casos, la aproximación normal es válida para muestras de tamaño mucho menor. Con frecuencia será suficiente una muestra de tamaño 5 para que la aproximación sea válida. La figura 6.4 presenta la distribución de las medias muestrales de una distribución poblacional exponencial para muestras de tamaños $n = 1, 5, 10$.

6.4 LA VARIANZA MUESTRAL

Sean $X_1, \ldots, X_n$ muestras aleatorias de una distribución con media μ y varianza σ^2. Sea $\overline{X}$ la media muestral, y recordemos la siguiente definición de la seccion 2.3.2.

Definición

Al estadístico S^2, definido por

$$S^2 = \frac{\sum_{i=1}^{n}(X_i - \overline{X})^2}{n - 1}$$

se le denomina la *varianza muestral*, a $S = \sqrt{S^2}$ se le llama la *desviación estándar muestral*.

Para calcular $E[S^2]$, usamos la igualdad que se demostró en la sección 2.3.2: para todo $x_1, \ldots, x_n$

$$\sum_{i=1}^{n}(x_i - \overline{x})^2 = \sum_{i=1}^{n} x_i^2 - n\overline{x}^2$$

donde $\overline{x} = \sum_{i=1}^{n} x_i/n$. Con esta igualdad tenemos que

$$(n - 1)S^2 = \sum_{i=1}^{n} X_i^2 - n\overline{X}^2$$

Tomando la esperanza en ambos lados de la igualdad anterior y usando el hecho de que para toda variable aleatoria W, $E[W^2] = \text{Var}(W) + (E[W])^2$, obtenemos

$$(n-1)E[S^2] = E\left[\sum_{i=1}^{n} X_i^2\right] - nE[\overline{X}^2]$$

$$= nE[X_1^2] - nE[\overline{X}^2]$$

$$= n\,\text{Var}(X_1) + n(E[X_1])^2 - n\,\text{Var}(\overline{X}) - n(E[\overline{X}])^2$$

$$= n\sigma^2 + n\mu^2 - n(\sigma^2/n) - n\mu^2$$

$$= (n-1)\sigma^2$$

o

$$E[S^2] = \sigma^2$$

Es decir, el valor esperado de la varianza muestral S^2 es igual a la varianza poblacional σ^2.

6.5 DISTRIBUCIÓN MUESTRAL DE UNA POBLACION NORMAL

Sea $X_1, X_2,\ldots, X_n$ una muestra de una población normal con media μ y varianza σ^2. Es decir, son independientes y $X_i \sim \mathcal{N}(\mu, \sigma^2)$, $i = 1, \ldots, n$. Y sean

$$\overline{X} = \sum_{i=1}^{n} X_i/n$$

y

$$S^2 = \frac{\sum_{i=1}^{n}(X_i - \overline{X})^2}{n-1}$$

la media muestral y la varianza muestral, respectivamente. Ahora queremos calcular su distribución.

6.5.1 DISTRIBUCIÓN DE LA MEDIA MUESTRAL

Como la suma de variables aleatorias normales independientes tiene una distribución normal, entonces $\overline{X}$ es normal con media

$$E[\overline{X}] = \sum_{i=1}^{n} \frac{E[X_i]}{n} = \mu$$

y varianza

$$\text{Var}(\overline{X}) = \frac{1}{n^2} \sum_{i=1}^{n} \text{Var}(X_i) = \sigma^2/n$$

Es decir, $\overline{X}$, el promedio de la muestra, es normal con una media igual a la media poblacional y con una varianza reducida en un factor de $1/n$. De esto resulta que

$$\frac{\overline{X} - \mu}{\sigma/\sqrt{n}}$$

es una variable aleatoria normal estándar.

6.5.2 Distribución conjunta de $\overline{X}$ y S^2

En esta sección no sólo obtendremos la distribución de la varianza muestral S^2, sino que también descubriremos un hecho fundamental acerca de las muestras normales, que $\overline{X}$ y S^2 son independientes teniendo $(n-1)S^2/\sigma^2$ una distribución chi cuadrada con $n-1$ grados de libertad.

Para empezar observe que para los números $x_1, \ldots, x_n$, hacemos $y_i = x_i - \mu$, $i = 1, \ldots, n$. Entonces como $\bar{y} = \bar{x} - \mu$, por la igualdad

$$\sum_{i=1}^{n}(y_i - \bar{y})^2 = \sum_{i=1}^{n} y_i^2 - n\bar{y}^2$$

entonces

$$\sum_{i=1}^{n}(x_i - \bar{x})^2 = \sum_{i=1}^{n}(x_i - \mu)^2 - n(\bar{x} - \mu)^2$$

Ahora, si $X_1, \ldots, X_n$ es una muestra de una población normal con media μ y varianza σ^2, entonces por la igualdad anterior obtenemos que

$$\frac{\sum_{i=1}^{n}(X_i - \mu)^2}{\sigma^2} = \frac{\sum_{i=1}^{n}(X_i - \overline{X})^2}{\sigma^2} + \frac{n(\overline{X} - \mu)^2}{\sigma^2}$$

o, equivalentemente,

$$\sum_{i=1}^{n}\left(\frac{X_i - \mu}{\sigma}\right)^2 = \frac{\sum_{i=1}^{n}(X_i - \overline{X})^2}{\sigma^2} + \left[\frac{\sqrt{n}(\overline{X} - \mu)}{\sigma}\right]^2 \tag{6.5.1}$$

Debido a que $(X_i - \mu)/\sigma$, $i = 1, \ldots, n$ son normales unitarias independientes, entonces el lado izquierdo de la ecuación 6.5.1, es una variable aleatoria chi cuadrada con n grados de libertad. También, como se indica en la sección 6.5.1, $\sqrt{n}(\overline{X} - \mu)/\sigma$ es una variable aleatoria normal estándar, y entonces su cuadrado es una variable aleatoria chi cuadrada con 1 grado de libertad. Entonces, la ecuación 6.5.1 iguala una variable aleatoria chi cuadrada con n grados de libertad a una suma de dos variables aleatorias, una de las cuales es chi cuadrada con 1 grado de libertad. Pero se ha demostrado que la suma de dos variables aleatorias chi cuadrada independientes es también chi cuadrada con un grado de libertad igual a la suma de los dos grados de libertad. Por lo que parecerá razonable pensar que los dos términos del lado derecho de la ecuación 6.5.1 sean independientes, teniendo $\sum_{i=1}^{n}(X_i - \overline{X})^2/\sigma^2$ con una distribución chi cuadrada con $n-1$ grados de libertad. Ya que dicho resultado es probable tenemos el siguiente teorema fundamental.

Teorema 6.5.1

Si $X_1, \ldots, X_n$ es una muestra de una población normal con media μ y varianza σ^2, entonces $\overline{X}$ y S^2 son variables aleatorias independientes, siendo $\overline{X}$ normal con media μ y varianza σ^2/n y siendo $(n-1)S^2/\sigma^2$ chi cuadrada con $n-1$ grados de libertad.

El teorema 6.5.1 no sólo nos da las distribuciones de $\overline{X}$ y S^2 para una población normal sino también prueba el importante hecho de que son independientes. De hecho, encontramos que esta independencia de $\overline{X}$ y S^2 es una propiedad única de la distribución normal. Su importancia será evidente en los capítulos siguientes.

EJEMPLO 6.5a El tiempo que le toma a un procesador central procesar un determinado tipo de tarea tiene una distribución normal con media de 20 segundos y desviación estándar de 3 segundos. Si se observa una muestra de 15 de estas tareas, ¿cuál es la probabilidad de que la varianza muestral sea mayor a 12?

SOLUCIÓN Como la muestra es de tamaño $n = 15$ y $\sigma^2 = 9$, escribimos

$$P\{S^2 > 12\} = P\left\{ \frac{14S^2}{9} > \frac{14}{9} \cdot 12 \right\}$$
$$= P\{\chi^2_{14} > 18.67\}$$
$$= 1 - .8221 \qquad \text{con el programa 5.8.1a}$$
$$= .1779 \quad \blacksquare$$

El siguiente corolario del teorema 6.5.1 nos será muy útil en los capítulos siguientes.

Corolario 6.5.2

Sea $X_1, \ldots, X_n$ una muestra de una población normal con media μ. Si $\overline{X}$ denota la media muestral y S la desviación estándar muestral, entonces,

$$\sqrt{n}\frac{(\overline{X} - \mu)}{S} \sim t_{n-1}$$

Es decir, $\sqrt{n}(\overline{X} - \mu)/S$ tiene una distribución t con $n-1$ grados de libertad.

Prueba

Recordemos que una variable aleatoria t con n grados de libertad está definida como una distribución de

$$\frac{Z}{\sqrt{\chi^2_n/n}}$$

donde Z es una variable aleatoria normal estándar que es independiente de χ_n^2, una variable aleatoria chi cuadrada con n grados de libertad. Entonces con el teorema 6.5.1 tenemos que

$$\frac{\sqrt{n}(\overline{X} - \mu)/\sigma}{\sqrt{S^2/\sigma^2}} = \sqrt{n}\frac{(\overline{X} - \mu)}{S}$$

es una variable aleatoria t con $n - 1$ grados de libertad. $\quad\square$

6.6 MUESTREO DE UNA POBLACIÓN FINITA

Consideremos una población de N elementos, y supongamos que p es la proporción de la población que tiene una determinada característica de interés; es decir, Np elementos tienen la característica y $N(1 - p)$ no la tienen. Se dice que una muestra de tamaño n de esta población es una *muestra aleatoria* si se elige de manera que cada uno de los $\binom{N}{n}$ subconjuntos de tamaño n de la población tenga la misma posibilidad de ser la muestra. Por ejemplo, si la población consiste de los tres elementos a, b, c, entonces una muestra aleatoria de tamaño 2 es aquella tomada de manera que cada uno de los subconjuntos $\{a, b\}$, $\{a, c\}$ y $\{b, c\}$ tenga la misma posibilidad de ser la muestra. Se puede tomar un subconjunto aleatorio secuencialmente, haciendo que cada uno de los N elementos de la población tenga la misma posibilidad de ser el primer elemento, después cada uno de los $N - 1$ elementos restantes tenga la misma posibilidad de ser el segundo elemento, y así sucesivamente.

Supongamos ahora que se tomado una muestra aleatoria de tamaño n de una población de tamaño N. Para $i = 1,\ldots, n$, sea

$$X_i = \begin{cases} 1 & \text{si el miembro } i\text{-ésimo de la muestra tiene la característica} \\ 0 & \text{de otro modo} \end{cases}$$

Consideremos ahora la suma de las X_i; es decir,

$$X = X_1 + X_2 + \cdots + X_n$$

Ya que el término X_i contribuye con 1 a la suma si el miembro i-ésimo de la muestra tiene la característica y con 0 si no la tiene, entonces X es igual al número de los miembros de la muestra que posee la característica. Además, la media muestral

$$\overline{X} = X/n = \sum_{i=1}^{n} X_i/n$$

es igual a la proporción de los miembros de la muestra que posee la característica.

Consideremos ahora las probabilidades asociadas con los estadísticos X y $\overline{X}$. Para empezar, observe que como cada uno de los N miembros de la población tiene la misma posibilidad de ser el miembro i-ésimo de la muestra, resulta que

$$P\{X_i = 1\} = \frac{Np}{N} = p$$

También

$$P\{X_i = 0\} = 1 - P\{X_i = 1\} = 1 - p$$

Es decir, cada X_i es igual a 1 o a 0 con probabilidad respectiva p y $1 - p$.

Hay que notar que las variables aleatorias $X_1, X_2, \ldots, X_n$ no son independientes. Por ejemplo, como es igualmente posible que el segundo elegido sea cualquiera de los N miembros de la población, de los cuales Np tienen la característica, entonces la probabilidad de que el segundo elegido tenga la característica es $Np/N = P$. Es decir, sin saber nada del resultado de la primera elección,

$$P\{X_2 = 1\} = p$$

Sin embargo, la probabilidad condicional de que $X_2 = 1$, puesto que el primer seleccionado tiene la característica, es

$$P\{X_2 = 1|X_1 = 1\} = \frac{Np - 1}{N - 1}$$

lo cual se vuelve claro observando que si el primer seleccionado tiene la característica, entonces el segundo seleccionado es igualmente posible que sea cualquiera de los $N - 1$ elementos restantes, de los cuales $Np - 1$ tiene la característica. De manera similar, la probabilidad de que el segundo seleccionado tenga la característica puesto que el primero no la tiene es

$$P\{X_2 = 1|X_1 = 0\} = \frac{Np}{N - 1}$$

Entonces, saber si el primer elemento de la muestra aleatoria tiene o no la característica modifica la probabilidad de que el siguiente la tenga. No obstante, cuando el tamaño N de la población es grande respecto al tamaño n de la muestra está modificación será muy pequeña. Por ejemplo, si $N = 1\,000$, $p = .4$, entonces

$$P\{X_2 = 1|X_1 = 1\} = \frac{399}{999} = .3994$$

que está muy cercano a la probabilidad incondicional de que $X_2 = 1$; que es

$$P\{X_2 = 1\} = .4$$

De manera similar, la probabilidad de que el segundo elemento de la muestra tenga la característica dado que el primero no la tiene es

$$P\{X_2 = 1|X_1 = 0\} = \frac{400}{999} = .4004$$

que también está muy próximo a 4.

Se puede demostrar que cuando el tamaño N de la población es grande en relación con el tamaño n de la muestra, entonces $X_1, X_2 \ldots, X_n$ son aproximadamente independientes. Ahora, si consideramos a cada una de las X_i como el resultado de un ensayo que es un éxito si X_i es igual a 1 y un fracaso si no es así, entonces consideramos que $X = \sum_{i=1}^{n} X_i$ representa el número total de éxitos en n ensayos. Entonces, si las X_i fueran independientes, X sería una variable aleatoria binomial con parámetros n y p. Dicho en otras palabras, cuando el tamaño N de la población es grande respecto al tamaño n de la muestra, entonces la distribución del número de miembros de la muestra que posee esa característica es aproximadamente la de una variable aleatoria binomial con parámetros n y p.

OBSERVACIONES

Es claro que X es una variable aleatoria hipergeométrica (véase sección 5.4), y, por ende, lo anterior muestra que cuando el número de elementos elegidos es pequeño respecto al número total de elementos, se puede aproximar una variable aleatoria hipergeométrica mediante una variable aleatoria binomial.

> En el resto del libro supondremos que la población subyacente es grande respecto al tamaño de la muestra y consideraremos la distribución de X como una distribución binomial.

Con las fórmulas para la media y la desviación estándar de una variable aleatoria binominal indicadas en la sección 5.1 vemos que

$$E[X] = np \qquad y \qquad SD(X) = \sqrt{np(1-p)}$$

Como $\overline{X}$, la proporción de la muestra que tiene la característica, es igual a X/n, vemos, con lo anterior, que

$$E[\overline{X}] = E[X]/n = p$$

y

$$SD(\overline{X}) = SD(X)/n = \sqrt{p(1-p)/n}$$

EJEMPLO 6.6a Supongamos que 45 por ciento de la población está a favor de cierto candidato de las próximas elecciones. Si se toma una muestra aleatoria de tamaño 200, encuentre

- **(a)** el valor esperado y la desviación estándar del número de miembros de la muestra que están a favor del candidato;
- **(b)** la probabilidad de que más de la mitad de los miembros de la muestra estén a favor del candidato.

SOLUCIÓN

- **(a)** El valor esperado y la desviación estándar de la proporción que está a favor del candidato son

$$E[X] = 200(.45) = 90, \qquad SD(X) = \sqrt{200(.45)(1 - .45)} = 7.0356$$

(b) Como X es binomial con parámetros 200 y .45, usando el disco que acompaña al texto se obtienen la solución

$$P\{X \geq 101\} = .0681$$

Si no dispusiéramos de este programa, podríamos usar la aproximación normal a la binomial (sección 6.3):

$$P\{X \geq 101\} = P\{X \geq 100.5\} \qquad \text{(la corrección de continuidad)}$$

$$= P\left\{\frac{X - 90}{7.0356} \geq \frac{100.5 - 90}{7.0356}\right\}$$

$$\approx P\{Z \geq 1.4924\}$$

$$\approx .0678$$

La solución obtenida mediante la aproximación binomial es correcta con 3 lugares decimales. ■

Aunque cada elemento de la población tenga más de dos valores, sigue siendo verdad que si el tamaño de la población es grande respecto al tamaño de la muestra, entonces se consideran los datos muestrales como variables aleatorias independientes de la distribución poblacional.

EJEMPLO 6.6b De acuerdo con la *World Liverstock Situation* del U.S. Departament of Agriculture, el país con el mayor consumo de carne de puerco, per cápita, es Dinamarca. En 1994 la media de la cantidad de carne de puerco consumida por una persona residente en Dinamarca tuvo una media de 147 libras con una desviación estándar de 62 libras. Si se toma una muestra aleatoria de 25 daneses, aproxime la probabilidad de que la cantidad promedio de consumo de puerco, en 1994, de un miembro de este grupo haya sido mayor a 150 libras.

SOLUCIÓN Sea X_i, la cantidad consumida por el miembro i-ésimo de la muestra, $i = 1,\ldots, 25$, entonces la probabilidad buscada es

$$P\left\{\frac{X_1 + \cdots + X_{25}}{25} > 150\right\} = P\{\overline{X} > 150\}$$

donde $\overline{X}$ es la media muestral de los 25 valores muestrales. Como podemos considerar a las X_i como variables aleatorias independientes con media 147 y desviación estándar 62, tenemos, por el teorema del límite central, que su media muestral será aproximadamente normal con media 147 y desviación estándar 62/5. Por lo tanto, siendo Z una variable aleatoria normal estándar, tenemos

$$P\{\overline{X} > 150\} = P\left\{\frac{\overline{X} - 147}{12.4} > \frac{150 - 147}{12.4}\right\}$$

$$\approx P\{Z > .242\}$$

$$\approx .404 \quad ■$$

Problemas

1. Grafique la función de masa de probabilidad de la media muestral de $X_1, \ldots, X_n$, para

   (a) $n = 2$.
   (b) $n = 3$.

   Suponga que la función de masa de probabilidad de X_i es

   $$P\{X = 0\} = .2, \qquad P\{X = 1\} = .3, \qquad P\{X = 3\} = .5$$

   En ambos casos determine $\text{Var}[X]$ y $E(\bar{X})$.

2. Se lanzan 10 dados legales, aproxime la probabilidad de que la suma de los números obtenidos (que va de 20 a 120) esté entre 30 y 40 inclusive.

3. Aproxime la probabilidad de que la suma de 16 variables aleatorias independientes uniformes $(0, 1)$ sea mayor a 10.

4. Una ruleta tiene 30 ranuras numeradas 0, 00 y del 1 al 36. Si usted apuesta 1 a un número específico, usted gana 35 si la pelotita de la ruleta cae en ese número y si no, pierde 1. Si usted realiza muchas de estas apuestas, aproxime la probabilidad de que

   (a) usted gane después de 34 apuestas;
   (b) usted gane después de 1 000 apuestas;
   (c) usted gane después de 100 000 apuestas.

   Suponga que cada vez la posibilidad de que la pelotita caiga en cualquiera de los 38 números es la misma.

5. En un departamento de autopista se tiene suficiente sal para una nevada en la que se alcancen 80 pulgadas de nieve. Suponga que la cantidad de nieve diaria tiene una media de 1.5 pulgadas y una desviación estándar de .3 pulgadas.

   (a) Aproxime la probabilidad de que la sal de que se dispone alcance para los próximos 50 días.
   (b) ¿Cuál es la suposición que hace para resolver el inciso (a)?
   (c) ¿Piensa usted que esa suposición está justificada? Explique brevemente.

6. Se redondean cincuenta números al entero más próximo y después se suman. Si los errores individuales de redondeo están uniformemente distribuidos entre $-.5$ y $.5$, ¿cuál es la probabilidad aproximada de que la suma obtenida difiera de la suma exacta en más de 3?

7. Se tira, varias veces, un dado de 6 caras, en el cual todas las caras tienen la misma posibilidad de caer, hasta que la suma de todas las tiradas sea mayor a 400. Aproxime la probabilidad de que se necesiten más de 140 tiradas.

8. El tiempo de funcionamiento de un determinado tipo de batería es una variable aleatoria con media de 5 semanas y desviación estándar de 1.5 semanas. En cuanto deja de funcionar se reemplaza por otra batería. Aproxime la probabilidad de que en un año se necesiten 13 baterías o más.

9. El tiempo de vida de ciertos componente eléctricos es una variable aleatoria con media de 1 000 horas y desviación estándar de 20 horas. Si se prueban 16 de estos componentes, encuentre la probabilidad de que la media muestral

(a) sea menor a 104;

(b) esté entre 98 y 104 horas.

10. Una compañía tabacalera afirma que la cantidad de nicotina en sus cigarros es una variable aleatoria con media de 2.2 mg y desviación estándar de 3 mg. Sin embargo, en 100 cigarros tomados en forma aleatoria, la media muestral de contenido de nicotina fue de 3.1 mg. Si lo que dice la compañía es verdad, ¿cuál es la probabilidad aproximada de que la media muestral sea tan alta como 3.1 o mayor?

11. El tiempo de vida (en horas) de un tipo de bombilla eléctrica tiene un valor esperado de 500 y una desviación estándar de 80. Aproxime la probabilidad de que la media muestral de n de estas bombillas sea mayor de 525 para

   (a) $n = 4$;

   (b) $n = 16$;

   (c) $n = 36$;

   (d) $n = 64$.

12. Un profesor sabe, por experiencia, que las calificaciones en exámenes de los estudiantes tienen media de 77 y desviación estándar de 15. Ahora el profesor tiene dos grupos, uno con 25 estudiantes y otro con 64.

   (a) Aproxime la probabilidad de que en la clase de 25 estudiantes la calificación en exámenes promedio esté entre 72 y 82.

   (b) Repita el inciso (a) para la clase de 64 estudiantes.

   (c) ¿Cuál es la probabilidad aproximada de que la calificación promedio en exámenes en la clase de 25 estudiantes sea mayor que en la clase de 64 estudiantes?

   (d) Suponga que los promedios de las calificaciones en las dos clases son 76 y 83. ¿Cuál de las dos clases, la de 25 o la de 64, cree usted que tiene más probabilidades de tener el promedio de 83?

13. Si X es binomial con parámetros $n = 50, p = .6$, calcule el valor exacto de $P\{X \leq 80\}$ y compárelo con su aproximación normal de ambas maneras **(a)** usando la corrección de continuidad y **(b)** sin utilizarla.

14. Cada chip de computadora fabricado en una planta determinada estará independientemente defectuoso con probabilidad .25. Si se prueba una muestra de 1 000 chips, ¿cuál es la probabilidad aproximada de que menos de 200 estén defectuosos?

15. Un equipo de un club de baloncesto jugará 60 juegos en una temporada. De éstos, 32 son contra equipos de clase A y 28 contra equipos de clase B. Los resultados de todos los juegos son independientes. El equipo ganará cada juego contra un oponente de la clase A con probabilidad .5 y contra un oponente de la clase B con probabilidad .7. Sea X el total de juegos ganados en la temporada.

   (a) ¿X es una variable aleatoria binomial?

   (b) Sean X_A y X_B, respectivamente, el número de victorias contra equipos de clase A y de clase B. ¿Cuáles son las distribuciones de X_A y de X_B?

(c) ¿Cuál es la relación entre X_A, X_B y X?

(d) Aproxime la probabilidad de que el equipo gane 40 o más juegos.

16. Argumente, con base en el teorema del límite central, que una variable aleatoria de Poisson con media λ, cuando λ es grande, tendrá aproximadamente una distribución normal con media y varianza iguales a λ. Si X es Poisson con media 100, calcule la probabilidad exacta de que X sea menor que o igual a 116, y compárela con su aproximación normal, usando la aproximación de continuidad y sin usarla. En la figura 6.5 se indica la convergencia de la Poisson a la normal.

17. Use el disco del texto para calcular $P\{X \le 10\}$ cuando X es una variable aleatoria binomial con parámetros $n = 100$ y $p = .1$. Ahora compare esto **(a)** con su Poisson y **(b)** con su aproximación normal. Al usar la aproximación normal escriba la probabilidad deseada como $P\{X < 10.5\}$, así como utilizando la corrección de continuidad.

18. La temperatura a la que se apaga un termostato tiene una distribución normal con varianza σ^2. Si se va a probar el termostato cinco veces, encuentre

(a) $P\{S/\sigma^2 \le 1.8\}$

(b) $P\{.85 \le S^2/\sigma^2 \le 1.15\}$

donde S^2 es la varianza muestral de los cinco datos.

19. En el problema 18, ¿de qué tamaño debe ser la muestra para asegurar que la probabilidad del inciso (a) sea de por los menos .95?

20. Considere dos muestras independientes, la primera de tamaño 10, de una población normal con varianza 4, y la segunda de tamaño 5, de una población normal con varianza 2. Calcule la probabilidad de que la varianza muestral de la segunda muestra sea mayor que la de la primera. (*Sugerencia:* relaciónela con la distribución *F.*)

21. El 12 por ciento de la población es zurda. Encuentre la probabilidad de que en una muestra aleatoria de 100 miembros de dicha población haya entre 10 y 14 zurdos. Es decir, encuentre $P\{10 \le X \le 14\}$, donde X es el número de zurdos en la muestra.

22. El 52 por ciento de los habitantes de cierta ciudad están a favor de la evolución en la enseñanza de la preparatoria. Encuentre o aproxime la probabilidad de que por lo menos el 50 por ciento de una muestra aleatoria de tamaño n esté a favor de la evolución en la enseñanza, para

(a) $n = 10$;

(b) $n = 100$;

(c) $n = 1\ 000$;

(d) $n = 10\ 000$.

23. La tabla de la parte superior de la página 217 indica los porcentajes de individuos, catalogados por género, que tienen hábitos de salud nocivos. Suponga que se toma una muestra aleatoria de 300 hombres. Aproxime la probabilidad de que

(a) por lo menos 50 por ciento de ellos rara vez desayunen;

(b) menos de 100 de ellos fumen.

24. (Use la tabla del problema 23.) Suponga que se toma una muestra aleatoria de 300 mujeres. Aproxime la probabilidad de que

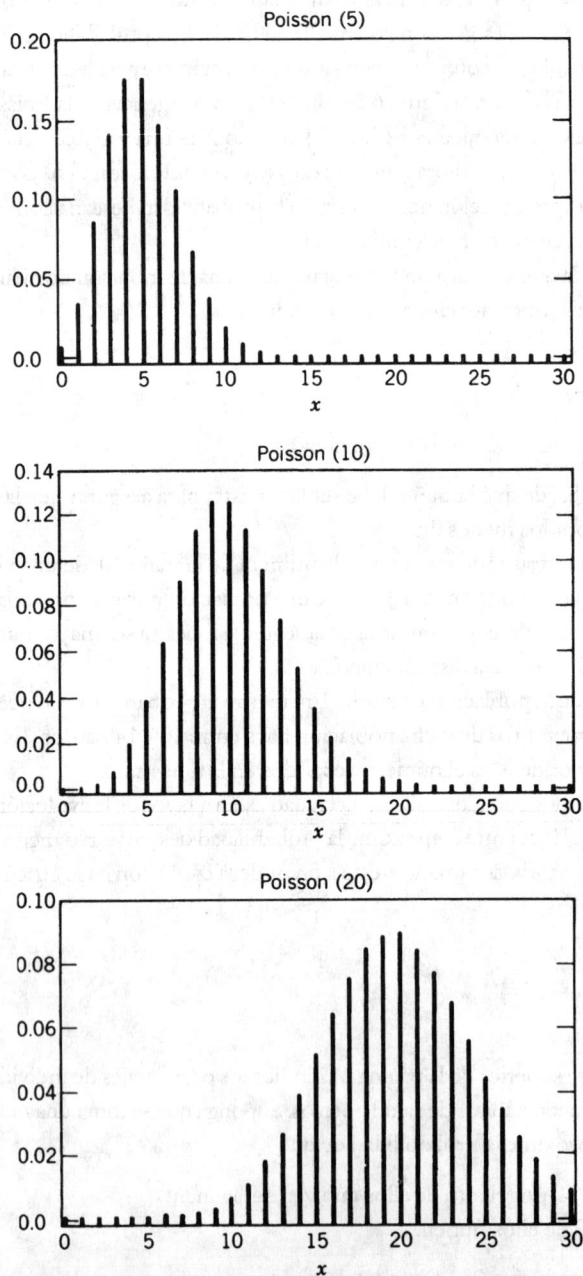

FIGURA 6.5 *Función de masa de probabilidad de Poisson.*

	Duerme 6 horas o menos por noche	Fuma	Rara vez desayuna	Tiene un sobrepeso de 20 por ciento o más
Hombre	22.7	28.4	45.4	29.6
Mujer	21.4	22.8	42.0	25.6

Fuente: U.S. National Center for Health Statistics, Health Promotion and Disease Prevention, 1990.

(a) por lo menos 60 de estas mujeres tengan 20 por ciento o más de sobrepeso;
(b) menos de 50 de estas mujeres duerman 6 horas o menos por noche.

25. (Considere la tabla del problema 23.) Suponga que se toma una muestra aleatoria de 300 mujeres y 300 hombres. Aproxime la probabilidad de que más mujeres que hombres rara vez desayunen.

26. La tabla siguiente utiliza datos en porcentaje de 1989 de trabajadores de tiempo completo, hombres y mujeres, cuyos salarios anuales están distribuidos en diferentes grupos. Suponga que se toma una muestra aleatoria de 1 000 hombres y 1 000 mujeres. Utilice la tabla para aproximar la probabilidad de que

(a) por lo menos la mitad de estas mujeres ganen menos de 20 000;
(b) más de la mitad de los hombres ganen por lo menos $20 000;
(c) más de la mitad de las mujeres y más de la mitad de los hombres ganen $20 000 o más;
(d) 250 mujeres o menos ganen por lo menos $25 000;
(e) por lo menos 200 hombres ganen $50 000 o más;
(f) más mujeres que hombres ganen entre $20 000 y $24 999.

Rangos de salarios	Porcentaje de mujeres	Porcentaje de hombres
$4 999 o menos	2.8	1.8
$5 000 a $9 999	10.4	4.7
$10 000 a $19 999	41.0	23.1
$20 000 a $25 000	16.5	13.4
$25 000 a $49 999	26.3	42.1
$50 000 o más	3.0	14.9

Fuente: U.S. Department of Commerce, Bureau of the Census.

27. En 1995 el porcentaje de trabajadores que pertenecía a un sindicato era de 14.9. Si ese año se hubieran tomado 5 trabajadores al azar, ¿cuál es la probabilidad de que ninguno de ellos hubiera pertenecido a un sindicato? Compare su respuesta con lo que hubiera encontrado en 1945, cuando el 35.5 por ciento de la fuerza laboral pertenecía a un sindicato.

28. La media y la desviación estándar muestrales de las calificaciones en matemáticas, obtenidas por los estudiantes de todo San Francisco en el examen de aptitudes escolares, fueron 517 y 120.

Aproxime la probabilidad de que en una muestra aleatoria de 144 estudiantes se encuentre una calificación promedio mayor a

(a) 507;

(b) 517;

(c) 537;

(d) 550.

29. El salario promedio de los estudiantes recién egresados de ingeniería química es de $35 600 con una desviación estándar de $3 200. Aproxime la probabilidad de que el salario promedio de 12 recién egresados de ingeniería química sea de más de $37 000.

Capítulo 7

ESTIMACIÓN
DE PARÁMETROS

7.1 INTRODUCCIÓN

Sea $X_1, \ldots, X_n$ una muestra aleatoria de una distribución F_θ que se ha especificado con excepción de un vector de parámetros desconocidos θ. La muestra puede ser, por ejemplo, de una distribución de Poisson de la cual se desconoce el valor medio; o puede ser de una distribución normal con media y varianza desconocidas. Mientras que en la teoría de la probabilidad se supone que se conocen todos los parámetros de una distribución, en la estadística ocurre lo contrario, pues el problema central consiste en usar los datos observados para realizar inferencias acerca de los parámetros desconocidos.

En la sección 7.2 presentamos el método de *máxima verosimilitud* para determinar estimadores de parámetros desconocidos. A las estimaciones así obtenidas se les llama *estimados puntuales*, porque indican una sola cantidad como un estimado de θ. En la sección 7.3, consideramos el problema de obtener *estimados de intervalo*. En este caso, en lugar de dar un solo valor como estimado de θ, especificamos un intervalo en el cual estimamos que se encuentre θ. Consideramos, además, qué tanta *confianza* se puede asignar a uno de estos estimados de intervalo. Ilustramos lo anterior, mostrando cómo obtener un estimado de intervalo para la media desconocida de una distribución normal, cuya varianza se especifica. Después consideramos varios problemas de estimados de intervalo. En la sección 7.3.1 presentamos un estimado de intervalo para la media de una distribución normal cuya varianza no se conoce. En la sección 7.3.2 obtenemos un estimado de intervalo para la varianza de una distribución normal. En la sección 7.4 determinamos un estimado de intervalo para la diferencia entre dos medias normales, tanto para el caso en el que se supone que se conocen sus varianzas, como para el caso en el que no (aunque este segundo caso se supone que las varianzas desconocidas son iguales). En la sección 7.5 y en la sección opcional 7.6 presentamos estimados de intervalo de la media de una variable aleatoria de Bernoulli y de la media de una variable aleatoria exponencial.

En la sección 7.7, que es opcional, volvemos al problema general de obtener estimados puntuales de parámetros desconocidos y mostramos cómo evaluar un estimador considerando su error cuadrado medio. Se analiza el sesgo de un estimador y se investiga su relación con el error cuadrado medio.

En la sección 7.8 opcional, consideramos el problema de determinar un estimado de un parámetro desconocido cuando se dispone *a priori* de cierta información. Éste es el método *bayesiano* que supone que antes de la observación de los datos, la persona responsable de una decisión dispone siempre de alguna información acerca de θ y que tal información se expresa en términos de la distribución de probabilidad de θ. En tal situación mostramos cómo calcular el *estimador de Bayes*, que es el estimador cuya distancia cuadrada esperada a θ es mínima.

7.2 ESTIMACIÓN DE MÁXIMA VEROSIMILITUD

A todo estadístico utilizado para estimar el valor de un parámetro desconocido θ se le denomina un *estimador* de θ. Al valor observado para el estimador se le llama el *estimado*. Por ejemplo, como veremos, el estimador común para la media de una población normal, basado en una muestra $X_1,\ldots, X_n$ de la población, es la media muestral $\overline{X} = \sum_i X_i/n$. Si en una muestra de tamaño 3 se tienen los datos $X_1 = 2$, $X_2 = 3$, $X_3 = 4$, entonces el estimado de la media poblacional que se obtiene del estimador $\overline{X}$ es el valor 3.

Suponga que se van a observar las variables aleatorias $X_1,\ldots, X_n$ cuya distribución conjunta se supone dada, con excepción de un parámetro θ desconocido. La cuestión que nos interesa es usar los valores observados para estimar θ. Por ejemplo, las X_i pueden ser variables aleatorias exponenciales independientes, todas con la misma media desconocida θ. En este caso la función de densidad conjunta de las variables aleatorias estará dada por

$$f(x_1, x_2, \ldots, x_n)$$
$$= f_{X_1}(x_1)f_{X_2}(x_2)\cdots f_{X_n}(x_n)$$
$$= \frac{1}{\theta}e^{-x_1/\theta}\frac{1}{\theta}e^{-x_2/\theta}\cdots\frac{1}{\theta}e^{-x_n/\theta}, \qquad 0 < x_i < \infty, i = 1, \ldots, n$$
$$= \frac{1}{\theta^n}\exp\left\{-\sum_1^n x_i/\theta\right\}, \qquad 0 < x_i < \infty, i = 1, \ldots, n$$

y el objetivo sería estimar θ a partir de los valores observados $X_1, X_2,\ldots, X_n$.

En estadística se emplea mucho un tipo especial de estimador, conocido como *estimador de máxima verosimilitud*, el cual se obtiene razonando de la siguiente forma. Sea $f(x_1,\ldots, x_n \mid \theta)$ la función de masa de probabilidad conjunta de las variables aleatorias $X_1, X_2,\ldots, X_n$ cuando éstas son variables discretas, y sea ésta su función de densidad de probabilidad conjunta cuando éstas son variables aleatorias continuas conjuntas. Ya que se supone que θ no se conoce, también escribimos f como una función de θ. Como $f(x_1,\ldots, x_n \mid \theta)$ representa la posibilidad de que se observen los valores $x_1, x_2,\ldots, x_n$ cuando θ es el verdadero valor del parámetro, un estimador razonable de θ parece ser aquel valor que da la mayor probabilidad de los valores observados. En otras palabras, el estimado de máxima verosimilitud $\hat{\theta}$ es por definición el valor de θ que maximiza $f(x_1,\ldots, x_n \mid \theta)$ donde $x_1,\ldots, x_n$ son los valores observados. Con frecuencia nos referimos a la función $f(x_1,\ldots, x_n \mid \theta)$ como la función de *verosimilitud* de θ.

Para obtener el valor maximizante de θ, con frecuencia resulta útil usar el hecho de que $f(x_1,\ldots,x_n | \theta)$ y $\log[f(x_1,\ldots,x_n | \theta)]$ tienen sus máximos en el mismo valor de θ. Así es que también se obtiene $\hat{\theta}$ maximizando $\log[f(x_1,\ldots,x_n | \theta)]$.

EJEMPLO 7.2a **Estimador de máxima verosimilitud de un parámetro de Bernoulli.** Suponga que se realizan n ensayos independientes, cada uno con una probabilidad de éxito p. ¿Cuál es el estimador de máxima verosimilitud de p?

SOLUCIÓN Los datos consisten de los valores $X_1,\ldots,X_n$ donde

$$X_i = \begin{cases} 1 & \text{si el ensayo } i \text{ es un éxito} \\ 0 & \text{de otra manera} \end{cases}$$

Ahora

$$P\{X_i = 1\} = p = 1 - P\{X_i = 0\}$$

que se expresa como

$$P\{X_i = x\} = p^x(1-p)^{1-x}, \quad x = 0, 1$$

Por lo que, según la supuesta independencia de los ensayos, la probabilidad (es decir, la función de masa de probabilidad conjunta) de los datos está dada por

$$\begin{aligned} f(x_1,\ldots,x_n | p) &= P\{X_1 = x_1, \ldots, X_n = x_n | p\} \\ &= p^{x_1}(1-p)^{1-x_1} \cdots p^{x_n}(1-p)^{1-x_n} \\ &= p^{\sum_1^n x_i}(1-p)^{n-\sum_1^n x_i}, \quad x_i = 0, 1, \quad i = 1, \ldots, n \end{aligned}$$

Para determinar el valor p de máxima verosimilitud, tomamos primero el logaritmo para obtener

$$\log f(x_1,\ldots,x_n | p) = \sum_1^n x_i \log p + \left(n - \sum_1^n x_i\right)\log(1-p)$$

Lo que por diferenciación resulta

$$\frac{d}{dp}\log f(x_1,\ldots,x_n | p) = \frac{\sum_1^n x_i}{p} - \frac{(n - \sum_1^n x_i)}{1-p}$$

Igualando a cero y resolviendo obtenemos el estimador de máxima verosimilitud $\hat{p}$ que satisface

$$\frac{\sum_1^n x_i}{\hat{p}} = \frac{n - \sum_1^n x_i}{1 - \hat{p}}$$

o

$$\hat{p} = \frac{\sum\limits_{i=1}^{n} x_i}{n}$$

Por lo que el estimador de máxima verosimilitud de la media desconocida de una distribución de Bernoulli está dado por

$$d(X_1, \ldots, X_n) = \frac{\sum\limits_{i=1}^{n} X_i}{n}$$

Como $\sum_{i=1}^{n} X_i$ es el número de éxitos, observamos que el estimador de máxima verosimilitud de p es igual a la proporción de ensayos en los que se tuvo un éxito como resultado. Como ilustración suponga que cada chip RAM (random access memory) producido por un determinado fabricante es, independientemente, de calidad aceptable con probabilidad p. Entonces, si de 1 000 probados 921 son aceptables, entonces, el estimado de máxima verosimilitud de p es .921. ■

EJEMPLO 7.2b Estimador de máxima verosimilitud de un parámetro de Poisson. Suponga que $X_1, \ldots, X_n$ son variables aleatorias independientes de Poisson, cada una con media λ. Determine el estimador de máxima verosimilitud de λ.

SOLUCIÓN La función de verosimilitud está dada por

$$f(x_1, \ldots, x_n | \lambda) = \frac{e^{-\lambda} \lambda^{x_1}}{x_1!} \cdots \frac{e^{-\lambda} \lambda^{x_n}}{x_n!}$$

$$= \frac{e^{-n\lambda} \lambda^{\sum_1^n x_i}}{x_1! \ldots x_n!}$$

Por lo cual,

$$\log f(x_1, \ldots, x_n | \lambda) = -n\lambda + \sum_1^n x_i \log \lambda - \log c$$

donde $c = \prod_{i=1}^{n} x_i!$ no depende de λ, y

$$\frac{d}{d\lambda} \log f(x_1, \ldots, x_n | \lambda) = -n + \frac{\sum\limits_1^n x_i}{\lambda}$$

Igualando a cero obtenemos que el estimador de máxima verosimilitud $\hat{\lambda}$ es igual a

$$\hat{\lambda} = \frac{\sum\limits_1^n x_i}{n}$$

y así el estimador de máxima verosimilitud está dado por

$$d(X_1, \ldots, X_n) = \frac{\sum_{i=1}^{n} X_i}{n}$$

Por ejemplo, suponga que el número de personas, por día, que entran en cierto establecimiento de venta constituye una variable aleatoria de Poisson con media desconocida λ, que queremos estimar. Si en 20 días ingresaron 857 personas al establecimiento, entonces el estimado de máxima verosimilitud de λ es $857/20 = 42.85$. Es decir, estimamos que, en promedio, entran al establecimiento 42.85 clientes por día. ∎

EJEMPLO 7.2c En 1998 el número de accidentes de tránsito en Berkeley, California, en 10 días sin lluvia fue:

$$4, 0, 6, 5, 2, 1, 2, 0, 4, 3$$

Utilice los datos para estimar la proporción de días sin lluvia de ese año en los cuales hubo 2 o menos accidentes por día.

SOLUCIÓN Puesto que hay una gran cantidad de conductores, cada uno de los cuales tiene una probabilidad muy pequeña de sufrir un accidente en un día dado, es razonable suponer que el número de accidentes de tráfico por día sea una variable aleatoria de Poisson. Como

$$\overline{X} = \frac{1}{10} \sum_{i=1}^{10} X_i = 2.7$$

tenemos que el estimado de máxima verosimilitud de la media de Poisson es 2.7. Debido a que a la larga la proporción de días sin lluvia en los que hay 2 o menos accidentes es igual a $P\{X \le 2\}$, donde X es el número aleatorio de accidentes por día, entonces el estimado buscado es

$$e^{-2.7}(1 + 2.7 + (2.7)^2/2) = .4936$$

Es decir, estimamos que un poco menos de la mitad de los días sin lluvia tienen 2 o menos accidentes. ∎

EJEMPLO 7.2d **Estimador de máxima verosimilitud en una población normal.** Suponga que $X_1, \ldots, X_n$ son variables aleatorias normales, independientes, cada una con una media desconocida μ y una desviación estándar desconocida σ. La densidad conjunta está dada por

$$f(x_1, \ldots, x_n | \mu, \sigma) = \prod_{i=1}^{n} \frac{1}{\sqrt{2\pi}\sigma} \exp\left[\frac{-(x_i - \mu)^2}{2\sigma^2}\right]$$

$$= \left(\frac{1}{2\pi}\right)^{n/2} \frac{1}{\sigma^n} \exp\left[\frac{-\sum_{1}^{n}(x_i - \mu)^2}{2\sigma^2}\right]$$

Entonces, el logaritmo de la verosimilitud es

$$\log f(x_1, \ldots, x_n | \mu, \sigma) = -\frac{n}{2} \log(2\pi) - n \log \sigma - \frac{\sum_1^n (x_i - \mu)^2}{2\sigma^2}$$

Con la finalidad de encontrar los valores de μ y σ que maximizan la función anterior, calculamos

$$\frac{\partial}{\partial \mu} \log f(x_1, \ldots, x_n | \mu, \sigma) = \frac{\sum_{i=1}^n (x_i - \mu)}{\sigma^2}$$

$$\frac{\partial}{\partial \sigma} \log f(x_1, \ldots, x_n | \mu, \sigma) = -\frac{n}{\sigma} + \frac{\sum_1^n (x_i - \mu)^2}{\sigma^3}$$

Igualando a cero estas ecuaciones, obtenemos que

$$\hat{\mu} = \frac{\sum_{i=1}^n x_i}{n}$$

y

$$\hat{\sigma} = \left(\frac{\sum_{i=1}^n (x_i - \hat{\mu})^2}{n} \right)^{1/2}$$

Por lo que los estimadores de máxima verosimilitud de μ y σ están dados, respectivamente, por

$$\overline{X} \qquad y \qquad \left(\frac{\sum_{i=1}^n (X_i - \overline{X})^2}{n} \right)^{1/2} \qquad (7.2.1)$$

Hay que observar que el estimador de máxima verosimilitud de la desviación estándar σ difiere de la desviación estándar muestral

$$S = \left[\sum_{i=1}^n (X_i - \overline{X})^2 / (n - 1) \right]^{1/2}$$

en que el denominador de la ecuación 7.2.1 es $\sqrt{n}$ en lugar de $\sqrt{n-1}$. Sin embargo, para n de tamaño razonable estos dos estimadores de σ serán aproximadamente iguales. ∎

EJEMPLO 7.2e La *ley de fragmentación de Kolmogorov* indica que, en una cantidad grande de partículas resultantes de la fragmentación de un compuesto mineral, el tamaño de una partícula individual tendrá una distribución aproximadamente lognormal (donde se dice que una variable aleatoria X tiene una distribución *lognormal* si $\log(X)$ tiene una distribución normal). Esta ley que se observó primero empíricamente y luego Kolgomorov le dio las bases teóricas, se ha aplicado en una gran cantidad de estudios de ingeniería. Por ejemplo, en el análisis del tamaño de partículas de oro tomadas en forma aleatoria de arenilla de oro. Otra aplicación, menos obvia de la ley, fue en el estudio de la tensión liberada en zonas de fallas sísmicas (véase Lomnitz, C., "Global Tectonics and Earthquake Risk", *Developments in Geotectonics*, Elsevier, Amsterdam, 1979).

Suponga que las longitudes (en milímetros) de una muestra de 10 granos de arena metálica, tomados de un montón grande de arena metálica, son:

$$2.2, \quad 3.4, \quad 1.6, \quad 0.8, \quad 2.7, \quad 3.3, \quad 1.6, \quad 2.8, \quad 2.5, \quad 1.9$$

Estime el porcentaje de granos de arena, en el montón, cuya longitud esté entre 2 y 3 mm.

SOLUCIÓN Considerando el logaritmo natural de estos 10 números, obtenemos los siguientes datos transformados:

$$.7885, \quad 1.2238, \quad .4700, \quad -.2231, \quad .9933, \quad 1.1939, \quad .4700, \quad 1.0296, \quad .9163, \quad .6419$$

Como la media y la desviación estándar muestrales de tales datos son

$$\bar{x} = .7504, \qquad s = .4351$$

entonces el logaritmo de la longitud de un grano tomado en forma aleatoria tiene una distribución normal con media aproximadamente igual a .7504 y con desviación estándar cercana a .4351. Por lo que si X es la longitud del grano, entonces

$$
\begin{aligned}
P\{2 < X < 3\} &= P\{\log(2) < \log(X) < \log(3)\} \\
&= P\left\{ \frac{\log(2) - .7504}{.4351} < \frac{\log(X) - .7504}{.4351} < \frac{\log(3) - .7504}{.4351} \right\} \\
&= P\left\{ -.1316 < \frac{\log(X) - .7504}{.4351} < .8003 \right\} \\
&\approx \Phi(.8003) - \Phi(-.1316) \\
&= .3405 \quad \blacksquare
\end{aligned}
$$

En todos los ejemplos anteriores encontramos que el estimador de máxima verosimilitud de la media poblacional es la media muestral $\bar{X}$. Para demostrar que éste no siempre es el caso, considere el siguiente ejemplo.

EJEMPLO 7.2f **Estimación de la media de una distribución uniforme.** Suponga que $X_1, \ldots, X_n$ constituyen una muestra de una distribución uniforme en $(0, \theta)$, donde no se conoce θ. Su densidad conjunta es

$$
f(x_1, x_2, \ldots, x_n | \theta) =
\begin{cases}
\dfrac{1}{\theta^n} & 0 < x_i < \theta, \quad i = 1, \ldots, n \\
0 & \text{de otra manera}
\end{cases}
$$

Tal densidad se maximiza tomando θ tan pequeña como sea posible. Como θ debe ser por lo menos tan grande como cada uno de los valores x_i observados, entonces la θ más pequeña que podemos tomar es máx$(x_1, x_2 \ldots, x_n)$. Por lo que el estimador de máxima verosimilitud de θ es

$$\hat{\theta} = \text{máx}(X_1, X_2, \ldots, X_n)$$

De lo anterior se deduce fácilmente que el estimador de máxima verosimilitud de $\theta/2$ es máx$(X_1, X_2, \ldots, X_n)/2$. ■

7.3 ESTIMADOS DE INTERVALO

Suponga que $X_1, \ldots, X_n$ es una muestra de una población normal con media desconocida μ y varianza conocida σ^2. Se demostró que $\overline{X} = \sum_{i=1}^{n} X_i/n$ es el estimador de máxima verosimilitud para μ. Sin embargo, no esperamos que la media muestral $\overline{X}$ sea exactamente igual a μ, sino más bien que "esté cerca". Por ende, algunas veces, más que un estimado puntual, resulta más valioso dar un intervalo del que se tenga cierto grado de confianza de que μ esté dentro de él. Para obtener un estimador del intervalo utilizamos la distribución de probabilidad del estimador puntual. Veamos cómo se desarrolla.

En lo anterior, como el estimador puntual $\overline{X}$ es normal con media μ y varianza σ^2/n, resulta que

$$\frac{\overline{X} - \mu}{\sigma/\sqrt{n}} = \sqrt{n}\frac{(\overline{X} - \mu)}{\sigma}$$

tiene una distribución normal estándar. Entonces,

$$P\left\{-1.96 < \sqrt{n}\frac{(\overline{X} - \mu)}{\sigma} < 1.96\right\} = .95$$

o, lo que es equivalente,

$$P\left\{-1.96\frac{\sigma}{\sqrt{n}} < \overline{X} - \mu < 1.96\frac{\sigma}{\sqrt{n}}\right\} = .95$$

Multiplicando por –1 obtenemos la expresión equivalente,

$$P\left\{-1.96\frac{\sigma}{\sqrt{n}} < \mu - \overline{X} < 1.96\frac{\sigma}{\sqrt{n}}\right\} = .95$$

o, lo que también es equivalente,

$$P\left\{\overline{X} - 1.96\frac{\sigma}{\sqrt{n}} < \mu < \overline{X} + 1.96\frac{\sigma}{\sqrt{n}}\right\} = .95$$

Es decir, 95 por ciento de las veces μ estará a no más de $1.96\sigma/\sqrt{n}$ unidades de la media muestral. Si observamos ahora la muestra y resulta que $\overline{X} = \overline{x}$, entonces decimos que "con 95 por ciento de confianza"

$$\overline{x} - 1.96\frac{\sigma}{\sqrt{n}} < \mu < \overline{x} + 1.96\frac{\sigma}{\sqrt{n}} \tag{7.3.1}$$

Es decir, afirmamos que "con 95 por ciento de confianza" la verdadera media está a no más de $1.96\sigma/\sqrt{n}$ de la media muestral observada. Al intervalo

$$\left(\overline{x} - 1.96\frac{\sigma}{\sqrt{n}}, \overline{x} + 1.96\frac{\sigma}{\sqrt{n}}\right)$$

se le llama un *estimado de intervalo de confianza de 95 por ciento* de μ.

EJEMPLO 7.3a Suponga que cuando se transmite una señal con un valor μ desde un punto A, el valor recibido en el punto B tiene una distribución normal con media μ y varianza 4. Es decir, si se envía μ, entonces el valor recibido es $\mu + N$, donde N, que representa ruido, es normal con media 0 y varianza 4. Suponga que para reducir el error se envía el mismo valor 9 veces. Si los valores recibidos son 5, 8.5, 12, 15, 7, 9, 7.5, 6.5, 10.5, construyamos un intervalo de confianza de 95 por ciento para μ.

Como

$$\overline{x} = \frac{81}{9} = 9$$

Entonces, bajo la suposición de que los valores recibidos son independientes, es un intervalo de confianza de 95 por ciento para μ

$$\left(9 - 1.96\frac{\sigma}{3}, 9 + 1.96\frac{\sigma}{3}\right) = (7.69, 10.31)$$

Es decir, existe un "95 por ciento de confianza" de que el valor del verdadero mensaje esté entre 7.69 y 10.31. ∎

Al intervalo en la ecuación 7.3.1 se le llama *intervalo de confianza bilateral*. Sin embargo, en algunas ocasiones estaremos interesados en determinar un valor, de manera que podamos afirmar con, digamos, 95 por ciento de confianza, que μ es por lo menos tan grande como dicho valor.

Para determinar este valor, observe que si Z es una variable aleatoria normal estándar, entonces

$$P\{Z < 1.645\} = .95$$

Con lo cual,

$$P\left\{\sqrt{n}\frac{(\overline{X} - \mu)}{\sigma} < 1.645\right\} = .95$$

o

$$P\left\{\overline{X} - 1.645\frac{\sigma}{\sqrt{n}} < \mu\right\} = .95$$

Así, un *intervalo de confianza unilateral superior de 95 por ciento* para μ es

$$\left(\overline{x} - 1.645\frac{\sigma}{\sqrt{n}}, \infty\right)$$

donde $\overline{x}$ es el valor observado de la media muestral.

De forma similar se obtiene un *intervalo de confianza unilateral inferior*, si el valor observado de la media muestral es $\overline{x}$ el intervalo de confianza de 95 por ciento unilateral inferior para μ es

$$\left(-\infty, \overline{x} + 1.645\frac{\sigma}{\sqrt{n}}\right)$$

EJEMPLO 7.3b   Determine los estimados de intervalos de confianza inferior y superior de 95 por ciento para μ en el ejercicio 7.3a.

SOLUCIÓN   Ya que

$$1.645\frac{\sigma}{\sqrt{n}} = \frac{3.29}{3} = 1.097$$

el intervalo de confianza superior de 95 por ciento es

$$(9 - 1.097, \infty) = (7.903, \infty)$$

y el intervalo de confianza inferior de 95 por ciento para μ es

$$(-\infty, 9 + 1.097) = (-\infty, 10.097) \quad \blacksquare$$

También se obtiene un intervalo de confianza para cualquier nivel de confianza dado; recordemos que z_α es tal que

$$P\{Z > z_\alpha\} = \alpha$$

si Z es una variable aleatoria normal. Pero lo cual implica (véase figura 7.1) que para toda α

$$P\{-z_{\alpha/2} < Z < z_{\alpha/2}\} = 1 - \alpha$$

Como resultado observamos que

$$P\left\{-z_{\alpha/2} < \sqrt{n}\frac{(\overline{X} - \mu)}{\sigma} < z_{\alpha/2}\right\} = 1 - \alpha$$

o

$$P\left\{-z_{\alpha/2}\frac{\sigma}{\sqrt{n}} < \overline{X} - \mu < z_{\alpha/2}\frac{\sigma}{\sqrt{n}}\right\} = 1 - \alpha$$

o

$$P\left\{-z_{\alpha/2}\frac{\sigma}{\sqrt{n}} < \mu - \overline{X} < z_{\alpha/2}\frac{\sigma}{\sqrt{n}}\right\} = 1 - \alpha$$

Es decir,

$$P\left\{\overline{X} - z_{\alpha/2}\frac{\sigma}{\sqrt{n}} < \mu < \overline{X} + z_{\alpha/2}\frac{\sigma}{\sqrt{n}}\right\} = 1 - \alpha$$

Por lo que un intervalo de confianza bilateral del $100(1 - \alpha)$ por ciento de confianza para μ es

$$\left(\overline{x} - z_{\alpha/2}\frac{\sigma}{\sqrt{n}}, \quad \overline{x} + z_{\alpha/2}\frac{\sigma}{\sqrt{n}}\right)$$

donde $\overline{x}$ es la media muestral observada.

De manera similar, sabiendo que $Z = \sqrt{n}\frac{(\overline{X} - \mu)}{\sigma}$ es una variable aleatoria normal estándar, con las identidades

$$P\{Z > z_{\alpha}\} = \alpha$$

y

$$P\{Z < -z_{\alpha}\} = \alpha$$

produce intervalos de confianza unilaterales para cualquier nivel de confianza deseado. De manera específica, obtenemos que

$$\left(\overline{x} - z_{\alpha/2}\frac{\sigma}{\sqrt{n}}, \infty\right)$$

$$\left(-\infty, \overline{x} + z_{\alpha/2}\frac{\sigma}{\sqrt{n}}\right)$$

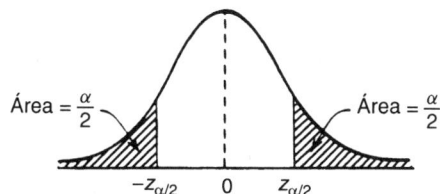

FIGURA 7.1 $P\{-z_{\alpha/2} < Z < z_{\alpha/2}\} = 1 - \alpha.$

son, respectivamente, intervalos de confianza de $100(1 - \alpha)$ por ciento unilateral superior y de confianza de $100(1 - \alpha)$ unilateral inferior para μ.

EJEMPLO 7.3c Utilice los datos del ejemplo 7.3a para obtener un intervalo de confianza de 99 por ciento, así como intervalos de confianza de 99 por ciento unilaterales superior e inferior.

SOLUCIÓN Como $z_{.005} = 2.58$, y

$$2.58\frac{\sigma}{\sqrt{n}} = \frac{5.16}{3} = 1.72$$

entonces un intervalo de confianza de 99 por ciento para μ es

$$9 \pm 1.72$$

Es decir, el estimado de intervalo de confianza de 99 por ciento es $(7.28, 10.72)$.

Asimismo, como $z_{.01} = 2.33$, un intervalo de confianza superior de 99 por ciento es

$$(9 - 2.33(2/3), \infty) = (7.447, \infty)$$

De manera similar, un intervalo de confianza inferior de 99 por ciento es

$$(-\infty, 9 + 2.33(2/3)) = (-\infty, 10.553) \quad \blacksquare$$

En algunas ocasiones nos interesa un intervalo de confianza bilateral de un cierto nivel, por ejemplo de $1 - \alpha$, y el problema consiste en seleccionar la muestra de un determinado tamaño n, de manera que el intervalo sea de cierto tamaño. Por ejemplo, suponga que deseamos calcular un intervalo de longitud .1, de manera que podamos afirmar, con 99 por ciento de confianza, que contiene a μ. ¿Qué tan grande debe ser n? Para resolver lo anterior observe que como $z_{.005} = 2.58$ entonces el intervalo de confianza de 99 por ciento para μ, obtenido a partir de una muestra de tamaño n, es

$$\left(\bar{x} - 2.58\frac{\sigma}{\sqrt{n}}, \quad \bar{x} + 2.58\frac{\sigma}{\sqrt{n}}\right)$$

Por lo tanto, su longitud es

$$5.16\frac{\sigma}{\sqrt{n}}$$

Entonces para que la longitud del intervalo sea igual a .1 debemos tomar

$$5.16\frac{\sigma}{\sqrt{n}} = .1$$

o

$$n = (51.6\sigma)^2$$

OBSERVACIONES

La interpretación de "un intervalo de confianza de $100(1 - \alpha)$ por ciento" quizá sea errónea. Hay que notar que *no* estamos afirmando que la probabilidad de que $\mu \in (\bar{x} - 1.96\sigma/\sqrt{n}, \bar{x} + 1.96\sigma/\sqrt{n})$ sea .95, ya que la afirmación no se hace sobre una variable aleatoria. Lo que estamos indicando es que la técnica que utilizamos para obtener este intervalo es tal que el 95 por ciento de las veces que la empleemos nos dará un intervalo en el que se encuentre μ. En otras palabras, antes de observar los datos podemos decir que con una probabilidad de .95 el intervalo que obtengamos contendrá a μ; mientras que una vez obtenidos los datos, sólo diríamos que el intervalo obtenido contiene a μ "con .95 por ciento de confianza".

EJEMPLO 7.3d Por experiencia se sabe que los pesos de los salmones criados en un local comercial son normales con media que varía de estación a estación; pero con una desviación estándar fija de 0.3 libras. Si queremos tener 95 por ciento de seguridad de que nuestro estimado del peso medio del salmón en esta estación sea correcta dentro de ±0.1 libras, ¿qué tan grande debe ser la muestra?

SOLUCIÓN Un intervalo de confianza estimado de 95 por ciento para la media desconocida μ, basado en una muestra de tamaño n, es

$$\mu \in \left(\bar{x} - 1.96 \frac{\sigma}{\sqrt{n}}, \bar{x} + 1.96 \frac{\sigma}{\sqrt{n}} \right)$$

Como el estimado $\bar{x}$ dista no más de $1.96(\sigma/\sqrt{n}) = .588/\sqrt{n}$ de cualquier punto del intervalo, entonces es posible tener un 95 por ciento de seguridad de que $\bar{x}$ esté a no más de 0.1 de μ, siempre que

$$\frac{.588}{\sqrt{n}} \leq 0.1$$

Por ende, siempre que

$$\sqrt{n} \geq 5.88$$

o

$$n \geq 34.57$$

Es decir, tomar una muestra de 35 o más será suficiente.   ∎

7.3.1 INTERVALO DE CONFIANZA PARA UNA MEDIA NORMAL CUANDO NO SE CONOCE LA VARIANZA

Suponga ahora que $X_1, \ldots, X_n$ es una muestra obtenida de una distribución normal con media μ y varianza σ^2 desconocidas, y que queremos construir un intervalo de confianza de $100(1 - \alpha)$ por ciento para μ. Como σ no se conoce, no podemos basar nuestro intervalo en el hecho de que $\sqrt{n}(\overline{X} - \mu)/\sigma$ es una variable aleatoria normal estándar. Sin embargo, si $S^2 = \sum_{i=1}^{n}(X_i - \overline{X})^2/(n-1)$ denota la varianza muestral, entonces con el corolario 6.5.2 resulta que

$$\sqrt{n}\frac{(\overline{X} - \mu)}{S}$$

es una variable aleatoria t con $n - 1$ grados de libertad. Así, por la simetría de la función de densidad t (véase figura 7.2), entonces para toda $\alpha \in (0, 1/2)$,

$$P\left\{-t_{\alpha/2,n-1} < \sqrt{n}\frac{(\overline{X} - \mu)}{S} < t_{\alpha/2,n-1}\right\} = 1 - \alpha$$

o, lo que es equivalente,

$$P\left\{\overline{X} - t_{\alpha/2,n-1}\frac{S}{\sqrt{n}} < \mu < \overline{X} + t_{\alpha/2,n-1}\frac{S}{\sqrt{n}}\right\} = 1 - \alpha$$

Así, si observamos que $\overline{X} = \overline{x}$ y que $S = s$, podemos afirmar que "con $100(1 - \alpha)$ por ciento de confianza"

$$\mu \in \left(\overline{x} - t_{\alpha/2,n-1}\frac{s}{\sqrt{n}}, \overline{x} + t_{\alpha/2,n-1}\frac{s}{\sqrt{n}}\right)$$

EJEMPLO 7.3e Consideremos nuevamente el ejemplo 7.3a, pero ahora supongamos que cuando μ se transmite desde el sitio A el valor recibido en el sitio B es normal, con media μ y varianza σ^2, pero sin conocer σ^2. Si, como en el ejemplo 7.3a, 5, 8.5, 12, 15, 7, 9, 7.5, 6.5, 10.5 son nueve valores sucesivos, calcule un intervalo de confianza de 95 por ciento para μ.

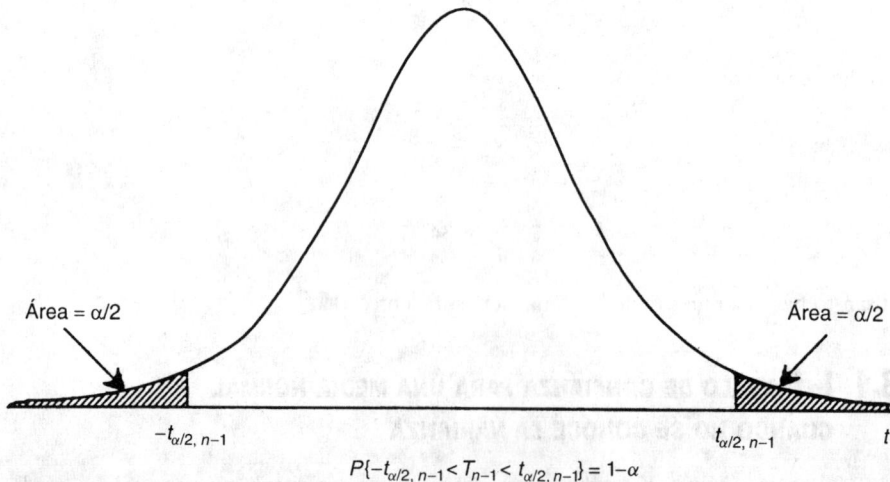

Área = $\alpha/2$ Área = $\alpha/2$

$-t_{\alpha/2, n-1}$ $t_{\alpha/2, n-1}$ t

$$P\{-t_{\alpha/2, n-1} < T_{n-1} < t_{\alpha/2, n-1}\} = 1-\alpha$$

FIGURA 7.2 *Función de densidad t.*

SOLUCIÓN Mediante un cálculo simple se obtiene que

$$\bar{x} = 9$$

y

$$s^2 = \frac{\sum x_i^2 - 9(\bar{x})^2}{8} = 9.5$$

o

$$s = 3.082$$

Por lo tanto, como $t_{.025,8} = 2.306$

$$\left[9 - 2.306\frac{(3.082)}{3}, 9 + 2.306\frac{(3.082)}{3}\right] = (6.63, 11.37)$$

es un intervalo de confianza de 95 por ciento para μ. Este intervalo es de mayor longitud que el obtenido en el ejemplo 7.3a. Las razones por las que el intervalo que acabamos de obtener es de mayor longitud que la del intervalo del ejemplo 7.3a son dos. La primera razón es que la varianza estimada es mayor que la varianza del ejemplo 7.3a. Es decir, en el ejemplo 7.3a supusimos que σ^2 era conocida y era igual a 4; mientras que en este ejemplo supusimos que era desconocida y nuestro estimado resultó ser 9.5, lo cual dio lugar a un intervalo de confianza mayor. Pero de cualquier manera, el intervalo de confianza hubiera sido de mayor longitud que en el ejemplo 7.3a aun cuando nuestro estimado de σ^2 hubiera sido también 4. Esto se debe a que para estimar la varianza debemos usar la distribución t, que tiene una varianza mayor y, por ende, mayor dispersión que la normal estándar (lo cual se utiliza cuando se conoce σ^2). Por ejemplo, si hubiéramos tenido $\bar{x} = 9$ y $s^2 = 4$, nuestro intervalo de confianza hubiera sido

$$(9 - 2.306 \cdot \tfrac{2}{3}, 9 + 2.306 \cdot \tfrac{2}{3}) = (7.46, 10.54)$$

que es de mayor longitud que el usado en el ejemplo 7.3a   ■

OBSERVACIONES

(a) Cuando se conoce σ, el intervalo de confianza para μ se basa en el hecho de que $\sqrt{n}(\bar{X} - \mu)/\sigma$ tiene una distribución normal estándar. Si no se conoce σ, entonces se estima mediante S y se usa, entonces, el hecho de que $\sqrt{n}(\bar{X} - \mu)/S$ tiene una distribución t con $n - 1$ grados de libertad.
(b) Cuando se desconoce la varianza, la longitud de un intervalo de confianza de $100(1 - \alpha)$ por ciento para μ no siempre es mayor. La longitud de uno de estos intervalos, cuando se conoce σ es $2z_{\alpha}\sigma/\sqrt{n}$ mientras que cuando no se conoce σ es $2t_{\alpha, n-1}S/\sqrt{n}$. Y seguramente es posible que la desviación estándar muestral S resulte ser mucho menor que σ. Sin embargo, se demuestra que la longitud media del intervalo es mayor cuando σ no se conoce. Es decir, se puede demostrar que

$$t_{\alpha, n-1}E[S] \geq z_{\alpha}\sigma$$

De hecho, en el capítulo 14 se evalúa $E[S]$ y se muestra, por ejemplo, que

$$E[S] = \begin{cases} .94\sigma & \text{cuando } n = 5 \\ .97\sigma & \text{cuando } n = 9 \end{cases}$$

Como

$$z_{.025} = 1.96, \qquad t_{.025,4} = 2.78, \qquad t_{.025,8} = 2.31$$

la longitud de un intervalo de 95 por ciento obtenido de una muestra de tamaño 5 es $2 \times 1.96\sigma / \sqrt{5} = 1.75\sigma$ si se conoce σ; mientras que cuando σ no se conoce, la longitud esperada es $2 \times 2.78 \times .94\sigma/\sqrt{5} = 2.34\sigma$ lo que representa un aumento de 33.7 por ciento. Si la muestra es de tamaño 9, entonces los dos valores a comparar son 1.31σ y 1.49σ, en los cuales se tiene un aumento de 13.7 por ciento. ■

Se obtiene un intervalo de confianza superior unilateral observando que

$$P\left\{ \sqrt{n}\frac{(\overline{X} - \mu)}{S} < t_{\alpha,n-1} \right\} = 1 - \alpha$$

o

$$P\left\{ \overline{X} - \mu < \frac{S}{\sqrt{n}}t_{\alpha,n-1} \right\} = 1 - \alpha$$

o

$$P\left\{ \mu > \overline{X} - \frac{S}{\sqrt{n}}t_{\alpha,n-1} \right\} = 1 - \alpha$$

Por lo tanto, si se observa que $\overline{X} = \overline{x}$, $S = s$, entonces afirmamos que "con $100(1 - \alpha)$ por ciento de confianza"

$$\mu \in \left(\overline{x} - \frac{s}{\sqrt{n}}t_{\alpha,n-1}, \infty \right)$$

De manera similar, un intervalo de confianza inferior de $100(1 - \alpha)$ por ciento sería

$$\mu \in \left(-\infty, \overline{x} + \frac{s}{\sqrt{n}}t_{\alpha,n-1} \right)$$

El programa 7.3.1 calcula intervalos de confianza tanto unilaterales como bilaterales para la media de una distribución normal cuando se desconoce la varianza.

EJEMPLO 7.3f Determine un intervalo de confianza de 95 por ciento para el pulso promedio en reposo de los miembros de un club de salud, si en una muestra aleatoria de 15 miembros del club se obtuvieron los datos 54, 63, 58, 72, 49, 92, 70, 73, 69, 104, 48, 66, 80, 64, 77. Determine también un intervalo de confianza inferior de 95 por ciento para esta media.

SOLUCIÓN   Con el programa 7.3.1 se obtiene la solución (véase figura 7.3).   ■

En nuestra deducción de intervalos de confianza de $100(1 - \alpha)$ por ciento para la media poblacional μ supusimos que la distribución poblacional es normal. Pero aunque éste no sea el caso, si el tamaño de la muestra es razonablemente grande, los intervalos obtenidos se aproximarán a intervalos de $100(1 - \alpha)$ para μ. Ello es verdad ya que por el teorema del límite central $\sqrt{n}(\overline{X} - \mu)/\sigma$ tendrá aproximadamente una distribución normal y $\sqrt{n}(\overline{X} - \mu)/S$ tendrá aproximadamente una distribución t.

EJEMPLO 7.3g   La simulación brinda un poderoso método para evaluar integrales en una o en varias variables. Por ejemplo sea f una función de un vector $(y_1,\ldots,y_r)$ con r valores, y suponga que deseamos estimar la cantidad θ, definida por

$$\theta = \int_0^1 \int_0^1 \ldots \int_0^1 f(y_1, y_2, \ldots, y_r)\, dy_1\, dy_2, \ldots, dy_r$$

Para hacerlo observe que $U_1, U_2,\ldots, U_r$ son variables aleatorias uniformes e independientes en $(0, 1)$, entonces

$$\theta = E[f(U_1, U_2, \ldots, U_r)]$$

Los valores de variables aleatorias independientes $(0, 1)$ se aproximan en una computadora (mediante los llamados *números pseudoaleatorios*); si generamos un vector con r de estos números y evaluamos f en este vector, entonces el valor obtenido, llamémosle X_1, será una variable aleatoria con media θ. Si repetimos este proceso, obtendremos otro valor, llamémosle X_2, el cual tendrá la misma distribución que X_1. Continuando así podemos generar una sucesión $X_1, X_2,\ldots, X_n$ de variables aleatorias independientes e idénticamente distribuidas con media θ. A este método de aproximar integrales se le denomina *simulación de Monte Carlo*.

Suponga, por ejemplo, que deseamos estimar la integral unidimensional

$$\theta = \int_0^1 \sqrt{1 - y^2}\, dy = E[\sqrt{1 - U^2}]$$

donde U es una variable aleatoria uniforme $(0, 1)$. Para ello, sean $U_1,\ldots, U_{100}$ variables aleatorias independientes uniformes $(0, 1)$, y tomemos

$$X_i = \sqrt{1 - U_i^2}, \qquad 1 = 1, \ldots, 100$$

De esta forma generamos una muestra de 100 variables aleatorias con media θ. Suponga que los valores generados por computadora para $U_1,\ldots, U_{100}$ son $X_1,\ldots, X_{100}$ con media muestral .786 y

(a)

Confidence Interval: Unknown Variance

Sample size = 15

Data value = [77]

Data Values

54
63
58
72
49
92
70

Add This Point To List

Remove Selected Point From List

Clear List

Start

Quit

Enter the value of a: [.05]
(0 < a < 1)

○ One-Sided
● Two-Sided

● Upper
○ Lower

The 95% confidence interval for the mean is (60.865, 77.6683)

(b)

Confidence Interval: Unknown Variance

Sample size = 15

Data value = [77]

Data Values

54
63
58
72
49
92
70

Add This Point To List

Remove Selected Point From List

Clear List

Start

Quit

Enter the value of a: [.05]
(0 < a < 1)

● One-Sided
○ Two-Sided

○ Upper
● Lower

The 95% lower confidence interval for the mean is (-infinity, 76.1662)

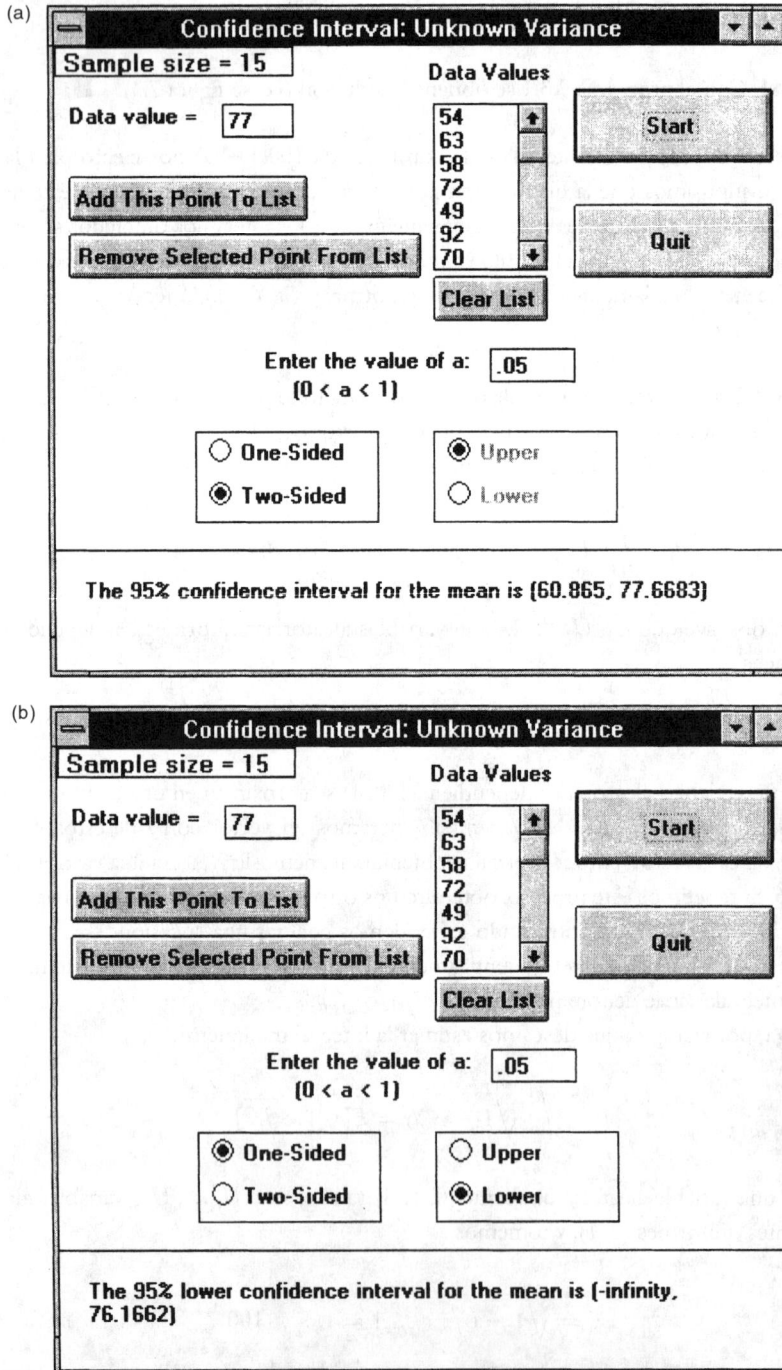

FIGURA 7.3 *Intervalos de confianza (a) bilateral y (b) inferior de 95 por ciento para el ejemplo 7.3f.*

desviación estándar muestral .03. Entonces, como $t_{.025,99} = 1.985$, un intervalo de confianza de 95 por ciento para θ estaría dado por

$$.786 \pm 1.985(.003)$$

Como resultado, afirmamos que, con 95 por ciento de confianza, θ (que es posible demostrar que es igual a $\pi/4$) está entre .780 y .792. ∎

7.3.2 Intervalo de confianza para la varianza de una distribución normal

Si $X_1,\ldots, X_n$ es una muestra proveniente de una distribución normal con parámetros μ y σ^2 desconocidos, construimos un intervalo de confianza para σ^2 considerando el hecho de que

$$(n-1)\frac{S^2}{\sigma^2} \sim \chi_{n-1}^2$$

Por lo que,

$$P\left\{ \chi_{1-\alpha/2,n-1}^2 \leq (n-1)\frac{S^2}{\sigma^2} \leq \chi_{\alpha/2,n-1}^2 \right\} = 1 - \alpha$$

o, lo que es equivalente,

$$P\left\{ \frac{(n-1)S^2}{\chi_{\alpha/2,n-1}^2} \leq \sigma^2 \leq \frac{(n-1)S^2}{\chi_{1-\alpha/2,n-1}^2} \right\} = 1 - \alpha$$

Entonces, si $S^2 = s^2$, es un intervalo de confianza de $100(1-\alpha)$ por ciento para σ^2

$$\left\{ \frac{(n-1)s^2}{\chi_{\alpha/2,n-1}^2}, \frac{(n-1)s^2}{\chi_{1-\alpha/2,n-1}^2} \right\}$$

EJEMPLO 7.3h Se espera que un proceso estandarizado produzca arandelas con una desviación muy pequeña en su espesor. Suponga que se tomaron 10 de estas arandelas y sus espesores, en pulgadas, fueron:

.123	.133
.124	.125
.126	.128
.120	.124
.130	.126

¿Cuál es un intervalo de confianza de 90 por ciento para la desviación estándar del espesor de una arandela producida mediante este proceso?

SOLUCIÓN Con un cálculo obtenemos que

$$S^2 = 1.366 \times 10^{-5}$$

Dado que $\chi^2_{.05,9} = 16.917$ y $\chi^2_{.95,9} = 3.334$ y como

$$\frac{9 \times 1.366 \times 10^{-5}}{16.917} = 7.267 \times 10^{-6}, \qquad \frac{9 \times 1.366 \times 10^{-5}}{3.334} = 36.875 \times 10^{-6}$$

entonces con .90 de confianza

$$\sigma^2 \in (7.267 \times 10^{-6}, \quad 36.875 \times 10^{-6})$$

Con la raíz cuadrada tenemos que, con .90 de confianza,

$$\sigma \in (2.696 \times 10^{-3}, \quad 6.072 \times 10^{-3}) \quad \blacksquare$$

Razonando de manera similar se obtienen intervalos de confianza unilaterales para σ^2, los cuales se presentan en la tabla 7.1, donde también se resumen los resultados obtenidos en esta sección.

TABLA 7.1 *Intervalos de confianza de* $100(1 - \alpha)$ *por ciento.*

$$X_1, \ldots, X_n \sim \mathcal{N}(\mu, \sigma^2)$$

$$\overline{X} = \sum_{i=1}^{n} X_i/n, \qquad S = \sqrt{\sum_{i=1}^{n}(X_i - \overline{X})^2/(n-1)}$$

Suposiciones sobre los parámetros		Intervalo de confianza	Intervalo inferior	Intervalo superior
σ^2 conocida	μ	$\overline{X} \pm z_{\alpha/2}\dfrac{\sigma}{\sqrt{n}}$	$\left(-\infty, \overline{X} + z_\alpha \dfrac{\sigma}{\sqrt{n}}\right)$	$\left(\overline{X} - z_\alpha \dfrac{\sigma}{\sqrt{n}}, \infty\right)$
σ^2 desconocida	μ	$\overline{X} \pm t_{\alpha/2,n-1}\dfrac{S}{\sqrt{n}}$	$\left(-\infty, \overline{X} + t_{\alpha,n-1} \dfrac{S}{\sqrt{n}}\right)$	$\left(\overline{X} - t_{\alpha,n-1} \dfrac{S}{\sqrt{n}}, \infty\right)$
μ desconocida	σ^2	$\left(\dfrac{(n-1)S^2}{\chi^2_{\alpha/2,n-1}}, \dfrac{(n-1)S^2}{\chi^2_{1-\alpha/2,n-1}}\right)$	$\left(0, \dfrac{(n-1)S^2}{\chi^2_{\alpha,n-1}}\right)$	$\left(\dfrac{(n-1)S^2}{\chi^2_{1-\alpha,n-1}}, \infty\right)$

7.4 ESTIMACIÓN DE LA DIFERENCIA DE LAS MEDIAS DE DOS POBLACIONES NORMALES

Sea $X_1, X_2, \ldots, X_n$ una muestra de tamaño n proveniente de una población normal, con media μ_1 y varianza σ_1^2 y sea $Y_1, \ldots, Y_m$ una muestra de tamaño m de una población normal, diferente, con media μ_2 y varianza σ_2^2. Suponga que las dos muestras son independientes entre sí. Estamos interesados en estimar $\mu_1 - \mu_2$.

Debido a que $\overline{X} = \sum_{i=1}^{n} X_i / n$ y $\overline{Y} = \sum_{i=1}^{m} Y_i / m$ son estimadores de máxima verosimilitud de μ_1 y μ_2, parece intuitivo (y susceptible de probar) que $\overline{X} - \overline{Y}$ es el estimador de máxima verosimilitud de $\mu_1 - \mu_2$.

Para obtener un estimador del intervalo de confianza, necesitamos la distribución de $\overline{X} - \overline{Y}$. Ya que

$$\overline{X} \sim \mathcal{N}(\mu_1, \sigma_1^2/n)$$

$$\overline{Y} \sim \mathcal{N}(\mu_2, \sigma_2^2/m)$$

y por el hecho de que la suma de variables aleatorias normales independientes es también normal, entonces

$$\overline{X} - \overline{Y} \sim \mathcal{N}\left(\mu_1 - \mu_2, \frac{\sigma_1^2}{n} + \frac{\sigma_2^2}{m}\right)$$

Por lo tanto, suponiendo que se conocen σ_1^2 y σ_2^2 resulta que

$$\frac{\overline{X} - \overline{Y} - (\mu_1 - \mu_2)}{\sqrt{\dfrac{\sigma_1^2}{n} + \dfrac{\sigma_2^2}{m}}} \sim \mathcal{N}(0, 1) \tag{7.4.1}$$

y así:

$$P\left\{-z_{\alpha/2} < \frac{\overline{X} - \overline{Y} - (\mu_1 - \mu_2)}{\sqrt{\dfrac{\sigma_1^2}{n} + \dfrac{\sigma_2^2}{m}}} < z_{\alpha/2}\right\} = 1 - \alpha$$

o, lo que es equivalente,

$$P\left\{\overline{X} - \overline{Y} - z_{\alpha/2}\sqrt{\frac{\sigma_1^2}{n} + \frac{\sigma_2^2}{m}} < \mu_1 - \mu_2 < \overline{X} - \overline{Y} + z_{\alpha/2}\sqrt{\frac{\sigma_1^2}{n} + \frac{\sigma_2^2}{m}}\right\} = 1 - \alpha$$

Por lo tanto, si se observa que $\overline{X}$ y $\overline{Y}$ son, respectivamente, iguales a $\overline{x}$ y $\overline{y}$, entonces un estimado de intervalo de confianza de $100(1 - \alpha)$ bilateral para $\mu_1 - \mu_2$ es

$$\mu_1 - \mu_2 \in \left(\overline{x} - \overline{y} - z_{\alpha/2}\sqrt{\frac{\sigma_1^2}{n} + \frac{\sigma_2^2}{m}}, \overline{x} - \overline{y} + z_{\alpha/2}\sqrt{\frac{\sigma_1^2}{n} + \frac{\sigma_2^2}{m}}\right)$$

De manera similar, se obtienen intervalos de confianza unilaterales para $\mu_1 - \mu_2$. Dejamos al lector verificar que un intervalo unilateral de $100(1 - \alpha)$ por ciento está dado por

$$\mu_1 - \mu_2 \in \left(-\infty, \bar{x} - \bar{y} + z_\alpha \sqrt{\sigma_1^2/n + \sigma_2^2/m} \right)$$

El programa 7.4.1 calcula intervalos de confianza tanto bilaterales como unilaterales para $\mu_1 - \mu_2$.

EJEMPLO 7.4a Recientemente, se han probado dos tipos diferentes de aislante de cables eléctricos para saber cuál es el nivel de voltaje en el cual pueden presentar alguna falla. Al someter a dos especímenes a voltajes crecientes, en un experimento de laboratorio, las fallas en cada uno de los dos tipos de aislantes de cable se presentaron a los siguientes voltajes:

Tipo A		Tipo B	
36	54	52	60
44	52	64	44
41	37	38	48
53	51	68	46
38	44	66	70
36	35	52	62
34	44		

Supongamos que se sabe que el voltaje que pueden soportar los cables con el aislante de tipo A tiene una distribución normal con media μ_A desconocida, y varianza $\sigma_A^2 = 40$; mientras que la correspondiente distribución para el aislante de tipo B es normal con media μ_B desconocida, y varianza $\sigma_B^2 = 100$. Determine un intervalo de confianza de 95 por ciento para $\mu_A - \mu_B$. Determine un valor del que podamos decir, con 95 por ciento de confianza, que es mayor que $\mu_A - \mu_B$.

SOLUCIÓN Corremos el programa 7.4.1 para obtener la solución (véase figura 7.4). ∎

Suponga ahora que deseamos un estimador de intervalo de $\mu_1 - \mu_2$ pero que no se conocen las varianzas poblacionales σ_1^2 y σ_2^2. En este caso es natural tratar de remplazar, en la ecuación 7.4.1, σ_1^2 y σ_2^2 por las varianzas muestrales

$$S_1^2 = \sum_{i=1}^{n} \frac{(X_i - \overline{X})^2}{n-1}$$

$$S_2^2 = \sum_{i=1}^{m} \frac{(Y_i - \overline{Y})^2}{m-1}$$

Es decir, resulta natural basar nuestro estimado de intervalo en algo como

$$\frac{\overline{X} - \overline{Y} - (\mu_1 - \mu_2)}{\sqrt{S_1^2/n + S_2^2/m}}$$

(a)

```
┌─ Confidence Interval: Two Normal Means, Known Variance ▼ ▲
│ ┌ List 1 │ Sample size = 14 ─────────┐
│                                          ┌────────┐
│         Data value =    [  44  ]         │ 34  ▲ │
│                                          │ 54    │   Population
│                                          │ 52    │   Variance   =  [ 40 ]
│      [  Add This Point To List 1  ]      │ 37    │   of List 1
│                                          │ 51    │
│                                          │ 44    │
│      [ Remove Selected Point From List 1 ] │ 35 │   [  Clear List 1  ]
│                                          │ 44  ▼ │
│ ┌ List 2 │ Sample size = 12 ─────────┐   └────────┘
│      Data value =    [  62  ]            ┌────────┐
│                                          │ 66  ▲ │
│      [  Add This Point To List 2  ]      │ 52    │
│                                          │ 60    │   Population
│                                          │ 44    │   Variance   =  [ 100 ]
│      [ Remove Selected Point From List 2 ] │ 48 │  of List 2
│                                          │ 46    │
│                                          │ 70    │   [  Clear List 2  ]
│                                          │ 62  ▼ │
│                                          └────────┘
│
│      Enter the value of a:   [ 0.05 ]          ┌──────────┐
│         (0 < a < 1)                            │  Start   │
│                                                └──────────┘
│      ┌─────────────────┐  ┌─────────────┐
│      │ ○ One-Sided     │  │ ● Upper     │      ┌──────────┐
│      │ ● Two-Sided     │  │ ○ Lower     │      │  Quit    │
│      └─────────────────┘  └─────────────┘      └──────────┘
│
│   The 95% confidence interval for the mean is (-19.6056, -6.4897)
│
└──────────────────────────────────────────────────────────────
```

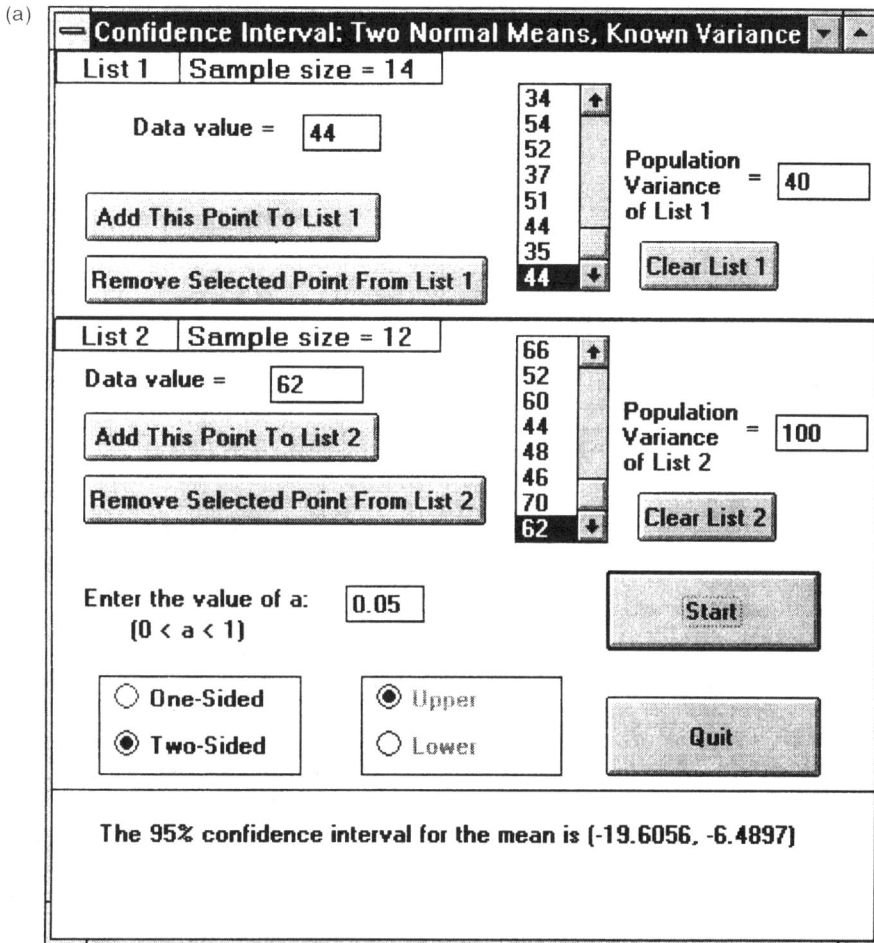

FIGURA 7.4   *Intervalos de confianza (a) bilateral y (b) menor de 95 por ciento para el ejemplo 7.4a*

No obstante, para utilizar la fórmula anterior para obtener un intervalo de confianza, necesitamos su distribución, y ésta no debe depender de ninguno de los parámetros desconocidos, σ_1^2 y σ_2^2. Por desgracia esta distribución es tan complicada como dependiente de los parámetros desconocidos σ_1^2 y σ_2^2. Y sólo en el caso especial en que $\sigma_1^2 = \sigma_2^2$ podremos obtener un estimador de intervalo. Así que suponga que las varianzas poblacionales, aunque desconocidas, son iguales, y denotemos por σ^2 su valor común. Entonces, con el teorema 6.5.1 resulta

$$(n-1)\frac{S_1^2}{\sigma^2} \sim \chi_{n-1}^2$$

y

$$(m-1)\frac{S_2^2}{\sigma^2} \sim \chi_{m-1}^2$$

(b)

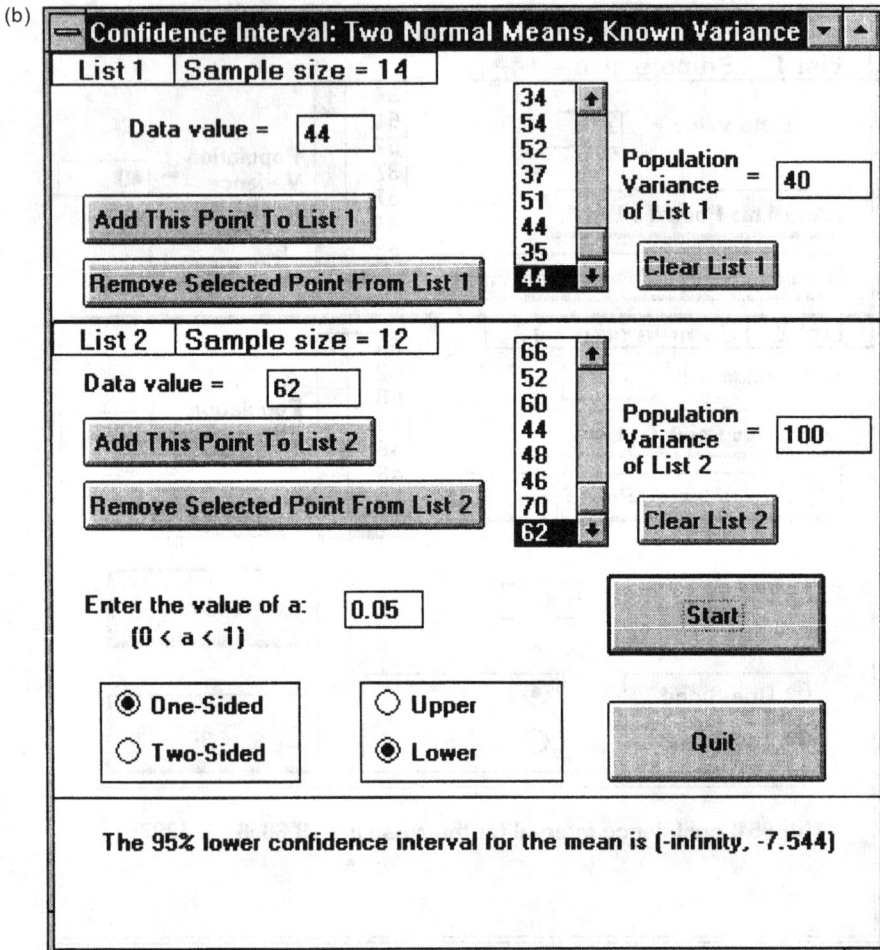

Confidence Interval: Two Normal Means, Known Variance

List 1 | Sample size = 14

Data value = 44

Add This Point To List 1

Remove Selected Point From List 1

34
54
52
37
51
44
35
44

Population Variance of List 1 = 40

Clear List 1

List 2 | Sample size = 12

Data value = 62

Add This Point To List 2

Remove Selected Point From List 2

66
52
60
44
48
46
70
62

Population Variance of List 2 = 100

Clear List 2

Enter the value of a: 0.05
(0 < a < 1)

Start

◉ One-Sided
○ Two-Sided

○ Upper
◉ Lower

Quit

The 95% lower confidence interval for the mean is (-infinity, -7.544)

FIGURA 7.4 (*continúa*)

Además, como las muestras son independientes, estas dos variables aleatorias chi cuadrada son independientes. Debido a la propiedad aditiva de las variables aleatorias chi cuadrada, que dice que la suma de variables aleatorias independientes chi cuadrada es también chi cuadrada con un grado de libertad igual a la suma de sus grados de libertad, esto es

$$(n-1)\frac{S_1^2}{\sigma^2} + (m-1)\frac{S_2^2}{\sigma^2} \sim \chi_{n+m-2}^2 \qquad (7.4.2)$$

Y como

$$\overline{X} - \overline{Y} \sim \mathcal{N}\left(\mu_1 - \mu_2, \frac{\sigma^2}{n} + \frac{\sigma^2}{m}\right)$$

observamos que

$$\frac{\overline{X} - \overline{Y} - (\mu_1 - \mu_2)}{\sqrt{\dfrac{\sigma^2}{n} + \dfrac{\sigma^2}{m}}} \sim \mathcal{N}(0, 1) \qquad (7.4.3)$$

Ahora, por el resultado fundamental de que en muestras normales $\overline{X}$ y S^2 son independientes (teorema 6.5.1), entonces $\overline{X}_1$, S_1^2, $\overline{X}_2$, S_2^2, son variables aleatorias independientes. Así, usando la definición de una variable aleatoria t (como la razón de dos variables aleatorias independientes, donde el numerador es la normal estándar y el denominador es la raíz cuadrada de la variable aleatoria chi cuadrada dividida entre su parámetro de grados de libertad), por las ecuaciones 7.4.2 y 7.4.3 sea

$$S_p^2 = \frac{(n - 1)S_1^2 + (m - 1)S_2^2}{n + m - 2}$$

entonces

$$\frac{\overline{X} - \overline{Y} - (\mu_1 - \mu_2)}{\sqrt{\sigma^2(1/n + 1/m)}} \div \sqrt{S_p^2/\sigma^2} = \frac{\overline{X} - \overline{Y} - (\mu_1 - \mu_2)}{\sqrt{S_p^2(1/n + 1/m)}}$$

tiene una distribución t con $n + m - 2$ grados de libertad. En consecuencia,

$$P\left\{ -t_{\alpha/2, n+m-2} \leq \frac{\overline{X} - \overline{Y} - (\mu_1 - \mu_2)}{S_p \sqrt{1/n + 1/m}} \leq t_{\alpha/2, n+m-2} \right\} = 1 - \alpha$$

Por lo tanto, si en los datos tenemos los valores $\overline{X} = \overline{x}$, $\overline{Y} = \overline{y}$, $S_p = s_p$, obtendremos el siguiente intervalo de confianza de $100(1 - \alpha)$ por ciento para $\mu_1 - \mu_2$

$$\left(\overline{x} - \overline{y} - t_{\alpha/2, n+m-2}s_p \sqrt{1/n + 1/m}, \quad \overline{x} - \overline{y} + t_{\alpha/2, n+m-2}s_p \sqrt{1/n + 1/m} \right) \qquad (7.4.4)$$

De manera similar, se obtiene un intervalo de confianza unilateral.

El programa 7.4.2 sirve para obtener intervalos de confianza, tanto unilaterales como bilaterales, para la diferencia entre las medias de dos poblaciones normales con varianzas iguales pero desconocidas.

EJEMPLO 7.4b Un fabricante de baterías emplea dos técnicas diferentes para su producción. Se seleccionan aleatoriamente 12 baterías fabricadas mediante la técnica I, y 14 fabricadas con la técnica II. Se obtienen las siguientes capacidades (en amperes por horas):

Técnica I		*Técnica II*	
140	132	144	134
136	142	132	130
138	150	136	146
150	154	140	128
152	136	128	131
144	142	150	137
		130	135

Determine un intervalo de confianza bilateral de 90 por ciento para la diferencia de las medias, suponiendo que tienen una varianza común. Determine además un intervalo de confianza unilateral superior de 95 por ciento para $\mu_I - \mu_{II}$.

SOLUCIÓN Corremos el programa 7.4.2 para obtener la solución (véase figura 7.5). ■

OBSERVACIONES

El intervalo de confianza dado por la ecuación 7.4.4 se obtuvo bajo la suposición de que las varianzas poblacionales eran iguales; si σ^2 es su valor común, entonces

$$\frac{\overline{X} - \overline{Y} - (\mu_1 - \mu_2)}{\sqrt{\sigma^2/n + \sigma^2/m}} = \frac{\overline{X} - \overline{Y} - (\mu_1 - \mu_2)}{\sigma\sqrt{1/n + 1/m}}$$

(a)

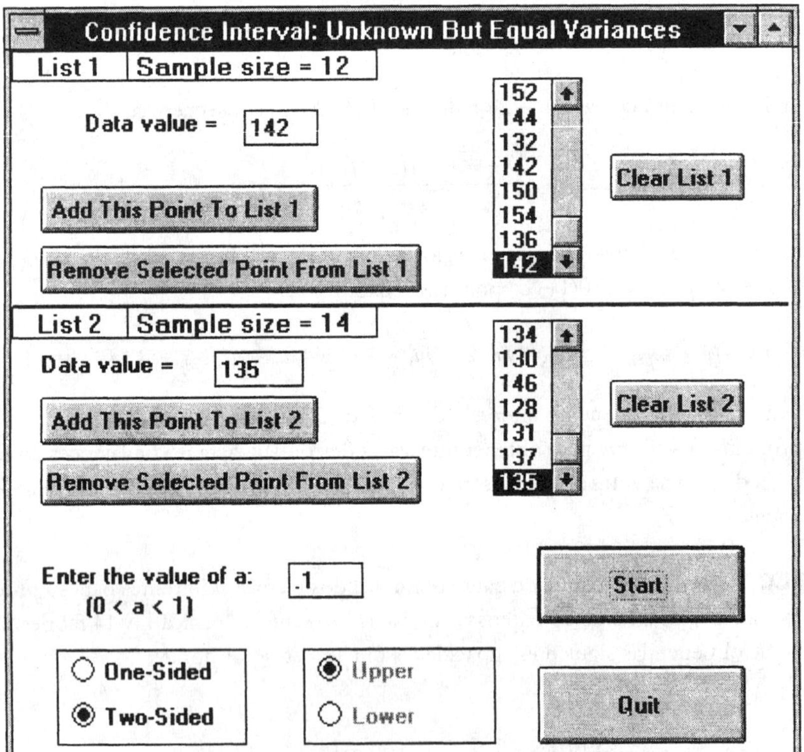

FIGURA 7.5 *Intervalos de confianza (a) bilateral y (b) unilateral superiores de 90 por ciento para el ejemplo 7.4b*

(b)

```
┌─────────────────────────────────────────────────────────────┐
│ ═  Confidence Interval: Unknown But Equal Variances  ▼  ▲    │
│ ┌─────────┬──────────────────────┐      ┌─────┐              │
│ │ List 1  │  Sample size = 12    │      │ 152 │▲             │
│ └─────────┴──────────────────────┘      │ 144 │              │
│                                         │ 132 │              │
│       Data value =   ┌──────┐           │ 142 │              │
│                      │ 142  │           │ 150 │   ┌──────────┐│
│                      └──────┘           │ 154 │   │Clear List 1││
│   ┌──────────────────────────────┐      │ 136 │   └──────────┘│
│   │  Add This Point To List 1    │      │ 142 │▼             │
│   └──────────────────────────────┘      └─────┘              │
│   ┌──────────────────────────────┐                           │
│   │ Remove Selected Point From List 1 │                      │
│   └──────────────────────────────┘                           │
│ ┌─────────┬──────────────────────┐      ┌─────┐              │
│ │ List 2  │  Sample size = 14    │      │ 134 │▲             │
│ └─────────┴──────────────────────┘      │ 130 │              │
│   Data value =   ┌──────┐               │ 146 │              │
│                  │ 135  │               │ 128 │   ┌──────────┐│
│                  └──────┘               │ 131 │   │Clear List 2││
│   ┌──────────────────────────────┐      │ 137 │   └──────────┘│
│   │  Add This Point To List 2    │      │ 135 │▼             │
│   └──────────────────────────────┘      └─────┘              │
│   ┌──────────────────────────────┐                           │
│   │ Remove Selected Point From List 2 │                      │
│   └──────────────────────────────┘                           │
│                                                               │
│   Enter the value of a:  ┌──────┐      ┌──────────┐          │
│        (0 < a < 1)       │ .05  │      │  Start   │          │
│                          └──────┘      └──────────┘          │
│   ┌──────────────────┐  ┌──────────────┐                     │
│   │ ◉ One-Sided      │  │ ◉ Upper      │   ┌──────────┐      │
│   │ ○ Two-Sided      │  │ ○ Lower      │   │   Quit   │      │
│   └──────────────────┘  └──────────────┘   └──────────┘      │
│                                                               │
│       The 95% upper confidence interval for the mean         │
│            difference is (2.4971, infinity)                   │
└─────────────────────────────────────────────────────────────┘
```

FIGURA 7.5 *(continúa)*

tiene una distribución normal estándar. Pero como no se conoce σ^2, esta fórmula no se puede emplear inmediatamente para obtener un intervalo de confianza; por ello es necesario, primero, estimar σ^2. Para esto, observe que ambas varianzas muestrales son estimadores de σ^2, y que como S_1^2 tiene $n-1$ grados de libertad y S_2^2 tiene $m-1$ grados de libertad, el estimador adecuado es un promedio ponderado de las dos varianzas muestrales, con pesos proporcionales a estos grados de libertad. Es decir, el estimador de σ^2 es el *estimador ponderado*

$$S_p^2 = \frac{(n-1)S_1^2 + (m-1)S_2^2}{n+m-2}$$

y entonces el intervalo de confianza se basa en el estadístico

$$\frac{\overline{X} - \overline{Y} - (\mu_1 - \mu_2)}{\sqrt{S_p^2}\sqrt{1/n + 1/m}}$$

el cual, por nuestro análisis previo, tiene una distribución t con $n + m - 2$ grados de libertad. Los resultados de esta sección se resumen en la tabla 7.2.

TABLA 7.2 *Intervalos de confianza de* $100(1 - \alpha)$ *para* $\mu_1 - \mu_2$

$$X_1, \ldots, X_n \sim N(\mu_1, \sigma_1^2)$$

$$Y_1, \ldots, Y_m \sim N(\mu_2, \sigma_2^2)$$

$$\overline{X} = \sum_{i=1}^{n} X_i/n, \qquad S_1^2 = \sum_{i=1}^{n} (X_i - \overline{X})^2/(n - 1)$$

$$\overline{Y} = \sum_{i=1}^{m} Y_i/n, \qquad S_2^2 = \sum_{i=1}^{m} (Y_i - \overline{Y})^2/(m - 1)$$

Suposición	Intervalo de confianza
σ_1, σ_2 conocidas	$\overline{X} - \overline{Y} \pm z_{\alpha/a}\sqrt{\sigma_1^2/n + \sigma_2^2/m}$
σ_1, σ_2 desconocidas pero iguales	$\overline{X} - \overline{Y} \pm t_{\alpha/2, n+m-2}\sqrt{\left(\frac{1}{n} + \frac{1}{m}\right)\frac{(n-1)S_1^2 + (m-1)S_2^2}{n + m - 2}}$

Suposición	Intervalo de confianza inferior
σ_1, σ_2 conocidas	$(-\infty, \overline{X} - \overline{Y} + z_{\alpha}\sqrt{\sigma_1^2/n + \sigma_2^2/m})$
σ_1, σ_2 desconocidas pero iguales	$\left(-\infty, \overline{X} - \overline{Y} + t_{\alpha, n+m-2}\sqrt{\left(\frac{1}{n} + \frac{1}{m}\right)\frac{(n-1)S_1^2 + (m-1)S_2^2}{n + m - 2}}\right)$

Nota: Intervalos de confianza superiores para $\mu_1 - \mu_2$ *se obtienen de intervalos de confianza inferiores para* $\mu_2 - \mu_1$.

7.5 INTERVALO DE CONFIANZA APROXIMADO PARA LA MEDIA DE UNA VARIABLE ALEATORIA DE BERNOULLI

Considere una población de individuos donde cada uno de ellos satisface independientemente ciertos estándares con una probabilidad p desconocida. Si se toman n de estos individuos para determinar si satisfacen los estándares, ¿cómo podemos utilizar los datos que obtengamos para tener un intervalo de confianza para p?

Si consideramos X como el número de estos n individuos que satisfacen los estándares, entonces X es una variable aleatoria binomial con parámetros n y p. Y si n es grande tenemos, por la aproximación normal a la binomial que X tiene una distribución aproximadamente normal con media np y varianza $np(1 - p)$. Por lo tanto,

$$\frac{X - np}{\sqrt{np(1 - p)}} \dot\sim \mathcal{N}(0, 1) \tag{7.5.1}$$

donde ~ significa "está distribuido aproximadamente como". De esta manera, para toda $\alpha \in$ (0, 1),

$$P\left\{-z_{\alpha/2} < \frac{X - np}{\sqrt{np(1-p)}} < z_{\alpha/2}\right\} \approx 1 - \alpha$$

y, así, al observar que X es igual a x, entonces una *región* aproximada de $100(1 - \alpha)$ por ciento de confianza para p es

$$\left\{p : -z_{\alpha/2} < \frac{x - np}{\sqrt{np(1-p)}} < z_{\alpha/2}\right\}$$

Sin embargo, esta región no es un intervalo. Para obtener un *intervalo* de confianza para p, sea $\hat{p} = X/n$ la fracción de los individuos que satisfacen los estándares. Según el ejemplo 7.2a, el estimador de máxima verosimilitud para $\hat{p}$ es p, que debería ser aproximadamente igual a p. Lo que da como resultado, que $\sqrt{n\hat{p}(1-\hat{p})}$ sea aproximadamente igual a $\sqrt{np(1-p)}$ y de esta manera, por la ecuación 7.5.1, vemos que

$$\frac{X - np}{\sqrt{n\hat{p}(1-\hat{p})}} \dot{\sim} \mathcal{N}(0, 1)$$

Por lo tanto, para toda $\alpha \in (0, 1)$

$$P\left\{-z_{\alpha/2} < \frac{X - np}{\sqrt{n\hat{p}(1-\hat{p})}} < z_{\alpha/2}\right\} \approx 1 - \alpha$$

o, lo que es equivalente,

$$P\{-z_{\alpha/2}\sqrt{n\hat{p}(1-\hat{p})} < np - X < z_{\alpha/2}\sqrt{n\hat{p}(1-\hat{p})}\} \approx 1 - \alpha$$

Puesto que $\hat{p} = X/n$, formulamos lo anterior como

$$P\{\hat{p} - z_{\alpha/2}\sqrt{\hat{p}(1-\hat{p})/n} < p < \hat{p} + z_{\alpha/2}\sqrt{\hat{p}(1-\hat{p})/n}\} \approx 1 - \alpha$$

lo cual nos da un intervalo de confianza aproximado de $100(1 - \alpha)$ por ciento para p.

EJEMPLO 7.5a De un montón de transistores se toman de manera aleatoria 100 transistores y se prueban para determinar si satisfacen estándares vigentes. Si 80 de estos transistores satisfacen los estándares, entonces un intervalo de confianza aproximado de 95 por ciento para p, la fracción de todos los transistores que satisface los estándares, está dada por

$$(.8 - 1.96\sqrt{.8(.2)/100}, .8 - 1.96\sqrt{.8(.2)/100}) = (.7216, .8784)$$

Es decir, "con 95 por ciento de confianza", tenemos que entre el 72.16 y el 87.84 por ciento de todos los transistores satisfacen los estándares. ∎

EJEMPLO 7.5b El 14 de octubre de 1997, el *New York Times* reportó que una encuesta reciente indicaba que, con un margen de error de ±4 por ciento, el 52 por ciento de la población estaba conforme con el desempeño del presidente Clinton. ¿Qué significa esto? ¿Podemos inferir cuántas personas fueron interrogadas?

SOLUCIÓN En los medios informativos se ha vuelto una práctica común presentar intervalos de confianza de 95 por ciento. Como $z_{.025} = 1.96$, un intervalo de confianza de 95 por ciento para p, el porcentaje de la población que está conforme con el desempeño del presidente Clinton, está dado por

$$\hat{p} \pm 1.96\sqrt{\hat{p}(1 - \hat{p})/n} = .52 \pm 1.96\sqrt{.52(.48)/n}$$

donde n es el tamaño de la muestra. Como el "margen de error" es ±4 por ciento, entonces

$$1.96\sqrt{.52(.48)/n} = .04$$

o

$$n = \frac{(1.96)^2(.52)(.48)}{(.04)^2} = 599.29$$

Es decir, en la muestra se tomaron aproximadamente 599 personas, y 52 por ciento de ellas se mostraron satisfechas con el desempeño del presidente Clinton. ∎

Con frecuencia queremos dar un intervalo de confianza aproximado de $100(1 - \alpha)$ para p que tenga una longitud no mayor a una cantidad dada, digamos b. El problema, entonces, consiste en determinar el tamaño adecuado de la muestra n para obtener el intervalo deseado. Para ello hay que observar que la longitud del intervalo de confianza aproximado de $100(1 - \alpha)$ por ciento para p, obtenido a partir de una muestra de tamaño n, es

$$2z_{\alpha/2}\sqrt{\hat{p}(1 - \hat{p})/n}$$

que es aproximadamente igual a $2z_{\alpha/2}\sqrt{p(1 - p)/n}$. Por desgracia, no se conoce p desde un principio, de manera que no podemos igualar simplemente $2z_{\alpha/2}\sqrt{p(1 - p)/n}$ a b para determinar el tamaño necesario de la muestra n. Lo que se hace es, tomar primero una muestra preliminar para tener una estimación de p, y usar, después, esta estimación para determinar n. Es decir, usamos p^*, la proporción que satisface los estándares en la muestra preliminar, como un estimado preliminar de p, y después determinamos el tamaño de la muestra n resolviendo la siguiente ecuación:

$$2z_{\alpha/2}\sqrt{p^*(1 - p^*)/n} = b$$

Elevando al cuadrado ambos lados de la ecuación anterior:

$$(2z_{\alpha/2})^2 p^*(1 - p^*)/n = b^2$$

o

$$n = \frac{(2z_{\alpha/2})^2 p^*(1 - p^*)}{b^2}$$

Es decir, si primero se tomaron k individuos para obtener el estimado preliminar de p, después habrá que tomar en la muestra de $n - k$ (o 0 si $n \le k$) individuos más.

EJEMPLO 7.5c Un fabricante produce chips para computadora; cada chip es independientemente aceptable con una probabilidad p desconocida. Para obtener un intervalo de confianza aproximado de 99 por ciento para p, cuya longitud es aproximadamente .05, se toma una muestra inicial de 30 chips. Si de estos 30 chips 26 tienen una calidad aceptable, entonces el estimado preliminar de p es 26/30. Usando este dato, para obtener un intervalo de confianza de 99 por ciento de una longitud aproximada de .05, se requiere una muestra de tamaño

$$n = \frac{4(z_{.005})^2}{(.05)^2} \frac{26}{30} \left(1 - \frac{26}{30}\right) = \frac{4(2.58)^2}{(.05)^2} \frac{26}{30} \frac{4}{30} = 1\,231$$

Por lo que en la muestra tendríamos que elegir 1 201 chips más, y si de éstos, por ejemplo, 1 040 fueran aceptables, el intervalo de confianza de 99 por ciento final para p sería

$$\left(\frac{1\,066}{1\,231} - \sqrt{1\,066\left(1 - \frac{1\,066}{1\,231}\right)} \frac{z_{.005}}{1\,231}, \frac{1\,066}{1\,231} + \sqrt{1\,066\left(1 - \frac{1\,066}{1\,231}\right)} \frac{z_{.005}}{1\,231}\right)$$

o

$$p \in (.84091, .89101) \quad \blacksquare$$

OBSERVACIONES

Como ya mostramos, un intervalo de confianza de $100(1 - \alpha)$ por ciento para p tendrá, aproximadamente, una longitud b si el tamaño de la muestra es

$$n = \frac{(2z_{\alpha/2})^2}{b^2} p(1 - p)$$

Ahora, como se puede demostrar fácilmente, en el intervalo, $0 \le p \le 1$, la función $g(p) = p\,(1 - p)$ toma su máximo valor, que es $\frac{1}{4}$, cuando $p = \frac{1}{2}$. De manera que

$$n \le \frac{(z_{\alpha/2})^2}{b^2}$$

es un límite superior para n. Por lo tanto, con una muestra cuyo tamaño es al menos tan grande como $(z_{\alpha/2})^2/b^2$, se obtiene, con seguridad, un intervalo de confianza cuya longitud no es mayor a b sin necesidad de tomar una muestra adicional. ∎

También es fácil obtener un intervalo de confianza unilateral aproximado para p: en la tabla 7.3 se presentan las fórmulas necesarias para esto.

TABLA 7.3 *Intervalo de confianza aproximado de*
$100(1 - \alpha)$ por ciento para p
X es una variable aleatoria binomial (n, p)
$$\hat{p} = X/n$$

Tipo de intervalo	Intervalo de confianza
Bilateral	$\hat{p} \pm z_{\alpha/2} \sqrt{\hat{p}(1 - \hat{p})/n}$
Unilateral inferior	$\left(-\infty, \hat{p} + z_\alpha \sqrt{\hat{p}(1 - \hat{p})/n}\right)$
Unilateral superior	$\left(\hat{p} - z_\alpha \sqrt{\hat{p}(1 - \hat{p})/n}, \infty\right)$

*7.6 INTERVALO DE CONFIANZA PARA LA MEDIA DE LA DISTRIBUCIÓN EXPONENCIAL

Si $X_1, X_2, \ldots, X_n$ son variables aleatorias exponenciales independientes, cada una con media θ, entonces se puede demostrar que el estimador de máxima verosimilitud para θ es la media muestral $\sum_{i=1}^n X_i/n$. Para obtener un estimador de intervalo de confianza para θ, recordemos (sección 5.7) que $\sum_{i=1}^n X_i$ tiene una distribución gamma con parámetros $n, 1/\theta$. Esto implica, a su vez (por la relación mostrada, en la sección 5.8.1.1, entre las distribuciones gamma y chi cuadrada), que

$$\frac{2}{\theta} \sum_{i=1}^n X_i \sim \chi_{2n}^2$$

Por lo que, para toda $\alpha \in (0, 1)$

$$P\left\{\chi_{1-\alpha/2,2n}^2 < \frac{2}{\theta} \sum_{i=1}^n X_i < \chi_{\alpha/2,2n}^2\right\} = 1 - \alpha$$

o, lo que es equivalente,

$$P\left\{\frac{2\sum_{i=1}^n X_i}{\chi_{\alpha/2,2n}^2} < \theta < \frac{2\sum_{i=1}^n X_i}{\chi_{1-\alpha/2,2n}^2}\right\} = 1 - \alpha$$

*Sección opcional.

Por lo tanto,

$$\theta \in \left(\frac{2\sum_{i=1}^{n} X_i}{\chi_{\alpha/2,2n}^2}, \frac{2\sum_{i=1}^{n} X_i}{\chi_{1-\alpha/2,2n}^2} \right)$$

es un intervalo de confianza de $100(1 - \alpha)$ por ciento para θ.

EJEMPLO 7.6a Se supone que los artículos producidos sucesivamente por un fabricante tienen tiempos de vida útil (en horas) que son independientes con una función de densidad común

$$f(x) = \frac{1}{\theta} e^{-x/\theta}, \quad 0 < x < \infty$$

Calcule un intervalo de confianza de 95 por ciento para la media poblacional θ, si la suma de los tiempos de vida de los 10 primeros artículos es 1 740.

SOLUCIÓN Con el programa 5.8.1b (o con la tabla A2) observamos que

$$\chi_{.025,20}^2 = 34.169, \qquad \chi_{.975,20}^2 = 9.661$$

y concluimos, con 95 por ciento de confianza, que

$$\theta \in \left(\frac{2x1,740}{34.169}, \frac{2x1,740}{9.661} \right)$$

o, lo que es equivalente,

$$\theta \in (101.847, 360.211) \quad \blacksquare$$

*7.7 EVALUACIÓN DE UN ESTIMADOR PUNTUAL

Sea $\mathbf{X} = (X_1,\ldots, X_n)$ una muestra obtenida de una población, cuya distribución se especifica con excepción de un parámetro desconocido θ, y sea $d = d(\mathbf{X})$ un estimador de θ. ¿Cómo hacemos para determinar su bondad como estimador de θ? Una manera de hacerlo es considerar el cuadrado de la diferencia entre $d(\mathbf{X})$ y θ. Pero, como $(d(\mathbf{X}) - \theta)^2$ es una variable aleatoria, acordemos considerar, como un indicador de la bondad de d como estimador de θ, a $r(d, \theta)$, el *error cuadrado medio* del estimador d, definido mediante

$$r(d, \theta) = E[(d(\mathbf{X}) - \theta)^2]$$

Sería agradable que hubiera un único estimador d que minimizara $r(d, \theta)$ para todos los posibles valores de θ. Pero éste, a excepción de situaciones triviales, nunca será el caso. Por ejemplo, consideremos el estimador d^* definido por

$$d^*(X_1, \ldots, X_n) = 4$$

*Sección opcional.

Es decir, sin importar cuáles sean los datos en la muestra, el estimador d^* elige 4 como un estimado de θ. Aunque éste parece un estimador insensato (ya que no utiliza los datos), ocurre que cuando θ realmente es igual a 4, el error cuadrado medio de este estimador es 0. Entonces, el error cuadrado medio de cualquier estimador distinto a d^* debe ser, en la mayoría de los casos, mayor que el error cuadrado medio de d^* cuando $\theta = 4$.

Aunque rara vez existe un estimador cuadrado medio mínimo, a veces es posible encontrar un estimador que dé el menor error cuadrado medio entre todos los estimadores que satisfacen una determinada propiedad. Una de estas propiedades es la de no estar sesgado.

Definición

Sea $d = d(\mathbf{X})$ un estimador del parámetro θ. Entonces a

$$b_\theta(d) = E[d(\mathbf{X})] - \theta$$

se le llama el *sesgo* de d como estimador de θ. Si $b_\theta(d) = 0$ para toda θ, entonces se dice que d es un estimador *no sesgado* de θ. Dicho en otras palabras, un estimador no está sesgado si su valor esperado siempre es igual al valor del parámetro que desea estimar.

EJEMPLO 7.7a Sea $X_1, X_2, \ldots, X_n$ una muestra aleatoria proveniente de una distribución con media θ desconocida. Entonces,

$$d_1(X_1, X_2, \ldots, X_n) = X_1$$

y

$$d_2(X_1, X_2, \ldots, X_n) = \frac{X_1 + X_2 + \cdots + X_n}{n}$$

son estimadores no sesgados de θ ya que

$$E[X_1] = E\left[\frac{X_1 + X_2 + \cdots + X_n}{n}\right] = \theta$$

Generalizando, $d_3(X_1, X_2, \ldots, X_n) = \sum_{i=1}^n \lambda_i X_i$ es un estimador no sesgado de θ siempre que $\sum_{i=1}^n \lambda_i = 1$. Esto es así, pues

$$E\left[\sum_{i=1}^n \lambda_i X_i\right] = \sum_{i=1}^n E[\lambda_i X_i]$$

$$= \sum_{i=1}^n \lambda_i E(X_i)$$

$$= \theta \sum_{i=1}^n \lambda_i$$

$$= \theta \quad \blacksquare$$

Si $d(X_1, \ldots, X_n)$ es un estimador no sesgado, entonces su error cuadrado medio está dado por

$$r(d, \theta) = E[(d(\mathbf{X}) - \theta)^2]$$

$$= E[(d(\mathbf{X}) - E[d(\mathbf{X})])^2] \quad \text{ya que } d \text{ es no sesgado}$$

$$= \text{Var}(d(\mathbf{X}))$$

Entonces el error cuadrado medio de un estimador no sesgado es igual a su varianza.

EJEMPLO 7.7b Combinaciones de estimadores no sesgados independientes. Sean d_1 y d_2 estimadores no sesgados independientes de θ, con varianzas conocidas σ_1^2 y σ_2^2. Es decir, para $i = 1, 2$,

$$E[d_i] = \theta, \qquad \text{Var}(d_i) = \sigma_i^2$$

Cualquier estimador de la forma

$$d = \lambda d_1 + (1 - \lambda)d_2$$

será también no sesgado. Para determinar el valor de λ, con el menor error cuadrado medio posible, que se obtiene en d, observe que

$$r(d, \theta) = \text{Var}(d)$$

$$= \lambda^2 \, \text{Var}(d_1) + (1 - \lambda)^2 \, \text{Var}(d_2)$$

$$\text{por la independencia de } d_1 \text{ y } d_2$$

$$= \lambda^2 \sigma_1^2 + (1 - \lambda)^2 \sigma_2^2$$

Diferenciando,

$$\frac{d}{d\lambda} r(d, \theta) = 2\lambda\sigma_1^2 - 2(1 - \lambda)\sigma_2^2$$

Para obtener el valor de λ que minimiza $r(d, \theta)$ —llamémosle a este valor $\hat{\lambda}$— igualamos a 0 y despejemos λ para obtener

$$2\hat{\lambda}\sigma_1^2 = 2(1 - \hat{\lambda})\sigma_2^2$$

o

$$\hat{\lambda} = \frac{\sigma_2^2}{\sigma_1^2 + \sigma_2^2} = \frac{1/\sigma_1^2}{1/\sigma_1^2 + 1/\sigma_2^2}$$

Es decir, el peso óptimo que se le puede dar a un estimador es inversamente proporcional a su varianza (si todos los estimadores son no sesgados e independientes).

Como una aplicación práctica de lo anterior, suponga que una organización ecologista quiere determinar el contenido de acidez en cierto lago. Para esto toman agua del lago y mandan muestras a n laboratorios diferentes. Entonces, los laboratorios harán, independientemente, sus pruebas de acidez usando sus respectivos equipos, cuyas precisiones variarán de unos a otros. Suponga, además, que d_i, el resultado de una prueba en el laboratorio i, es una variable aleatoria con media θ, la verdadera acidez de la muestra de agua, y varianza σ_i^2, $i = 1, \ldots, n$. Si la organización ecologista conoce las cantidades σ_i^2, $i = 1, \ldots, n$, entonces podrán estimar la acidez de la muestra de agua del lago mediante

$$d = \frac{\sum_{i=1}^{n} d_i / \sigma_i^2}{\sum_{i=1}^{n} 1/\sigma_i^2}$$

El error cuadrado medio de d es

$$r(d, \theta) = \mathrm{Var}(d) \qquad \text{debido a que } d \text{ es no sesgado}$$

$$= \left(\frac{1}{\sum_{i=1}^{n} 1/\sigma_1^2} \right)^2 \sum_{i=1}^{n} \left(\frac{1}{\sigma_i^2} \right)^2 \sigma_i^2$$

$$= \frac{1}{\sum_{i=1}^{n} 1/\sigma_i^2} \quad \blacksquare$$

Una generalización de que el error cuadrado medio de un estimador no sesgado es igual a su varianza, es que el error cuadrado medio de cualquier estimador es igual a su varianza más el cuadrado de su sesgo. Esto se obtiene de que

$$r(d, \theta) = E[(d(\mathbf{X}) - \theta)^2]$$

$$= E[(d - E[d] + E[d] - \theta)^2]$$

$$= E[(d - E[d])^2 + (E[d] - \theta)^2 + 2(E[d] - \theta)(d - E[d])]$$

$$= E[(d - E[d])^2] + E[(E[d] - \theta)^2]$$

$$\quad + 2E[(E[d] - \theta)(d - E[d])]$$

$$= E[(d - E[d])^2] + (E[d] - \theta)^2 + 2(E[d] - \theta)E[d - E[d]]$$

$$\text{ya que } E[d] - \theta \text{ es constante}$$

$$= E[(d - E[d])^2] + (E[d] - \theta)^2$$

La última igualdad resulta de que

$$E[d - E[d]] = 0$$

Por lo tanto,

$$r(d, \theta) = \text{Var}(d) + b_\theta^2(d)$$

EJEMPLO 7.7c Sea $X_1, \ldots, X_n$ una muestra obtenida de una distribución uniforme $(0, \theta)$, donde se supone que θ no se conoce. Como

$$E[X_i] = \frac{\theta}{2}$$

un estimador que resulta "natural" considerar es el estimador no sesgado

$$d_1 = d_1(\mathbf{X}) = \frac{2 \sum\limits_{i=1}^{n} X_i}{n}$$

Como $E[d_1] = \theta$, entonces

$$r(d_1, \theta) = \text{Var}(d_1)$$

$$= \frac{4}{n} \text{Var}(X_i)$$

$$= \frac{4}{n} \frac{\theta^2}{12} \quad \text{ya que } \text{Var}(X_i) = \frac{\theta^2}{12}$$

$$= \frac{\theta^2}{3n}$$

Otro estimador de θ puede ser el estimador de máxima verosimilitud, que, como mostramos en el ejemplo 7.2d, está dado por

$$d_2 = d_2(\mathbf{X}) = \max_i X_i$$

Para calcular el error cuadrado medio de d_2 como estimador de θ, necesitamos calcular primero su media (así como determinar su sesgo) y su varianza. Para ello observamos que la función de distribución de d_2 es

$$F_2(x) \equiv P\{d_2(\mathbf{X}) \leq x\}$$

$$= P\{\max_i X_i \leq x\}$$

$$= P\{X_i \leq x \quad \text{para toda } i = 1, \ldots, n\}$$

$$= \prod_{i=1}^{n} P\{X_i \leq x\} \quad \text{por independencia}$$

$$= \left(\frac{x}{\theta}\right)^n \quad x \leq \theta$$

Y, mediante diferenciación, obtenemos que la función de densidad de d_2 es

$$f_2(x) = \frac{nx^{n-1}}{\theta^n}, \; x \le \theta$$

Por lo tanto,

$$E[d_2] = \int_0^\theta x \frac{nx^{n-1}}{\theta^n} \, dx = \frac{n}{n+1} \theta \qquad (7.7.1)$$

También

$$E[d_2^2] = \int_0^\theta x^2 \frac{nx^{n-1}}{\theta^n} \, dx = \frac{n}{n+2} \theta^2$$

y, de esta manera,

$$\mathrm{Var}(d_2) = \frac{n}{n+2} \theta^2 - \left(\frac{n}{n+1} \theta \right)^2 \qquad (7.7.2)$$

$$= n\theta^2 \left[\frac{1}{n+2} - \frac{n}{(n+1)^2} \right] = \frac{n\theta^2}{(n+2)(n+1)^2}$$

Entonces,

$$r(d_2, \theta) = (E(d_2) - \theta)^2 + \mathrm{Var}(d_2) \qquad (7.7.3)$$

$$= \frac{\theta^2}{(n+1)^2} + \frac{n\theta^2}{(n+2)(n+1)^2}$$

$$= \frac{\theta^2}{(n+1)^2} \left[1 + \frac{n}{n+2} \right]$$

$$= \frac{2\theta^2}{(n+1)(n+2)}$$

Ya que

$$\frac{2\theta^2}{(n+1)(n+2)} \le \frac{\theta^2}{3n} \qquad n = 1, 2, \ldots$$

resulta que d_2 es un estimador de θ mucho mejor que d_1.

La ecuación 7.7.1 aún sugiere el uso de otro estimador, el estimador no sesgado $(1 + 1/n)d_2(\mathbf{X}) = (1 + 1/n) \max_i X_i$. Sin embargo, en lugar de considerar directamente dicho estimador, consideremos todos los estimadores de la forma

$$d_c(\mathbf{X}) = c \max_i X_i = cd_2(\mathbf{X})$$

donde c es una constante dada. El error cuadrado medio de este estimador es

$$r(d_c(\mathbf{X}), \theta) = \text{Var}(d_c(\mathbf{X})) + (E[d_c(\mathbf{X})] - \theta)^2$$

$$= c^2 \text{Var}(d_2(\mathbf{X})) + (cE[d_2(\mathbf{X})] - \theta)^2$$

$$= \frac{c^2 n\theta^2}{(n+2)(n+1)^2} + \theta^2 \left(\frac{cn}{n+1} - 1 \right)^2$$

$$\text{por las ecuaciones 7.7.2 y 7.7.1} \qquad (7.7.4)$$

Para obtener la constante c que nos da el error cuadrado medio mínimo, diferenciamos para llegar a

$$\frac{d}{dc} r(d_c(\mathbf{X}), \theta) = \frac{2cn\theta^2}{(n+2)(n+1)^2} + \frac{2\theta^2 n}{n+1} \left(\frac{cn}{n+1} - 1 \right)$$

Igualando esto a 0 vemos que la mejor constante c, a la que llamaremos c^*, es una constante tal que

$$\frac{c^*}{n+2} + c^*n - (n+1) = 0$$

o

$$c^* = \frac{(n+1)(n+2)}{n^2 + 2n + 1} = \frac{n+2}{n+1}$$

Sustituyendo este valor de c en la ecuación 7.7.4 resulta que

$$r \left(\frac{n+2}{n+1} \max_i X_i, \theta \right) = \frac{(n+2)n\theta^2}{(n+1)^4} + \theta^2 \left(\frac{n(n+2)}{(n+1)^2} - 1 \right)^2$$

$$= \frac{(n+2)n\theta^2}{(n+1)^4} + \frac{\theta^2}{(n+1)^4}$$

$$= \frac{\theta^2}{(n+1)^2}$$

En una comparación con la ecuación 7.7.3 se ve que el estimador (sesgado) $(n+2)/(n+1) \max_i X_i$ tiene cerca de la mitad del error cuadrado medio del estimador de máxima verosimilitud $\max_i X_i$. ∎

*7.8 ESTIMADOR DE BAYES

En algunas ocasiones resulta adecuado considerar a un parámetro θ desconocido como el valor de una variable aleatoria de una distribución de probabilidad dada. Esto se presenta, cuando antes de

*Sección opcional.

observar los resultados de los datos $X_1,\ldots, X_n$, tenemos alguna información acerca del valor de θ y dicha información se puede expresar en términos de una distribución de probabilidad (acertadamente llamada distribución *a priori* de θ). Suponga, por ejemplo, que por experiencia sabemos que θ tiene las mismas posibilidades de asumir cualquier valor en el intervalo $(0, 1)$. Entonces, podemos suponer que θ se toma de una distribución uniforme en $(0, 1)$.

Considere ahora que nuestra idea *a priori* acerca de θ es que es posible considerarse como el valor de una variable aleatoria continua con función de densidad de probabilidad $p(\theta)$; y suponga que estamos a punto de observar el valor de una muestra cuya distribución depende de θ. Es decir, suponga que $f(x\,|\,\theta)$ representa la verosimilitud —es decir, $f(x\,|\,\theta)$ es la función de masa de probabilidad en el caso discreto o la función de densidad de probabilidad en el caso continuo— de que el valor de un dato sea igual a x cuando θ es el valor del parámetro. Si los valores de los datos observados son $X_i = x_i$, $i = 1,\ldots, n$, entonces la función de densidad de probabilidad actualizada, o condicional, de θ es:

$$f(\theta|x_1, \ldots, x_n) = \frac{f(\theta, x_1, \ldots, x_n)}{f(x_1, \ldots, x_n)}$$

$$= \frac{p(\theta)f(x_1, \ldots, x_n|\theta)}{\int f(x_1, \ldots, x_n|\theta)p(\theta)\, d\theta}$$

A la función de densidad condicional $f(\theta\,|\,x_1,\ldots, x_n)$ se le llama la función de densidad *a posteriori*. (Entonces, antes de observar los datos, la idea que uno tiene acerca de θ se expresa en términos de la distribución *a priori*; mientras que una vez que se han observado los datos, se actualiza esta distribución *a priori* para dar lugar a la distribución *a posteriori*.)

De esta manera, hemos demostrado que siempre que se nos dé la distribución de probabilidad de una variable aleatoria, el mejor estimado del valor de dicha variable aleatoria, en el sentido de minimizar el error cuadrado esperado, es su media. Por lo que el mejor estimado de θ, dados los valores de los datos $X_i = x_i$, $i = 1,\ldots, n$, es la media de su distribución *a posteriori* $f(\theta\,|\,x_1,\ldots, x_n)$. Dicho estimador, llamado *estimador de Bayes*, se escribe $E[\theta\,|\,X_1,\ldots, X_n]$. Es decir, si $X_i = x_i$, $i = 1,\ldots, n$, entonces el valor del estimador de Bayes es

$$E[\theta|X_1 = x_1, \ldots, X_n = x_n] = \int \theta f(\theta|x_1, \ldots, x_n)\, d\theta$$

EJEMPLO 7.8a Considere que $X_1,\ldots, X_n$ son variables aleatorias independientes de Bernoulli, cada una con función de masa de probabilidad dada por

$$f(x|\theta) = \theta^x(1 - \theta)^{1-x}, \qquad x = 0, 1$$

donde θ es desconocida. Y además suponga que θ se obtiene de una distribución uniforme en $(0, 1)$. Calcule el estimador de Bayes de θ.

SOLUCIÓN Tenemos que calcular $E[\theta\,|\,X_1,\ldots, X_n]$. Como la densidad *a priori* de θ es la densidad uniforme

$$p(\theta) = 1, \qquad 0 < \theta < 1$$

la densidad condicional de θ dadas $X_1, \ldots, X_n$ está dada por

$$
\begin{aligned}
f(\theta|x_1, \ldots, x_n) &= \frac{f(x_1, \ldots, x_n, \theta)}{f(x_1, \ldots, x_n)} \\
&= \frac{f(x_1, \ldots, x_n|\theta)p(\theta)}{\int_0^1 f(x_1, \ldots, x_n|\theta)p(\theta)\, d\theta} \\
&= \frac{\theta^{\Sigma_1^n x_i}(1-\theta)^{n-\Sigma_1^n x_i}}{\int_0^1 \theta^{\Sigma_1^n x_i}(1-\theta)^{n-\Sigma_1^n x_i}\, d\theta}
\end{aligned}
$$

Se puede demostrar que para valores m y r enteros

$$
\int_0^1 \theta^m(1-\theta)^r\, d\theta = \frac{m!\,r!}{(m+r+1)!} \tag{7.8.1}
$$

Por lo que si $x = \Sigma_{i=1}^n x_i$

$$
f(\theta|x_1, \ldots, x_n) = \frac{(n+1),\, \theta^x(1-\theta)^{n-x}}{x!(n-x)!} \tag{7.8.2}
$$

Así,

$$
\begin{aligned}
E[\theta|x_1, \ldots, x_n] &= \frac{(n+1)!}{x!(n-x)!}\int_0^1 \theta^{1+x}(1-\theta)^{n-x}\, d\theta \\
&= \frac{(n+1)!}{x!(n-x)!}\frac{(1+x)!(n-x)!}{(n+2)!} \qquad \text{por la ecuación 7.8.1} \\
&= \frac{x+1}{n+2}
\end{aligned}
$$

De esta manera, el estimador de Bayes está dado por

$$
E[\theta|X_1, \ldots, X_n] = \frac{\displaystyle\sum_{i=1}^n X_i + 1}{n+2}
$$

Como ilustración, considere que si en 10 ensayos independientes, cada uno de los cuales puede dar como resultado un éxito con probabilidad θ, se obtienen 6 éxitos, entonces, suponiendo que θ tiene una distribución uniforme *a priori* $(0, 1)$, el estimador de Bayes de θ es 7/12 (mientras que, por ejemplo, el estimador de máxima verosimilitud es 6/10). ∎

OBSERVACIONES

A la distribución condicional de θ, dado que $X_i = x_i$, $i = 1, \ldots, n$, cuyas funciones de densidad están dadas por la ecuación 7.8.2, se le llama la distribución beta con parámetros $\Sigma_{i=1}^n x_i + 1$, $n - \Sigma_{i=1}^n x_i + 1$. ∎

EJEMPLO 7.8b Suponga que $X_1, \ldots, X_n$ son variables aleatorias normales independientes, cada una con media θ desconocida y varianza σ_0^2 conocida. Si a su vez θ se toma de una población normal con media μ conocida y varianza σ^2 conocida, ¿cuál es el estimador de Bayes de θ?

SOLUCIÓN Para determinar $E[\theta | X_1, \ldots, X_n]$, el estimador de Bayes, necesitamos determinar primero la densidad condicional de θ dados los valores $X_1, \ldots, X_n$. Ahora

$$f(\theta | x_1, \ldots, x_n) = \frac{f(x_1, \ldots, x_n | \theta) p(\theta)}{f(x_1, \ldots, x_n)}$$

donde

$$f(x_1, \ldots, x_n | \theta) = \frac{1}{(2\pi)^{n/2} \sigma_0^n} \exp\left\{ -\sum_{i=1}^{n} (x_i - \theta)^2 / 2\sigma_0^2 \right\}$$

$$p(\theta) = \frac{1}{\sqrt{2\pi}\sigma} \exp\{-(\theta - \mu)^2 / 2\sigma^2\}$$

y

$$f(x_1, \ldots, x_n) = \int_{-\infty}^{\infty} f(x_1, \ldots, x_n | \theta) p(\theta) \, d\theta$$

Con un poco de álgebra, ahora demostramos que esta densidad condicional es una densidad *normal* con media

$$E[\theta | X_1, \ldots, X_n] = \frac{n\sigma^2}{n\sigma^2 + \sigma_0^2} \overline{X} + \frac{\sigma_0^2}{n\sigma^2 + \sigma_0^2} \mu \qquad (7.8.3)$$

$$= \frac{\dfrac{n}{\sigma_0^2}}{\dfrac{n}{\sigma_0^2} + \dfrac{1}{\sigma^2}} \overline{X} + \frac{\dfrac{1}{\sigma^2}}{\dfrac{n}{\sigma_0^2} + \dfrac{1}{\sigma^2}} \mu$$

y varianza

$$\mathrm{Var}(\theta | X_1, \ldots, X_n) = \frac{\sigma_0^2 \sigma^2}{n\sigma^2 + \sigma_0^2}$$

Resulta informativo escribir el estimador de Bayes como lo hicimos en la ecuación 7.8.3, ya que nos indica un promedio ponderado de $\overline{X}$, la media muestral, y μ, la media *a priori*. Los pesos dados a estas dos cantidades están en proporción a los inversos de σ_0^2/n (la varianza condicional de la media muestral $\overline{X}$ dado θ) y σ^2 (la varianza de la distribución *a priori*).   ■

OBSERVACIONES: SOBRE LA ELECCIÓN DE UNA NORMAL A PRIORI

Como se ilustró con el ejemplo 7.8b, para efectuar los cálculos resulta conveniente tomar *a priori* una normal para la media θ desconocida de una distribución normal —ya que entonces el estimador de Bayes está dado simplemente por la ecuación 7.8.3—. Así, surge la pregunta de cómo proceder para determinar si hay *a priori* una normal que represente de manera razonable la idea que uno tiene *a priori* acerca de la media desconocida.

Para empezar, sería prudente determinar el valor —llamémosle μ que, *a priori*, usted crea que tiene más posibilidades de estar cercano a θ—. Es decir, empezamos con la moda (que es igual a la media cuando la distribución es normal) de la distribución *a priori*. Después debemos tratar de observar si creemos o no que la distribución *a priori* sea simétrica respecto a μ. Es decir, para cada $a > 0$ tenemos que preguntarnos si hay las mismas posibilidades de que θ esté entre $\mu - a$ y μ, que entre μ y $\mu + a$. Si la respuesta es afirmativa, entonces aceptamos, como hipótesis de trabajo, que nuestra idea *a priori* acerca de θ se puede expresar en términos de una distribución *a priori* que es normal con media μ. Para determinar σ, la desviación estándar de la normal *a priori*, busque un intervalo centrado en μ, que con 90 por ciento de seguridad *a priori* crea usted que contiene a θ. Por ejemplo, suponga que usted tiene una certeza del 90 por ciento (ni más ni menos) de que θ esté entre $\mu - a$ y $\mu + a$. Entonces, como para una variable aleatoria normal θ con media μ y varianza σ^2

$$P\left\{-1.645 < \frac{\theta - \mu}{\sigma} < 1.645\right\} = .90$$

o

$$P\{\mu - 1.645\sigma < \theta < \mu + 1.645\sigma\} = .90$$

parece razonable considerar

$$1.645\sigma = a \qquad \text{o} \qquad \sigma = \frac{a}{1.645}$$

Si su idea *a priori* puede describirse razonablemente mediante una distribución normal, entonces la distribución tendría una media μ y una desviación estándar $\sigma = a/1.645$. Para probar si la distribución realmente satisface la idea que usted tiene *a priori* debería preguntarse si tiene usted una certeza del 95 por ciento de que θ esté entre $\mu - 1.96\sigma$ y $\mu + 1.96\sigma$, o si tiene usted una certeza del 99 por ciento de que θ esté entre $\mu - 2.58\sigma$ y $\mu + 2.58\sigma$, cuyos intervalos quedan determinados por las igualdades

$$P\left\{-1.96 < \frac{\theta - \mu}{\sigma} < 1.96\right\} = .95$$

$$P\left\{-2.58 < \frac{\theta - \mu}{\sigma} < 2.58\right\} = .99$$

que se satisfacen cuando θ es normal con media μ y varianza σ^2.

EJEMPLO 7.8c Considere la función de verosimilitud $f(x_1,\ldots, x_n \mid \theta)$ y suponga que θ está uniformemente distribuida sobre algún intervalo (a, b). La densidad *a posteriori* de θ dados $X_1,\ldots, X_n$ es igual a

$$f(\theta|x_1, \ldots, x_n) = \frac{f(x_1, \ldots, x_n|\theta)p(\theta)}{\int_a^b f(x_1, \ldots, x_n|\theta)p(\theta)\, d\theta}$$

$$= \frac{f(x_1, \ldots, x_n|\theta)}{\int_a^b f(x_1, \ldots, x_n|\theta)\, d\theta} \qquad a < \theta < b$$

Ahora bien, se definió la *moda* de una densidad $f(\theta)$ como el valor de θ que maximiza $f(\theta)$. Por lo anterior, entonces la moda de la densidad $f(\theta \mid x_1, \ldots, x_n)$ es el valor de θ que maximiza $f(x_1, \ldots, x_n \mid \theta)$; es decir, se trata precisamente del estimado de máxima verosimilitud de θ [restringido a (a, b)]. En otras palabras, cuando se supone una distribución uniforme *a priori*, entonces el estimado de máxima verosimilitud es igual a la moda de la distribución *a posteriori*. ■

Si lo que deseamos no es un estimado puntual sino, más bien, un intervalo donde se encuentre θ con una determinada probabilidad, digamos de $1 - \alpha$, esto se puede lograr tomando valores a y b tales que

$$\int_a^b f(\theta|x_1, \ldots, x_n)\, d\theta = 1 - \alpha$$

EJEMPLO 7.8d Suponga que si se envía una señal del valor s desde un punto A, entonces el valor de la señal recibida en el punto B tiene una distribución normal con media s y varianza 60. Considere también que el valor de la señal enviada desde A se sabe, *a priori*, que tiene una distribución normal con media 50 y varianza 100. Si el valor recibido en el punto B es igual a 40, determine un intervalo que contenga el valor real enviado con probabilidad .90.

SOLUCIÓN Del ejemplo 7.8b se sigue que la distribución condicional de S, el valor de la señal enviada, dado que 40 es el valor de la señal recibida, es normal con media y varianza dadas por

$$E[S|\text{dato}] = \frac{1/60}{1/60 + 1/100}40 + \frac{1/100}{1/60 + 1/100}50 = 43.75$$

$$\text{Var}(S|\text{dato}) = \frac{1}{1/60 + 1/100} = 37.5$$

Por lo que, dado que el valor recibido es 40, $(S - 43.75)/\sqrt{37.5}$ tiene una distribución normal unitaria y, de esta manera,

$$P\left\{-1.645 < \frac{S - 43.75}{\sqrt{37.5}} < 1.645|\text{dato}\right\} = .90$$

o

$$P\{43.75 - 1.645\sqrt{37.5} < S < 43.75 + 1.645\sqrt{37.5}|\text{dato}\} = .95$$

Es decir, con .90 de *probabilidad*, la verdadera señal enviada está dentro del intervalo (33.68, 53.82). ■

Problemas

1. Sea $X_1, \ldots, X_n$ una muestra proveniente de la distribución cuya función de densidad es

$$f(x) = \begin{cases} e^{-(x-\theta)} & x \geq \theta \\ 0 & \text{de otra manera} \end{cases}$$

Determine el estimador de máxima verosimilitud para θ.

2. Determine el estimador de máxima verosimilitud para θ si $X_1, \ldots, X_n$ es una muestra con función de densidad

$$f(x) = \tfrac{1}{2} e^{-|x-\theta|}, \qquad -\infty < x < \infty$$

3. Sea $X_1, \ldots, X_n$ una muestra proveniente de una población normal μ, σ^2. Determine el estimador de máxima verosimilitud de σ^2 si se conoce μ. ¿Cuál es el valor esperado de este estimador?

4. Se va a medir la altura de una torre de radio midiendo la distancia horizontal X del centro de su base a un instrumento de medición y el ángulo vertical del aparato de medición (véase la siguiente figura). Si en cinco mediciones de la distancia L se obtienen los siguientes valores (en pies)

$$150.42, \ 150.45, \ 150.49, \ 150.52, \ 150.40$$

y en cuatro mediciones del ángulo θ se obtienen los siguientes valores (en grados)

$$40.26, \ 40.27, \ 40.29, \ 40.26$$

estime la altura de la torre.

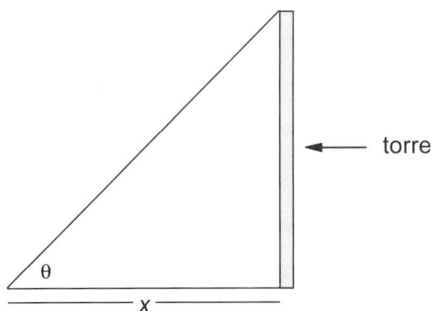

5. Gire una moneda sobre su canto 100 veces y use el resultado para estimar la probabilidad de que caiga cara cuando se gira de esta manera.

6. Los desbordamientos de un río a menudo se miden por sus descargas (en unidades de pies cúbicos por segundo). El valor v se dice que es el valor de un desborde de 100 años si

$$P\{D \geq v\} = .01$$

Donde D es la descarga del desbordamiento más grande en un año elegido al azar. La tabla siguiente da las cargas de los desbordamientos más grandes del Río Blackstone en

Woonsocket, Rhode Island, en cada uno de los años desde 1929 a 1965. Suponiendo que estas descargas siguen una distribución lognormal, estime el valor v.

Desbordamiento al año del Río
Blackstone (1929-1965)

Año	Descarga en (ft^3/s)
1929	4 570
1930	1 970
1931	8 220
1932	4 530
1933	5 780
1934	6 560
1935	7 500
1936	15 000
1937	6 340
1938	15 100
1939	3 840
1940	5 860
1941	4 480
1942	5 330
1943	5 310
1944	3 830
1945	3 410
1946	3 830
1947	3 150
1948	5 810
1949	2 030
1950	3 620
1951	4 920
1952	4 090
1953	5 570
1954	9 400
1955	32 900
1956	8 710
1957	3 850
1958	4 970
1959	5 398
1960	4 780
1961	4 020
1962	5 790
1963	4 510
1964	5 520
1965	5 300

7. Un fabricante de intercambiadores de calor necesita que el espacio entre las placas de sus intercambiadores esté entre .240 y .260 pulgadas. Un ingeniero de control de calidad muestrea 20 intercambiadores y mide el espacio de las placas en cada uno. Si la media y la desviación estándar muestrales de estas 20 mediciones son .254 y .005, estime la fracción de todos los intercambiadores cuyo espacio entre las placas esté fuera de la región especificada. Suponga que el espacio entre las placas tiene una distribución normal.

8. Una balanza eléctrica da una lectura igual al peso verdadero más un error aleatorio que tiene una distribución normal con media 0 y desviación estándar $\sigma = .1$ mg. Suponga que los resultados al pesar cinco veces el mismo objeto son: 3.142, 3.163, 3.155, 3.150, 3.141.

    (a) Determine un estimado de un intervalo de confianza de 95 por ciento para el peso verdadero.

    (b) Determine un estimado de un intervalo de confianza de 99 por ciento para el peso verdadero.

9. La concentración de PCB de un pez capturado en el lago Michigan se midió con una técnica que da un error de medición que tiene una distribución normal con una desviación estándar de .08 ppm (partes por millón). Suponga que los resultados en 10 mediciones independientes de este pez son

$$11.2, \ 12.4, \ 10.8, \ 11.6, \ 12.5, \ 10.1, \ 11.0, \ 12.2, \ 12.4, \ 10.6$$

    (a) Calcule un intervalo de confianza de 95 por ciento para el nivel de PCB de este pez.

    (b) Determine un intervalo de confianza inferior de 95 por ciento.

    (c) Dé un intervalo de confianza superior de 95 por ciento.

10. La desviación estándar de las puntuaciones en una determinada prueba es 11.3. Si en una muestra aleatoria de 81 estudiantes se encontró una puntuación media de 74.6, calcule un estimado de un intervalo de confianza de 90 por ciento para la puntuación promedio de todos los estudiantes.

11. Al determinar un intervalo de confianza para la media de una población normal, cuya varianza se conoce, ¿de qué tamaño deberá ser la muestra para tener un intervalo de confianza de un tercio de la longitud del intervalo cuando la muestra es de tamaño n?

12. Si $X_1,\ldots, X_n$ es una muestra obtenida de una población normal, cuya media μ se desconoce, pero cuya varianza σ^2 se conoce, muestre que $(-\infty, \overline{X} + z_{\alpha}\sigma/\sqrt{n})$ es un intervalo de confianza de $100(1 - \alpha)$ por ciento para μ.

13. Se tomó una muestra de 20 cigarros para determinar el contenido de nicotina y se encontró un valor promedio de 1.2 mg. Calcule un intervalo bilateral de confianza de 99 por ciento para el contenido medio de nicotina de un cigarro si se sabe que la desviación estándar del contenido de nicotina de un cigarro es $\sigma = .2$ mg.

14. En el problema 13, suponga que antes de hacer el experimento no se conoce la varianza. Si la varianza muestral es .04, calcule un intervalo de confianza bilateral del 99 por ciento para el contenido medio de nicotina.

15. En el problema 14, calcule un valor c de manera que podamos decir "con 99 por ciento de confianza" que c es mayor que el contenido medio de nicotina de un cigarro.

16. Al muestrear de una población normal con media μ y varianza σ^2 desconocidas, queremos determinar un tamaño n de la muestra que nos garantice que el tamaño de un intervalo de confianza de $100(1 - \alpha)$ por ciento para μ no sea mayor que A para valores α y A dados. Explique cómo se puede hacer esto mediante un esquema de doble muestreo, en el que primero se tome una submuestra de tamaño 30 y después se tome una muestra del tamaño adecuado, usando los resultados obtenidos con la primera submuestra.

17. Los datos siguientes se obtuvieron de 24 mediciones independientes del punto de fusión del plomo

330°C	322°C	345°C
328.6°C	331°C	342°C
342.4°C	340.4°C	329.7°C
334°C	326.5°C	325.8°C
337.5°C	327.3°C	322.6°C
341°C	340°C	333°C
343.3°C	331°C	341°C
329.5°C	332.3°C	340°C

Suponga que se puede considerar que las mediciones constituyen una muestra normal, cuya media es el verdadero punto de fusión del plomo, y determine un intervalo de confianza bilateral de 95 por ciento para este valor. Determine también un intervalo bilateral de 99 por ciento de confianza.

18. Las siguientes son las puntuaciones en una prueba de IQ obtenidas por una muestra aleatoria de 18 estudiantes de una universidad del este de Estados Unidos:

$$130, \quad 122, \quad 119, \quad 142, \quad 136, \quad 127, \quad 120, \quad 152, \quad 141,$$

$$132, \quad 127, \quad 118, \quad 150, \quad 141, \quad 133, \quad 137, \quad 129, \quad 142$$

(a) Calcule un estimado de intervalo de confianza de 95 por ciento para la puntuación promedio de todos los estudiantes de la universidad en la prueba de IQ.

(b) Determine un estimado de intervalo de confianza inferior de 95 por ciento.

(c) Determine un estimado de intervalo de confianza superior de 95 por ciento.

19. Considere que una muestra aleatoria de nueve casas vendidas recientemente en una determinada ciudad da como resultado un precio medio muestral de $122 000, con una desviación estándar muestral de $12 000. Dé un intervalo de confianza de 95 por ciento para el precio medio de todas las casas vendidas recientemente en esa ciudad.

20. Una compañía asegura, contra choque, a su gran flota de coches. Para determinar el costo medio de las reparaciones por choque, toma aleatoriamente una muestra de 16 accidentes. Si el costo promedio de reparación de estos accidentes es de $2 200 con una desviación estándar muestral de $800, encuentre un estimado de un intervalo de confianza de 90 por ciento para el costo medio por choque.

21. En el estado de Washington a todos los estudiantes de sexto grado se les aplica una prueba estandarizada. Un supervisor escolar selecciona una muestra aleatoria de 100 estudiantes

para determinar la puntuación media de los estudiantes en su distrito. Si la media muestral de las puntuaciones de estos estudiantes es 320 y la desviación estándar muestral es 16, dé un intervalo de confianza de 95 por ciento para la puntuación promedio de los estudiantes en el distrito del supervisor.

22. Veinte estudiantes toman independientemente el punto de fusión del plomo. La media y la desviación estándar muestrales de estas mediciones fueron (en grados centígrados) 330.2 y 15.4, respectivamente. Construya un estimado de un intervalo de confianza **(a)** de 95 por ciento y **(b)** de 99 por ciento para el punto verdadero de fusión del plomo.

23. En una muestra aleatoria de 300 cuentas de tarjetahabientes de tarjetas CitiBank VISA se encontró un adeudo medio muestral de $1 220 con una desviación estándar muestral de $840. Construya un estimado de un intervalo de confianza de 95 por ciento para el adeudo promedio de todos los tarjetahabientes.

24. En el problema 23, encuentre el valor v menor que "con 99 por ciento de confianza" excede el promedio de adeudo por tarjetahabiente.

25. Verifique la fórmula dada en la tabla 7.1 para el intervalo de confianza inferior de $100(1 - \alpha)$ por ciento para μ cuando se desconoce σ.

26. Se está investigando el alcance de un nuevo tipo de proyectil. Los alcances observados, en metros, de 20 de estos proyectiles fueron

2 100	1 984	2 072	1 898
1 950	1 992	2 096	2 103
2 043	2 218	2 244	2 206
2 210	2 152	1 962	2 007
2 018	2 106	1 938	1 956

Suponiendo que el alcance de un proyectil tenga una distribución normal, construya un intervalo de confianza bilateral **(a)** de 95 y **(b)** de 99 por ciento para el alcance medio de un proyectil. **(c)** Determine el valor v mayor, tal que "con 95 por ciento" sea menor que el alcance medio.

27. En Los Ángeles se llevaron a cabo estudios para determinar la concentración de monóxido de carbono cerca de las autopistas. La técnica básica usada consistió en tomar muestras de aire en bolsas especiales y después determinar la concentración de monóxido de carbono mediante un espectrofotómetro. Las concentraciones en ppm (partes por millón) en las muestras tomadas durante un periodo de un año fueron 102.2, 98.4, 104.1, 101, 102.2, 100.4, 98.6, 88.2, 78.8, 83, 84.7, 94.8, 105.1, 106.2, 111.2, 108.3, 105.2, 103.2, 99, 98.8. Calcule un intervalo de confianza de 95 por ciento para la concentración media de monóxido de carbono.

28. En un conjunto de 10 determinaciones de porcentaje de agua en una solución de metanol usando el método inventado por el químico Karl Fischer, se obtuvieron los resultados siguientes:

.50, .55, .53, .56, .54,

.57, .52, .60, .55, .58

Suponiendo normalidad, utilice estos datos para dar un intervalo de confianza de 95 por ciento para el porcentaje verdadero.

29. Suponga que $U_1, U_2, \ldots$ es una sucesión de variables aleatorias independientes uniformes $(0, 1)$ y defina N mediante

$$N = \min\{n : U_1 + \cdots + U_n > 1\}$$

Es decir, N es el número de variables aleatorias uniformes $(0, 1)$ que hay que sumar para que resulte un valor mayor a 1. Use números aleatorios para determinar el valor de 36 variables aleatorias con la misma distribución que N; después emplee tales datos para obtener un estimado de intervalo de confianza de 95 por ciento de $E[N]$. Basándose en dicho intervalo calcule el valor exacto de $E[N]$.

30. Una cuestión importante para los minoristas consiste en decidir cuándo hacer un pedido a sus proveedores. Una política usada con frecuencia para tomar estas decisiones es la de un tipo llamado s, S: el minorista hace un pedido al final de un periodo si las existencias son menores que s y el pedido lo hace suficientemente grande como para elevar las reservas hasta S. Los valores apropiados de s y de S dependen de varios parámetros de costos, como costos de mantenimiento de inventario y de la ganancia por artículo vendido, así como de la distribución de la demanda durante un periodo. En consecuencia, es importante para el minorista recabar datos respecto a la distribución de la demanda. Suponga que los siguientes son los números de un determinado tipo de artículos vendidos en cada una de 30 semanas.

14, 8, 12, 9, 5, 22, 15, 12, 16, 7, 10, 9, 15, 15, 12,

9, 11, 16, 8, 7, 15, 13, 9, 5, 18, 14, 10, 13, 7, 11

Suponga que los números de artículos vendidos por semana son variables aleatorias independientes con una distribución común; use los datos para obtener un intervalo de confianza de 95 por ciento para el número medio de artículos vendidos por semana.

31. Se tomó una muestra aleatoria de 16 profesores de tiempo completo de una universidad privada y se obtuvo un salario anual medio muestral de $90 450$, con una desviación estándar muestral de $9 400$. Determine un intervalo de confianza de 95 por ciento para el salario promedio de todos los profesores de esa universidad.

32. Sea $X_1, \ldots, X_n, X_{n+1}$ una muestra de una población normal, con media μ y varianza σ^2, desconocidas. Suponga que nos interesa utilizar valores observados de $X_1, \ldots, X_n$ para determinar un intervalo, llamado intervalo de *predicción* para el que podamos predecir que contiene el valor X_{n+1} con $100(1 - \alpha)$ por ciento de confianza. Sean $\overline{X}_n$ y S_n^2 la media y la varianza muestrales de $X_1, \ldots, X_n$.

(a) Determine la distribución de

$$X_{n+1} - \overline{X}_n$$

(b) Determine la distribución de

$$\frac{X_{n+1} - \overline{X}_n}{S_n\sqrt{1 + \dfrac{1}{n}}}$$

    (c) Dé un intervalo de predicción para X_{n+1}.

    (d) El intervalo en la parte (c) contendrá a X_{n+1} con $100(1 - \alpha)$ por ciento de confianza. Explique el significado de esta aseveración.

33. Datos del National Safety Council muestran que los números de muertes accidentales debidas a inundaciones en Estados Unidos en los años 1990 a 1993 fueron (en miles) 5.2, 4.6, 4.3 y 4.8. Use tales datos para dar un intervalo que, con 95 por ciento de confianza, contenga el número de muertes por esta causa en 1994.

34. Durante 30 días se registró la concentración diaria de oxígeno disuelto en una corriente de agua. Si la media muestral de los 30 valores es 2.5 mg/litro y la desviación estándar muestral es 2.12 mg/litro, determine un valor que, con 90 por ciento de confianza, sea mayor que la concentración media diaria.

35. Verifique las fórmulas dadas en la tabla 7.1 para los de intervalos de confianza inferior y superior de $100(1 - \alpha)$ por ciento para σ^2.

36. Las capacidades (en amperes-hora) de 10 baterías fueron:

$$140, 136, 150, 144, 148, 152, 138, 141, 143, 151$$

    (a) Estime la varianza poblacional σ^2.

    (b) Calcule un intervalo de confianza bilateral de 99 por ciento para σ^2.

    (c) Calcule un valor v que nos permita asegurar, con 90 por ciento de confianza, que σ^2 es menor que v.

37. Basándose en los siguientes datos, encuentre un intervalo de confianza bilateral para la varianza de los diámetros de un remache:

6.68	6.66	6.62	6.72
6.76	6.67	6.70	6.72
6.78	6.66	6.76	6.72
6.76	6.70	6.76	6.76
6.74	6.74	6.81	6.66
6.64	6.79	6.72	6.82
6.81	6.77	6.60	6.72
6.74	6.70	6.64	6.78
6.70	6.70	6.75	6.79

Suponga una población normal.

38. Se probaron 10 unidades de pólvora de cohete y se registraron sus tiempos de ignición (en segundos):

50.6	69.8
54.8	53.6
54.4	66.1
44.9	48
42.1	37.8

Calcule un intervalo de confianza bilateral de 90 por ciento para la varianza del tiempo de ignición. Suponga que se trata de una población normal.

39. La cantidad de berilio en una sustancia se suele determinar mediante el uso del método de filtración fotométrica. Si el peso del berilio es μ, entonces el valor dado por el método de filtración fotométrica tiene una distribución normal con media μ y desviación estándar σ. En ocho mediciones independientes de 3.180 mg de berilio se obtuvieron los resultados siguientes.

$$3.166, \ 3.192, \ 3.175, \ 3.180, \ 3.182, \ 3.171, \ 3.184, \ 3.177$$

Con esta información

(a) estime σ;
(b) halle un estimado de intervalo de confianza de 90 por ciento para σ.

40. Si $X_1, \ldots, X_n$ es una muestra proveniente de una población normal, explique cómo obtener un intervalo de confianza $100(1 - \alpha)$ por ciento para la varianza poblacional σ^2 cuando se conoce la media poblacional μ. Explique de qué manera conocer μ da un mejor estimador de intervalo que cuando no se conoce.
    Repita el problema 38 si se sabe que el tiempo de ignición medio es 53.6 segundos.

41. Un ingeniero civil quiere medir la potencia compresiva de dos tipos diferentes de concreto. Una muestra aleatoria de 10 especímenes del primer tipo dio los datos siguientes (en psi):

Tipo I:	3 250,	3 268,	4 302,	3 184,	3 266
	3 297,	3 332,	3 502,	3 064,	3 116

mientras que una muestra de 10 especímenes del segundo tipo dio los siguientes datos:

Tipo II:	3 094,	3 106,	3 004,	3 066,	2 984,
	3 124,	3 316,	3 212,	3 380,	3 018

Suponiendo que las muestras son normales con varianza común, determine

(a) un intervalo de confianza bilateral de 95 por ciento para $\mu_1 - \mu_2$, la diferencia de las medias;
(b) un intervalo de confianza unilateral superior de 95 por ciento para $\mu_1 - \mu_2$;
(c) un intervalo de confianza unilateral inferior de 95 por ciento para $\mu_1 - \mu_2$.

42. De la producción de dos máquinas en una línea de producción se toman muestras aleatorias independientes. Estamos interesados en los pesos de los artículos. De la primera máquina se toma una muestra de tamaño 36 con peso medio muestral de 120 gramos y varianza muestral de 4. De la segunda máquina se toma una muestra de tamaño 64 con un peso medio muestral de 130 gramos y una varianza muestral de 5. Se supone que los pesos de los artículos de la primera máquina tienen una distribución normal con media μ_1 y varianza σ^2, y los pesos de los artículos de la segunda máquina tienen una distribución normal con media μ_2 y varianza

σ^2 (es decir, se supone que las varianzas son iguales). Encuentre un intervalo de confianza de 99 por ciento para $\mu_1 - \mu_2$, la diferencia en las medias poblacionales.

43. Resuelva el problema 42 suponiendo que se sabe de antemano que las varianzas poblacionales son 4 y 5.

44. Los siguientes son los tiempos de ignición en segundos de dos tipos de filtros de cigarrillo

Tipo I:		*Tipo II:*	
481	572	526	537
506	561	511	582
527	501	556	605
661	487	542	558
501	524	491	578

Encuentre un intervalo de confianza de 99 por ciento para la diferencia media en los tiempos de ignición, suponiendo normalidad con varianzas desconocidas pero iguales.

45. Si $X_1,\ldots, X_n$ es una muestra proveniente de una población normal con media μ_1 y varianza desconocida σ_1^2 y $Y_1,\ldots, Y_m$, es una muestra independiente de una población normal con media μ_2 y varianza σ_2^2, determine un intervalo de confianza $100(1 - \alpha)$ por ciento para σ_1^2 / σ_2^2.

46. Dos analistas tomaron lecturas repetidas de la dureza del agua de la ciudad. Suponiendo que las lecturas del analista i constituyen una muestra de una población normal con varianza σ_i^2, $i = 1, 2$, calcule un intervalo de confianza bilateral de 95 por ciento para σ_1^2 / σ_2^2 si los datos son:

Mediciones codificadas de dureza	
Analista 1	Analista 2
.46	.82
.62	.61
.37	.89
.40	.51
.44	.33
.58	.48
.48	.23
.53	.25
	.67
	.88

47. Una cuestión de interés en beisbol es si el bateo de sacrificio constituye una buena estrategia cuando hay un hombre en primera base y ningún *out*. Suponga que el bateador de sacrificio estará afuera, pero tendrá éxito en avanzar el hombre en la base; podríamos comparar la probabilidad de anotar una carrera con un jugador en primera base y ningún *out*, con la probabilidad de anotar una carrera con un hombre en segunda base y un *out*. Los datos que se presentan a continuación se obtuvieron de una muestra aleatoria de juegos de baseball de las grandes ligas en 1959 y 1960

(a) Dé un estimado de intervalo de confianza de 95 por ciento para la probabilidad de anotar por lo menos una carrera cuando hay un hombre en primera y ningún *out*.

(b) Dé un estimado de un intervalo de confianza de 95 por ciento para la probabilidad de anotar por lo menos una carrera cuando hay un hombre en segunda y un *out*.

Base ocupada	Número de *outs*	Número de casos en los que se anotaron 0 carreras	Número total de casos
Primera	0	1 044	1 728
Segunda	1	401	657

48. En una muestra aleatoria de 1 200 ingenieros se tienen 48 hispanos, 80 afroamericanos y 204 mujeres. Determine un intervalo de confianza de 90 por ciento para la proporción de los ingenieros que son

    (a) mujeres;

    (b) afroamericanos o hispanos.

49. Con la finalidad de estimar la proporción P de recién nacidos que son varones, se registró el género de 10 000 niños recién nacidos. Si de éstos 5 106 fueron varones, determine un estimado de intervalo de confianza **(a)** del 90 por ciento y **(b)** del 99 por ciento para p.

50. Una aerolínea quiere determinar qué proporción de sus clientes vuela por razones de negocios. ¿De qué tamaño deberá ser la muestra si quieren tener una certeza del 90 por ciento de que su estimado estará correcto dentro de un margen de 2 por ciento?

51. Una encuesta reciente de un periódico indica que el candidato A se ve más favorecido que el candidato B por un porcentaje de 53 a 47, con un margen de error de ±4 por ciento. El periódico dice que como la diferencia de 6 puntos es mayor que el margen de error, sus lectores pueden estar seguros de que el candidato A es el favorito de momento. ¿Este razonamiento es correcto?

52. Una empresa de investigación de mercado quiere determinar la proporción de hogares que está viendo un determinado evento deportivo. Con este objetivo planean realizar encuestas telefónicas a hogares escogidos aleatoriamente ¿De qué tamaño deberá ser la muestra si quieren tener un 90 por ciento de seguridad de que su estimado es correcto dentro de un margen de ±.02?

53. En un estudio reciente se encontró que 79 de 140 meteoritos observados entraron a la atmósfera a una velocidad menor a 25 millas por segundo. Si tomamos $\hat{p} = 79/140$ como un estimado de la probabilidad de que un meteorito cualquiera que entre a la atmósfera tenga una velocidad menor a 25 millas por segundo, ¿qué podemos decir, con 99 por ciento de confianza, acerca del error máximo de nuestra estimación?

54. En una muestra aleatoria de 100 artículos de una línea de producción se encontró que, de éstos, 17 estaban defectuosos. Calcule un intervalo de confianza bilateral de 95 por ciento para la probabilidad de que un artículo producido salga defectuoso. Determine también un intervalo de confianza superior de 99 por ciento para este valor. ¿Cuáles son las suposiciones que tiene que hacer?

55. De 100 casos, detectados en forma aleatoria, de individuos con cáncer pulmonar, 67 murieron dentro de los primeros 5 años después de que les fue detectado.

(a) Estime la probabilidad de que una persona que contraiga cáncer pulmonar muera en no más de 5 años.

(b) ¿Qué tan grande tendría que ser una muestra adicional para tener un 95 por ciento de confianza en que el error al estimar la probabilidad de la parte (a) sea menor que .02?

56. Deduzca intervalos de confianza inferior y superior de $100(1 - \alpha)$ por ciento para p si los datos consisten de los valores de n variables aleatorias independientes de Bernoulli con parámetro p.

57. Suponga que los tiempos de vida de unas baterías están distribuidos exponencialmente con media θ. Si el promedio en una muestra de 10 baterías es de 36 horas, determine un intervalo de confianza bilateral de 95 por ciento para θ.

58. Determine intervalos de confianza unilaterales, superior e inferior, de $100(1 - \alpha)$ por ciento para θ del problema 57.

59. Sea $X_1, X_2,\ldots, X_n$ una muestra obtenida de una población cuyo valor medio θ es desconocido. Use los resultados del ejemplo 7.7b para argumentar que entre todos los estimadores no sesgados de θ de la forma $\sum_{i=1}^{n}\lambda_i X_i$, $\sum_{i=1}^{n}\lambda_i = 1$ el que tiene un error cuadrado medio mínimo tiene $\lambda_i \equiv 1/n$, $i = 1,\ldots, n$.

60. Considere dos muestras independientes de poblaciones normales que tienen la misma varianza σ^2, y que son de tamaños n y m, respectivamente. Es decir, $X_1,\ldots, X_n$ y $Y_1,\ldots, Y_m$ son muestras independientes de poblaciones normales, cada una con varianza σ^2. Sean S_x^2 y S_y^2 las respectivas varianzas muestrales. Por lo que, tanto S_x^2 como S_y^2 son estimadores no sesgados de σ^2. Demuestre usando los resultados del ejemplo 7.7b junto con el hecho de que

$$\text{Var}(\chi_k^2) = 2k$$

donde χ_k^2 es chi cuadrada con k grados de libertad, que el mínimo estimador cuadrado medio de σ^2 de la forma $\lambda S_x^2 + (1 - \lambda)S_y^2$ es

$$S_p^2 = \frac{(n - 1)S_x^2 + (m - 1)S_y^2}{n + m - 2}$$

A este estimador se le llama el *estimador ponderado* de σ^2.

61. Considere dos estimadores, d_1 y d_2, del parámetro θ. Si $E[d_1] = \theta$, $\text{Var}(d_1) = 6$ y $E[d_2] = \theta + 2$, $\text{Var}(d_2) = 2$, ¿qué estimador se preferirá?

62. Suponga que el número de accidentes que ocurren diariamente en una fábrica tiene una distribución de Poisson con una media desconocida λ. Suponga que, por experiencias anteriores en fábricas similares, una primera idea acerca de los valores de λ se puede expresar mediante una distribución exponencial con parámetro 1. Es decir, la densidad *a priori* es

$$p(\lambda) = e^{-\lambda}, \qquad 0 < \lambda < \infty$$

Determine el estimado de Bayes de λ si en los siguientes 10 días hay 83 accidentes. ¿Cuál es el estimado de máxima verosimilitud?

63. Las vidas funcionales, dadas en horas, de unos chips de computadora producidos por un determinado fabricante de semiconductores, están distribuidas exponencialmente con media $1/\lambda$. Suponga que la distribución *a priori* de λ es la distribución gamma con función de densidad

$$g(x) = \frac{e^{-x}x^2}{2}, \qquad 0 < x < \infty$$

Si el tiempo de vida medio de los primeros 20 chips probados es de 4.6 horas, calcule el estimado de Bayes de λ.

64. Cada artículo producido saldrá defectuoso, independientemente, con probabilidad p. Si la distribución *a priori* de p es uniforme en $(0, 1)$, calcule la distribución *a posteriori* de que p sea menor a .2 dado

(a) un total de 2 defectuosos en una muestra de tamaño 10;
(b) un total de 1 defectuosos en una muestra de tamaño 10;
(c) un total de 10 defectuosos en una muestra de tamaño 10.

65. Se va a medir, en 10 artículos, la resistencia a la ruptura de cierto tipo de ropa. La distribución correspondiente es normal con media θ desconocida y con desviación estándar igual a 3 psi. Suponga que por experiencias previas pensamos que la media desconocida tiene una distribución *a priori* que es normal con media 200 y desviación estándar 2. Si la resistencia a la ruptura promedio en una muestra de 20 artículos es 182 psi, determine una región que contenga a θ con probabilidad .95.

Capítulo 8

PRUEBAS DE HIPÓTESIS

8.1 INTRODUCCIÓN

Como en el capítulo anterior, supongamos que vamos a observar una muestra aleatoria de una distribución poblacional especificada totalmente, con excepción de un vector de parámetros desconocidos. Pero supongamos que más que estar interesados en estimar los parámetros desconocidos, lo que queremos es usar la muestra para probar una determinada hipótesis acerca de dichos parámetros. Por ejemplo, consideremos que una empresa constructora acaba de comprar una gran cantidad de cables con garantía de resistencia promedio de al menos 7 000 psi. Con la finalidad de verificar esto, la empresa ha decidido tomar una muestra de 10 cables para verificar su resistencia. Después usará los resultados del experimento para decir si acepta o no la hipótesis del fabricante de cables, de que la media poblacional es por lo menos de 7 000 libras por pulgada cuadrada.

Por lo común, una hipótesis estadística es una afirmación acerca de un conjunto de parámetros de la distribución poblacional. Se le llama hipótesis porque no se sabe si es verdadera o no. El primer problema consiste en desarrollar un procedimiento para determinar si los valores de una muestra aleatoria de esta población son consistentes con la hipótesis. Considere, por ejemplo, una población determinada, distribuida normalmente, con media desconocida θ y varianza 1. La afirmación "θ es menor a 1" es una hipótesis estadística que podemos tratar de probar observando una muestra aleatoria obtenida de esta población. Si creemos que la muestra aleatoria es consistente con la hipótesis bajo consideración, afirmamos que la hipótesis ha sido "aceptada"; si no es así, decimos que ha sido "rechazada".

Observe que al aceptar una hipótesis dada no estamos diciendo que sea verdadera, lo que estamos indicando es que los datos resultantes parecen ser consistentes con ella. Por ejemplo, en el caso de una población normal $(\theta, 1)$, si una muestra de tamaño 10 tiene un promedio de 1.25, entonces aunque este resultado no puede considerarse como una evidencia a favor de la hipótesis "$\theta < 1$", no es inconsistente con la hipótesis, por lo que sería aceptada. Por otro lado, si la muestra de tamaño 10 tiene un promedio de 3, aunque un valor tan grande como éste sea posible cuando $\theta < 1$, es tan poco probable que parece inconsistente con la hipótesis, por lo que ésta sería rechazada.

8.2 NIVELES DE SIGNIFICANCIA

Consideremos una población con una distribución F_θ, donde θ es desconocida, y supongamos que queremos probar una determinada hipótesis acerca de θ. A esta hipótesis la denotaremos por H_0 y le llamaremos la *hipótesis nula*. Por ejemplo, si F_θ es una función de distribución normal con media θ y varianza igual a 1, entonces las siguientes son dos posibles hipótesis nulas acerca de θ:

$$\textbf{(a) } H_0 : \theta = 1$$

$$\textbf{(b) } H_0 : \theta \leq 1$$

La primera de estas hipótesis indica que la población es normal con media 1 y varianza 1, mientras que la segunda dice que es normal con varianza 1 y con una media menor o igual a 1. Observe que la hipótesis nula en (a), si es verdadera, especifica completamente la distribución poblacional; mientras que la hipótesis nula en (b) no lo hace. A una hipótesis que, si es verdadera, especifica completamente la distribución poblacional se le llama hipótesis *simple*, y a una que no la especifica, se le llama hipótesis *compuesta*.

Supongamos ahora que con la finalidad de probar una determinada hipótesis nula H_0 se va a observar una muestra poblacional de tamaño n —digamos $X_1, \ldots, X_n$—. Basándonos en estos n valores vamos a decidir si se acepta o no H_0. Una prueba para H_0 se puede especificar definiendo una región C en el espacio de n-dimensional, y la condición de que la hipótesis se va a rechazar si la muestra aleatoria, $X_1, \ldots, X_n$, resulta estar en C, y se va a aceptar si no es así. A la región C se le llama la *región crítica*. En otras palabras, la prueba estadística determinada por la región crítica C es

$$\text{se acepta} \quad H_0 \quad \text{si} \quad (X_1, X_2, \ldots, X_n) \notin C$$

y

$$\text{se rechaza} \quad H_0 \quad \text{si} \quad (X_1, \ldots, X_n) \in C$$

Por ejemplo, una prueba usual de la hipótesis de que θ, la media de una población normal con varianza 1, es igual a 1 tiene una región crítica dada por

$$C = \left\{ (X_1, \ldots, X_n) : \left| \frac{\sum_{i=1}^{n} X_i}{n} - 1 \right| > \frac{1.96}{\sqrt{n}} \right\} \tag{8.2.1}$$

Por ende, esta prueba pide que se rechace la hipótesis nula de que $\theta = 1$ si la media muestral difiere de 1 en más de 1.96, dividido entre la raíz cuadrada del tamaño de la muestra.

Al desarrollar un procedimiento para probar una hipótesis nula dada H_0, es importante observar que se pueden cometer dos tipos diferentes de errores. El primero de los cuales, llamado *error de tipo I*, se dice que es causado cuando el resultado de la prueba indica que se rechace H_0, y H_0 es correcta en realidad. El segundo, llamado *error de tipo II*, se deriva si el resultado de la prueba pide que se acepte H_0, cuando H_0 es falsa en realidad. Como ya se mencionó, el objetivo de una prueba estadística de H_0 no es determinar explícitamente si H_0 es verdadera o no, sino más bien si su validez es consistente con los datos obtenidos. Siendo éste el objetivo, parece razonable que se rechace H_0 sólo si los datos obtenidos son muy improbables en el caso de que H_0 sea verdadera. La manera clásica de lograr esto consiste en asignar un valor α y pedir que la prueba tenga la propiedad de que siempre H_0 sea verdadera, esto es, de que la probabilidad de ser rechazada no sea mayor a α. Por lo común, el valor α, al que se le llama el *nivel de significancia de la prueba*, se determina desde antes, siendo los valores más comunes $\alpha = .1$, .05, .005. En otras palabras, el método clásico de probar H_0 consiste en fijar un nivel de significancia α y después pedir que la prueba tenga la propiedad de que la probabilidad de que ocurra un error de tipo I nunca sea mayor que α.

Supongamos ahora, que estamos interesados en probar una determinada hipótesis respecto a θ, un parámetro desconocido de la población. Es decir, supongamos que para un conjunto dado de valores de parámetros w, nos interesa probar

$$H_0 : \theta \in w$$

Un método común para desarrollar una prueba de H_0 con un nivel de significancia, digamos α, consiste en empezar por determinar un estimado puntual de θ, digamos $d(\mathbf{X})$. La hipótesis se rechaza si $d(\mathbf{X})$ está "lejos" de la región w. Pero, para determinar qué tan "lejos" debe estar para que se justifique el rechazo de H_0, necesitamos determinar la distribución de probabilidad de $d(\mathbf{X})$ cuando H_0 es verdadera, ya que esto nos permitirá determinar la región crítica apropiada para que la prueba tenga el nivel de significancia, α, requerido. Por ejemplo, la prueba de la hipótesis de que la media de una población normal $(\theta, 1)$ es igual a 1, dada por la ecuación 8.2.1, pide que se rechace la hipótesis nula cuando la estimación puntual de θ —es decir, la media muestral— esté a más de $1.96 / \sqrt{n}$ de 1. Como veremos en la sección siguiente, el valor $1.96/\sqrt{n}$ se escogió de manera que satisfagan un nivel de significancia de $\alpha = .05$.

8.3 PRUEBAS RELACIONADAS CON LA MEDIA DE UNA POBLACIÓN NORMAL

8.3.1 CASO DE LA VARIANZA CONOCIDA

Suponga que $X_1, \ldots, X_n$ es una muestra de tamaño n de una distribución normal con media desconocida μ y una varianza conocida σ^2 y que estamos interesados en probar la hipótesis nula

$$H_0 : \mu = \mu_0$$

contra la hipótesis alternativa

$$H_1 : \mu \neq \mu_0$$

donde μ_0 es una constante dada.

Como $\overline{X} = \sum_{i=1}^{n} X_i / n$ es un estimado puntual natural de μ, parece razonable aceptar H_0 si $\overline{X}$ no está demasiado lejos de μ_0. Es decir, la región crítica de la prueba sería de la forma

$$C = \{X_1, \ldots, X_n : |\overline{X} - \mu_0| > c\} \tag{8.3.1}$$

para algún valor c adecuado.

Si queremos que la prueba tenga nivel de significancia α, entonces en la ecuación 8.3.1 tenemos que determinar el valor crítico c que hará que el error tipo I sea igual a α. Es decir, el valor c debe ser tal que

$$P_{\mu_0}\{|\overline{X} - \mu_0| > c\} = \alpha \tag{8.3.2}$$

donde escribimos P_{μ_0} para indicar que la probabilidad anterior debe calcularse bajo la suposición de que $\mu = \mu_0$. Pero si $\mu = \mu_0$, $\overline{X}$ estará distribuida normalmente con media μ_0 y varianza σ^2/n, y también Z, definida por

$$Z \equiv \frac{\overline{X} - \mu_0}{\sigma/\sqrt{n}}$$

tendrá una distribución normal estándar. Ahora, la ecuación 8.3.2 es equivalente a

$$P\left\{|Z| > \frac{c\sqrt{n}}{\sigma}\right\} = \alpha$$

o, lo que es equivalente,

$$2P\left\{Z > \frac{c\sqrt{n}}{\sigma}\right\} = \alpha$$

donde Z es una variable aleatoria normal estándar. Sin embargo, sabemos que

$$P\{Z > z_{\alpha/2}\} = \alpha/2$$

y de esta manera

$$\frac{c\sqrt{n}}{\sigma} = z_{\alpha/2}$$

o

$$c = \frac{z_{\alpha/2}\sigma}{\sqrt{n}}$$

Por lo que la prueba con nivel de significancia α va a rechazar H_0 si $|\overline{X} - \mu_0| > z_{\alpha/2}\sigma/\sqrt{n}$ y aceptarla si no es así; o, lo que es equivalente,

$$\text{rechazar} \quad H_0 \quad \text{si} \quad \frac{\sqrt{n}}{\sigma}|\overline{X} - \mu_0| > z_{\alpha/2} \tag{8.3.3}$$

$$\text{aceptar} \quad H_0 \quad \text{si} \quad \frac{\sqrt{n}}{\sigma}|\overline{X} - \mu| \leq z_{\alpha/2}$$

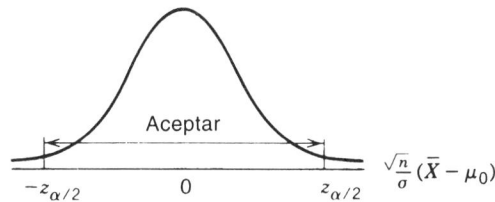

FIGURA 8.1

Esto se representa gráficamente como en la figura 8.1, donde hemos sobrepuesto la función de densidad normal estándar [que es la densidad del estadístico de prueba $\sqrt{n}\,(\overline{X} - \mu_0)\,/\,\sigma$ si H_0 es verdera].

EJEMPLO 8.3a Se sabe que si se envía una señal de valor μ desde un punto A, entonces el valor recibido en el punto B tiene una distribución normal con media μ y desviación estándar 2. Es decir, el ruido aleatorio adicionado a la señal es una variable aleatoria $N(0, 4)$. Las personas en el punto B tienen razones para pensar que el valor de la señal que les enviarán hoy será $\mu = 8$. Pruebe esta hipótesis si la misma señal se envía cinco veces y el valor promedio recibido en el punto B es $\overline{X} = 9.5$.

SOLUCIÓN Supongamos que estamos haciendo la prueba con el nivel de significancia del 5 por ciento. Para empezar calculamos el estadístico de prueba

$$\frac{\sqrt{n}}{\sigma}|\overline{X} - \mu_0| = \frac{\sqrt{5}}{2}(1.5) = 1.68$$

como este valor es menor que $z_{.025} = 1.96$, se acepta la hipótesis. En otras palabras, los datos no son inconsistentes con la hipótesis nula en el sentido de que se puede esperar un promedio muestral tan alejado del valor 8 como el observado, siendo la verdadera media 8, en un 5 por ciento de las veces. Sin embargo, observe que si se hubiera usado un nivel de significancia menos riguroso —digamos $\alpha = .1$— entonces se hubiera rechazado la hipótesis nula. Esto sucede porque $z_{.05} = 1.645$, que es menor que 1.68. Por lo tanto, si hubiéramos escogido una prueba que tuviera 10 por ciento de posibilidades de rechazar H_0 siendo H_0 verdadera, la hipótesis nula hubiera sido rechazada.

El nivel de significancia "correcto" a usar en una situación dada depende de las circunstancias individuales presentes en esa situación. Por ejemplo, si rechazar H_0 tuviera como resultado grandes costos que se perderían si H_0 fuera realmente verdadera, entonces preferiríamos ser bastante conservadores y escoger un nivel de significancia de .05 o .01. También, si inicialmente estuviéramos muy convencidos de que H_0 fuera correcta, entonces necesitaríamos una evidencia muy estricta en los datos para rechazar H_0. (Es decir, en esta situación tomaríamos un nivel de significancia muy bajo.) ∎

La prueba dada mediante la ecuación 8.3.3 se puede describir como sigue: para todo valor observado —llamémosle v— del estadístico de prueba $\sqrt{n}|\overline{X} - \mu_0|\,/\,\sigma$, la prueba pide que se rechace la hipótesis nula si la probabilidad de que el estadístico de prueba tome un valor tan grande como v, siendo H_0 verdadera, es menor o igual al nivel de significancia α. Con lo que tenemos, es posible determinar si se acepta o no la hipótesis nula calculando, primero, el valor del estadístico de prueba y, segundo, la probabilidad de que la normal unitaria sea mayor (en valor absoluto) a esa cantidad. Esta probabilidad —llamada el valor p de la prueba— da el nivel de significancia crítico en el sentido de que H_0 será aceptada si el nivel de significancia α es menor que el valor p, y rechazada si es menor o igual.

En la práctica el nivel de significancia no se fija de antemano, sino que se observan los datos para determinar el valor p. Algunas veces este nivel de significancia crítico es mucho más grande que cualquiera que quisiéramos usar y, entonces, la hipótesis nula se acepta de inmediato. Otras veces, el valor p es tan pequeño que resulta claro que se debe rechazar la hipótesis nula.

EJEMPLO 8.3b En el ejemplo 8.3a considere que el promedio de los 5 valores recibidos es $\overline{X} = 8.5$. En este caso,

$$\frac{\sqrt{n}}{\sigma}|\overline{X} - \mu_0| = \frac{\sqrt{5}}{4} = .559$$

Como

$$P\{|Z| > .559\} = 2P\{Z > .559\}$$
$$= 2 \times .288 = .576$$

el valor p es .576, con lo que la hipótesis nula H_0 de que la señal enviada tiene valor 8 se aceptará para cualquier nivel de significancia $\alpha < .576$. Como es claro, que no preferiríamos probar una hipótesis nula usando un nivel de significancia tan grande como .576, se aceptaría H_0.

Por otro lado, si el promedio de los datos fuera 11.5, entonces el valor p de la prueba de que la media es igual a 8 sería

$$P\{|Z| > 1.75\sqrt{5}\} = P\{|Z| > 3.913\}$$
$$\approx .00005$$

Con un valor p tan pequeño como éste, se rechaza la hipótesis nula de que el valor enviado haya sido 8. ∎

Aún no hemos hablado de la probabilidad de cometer un error de tipo II, es decir, la probabilidad de aceptar la hipótesis nula cuando la verdadera media μ no es igual a μ_0. Esta probabilidad dependerá del valor de μ, por lo que definiremos $\beta(\mu)$ mediante

$$\beta(\mu) = P_\mu\{\text{se acepta } H_0\}$$
$$= P_\mu\left\{\left|\frac{\overline{X} - \mu_0}{\sigma/\sqrt{n}}\right| \le z_{\alpha/2}\right\}$$
$$= P_\mu\left\{-z_{\alpha/2} \le \frac{\overline{X} - \mu_0}{\sigma/\sqrt{n}} \le z_{\alpha/2}\right\}$$

A la función $\beta(\mu)$ se le llama la *curva de operación característica* (o CO) y representa la probabilidad de que se acepte H_0 cuando la verdadera media es μ.

Para calcular esta probabilidad usamos el hecho de que $\overline{X}$ es normal con media μ y varianza σ^2/n y de esta manera

$$Z \equiv \frac{\overline{X} - \mu}{\sigma/\sqrt{n}} \sim \mathcal{N}(0, 1)$$

Por lo tanto,

$$\beta(\mu) = P_\mu \left\{ -z_{\alpha/2} \leq \frac{\overline{X} - \mu_0}{\sigma/\sqrt{n}} \leq z_{\alpha/2} \right\}$$

$$= P_\mu \left\{ -z_{\alpha/2} - \frac{\mu}{\sigma/\sqrt{n}} \leq \frac{\overline{X} - \mu_0 - \mu}{\sigma/\sqrt{n}} \leq z_{\alpha/2} - \frac{\mu}{\sigma/\sqrt{n}} \right\}$$

$$= P_\mu \left\{ -z_{\alpha/2} - \frac{\mu}{\sigma/\sqrt{n}} \leq Z - \frac{\mu_0}{\sigma/\sqrt{n}} \leq z_{\alpha/2} - \frac{\mu}{\sigma/\sqrt{n}} \right\}$$

$$= P \left\{ \frac{\mu_0 - \mu}{\sigma/\sqrt{n}} - z_{\alpha/2} \leq Z \leq \frac{\mu_0 - \mu}{\sigma/\sqrt{n}} + z_{\alpha/2} \right\}$$

$$= \Phi \left(\frac{\mu_0 - \mu}{\sigma/\sqrt{n}} + z_{\alpha/2} \right) - \Phi \left(\frac{\mu_0 - \mu}{\sigma/\sqrt{n}} - z_{\alpha/2} \right) \qquad (8.3.4)$$

donde Φ es la función de la distribución estándar normal.

Para un determinado nivel de significancia α, la curva CO, dada mediante la ecuación 8.3.4 es simétrica respecto a μ_0 y depende de μ solamente mediante $(\sqrt{n}/\sigma) \, | \, \mu - \mu_0 |$. En la figura 8.2 se presenta esta curva con la abscisa cambiada de μ a $d = (\sqrt{n}/\sigma) \, | \, \mu - \mu_0 |$ para $\alpha = .05$.

EJEMPLO 8.3c   Para el problema presentado en el ejemplo 8.3a vamos a calcular la probabilidad de aceptar la hipótesis nula de que $\mu = 8$ siendo que el verdadero valor enviado es 10. Para ello calculamos

$$\frac{\sqrt{n}}{\sigma}(\mu_0 - \mu) = -\frac{\sqrt{5}}{2} \times 2 = -\sqrt{5}$$

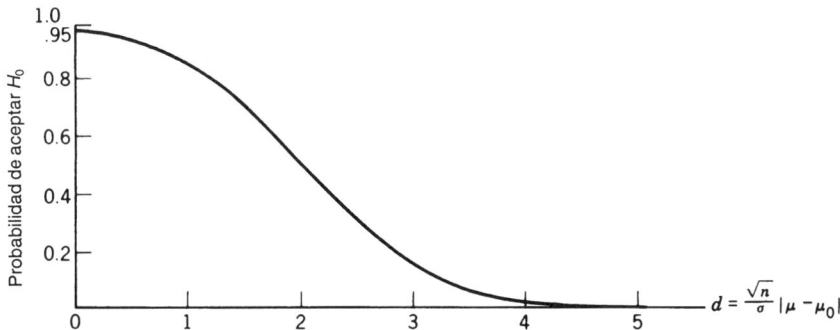

FIGURA 8.2   *La curva CO para la prueba bilateral normal con un nivel de significancia $\alpha = .05$.*

Como $z_{.025} = 1.96$, por la ecuación 8.3.4, tenemos que la probabilidad buscada es

$$\Phi(-\sqrt{5} + 1.96) - \Phi(-\sqrt{5} - 1.96)$$
$$= 1 - \Phi(\sqrt{5} - 1.96) - [1 - \Phi(\sqrt{5} + 1.96)]$$
$$= \Phi(4.196) - \Phi(.276)$$
$$= .392 \quad \blacksquare$$

OBSERVACIONES

A la función $1 - \beta(\mu)$ se le llama la *función de potencia* de la prueba. Para una μ dada la potencia de la prueba es igual a la probabilidad de rechazo cuando μ es el verdadero valor. $\quad\blacksquare$

La función característica de operación es útil para determinar qué tan grande debe ser la muestra aleatoria para satisfacer ciertas especificaciones relacionadas con los errores de tipo II. Por ejemplo, supongamos que se desea determinar el tamaño necesario n de la muestra para asegurar que la probabilidad de aceptar $H_0: \mu = \mu_0$, siendo que la verdadera media es μ_1, sea aproximadamente β. Es decir, queremos que n sea tal que

$$\beta(\mu_1) \approx \beta$$

Pero, por la ecuación 8.3.4 esto es equivalente a

$$\Phi\left(\frac{\sqrt{n}(\mu_0 - \mu_1)}{\sigma} + z_{\alpha/2}\right) - \Phi\left(\frac{\sqrt{n}(\mu_0 - \mu_1)}{\sigma} - z_{\alpha/2}\right) \approx \beta \tag{8.3.5}$$

Aunque la ecuación anterior no se puede resolver en forma analítica, para n, se puede obtener una solución usando la tabla de la distribución normal estándar. Además, de la ecuación 8.3.5 se deduce una aproximación para n de la siguiente manera. Para empezar supongamos que $\mu_1 > \mu_0$. Entonces, como esto implica que

$$\frac{\mu_0 - \mu_1}{\sigma/\sqrt{n}} - z_{\alpha/2} \le -z_{\alpha/2}$$

de donde, debido a que Φ es una función creciente, tenemos que

$$\Phi\left(\frac{\mu_0 - \mu_1}{\sigma/\sqrt{n}} - z_{\alpha/2}\right) \le \Phi(-z_{\alpha/2}) = P\{Z \le -z_{\alpha/2}\} = P\{Z \ge z_{\alpha/2}\} = \alpha/2$$

Por lo que podemos tomar

$$\Phi\left(\frac{\mu_0 - \mu_1}{\sigma/\sqrt{n}} - z_{\alpha/2}\right) \approx 0$$

y con la ecuación 8.3.5

$$\beta \approx \Phi\left(\frac{\mu_0 - \mu_1}{\sigma/\sqrt{n}} + z_{\alpha/2}\right) \tag{8.3.6}$$

o, como

$$\beta = P\{Z > z_\beta\} = P\{Z < -z_\beta\} = \Phi(-z_\beta)$$

de la ecuación 8.3.6 resulta que

$$-z_\beta \approx (\mu_0 - \mu_1)\frac{\sqrt{n}}{\sigma} + z_{\alpha/2}$$

o

$$n \approx \frac{(z_{\alpha/2} + z_\beta)^2 \sigma^2}{(\mu_1 - \mu_0)^2} \tag{8.3.7}$$

La misma aproximación resultaría si tomáramos $\mu_1 < \mu_0$ (los detalles se dejan como ejercicio) y de esta manera la ecuación 8.3.7 es, en todos los casos, una aproximación razonable al tamaño de la muestra necesario para asegurarse de que el error tipo II para el valor $\mu = \mu_1$ sea aproximadamente igual a β.

EJEMPLO 8.3d En el problema 8.3a, ¿cuántas señales se necesitan enviar para que la prueba de $H_0: \mu = 8$, con un nivel de significancia de .05, tenga por lo menos un 75 por ciento de probabilidad de rechazo cuando $\mu = 9.2$?

SOLUCIÓN Como $z_{.025} = 1.96$, $z_{.25} = .67$, la aproximación 8.3.7 da

$$n \approx \frac{(1.96 + .67)^2}{(1.2)^2}4 = 19.21$$

Por lo que se necesita una muestra de tamaño 20. En la ecuación 8.3.4 vemos que con $n = 20$

$$\beta(9.2) = \Phi\left(-\frac{1.2\sqrt{20}}{2} + 1.96\right) - \Phi\left(-\frac{1.2\sqrt{20}}{2} - 1.96\right)$$

$$= \Phi(-.723) - \Phi(-4.643)$$

$$\approx 1 - \Phi(.723)$$

$$\approx .235$$

Por lo tanto, si se envía el mensaje 20 veces, entonces hay 76.5 por ciento de posibilidades de que se rechace la hipótesis nula $\mu = 8$ cuando la verdadera media sea 9.2. ∎

8.3.1.1 PRUEBAS UNILATERALES

Al probar la hipótesis nula $\mu = \mu_0$, elegimos una prueba que pide el rechazo cuando $\overline{X}$ está lejos de μ_0. Es decir, un valor de $\overline{X}$ demasiado pequeño o demasiado grande parece indicar que hay pocas posibilidades de que μ (a la que está estimando $\overline{X}$) sea igual a μ_0. Pero, ¿qué pasa cuando la única alternativa que tiene μ de no ser igual a μ_0 es que μ sea mayor que μ_0? Es decir, ¿qué pasa cuando la hipótesis alternativa a $H_0: \mu = \mu_0$ es $H_1: \mu > \mu_0$? Es claro que, en este último caso, no queremos rechazar H_0 cuando $\overline{X}$ sea pequeña (ya que una $\overline{X}$ pequeña es más probable cuando H_0 es verdadera que cuando H_1 es verdadera). Por lo que al probar

$$H_0 : \mu = \mu_0 \qquad \text{contra} \qquad H_1 : \mu > \mu_0 \tag{8.3.8}$$

rechazaremos H_0 cuando $\overline{X}$, el estimado puntual de μ_0, sea mucho más grande que μ_0. Es decir, la región crítica será de la forma siguiente:

$$C = \{(X_1, \ldots, X_n) : \overline{X} - \mu_0 > c\}$$

Como la probabilidad de rechazo deberá ser igual a α cuando H_0 es verdadera (esto es, cuando $\mu = \mu_0$), necesitamos que c sea un valor tal que

$$P_{\mu_0}\{\overline{X} - \mu_0 > c\} = \alpha \tag{8.3.9}$$

Pero como

$$Z = \frac{\overline{X} - \mu_0}{\sigma/\sqrt{n}}$$

tiene una distribución estándar normal cuando H_0 es verdadera, la ecuación 8.3.9 es equivalente a

$$P\left\{Z > \frac{c\sqrt{n}}{\sigma}\right\} = \alpha$$

cuando Z es una normal estándar. Pero como

$$P\{Z > z_\alpha\} = \alpha$$

vemos que

$$c = \frac{z_\alpha \sigma}{\sqrt{n}}$$

Por lo tanto, la prueba de la hipótesis 8.3.8 es rechazar H_0 si $\overline{X} - \mu_0 > z_\alpha \sigma/\sqrt{n}$, y aceptarla si no es así, o, lo que es equivalente

$$\text{aceptar} \quad H_0 \quad \text{si} \quad \frac{\sqrt{n}}{\sigma}(\overline{X} - \mu_0) \leq z_\alpha \tag{8.3.10}$$

$$\text{rechazar} \quad H_0 \quad \text{si} \quad \frac{\sqrt{n}}{\sigma}(\overline{X} - \mu_0) > z_\alpha$$

A esto se le llama una región crítica *unilateral* (ya que pide el rechazo tan sólo cuando $\overline{X}$ es grande). De manera correspondiente, el problema de prueba de hipótesis

$$H_0 : \mu = \mu_0$$

$$H_1 : \mu > \mu_0$$

se le llama un problema de prueba unilateral (en contraste al problema *bilateral* que resulta cuando la hipótesis alternativa es $H_1 : \mu \neq \mu_0$).

Para calcular el valor p en una prueba unilateral, ecuación 8.3.10, usamos primero los datos para determinar el valor del estadístico $\sqrt{n}\,(\overline{X} - \mu_0)/\sigma$. El valor p es entonces igual a la probabilidad de que una normal estándar sea, por lo menos, tan grande como este valor.

EJEMPLO 8.3e Supongamos que en el ejemplo 8.3a sabemos de antemano que el valor de la señal es por lo menos 8. ¿Qué se puede concluir en este caso?

SOLUCIÓN Para saber si los datos son consistentes con la hipótesis de que la media es 8, probamos

$$H_0 : \mu = 8$$

contra la alternativa unilateral

$$H_1 : \mu > 8$$

El valor del estadístico de prueba es $\sqrt{n}\,(\overline{X} - \mu_0)/\sigma = \sqrt{5}\,(9.5 - 8)\,/\,2 = 1.68$, y el valor p es la probabilidad de que la normal unitaria sea mayor a 1.68, esto es,

$$\text{valor}\, p = 1 - \Phi(1.68) = .0465$$

Debido a que la prueba pediría el rechazo para todos los niveles de significancia mayores o iguales a .0465, rechazaría, por ejemplo, la hipótesis nula para un nivel de significancia $\alpha = .05$. ■

La función característica de operación de una prueba unilateral, ecuación 8.3.10,

$$\beta(\mu) = P_\mu\{\text{aceptado } H_0\}$$

se puede obtener como sigue:

$$\beta(\mu) = P_\mu\left\{\overline{X} \leq \mu_0 + z_\alpha \frac{\sigma}{\sqrt{n}}\right\}$$

$$= P\left\{\frac{\overline{X} - \mu}{\sigma/\sqrt{n}} \leq \frac{\mu_0 - \mu}{\sigma/\sqrt{n}} + z_\alpha\right\}$$

$$= P\left\{Z \leq \frac{\mu_0 - \mu}{\sigma/\sqrt{n}} + z_\alpha\right\}, \qquad Z \sim \mathcal{N}(0, 1)$$

donde la última igualdad se debe a que $\sqrt{n}\,(\overline{X}-\mu)/\sigma$ tiene una distribución normal estándar. Por lo que

$$\beta(\mu) = \Phi\left(\frac{\mu_0 - \mu}{\sigma/\sqrt{n}} + z_\alpha\right)$$

Ya que Φ, siendo una función de distribución, es creciente en su argumento, tenemos que $\beta(\mu)$ decrece en μ; lo que es intuitivamente agradable, ya que parece razonable que cuanto mayor sea el verdadero valor de μ, menos probable será concluir que $\mu \leq \mu_0$. También como $\Phi(z_\alpha) = 1 - \alpha$ entonces

$$\beta(\mu_0) = 1 - \alpha$$

La prueba dada mediante la ecuación 8.3.10, diseñada para la prueba $H_0: \mu = \mu_0$ contra $H_1: \mu > \mu_0$, se puede usar para probar, con un nivel de significancia α, la hipótesis unilateral

$$H_0 : \mu \leq \mu_0$$

contra

$$H_1 : \mu > \mu_0$$

Para verificar que esto sigue siendo una prueba de nivel α, necesitamos mostrar que la probabilidad de rechazo no es nunca mayor a α cuando H_0 es verdadera. Es decir, tenemos que verificar que

$$1 - \beta(\mu) \leq \alpha \quad \text{para toda } \mu \leq \mu_0$$

o

$$\beta(\mu) \geq 1 - \alpha \quad \text{para toda } \mu \leq \mu_0$$

Pero ya se ha mostrado que, para la prueba dada por la ecuación 8.3.10, $\beta(\mu)$ decrece en μ y $\beta(\mu_0) = 1 - \alpha$. Esto nos da que

$$\beta(\mu) \geq \beta(\mu_0) = 1 - \alpha \quad \text{para toda } \mu \leq \mu_0$$

lo que demuestra que la prueba dada por la ecuación 8.3.10 sigue siendo una prueba de nivel α para $H_0: \mu \leq \mu_0$ contra la hipótesis alternativa $H_1: \mu > \mu_0$.

OBSERVACIONES

También podemos probar la hipótesis unilateral

$$H_0 : \mu = \mu_0 \quad (\text{or } \mu \geq \mu_0) \quad \text{contra} \quad H_1 : \mu < \mu_0$$

para el nivel de significancia α mediante

$$\text{aceptando} \quad H_0 \quad \text{si} \quad \frac{\sqrt{n}}{\sigma}(\overline{X} - \mu_0) \geq -z_\alpha$$

$$\text{rechazando} \quad H_0 \quad \text{de otra manera}$$

Esta prueba se puede realizar de manera alternativa calculando primero el valor del estadístico de prueba $\sqrt{n}(\overline{X} - \mu_0)/\sigma$. El valor p será, entonces, igual a la probabilidad de que una normal estándar sea menor que este valor, y la hipótesis sería rechazada para todo nivel de significancia mayor o igual a este valor p.

EJEMPLO 8.3f Todos los cigarros que se encuentran en el mercado tienen un contenido promedio de nicotina de por lo menos 1.6 mg por cigarro. Una empresa tabacalera afirma que ha encontrado una nueva manera para curar las hojas de cigarro que da como resultado un contenido promedio de nicotina menor a 1.6 mg. Para demostrarlo se analizó una muestra de 20 cigarros de la empresa. Si se sabe que la desviación estándar del contenido de nicotina de un cigarro es .8 mg, ¿qué conclusión se obtiene, con un nivel de significancia de 5 por ciento, si el contenido promedio de nicotina en los 20 cigarros es 1.54?

Nota: En lo anterior surge la pregunta de cómo se sabe de antemano que la desviación estándar es .8. Quizá se deba a que la variación en el contenido de nicotina en un cigarro se determina no por el método de curar las hojas, sino a la cantidad de tabaco en cada cigarro. Por lo que la desviación estándar puede ser conocida por la experiencia anterior.

SOLUCIÓN Primero, debemos decidir cuál es la hipótesis nula adecuada. Como ya destacamos, nuestro método de prueba no es simétrico respecto a las hipótesis nula y alternativa, ya que sólo consideramos pruebas que tienen la propiedad de que su probabilidad de rechazar a la hipótesis nula, cuando ésta sea verdadera, no sea nunca mayor al nivel de significancia α. De este modo, aunque el rechazo de la hipótesis nula es una fuerte aseveración respecto a la inconsistencia de los datos con esta hipótesis, no ocurre lo mismo cuando se acepta la hipótesis nula. Por lo que, como en el ejemplo anterior queremos aprobar lo que afirma el fabricante de cigarros sólo cuando existan evidencias sustanciales para ello, tomaremos su afirmación como la hipótesis alternativa. Es decir, vamos a probar

$$H_0 : \mu \geq 1.6 \quad \text{contra} \quad H_1 : \mu < 1.6$$

El valor del estadístico de prueba es

$$\sqrt{n}(\overline{X} - \mu_0)/\sigma = \sqrt{20}(1.54 - 1.6)/.8 = -.336$$

y, de esta manera, el valor de p está dado por

$$\text{valor } p = P\{Z < -.336\}, \quad Z \sim N(0, 1)$$

$$= .368$$

Como este valor es mayor a .05, los datos presentados no nos permiten rechazar, con un nivel de significancia de .05 por ciento, a la hipótesis de que el contenido medio de nicotina sea mayor a 1.6 mg. Dicho en otras palabras, la evidencia, aunque apoya lo que el fabricante de cigarros dice, no es suficientemente fuerte para probar su afirmación. ■

OBSERVACIONES

(a) Hay una analogía directa entre estimación de un intervalo de confianza y la prueba de hipótesis. Por ejemplo, para una población normal con media μ y varianza σ^2, hemos mostrado en la sección 7.3 que un intervalo de confianza de $100(1 - \alpha)$ por ciento para μ está dado por

$$\mu \in \left(\bar{x} - z_{\alpha/2} \frac{\sigma}{\sqrt{n}}, \bar{x} + z_{\alpha/2} \frac{\sigma}{\sqrt{n}} \right)$$

donde $\bar{x}$ es la media muestral observada. Más formalmente, la afirmación anterior para un intervalo de confianza es equivalente a

$$P \left\{ \mu \in \left(\overline{X} - z_{\alpha/2} \frac{\sigma}{\sqrt{n}}, \overline{X} + z_{\alpha/2} \frac{\sigma}{\sqrt{n}} \right) \right\} = 1 - \alpha$$

Por lo tanto, si $\mu = \mu_0$, entonces la probabilidad de que μ_0 esté en el intervalo

$$\left(\overline{X} - z_{\alpha/2} \frac{\sigma}{\sqrt{n}}, \overline{X} + z_{\alpha/2} \frac{\sigma}{\sqrt{n}} \right)$$

es $1 - \alpha$, lo cual implica que una prueba con nivel de significancia α de $H_0 : \mu = \mu_0$ contra $H_1 : \mu \neq \mu_0$ se va a rechazar si

$$\mu_0 \notin \left(\overline{X} - z_{\alpha/2} \frac{\sigma}{\sqrt{n}}, \overline{X} + z_{\alpha/2} \frac{\sigma}{\sqrt{n}} \right)$$

De manera análoga, como un intervalo de confianza unilateral de $100(1 - \alpha)$ por ciento para μ está dado por

$$\mu \in \left(\overline{X} - z_{\alpha} \frac{\sigma}{\sqrt{n}}, \infty \right)$$

Tenemos, que una prueba con nivel de significancia α de $H_0 : \mu \leq \mu_0$ contra $H_1 : \mu > \mu_0$ rechaza H_0 cuando $\mu_0 \notin (\overline{X} - z_{\alpha} \sigma/\sqrt{n}, \infty)$; es decir, cuando $\mu_0 < \overline{X} - z_{\alpha} \sigma/\sqrt{n}$.

(b) **Una observación sobre la validez** Una prueba que se desarrolla bien, aun cuando se violen las suposiciones en las que se basa, se dice que es *válida*. Por ejemplo, las pruebas de las secciones 8.3.1 y 8.3.1.1 se dedujeron bajo la suposición de que la distribución poblacional correspondiente era normal con varianza conocida σ^2. No obstante, al deducir esta prueba, esta suposición sólo se usó para concluir que $\overline{X}$ tenía también una distribución normal. Pero, por el teorema del límite central, tenemos que para tamaños de muestras razonablemente grandes, $\overline{X}$ tendrá aproximadamente una distribución normal, sin importar la distribución de que se trate. De este modo se concluye que estas pruebas serán relativamente válidas para cualquier distribución poblacional con varianza σ^2.

En la tabla 8.1 se resumen las pruebas de esta sección.

TABLA 8.1   *$X_1, \ldots, X_n$ es una muestra obtenida de una población* N(μ, σ^2)

$$\sigma^2 \text{ es conocida}$$

$$\overline{X} = \sum_{i=1}^{n} X_i/n$$

H_0	H_1	Estadístico de prueba EP	Prueba con nivel de significancia α	Valor p si $EP = t$
$\mu = \mu_0$	$\mu \neq \mu_0$	$\sqrt{n}(\overline{X} - \mu_0)/\sigma$	Se rechaza si $\lvert TS \rvert > z_{\alpha/2}$	$2P\{Z \geq \lvert t \rvert\}$
$\mu \leq \mu_0$	$\mu > \mu_0$	$\sqrt{n}(\overline{X} - \mu_0)/\sigma$	Se rechaza si $TS > z_{\alpha}$	$P\{Z \geq t\}$
$\mu \geq \mu_0$	$\mu < \mu_0$	$\sqrt{n}(\overline{X} - \mu_0)/\sigma$	Se rechaza si $TS < -z_{\alpha}$	$P\{Z \leq t\}$

Z es una variable aleatoria normal estándar.

8.3.2 CASO DE LA VARIANZA DESCONOCIDA: LA PRUEBA *t*

Hasta ahora hemos supuesto que el único parámetro desconocido de la distribución poblacional normal es su media. Sin embargo, la situación más común es aquella en la que la media μ y la varianza σ^2 se desconocen. Supongamos que es éste el caso, y de nuevo consideremos una prueba de hipótesis donde la media sea igual a algún valor dado μ_0. Es decir, consideremos una prueba de

$$H_0 : \mu = \mu_0$$

en comparación con la hipótesis alternativa

$$H_1 : \mu \neq \mu_0$$

Hay que observar que la hipótesis nula no es una hipótesis simple, ya que no especifica el valor de σ^2.

Como antes, parece razonable rechazar H_0 cuando la media muestral $\overline{X}$ esté lejos de μ_0. Sin embargo, qué tan lejos debe estar para que se justifique el rechazo dependerá de la varianza σ^2. Recordemos que cuando se conocía el valor σ^2, la prueba pedía el rechazo de H_0 si $\lvert \overline{X} - \mu_0 \rvert$ era mayor a $z_{\alpha/2}\sigma/\sqrt{n}$ o, lo que es equivalente, cuando

$$\left| \frac{\overline{X} - \mu_0}{\sigma/\sqrt{n}} \right| > z_{\alpha/2}$$

Ahora, si no se conoce σ^2, parece razonable estimarla mediante

$$S^2 = \frac{\displaystyle\sum_{i=1}^{n}(X_i - \overline{X})^2}{n - 1}$$

y entonces rechazar H_0 cuando

$$\left| \frac{\overline{X} - \mu_0}{S/\sqrt{n}} \right|$$

es grande.

Para determinar qué tan grande se necesita un valor del estadístico

$$\left| \frac{\sqrt{n}(\overline{X} - \mu_0)}{S} \right|$$

para el rechazo, de manera que la prueba tenga un nivel de significancia α, debemos determinar la distribución de probabilidad de dicho estadístico cuando H_0 es verdadera. Pero, como se estudió en la sección 6.5, el estadístico T definido por

$$T = \frac{\sqrt{n}(\overline{X} - \mu_0)}{S}$$

tiene, cuando $\mu = \mu_0$, una distribución t con $n - 1$ grados de libertad. Por lo tanto,

$$P_{\mu_0} \left\{ -t_{\alpha/2, n-1} \leq \frac{\sqrt{n}(\overline{X} - \mu_0)}{S} \leq t_{\alpha/2, n-1} \right\} = 1 - \alpha \qquad (8.3.11)$$

donde $t_{\alpha/2, n-1}$ es el valor del percentil superior $100 \ \alpha/2$ de la distribución t con $n - 1$ grados de libertad. (Es decir, $P\{T_{n-1} \geq t_{\alpha/2, n-1}\} = P\{T_{n-1} \leq -t_{\alpha/2, n-1}\} = \alpha/2$ tiene una distribución t con $n - 1$ grados de libertad.) De la ecuación 8.3.11 observamos que la prueba adecuada de nivel de significancia α de

$$H_0 : \mu = \mu_0 \qquad \text{contra} \qquad H_1 : \mu \neq \mu_0$$

es, para σ^2 desconocida,

$$\text{aceptar} \quad H_0 \quad \text{si} \quad \left| \frac{\sqrt{n}(\overline{X} - \mu_0)}{S} \right| \leq t_{\alpha/2, n-1} \qquad (8.3.12)$$

$$\text{rechazar} \quad H_0 \quad \text{si} \quad \left| \frac{\sqrt{n}(\overline{X} - \mu_0)}{S} \right| > t_{\alpha/2, n-1}$$

A la prueba definida por la ecuación 8.3.12 se le llama *prueba t bilateral*. En la figura 8.3 se representa gráficamente.

Si denotamos con t al valor observado del estadístico de prueba $T = \sqrt{n} \, (\overline{X} - \mu_0)/S$, entonces el valor p de la prueba es la probabilidad de que $|T|$ sea mayor que $|t|$ cuando H_0 es verdadera. Es decir,

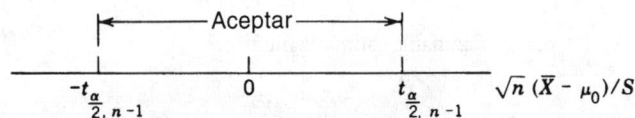

FIGURA 8.3 *La prueba t bilateral.*

el valor p es la probabilidad de que el valor absoluto de la variable aleatoria t con $n-1$ grados de libertad sea mayor que $|t|$. Entonces, la prueba pide el rechazo para todos los niveles de significancia mayores que el valor p y la aceptación para todos los niveles de significancia menores.

El programa 8.3.2 calcula el valor del estadístico de prueba y el correspondiente valor p. Se puede emplear tanto para pruebas bilaterales como unilaterales. (El material unilateral se presentará brevemente.)

EJEMPLO 8.3g Entre los pacientes de una clínica que tienen niveles de colesterol desde medios hasta altos (por lo menos 220 mililitros por decilitro de suero), se tomaron voluntarios para probar un nuevo medicamento desarrollado para ayudar a reducir el colesterol en la sangre. A un grupo de 50 voluntarios se les administró la droga durante 1 mes y se observaron los cambios en sus niveles de colesterol. Si en promedio el cambio fue de una disminución de 14.8 con una desviación estándar muestral de 6.4, ¿qué conclusión se obtiene?

SOLUCIÓN Empecemos por probar la hipótesis de que los cambios ocurrieron tan sólo por la casualidad; es decir, de que los 50 cambios constituyen una muestra normal con media 0. Como el valor del estadístico t usado para probar la hipótesis de que una media normal sea igual a 0 es

$$T = \sqrt{n}\,\overline{X}/S = \sqrt{50}\,\,14.8/6.4 = 16.352$$

es claro que rechazaremos la hipótesis de que los cambios hayan ocurrido únicamente por la casualidad. Pero, por desgracia, hasta este punto no se justifica que concluyamos que los cambios se debieron al medicamento ni a ninguna otra posibilidad. Por ejemplo, es sabido que con frecuencia ocurre que cualquier medicamento que se le administre a un paciente (ya sea que el medicamento sea relevante o no para su padecimiento) contribuirá a mejorar la condición del paciente —éste es el llamado efecto placebo—. Otra posibilidad que debe tomarse en cuenta son las condiciones del tiempo durante el mes de la prueba, porque es concebible que afecte los niveles de colesterol en la sangre. En realidad, hay que concluir que este experimento no fue bien diseñado, ya que para comprobar si un tratamiento tiene algún efecto sobre una enfermedad, que puede verse afectada por muchos factores, debemos tratar de diseñar el experimento de manera que se neutralicen otros posibles factores. La manera de hacer esto consiste en dividir a los voluntarios aleatoriamente en dos grupos —un grupo que recibirá el medicamento, y otro grupo que recibirá el placebo (una tableta que se ve y sabe igual que el medicamento, pero que no tiene efecto fisiológico alguno)—. A los voluntarios no se les informa si pertenecen al grupo que recibe el medicamento o al grupo de control, y lo mejor es que tampoco los médicos lo sepan (éstas son las llamadas pruebas doble ciego) para evitar que sus propios sesgos jueguen algún papel en la prueba. Debido a que los dos grupos se escogieron al azar del grupo de voluntarios, se espera que en promedio los factores que afectan a los dos grupos sean los mismos excepto que uno recibe el medicamento, y el otro, el placebo. Por ende, cualquier diferencia en el desempeño entre los dos grupos puede atribuirse al medicamento. ■

EJEMPLO 8.3h Un empleado público sustenta que el consumo de agua diario promedio por hogar es de 350 galones. Para verificarlo se realizó un estudio en 20 hogares tomados en forma aleatoria, y se obtuvieron los resultados siguientes en cuanto al promedio diario de uso de agua:

340	344	362	375
356	386	354	364
332	402	340	355
362	322	372	324
318	360	338	370

¿Contradicen los datos lo que sustenta el empleado público?

SOLUCIÓN Para saber si los datos contradicen lo que sustenta el empleado público, necesitamos probar

$$H_0 : \mu = 350 \qquad \text{contra} \qquad H_1 : \mu \neq 350$$

Esto lo hacemos corriendo el programa 8.3.2 o, si no, observando que la media y la desviación estándar muestrales de los datos anteriores son

$$\overline{X} = 353.8, \qquad S = 21.8478$$

De manera que el valor del estadístico de prueba es

$$T = \frac{\sqrt{20}(3.8)}{21.8478} = .7778$$

Como este valor es menor que $t_{.05, 19} = 1.730$ aceptamos la hipótesis nula para un nivel de significancia de 5 por ciento. El valor p de la prueba es

$$\text{valor } p = P\{|T_{19}| > .7778\} = 2P\{T_{19} > .7778\} = .4462$$

lo cual indica que la hipótesis nula sería aceptada para cualquier nivel de significancia razonable. Así es que los datos no son inconsistentes con lo que sustenta el empleado público. ■

Una prueba t unilateral sirve para probar la hipótesis

$$H_0 : \mu = \mu_0 \qquad (\text{o } H_0 : \mu \leq \mu_0)$$

contra la hipótesis alternativa unilateral

$$H_1 : \mu > \mu_0$$

La prueba para un nivel de significancia α es

$$\text{aceptar} \quad H_0 \quad \text{si} \quad \frac{\sqrt{n}(\overline{X} - \mu_0)}{S} \leq t_{\alpha, n-1} \tag{8.3.13}$$

$$\text{rechazar} \quad H_0 \quad \text{si} \quad \frac{\sqrt{n}(\overline{X} - \mu_0)}{S} > t_{\alpha, n-1}$$

Si $\sqrt{n}\,(\overline{X} - \mu_0)/S = v$, entonces el valor p de la prueba es la probabilidad de que una variable aleatoria t para $n - 1$ grados de libertad tome por lo menos un valor tan grande como v.

La prueba para un nivel de significancia α de

$$H_0 : \mu = \mu_0 \qquad (\text{o}\ \ H_0 : \mu \geq \mu_0)$$

contra la hipótesis alternativa

$$H_1 : \mu < \mu_0$$

es

$$\text{aceptar}\quad H_0 \quad \text{si}\quad \frac{\sqrt{n}(\overline{X} - \mu_0)}{S} \geq -t_{\alpha, n-1}$$

$$\text{rechazar}\quad H_0 \quad \text{si}\quad \frac{\sqrt{n}(\overline{X} - \mu_0)}{S} < -t_{\alpha, n-1}$$

El valor p de esta prueba es la probabilidad de que una variable aleatoria t con $n - 1$ grados de libertad sea menor o igual que el valor observado de $\sqrt{n}\,(\overline{X} - \mu_0)/S$.

EJEMPLO 8.3i El productor de una nueva llanta de fibra de vidrio manifiesta, que la vida promedio de estas llantas es de por lo menos 40 000 millas. Para verificarlo se prueba una muestra de 12 llantas. Se obtuvieron los siguientes tiempos de vida (en miles de millas):

Llanta	1	2	3	4	5	6	7	8	9	10	11	12
Vida	36.1	40.2	33.8	38.5	42	35.8	37	41	36.8	37.2	33	36

Pruebe lo que manifiesta el productor para un nivel de significancia de 5 por ciento.

SOLUCIÓN Para determinar si los datos anteriores son consistentes con la hipótesis de que la vida media es de por lo menos 40 000 millas, probaremos

$$H_0 : \mu \geq 40\ 000 \qquad \text{contra} \qquad H_1 : \mu < 40\ 000$$

Mediante un cálculo se obtiene que

$$\overline{X} = 37.2833, \qquad S = 2.7319$$

y, de esta manera, el valor del estadístico de prueba es

$$T = \frac{\sqrt{12}(37.2833 - 40)}{2.7319} = -3.4448$$

Ya que esto es menor que $-t_{.05, 11} = -1.796$, se rechaza la hipótesis nula para un nivel de significancia de 5 por ciento. El valor p para los datos de la prueba es

$$\text{valor } p = P\{T_{11} < -3.4448\} = P\{T_{11} > 3.4448\} = .0028$$

lo que indica que lo que sustenta el fabricante sería rechazado para cualquier nivel de significancia mayor a .003. ■

Como se ilustra en la figura 8.4, se obtendría el mismo resultado con el programa 8.3.2.

EJEMPLO 8.3j En un servicio con un sistema de una fila donde los clientes llegan de acuerdo con un proceso de Poisson, el promedio a largo plazo, del tiempo que un cliente tiene que esperar en la fila depende de la distribución del servicio, a través de su media y de su varianza. Si μ es el tiempo medio de servicio y σ^2 es la varianza del tiempo de servicio, entonces la cantidad promedio de tiempo que un cliente tiene que esperar en la cola está dada por

$$\frac{\lambda(\mu^2 + \sigma^2)}{2(1 - \lambda\mu)}$$

siempre que $\lambda\mu < 1$, donde λ es la tasa de llegada. (El tiempo de espera es infinito si $\lambda\mu \geq 1$.) Como puede verse por esta fórmula, el tiempo de espera es bastante grande si μ es sólo ligeramente menor que $1/\lambda$, donde, como λ es la tasa de llegada, $1/\lambda$ es el promedio de tiempo entre las llegadas.

Supongamos que el propietario de la estación de servicio contrataría a un segundo empleado si se demostrara que el tiempo promedio de servicio es mayor a 8 minutos. Los siguientes datos ofrecen el tiempo de servicio (en minutos) de 28 clientes de este sistema de hacer fila. ¿Estos datos indican que el tiempo medio de servicio es mayor a 8 minutos?

8.6, 9.4, 5.0, 4.4, 3.7, 11.4, 10.0, 7.6, 14.4, 12.2, 11.0, 14.4, 9.3, 10.5,
10.3, 7.7, 8.3, 6.4, 9.2, 5.7, 7.9, 9.4, 9.0, 13.3, 11.6, 10.0, 9.5, 6.6

SOLUCIÓN Usemos los datos anteriores para probar la hipótesis nula de que el tiempo medio de servicio es menor o igual a 8 minutos. Un valor p pequeño será una fuerte evidencia de que el tiempo medio de servicio es de más de 8 minutos. Corriendo el programa 8.3.2 con los datos se observa que el valor del estadístico de prueba es 2.257, lo que da un valor p de .016. Un valor p tan pequeño como éste es, sin duda, una fuerte evidencia de que el tiempo medio de servicio es de más de 8 minutos. ■

En la tabla 8.2 se resumen las pruebas de esta sección.

8.4 PRUEBA DE LA IGUALDAD DE LAS MEDIAS DE DOS POBLACIONES NORMALES

Una situación con la que, con frecuencia, se enfrentan los ingenieros en la práctica consiste en decidir si dos métodos diferentes lleva al mismo resultado. A menudo tales situaciones pueden modelarse como una prueba de la hipótesis de que dos poblaciones normales tengan el mismo valor medio.

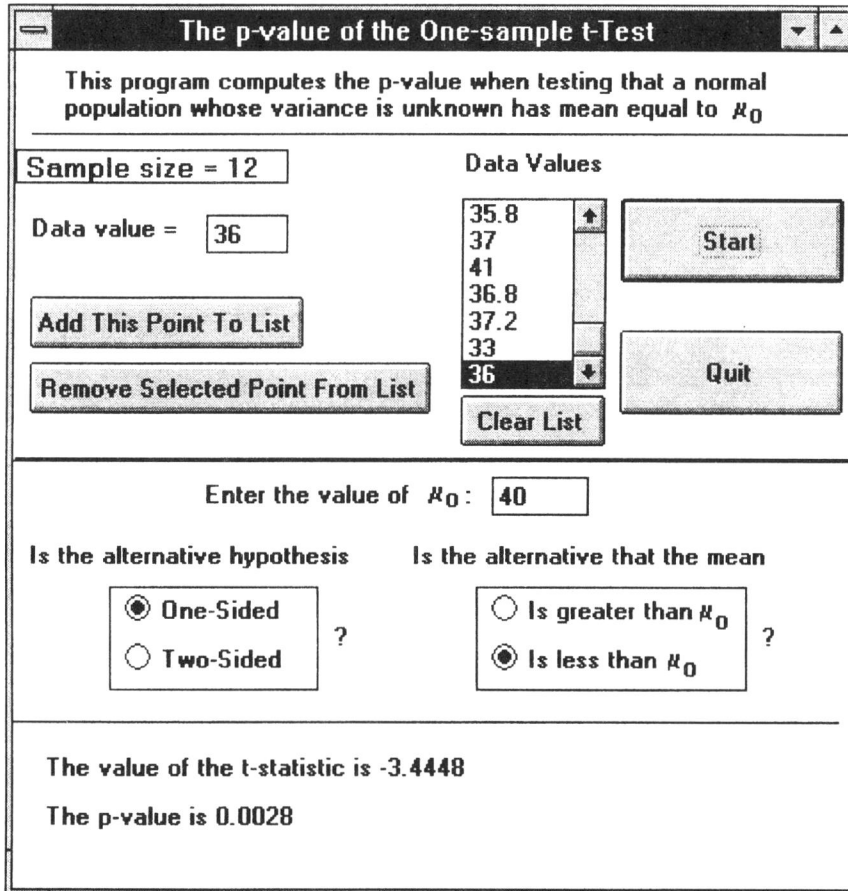

The p-value of the One-sample t-Test

This program computes the p-value when testing that a normal population whose variance is unknown has mean equal to μ_0

Sample size = 12

Data value = 36

Add This Point To List

Remove Selected Point From List

Data Values

35.8
37
41
36.8
37.2
33
36

Clear List

Start

Quit

Enter the value of μ_0 : 40

Is the alternative hypothesis

⦿ One-Sided
○ Two-Sided

?

Is the alternative that the mean

○ Is greater than μ_0
⦿ Is less than μ_0

?

The value of the t-statistic is -3.4448

The p-value is 0.0028

FIGURA 8.4

TABLA 8.2 $X_1,\ldots,X_n$ *es una muestra de una población* $N(\mu, \sigma^2)$

σ^2 es desconocida

$$\overline{X} = \sum_{i=1}^{n} X_i/n \qquad S^2 = \sum_{i=1}^{n} (X_i - \overline{X})^2/(n-1)$$

H_0	H_1	Estadístico de prueba EP	Prueba para un nivel de significancia α	Valor p si $EP = t$
$\mu = \mu_0$	$\mu \neq \mu_0$	$\sqrt{n}(\overline{X} - \mu_0)/S$	Rechazar si $|TS| > t_{\alpha/2, n-1}$	$2P\{T_{n-1} \geq |t|\}$
$\mu \leq \mu_0$	$\mu > \mu_0$	$\sqrt{n}(\overline{X} - \mu_0)/S$	Rechazar si $TS > t_{\alpha, n-1}$	$P\{T_{n-1} \geq t\}$
$\mu \geq \mu_0$	$\mu < \mu_0$	$\sqrt{n}(\overline{X} - \mu_0)/S$	Rechazar si $TS < -t_{\alpha, n-1}$	$P\{T_{n-1} \leq t\}$

T_{n-1} *es una variable aleatoria t con n − 1 grados de libertad:* $P\{T_{n-1} > t_{\alpha, n-1}\} = \alpha$.

8.4.1 CASO DE LA VARIANZA CONOCIDA

Suponga que $X_1, \ldots, X_n$ y $Y_1, \ldots, Y_m$ sean muestras independientes de poblaciones normales con medias desconocidas, μ_x y μ_y, pero varianzas conocidas σ_x^2 y σ_y^2. Consideremos el problema de probar la hipótesis

$$H_0 : \mu_x = \mu_y$$

contra la hipótesis alternativa

$$H_1 : \mu_x \neq \mu_y$$

Ya que $\overline{X}$ es un estimado de μ_x y $\overline{Y}$ uno de μ_y, tenemos que $\overline{X} - \overline{Y}$ se utiliza para estimar $\mu_x - \mu_y$. Por lo que, debido a que la hipótesis nula se puede escribir como $H_0 : \mu_x - \mu_y = 0$, parece razonable rechazarla si $\overline{X} - \overline{Y}$ está lejos de cero. Es decir, la forma de la prueba será para

$$\text{rechazar} \quad H_0 \quad \text{si} \quad |\overline{X} - \overline{Y}| > c \tag{8.4.1}$$

$$\text{aceptar} \quad H_0 \quad \text{si} \quad |\overline{X} - \overline{Y}| \leq c$$

para algún valor adecuado de c.

Para determinar el valor de c que dará como resultado un nivel de significancia α para la prueba de la ecuación 8.4.1, necesitamos determinar la distribución de $\overline{X} - \overline{Y}$ cuando H_0 es verdadera. Como vimos en la sección 7.3.2, sin embargo,

$$\overline{X} - \overline{Y} \sim \mathcal{N}\left(\mu_x - \mu_y, \frac{\sigma_x^2}{n} + \frac{\sigma_y^2}{m}\right)$$

lo que implica que

$$\frac{\overline{X} - \overline{Y} - (\mu_x - \mu_y)}{\sqrt{\dfrac{\sigma_x^2}{n} + \dfrac{\sigma_y^2}{m}}} \sim \mathcal{N}(0, 1) \tag{8.4.2}$$

Por lo tanto, si H_0 es verdadera (con lo que $\mu_x - \mu_y = 0$), tenemos que

$$(\overline{X} - \overline{Y}) \Big/ \sqrt{\frac{\sigma_x^2}{n} + \frac{\sigma_y^2}{m}}$$

tiene una distribución normal estándar, de manera que

$$P_{H_0}\left\{ -z_{\alpha/2} \leq \frac{\overline{X} - \overline{Y}}{\sqrt{\dfrac{\sigma_x^2}{n} + \dfrac{\sigma_y^2}{m}}} \leq z_{\alpha/2} \right\} = 1 - \alpha \tag{8.4.3}$$

De la ecuación 8.4.3 obtenemos que la prueba, para el nivel de significancia α, de $H_0 : \mu_x = \mu_y$ contra $H_1 : \mu_x \neq \mu_y$ es

$$\text{aceptar} \quad H_0 \quad \text{si} \quad \frac{|\overline{X} - \overline{Y}|}{\sqrt{\sigma_x^2/n + \sigma_y^2/m}} \leq z_{\alpha/2}$$

$$\text{rechazar} \quad H_0 \quad \text{si} \quad \frac{|\overline{X} - \overline{Y}|}{\sqrt{\sigma_x^2/n + \sigma_y^2/m}} > z_{\alpha/2}$$

El programa 8.4.1 calculará el valor del estadístico de prueba $(\overline{X} - \overline{Y})/\sqrt{\sigma_x^2/n + \sigma_y^2/m}$.

EJEMPLO 8.4a Se proponen dos métodos nuevos para fabricar una llanta. Para decidir qué método es mejor, un fabricante de llantas fabrica una muestra de 10 llantas utilizando el primer método y una muestra de 8 usando el segundo. El primer conjunto de llantas se va a probar rodándolas en el lugar A, y el segundo en el lugar B. Por experiencias pasadas se sabe que el tiempo de vida de una llanta, que ha sido probada rodándola en alguno de estos dos lugares, tiene una distribución normal con una vida media que depende de la llanta, pero con una varianza que depende (en su mayor parte) del lugar. Siendo más específicos, se sabe que los tiempos de vida de las llantas rodadas en el lugar A son normales con una desviación estándar igual a 4 000 kilómetros; mientras que los de las probadas en el lugar B son normales con $\sigma = 6\,000$ kilómetros. Si el fabricante quiere probar la hipótesis de que no hay una diferencia considerable en las vidas medias de las llantas producidas por estos dos métodos, ¿que conclusión se obtendría, para un nivel de significancia de 5 por ciento si los datos obtenidos fueran los dados en la tabla 8.3?

SOLUCIÓN Un cálculo simple (o con el uso del programa 8.4.1) demuestra que el valor del estadístico de prueba es .066. Para un valor tan pequeño del estadístico de prueba (que tiene una distribución normal estándar cuando H_0 es verdadera), resulta claro que sí se acepta la hipótesis nula. ∎

TABLA 8.3 *Vida de las llantas en unidades de 100 kilómetros*

Llantas probadas en A	Llantas probadas en B
61.1	62.2
58.2	56.6
62.3	66.4
64	56.2
59.7	57.4
66.2	58.4
57.8	57.6
61.4	65.4
62.2	
63.6	

De la ecuación 8.4.1 se sigue que una prueba de la hipótesis $H_0 : \mu_x = \mu_y$ (o $H_0 : \mu_x \leq \mu_y$) contra la hipótesis alternativa unilateral $H_1 : \mu_x > \mu_y$ sería:

$$\text{aceptar} \quad H_0 \quad \text{si} \quad \overline{X} - \overline{Y} \leq z_\alpha \sqrt{\frac{\sigma_x^2}{n} + \frac{\sigma_y^2}{m}}$$

$$\text{rechazar} \quad H_0 \quad \text{si} \quad \overline{X} - \overline{Y} > z_\alpha \sqrt{\frac{\sigma_x^2}{n} + \frac{\sigma_y^2}{m}}$$

8.4.2 CASO DE LA VARIANZA DESCONOCIDA

Suponga ahora que $X_1, \ldots, X_n$ y $Y_1, \ldots, Y_m$ son muestras independientes de poblaciones normales con sus parámetros respectivos (μ_x, σ_x^2) y (μ_y, σ_y^2), y considere además que los cuatro parámetros son desconocidos. Una vez más consideraremos la prueba de

$$H_0 : \mu_x = \mu_y \qquad \text{contra} \qquad H_1 : \mu_x \neq \mu_y$$

Para determinar una prueba con un nivel de significancia α para H_0 necesitamos hacer la suposición adicional de que las varianzas desconocidas σ_x^2 y σ_y^2 son iguales. Sea σ^2 su valor, es decir,

$$\sigma^2 = \sigma_x^2 = \sigma_y^2$$

Como antes, deberíamos rechazar H_0 si $\overline{X} - \overline{Y}$ está "lejos" de cero. Para determinar qué tan lejos de cero necesita estar, sean

$$S_x^2 = \frac{\sum_{i=1}^{n}(X_i - \overline{X})^2}{n - 1}$$

$$S_y^2 = \frac{\sum_{i=1}^{m}(Y_i - \overline{Y})^2}{m - 1}$$

las varianzas muestrales de las dos muestras. Entonces, como se demostró en la sección 7.3.2,

$$\frac{\overline{X} - \overline{Y} - (\mu_x - \mu_y)}{\sqrt{S_p^2(1/n + 1/m)}} \sim t_{n+m-2}$$

donde S_p^2, el estimador *ponderado* de la varianza común σ^2, está dado por

$$S_p^2 = \frac{(n - 1)S_x^2 + (m - 1)S_y^2}{n + m - 2}$$

Por lo que, cuando H_0 es verdadera y $\mu_x - \mu_y = 0$, el estadístico

$$T \equiv \frac{\overline{X} - \overline{Y}}{\sqrt{S_p^2(1/n + 1/m)}}$$

tiene una distribución t con $n + m - 2$ grados de libertad. De esto se sigue que podemos probar la hipótesis de que $\mu_x = \mu_y$, como sigue:

$$\text{aceptar} \quad H_0 \quad \text{si} \quad |T| \leq t_{\alpha/2, n+m-2}$$

$$\text{rechazar} \quad H_0 \quad \text{si} \quad |T| > t_{\alpha/2, n+m-2}$$

donde $t_{n/2, \, n+m-2}$ es el $100 \, \alpha/2$ punto percentil de una variable aleatoria t con $n + m - 2$ grados de libertad (véase figura 8.5).

De manera alternativa se puede correr la prueba determinando el valor p. Si se observa que T es igual a v, entonces el valor p que se obtendrá de la prueba de H_0 contra H_1 está dado por

$$\text{valor } p = P\{|T_{n+m-2}| \geq |v|\}$$

$$= 2P\{T_{n+m-2} \geq |v|\}$$

donde T_{n+m-2} es una variable aleatoria t con $n + m - 2$ grados de libertad.

Si queremos determinar la hipótesis unilateral

$$H_0 : \mu_x \leq \mu_y \qquad \text{contra} \qquad H_1 : \mu_x > \mu_y$$

entonces H_0 se rechazará para valores grandes de T. De manera que la prueba para el nivel de significancia α es

$$\text{rechazar} \quad H_0 \qquad \text{si} \quad T \geq t_{n+m-2, \alpha}$$

$$\text{no rechazar} \quad H_0 \quad \text{de otra manera}$$

Si el valor del estadístico de prueba T es v, entonces el valor p está dado por

$$\text{valor } p = P\{T_{n+m-2} \geq v\}$$

El programa 8.4.2 calcula tanto el valor del estadístico de prueba como el correspondiente valor p.

EJEMPLO 8.4b En un centro de investigación sobre el resfriado, 22 voluntarios contraen el padecimiento después de ser expuestos a varios virus causantes de resfriado. A 10 de estos voluntarios, elegidos aleatoriamente, se les suministraron, cuatro veces al día, tabletas con 1 gramo de

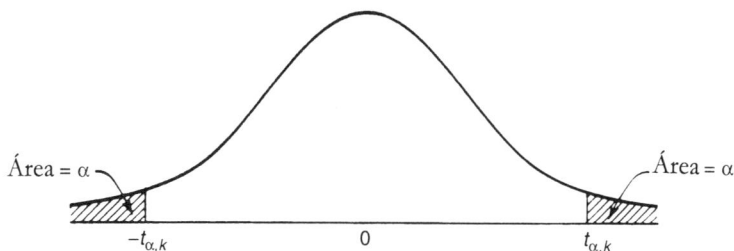

FIGURA 8.5 *Densidad de una variable aleatoria t con k grados de libertad.*

vitamina C. Al grupo de control, formado por otros 12 voluntarios, se le dio tabletas placebo que se veían y sabían exactamente igual que las tabletas de vitamina C. Este tratamiento se prolongó hasta que el doctor, quien no sabía si el voluntario estaba tomando tabletas de vitamina C o de placebo, decidía que el voluntario ya no tenía resfriado. En cada caso se registró el tiempo que duró el padecimiento, y al final de este experimento se obtuvieron los siguientes resultados.

Tratado con vitamina C	Tratado con placebo
5.5	6.5
6.0	6.0
7.0	8.5
6.0	7.0
7.5	6.5
6.0	8.0
7.5	7.5
5.5	6.5
7.0	7.5
6.5	6.0
	8.5
	7.0

¿Estos datos prueban que tomando 4 gramos diarios de vitamina C se reduce la duración media de un resfriado? ¿Con qué nivel de significancia?

SOLUCIÓN Para probar la hipótesis anterior, necesitamos rechazar la hipótesis nula en una prueba de

$$H_0 : \mu_p \leq \mu_c \qquad \text{contra} \qquad H_1 : \mu_p > \mu_c$$

donde μ_c es la duración media de un resfriado tomando las tabletas de vitamina C, y μ_p es la duración media de un resfriado tomando el placebo. Suponiendo que la varianza de la duración de un resfriado es la misma para los pacientes que toman vitamina C que para quienes toman placebo, realizamos la prueba anterior corriendo el programa 8.4.2. El programa nos da la información que presentamos en la figura 8.6. De esta manera, se rechaza H_0 para un nivel de significancia de 5 por ciento.

Por supuesto, si no hubiéramos podido correr el programa 8.4.2, habríamos podido llevar a cabo la prueba, calculando primero los valores de los estadísticos $\overline{X}$, $\overline{Y}$, S_x^2, S_y^2 y S_p^2, donde la muestra X corresponde a quienes tomaron vitamina C y la muestra Y a los que tomaron el placebo. Estos cálculos nos hubieran dado los valores

$$\overline{X} = 6.450, \qquad \overline{Y} = 7.125$$

$$S_x^2 = .581, \qquad S_y^2 = .778$$

Por lo que,

$$S_p^2 = \frac{9}{20}S_x^2 + \frac{11}{20}S_y^2 = .689$$

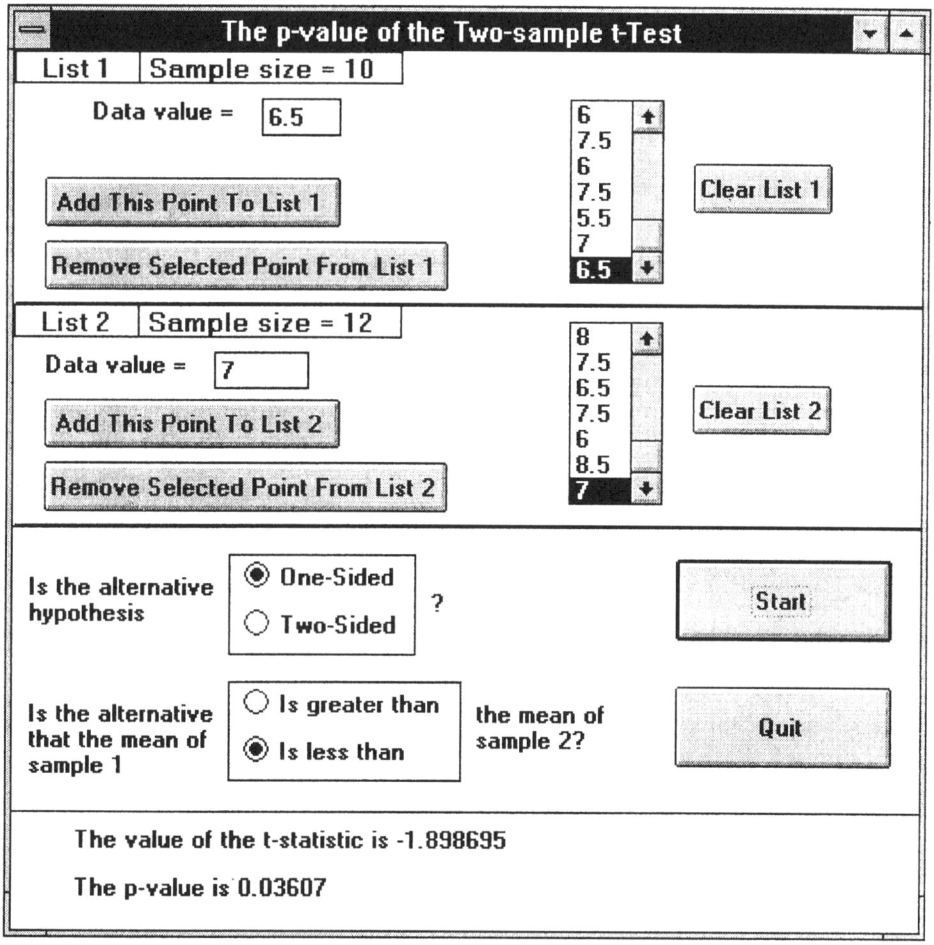

The p-value of the Two-sample t-Test

List 1 | Sample size = 10

Data value = 6.5

6
7.5
6
7.5
5.5
7
6.5

Add This Point To List 1

Remove Selected Point From List 1

Clear List 1

List 2 | Sample size = 12

Data value = 7

8
7.5
6.5
7.5
6
8.5
7

Add This Point To List 2

Remove Selected Point From List 2

Clear List 2

Is the alternative hypothesis
⦿ One-Sided
○ Two-Sided
?

Start

Is the alternative that the mean of sample 1
○ Is greater than
⦿ Is less than
the mean of sample 2?

Quit

The value of the t-statistic is -1.898695

The p-value is 0.03607

FIGURA 8.6

y el valor del estadístico de prueba es

$$TS = \frac{-.675}{\sqrt{.689(1/10 + 1/12)}} = -1.90$$

Como $t_{20,.05} = 1.725$, se rechaza la hipótesis nula para el nivel de significancia del 5 por ciento. Es decir, para el nivel de significancia del 5 por ciento, la evidencia es significativa para establecer que la vitamina C reduce el tiempo medio de duración de un resfriado. ■

EJEMPLO 8.4c Consideremos de nuevo el ejemplo 8.4a, pero suponga ahora que las varianzas poblacionales son desconocidas pero iguales.

SOLUCIÓN El programa 8.4.2 nos indica que el valor del estadístico de prueba es 1.028, y el valor p resultante es

$$\text{valor } p = P\{T_{16} > 1.028\} = .3192$$

De manera que, la hipótesis nula se acepta para cualquier nivel de significancia menor a .3192. ∎

8.4.3 EL CASO DE LAS VARIANZAS DESIGUALES Y DESCONOCIDAS

Supongamos ahora que las varianzas poblacionales σ_x^2 y σ_y^2 no sólo son desconocidas, sino que además no puede considerarse que sean iguales. En estas condiciones como S_x^2 es el estimado natural de σ_x^2 y S_y^2 el de σ_y^2, parece razonable basar nuestra prueba de

$$H_0 : \mu_x = \mu_y \qquad \text{contra} \qquad H_1 : \mu_x \neq \mu_y$$

en el estadístico de prueba

$$\frac{\overline{X} - \overline{Y}}{\sqrt{\dfrac{S_x^2}{n} + \dfrac{S_y^2}{m}}} \tag{8.4.4}$$

Sin embargo, éste tiene una distribución complicada, la cual, aun cuando H_0 sea verdadera, depende de los parámetros desconocidos, y de esta manera, por lo general, no puede emplearse. La única situación en la que podemos utilizar el estadístico de la ecuación 8.4.4 es cuando tanto m como n son grandes. En tales casos, se puede mostrar que cuando H_0 es verdadera, la ecuación 8.4.4 tendrá *aproximadamente* una distribución normal estándar. Así, cuando m y n son grandes una prueba *aproximada* de nivel α para $H_0 : \mu_x = \mu_y$ contra $H_1 : \mu_x \neq \mu_y$ es

$$\text{aceptar} \quad H_0 \quad \text{si} \quad -z_{\alpha/2} \leq \frac{\overline{X} - \overline{Y}}{\sqrt{\dfrac{S_x^2}{n} + \dfrac{S_y^2}{m}}} \leq z_{\alpha/2}$$

rechazar de otra manera

Al problema de determinar una prueba de hipótesis exacta de nivel α, de que la media de dos poblaciones normales, con varianzas desconocidas y no necesariamente iguales, son iguales se le conoce como problema de Behrens-Fisher. Para este problema no se conoce, todavía, una solución completamente satisfactoria.

La tabla 8.4 presenta las pruebas bilaterales de esta sección.

8.4.4 PRUEBA t POR PARES

Suponga que queremos determinar si la instalación de cierto dispositivo anticontaminante afecta al rendimiento de un automóvil. Para probarlo, se toma una colección de n coches que no cuentan con

TABLA 8.4 $X_1,\ldots, X_n$ *es una muestra de una población* $N(\mu_1, \sigma_1^2)$; $Y_1,\ldots, Y_m$ *es una muestra de una población* $N(\mu_2, \sigma_2^2)$

Las dos muestras poblacionales son independientes

Probar

$H_0 : \mu_1 = \mu_2$ contra $H_0 : \mu_1 \neq \mu_2$

Supuesto	Estadístico de prueba ET	Prueba de nivel de significancia a	Valor p si $ET = t$
σ_1, σ_2 conocida	$\dfrac{\overline{X} - \overline{Y}}{\sqrt{\sigma_1^2/n + \sigma_2^2/m}}$	rechace si $\|TS\| > z_{\alpha/2}$	$2P\{Z \geq \|t\|\}$
$\sigma_1 = \sigma_2$	$\dfrac{\overline{X} - \overline{Y}}{\sqrt{\dfrac{(n-1)S_1^2 + (m-1)S_2^2}{n+m-2}}\sqrt{1/n + 1/m}}$	rechace si $\|TS\| > t_{\alpha/2, n+m-2}$	$2P\{T_{n+m-2} \geq \|t\|\}$
n, m grande	$\dfrac{\overline{X} - \overline{Y}}{\sqrt{S_1^2/n + S_2^2/m}}$	rechace si $\|TS\| > z_{\alpha/2}$	$2P\{Z \geq \|t\|\}$

tal dispositivo. De cada coche se determina el rendimiento por galón tanto antes como después de instalarle el dispositivo. ¿Cómo podemos probar la hipótesis de que el aditamento anticontaminación no tiene efecto en el consumo de gasolina?

Los datos se pueden describir mediante los n pares (X_i, Y_i), $i = 1,\ldots, n$, donde X_i es el consumo de gasolina del coche i-ésimo antes de la instalación del dispositivo anticontaminante, y Y_i el del mismo coche después de la instalación. Es importante notar que, como cada uno de los n coches es inherentemente diferente, no podemos tratar a $X_1,\ldots, X_n$ y a $Y_1,\ldots, Y_n$ como muestras independientes. Por ejemplo si sabemos que X_1 es grande (digamos 40 millas por galón), seguramente esperamos que Y_1 sea también grande. De manera que no es posible utilizar el método presentado anteriormente en esta sección.

Una manera de probar que el dispositivo anticontaminante no afecta al rendimiento de gasolina es hacer que los datos consistan de las diferencias en el rendimiento de gasolina. Es decir, tomar $W_i = X_i - Y_i$, $i = 1,\ldots, n$. Si el dispositivo no tiene efecto alguno en el consumo de gasolina, tendremos que W_i tendrá media 0. Por lo que demostramos la hipótesis de que el dispositivo no afecta probando

$$H_0 : \mu_w = 0 \qquad \text{contra} \qquad H_1 : \mu_w \neq 0$$

donde se supone que $W_1,\ldots, W_n$ es una muestra obtenida de una población normal con media μ_w y varianza σ_w^2 desconocidas. La prueba t descrita en la sección 8.3.2 muestra, sin embargo, que esto se prueba mediante

$$\text{aceptar} \quad H_0 \quad \text{si} \quad -t_{\alpha/2, n-1} < \sqrt{n}\,\frac{\overline{W}}{S_w} < t_{\alpha/2, n-1}$$

$$\text{rechazar} \quad H_0 \quad \text{de otra manera}$$

EJEMPLO 8.4d En la industria de los chips para computadora recientemente se ha instituido un programa de seguridad industrial. La pérdida promedio semanal (promedio de 1 mes) en horas hombre a causa de accidentes en 10 fábricas similares, tanto antes como después del programa, son:

Fábrica	Antes	Después	$A - B$
1	30.5	23	−7.5
2	18.5	21	2.5
3	24.5	22	−2.5
4	32	28.5	−3.5
5	16	14.5	−1.5
6	15	15.5	.5
7	23.5	24.5	1
8	25.5	21	−4.5
9	28	23.5	−4.5
10	18	16.5	−1.5

Determine, para un nivel de significancia de 5 por ciento, si el programa de seguridad ha resultado ser efectivo.

SOLUCIÓN Para comprobarlo, examinemos

$$H_0 : \mu_A - \mu_B \geq 0 \qquad \text{contra} \qquad H_1 : \mu_A - \mu_B < 0$$

porque esto nos permitirá ver si la hipótesis nula de que el programa de seguridad no ha tenido efectos benéficos es una posibilidad razonable. Para probar esto corremos el programa 8.3.2, que nos da −2.266 como valor para el estadístico de prueba, con

$$\text{valor } p = P\{T_q \leq -2.266\} = .025$$

Como el valor p es menor a .05, se rechaza la hipótesis de que el programa de seguridad no haya resultado efectivo, y se concluye que su efectividad ha quedado probada (por lo menos para todo nivel de significancia mayor a .025). ■

Observe que la prueba t por pares de muestras puede utilizarse aun cuando las muestras no sean independientes y las varianzas poblacionales sean desiguales.

8.5 PRUEBAS DE HIPÓTESIS RELACIONADAS CON LA VARIANZA DE UNA POBLACIÓN NORMAL

Sea $X_1, \ldots, X_n$ una muestra obtenida de una población normal con media desconocida μ y varianza desconocida σ^2, y supongamos que deseamos probar la hipótesis

$$H_0 : \sigma^2 = \sigma_0^2$$

contra la hipótesis alternativa

$$H_1 : \sigma^2 \neq \sigma_0^2$$

para un determinado valor σ_0^2.

Para obtener una prueba, recuerde que $(n-1)S^2/\sigma^2$ tiene (como se estudió en la sección 6.5) una distribución chi cuadrada con $n-1$ grados de libertad. Por lo tanto, si H_0 es verdadera

$$\frac{(n-1)S^2}{\sigma_0^2} \sim \chi_{n-1}^2$$

y de esta manera

$$P_{H_0} \left\{ \chi_{1-\alpha/2,n-1}^2 \leq \frac{(n-1)S^2}{\sigma_0^2} \leq \chi_{\alpha/2,n-1}^2 \right\} = 1 - \alpha$$

Por lo que una prueba para el nivel de significancia α es

$$\text{aceptar} \quad H_0 \quad \text{si} \quad \chi_{1-\alpha/2,n-1}^2 \leq \frac{(n-1)S^2}{\sigma_0^2} \leq \chi_{\alpha/2,n-1}^2$$

$$\text{rechazar} \quad H_0 \quad \text{de otra manera}$$

La prueba anterior se puede realizar calculando primero el valor del estadístico de prueba $(n-1)$ S^2/σ_0^2 —llamémosle c—. Calculando, después, la probabilidad de que una variable aleatoria chi cuadrada con $n-1$ grados de libertad sea (a) menor y (b) mayor que c. Si alguna de estas probabilidades es menor que $\alpha/2$, se rechaza la hipótesis. En otras palabras, el valor p para los datos de la prueba es

$$\text{valor } p = 2 \min(P\{\chi_{n-1}^2 < c\}, 1 - P\{\chi_{n-1}^2 < c\})$$

La cantidad $P\{\chi_{n-1}^2 < c\}$ se puede obtener con el programa 5.8.1.A. El valor p para la prueba unilateral se obtiene de manera similar.

EJEMPLO 8.5a   Se acaba de instalar una máquina que controla, de forma automática, la cantidad de cinta en un carrete. Se considerará que esta máquina es eficiente si la desviación estándar σ de la cantidad de cinta en un carrete es menor a .15 cm. Si en una muestra de 20 carretes se obtiene una varianza muestral de $S^2 = .025$ cm^2, ¿está justificado que concluyamos que la máquina es ineficiente?

SOLUCIÓN   Probaremos la hipótesis de que la máquina es eficiente, ya que el rechazo de esta hipótesis nos permitirá concluir que es ineficiente. Entonces, como estamos interesados en probar

$$H_0 : \sigma^2 \leq .0225 \qquad \text{contra} \qquad H_1 : \sigma^2 > .0225$$

tenemos que rechazaremos H_0 si S^2 es grande. Por lo tanto, el valor p para los datos del problema es la probabilidad de que la variable aleatoria chi cuadrada con 19 grados de libertad sea mayor que el valor observado $19S^2/.0225 = 19 \times .025/.0225 = 21.111$. Es decir,

$$\text{valor } p = P\{\chi_{19}^2 > 21.111\}$$

$$= 1 - .6693 = .3307 \qquad \text{con el programa 5.8.1.A}$$

Por lo que debemos concluir que el valor observado de $S^2 = .025$ no es suficientemente grande para excluir la posibilidad de que $\sigma^2 \le .0225$, con lo que se acepta la hipótesis nula. ■

8.5.1 PRUEBA DE LA IGUALDAD DE VARIANZAS DE DOS POBLACIONES NORMALES

Sean $X_1,\ldots, X_n$ y $Y_1,\ldots, Y_m$ muestras independientes obtenidas de una población normal con parámetros (desconocidos) respectivos μ_x, σ_x^2 y μ_y, σ_y^2 y consideremos una prueba de

$$H_0 : \sigma_x^2 = \sigma_y^2 \qquad \text{contra} \qquad H_1 : \sigma_x^2 \neq \sigma_y^2$$

Si denotamos con

$$S_x^2 = \frac{\sum_{i=1}^{n}(X_i - \overline{X})^2}{n - 1}$$

$$S_y^2 = \frac{\sum_{i=1}^{m}(Y_i - \overline{Y})^2}{m - 1}$$

las varianzas muestrales, entonces, como mostramos en la sección 6.5, $(n-1)S_x^2/\sigma_x^2$ y $(m-1)S_y^2/\sigma_y^2$ son variables aleatorias independientes chi cuadrada con $n-1$ y $m-1$ grados de libertad, respectivamente. Por consiguiente, $(S_x^2/\sigma_x^2)/(S_y^2/\sigma_y^2)$ tiene una distribución F con parámetros $n-1$ y $m-1$. Entonces, si H_0 es verdadera

$$S_x^2/S_y^2 \sim F_{n-1,m-1}$$

y de esta manera

$$P_{H_0}\{F_{1-\alpha/2,n-1,m-1} \le S_x^2/S_y^2 \le F_{\alpha/2,n-1,m-1}\} = 1 - \alpha$$

Así una prueba para un nivel de significancia α para H_0 contra H_1 es para

$$\text{aceptar} \quad H_0 \quad \text{si} \quad F_{1-\alpha/2,n-1,m-1} < S_x^2/S_y^2 < F_{\alpha/2,n-1,m-1}$$

$$\text{rechazar} \quad H_0 \quad \text{de otra manera}$$

La prueba anterior puede efectuarse determinando primero el valor del estadístico de prueba S_x^2/S_y^2, digamos que su valor sea v, y calculando después $P\{F_{n-1,m-1} \le v\}$ donde $F_{n-1,m-1}$ es una variable aleatoria F con parámetros $n-1$, $m-1$. Si esta probabilidad es menor que $\alpha/2$ (lo que ocurre cuando S_x^2 es significativamente menor que S_y^2) o mayor que $1 - \alpha/2$ (lo que ocurre cuando S_x^2 es significantemente mayor que S_y^2), entonces se rechaza la hipótesis. En otras palabras, el valor p para los datos de la prueba es

$$\text{valor } p = 2\min(P\{F_{n-1,m-1} < v\}, 1 - P\{F_{n-1,m-1} < v\})$$

La prueba pide el rechazo siempre que el nivel de significancia α sea por lo menos tan grande como el valor p.

EJEMPLO 8.5b   Hay dos tipos de catalizador para estimular un proceso químico. Para probar si la varianza en los rendimientos es la misma con cualquiera de los catalizadores, se toma una muestra de 10 lotes usando el primer catalizador, y 12 usando el segundo. Si los datos obtenidos son $S_1^2 = .14$ y $S_2^2 = .28$, ¿se puede rechazar la hipótesis de la igualdad de varianzas para un nivel de significancia de 5 por ciento?

SOLUCIÓN   El programa 5.8.3, que calcula la función de distribución acumulada F da que

$$P\{F_{9,11} \le .5\} = .1539$$

Por lo que,

$$\text{valor } p = 2 \min\{.1539, .8461\}$$
$$= .3074$$

y de esta manera se acepta la hipótesis de la igualdad de varianzas.   ■

8.6 PRUEBAS DE HIPÓTESIS EN POBLACIONES DE BERNOULLI

La distribución binomial se encuentra, con frecuencia, en problemas de ingeniería. Como un ejemplo típico, consideremos un proceso de fabricación que produce artículos que pueden ser clasificados como aceptables o defectuosos. Una suposición que se hace, a menudo, es que cada artículo producido estará, independientemente, defectuoso con probabilidad p; de manera que el número de defectuosos en una muestra de n artículos tendrá una distribución binomial con parámetros (n, p). Consideraremos ahora una prueba de

$$H_0 : p \le p_0 \qquad \text{contra} \qquad H_1 : p > p_0$$

donde p_0 es un valor específico.

Si X denota el número de artículos defectuosos en una muestra de tamaño n, resulta claro que queremos rechazar H_0 si X es grande. Para saber qué tan grande debe ser para que se justifique el rechazo con un nivel de significancia α observe que

$$P\{X \ge k\} = \sum_{i=k}^{n} P\{X = i\} = \sum_{i=k}^{n} \binom{n}{i} p^i (1-p)^{n-i}$$

Parece intuitivo (y se puede probar) que $P\{X \ge k\}$ es una función creciente de p; es decir, la probabilidad de que la muestra contenga por lo menos k errores aumenta en la probabilidad de defecto p. Usando esto, observamos que si H_0 es verdadera (y entonces $p \le p_0$),

$$P\{X \geq k\} \leq \sum_{i=k}^{n} \binom{n}{i} p_0^i (1 - p_0)^{n-i}$$

Por lo que una prueba con un nivel de significancia α para $H_0 : p \leq p_0$ contra $H_1 : p > p_0$ rechazará H_0 si

$$X \geq k^*$$

donde k^* es el menor valor de k para el que $\sum_{i=k}^{n} \binom{n}{i} p_0^i (1 - p_0)^{n-i} \leq \alpha$. Es decir,

$$k^* = \min \left\{ k : \sum_{i=k}^{n} \binom{n}{i} p_0^i (1 - p_0)^{n-i} \leq \alpha \right\}$$

Como mejor se puede llevar a cabo esta prueba es determinando primero el valor del estadístico de prueba —digamos, $X = x$— y calculando después el valor p dado por

$$\text{valor } p = P\{B(n, p_0) \geq x\}$$

$$= \sum_{i=x}^{n} \binom{n}{i} p_0^i (1 - p_0)^{n-i}$$

EJEMPLO 8.6a Un fabricante de chips para computadora sustenta que no más del 2 por ciento de los chips vendidos tienen algún defecto. Una compañía de artículos electrónicos, impresionada por esta afirmación, compra una gran cantidad de estos chips. Para determinar si puede tomar literalmente lo que sustenta el fabricante, la compañía decidió probar una muestra de 300 de estos chips. Si se encontró que 10 de estos chips tenían algún defecto, ¿debería rechazarse lo que sustenta el fabricante?

SOLUCIÓN Probaremos lo que sustenta el fabricante para un nivel de significancia de 5 por ciento. Para saber si hay que rechazar lo que sustenta el fabricante, necesitamos calcular la probabilidad de que la muestra de tamaño 300 haya tenido 10 o más artículos defectuosos si $p = .02$. (Es decir, calculamos el valor p.) Si esta probabilidad es menor o igual a .05, entonces rechazaremos lo que sustenta el fabricante. Como

$$P_{.02}\{X \geq 10\} = 1 - P_{.02}\{X < 10\}$$

$$= 1 - \sum_{i=0}^{9} \binom{300}{i} (.02)^i (.98)^{300-i}$$

$$= .0818 \qquad \text{con el programa 3.1}$$

para un nivel de significancia del 5 por ciento, no se puede rechazar lo que sustenta el fabricante. ∎

Si el tamaño n de la muestra es grande, podemos obtener una prueba de $H_0 : p \leq p_0$ contra $H_1 : p > p_0$ con nivel de significancia α *aproximado* usando la aproximación normal a la binomial.

Esto se efectúa como sigue: Dado que cuando n es grande, X tendrá, aproximadamente, una distribución normal con media y varianza

$$E[X] = np, \qquad \text{Var}(X) = np(1 - p)$$

tenemos que

$$\frac{X - np}{\sqrt{np(1 - p)}}$$

tendrá, aproximadamente, una distribución normal estándar. Por lo que en una prueba aproximada con un nivel de significancia α se rechazará H_0 si

$$\frac{X - np_0}{\sqrt{np_0(1 - p_0)}} \geq z_\alpha$$

EJEMPLO 8.6b Para los datos del problema 8.6a, el valor del estadístico de prueba $(X - np_0)/\sqrt{np_0(1-p_0)}$ es $(10 - 300 \times .02) / \sqrt{300 \times .02 \times .98} = 1.6496$. Por lo que usando la aproximación normal tenemos que H_0 será rechazada para cualquier nivel de significancia mayor o igual al valor p dado por

$$\text{valor } p = P\{Z \geq 1.6496\}$$
$$= .0495$$

De esta manera, por ejemplo, H_0 se rechazará para un nivel de significancia del 5 por ciento, en contra del resultado obtenido en el ejemplo 8.6a mediante la prueba exacta para un nivel α. Esto indica el peligro al usar la prueba aproximada; si el tamaño de la muestra no es suficientemente grande, puede llevarnos a conclusiones diferentes a las de la prueba exacta. Una regla general es que el valor p dado por la prueba aproximada estará bastante cerca del valor p dado por la prueba exacta, si el tamaño n de la muestra es suficientemente grande como para $np_0 \geq 20$. En este caso, ya que $np_0 = 6$, no nos sorprende que la prueba aproximada pueda llevar a conclusiones diferentes a las de la prueba exacta. ■

Suponga que queremos probar la hipótesis nula de que p sea igual a algún valor dado; es decir, queremos probar que

$$H_0 : p = p_0 \qquad \text{contra} \qquad H_1 : p \neq p_0$$

Si se observa que X, una variable aleatoria binomial con parámetros n y p, es igual a x, entonces una prueba con nivel de significancia α rechazaría H_0 si el valor de x fuera significantemente mayor o significantemente menor de lo que se esperaría si p fuera igual a p_0. De manera más específica, la prueba rechazaría H_0 si

$$P\{\text{Bin}(n, p_0) \geq x\} \leq \alpha/2 \quad \text{o} \quad P\{\text{Bin}(n, p_0) \leq x\} \leq \alpha/2$$

En otras palabras, si $X = x$ el valor p es

$$\text{valor } p = 2 \min (P\{\text{Bin}(n, p_0) \geq x\}, P\{\text{Bin}(n, p_0) \leq x\})$$

EJEMPLO 8.6c Datos históricos indican que el 4 por ciento de los componentes producidos por cierta firma tienen algún defecto. Acaba de concluir una disputa de trabajo particularmente áspera, y la dirección tiene curiosidad de que si esto dio como resultado algún cambio en este 4 por ciento. Si en una muestra aleatoria de 500 artículos se encontró que 16 tenían algún defecto (3.2 por ciento), ¿es esto una evidencia significante para que, con un nivel de significancia del 5 por ciento, se concluya que ocurrió algún cambio?

SOLUCIÓN Para poder concluir que ha habido un cambio, los datos tienen que ser suficientemente fuertes para rechazar la hipótesis nula, cuando estamos probando

$$H_0 : p = .04 \qquad \text{contra} \qquad H_1 : p \neq .04$$

donde p es la probabilidad de que un artículo esté defectuoso. El valor p de los datos observados, en los que 16 de 500 artículos resultaron defectuosos, es

$$\text{valor } p = 2 \text{ mín} \{P\{X \leq 16\}, P\{X \geq 16\}\}$$

donde X es una variable aleatoria binomial (500, .04). Como $500 \times .04 = 20$, vemos que

$$\text{valor } p = 2P\{X \leq 16\}$$

Como X tiene media 20 y desviación estándar $\sqrt{20(.96)} = 4.38$, es claro que el doble de la probabilidad de que X sea menor o igual a 16 —un valor menor que una desviación estándar por debajo de la media— no va a ser suficientemente pequeña para justificar el rechazo. Se puede demostrar que

$$\text{valor } p = 2P\{X \leq 16\} = .432$$

de manera que no hay evidencias suficientes para rechazar la hipótesis de que la probabilidad de que exista un artículo defectuoso no haya cambiado. ∎

8.6.1 PRUEBA DE LA IGUALDAD DE PARÁMETROS EN DOS POBLACIONES DE BERNOULLI

Suponga que hay dos métodos distintos para producir un determinado tipo de transistor y que los transistores producidos mediante el primer método tendrán algún defecto, independientemente, con probabilidad p_1; mientras que la correspondiente probabilidad para los producidos por el segundo método es p_2. Para probar la hipótesis de que $p_1 = p_2$ se produce una muestra de n_1 transistores con el método 1 y de n_2 transistores con el método 2.

Sea X_1 el número de transistores con defecto obtenidos de la primera muestra y X_2 el número de la segunda. De manera que X_1 y X_2 son variables aleatorias binomiales independientes con parámetros respectivos (n_1, p_1) y (n_2, p_2). Suponga que $X_1 + X_2 = k$, con lo que se tienen en total k defectuosos. Si H_0 es verdadera, entonces cada uno de los $n_1 + n_2$ transistores producidos tendrá la misma probabilidad de tener algún defecto, con lo cual determinar que hay k defectuosos tendrá la misma distribución que tomar en forma aleatoria una muestra de tamaño k de una población de $n_1 + n_2$ artículos de los cuales n_1 son blancos y n_2 son negros. Dicho en otras palabras, dado un total de k defectuosos, la distribución condicional del número de transistores defectuosos obtenidos por el método 1 tendrá, si H_0 es verdadera, la siguiente distribución hipergeométrica:*

$$P_{H_0}\{X_1 = i | X_1 + X_2 = k\} = \frac{\binom{n_1}{i}\binom{n_2}{k-i}}{\binom{n_1+n_2}{k}}, \qquad i = 0, 1, \ldots, k \qquad (8.6.1)$$

Al probar

$$H_0 : p_1 = p_2 \qquad \text{contra} \qquad H_1 : p_1 \neq p_2$$

parece razonable rechazar la hipótesis nula si la proporción de transistores defectuosos producidos por el método 1 es muy diferente de la proporción de transistores defectuosos obtenidos por el método 2. Entonces, si tenemos en total k defectuosos, esperaríamos, si H_0 es verdadera, que X_1/n_1 (la proporción de transistores defectuosos producidos por el método 1) fuera semejante a $(k - X_1)/n_2$ (la proporción de transistores defectuosos producidos por el método 2). Debido a que X_1/n_1 y $(k - X_1)/n_2$ estarán muy alejados si X_1 es muy pequeña o muy grande, parece entonces que una prueba razonable con nivel de significancia α de la ecuación 8.6.1 es la siguiente. Si $X_1 + X_2 = k$ y $X_i = x_i$, entonces hay que

rechazar H_0 si $P\{X \leq x_1\} \leq \alpha/2$ o $P\{X \geq x_1\} \leq \alpha/2$

aceptar H_0 de otra manera

Donde X es una variable aleatoria hipergeométrica con función de masa de probabilidad

$$P\{X = i\} = \frac{\binom{n_1}{i}\binom{n_2}{k-i}}{\binom{n_1+n_2}{k}} \qquad i = 0, 1, \ldots, k \qquad (8.6.2)$$

En otras palabras, esta prueba pedirá el rechazo si el nivel de significancia es por lo menos tan grande como el valor p dado por

$$\text{valor } p = 2 \min\left(P\{X \leq x_1\}, P\{X \geq x_1\}\right) \qquad (8.6.3)$$

A esta prueba se le llama la *prueba de Fisher-Irwing*.

8.6.1.1 CÁLCULOS PARA LA PRUEBA DE FISHER-IRWING

Para utilizar la prueba de Fisher-Irwing, necesitamos poder calcular la función de distribución hipergeométrica. Para esto observe que si X tiene la función de masa dada por la ecuación 8.6.2,

---

* Para una verificación formal de la ecuación 8.6.1 véase el ejemplo 5.3b.

$$\frac{P\{X = i + 1\}}{P\{X = i\}} = \frac{\binom{n_1}{i+1}\binom{n_2}{k-i-1}}{\binom{n_1}{i}\binom{n_2}{k-i}} \tag{8.6.4}$$

$$= \frac{(n_1 - i)(k - i)}{(i + 1)(n_2 - k + i + 1)} \tag{8.6.5}$$

donde la verificación de la última igualdad queda como ejercicio.

El programa 8.6.1 usa la igualdad anterior para calcular el valor p de los datos para la prueba de Fisher-Irwing de la igualdad de dos probabilidades de Bernoulli. El programa funcionará mejor, si el resultado de Bernoulli al que se le llama no exitoso (o defectuoso) es aquel cuya probabilidad es menor a .5. Por ejemplo, si más de la mitad de los artículos producidos están defectuosos, entonces en lugar de probar que la probabilidad de defecto es la misma en las dos muestras, es necesario probar que la probabilidad de producir un artículo aceptable es la misma en las dos muestras.

EJEMPLO 8.6d Suponga que el método 1 da como resultado 20 transistores inaceptables en una producción de 100; mientras que el método 2 da como resultado 12 inaceptables de 100 producidos. ¿Se puede concluir, a partir de esto, que para un nivel de significancia del 10 por ciento, los dos métodos son equivalentes?

SOLUCIÓN Corriendo el programa 8.6.1 obtenemos que

$$\text{valor } p = .1763$$

Por lo tanto, la hipótesis de que los dos métodos son equivalentes, no puede rechazarse. ∎

Para n_1 y n_2 grandes, en el problema 63 describe una prueba aproximada de nivel α para $H_0 : p_1 = p_2$, basada en la aproximación normal a la binomial.

8.7 PRUEBAS RELACIONADAS CON LA MEDIA DE UNA DISTRIBUCIÓN DE POISSON

Sea X una variable aleatoria de Poisson con media λ y considere la prueba de

$$H_0 : \lambda = \lambda_0 \quad \text{contra} \quad H_1 : \lambda \neq \lambda_0$$

Si el valor observado de X es $X = x$, entonces una prueba de nivel α rechazaría H_0 si

$$P_{\lambda_0}\{X \geq x\} \leq \alpha/2 \quad \text{o} \quad P_{\lambda_0}\{X \leq x\} \leq \alpha/2 \tag{8.7.1}$$

donde P_{λ_0} significa que la probabilidad se calcula suponiendo que la media de Poisson es λ_0. De la ecuación 8.7.1 se sigue que el valor p está dado por

$$\text{valor } p = 2 \min \left(P_{\lambda_0}\{X \geq x\}, P_{\lambda_0}\{X \leq x\} \right)$$

El cálculo de las probabilidades anteriores, de que una variable aleatoria de Poisson con media λ_0 es mayor (menor) o igual a x se obtiene con el programa 5.2.

EJEMPLO 8.7a Se discute la afirmación de los administradores de que el número medio de chips de computadora defectuosos producidos diariamente no es mayor a 25. Pruebe esta hipótesis para un nivel de significancia de 5 por ciento, si en una muestra de 5 días se encontraron 28, 34, 32, 38 y 22 chips defectuosos.

SOLUCIÓN Debido a que cada chip individual tiene una probabilidad muy pequeña de estar defectuoso, es razonable suponer que el número diario de chips defectuosos sea aproximadamente una variable aleatoria de Poisson, con media, digamos λ. Para saber si la afirmación de los directivos es creíble o no, probaremos la hipótesis

$$H_0 : \lambda \leq 25 \qquad \text{contra} \qquad H_1 : \lambda > 25$$

Bajo H_0, el número total de chips defectuosos producido en un periodo de 5 días tiene una distribución de Poisson (ya que la suma de variables aleatorias independientes de Poisson es Poisson) con una media no mayor de 125. Como el número obtenido de los datos es 154, tenemos que su valor p está dado por

$$\text{valor } p = P_{125}\{X \geq 154\}$$
$$= 1 - P_{125}\{X \leq 153\}$$
$$= .0066 \qquad \text{con el programa 5.2}$$

Por lo que, para el nivel de significancia de 5 por ciento (y aun para el nivel de significancia del 1 por ciento) se rechaza lo que sustentan los fabricantes. ■

OBSERVACIÓN

Si no se dispone del programa 5.2, puede utilizar el hecho de que una variable aleatoria de Poisson con media λ tiene, para λ grande, una distribución aproximadamente normal con media y varianza λ.

8.7.1 PRUEBA DE LA RELACIÓN ENTRE DOS PARÁMETROS DE POISSON

Sean X_1 y X_2 variables aleatorias de Poisson independientes con medias λ_1 y λ_2, respectivamente, y consideremos una prueba de

$$H_0 : \lambda_2 = c\lambda_1 \qquad \text{contra} \qquad H_1 : \lambda_2 \neq c\lambda_1$$

para una constante c dada. Nuestra prueba de esto es una prueba condicional (similar en esencia a la prueba de Fisher Irwing dada en la sección 8.6.1), la cual está basada en el hecho de que la distribución condicional de X_1 dada por la suma de X_1 y X_2 es binomial. De manera más específica, tenemos la siguiente proposición.

PROPOSICIÓN 8.7.1

$$P\{X_1 = k | X_1 + X_2 = n\} = \binom{n}{k} [\lambda_1/(\lambda_1 + \lambda_2)]^k [\lambda_2/(\lambda_1 + \lambda_2)]^{n-k}$$

Demostración

$$P\{X_1 = k | X_1 + X_2 = n\}$$

$$= \frac{P\{X_1 = k, X_1 + X_2 = n\}}{P\{X_1 + X_2 = n\}}$$

$$= \frac{P\{X_1 = k, X_2 = n - k\}}{P\{X_1 + X_2 = n\}}$$

$$= \frac{P\{X_1 = k\} P\{X_2 = n - k\}}{P\{X_1 + X_2 = n\}} \qquad \text{por independencia}$$

$$= \frac{\exp\{-\lambda_1\} \lambda_1^k / k! \exp\{-\lambda_2\} \lambda_2^{n-k} / (n - k)!}{\exp\{-(\lambda_1 + \lambda_2)\} (\lambda_1 + \lambda_2)^n / n!}$$

$$= \frac{n!}{(n - k)! k!} [\lambda_1/(\lambda_1 + \lambda_2)]^k [\lambda_2/(\lambda_1 + \lambda_2)]^{n-k} \quad \square$$

De la proposición 8.7.1 se sigue que si H_0 es verdadera, entonces la distribución condicional de X_1 dado que $X_1 + X_2 = n$ es la distribución binomial con parámetros n y $p = 1/(1 + c)$. De lo que se concluye que si $X_1 + X_2 = n$, entonces H_0 será rechazada si el valor observado de X_1, llamémosle x_1, es tal que

$$P\{\text{Bin}(n, 1/(1 + c)) \geq x_1\} \leq \alpha/2$$

o

$$P\{\text{Bin}(n, 1/(1 + c)) \leq x_1\} \leq \alpha/2$$

EJEMPLO 8.7b Una empresa industrial tiene dos fábricas. Si el número de accidentes durante las últimas 8 semanas en la fábrica 1 fue de 16, 18, 9, 22, 17, 19, 24 y 8; mientras que el número de accidentes en la fábrica 2 durante las últimas 6 semanas fue de 22, 18, 26, 30, 25 y 28. ¿Podemos concluir, con el nivel de significancia del 5 por ciento, que las condiciones de seguridad varían de una fábrica a otra?

SOLUCIÓN Ya que la probabilidad de un accidente industrial en un minuto dado es pequeña, parece que el número de accidentes semanales tendrá aproximadamente una distribución de Poisson. Si X_1 denota el número total de accidentes durante un periodo de 8 semanas en la planta 1 y X_2 el número durante un periodo de 6 semanas en planta 2, entonces si las condiciones de seguridad no difirieron en las dos fábricas, tendríamos que

$$\lambda_2 = \tfrac{3}{4}\lambda_1$$

donde $\lambda_i \equiv E[X_i]$, $i = 1, 2$. Por lo que, como $X_1 = 133$, $X_2 = 149$, entonces el valor p de la prueba de

$$H_0 : \lambda_2 = \tfrac{3}{4}\lambda_1 \qquad \text{contra} \qquad H_1 : \lambda_2 \neq \tfrac{3}{4}\lambda_1$$

está dado por

$$\text{valor } p = 2 \, \text{mín} \left(P\left\{ \text{Bin}\left(282, \tfrac{4}{7}\right) \geq 133 \right\}, P\left\{ \text{Bin}\left(282, \tfrac{4}{7}\right) \leq 133 \right\} \right)$$

$$= 9.408 \times 10^{-4}$$

De esta manera, se rechaza la hipótesis de que las condiciones de seguridad en las dos fábricas sean equivalentes. ■

Problemas

1. Considere un experimento en el que un jurado tiene que decidir entre la hipótesis de que el acusado sea culpable y la hipótesis de que sea inocente.

   (a) Dentro del contexto de las pruebas de hipótesis y del sistema legal de Estados Unidos, ¿cuál de las hipótesis sería la hipótesis nula?

   (b) En esta situación, ¿cuál piensa usted que sería un nivel de significancia adecuado?

2. Una colonia de ratones de laboratorio consiste de varios miles de ellos. El peso promedio de estos ratones es 32 gramos con una desviación estándar de 4 gramos. Un científico le pide a un asistente de laboratorio que seleccione 25 de estos ratones para un experimento. Antes de llevar a cabo el experimento, el científico decide pesar a los ratones para saber si la muestra tomada por el asistente constituye una muestra aleatoria, o si fue hecha con algún sesgo inconsciente (quizás los ratones tomados son los que fueron más lentos para escaparse del asistente, lo que podría indicar una cierta inferioridad respecto de este grupo). Si la media muestral de los 25 ratones fue 30.4, ¿será ésta una evidencia significativa, para un nivel de significancia de 5 por ciento, en contra de la hipótesis de que la selección constituye una muestra aleatoria?

3. Se sabe que una distribución poblacional tiene una desviación estándar de 20. Determine el valor p de una prueba de hipótesis de que la media poblacional es igual a 50, si el promedio de una muestra de 64 observaciones fue

   (a) 52.5; (b) 55.0; (c) 57.5.

4. En cierto proceso químico es muy importante que una solución que se va a usar como reactivo tenga un pH de 8.20 exactamente. Se sabe que el método disponible para determinar el pH de soluciones de este tipo, ofrece mediciones que están distribuidas normalmente con una media igual al verdadero pH y con una desviación estándar de .02. Suponga que en 10 mediciones independientes se obtuvieron los valores de pH siguientes:

8.18	8.17
8.16	8.15
8.17	8.21
8.22	8.16
8.19	8.18

(a) ¿Qué conclusión se puede obtener con un nivel de significancia $\alpha = .10$?

(b) ¿Y con un nivel de significancia $\alpha = .05$?

5. Se necesita que la resistencia media de cierto tipo de fibras sea de por lo menos 200 psi. La experiencia indica que la desviación estándar de la resistencia es 5 psi. Si en una muestra de 8 pedazos de fibra se encontró que se rompieron bajo las siguientes presiones:

210	198
195	202
197.4	196
199	195.5

¿Concluiría, con un nivel de significancia de 5 por ciento, que la fibra es inaceptable? ¿Y con un nivel de significancia del 10 por ciento?

6. Se sabe que la estatura media de un hombre habitante de Estados Unidos es de 5 pies y 10 pulgadas, y que la desviación estándar es de 3 pulgadas. Para probar la hipótesis de que los hombres en una ciudad de este país son hombres "promedio" se toma una muestra de 20 individuos. Las alturas de los hombres de la muestra fueron:

Hombre	Altura en pulgadas		Hombre
1	72	70.4	11
2	68.1	76	12
3	69.2	72.5	13
4	72.8	74	14
5	71.2	71.8	15
6	72.2	69.6	16
7	70.8	75.6	17
8	74	70.6	18
9	66	76.2	19
10	70.3	77	20

¿Qué concluye? Explique qué suposiciones realiza.

7. Suponga, retomando el problema 4, que queremos diseñar una prueba de manera que si el pH fuera realmente de 8.20 se llegara a esta conclusión con una probabilidad de .95. Por otro lado, si el pH difiere de 8.20 en .03 (en cualquiera dirección), deseamos que la probabilidad de tener esta diferencia sea mayor de .95.

(a) ¿Qué procedimiento de prueba debe usarse?

(b) ¿De qué tamaño debe ser la muestra?

(c) Si $\bar{x} = 8.31$, ¿qué concluye?

(d) Si el verdadero pH es 8.32, ¿cuál es la probabilidad de concluir que el pH no es 8.20, usando el procedimiento anterior?

8. Verifique que la aproximación en la ecuación 8.3.7 sigue siendo válida si $\mu_1 < \mu_0$.

9. Una compañía farmacéutica inglesa, Glaxo Holdings, recientemente ha desarrollado un nuevo medicamento para la migraña. Una de las afirmaciones que hace Glaxo sobre su nuevo medicamento es que el tiempo medio que necesita para llegar al torrente sanguíneo es de menos de 10 minutos. Para convencer a la Food and Drug Administration de la validez de esta afirmación, Glaxo lleva a cabo un experimento en un conjunto de pacientes con migraña, tomado en forma aleatoria. Para probar su afirmación, ¿qué deben tomar como hipótesis nula y qué como hipótesis alternativa?

10. Los pesos de los salmones criados en un establecimiento comercial tienen una distribución normal con una desviación estándar de 1.2 libras. El criadero afirma que el peso medio de la producción de este año es de al menos 7.6 libras. Supongamos que una muestra aleatoria de 16 peces da un peso promedio de 7.2 libras. ¿Es ésta una evidencia suficiente para rechazar la afirmación del criadero con

    (a) un nivel de significancia del 5 por ciento?

    (b) un nivel de significancia del 1 por ciento?

    (c) ¿Cuál es el valor p?

11. Considere una prueba de $H_0 : \mu \le 100$ contra $H_1 : \mu > 100$. Suponga que una muestra de tamaño 20 tienen una media muestral $\overline{X} = 105$. Determine el valor p de estos resultados si la desviación estándar poblacional es igual a

    (a) 5; **(b)** 10; **(c)** 15.

12. La publicidad de una nueva crema dental sostiene que ésta reduce las caries en los niños que están en la edad más propensa a este problema. Las caries por año para este grupo de edades tienen una distribución normal con media 3 y desviación estándar 1. En un estudio con 2 500 niños que usan la crema dental se encontró un promedio de 2.95 caries por niño. Suponga que la desviación estándar del número de caries por niño, en aquellos que usan esta nueva pasta, permanece igual a 1.

    (a) ¿Son estos datos suficientemente fuertes para probar, con un nivel de significancia de 5 por ciento, lo que afirma la publicidad respecto a la nueva crema?

    (b) ¿Le convencen los datos como para cambiar a la nueva crema dental?

13. Hay una cierta variabilidad en la cantidad de fenobarbitol en cada cápsula vendida por un fabricante. Sin embargo, el fabricante sostiene que el valor medio es de 20.0 mg. Para probar esto, en una muestra de 25 cápsulas se encontró una media muestral de 19.7 con una desviación estándar muestral de 1.3. ¿Qué inferencia obtendría de estos datos? En particular, ¿los datos son evidencia suficiente para desacreditar lo que sustenta el fabricante? Utilice el nivel de significancia de 5 por ciento.

14. Hace 20 años un estudiante que entraba a la secundaria en la Escuela Central podía hacer, en promedio, 24 lagartijas (ejercicio gimnástico) en 60 segundos. Para saber si esto sigue siendo así hoy en día, se tomó una muestra aleatoria de 36 alumnos de nuevo ingreso. Si su promedio fue de 22.5 con una desviación estándar de 3.1, ¿podemos concluir que la media ya no es igual a 24? Use el nivel de significancia del 5 por ciento.

15. El tiempo medio de respuesta de una especie de puercos a un estímulo es de .8 segundos. A 28 puercos se les dieron 2 onzas de alcohol y después se les realizó la prueba. Si el tiempo de respuesta medio fue de 1 segundo con una desviación estándar de .3 segundos, ¿podemos concluir que el alcohol afecta el tiempo de respuesta medio? Use el nivel de significancia de 5 por ciento.

16. Suponga que el equipo A y el equipo B se enfrentan en un juego de la National Football League (NFL) y que el equipo A tiene f puntos a favor. Sean $S(A)$ y $S(B)$ las puntuaciones del equipo A y del equipo B, y sea $X = S(A) - S(B) - f$. Es decir, X es la cantidad por la cual el equipo A supera en la diferencia de puntuaciones. Se afirma que la distribución de X es normal con media 0 y desviación estándar 14. Use los datos de juegos de football tomados aleatoriamente para probar esta hipótesis.

17. Un científico médico cree que la temperatura basal promedio de individuos (aparentemente) sanos ha aumentado con el tiempo y que ahora es superior a los 98.6 grados Fahrenheit (37 grados Celcius). Para probar esto, toma una muestra aleatoria de 100 individuos sanos. Si se encuentra que su temperatura promedio es de 98.74 grados con una desviación estándar muestral de 1.1 grados, ¿prueba esto, para el nivel de significancia de 5 por ciento, la suposición del científico? ¿Y para el nivel de significancia de 1 por ciento?

18. Use los resultados de un domingo de la NFL de juegos profesionales de football para probar la hipótesis de que el número promedio de puntos obtenidos por el equipo ganador es menor o igual a 28. Use el nivel de significancia de 5 por ciento.

19. Emplee los resultados de las puntuaciones de las ligas mayores de beisbol de un domingo, para probar la hipótesis de que el número promedio de carreras anotadas por un equipo ganador es de por lo menos 5.6. Use el nivel de significancia de 5 por ciento.

20. A un coche se le hace publicidad afirmando que tiene un rendimiento en carretera de por lo menos 30 millas por galón. Si las millas por galón que se obtuvieron en 10 experimentos son 26, 24, 20, 25, 27, 25, 28, 30, 26, 33, ¿creería usted en lo que se dice en la publicidad? ¿Cuáles son las suposicioines que hace usted?

21. Un productor especifica que el tiempo de vida medio de un determinado tipo de batería es de por lo menos 240 horas. En una muestra de 18 de estas baterías se obtuvieron los datos siguientes.

237	242	232
242	248	230
244	243	254
262	234	220
225	236	232
218	228	240

Suponiendo que la vida de las baterías tiene una distribución aproximadamente normal, ¿indican estos datos que no se satisfacen las especificaciones?

22. Use los datos del ejemplo 2.3i del capítulo 2 para probar la hipótesis nula de que el nivel de ruido promedio directamente afuera de Grand Central Station es menor o igual a 80 decibeles.

23. Una compañía petrolera sostiene que el contenido de azufre en su combustible diesel es a lo más de .15 por ciento. Para verificar esto, se determinó el contenido de azufre en 40 muestras obteni-

das en forma aleatoria; la media muestral y la desviación estándar muestral fueron .162 y .040. ¿Podemos concluir que lo que sostiene la compañía no es válido usando el nivel de significancia de 5 por ciento?

24. Una compañía vende láminas de plástico para uso industrial. Han producido un nuevo tipo de plástico, y a la compañía le gustaría afirmar que la resistencia a la tensión promedio de este nuevo producto es de por lo menos 30.0, donde la resistencia a la tensión se mide en libras por pulgada cuadrada (psi) necesarias para romper la lámina. Se tomó la siguiente muestra aleatoria de la línea de producción. Basándose en esta muestra, ¿es claramente injustificado lo que quiere afirmar el productor?

30.1	32.7	22.5	27.5
27.7	29.8	28.9	31.4
31.2	24.3	26.4	22.8
29.1	33.4	32.5	21.7

Suponga normalidad y use un nivel de significancia de 5 por ciento.

25. Se asegura que un cierto tipo de transistor bipolar tiene un valor medio de amplitud de corriente de por lo menos 210. Se prueba una muestra de estos transistores. Si el valor promedio muestral de la amplitud de corriente es 200 con una desviación estándar muestral de 35, ¿se rechazaría lo que se asegura, para un nivel de significancia de 5 por ciento, si

(a) el tamaño de la muestra fuera de 25?
(b) el tamaño de la muestra fuera de 64?

26. Un fabricante de capacitores afirma que el voltaje de arranque de estos capacitores tiene un valor medio de por lo menos 100 V. Una prueba de 12 de estos capacitores dio los voltajes siguientes de arranque:

$$96, 98, 105, 92, 111, 114, 99, 103, 95, 101, 106, 97$$

¿Prueban estos resultados lo que afirma el fabricante? ¿Lo desaprueban?

27. Se tomó una muestra de 10 peces del lago A y se midió su concentración de PCB utilizando una determinada técnica. Los datos obtenidos, en partes por millón, fueron:

Lago A: 11.5, 10.8, 11.6, 9.4, 12.4, 11.4, 12.2, 11, 10.6, 10.8

También se tomó una muestra de 8 peces del lago B y se midió su nivel de PCB usando una técnica distinta a la usada para el lago A. Los valores obtenidos fueron:

Lago B: 11.8, 12.6, 12.2, 12.5, 11.7, 12.1, 10.4, 12.6

Si se sabe que la técnica de medición usada en el lago A tiene una varianza de .09; mientras que la usada en el lago B tiene una varianza de .16, ¿rechazaría usted la afirmación de que los dos lagos están igualmente contaminados (con un nivel de significancia de 5 por ciento)?

28. Un método para medir el nivel de pH de una solución da un valor de medición que está normalmente distribuido con una media igual al verdadero pH de la solución y una desviación estándar igual a .05. Un científico que se dedica al estudio de la contaminación ambiental asegura que dos soluciones diferentes provienen de la misma fuente. Si esto fuera así entonces el nivel de pH de las soluciones sería igual. Para probar la plausibilidad de esta afirmación, a ambas soluciones se les hicieron 10 mediciones independiente de pH, y se obtuvieron los resultados siguientes:

Mediciones de la solución A	Mediciones de la solución B
6.24	6.27
6.31	6.25
6.28	6.33
6.30	6.27
6.25	6.24
6.26	6.31
6.24	6.28
6.29	6.29
6.22	6.34
6.28	6.27

(a) ¿Desaprueban los datos lo que afirma el científico? Utilice un nivel de significancia de 5 por ciento.

(b) ¿Cuál es el valor p?

29. Los siguientes valores son de muestras independientes de dos poblaciones diferentes.

Muestra 1	122, 114, 130, 165, 144, 133, 139, 142, 150
Muestra 2	108, 125, 122, 140, 132, 120, 137, 128, 138

Sean μ_1 y μ_2 las respectivas medias de las dos poblaciones. Encuentre el valor p de la prueba en la que la hipótesis nula es

$$H_0 : \mu_1 \leq \mu_2$$

contra la hipótesis alternativa

$$H_1 : \mu_1 > \mu_2$$

si las desviaciones estándar poblacionales son $\sigma_1 = 10$ y

(a) $\sigma_2 = 5$; (b) $\sigma_2 = 10$; (c) $\sigma_2 = 20$.

30. Los datos siguientes ofrecen el tiempo de vida, en cientos de horas, de muestras de dos tipos de tubos electrónicos. Datos anteriores de los tiempos de vida de estos tubos muestran que con frecuencia se pueden modelar como provenientes de una distribución lognormal. Es decir, los logaritmos de los datos están normalmente distribuidos. Suponiendo que la varianza de los logaritmos es igual para las dos poblaciones, pruebe, para un nivel de significancia de 5 por ciento, la hipótesis de que las dos distribuciones poblacionales son idénticas.

Tipo 1	32, 84, 37, 42, 78, 62, 59, 74
Tipo 2	39, 111, 55, 106, 90, 87, 85

31. Se mide la viscosidad de dos marcas diferentes de aceite para automóvil y se obtienen los datos siguientes:

Marca 1	10.62, 10.58, 10.33, 10.72, 10.44, 10.74
Marca 2	10.50, 10.52, 10.58, 10.62, 10.55, 10.51, 10.53

Pruebe la hipótesis de que las viscosidades medias de las dos marcas son iguales. Suponga que las poblaciones tienen distribuciones normales con varianzas iguales.

32. Se dice que la resistencia del alambre A es mayor que la resistencia del alambre B. Usted prueba los dos alambres y obtiene los resultados siguientes:

Alambre A	Alambre B
.140 ohm	.135 ohm
.138	.140
.143	.136
.142	.142
.144	.138
.137	.140

¿Qué conclusión puede obtener para el nivel de significancia del 10 por ciento? Explique cuáles son las suposiciones que usted hace?

En los problemas 33 a 40 suponga que las distribuciones poblacionales son normales y tienen la misma varianza.

33. Se seleccionaron aleatoriamente 25 hombres, entre 25 y 30 años, que participan en un estudio cardiológico que se lleva a cabo en Framingham, Massachusetts. De éstos, 11 eran fumadores y 14 no. Los datos siguientes corresponden a las lecturas de sus presiones sanguíneas sistólicas.

Fumadores	No fumadores
124	130
134	122
136	128
125	129
133	118
127	122
135	116
131	127
133	135
125	120
118	122
	120
	115
	123

Use estos datos para probar la hipótesis de que la presión sanguínea media de fumadores y no fumadores es la misma.

34. En un experimento en 1943 (Whitlock y Bliss, "A Bioassay Technique for Antihelminthics", *Journal of Parasitology*, **29**, pp. 48-58) se usaron ratas albinas para estudiar la efectividad del tetracloruro de carbono en el tratamiento contra gusanos. A cada rata se le puso una inyección de larvas de gusanos. Después de 8 días las ratas se dividieron en dos grupos de 5 cada uno; a cada rata del primer grupo se le suministró una dosis de .032 cc de tetracloruro de carbono; mientras que la dosis para cada rata en el segundo grupo fue de .063 cc. Dos días después se sacrificaron las ratas y se determinó el número de gusanos adultos en cada rata. Los números de gusanos en las ratas a las que se les suministró la dosis de .032 fueron

$$421, 462, 400, 378, 413$$

mientras que en el grupo tratado con la dosis .063 fueron

$$207, 17, 412, 74, 116$$

¿Prueban estos datos que la dosis mayor resulta más efectiva que la menor?

35. Un profesor afirma que el salario promedio inicial de los ingenieros industriales recién egresados es mayor que el de los ingenieros civiles recién egresados. Para estudiar esta afirmación se tomó una muestra de 16 ingenieros industriales y de 16 ingenieros civiles, todos graduados en 1993, y a los miembros de la muestra se les preguntó cuál había sido su salario inicial. Si los ingenieros industriales tienen un salario muestral medio de $47 700 con una desviación estándar muestral de $2 400, y los ingenieros civiles tienen un salario muestral medio de $46 600 con una desviación estándar muestral de $2 200, ¿verifica esto la afirmación del profesor? Encuentre el valor p adecuado.

36. En un laboratorio experimental se está investigando un método A para producir gasolina a partir de petróleo crudo. Antes de terminar la investigación se propone un nuevo método B. Manteniendo igual todo lo demás, se decide abandonar el método A en favor del método B, pero sólo si el rendimiento promedio del último fuera claramente mayor. Se supone que los rendimientos de los dos procesos están distribuidos de forma normal. Sin embargo, no hubo tiempo suficiente para determinar su desviación estándar real, aunque no parece haber ninguna razón para suponer que no sean iguales. Consideraciones de costos imponen límites a los tamaños de las muestras. Si sólo se permite un nivel de significancia de 1 por ciento, ¿cuál sería su recomendación con base en la siguiente muestra aleatoria? Los números representan el porcentaje de rendimiento del petróleo crudo.

A	23.2, 26.6, 24.4, 23.5, 22.6, 25.7, 25.5
B	25.7, 27.7, 26.2, 27.9, 25.0, 21.4, 26.1

37. Se hace un estudio para saber cómo varía la dieta de las mujeres durante el invierno y el verano. Un grupo aleatorio de 12 mujeres se observó durante el mes de julio y para cada mujer se determinó el porcentaje de las calorías que provenían de grasas. En un grupo diferente, también tomado al azar, se realizaron observaciones similares durante el mes de enero. Los resultados fueron los siguientes:

Julio	32.2, 27.4, 28.6, 32.4, 40.5, 26.2, 29.4, 25.8, 36.6, 30.3, 28.5, 32.0
Enero	30.5, 28.4, 40.2, 37.6, 36.5, 38.8, 34.7, 29.5, 29.7, 37.2, 41.5, 37.0

Pruebe la hipótesis de que el porcentaje medio del consumo de grasa fue el mismo en ambos meses. Use el nivel de significancia **(a)** de 5 por ciento y **(b)** de 1 por ciento.

38. Para estudiar los hábitos alimenticios de los murciélagos se marcaron 22 murciélagos y se rastrearon por radio. De estos 22 murciélagos 12 eran hembras y 10 eran machos. En cada uno de los 22 murciélagos se anotaron las distancias que volaron (en metros) entre una y otra ingestión de alimento, obteniéndose los siguiente estadísticos.

Murciélagos hembra	Murciélagos macho
$n = 12$	$m = 10$
$\overline{X} = 180$	$\overline{Y} = 136$
$S_x = 92$	$S_y = 86$

Pruebe la hipótesis de que la distancia media recorrida entre una y otra ingestión de alimento es la misma en los murciélagos hembra que en los murciélagos macho. Use el nivel de significancia de 5 por ciento.

39. Los siguientes datos resumidos se obtuvieron de una comparación del contenido de plomo en cabellos humanos de individuos adultos que habían muerto entre 1880 y 1920, con el contenido de plomo de individuos de hoy en día. Los datos se dan en microgramos, que equivalen a un millonésimo de gramo.

	1880 - 1920	Hoy en día
Tamaño de la muestra	30	100
Media muestral	48.5	26.6
Desviación estándar muestral	14.5	12.3

(a) ¿Establecen los datos anteriores, para el nivel de significancia de 1 por ciento, que el contenido medio de plomo en cabellos humanos es menor hoy en día de lo que era entre 1880 y 1920? Diga claramente cuál es la hipótesis nula y cuál la alternativa.

(b) ¿Cuál es el valor p de la prueba de hipótesis del inciso (a)?

40. Los pesos muestrales (en libras) de recién nacidos en dos condados contiguos en el oeste de Pennsylvania fueron:

$$n = 53, \qquad m = 44$$
$$\overline{X} = 6.8, \qquad \overline{Y} = 7.2$$
$$S^2 = 5.2, \qquad S^2 = 4.9$$

Considere una prueba de la hipótesis de que los pesos medios de los recién nacidos son iguales en ambos condados. ¿Cuál es el valor p?

41. Vuelva a resolver el problema 37, pero suponiendo que en ambos meses se usó el mismo grupo de mujeres. Suponga que las mismas columnas de datos se refieren a las mismas mujeres.

42. A 10 mujeres embarazadas se les puso una inyección de oxitocina para inducir el parto. Se les midió la presión sistólica inmediatamente antes y después de la inyección; éstas fueron:

Paciente	Antes	Después	Paciente	Antes	Después
1	134	140	6	140	138
2	122	130	7	118	124
3	132	135	8	127	126
4	130	126	9	125	132
5	128	134	10	142	144

¿Indican los datos que la inyección de este medicamento modifica la presión sanguínea?

43. Una cuestión de importancia médica consiste en saber si trotar ocasiona una reducción en el pulso de las personas. Para probar esta hipótesis, 8 voluntarios, que normalmente no trotaban, aceptaron empezar con un programa de 1 mes de trote. Después de un mes se les tomó el pulso y se compararon estos valores con los de su pulso anterior. Si los datos son los siguientes, ¿podemos concluir que practicar el trote tuvo algún efecto en su pulso?

Sujeto	1	2	3	4	5	6	7	8
Pulso antes	74	86	98	102	78	84	79	70
Pulso después	70	85	90	110	71	80	69	74

44. Si $X_1, \ldots, X_n$ es una muestra proveniente de una población normal con parámetros desconocidos μ y σ^2, diseñe una prueba para un nivel de significancia α de

$$H_0 = \sigma^2 \leq \sigma_0^2$$

contra la hipótesis alternativa

$$H_1 = \sigma^2 > \sigma_0^2$$

para un valor positivo dado de σ_0^2.

45. Explique cómo se modificaría la prueba del problema 44 si se conociera de antemano la media poblacional μ.

46. Se ha diseñado recientemente un aparato, semejante a una pistola, para remplazar las jeringas en la administración de vacunas. El aparato se puede ajustar para inyectar cantidades diferentes de suero, pero, debido a fluctuaciones aleatorias, la cantidad real de suero inyectado tiene una distribución normal con media igual a la cantidad a la cual se ha ajustado el aparato y con una varianza σ^2 desconocida. Resultaría muy peligroso usar el aparato si σ fuera mayor a .10. Si en una muestra aleatoria de 50 inyecciones, se obtiene una desviación estándar muestral de .08, ¿se descontinuará el uso del nuevo aparato? Suponga que el nivel de significancia es $\alpha = .10$. Haga comentarios sobre la elección del nivel de significancia adecuado para este problema, así como sobre la elección apropiada de la hipótesis nula.

47. Una casa farmacéutica produce un medicamento cuyo peso tiene una desviación estándar de .5 miligramos. El equipo de investigación de la compañía ha propuesto un nuevo método de producción para el medicamento. Sin embargo, como esto implica algunos costos se adoptará sólo si se tienen fuertes evidencias de que la desviación estándar de los pesos del medicamento disminuya debajo de .4 miligramos. Si se produce una muestra de 10 de estos medicamentos y se encuentran los siguientes pesos, ¿deberá adoptarse el nuevo método?

5.728	5.731
5.722	5.719
5.727	5.724
5.718	5.726
5.723	5.722

48. La producción de grandes transformadores y capacitores eléctricos requiere del uso de bifenilos policlorinados (PCBs), que son extremadamente peligrosos cuando se esparcen en el ambiente. Se han sugerido dos métodos para monitorear los niveles de PCB en peces cerca del lugar de la planta. Se piensa que cada método dará como resultado una variable aleatoria normal que depende del método. Pruebe la hipótesis, para un nivel de significancia $\alpha = .10$, de que ambos métodos tienen la misma varianza, si en un pez determinado se hacen 8 verificaciones con cada método obteniéndose los siguientes resultados (en partes por millón).

Método 1	6.2, 5.8, 5.7, 6.3, 5.9, 6.1, 6.2, 5.7
Método 2	6.3, 5.7, 5.9, 6.4, 5.8, 6.2, 6.3, 5.5

49. En el problema 31, pruebe la hipótesis de que las poblaciones tienen la misma varianza.

50. Si $X_1, \ldots, X_n$ es una muestra proveniente de una población normal con varianza σ_x^2, y $Y_1, \ldots, Y_n$ es una muestra independiente proveniente de una población normal con varianza σ_y^2, desarrolle una prueba para un nivel de significancia α de

$$H_0 : \sigma_x^2 < \sigma_y^2 \qquad \text{contra} \qquad H_1 : \sigma_x^2 > \sigma_y^2$$

51. Se cree que la cantidad de cera en cada lado de bolsas de papel encerado está distribuida de forma equitativa. Sin embargo, hay alguna razón para pensar que hay una mayor variación en la cantidad de cera en la cara interior del papel que en la cara exterior. Se obtiene una muestra de 75 observaciones de la cantidad de cera en cada cara de estas bolsas, que dan los datos siguientes.

Cera en libras por unidad de área de muestra	
Cara exterior	**Cara interior**
$\bar{x} = .948$	$\bar{y} = .652$
$\sum x_i^2 = 91$	$\sum y_i^2 = 82$

Lleve a cabo una prueba para determinar si la variabilidad de la cantidad de cera en la cara interior es mayor que en la cara exterior ($\alpha = .05$).

52. En un experimento famoso para determinar la eficacia de la aspirina en la prevención de ataques cardiacos, se dividieron en dos grupos, en forma aleatoria, 22 000 hombres sanos de edad media. A uno de los grupos se le suministró una dosis diaria de aspirina y al otro un placebo que se veía y sabía exactamente igual que la aspirina; el experimento se llevó a cabo en un momento en el que 104 hombres del grupo de la aspirina y 189 del grupo de control tuvieron un ataque cardiaco. Use estos datos para probar la hipótesis de que la ingestión de aspirina no modifica la probabilidad de tener un ataque cardiaco.

53. En el estudio del problema 52, resultó que también 119 de los hombres del grupo de la aspirina y 98 del grupo de control sufrieron de palpitaciones. ¿Estos números son significativos para demostrar que el tomar aspirina modifica la probabilidad de tener palpitaciones?

54. Se sabe que un medicamento estándar es eficiente en el 72 por ciento de los casos en los que se usa para tratar cierta infección. Se ha desarrollado un nuevo medicamento y las pruebas demostraron que fue efectivo en 42 de 50 casos. ¿Es ésta una evidencia suficientemente fuerte para probar que el nuevo medicamento es más efectivo que el viejo? Encuentre el valor p relevante.

55. Tres servicios de noticias independientes están llevando a cabo encuestas para determinar si más de la mitad de la población apoya una iniciativa para limitar la circulación de vehículos en el centro de la ciudad. Cada uno quiere saber si las evidencias indican que más de la mitad de la población está a favor. Por lo que los tres servicios probarán

$$H_0 : p \leq .5 \quad \text{contra} \quad H_1 : p > .5$$

donde p es la proporción de la población a favor de la iniciativa.

(a) Suponga que la primera organización de noticias muestrea 100 personas, de las cuales 56 están a favor de la iniciativa. ¿Es ésta una evidencia suficientemente fuerte para, con un nivel de significancia de 5 por ciento, rechazar la hipótesis nula y determinar así que más de la mitad de la población está a favor de la iniciativa?

(b) Suponga que la segunda organización de noticias muestrea 120 personas, de las cuales 68 están a favor. ¿Ésta es una evidencia suficientemente fuerte para, con un nivel de significancia de 5 por ciento, rechazar la hipótesis nula?

(c) Suponga que la tercera organización de noticias muestrea 110 personas, de las cuales 62 están a favor. ¿Ésta es una evidencia suficientemente fuerte para, con un nivel de significancia de 5 por ciento, rechazar la hipótesis nula?

(d) Suponga que las organizaciones de noticias combinan sus muestras para completar una muestra de 330 personas, de las cuales 186 apoyan la iniciativa. ¿Es ésta una evidencia suficientemente fuerte para, con un nivel de significancia de 5 por ciento, rechazar la hipótesis nula?

56. De acuerdo con el U.S. Bureau of the Census, 25.5 por ciento de la población de más de 18 años eran fumadores en 1990. Un científico recientemente señaló que desde entonces este porcentaje ha aumentado, y para probarlo toma una muestra aleatoria de 500 individuos de la población. Si resultó que 138 de ellos eran fumadores, ¿prueba esto su afirmación? Use 5 por ciento como nivel de significancia.

57. Un servicio de ambulancias asegura que por lo menos 45 por ciento de sus llamadas son emergencias de vida o muerte. Para comprobarlo se toma una muestra aleatoria de 200 llamadas de los archivos de servicio. Si 70 de estas llamadas fueron emergencias de vida o muerte, ¿la afirmación del servicio de ambulancia es creíble para un nivel de significancia de

(a) 5 por ciento?
(b) 1 por ciento?

58. Se sabe que un medicamento estándar es eficiente en el 75 por ciento de los casos en los que se usa para tratar cierta infección. Se ha desarrollado un nuevo medicamento y las pruebas demostraron que resultó efectivo en 42 de 50 casos. Basándose en esto, ¿aceptaría usted la hipótesis de que, con un nivel de significancia de 5 por ciento, los dos medicamentos son igualmente efectivos? ¿Cuál es el valor p?

59. Considere de nuevo el problema 58 usando una prueba basada en la aproximación normal a la binomial.

60. En una encuesta realizada recientemente, 54 de 200 personas investigadas afirmaron tener un arma de fuego en su casa. En un estudio realizado antes 30 de 150 personas hicieron esta afirmación. ¿Es posible que la proporción de personas que tienen un arma de fuego en su casa no haya cambiado y que lo anterior se deba a la aleatoriedad inherente a la muestra?

61. Sea X_1 una variable aleatoria binomial con parámetros (n_1, p_1) y X_2 una variable aleatoria binomial independiente con parámetros (n_2, p_2). Desarrolle una prueba, con el mismo método que en la prueba de Fisher-Irwin, de

$$H_0 : p_1 \leq p_2$$

contra la hipótesis alternativa

$$H_1 : p_1 > p_2$$

62. Verifique que la ecuación 8.6.5 sigue de la ecuación 8.6.4.

63. Sean X_1 y X_2 variables aleatorias binomiales con parámetros respectivos n_1, p_1 y n_2, p_2. Demuestre que si n_1 y n_2 son grandes, una prueba aproximada de nivel α para $H_0 : p_1 = p_2$ contra $H_1 : p_1 \neq p_2$ sería como sigue:

$$\text{rechazar} \quad H_0 \quad \text{si} \quad \frac{|X_1/n_1 - X_2/n_2|}{\sqrt{\dfrac{X_1 + X_2}{n_1 + n_2}\left(1 - \dfrac{X_1 + X_2}{n_1 + n_2}\right)\left(\dfrac{1}{n_1} + \dfrac{1}{n_2}\right)}} > z_{\alpha/2}$$

Sugerencia: **(a)** Argumente primero que cuando n_1 y n_2 son grandes

$$\frac{\dfrac{X_1}{n_1} - \dfrac{X_2}{n_2} - (p_1 - p_2)}{\sqrt{\dfrac{p_1(1 - p_1)}{n_1} + \dfrac{p_2(1 - p_2)}{n_2}}} \overset{\cdot}{\sim} N(0, 1)$$

donde $\overset{\cdot}{\sim}$ "tiene aproximadamente la distribución".

(b) Ahora argumente que si H_0 es verdadera con lo que $p_1 = p_2$, su valor común puede ser mejor estimado por $(X_1 + X_2)/(n_1 + n_2)$.

64. Use la prueba aproximada dada en el problema 63 con los datos del problema 60.

65. Los pacientes que sufren de cáncer con frecuencia tienen que decidir si tratarse el tumor con radiaciones u operárselo. Un factor en su decisión es la tasa de 5 años de sobrevivencia de estos tratamientos. Sorpresivamente, se ha encontrado que la decisión de los pacientes, con frecuencia depende de si se les dice de una tasa de 5 años de sobrevivencia o de una tasa de 5 años de mortalidad (a pesar de que la información es la misma). Por ejemplo, en un estudio, 200 pacientes con cáncer de próstata, se dividieron en forma aleatoria en dos grupos, cada uno de tamaño 100. A cada miembro del primer grupo se le dijo que eligiendo la operación tenía 77 por ciento de una tasa de 5 años de sobrevivencia; mientras que a los miembros del segundo grupo se les dijo de un 23 por ciento de una tasa de mortalidad de 5 años para aquellos que escogieran la cirugía. A ambos grupos se les dio la misma información acerca de la terapia con radiaciones. Si resultó que 24 miembros del primer grupo y 12 miembros del segundo grupo optaron por la cirugía, ¿qué conclusiones obtiene?

66. Pruebe la hipótesis de que, con un nivel de significancia de .05, el número anual de terremotos en cierta isla tiene media 52 si los números para los últimos 8 años son 46, 62, 60, 58, 47, 50, 59, 49. Suponga una subyacente distribución de Poisson y dé una explicación que justifique dicha suposición.

67. La tabla siguiente da el número de accidentes mortales en aerolíneas comerciales de Estados Unidos durante 16 años, de 1980 a 1995. ¿Desaprueban estos datos, para un nivel de significancia de 5 por ciento, la hipótesis de que el número medio de accidentes en un año es mayor o igual a 4.5? ¿Cuál es el valor *p*? (*Sugerencia*: Formule primero un modelo para el número de accidentes.)

U.S. Airline Safety, Scheduled Commercial Carriers, 1980–1995

	Salidas (en millones)	Accidentes mortales	Decesos	Accidentes mortales por 100 000 salidas		Salidas (en millones)	Accidentes mortales	Decesos
1980	5.4	0	0	.000	1988	6.7	3[1]	285
1981	5.2	4	4	.077	1989	6.6	11	278
1982	5.0	4	233	.060	1990	6.9	6	39
1983	5.0	4	15	.079	1991	6.8	4	62
1984	5.4	1	4	.018	1992	7.1	4	33
1985	5.8	4	197	.069	1993	7.2	1	1
1986	6.4	2	5	.016	1994	7.5	4	239
1987	6.6	4[1]	231	.046[1]	1995	8.1	2	166

Fuente: National Transportation Safety Board

68. De los datos siguientes, la muestra 1 proviene de una distribución de Poisson con media λ_1 y la muestra 2 proviene de una distribución de Poisson con media λ_2. Pruebe la hipótesis de que $\lambda_1 = \lambda_2$.

Muestra 1	24, 32, 29, 33, 40, 28, 34, 36
Muestra 2	42, 36, 41

Capítulo 9

REGRESIÓN

9.1 INTRODUCCIÓN

Muchos problemas de ciencia e ingeniería se interesan en determinar una relación entre dos conjuntos de variables. Por ejemplo, en un proceso químico, es importante la relación entre el resultado del proceso, la temperatura a la que se lleva a cabo y la cantidad de catalizador empleado. El conocimiento de tal relación permitirá predecir el resultado del experimento para diversos valores de temperatura y la cantidad de catalizador.

En muchos casos hay una *sola* variable de *respuesta* Y, también llamada variable *dependiente*, que depende del valor de un conjunto de variables de *entrada*, también llamadas variables *independientes*, $x_1, \ldots, x_r$. El tipo más simple de relación entre la variable dependiente Y y las variables de entrada $x_1, \ldots, x_r$ es una relación lineal. Es decir, la ecuación

$$Y = \beta_0 + \beta_1 x_1 + \cdots + \beta_r x_r \tag{9.1.1}$$

se satisface para determinadas constantes $\beta_0, \beta_1, \ldots, \beta_r$. Si ésta fuera la relación entre Y y las x_i, $i = 1, \ldots, r$, entonces sería posible (una vez conocidas las β_i) predecir exactamente la respuesta a un conjunto de valores de entrada. Sin embargo, en la práctica, casi nunca se alcanza esta precisión, y lo más que uno puede esperar es que la ecuación 9.1.1 sea válida *sujeta a un error aleatorio*. Con lo cual queremos decir que la relación explícita es:

$$Y = \beta_0 + \beta_1 x_1 + \cdots + \beta_r x_r + e \tag{9.1.2}$$

donde se asume que e, que representa el error aleatorio es una variable aleatoria con media 0. Otra manera de expresar la ecuación 9.1.2 es la siguiente:

$$E[Y|\mathbf{x}] = \beta_0 + \beta_1 x_1 + \cdots + \beta_r x_r$$

donde $\mathbf{x} = (x_1, \ldots, x_r)$ es el conjunto de variables independientes, y $E[Y|\mathbf{x}]$ es la respuesta esperada dada la entrada $\mathbf{x}$.

A la ecuación 9.1.2 se le llama *ecuación de regresión lineal*. Decimos que esta ecuación describe la regresión de Y en el conjunto de variables independientes $x_1, \ldots, x_r$. A las cantidades $\beta_0, \beta_1, \ldots, \beta_r$ se les llama los *coeficientes de regresión*, y usualmente hay que estimarlas a partir de un conjunto de datos. A una ecuación de regresión que contiene únicamente una variable independiente —es decir, una ecuación en la que $r = 1$— se le llama *ecuación de regresión simple*; mientras que aquella que contiene muchas variables independientes se denomina *ecuación de regresión múltiple*.

De manera que en un modelo de regresión lineal simple se supone que hay una relación lineal entre la respuesta media y el valor de una única variable independiente. Esta relación se puede expresar como

$$Y = \alpha + \beta x + e$$

donde x es el valor de la variable independiente, a la que también se le llama nivel de entrada, Y es la respuesta y e, que representa el error aleatorio, es una variable aleatoria con media 0.

EJEMPLO 9.1a Considere los siguientes 10 pares de datos (x_i, y_i), $i = 1, \ldots, 10$, relacionadas con y, el rendimiento porcentual de un experimento de laboratorio, con x, la temperatura a la que se realizó el experimento.

i	x_i	y_i	i	x_i	y_i
1	100	45	6	150	68
2	110	52	7	160	75
3	120	54	8	170	76
4	130	63	9	180	92
5	140	62	10	190	88

En la figura 9.1 se da un diagrama, de y_i contra x_i, al que se le llama *diagrama de dispersión*. Debido a que este diagrama de dispersión parece reflejar una relación lineal entre y y x sujeta al error estándar, parece ser que un modelo de regresión lineal simple sería apropiado. ∎

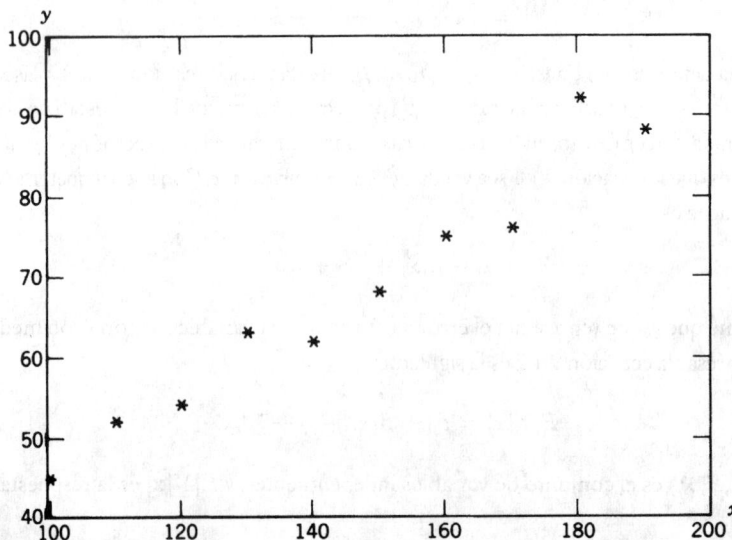

FIGURA 9.1 *Diagrama de dispersión.*

9.2 ESTIMADORES DE MÍNIMOS CUADRADOS DE LOS PARÁMETROS DE LA REGRESIÓN

Suponga que se van a observar las respuestas Y_i que corresponden a los valores de entrada x_i, $i = 1, \ldots,$ n, y que se van a usar para estimar α y β en un modelo de regresión lineal simple. Para determinar los estimadores de α y β razonamos como sigue: Si A es el estimador de α y B es el de β, entonces el estimador de la respuesta correspondiente a la variable de entrada x_i será $A + Bx_i$. Como la verdadera respuesta es Y_i, el cuadrado de la diferencia es $(Y_i - A - Bx_i)^2$, y de esta manera si A y B son los estimadores de α y β, entonces la suma de los cuadrados de las diferencias entre los valores de la respuesta estimada y de la respuesta verdadera —llamémosle SS— está dada por

$$SS = \sum_{i=1}^{n} (Y_i - A - Bx_i)^2$$

El método de los mínimos cuadrados escoge como estimadores de α y β a los valores A y B que minimizan SS. Para determinar dichos estimadores, diferenciamos SS primero con respecto a A y después con respecto a B como sigue:

$$\frac{\partial SS}{\partial A} = -2 \sum_{i=1}^{n} (Y_i - A - Bx_i)$$

$$\frac{\partial SS}{\partial B} = -2 \sum_{i=1}^{n} x_i(Y_i - A - Bx_i)$$

Igualando a cero estas derivadas parciales obtenemos las siguientes ecuaciones para minimizar A y B:

$$\sum_{i=1}^{n} Y_i = nA + B \sum_{i=1}^{n} x_i \tag{9.2.1}$$

$$\sum_{i=1}^{n} x_i Y_i = A \sum_{i=1}^{n} x_i + B \sum_{i=1}^{n} x_i^2$$

A las ecuaciones 9.2.1 se les conoce como *ecuaciones normales*. Si hacemos

$$\overline{Y} = \sum_i Y_i / n, \qquad \overline{x} = \sum_i x_i / n$$

entonces escribimos la primera ecuación normal como

$$A = \overline{Y} - B\overline{x} \tag{9.2.2}$$

Sustituyendo el valor de A en la segunda ecuación normal obtenemos

$$\sum_i x_i Y_i = (\overline{Y} - B\overline{x})n\overline{x} + B\sum_i x_i^2$$

o

$$B\left(\sum_i x_i^2 - n\overline{x}^2\right) = \sum_i x_i Y_i - n\overline{x}\,\overline{Y}$$

o

$$B = \frac{\sum_i x_i Y_i - n\overline{x}\,\overline{Y}}{\sum_i x_i^2 - n\overline{x}^2}$$

Por lo que usando la ecuación 9.2.2 y el hecho de que $n\overline{Y} = \sum_{i=1}^n Y_i$, queda probada la proposición siguiente.

PROPOSICIÓN 9.2.1

Los estimadores de mínimos cuadrados de β y α que corresponden al conjunto de datos x_i, Y_i, $i = 1,..., n$ son respectivamente,

$$B = \frac{\sum_{i=1}^n x_i Y_i - \overline{x}\sum_{i=1}^n Y_i}{\sum_{i=1}^n x_i^2 - n\overline{x}^2}$$

$$A = \overline{Y} - B\overline{x}$$

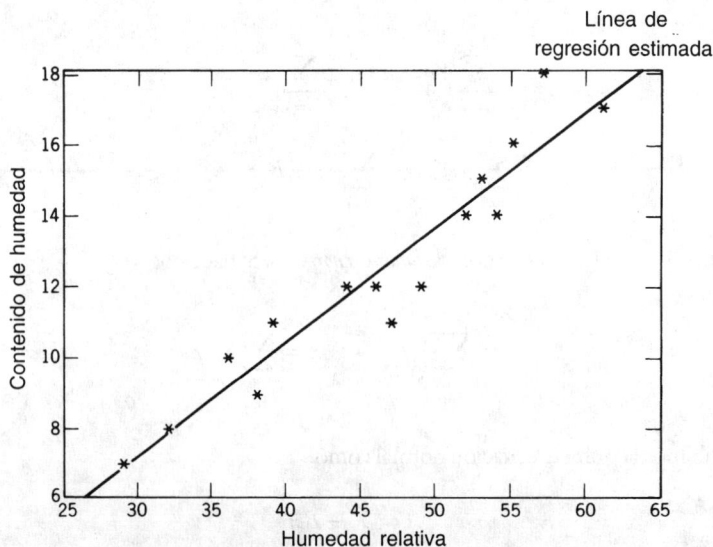

FIGURA 9.2 *Ejemplo 9.2a.*

A la línea recta $A + Bx$ se le llama la línea de regresión estimada.

El programa 9.2 calcula los estimadores de mínimos cuadrados A y B. También da al usuario la opción de calcular algunos otros estadísticos cuyos valores necesitaremos en la sección siguiente.

EJEMPLO 9.2a La materia prima que se utiliza en la fabricación de cierta fibra sintética se almacena en un lugar donde no se tiene un control de humedad. Durante 15 días se midió la humedad relativa en el almacén y se determinó el contenido de humedad de una muestra de materia prima. Los resultados obtenidos, en porcentajes, son:

Humedad relativa	46	53	29	61	36	39	47	49	52	38	55	32	57	54	44
Contenido de humedad	12	15	7	17	10	11	11	12	14	9	16	8	18	14	12

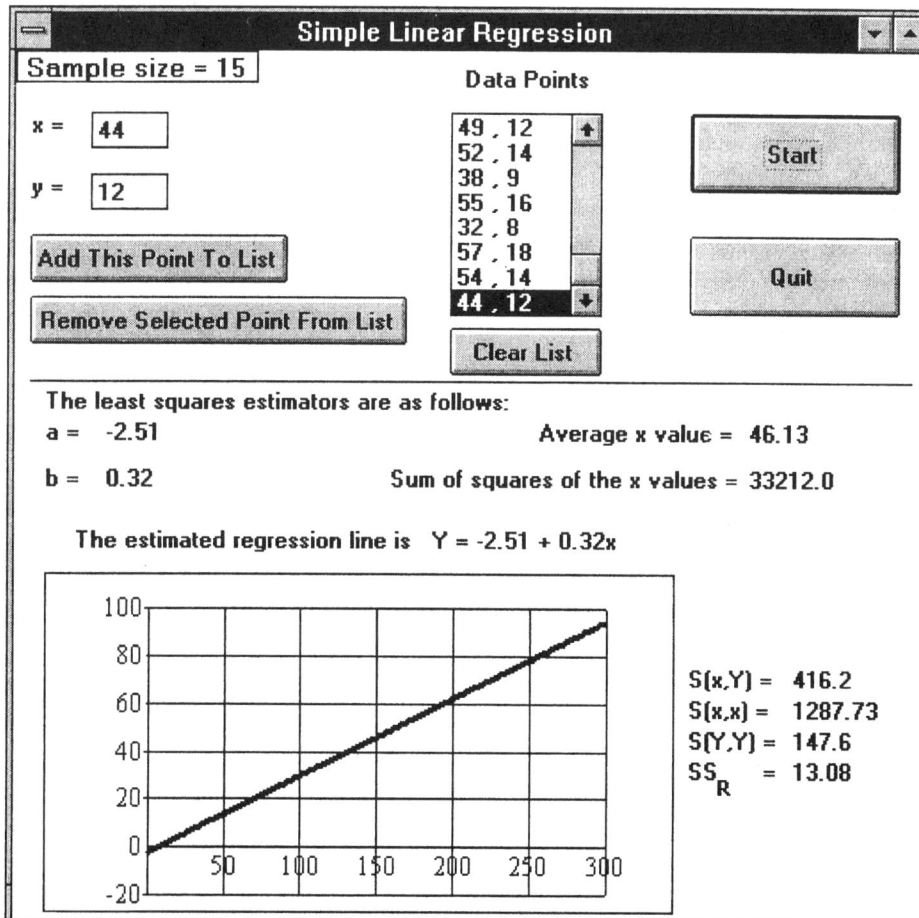

Simple Linear Regression

Sample size = 15

x = 44
y = 12

Data Points

```
49 , 12
52 , 14
38 , 9
55 , 16
32 , 8
57 , 18
54 , 14
44 , 12
```

Add This Point To List

Remove Selected Point From List

Clear List

Start

Quit

The least squares estimators are as follows:

a = -2.51   Average x value = 46.13

b = 0.32   Sum of squares of the x values = 33212.0

The estimated regression line is   Y = -2.51 + 0.32x

$S(x,Y) = 416.2$
$S(x,x) = 1287.73$
$S(Y,Y) = 147.6$
$SS_R = 13.08$

FIGURA 9.3

En la figura 9.2 se graficaron los datos. Para calcular los estimadores de mínimos cuadrados y la línea de regresión estimada empleamos el programa 9.2; en la figura 9.3 se presentan los resultados. ■

9.3 DISTRIBUCIÓN DE LOS ESTIMADORES

Para especificar la distribución de los estimadores A y B, es necesario, además de suponer que su media es 0, realizar otras suposiciones adicionales respecto de los errores aleatorios. El método usual es suponer que los errores aleatorios son variables aleatorias normales independientes con media 0 y varianza σ^2. Es decir, suponemos que si Y_i es la respuesta correspondiente al valor de entrada x_i, entonces, $Y_1, \ldots, Y_n$ son independientes y

$$Y_i \sim \mathcal{N}(\alpha + \beta x_i, \sigma^2)$$

Observe que lo anterior supone que la varianza del error aleatorio no depende del valor de entrada, sino que es más bien una constante. No se supone que se conozca este valor σ^2, sino que debe ser estimado a partir de los datos.

Como el estimador de mínimos cuadrados B de β se puede expresar como

$$B = \frac{\sum_i (x_i - \overline{x}) Y_i}{\sum_i x_i^2 - n\overline{x}^2} \tag{9.3.1}$$

vemos que es una combinación lineal de las variables aleatorias independientes normales $Y_i, i = 1, \ldots, n$ y así tiene él también una distribución normal. La media y la varianza de B se calculan como sigue, usando la ecuación 9.3.1:

$$E[B] = \frac{\sum_i (x_i - \overline{x}) E[Y_i]}{\sum_i x_i^2 - n\overline{x}^2}$$

$$= \frac{\sum_i (x_i - \overline{x})(\alpha + \beta x_i)}{\sum_i x_i^2 - n\overline{x}^2}$$

$$= \frac{\alpha \sum_i (x_i - \overline{x}) + \beta \sum_i x_i (x_i - \overline{x})}{\sum_i x_i^2 - n\overline{x}^2}$$

$$= \beta \frac{\left[\sum_i x_i^2 - \overline{x} \sum_i x_i \right]}{\sum_i x_i^2 - n\overline{x}^2} \qquad \text{como } \sum_i (x_i - \overline{x}) = 0$$

$$= \beta$$

De manera que $E[B] = \beta$ y así B es un estimador insesgado de β. Ahora calcularemos la varianza de B.

$$\text{Var}(B) = \frac{\text{Var}\left(\sum\limits_{i=1}^{n}(x_i - \bar{x})Y_i\right)}{\left(\sum\limits_{i=1}^{n}x_i^2 - n\bar{x}^2\right)^2}$$

$$= \frac{\sum\limits_{i=1}^{n}(x_i - \bar{x})^2\,\text{Var}(Y_i)}{\left(\sum\limits_{i=1}^{n}x_i^2 - n\bar{x}^2\right)^2} \qquad \text{por independencia}$$

$$= \frac{\sigma^2\sum\limits_{i=1}^{n}(x_i - \bar{x})^2}{\left(\sum\limits_{i=1}^{n}x_i^2 - n\bar{x}^2\right)^2}$$

$$= \frac{\sigma^2}{\sum\limits_{i=1}^{n}x_i^2 - n\bar{x}^2} \tag{9.3.2}$$

donde la última igualdad sigue del uso de la identidad

$$\sum_{i=1}^{n}(x_i - \bar{x})^2 = \sum_{i=1}^{n}x_i^2 - n\bar{x}^2$$

Usando la ecuación 9.3.1 junto con la relación

$$A = \sum_{i=1}^{n}\frac{Y_i}{n} - B\bar{x}$$

se demuestra que A la podemos expresar también como una combinación lineal de las variables aleatorias normales independientes Y_i, $i = 1,\ldots, n$, y de esta manera tiene también una distribución normal. Su significado se obtiene de

$$E[A] = \sum_{i=1}^{n}\frac{E[Y_i]}{n} - \bar{x}E[B]$$

$$= \sum_{i=1}^{n}\frac{(\alpha + \beta x_i)}{n} - \bar{x}\beta$$

$$= \alpha + \beta\bar{x} - \bar{x}\beta$$

$$= \alpha$$

De esta manera A es también un estimador no sesgado. La varianza de A se calcula expresando primero a A como una combinación lineal de las Y_i. El resultado (cuyos detalles se dejan como ejercicio) es que

$$\text{Var}(A) = \frac{\sigma^2 \sum_{i=1}^{n} x_i^2}{n \left(\sum_{i=1}^{n} x_i^2 - n\bar{x}^2 \right)} \qquad (9.3.3)$$

A las cantidades $Y_i - A - Bx_i$, $i = 1,\ldots, n$, que representan las diferencias entre las verdaderas respuestas (es decir, las Y_i) y sus estimadores de mínimos cuadrados (es decir, $A + Bx_i$) se les llama los *residuales*. La suma de los cuadrados de los residuales

$$SS_R = \sum_{i=1}^{n} (Y_i - A - Bx_i)^2$$

se utiliza para estimar varianza del error σ^2, que es desconocida. Se puede demostrar que

$$\frac{SS_R}{\sigma^2} \sim \chi_{n-2}^2$$

Es decir, SS_R/σ^2 tiene una distribución chi cuadrada con $n-2$ grados de libertad, lo cual implica que

$$E\left[\frac{SS_R}{\sigma^2}\right] = n - 2$$

o

$$E\left[\frac{SS_R}{n-2}\right] = \sigma^2$$

De esta manera $SS_R/(n-2)$ es un estimador no sesgado de σ^2. Además, se puede demostrar que SS_R es independiente del par A y B.

OBSERVACIONES

Un argumento de plausibilidad del porqué SS_R/σ^2 puede tener una distribución chi cuadrada con $n-2$ grados de libertad y ser independiente de A y B es el siguiente. Como las Y_i son variables aleatorias independientes normales, entonces $(Y_i - E[Y_i])/\sqrt{\text{Var}(Y_i)}$, $i = 1,\ldots, n$ son normales estándares independientes y de esta manera

$$\sum_{i=1}^{n} \frac{(Y_i - E[Y_i])^2}{\text{Var}(Y_i)} = \sum_{i=1}^{n} \frac{(Y_i - \alpha - \beta x_i)^2}{\sigma^2} \sim \chi_n^2$$

Ahora si sustituimos α y β por los estimadores A y B, se pierden 2 grados de libertad, y así el que SS_R/σ^2 tenga una distribución chi cuadrada con $n-2$ grados de libertad no resulta demasiado sorprendente.

El hecho de que SS_R sea independiente de A y de B es bastante similar al resultado fundamental de que en un muestreo normal $\overline{X}$ y S^2 sean independientes. Este último resultado nos indica que si $Y_1, \ldots, Y_n$ es una muestra normal con media y varianza poblacionales μ y σ^2, respectivamente, entonces si en la suma de cuadrados $\sum_{i=1}^{n}(Y_i - \mu)^2/\sigma^2$, que tiene una distribución chi cuadrada con n grados de libertad, sustituimos μ por el estimador $\overline{Y}$ para obtener una nueva suma de cuadrados $\sum_i (Y_i - \overline{Y})^2/\sigma^2$, entonces esta cantidad [que es igual a $(n-1)S^2/\sigma^2$] será independiente de $\overline{Y}$ y tendrá una distribución chi cuadrada con $n-1$ grados de libertad. Como SS_R/σ^2 se obtiene al sustituir α y β por los estimadores A y B en la suma de cuadrados $\sum_{i=1}^{n}(Y_i - \alpha - \beta x_i)^2/\sigma^2$ se vuelve razonable esperar que esta cantidad sea independiente de A y de B.

Notación

Si denotamos

$$S_{xY} = \sum_{i=1}^{n}(x_i - \overline{x})(Y_i - \overline{Y}) = \sum_{i=1}^{n} x_i Y_i - n\overline{x}\,\overline{Y}$$

$$S_{xx} = \sum_{i=1}^{n}(x_i - \overline{x})^2 = \sum_{i=1}^{n} x_i^2 - n\overline{x}^2$$

$$S_{YY} = \sum_{i=1}^{n}(Y_i - \overline{Y})^2 = \sum_{i=1}^{n} Y_i^2 - n\overline{Y}^2$$

entonces los estimadores de mínimos cuadrados se pueden expresar como

$$B = \frac{S_{xY}}{S_{xx}}$$

$$A = \overline{Y} - B\overline{x}$$

La siguiente igualdad de cálculo para SS_R, la suma de los cuadrados de los residuales, se puede establecer.

Igualdad de cálculo para SS_R

$$SS_R = \frac{S_{xx}S_{YY} - S_{xY}^2}{S_{xx}} \tag{9.3.4}$$

La proposición siguiente resume los resultados de esta sección.

PROPOSICIÓN 9.3.1

Suponga que las respuestas Y_i, $i = 1, \ldots, n$ son variables aleatorias normales independientes con media $\alpha + \beta x_i$ y varianza común σ^2. Los estimadores de mínimos cuadrados de β y α

$$B = \frac{S_{xY}}{S_{xx}}, \qquad A = \overline{Y} - B\overline{x}$$

están distribuidos como sigue:

$$A \sim \mathcal{N}\left(\alpha, \frac{\sigma^2 \sum_i x_i^2}{nS_{xx}}\right)$$

$$B \sim \mathcal{N}(\beta, \sigma^2/S_{xx})$$

Además, si

$$SS_R = \sum_i (Y_i - A - Bx_i)^2$$

denota la suma de cuadrados de los residuales, entonces

$$\frac{SS_R}{\sigma^2} \sim \chi^2_{n-2}$$

y SS_R es independiente de los estimadores de mínimos cuadrados A y B. SS_R también se calcula a partir de

$$SS_R = \frac{S_{xx}S_{YY} - (S_{xY})^2}{S_{xx}}$$

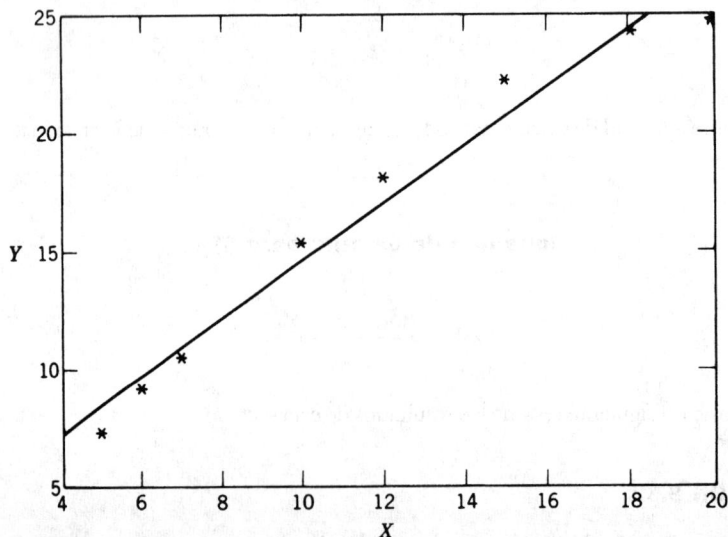

FIGURA 9.4 *Ejemplo 9.3a.*

El programa 9.2 calcula los estimadores de mínimos cuadrados A y B, así como $\bar{x}$, $\Sigma_i x_i^2$, S_{xx}, S_{xY}, S_{YY} y SS_R.

EJEMPLO 9.3a   Los siguientes datos relacionan x, la humedad de una mezcla húmeda de cierto producto, con Y, la densidad del producto terminado.

x_i	y_i
5	7.4
6	9.3
7	10.6
10	15.4
12	18.1
15	22.2
18	24.1
20	24.8

Ajuste una línea a los datos. Determine también SS_R.

SOLUCIÓN   En la figura 9.4 se muestra una gráfica de los datos y la línea de regresión estimada.

Para la solución de este ejemplo, use el programa 9.2; los resultados se presentan en la figura 9.5.   ■

9.4 INFERENCIAS ESTADÍSTICAS ACERCA DE LOS PARÁMETROS DE LA REGRESIÓN

Usando la proposición 9.3.1 resulta sencillo desarrollar pruebas de hipótesis e intervalos de confianza para los parámetros de regresión.

9.4.1 INFERENCIAS RELACIONADAS CON β

Una hipótesis que es importante considerar respecto al modelo de regresión lineal simple

$$Y = \alpha + \beta x + e$$

es la hipótesis $\beta = 0$. Su importancia se deriva del hecho de que es equivalente a decir que la respuesta media no depende de la entrada, o lo que es equivalente, que no existe regresión respecto a la variable de entrada. Para probar

$$H_0 : \beta = 0 \qquad \text{contra} \qquad H_1 : \beta \neq 0$$

observe que, con la proposición 9.3.1,

$$\frac{B - \beta}{\sqrt{\sigma^2 / S_{xx}}} = \sqrt{S_{xx}} \frac{(B - \beta)}{\sigma} \sim \mathcal{N}(0, 1) \tag{9.4.1}$$

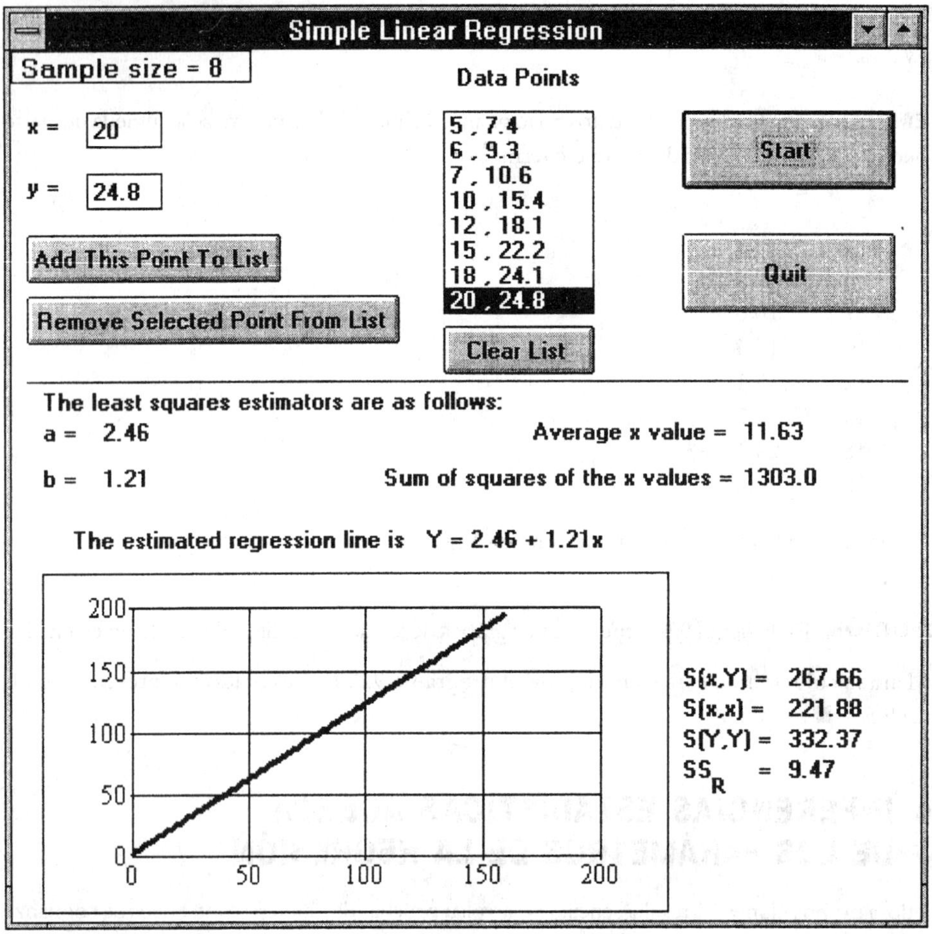

FIGURA 9.5

y es independiente de

$$\frac{SS_R}{\sigma^2} \sim \chi^2_{n-2}$$

Por lo tanto, de la definición de una variable aleatoria t resulta que

$$\frac{\sqrt{S_{xx}}(B - \beta)/\sigma}{\sqrt{\dfrac{SS_R}{\sigma^2(n-2)}}} = \sqrt{\frac{(n-2)S_{xx}}{SS_R}}(B - \beta) \approx t_{n-2} \tag{9.4.2}$$

Es decir, $\sqrt{(n-2)S_{xx}/SS_R}(B - \beta)$ tiene una distribución t con $n - 2$ grados de libertad. Si H_0 es verdadera (con lo que $\beta = 0$), entonces

$$\sqrt{\frac{(n-2)S_{xx}}{SS_R}} B \sim t_{n-2}$$

lo que da lugar a la siguiente prueba para H_0.

Prueba de hipótesis de $H_0 : \beta = 0$

Una prueba de nivel de significancia γ para H_0 es

$$\text{rechazar} \quad H_0 \quad \text{si} \quad \sqrt{\frac{(n-2)S_{xx}}{SS_R}} |B| > t_{\gamma/2, n-2}$$

$$\text{aceptar} \quad H_0 \quad \text{de otra manera}$$

Esta prueba se lleva a cabo calculando primero el valor del estadístico de prueba $\sqrt{(n-2)S_{xx}/SS_R}|B|$ —llamémosle v a este valor— y rechazando después H_0 si el nivel de significancia deseado es por lo menos tan grande como

$$\text{valor } p = P\{|T_{n-2}| > v\}$$
$$= 2P\{T_{n-2} > v\}$$

donde T_{n-2} es una variable aleatoria t con $n-2$ grados de libertad. Esta última probabilidad se obtiene con el programa 5.8.2a.

EJEMPLO 9.4a Un individuo asegura que el consumo de combustible de su automóvil no depende de la velocidad. Para demostrar la plausibilidad de esta hipótesis, se probó el automóvil a diferentes velocidades entre 45 y 70 millas por hora. Se determinaron las millas por galón a cada una de estas velocidades y los resultados se presentan en la tabla siguiente:

Velocidad	Millas por galón
45	24.2
50	25.0
55	23.3
60	22.0
65	21.5
70	20.6
75	19.8

¿Tales resultados refutan la aseveración de que las millas por galón de gasolina no se ven afectadas por la velocidad a la cual se conduce el automóvil?

SOLUCIÓN Suponga que un modelo de regresión lineal simple

$$Y = \alpha + \beta x + e$$

relaciona Y, las millas por galón del automóvil, con x, la velocidad del automóvil. La aseveración hecha es que el coeficiente de regresión $\beta = 0$. Para saber si los datos son suficientemente fuertes para refutar esta aseveración, necesitamos observar si nos llevan a rechazar la hipótesis nula al probar

$$H_0 : \beta = 0 \qquad \text{contra} \qquad H_1 : \beta \neq 0$$

Para calcular el valor del estadístico de prueba, calculamos primero los valores de S_{xx}, S_{YY} y S_{xY}. Un cálculo a mano nos da que

$$S_{xx} = 700, \qquad S_{YY} = 21.757, \qquad S_{xY} = -119$$

Con la ecuación 9.3.4 tenemos que

$$SS_R = [S_{xx}S_{YY} - S_{xY}^2]/S_{xx}$$
$$= [700(21.757) - (119)^2]/700 = 1.527$$

Debido a que

$$B = S_{xY}/S_{xx} = -119/700 = -.17$$

el valor del estadístico de prueba es

$$TS = \sqrt{5(700)/1.527} \, |-.17| = 8.139$$

Como, en la tabla A2 del apéndice, $t_{.005, 5} = 4.032$, rechazamos la hipótesis $\beta = 0$ para un nivel de significancia de 1 por ciento. Se rechaza la aseveración de que el rendimiento de la gasolina no dependía de la velocidad a la que se condujera el automóvil; hay evidencias fuertes de que a mayor velocidad disminuye el rendimiento. ∎

Con la ecuación 9.4.2 es sencillo obtener un estimador del intervalo de confianza para β. De la ecuación 9.4.2 se sigue que para toda a, $0 < a < 1$,

$$P\left\{ -t_{a/2, n-2} < \sqrt{\frac{(n-2)S_{xx}}{SS_R}}(B - \beta) < t_{a/2, n-2} \right\} = 1 - a$$

o, lo que es equivalente,

$$P\left\{ B - \sqrt{\frac{SS_R}{(n-2)S_{xx}}} t_{a/2, n-2} < \beta < B + \sqrt{\frac{SS_R}{(n-2)S_{xx}}} t_{a/2, n-2} \right\} = 1 - a$$

lo cual da lo siguiente.

Intervalo de confianza para β

Un estimador de intervalo de confianza de $100(1 - a)$ por ciento para β es

$$\left(B - \sqrt{\frac{SS_R}{(n-2)S_{xx}}} \, t_{a/2, n-2}, \, B + \sqrt{\frac{SS_R}{(n-2)S_{xx}}} \, t_{a/2, n-2} \right)$$

OBSERVACIONES

El hecho de que

$$\frac{B - \beta}{\sqrt{\sigma^2/S_{xx}}} \sim \mathcal{N}(0, 1)$$

no se puede usar de inmediato para realizar inferencias acerca de β ya que involucra al parámetro desconocido σ^2. Lo que hacemos es usar el estadístico anterior pero remplazando σ^2 por su estimador $SS_R/(n-2)$, lo cual tiene como efecto cambiar la distribución del estadístico de la distribución normal unitaria a la distribución t con $n-2$ grados de libertad.

EJEMPLO 9.4b En el ejemplo 9.4a derive un estimado de intervalo de confianza de 95 por ciento para β.

SOLUCIÓN Como $t_{.025, 5} = 2.571$, de los cálculos de este ejemplo tenemos que el intervalo de confianza del 95 por ciento es

$$-.170 \pm 2.571 \sqrt{\frac{1.527}{3500}} = -.170 \pm .054$$

Es decir, existe un 95 por ciento de seguridad de que β está entre $-.224$ y $-.116$. ■

9.4.1.1 REGRESIÓN A LA MEDIA

El término *regresión* fue originalmente empleado por Francis Galton para describir las leyes de la herencia. Galton creía que estas leyes ocasionaban que los extremos de la población "regresaran a la media". Con esto él quería decir que los hijos de individuos que tenían valores extremos respecto a alguna determinada característica tendían a poseer, respecto a esta característica, valores menos extremos que sus padres.

Si suponemos una relación de regresión lineal entre la característica del descendiente (Y), y la de su padre (x), entonces ocurrirá una regresión a la media si el parámetro de regresión β está entre 0 y 1. Es decir, si

$$E[Y] = \alpha + \beta x$$

y $0 < \beta < 1$, entonces $E[Y]$ será más chica que x si x es grande y mayor que x si x es pequeña. Esto en verdad se puede verificar con facilidad, ya sea de manera algebraica o graficando las dos líneas rectas

$$y = \alpha + \beta x$$

y

$$y = x$$

Una gráfica indica que, si $0 < \beta < 1$, entonces la línea $y = \alpha + \beta x$ está por encima de la línea $y = x$ para valores pequeños de x y debajo de ella para valores grandes de x.

EJEMPLO 9.4c Para ilustrar la tesis de Galton de regresión a la media, el estadístico británico Karl Pearson graficó la estatura de 10 hijos, tomados en forma aleatoria, contra las estaturas de sus padres. Los datos, en pulgadas, fueron los siguientes:

Estatura del padre	60	62	64	65	66	67	68	70	72	74
Estatura del hijo	63.6	65.2	66	65.5	66.9	67.1	67.4	68.3	70.1	70

En la figura 9.6 se presenta un diagrama de dispersión donde se representan tales datos.

Observe que aunque la gráfica parece indicar que padres más altos tienden a procrear hijos más altos, también parece indicar que los hijos de padres que son extremadamente altos o extremadamente bajos tienden a estar más en "promedio" que sus padres; es decir, hay una "regresión hacia la media".

Vamos a determinar si los datos anteriores son lo suficientemente fuertes para probar que hay una regresión hacia la media, tomando esta afirmación como la hipótesis alternativa. Es decir, vamos a usar estos datos para probar

$$H_0 : \beta \geq 1 \quad \text{contra} \quad H_1 : \beta < 1$$

lo cual es equivalente a una prueba de

$$H_0 : \beta = 1 \quad \text{contra} \quad H_1 : \beta < 1$$

De la ecuación 9.4.2 se sigue que si $\beta = 1$, el estadístico de prueba

$$TS = \sqrt{8S_{xx}/SS_R}(B - 1)$$

tiene una distribución t con 8 grados de libertad. La prueba de nivel de significancia α rechazará H_0 si el valor de TS es suficientemente pequeño (ya que esto ocurrirá si B, el estimador de β, es suficientemente más pequeño que 1). De forma específica, la prueba es para

$$\text{rechazar} \quad H_0 \quad \text{si} \quad \sqrt{8S_{xx}/SS_R}(B - 1) < -t_{\alpha,8}$$

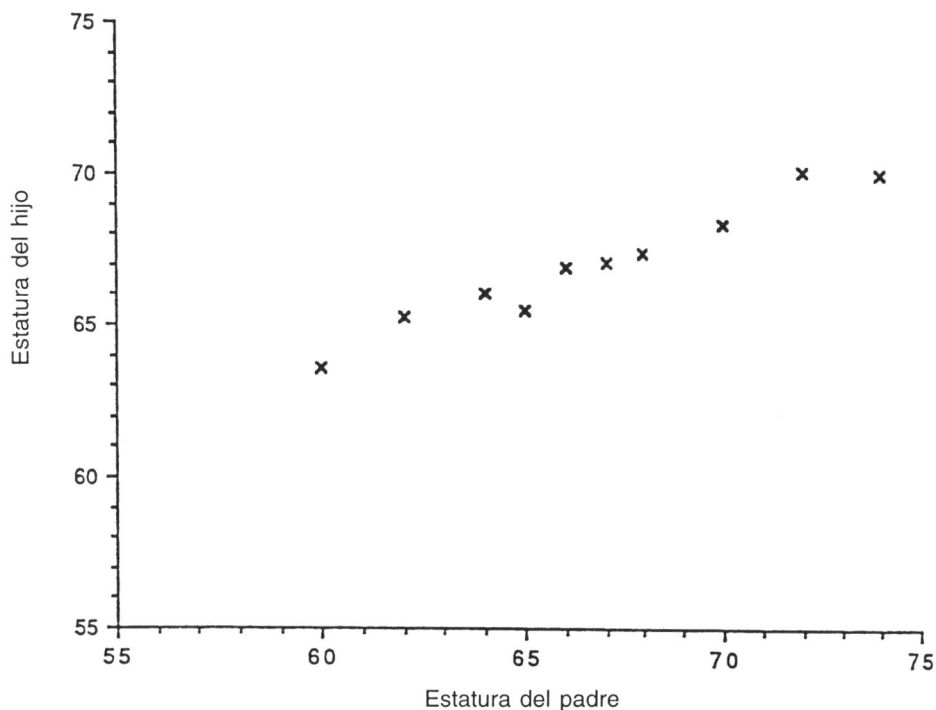

FIGURA 9.6 *Diagrama de dispersión de las estaturas de los hijos contra las estaturas de los padres.*

El programa 9.2 nos indica que

$$\sqrt{8S_{xx}/SS_R}(B-1) = 30.2794(.4646 - 1) = -16.21$$

Como $t_{.01,8} = 2.896$, entonces

$$TS < -t_{.01,8}$$

Por lo que la hipótesis nula de que $\beta \geq 1$ se rechaza para el nivel de significancia de 1 por ciento. El valor p, de hecho, es

$$\text{valor } p = P\{T_8 \leq -16.213\} \approx 0$$

por lo que se rechaza la hipótesis nula de que $\beta \geq 1$ para casi cualquier nivel de significancia, con lo cual queda comprobada una regresión hacia la media (véase figura 9.7).

Una explicación biológica moderna para el fenómeno de regresión a la media sería que como los descendientes obtienen una selección aleatoria de una mitad de los genes de sus padres, entonces el descendiente de, por ejemplo, un padre muy alto, podría por casualidad tender a poseer menos genes "altos" que su padres.

Aunque la aplicación más importante del fenómeno de regresión a la media se refiere a la relación entre las características biológicas de un descendiente y las de sus padres, el fenómeno se presenta

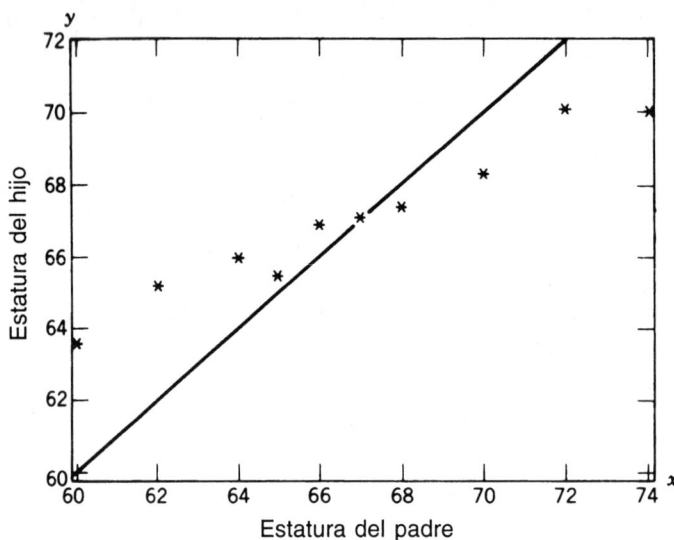

FIGURA 9.7 *Ejemplo 9.4c para x pequeña, y > x. Para x grande, y < x.*

también en situaciones donde existen dos conjuntos de datos que corresponden a las mismas variables. ∎

EJEMPLO 9.4d Los datos de la tabla 9.1 relacionan el número de decesos por vehículo de motor en 12 condados del noroeste de Estados Unidos, en los años 1988 y 1989.

La figura 9.8 nos dice, de un vistazo, que en 1989 hubo, en general, una reducción en el número de decesos en aquellos condados que tuvieron un número grande de decesos por vehículos de motor en 1988. De manera similar, parece haber un incremento en aquellos condados que tuvieron un valor bajo en 1988. Así que, esperaríamos que estuviera en marcha una regresión a la media. Corriendo el programa 9.2 obtenemos que la ecuación de regresión estimada es

$$y = 74.589 + .276x$$

que indica que el valor estimado de β realmente parece ser menor a 1.

Al considerar las razones, detrás del fenómeno de regresión a la media, de los datos anteriores, uno debe ser muy cauteloso. Por ejemplo, puede resultar natural pensar que en aquellos condados donde la cantidad de decesos ocasionados por vehículos de motor en 1988 fue alta se realizó un esfuerzo —quizás mejoraron las condiciones de seguridad de sus carreteras o alertaron a la población sobre el peligro de manejar con pocas condiciones de seguridad—, para reducir este número; mientras que en que los condados en los que hubo menor número de decesos por vehículos de motor "se durmieron en sus laureles" y ya no hicieron ningún esfuerzo por mejorar, y como resultado aumentó el número de accidentes en el año siguiente.

Aunque dicha suposición puede ser correcta, es importante darse cuenta de que la regresión a la media también podría haber ocurrido aunque ninguno de los condados hubiera hecho nada. Podía

TABLA 9.1 *Decesos por vehículos de motor, noroeste de Estados Unidos, 1988 y 1989*

Condado	Decesos en 1988	Decesos en 1989
1	121	104
2	96	91
3	85	101
4	113	110
5	102	117
6	118	108
7	90	96
8	84	102
9	107	114
10	112	96
11	95	88
12	101	106

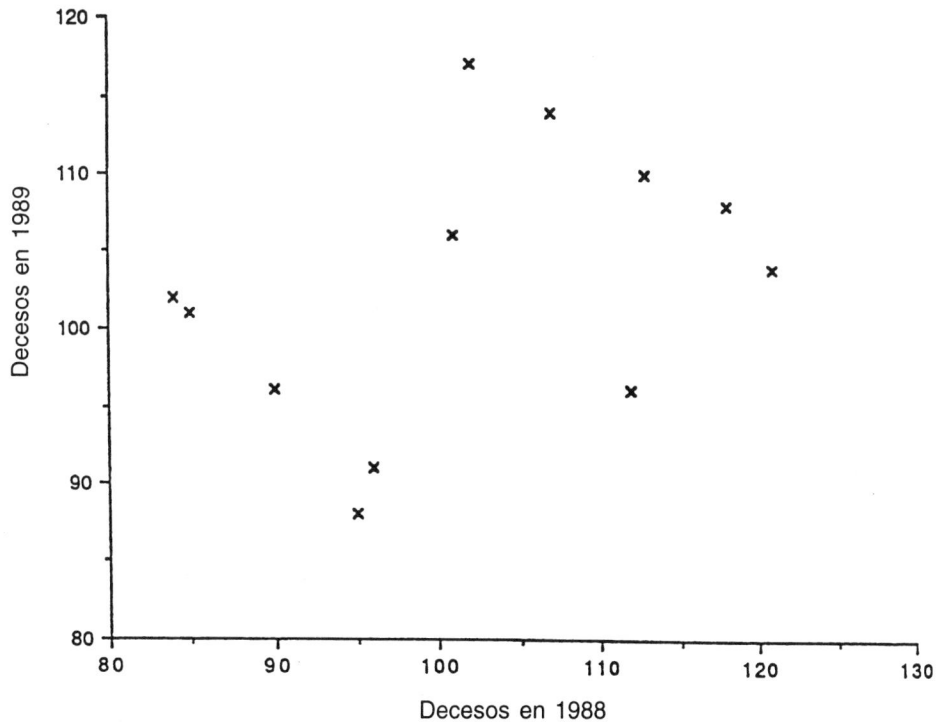

FIGURA 9.8 *Diagrama de dispersión de los decesos en 1989 contra los decesos en 1988.*

haberse dado el caso de que los condados que tuvieron un gran número de accidentes en 1988 simplemente hubieran tenido un año de mala suerte y la disminución de los accidentes el año siguiente haya sido sólo una vuelta a la normalidad. (Como analogía, si en 10 lanzamientos de una moneda legal tenemos 9 caras, es muy probable que si volvemos a hacer 10 lanzamientos obtengamos menos de 9 caras.) De manera similar, puede ser que, en los condados donde hubo pocos accidentes en 1988, haya sido ése un año de "suerte", y que el año siguiente el número aumentó simplemente porque volvieron a la normalidad.

El error de creer que la regresión a la media se debe a la influencia de algún agente externo cuando en realidad ocurre por azar es tan frecuente que se le conoce como *falacia de la regresión*. ■

9.4.2 Inferencias relacionadas con α

Las determinaciones de intervalos de confianza y de pruebas de hipótesis para α se hacen de exactamente la misma manera que como se hicieron para β. De manera específica, la proposición 9.3.1 sirve para mostrar que

$$\sqrt{\frac{n(n-2)S_{xx}}{\sum_i x_i^2 SS_R}}(A - \alpha) \sim t_{n-2} \tag{9.4.3}$$

lo cual nos lleva al siguiente estimador de un intervalo de confianza para α.

Estimador de un intervalo de confianza para α

El intervalo de confianza de $100(1-a)$ por ciento para α es el intervalo

$$A \pm \sqrt{\frac{\sum_i x_i^2 SS_R}{n(n-2)S_{xx}}}\, t_{a/2, n-2}$$

Las pruebas de hipótesis para α se obtienen con facilidad de la ecuación 9.4.3, y su desarrollo se queda como ejercicio.

9.4.3 Inferencias relacionadas con la respuesta media $\alpha + \beta X$

Con frecuencia interesa usar los pares de datos (x_i, Y_i), $i = 1, \ldots, n$ para estimar la respuesta media $\alpha + \beta x_0$, a un nivel de entrada x_0 dado. Si lo que se quiere es un estimador puntual, entonces el estimador natural es $A + Bx_0$, que es un estimador insesgado pues

$$E[A + Bx_0] = E[A] + x_0 E[B] = \alpha + \beta x_0$$

Pero si lo que interesa es un intervalo de confianza o una prueba de hipótesis para esta respuesta media, entonces es necesario determinar primero la distribución de probabilidad del estimador $A + Bx_0$.

De manera que si usamos la expresión dada para B en la ecuación 9.3.1 obtenemos que

$$B = c \sum_{i=1}^{n} (x_i - \bar{x}) Y_i$$

donde

$$c = \frac{1}{\sum_{i=1}^{n} x_i^2 - n\bar{x}^2} = \frac{1}{S_{xx}}$$

Como

$$A = \bar{Y} - B\bar{x}$$

vemos que

$$A + Bx_0 = \frac{\sum_{i=1}^{n} Y_i}{n} - B(\bar{x} - x_0)$$

$$= \sum_{i=1}^{n} Y_i \left[\frac{1}{n} - c(x_i - \bar{x})(\bar{x} - x_0) \right]$$

Puesto que las Y_i son variables aleatorias independientes normales, la ecuación anterior demuestra que $A + Bx_0$ se expresa como una combinación lineal de variables aleatorias independiente normales, por lo que $A + Bx_0$ tiene también una distribución normal. Como ya conocemos su media, únicamente tenemos que calcular su varianza, lo cual se efectúa como sigue:

$$\text{Var}\,(A + Bx_0) = \sum_{i=1}^{n} \left[\frac{1}{n} - c(x_i - \bar{x})(\bar{x} - x_0) \right]^2 \text{Var}(Y_i)$$

$$= \sigma^2 \sum_{i=1}^{n} \left[\frac{1}{n^2} + c^2(\bar{x} - x_0)^2(x_i - \bar{x})^2 - 2c(x_i - \bar{x}) \frac{(\bar{x} - x_0)}{n} \right]$$

$$= \sigma^2 \left[\frac{1}{n} + c^2(\bar{x} - x_0)^2 \sum_{i=1}^{n} (x_i - \bar{x})^2 - 2c(\bar{x} - x_0) \sum_{i=1}^{n} \frac{(x_i - \bar{x})}{n} \right]$$

$$= \sigma^2 \left[\frac{1}{n} + \frac{(\bar{x} - x_0)^2}{S_{xx}} \right]$$

donde la última igualdad sigue de

$$\sum_{i=1}^{n} (x_i - \bar{x})^2 = \sum_{i=1}^{n} x_i^2 - n\bar{x}^2 = 1/c = S_{xx}, \qquad \sum_{i=1}^{n} (x_i - \bar{x}) = 0$$

Por lo tanto, se demostró que

$$A + Bx_0 \sim \mathcal{N}\left(\alpha + \beta x_0, \sigma^2 \left[\frac{1}{n} + \frac{(x_0 - \bar{x})^2}{S_{xx}}\right]\right) \tag{9.4.4}$$

Además, como $A + Bx_0$ es independiente de

$$SS_R/\sigma^2 \sim \chi_{n-2}^2$$

tenemos que

$$\frac{A + Bx_0 - (\alpha + \beta x_0)}{\sqrt{\frac{1}{n} + \frac{(x_0 - \bar{x})^2}{S_{xx}}} \sqrt{\frac{SS_R}{n-2}}} \sim t_{n-2} \tag{9.4.5}$$

La ecuación 9.4.5 se utiliza para obtener el siguiente estimador de un intervalo de confianza para $\alpha + \beta x_0$.

Estimador de un intervalo de confianza para $\alpha + \beta x_0$

Con una seguridad de $100(1 - a)$ por ciento, $\alpha + \beta x_0$ estará en el intervalo

$$A + Bx_0 \pm \sqrt{\frac{1}{n} + \frac{(x_0 - \bar{x})^2}{S_{xx}}} \sqrt{\frac{SS_R}{n-2}} t_{a/2, n-2}$$

EJEMPLO 9.4e Usando los datos del ejemplo 9.4c determine un intervalo de confianza de 95 por ciento para la estatura promedio de todos los hombres cuyos padres tenían una estatura de 68 pulgadas.

SOLUCIÓN Como los valores observados son

$$n = 10, \qquad x_0 = 68, \qquad \bar{x} = 66.8, \qquad S_{xx} = 171.6, \qquad SS_R = 1.49721$$

vemos que

$$\sqrt{\frac{1}{n} + \frac{(x_0 - \bar{x})^2}{S_{xx}}} \sqrt{\frac{SS_R}{n-2}} = .1424276$$

Y, debido a que

$$t_{.025,8} = 2.306, \qquad A + Bx_0 = 67.56751$$

obtenemos el siguiente intervalo de confianza de 95 por ciento,

$$\alpha + \beta x_0 \in (67.239, 67.896) \quad \blacksquare$$

9.4.4 Intervalo de predicción de una respuesta futura

Con frecuencia resulta más importante estimar el verdadero valor de una respuesta futura que su valor medio. Por ejemplo, si se va a realizar un experimento a un nivel de temperatura x_0, nos interesará más predecir $Y(x_0)$, el rendimiento de este experimento, que estimar el rendimiento esperado —$E[Y(x_0)] = \alpha + \beta x_0$—. (Por otro lado, si se van a realizar una serie de experimentos con un nivel de entrada x_0, entonces quizá nos interese estimar $\alpha + \beta x_0$, el rendimiento medio.)

Suponga primero que nos interesa un solo valor (en oposición a un intervalo) para usarlo como un predictor de $Y(x_0)$, la respuesta para el nivel x_0. Es ahora claro que el mejor predictor de $Y(x_0)$ es su valor medio $\alpha + \beta x_0$. [En realidad esto no es tan obvio, ya que uno podría argumentar que el mejor predictor de una variable aleatoria es: 1) su media, que minimiza el cuadrado esperado de las diferencias entre el predictor y el valor verdadero; 2) su mediana, que minimiza la diferencia absoluta esperada entre el predictor y el valor verdadero; o 3) su moda, que es el valor con mayor posibilidad de ocurrir. Pero como moda, mediana y media de una variable aleatoria normal son iguales —y se supone que la respuesta tiene una distribución normal— no hay duda en esta situación.] Puesto que α y β no se conocen, parece razonable usar sus estimadores A y B, y entonces usar $A + Bx_0$ como predictor de una nueva respuesta para el nivel de entrada x_0.

Considere ahora que en lugar de estar interesados en determinar un único valor para predecir una respuesta, nos interesa encontrar un intervalo de predicción, que con un determinado grado de confianza, contenga a la respuesta. Para obtener este intervalo, sea Y la futura respuesta cuyo nivel de entrada es x_0 y considere la distribución de probabilidad de la respuesta menos su valor predictor —es decir, la distribución de $Y - A - Bx_0$—. Ahora,

$$Y \sim \mathcal{N}(\alpha + \beta x_0, \sigma^2)$$

y, como se mostró en la sección 9.4.3,

$$A + Bx_0 \sim \mathcal{N}\left(\alpha + \beta x_0, \sigma^2 \left[\frac{1}{n} + \frac{(x_0 - \bar{x})^2}{S_{xx}}\right]\right)$$

Por lo que, como Y es independiente de los valores $Y_1, Y_2, \ldots, Y_n$ usados para determinar A y B, entonces Y es independiente de $A + Bx_0$ y, de esta manera,

$$Y - A - Bx_0 \sim \mathcal{N}\left(0, \sigma^2 \left[1 + \frac{1}{n} + \frac{(x_0 - \bar{x})^2}{S_{xx}}\right]\right)$$

o, lo que es equivalente,

$$\frac{Y - A - Bx_0}{\sigma\sqrt{\dfrac{n+1}{n} + \dfrac{(x_0 - \bar{x})^2}{S_{xx}}}} \sim \mathcal{N}(0, 1) \tag{9.4.6}$$

Usando una vez más el hecho de que SS_R es independiente de A y de B (y por lo tanto de Y) y

$$\frac{SS_R}{\sigma^2} \sim \chi_{n-2}^2$$

mediante el argumento usual, y después de remplazar, en la ecuación 9.4.6, a σ^2 por su estimador $SS_R / (n-2)$, obtenemos que

$$\frac{Y - A - Bx_0}{\sqrt{\dfrac{n+1}{n} + \dfrac{(x_0 - \bar{x})^2}{S_{xx}}} \sqrt{\dfrac{SS_R}{n-2}}} \sim t_{n-2}$$

y, entonces, para todo valor a, $0 < a < 1$,

$$P\left\{ -t_{a/2,n-2} < \frac{Y - A - Bx_0}{\sqrt{\frac{n+1}{n} + \frac{(x_0 - \bar{x})^2}{S_{xx}}} \sqrt{\frac{SS_R}{n-2}}} < t_{a/2,n-2} \right\} = 1 - a$$

Es decir, hemos establecido lo siguiente.

Intervalo de predicción para una respuesta a un nivel de entrada x_0

Basándose en los valores de respuesta Y_i correspondientes a los valores de entrada x_i, $i = 1, 2, \ldots, n$: con un $100(1 - a)$ por ciento de confianza, la respuesta Y al nivel de entrada x_0 estará dentro del intervalo

$$A + Bx_0 \pm t_{a/2,n-2} \sqrt{\left[\frac{n+1}{n} + \frac{(x_0 - \bar{x})^2}{S_{xx}} \right] \frac{SS_R}{n-2}}$$

EJEMPLO 9.4f Suponga que en el ejemplo 9.4c deseamos un intervalo con el que "estemos 95 por ciento seguros" de que contiene la estatura de un hombre determinado, cuyo padre tiene una estatura de 68 pulgadas. Mediante un cálculo simple obtenemos el intervalo de predicción

$$Y(68) \in 67.568 \pm 1.050$$

o, con 95 por ciento de confianza, la estatura de la persona estará entre 66.518 y 68.618. ∎

OBSERVACIONES

(a) Con frecuencia existe confusión entre un intervalo de confianza y un intervalo de predicción. Un intervalo de confianza es un intervalo que, con un cierto grado de confianza, contiene a un cierto parámetro de interés. Un intervalo de predicción, por otro lado, es un intervalo que, también con un cierto grado de confianza, contendrá una variable aleatoria de interés.

(b) No deben realizarse predicciones de las respuestas para niveles de entrada que están lejos de aquellos usados para obtener la línea de regresión estimada. Por ejemplo, los datos del ejemplo 9.4c no deben utilizarse para predecir la estatura de un hombre cuyo padre mide 42 pulgadas.

9.4.5 RESUMEN DE RESULTADOS DISTRIBUCIONALES

Ahora resumimos los resultados distribucionales de esta sección.

$$Modelo: Y = \alpha + \beta x + e, \qquad e \sim \mathcal{N}(0, \sigma^2)$$

$$Datos: (x_i, Y_i), \qquad i = 1, 2, \ldots, n$$

Inferencia acerca de	Use el resultado distribucional
β	$\sqrt{\dfrac{(n-2)S_{xx}}{SS_R}}\,(B - \beta) \sim t_{n-2}$
α	$\sqrt{\dfrac{n(n-2)S_{xx}}{\sum_i x_i^2 SS_R}}\,(A - \alpha) \sim t_{n-2}$
$\alpha + \beta x_0$	$\dfrac{A + Bx_0 - \alpha - \beta x_0}{\sqrt{\left(\dfrac{1}{n} + \dfrac{(x_0 - \bar{x})^2}{S_{xx}}\right)\left(\dfrac{SS_R}{n-2}\right)}} \sim t_{n-2}$
$Y(x_0)$	$\dfrac{Y(x_0) - A - Bx_0}{\sqrt{\left(1 + \dfrac{1}{n} + \dfrac{(x_0 - \bar{x})^2}{S_{xx}}\right)\left(\dfrac{SS_R}{n-2}\right)}} \sim t_{n-2}$

9.5   EL COEFICIENTE DE DETERMINACIÓN Y EL COEFICIENTE DE CORRELACIÓN MUESTRAL

Suponga que deseamos medir la variación en el conjunto de valores de respuesta $Y_1, \ldots, Y_n$ correspondientes al conjunto de entradas $x_1, \ldots, x_n$. En estadística una medición estándar de la variación de un conjunto de valores $Y_1, \ldots, Y_n$ está dada por la cantidad

$$S_{YY} = \sum_{i=1}^{N} (Y_i - \overline{Y})^2$$

Por ejemplo, si todas las Y_i son iguales —por lo que todas son iguales a $\overline{Y}$— entonces S_{YY} será igual a 0.

La variación en los valores Y_i se debe a dos factores. Primero, como los valores de entrada x_i son diferentes, todas las variables de respuesta Y_i tienen valores medios diferentes, lo que da como resultado una variación en sus valores. Segundo, la variación se debe también al hecho de que, aun cuando las diferencias en los valores de entrada se tomen en consideración, cada una de las variables de respuesta Y_i tiene varianza σ^2 por lo que no serán exactamente iguales a los valores de predicción, correspondientes a su valor de entrada x_i.

Considere ahora la cuestión de cuánto de la variación en los valores de las variables de respuesta se debe a los diferentes valores de entrada, y cuánto se debe a la variación inherente a las respuestas aun cuando se tomen en consideración los valores de entrada. Para responder lo anterior observemos que la cantidad

$$SS_R = \sum_{i=1}^{n} (Y_i - A - Bx_i)^2$$

mide la variación que queda en los valores de respuesta después de haber tomado en consideración los diferentes valores de entrada. Así que

$$S_{YY} - SS_R$$

representa la variación en las variables de respuesta que se *explica* por los diferentes valores de entrada; y, de esta manera, la cantidad R^2, definida por

$$R^2 = \frac{S_{YY} - SS_R}{S_{YY}}$$

$$= 1 - \frac{SS_R}{S_{YY}}$$

representa la proporción de la variación en las variables de respuesta que se explica por los diferentes valores de entrada. A R^2 se le llama el *coeficiente de determinación*.

El coeficiente de determinación R^2 tendrá un valor entre 0 y 1. Un valor de R^2 cercano a 1 indica que la mayor parte de la variación en los datos de respuesta se explica por los diferentes valores de entrada; mientras que un valor de R^2 cercano a 0 indica que poco de la variación se explica por los diferentes valores de entrada.

EJEMPLO 9.5a En el ejemplo 9.4c que relaciona las alturas de los hijos con las de sus padres, el programa 9.2 nos da los resultados siguientes:

$$S_{YY} = 38.521, \qquad SS_R = 1.497$$

De manera que,

$$R^2 = 1 - \frac{1.497}{38.531} = .961$$

En otras palabras, 96 por ciento de la variación en las estaturas de los 10 individuos se explica por las alturas de sus padres. El 4 por ciento de la variación (no explicada) restante se debe a la varianza de la estatura de un hijo, aun cuando la estatura del padre se tome en consideración. (Es decir, se debe a σ^2, la varianza de la variable aleatoria del error.) ∎

Con frecuencia se utiliza el valor R^2 como indicador de qué tan bien se ajusta el modelo de regresión a los datos; un valor cercano a 1 indica un buen ajuste; mientras que un valor cercano a 0 indica un pobre ajuste. En otras palabras, si el modelo de regresión puede explicar la mayor parte de la variación de los datos de respuesta, entonces se considera que se ajusta bien a los datos.

Recordemos que en la sección 2.6 definimos el coeficiente de correlación muestral, r, del conjunto de pares de datos $(x_i, Y_i), i = 1, \ldots, n$, mediante

$$r = \frac{\sum_{i=1}^{n}(x_i - \bar{x})(Y_i - \overline{Y})}{\sqrt{\sum_{i=1}^{n}(x_i - \bar{x})^2 \sum_{i=1}^{n}(Y_i - \overline{Y})^2}}$$

Observamos que r ofrecía una medida del grado en el que valores altos de x formaban pares con valores altos de Y, y valores bajos de x con valores bajos de Y. Un valor de r cercano a $+1$ indicaba que los valores altos de x estaban fuertemente asociados con valores altos de Y, y valores pequeños de x estaban fuertemente asociados con valores pequeños de Y; mientras que un valor cercano a -1 indicaba que valores grandes de x estaban fuertemente asociados con valores pequeños de Y, y valores pequeños de x estaban fuertemente asociados con valores grandes de Y.

Según la notación de este capítulo

$$r = \frac{S_{xY}}{\sqrt{S_{xx}S_{YY}}}$$

Usando la identidad (9.3.4):

$$SS_R = \frac{S_{xx}S_{YY} - S_{xY}^2}{S_{xx}}$$

vemos que

$$r^2 = \frac{S_{xY}^2}{S_{xx}S_{YY}}$$
$$= \frac{S_{xx}S_{YY} - SS_R S_{xx}}{S_{xx}S_{YY}}$$
$$= 1 - \frac{SS_R}{S_{YY}}$$
$$= R^2$$

Es decir,

$$|r| = \sqrt{R^2}$$

y de esta manera, excepto por su signo que indica si es positivo o negativo, el coeficiente de correlación muestral es igual a la raíz cuadrada del coeficiente de determinación. El signo de r es el mismo que el de B.

Lo anterior asigna un significado adicional al coeficiente de correlación muestral. Por ejemplo, si un conjunto de datos tiene un coeficiente de correlación muestral r igual a .9, entonces implica que un modelo de regresión lineal simple para estos datos explica 81 por ciento (ya que $R^2 = .9^2 = .81$) de la variación los valores de respuesta. Es decir, 81 por ciento de la variación en los valores de respuesta se explica por los diferentes valores de entrada.

9.6 ANÁLISIS DE RESIDUALES: VALIDACIÓN DEL MODELO

El primer paso para determinar si en una situación dada es apropiado el modelo de regresión simple

$$Y = \alpha + \beta x + e, \qquad e \sim \mathcal{N}(0, \sigma^2)$$

consiste en investigar el diagrama de dispersión. Con frecuencia esto es suficiente para convencerse a uno mismo de si el modelo de regresión es o no correcto. Si no ocurre que el mismo diagrama de dispersión no admita el modelo anterior, es necesario calcular los estimadores A y B y analizar los residuales $Y_i - (A + Bx_i)$ $i = 1,\dots, n$. El análisis empieza normalizando, o estandarizando, los residuales, lo cual se logra dividiéndolos entre $\sqrt{SS_R/(n-2)}$, el estimado de la desviación estándar de las Y_i. A las cantidades resultantes

$$\frac{Y_i - (A + Bx_i)}{\sqrt{SS_R/(n-2)}}, \qquad i = 1, \dots, n$$

se les llama *residuales estandarizados*.

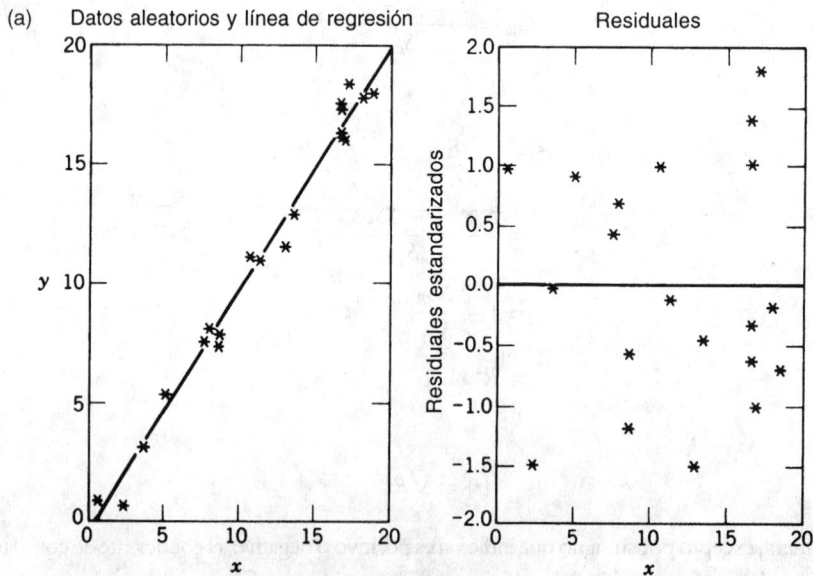

FIGURA 9.9

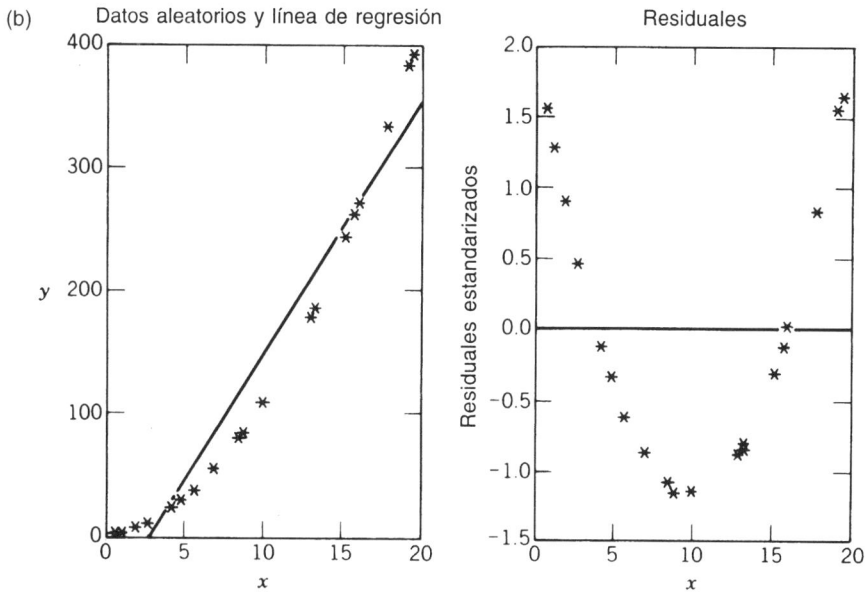

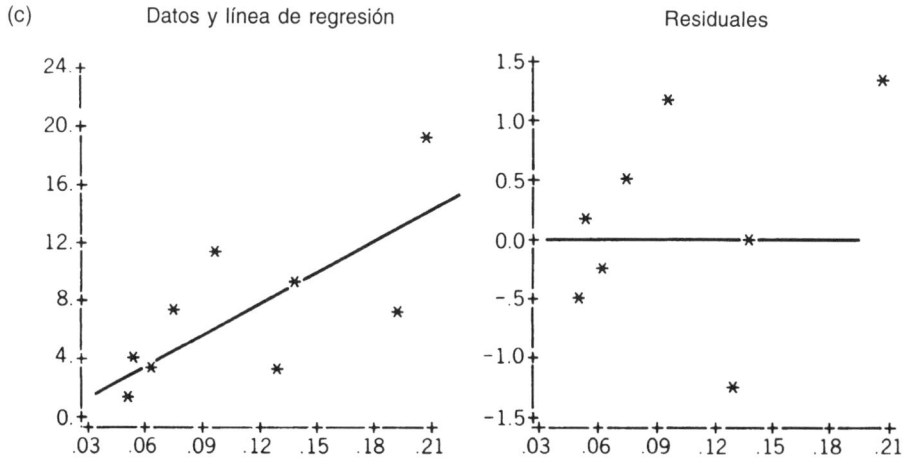

FIGURA 9.9 (*continuación*)

Si el modelo de regresión lineal simple es correcto, los residuales estandarizados son, aproximadamente, variables aleatorias normales estándar, por lo que estarán distribuidas aleatoriamente alrededor de 0, y el 95 por ciento, aproximadamente, de sus valores estarán entre -2 y $+2$ (ya que $P\{-1.96 < Z < 1.96\} = .95$). Además, una gráfica de los residuales estandarizados no deberá mostrar ningún patrón distinto. Cualquier indicio de un patrón distinto, hará sospechar a uno de la validez del modelo de regresión lineal simple asumido.

La figura 9.9 presenta tres diagramas de dispersión diferentes y sus correspondientes residuales estandarizados. El primero de los tres, como indican tanto su diagrama de dispersión como la naturaleza aleatoria de sus residuales estandarizados, parece ajustarse bastante bien al modelo de la línea recta. La segunda gráfica de los residuales muestra un patrón discernible, ya que los residuales parecen disminuir primero, y aumentar después conforme aumenta el nivel de entrada. Esto indica con frecuencia que se necesitan términos de orden superior (no sólo lineal) para describir la relación entre la entrada y la respuesta. De hecho, esto también está indicado por el diagrama de dispersión en este caso. La tercera gráfica de residuales estandarizados también muestra un patrón, ya que los valores absolutos de los residuales y, por lo tanto, sus cuadrados, parecen aumentar conforme aumenta el nivel de entrada. Esto indica, con frecuencia, que la varianza de la respuesta no es constante sino que aumenta con el nivel de entrada.

9.7 TRANSFORMACIÓN A LINEALIDAD

En muchas situaciones, es claro que la respuesta media no es una función lineal del nivel de entrada. En tales casos, algunas veces es posible, si se puede determinar la forma de la relación, transformarla a una forma lineal mediante un cambio de variables. Por ejemplo, en ciertas aplicaciones se sabe que $W(t)$, la amplitud de una señal en el tiempo t después de haber sido originada, está relacionada con t, aproximadamente, mediante la forma funcional

$$W(t) \approx c e^{-dt}$$

Tomando logaritmos, se expresa esto como

$$\log W(t) \approx \log c - dt$$

Si hacemos ahora

$$Y = \log W(t)$$
$$\alpha = \log c$$
$$\beta = -d$$

entonces lo anterior se puede modelar como una regresión de la forma

$$Y = \alpha + \beta t + e$$

Lo parámetros de regresión α y β se estimarían por el método común de mínimos cuadrados, y las relaciones funcionales originales se predicen mediante

$$W(t) \approx e^{A+Bt}$$

EJEMPLO 9.7a Hay estudios que han demostrado que la probabilidad de que un fumador de 40 años de edad, que ha sido fumador los últimos 10 años, contraiga un cáncer de pulmón en los próximos 20 años (suponiendo que continúe fumando al mismo nivel), es función del número promedio de cigarros que consume. A continuación se presentan los resultados de un estudio (realizado en ratones y extrapolado a humanos).

Número de cigarros fumados por día	Probabilidad de cáncer pulmonar
5	.061
10	.113
20	.192
30	.259
40	.339
50	.401
60	.461
80	.551

Empleando tales datos nos gustaría estimar la probabilidad de que un individuo que tiene un consumo diario de 35 cigarros contraiga cáncer pulmonar.

SOLUCIÓN   Sea $P(i)$ la probabilidad de contraer cáncer pulmonar en los próximos 20 años, si uno continúa fumando i cigarros diarios. Aunque una gráfica de $P(i)$ es aproximadamente lineal (véase figura 9.10) podemos mejorar el ajuste considerando una forma funcional no lineal. Para obtener esta relación funcional entre $P(i)$ e i razonamos como sigue: Supongamos que cada cigarro fumado tiene una determinada probabilidad de ocasionar cáncer pulmonar (tal vez por dañar el DNA de las células pulmonares). Entonces si alguien fuma i cigarros diarios, la probabilidad de que no tenga un cáncer pulmonar causado por fumar es el producto de las probabilidades de que cada uno de estos i cigarros no cause cáncer. Como también hay una posibilidad de contraer cáncer pulmonar por otros medios, parecería ser que

$$1 - P(i) = P\{\text{no tener cáncer pulmonar si fuma } i \text{ cigarros diarios}\}$$
$$\simeq c(P\{\text{no tener cáncer pulmonar si fuma 1 cigarro diario}\})^i$$

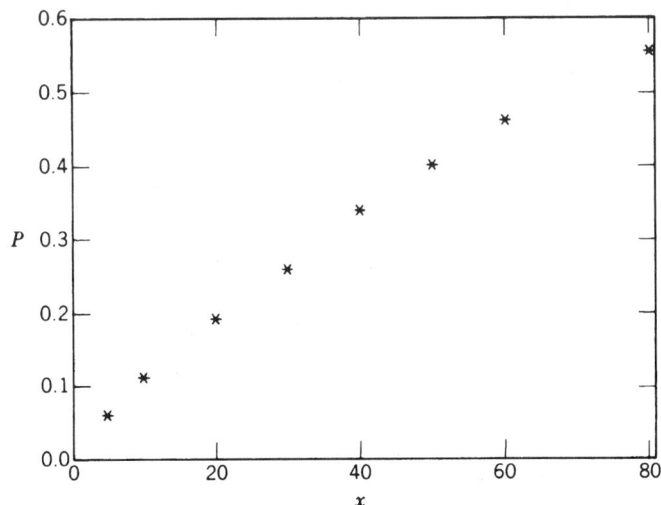

FIGURA 9.10 *Ejemplo 9.7a.*

donde $1 - c$ es la probabilidad de contraer cáncer pulmonar por otra causa. Esta relación se puede escribir como

$$1 - P \simeq c(1 - d)^x$$

o

$$\log(1 - P) \simeq \log c + x \log(1 - d)$$

Y tomando

$$Y = -\log(1 - P)$$
$$\alpha = -\log c$$
$$\beta = -\log(1 - d)$$

obtenemos la usual ecuación de regresión

$$Y = \alpha + \beta x + e$$

Para saber si los datos respaldan este modelo, podemos graficar $-\log(1 - P)$ contra x. En la tabla 9.2 se presentan los datos transformados, y la gráfica en la figura 9.11.

Corriendo el programa 9.2 obtenemos que los estimados de mínimos cuadrados de α y β son

$$A = .0154$$

$$B = .0099$$

Transformando esto nuevamente a las variables originales tenemos que los estimados de c y d son

$$\hat{c} = e^{-A} = .9847$$

$$1 - \hat{d} = e^{-B} = .9901$$

TABLA 9.2

Número de cigarros	$-\log(1 - P)$
5	.063
10	.120
20	.213
30	.300
40	.414
50	.512
60	.618
80	.801

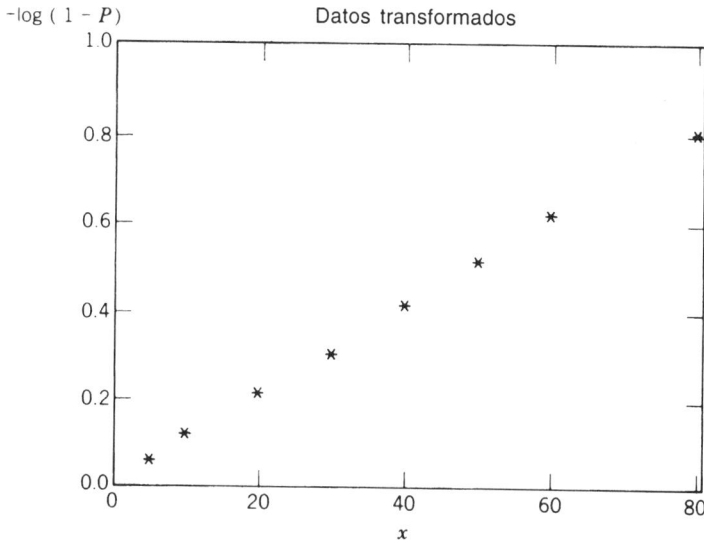

-log (1 − P) Datos transformados

FIGURA 9.11

y entonces la relación funcional estimada es

$$\hat{P} = 1 - .9847(.9901)^x$$

En la tabla 9.3 se presentan los residuales $P - \hat{P}$. ∎

TABLA 9.3

x	P	$\hat{P}$	$P - \hat{P}$
5	.061	.063	−.002
10	.113	.109	.040
20	.192	.193	−.001
30	.259	.269	−.010
40	.339	.339	.000
50	.401	.401	.000
60	.461	.458	.003
80	.551	.556	−.005

OBSERVACIONES

Si P denota la proporción de una población, cuyo nivel de exposición es x, que contrae cierta enfermedad, entonces el ejemplo 9.7a utiliza el modelo

$$-\log(1 - P) = \alpha + \beta x + e$$

Otro modelo empleado con frecuencia y llamado el logístico (o *logit*) usa la relación

$$\log\left(\frac{P}{1-P}\right) = \alpha + \beta x + e$$

A la cantidad $P/(1-P)$ se le llama *razón de momios*. Por ejemplo, si la probabilidad de que ocurra un evento es $P = 3/4$, entonces la razón de momios es $P/(1-P) = 3/1$, que representa los momios a favor del evento.

9.8 MÍNIMOS CUADRADOS PONDERADOS

En el modelo de regresión

$$Y = \alpha + \beta x + e$$

con frecuencia resulta que la varianza de una respuesta no es una constante, sino que más bien depende del nivel de entrada. Si se conocen estas varianzas —por lo menos hasta una constante de proporcionalidad— entonces los parámetros de regresión α y β deberán estimarse minimizando una suma ponderada de cuadrados. Específicamente, si

$$\text{Var}(Y_i) = \frac{\sigma^2}{w_i}$$

entonces los estimadores A y B deberán escogerse de manera que se minimice

$$\sum_i \frac{[Y_i - (A + Bx_i)]^2}{\text{Var}(Y_i)} = \frac{1}{\sigma^2}\sum_i w_i(Y_i - A - Bx_i)^2$$

Tomando las derivadas parciales respecto a A y a B, e igualándolas a 0, obtenemos las siguientes ecuaciones para A y B minimizantes.

$$\sum_i w_i Y_i = A\sum_i w_i + B\sum_i w_i x_i \qquad (9.8.1)$$

$$\sum_i w_i x_i Y_i = A\sum_i w_i x_i + B\sum_i w_i x_i^2$$

Estas ecuaciones se resuelven con facilidad para dar los estimadores de mínimos cuadrados.

EJEMPLO 9.8a Para desarrollar una cierta idea del porqué deben obtenerse los estimadores minimizando la suma de cuadrados ponderada y no mediante la suma ordinaria de cuadrados, considere la situación siguiente. Suponga que $X_1,\ldots, X_n$ son variables aleatorias independientes normales, cada una con media μ y varianza σ^2. Suponga además que no se observan directamente a las X_i, sino que solamente Y_1 y Y_2 definidas por

$$Y_1 = X_1 + \cdots + X_k, \qquad Y_2 = X_{k+1} + \cdots + X_n, \qquad k < n$$

son observadas directamente. Con base en Y_1 y Y_2, ¿cómo podríamos estimar μ?

Aunque el mejor estimador de μ es claramente $\overline{X} = \sum_{i=1}^{n} X_i/n = (Y_1 + Y_2)/n$, veamos cuáles serían los estimadores ordinarios de mínimos cuadrados. Como

$$E[Y_1] = k\mu, \qquad E[Y_2] = (n - k)\mu$$

el estimador de mínimos cuadrados de μ sería aquel valor de μ que minimice

$$(Y_1 - k\mu)^2 + (Y_2 - [n - k]\mu)^2$$

Diferenciando e igualando a cero, podemos observar que el estimador de mínimos cuadrados de μ —llamémosle $\hat{\mu}$— es tal que

$$-2k(Y_1 - k\hat{\mu}) - 2(n - k)[Y_2 - (n - k)\hat{\mu}] = 0$$

o

$$[k^2 + (n - k)^2]\hat{\mu} = kY_1 + (n - k)Y_2$$

o

$$\hat{\mu} = \frac{kY_1 + (n - k)Y_2}{k^2 + (n - k)^2}$$

Así es, que vemos que aunque el estimador de mínimos cuadrados ordinario es un estimador insesgado de μ, ya que

$$E[\hat{\mu}] = \frac{kE[Y_1] + (n - k)E[Y_2]}{k^2 + (n - k)^2} = \frac{k^2\mu + (n - k)^2\mu}{k^2 + (n - k)^2} = \mu$$

no es el mejor estimador de $\overline{X}$.

Ahora queremos determinar el estimador que resulta minimizando la suma de cuadrados ponderada. Es decir, queremos determinar el valor de μ —llamémosle μ_w— que minimiza

$$\frac{(Y_1 - k\mu)^2}{\text{Var}(Y_1)} + \frac{[Y_2 - (n - k)\mu]^2}{\text{Var}(Y_2)}$$

Como

$$\text{Var}(Y_1) = k\sigma^2, \qquad \text{Var}(Y_2) = (n - k)\sigma^2$$

esto es equivalente a escoger μ que minimiza

$$\frac{(Y_1 - k\mu)^2}{k} + \frac{[Y_2 - (n - k)\mu]^2}{n - k}$$

Mediante diferenciación e igualando después a 0, vemos que μ_w, el valor minimizante, satisface

$$\frac{-2k(Y_1 - k\mu_w)}{k} - \frac{2(n-k)[Y_2 - (n-k)\mu_w]}{n-k} = 0$$

o

$$Y_1 + Y_2 = n\mu_w$$

o

$$\mu_w = \frac{Y_1 + Y_2}{n}$$

Es decir, el estimador ponderado de mínimos cuadrados es verdaderamente el estimador preferido $(Y_1 + Y_2)/n = \overline{X}$. ■

OBSERVACIONES

(a) La suma ponderada de cuadrados también se considera como la cantidad relevante a ser minimizada, mediante la multiplicación de la ecuación de regresión

$$Y = \alpha + \beta x + e$$

por $\sqrt{w}$. Lo que da por resultado la ecuación

$$Y\sqrt{w} = \alpha\sqrt{w} + \beta x\sqrt{w} + e\sqrt{w}$$

Entonces, esta última ecuación el término del error $e\sqrt{w}$ tiene media 0 y varianza constante. Por lo tanto, los estimadores naturales de mínimos cuadrados de α y β serían los valores de A y B que minimizan

$$\sum_i (Y_i\sqrt{w_i} - A\sqrt{w_i} - Bx_i\sqrt{w_i})^2 = \sum_i w_i(Y_i - A - Bx_i)^2$$

(b) El método de los mínimos cuadrados ponderados da mayor énfasis a aquellos pares que tienen los mayores pesos (y, por lo tanto, la menor varianza en su término del error). ■

En este punto quizá parezca que el método de los mínimos cuadrados ponderados no es, en particular, útil, ya que requiere de un conocimiento, excepto por una constante, de la varianza de una respuesta a un nivel de entrada arbitrario. Sin embargo, observando el modelo que genera los datos, con frecuencia es posible determinar estos valores, lo cual se indicará mediante los siguientes dos ejemplos.

EJEMPLO 9.8b Los siguientes datos representan los tiempos de viaje en un área del centro de una ciudad determinada. La variable de entrada o independiente es la distancia a recorrer.

Distancia (en millas)	.5	1	1.5	2	3	4	5	6	8	10
Tiempo de viaje (en minutos)	15.0	15.1	16.5	19.9	27.7	29.7	26.7	35.9	42	49.4

Suponiendo que existe una relación lineal de la forma

$$Y = \alpha + \beta x + e$$

entre Y, el tiempo de viaje y x, la distancia, ¿cómo podemos estimar α y β? Para usar el método de los mínimos cuadrados ponderados necesitamos conocer, a excepción de una constante multiplicativa, la varianza de Y como función de x. Presentaremos ahora un argumento que nos dice que $\text{Var}(Y)$ debe ser proporcional a x.

SOLUCIÓN Sea d la longitud de una cuadra (manzana) de la ciudad. Entonces un recorrido de una distancia x consistirá de x/d cuadras. Si Y_i, $i = 1, \ldots, x/d$, denota el tiempo necesario para recorrer la cuadra i, entonces, el tiempo de recorrido total se expresa como

$$Y = Y_1 + Y_2 + \cdots + Y_{x/d}$$

En muchas aplicaciones es razonable suponer que las Y_i son variables aleatorias independientes con una varianza común, y de esta manera,

$$\text{Var}(Y) = \text{Var}(Y_1) + \cdots + \text{Var}(Y_{x/d})$$
$$= (x/d)\,\text{Var}(Y_1) \quad \text{ya que } \text{Var}(Y_i) = \text{Var}(Y_1)$$
$$= x\sigma^2, \quad \text{donde } \sigma^2 = \text{Var}(Y_1)/d$$

Entonces, parece ser que los estimadores A y B deberían escogerse a manera de minimizar

$$\sum_i \frac{(Y_i - A - Bx_i)^2}{x_i}$$

Usando los datos anteriores con los pesos $w_i = 1/x_i$, las ecuaciones 9.8.1 de mínimos cuadrados son

$$104.22 = 5.34A + 10B$$
$$277.9 = 10A + 41B$$

lo que nos da la solución

$$A = 12.561, \qquad B = 3.714$$

En la figura 9.12 se presenta una gráfica de la línea de regresión estimada, $12.561 + 3.714x$, junto con los puntos correspondientes a los datos. Como una verificación cualitativa de nuestra solución, observe que la línea de regresión se ajusta mejor a los pares de datos cuando los niveles de entrada son pequeños, que es lo que debe ser, ya que los pesos son inversamente proporcionales a las entradas. ∎

EJEMPLO 9.8c Considere la relación entre Y, el número de accidentes en una autopista muy transitada, y x, el número de coches que pasan por la autopista. Después de una pequeña reflexión probablemente a la mayoría le parecerá que el modelo lineal

$$Y = \alpha + \beta x + e$$

sería apropiado. Pero, como no parece haber ninguna razón *a priori* que justifique que $Var(Y)$ no dependa del nivel de entrada x, no es claro que se justifique que empleemos el método de mínimos cuadrados ordinario para estimar α y β. Daremos argumentos para indicar que se debe emplear el método de mínimos cuadrados ponderados con pesos $1/x$; es decir, debemos escoger A y B de manera que se minimice

$$\sum_i \frac{(Y_i - A - Bx_i)^2}{x_i}$$

El argumento que subyace a esto es que parece razonable suponer que Y tenga aproximadamente una distribución de Poisson, lo cual se debe a que, como nos podemos imaginar, cada uno de los x coches tendrá una probabilidad pequeña de causar un accidente, y entonces, para x grande, el número de accidentes será aproximadamente una variable aleatoria de Poisson. Como la varianza de una variable aleatoria de Poisson es igual a su media, se observa que

$$Var(Y) \simeq E[Y] \qquad \text{ya que } Y \text{ es aproximadamente Poisson}$$

$$= \alpha + \beta x$$

$$\simeq \beta x \qquad \text{para } x \text{ grande} \qquad \blacksquare$$

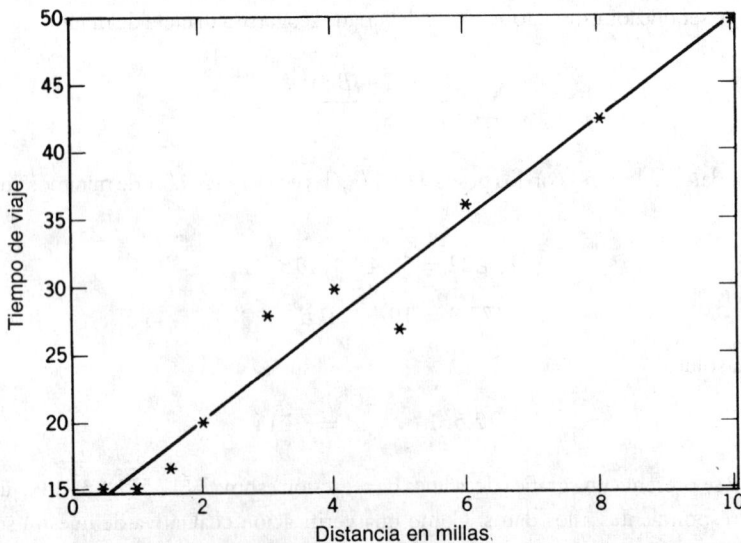

FIGURA 9.12 *Ejemplo 9.8b.*

OBSERVACIONES

(a) Otra técnica, que se usa con frecuencia cuando la varianza de la respuesta depende del nivel de entrada, consiste en tratar de establecer la varianza mediante una transformación apropiada. Por ejemplo, si Y es una variable aleatoria de Poisson con media λ, se puede mostrar [véase inciso *b*) de observaciones] que $\sqrt{Y}$ tiene una varianza aproximada de .25 sin importar cuál sea el valor de λ. Basándose en este hecho uno puede tratar de modelar $E[\sqrt{Y}]$ como una función lineal de la entrada. Es decir, uno puede considerar el modelo

$$\sqrt{Y} = \alpha + \beta x + e$$

El problema aquí es que en situaciones donde es razonable suponer que la media de la respuesta sea una función lineal de la entrada, aproximadamente, no es del todo claro por qué la raíz cuadrada media de la respuesta deba tener también esta relación con el nivel de entrada. Por ello el autor prefiere el método de los mínimos cuadrados ponderados.

(b) Prueba de que $\text{Var}(\sqrt{Y}) \approx .25$ si Y es una variable de Poisson con media λ. Considere la expansión de la serie de Taylor de $g(y) = \sqrt{y}$ sobre el valor λ. Ignorando todos los términos más allá de la segunda derivada,

$$g(y) \approx g(\lambda) + g'(\lambda)(y - \lambda) + \frac{g''(\lambda)(y - \lambda)^2}{2} \tag{9.8.2}$$

Como

$$g'(\lambda) = \tfrac{1}{2}\lambda^{-1/2}, \qquad g''(\lambda) = -\tfrac{1}{4}\lambda^{-3/2}$$

al evaluar la ecuación 9.8.2 en $y = Y$,

$$\sqrt{Y} \approx \sqrt{\lambda} + \tfrac{1}{2}\lambda^{-1/2}(Y - \lambda) - \tfrac{1}{8}\lambda^{-3/2}(Y - \lambda)^2$$

Tomando esperanzas y usando que

$$E[Y - \lambda] = 0, \qquad E[(Y - \lambda)^2] = \text{Var}(Y) = \lambda$$

obtenemos que

$$E[\sqrt{Y}] \approx \sqrt{\lambda} - \frac{1}{8\sqrt{\lambda}}$$

Por lo tanto

$$(E[\sqrt{Y}])^2 \approx \lambda + \frac{1}{64\lambda} - \frac{1}{4}$$

$$\approx \lambda - \frac{1}{4}$$

y así

$$\text{Var}(\sqrt{Y}) = E[Y] - (E[\sqrt{Y}])^2$$

$$\approx \lambda - \left(\lambda - \frac{1}{4}\right)$$

$$= \frac{1}{4}$$

9.9 REGRESIÓN POLINOMIAL

En situaciones donde la relación funcional entre la respuesta Y y la variable independiente x no se puede aproximar de manera adecuada mediante una relación lineal, es, algunas veces, posible obtener un ajuste razonable considerando una relación polinomial. Es decir, podemos ajustar el conjunto de datos a una relación funcional de la forma

$$Y = \beta_0 + \beta_1 x + \beta_2 x^2 + \cdots + \beta_r x^r + e$$

donde $\beta_0, \beta_1, \ldots, \beta_r$ son coeficientes de regresión que tienen que estimarse. Si los datos constan de los n pares (x_i, Y_i), $i = 1, \ldots, n$, entonces los estimadores de mínimos cuadrados de $\beta_0, \ldots, \beta_r$ —llamémoslos $B_0, \ldots, B_r$— son aquellos valores que minimizan

$$\sum_{i=1}^{n} (Y_i - B_0 - B_1 x_i - B_2 x_i^2 - \cdots - B_r x_i^r)^2$$

Para determinar estos valores, obtenemos las derivadas parciales de la suma de cuadrados anterior, respecto a $B_0, \ldots, B_r$, y luego, igualamos a cero con el objetivo de determinar los valores minimizantes. Al hacer esto y reordenando después las ecuaciones resultantes, obtenemos que los estimadores de mínimos cuadrados, $B_0, B_1, \ldots, B_r$, satisfacen el conjunto de $r + 1$ ecuaciones lineales, llamadas ecuaciones normales.

$$\sum_{i=1}^{n} Y_i = B_0 n + B_1 \sum_{i=1}^{n} x_i + B_2 \sum_{i=1}^{n} x_i^2 + \cdots + B_r \sum_{i=1}^{n} x_i^r$$

$$\sum_{i=1}^{n} x_i Y_i = B_0 \sum_{i=1}^{n} x_i + B_1 \sum_{i=1}^{n} x_i^2 + B_2 \sum_{i=1}^{n} x_i^3 + \cdots + B_r \sum_{i=1}^{n} x_i^{r+1}$$

$$\sum_{i=1}^{n} x_i^2 Y_i = B_0 \sum_{i=1}^{n} x_i^2 + B_1 \sum_{i=1}^{n} x_i^3 + \cdots + B_r \sum_{i=1}^{n} x_i^{r+2}$$

$$\vdots \qquad \vdots \qquad \qquad \vdots$$

$$\sum_{i=1}^{n} x_i^r Y_i = B_0 \sum_{i=1}^{n} x_i^r + B_1 \sum_{i=1}^{n} x_i^{r+1} + \cdots + B_r \sum_{i=1}^{n} x_i^{2r}$$

Al ajustar una función polinomial a un conjunto de pares de datos, con frecuencia es posible determinar el grado necesario del polinomio mediante un estudio del diagrama de dispersión. Queremos enfatizar que siempre se debe usar el menor grado posible que parezca describir los datos adecuadamente. [Así, por ejemplo, aunque normalmente es posible encontrar un polinomio de grado n que pase por todos los n pares (x_i, Y_i), $i = 1,\ldots, n$, sería difícil tener mucha confianza en tal ajuste.]

Resulta muy arriesgado, aún más que en el caso de la regresión lineal, usar un polinomio ajustado para predecir el valor de una respuesta a un nivel de entrada x_0 que esté lejos de los niveles de entrada x_i, $i = 1,\ldots, n$ usados para encontrar el polinomio de ajuste. (El polinomio de ajuste puede ser válido sólo en una región alrededor de las x_i, $i = 1,\ldots, n$ y no incluir a x_0).

EJEMPLO 9.9a Ajuste una función polinomial a los siguientes datos.

x	Y
1	20.6
2	30.8
3	55
4	71.4
5	97.3
6	131.8
7	156.3
8	197.3
9	238.7
10	291.7

SOLUCIÓN Una gráfica de los datos (véase figura 9.13) indica que una relación cuadrática

$$Y = \beta_0 + \beta_1 x + \beta_2 x^2 + e$$

puede ser adecuada. Debido a que

$$\sum_i x_i = 55, \qquad \sum_i x_i^2 = 385, \qquad \sum_i x_i^3 = 3\,025, \qquad \sum_i x_i^4 = 25\,333$$

$$\sum_i Y_i = 1\,291.1, \qquad \sum_i x_i Y_i = 9\,549.3, \qquad \sum_i x_i^2 Y_i = 77\,758.9$$

los estimados de mínimos cuadrados son las soluciones de las siguientes ecuaciones.

$$1\,291.1 = 10B_0 + 55B_1 + 385B_2 \tag{9.9.1}$$

$$9\,549.3 = 55B_0 + 385B_1 + 3\,025B_2$$

$$77\,758.9 = 385B_0 + 3\,025B_1 + 25\,333B_2$$

Resolviendo estas ecuaciones (véase la observación que sigue al ejemplo) se obtiene que los estimados de mínimos cuadrados son

$$B_0 = 12.59326, \qquad B_1 = 6.326172, \qquad B_2 = 2.122818$$

De esta manera, la ecuación de regresión cuadrática estimada es

$$Y = 12.59 + 6.33x + 2.12x^2$$

En la figura 9.14 se grafica esta ecuación junto con los datos. ■

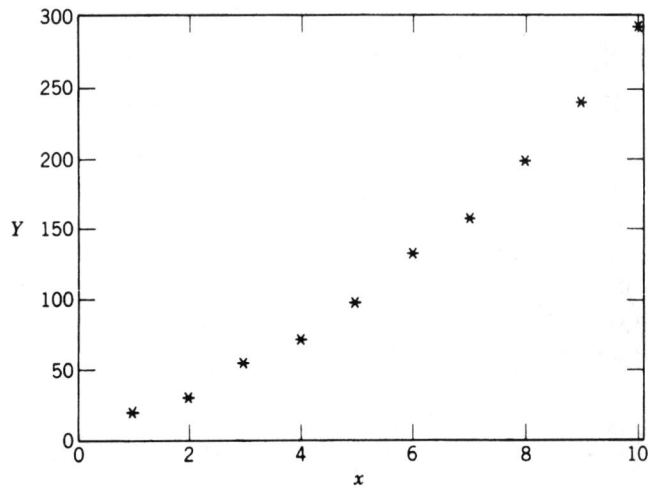

FIGURA 9.13

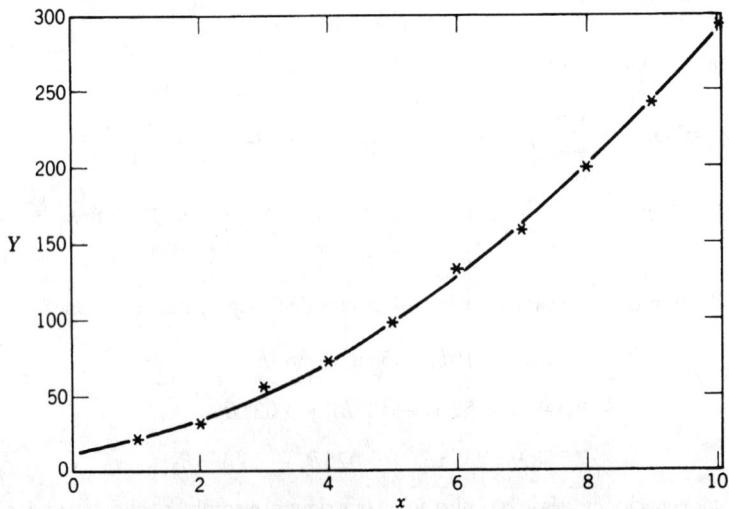

FIGURA 9.14

OBSERVACIÓN

La ecuación 9.9.1 se puede escribir en notación matricial como sigue

$$\begin{bmatrix} 1291.1 \\ 9\,549.3 \\ 77\,758.9 \end{bmatrix} = \begin{bmatrix} 10 & 55 & 385 \\ 55 & 385 & 3\,025 \\ 385 & 3\,025 & 25\,333 \end{bmatrix} \begin{bmatrix} B_0 \\ B_1 \\ B_2 \end{bmatrix}$$

la cual tiene la solución

$$\begin{bmatrix} B_0 \\ B_1 \\ B_2 \end{bmatrix} = \begin{bmatrix} 10 & 55 & 385 \\ 55 & 385 & 3\,025 \\ 385 & 3\,025 & 25\,333 \end{bmatrix}^{-1} \begin{bmatrix} 1\,291.1 \\ 9\,549.3 \\ 77\,758.9 \end{bmatrix}$$

*9.10 REGRESIÓN LINEAL MÚLTIPLE

En la mayoría de las aplicaciones, la respuesta de un experimento puede predecirse de manera más adecuada, no con base en una sola variable de entrada independiente, sino en una colección de tales variables. Una situación típica es aquella en la que hay un conjunto, digamos de k variables de entrada, y la respuesta Y se relaciona con ellas mediante la relación

$$Y = \beta_0 + \beta_1 x_1 + \cdots + \beta_k x_k + e$$

donde x_j, $j = 1, \ldots, k$ es el nivel de la variable de entrada j y e es el error aleatorio que supondremos distribuido normalmente con media 0 y varianza (constante) σ^2. Se supone que los parámetros β_0, $\beta_1, \ldots, \beta_k$ y σ^2 no se conocen y deben estimarse a partir de los datos, que supondremos consisten de los valores $Y_1, \ldots, Y_n$, donde Y_i es el nivel de respuesta correspondiente a los k niveles de entrada x_{i1}, $x_{i2} \ldots, x_{ik}$. Es decir, las Y_i están relacionadas con estos niveles de entrada mediante

$$E[Y_i] = \beta_0 + \beta_1 x_{i1} + \beta_2 x_{i2} + \cdots + \beta_k x_{ik}$$

Si $B_0, B_1, \ldots, B_k$ denotan los estimadores de $\beta_0, \ldots, \beta_k$, entonces la suma de las diferencias de los cuadrados entre Y_i y sus valores estimados esperados es

$$\sum_{i=1}^{n} (Y_i - B_0 - B_1 x_{i1} - B_2 x_{i2} - \cdots - B_k x_{ik})^2$$

Los estimadores de mínimos cuadrados son aquellos valores de $B_0, B_1, \ldots, B_k$ que minimizan la suma anterior.

Para determinar los estimadores de mínimos cuadrados, tomamos las derivadas parciales de la suma de cuadrados anterior; primero, con respecto a B_0, luego a $B_1, \ldots$, después a B_k. Al igualar a 0 estas $k + 1$ ecuaciones, obtenemos el siguiente conjunto de ecuaciones:

---

* Sección opcional.

$$\sum_{i=1}^{n}(Y_i - B_0 - B_1 x_{i1} - B_2 x_{i2} - \cdots - B_k x_{ik}) = 0$$

$$\sum_{i=1}^{n} x_{i1}(Y_i - B_0 - B_1 x_{i1} - \cdots - B_k x_{ik}) = 0$$

$$\sum_{i=1}^{n} x_{i2}(Y_i - B_0 - B_1 x_{i1} - \cdots - B_k x_{ik}) = 0$$

$$\vdots$$

$$\sum_{i=1}^{n} x_{ik}(Y_i - B_0 - B_1 x_{i1} - \cdots - B_i x_{ik}) = 0$$

Rescribiendo estas ecuaciones obtenemos que los estimadores de mínimos cuadrados $B_0, B_1, \ldots, B_k$ satisfacen el siguiente conjunto de ecuaciones lineales, llamadas *ecuaciones normales*.

$$\sum_{i=1}^{n} Y_i = nB_0 + B_1 \sum_{i=1}^{n} x_{i1} + B_2 \sum_{i=1}^{n} x_{i2} + \cdots + B_k \sum_{i=1}^{n} x_{ik} \tag{9.10.1}$$

$$\sum_{i=1}^{n} x_{i1} Y_i = B_0 \sum_{i=1}^{n} x_{i1} + B_1 \sum_{i=1}^{n} x_{i1}^2 + B_2 \sum_{i=1}^{n} x_{i1} x_{i2} + \cdots + B_k \sum_{i=1}^{n} x_{i1} x_{ik}$$

$$\vdots$$

$$\sum_{i=1}^{k} x_{ik} Y_i = B_0 \sum_{i=1}^{n} x_{ik} + B_1 \sum_{i=1}^{n} x_{ik} x_{i1} + B_2 \sum_{i=1}^{n} x_{ik} x_{i2} + \cdots + B_k \sum_{i=1}^{n} x_{ik}^2$$

Antes de resolver las ecuaciones normales, es conveniente introducir notación matricial. Si tomamos

$$\mathbf{Y} = \begin{bmatrix} Y_1 \\ Y_2 \\ \vdots \\ Y_n \end{bmatrix}, \qquad \mathbf{X} = \begin{bmatrix} 1 & x_{11} & x_{12} & \cdots & x_{1k} \\ 1 & x_{21} & x_{22} & \cdots & x_{2k} \\ \vdots & \vdots & \vdots & & \vdots \\ 1 & x_{n1} & x_{n2} & \cdots & x_{nk} \end{bmatrix}$$

$$\beta = \begin{bmatrix} \beta_0 \\ \beta_1 \\ \vdots \\ \beta_k \end{bmatrix}, \qquad \mathbf{e} = \begin{bmatrix} e_1 \\ e_2 \\ \vdots \\ e_n \end{bmatrix}$$

entonces, $\mathbf{Y}$ es una matriz de $n \times 1$, $\mathbf{X}$ es una matriz de $n \times p$, β de $p \times 1$ y $\mathbf{e}$ de $n \times 1$, donde $p \equiv k + 1$.

Ahora se puede escribir el modelo de regresión múltiple como

$$\mathbf{Y} = \mathbf{X}\beta + \mathbf{e}$$

Además, si

$$\mathbf{B} = \begin{bmatrix} B_0 \\ B_1 \\ \vdots \\ B_k \end{bmatrix}$$

es la matriz de estimadores de mínimos cuadrados, entonces la ecuación normal 9.10.1 se escribe como

$$\mathbf{X}'\mathbf{X}\mathbf{B} = \mathbf{X}'\mathbf{Y} \tag{9.10.2}$$

donde $\mathbf{X}'$ es la transpuesta de $\mathbf{X}$.

Para saber si la ecuación 9.10.2 es equivalente a la ecuación normal 9.10.1, observe que

$$\mathbf{X}'\mathbf{X} = \begin{bmatrix} 1 & 1 & \cdots & 1 \\ x_{11} & x_{21} & \cdots & x_{n1} \\ x_{12} & x_{22} & \cdots & x_{n2} \\ \vdots & \vdots & & \vdots \\ x_{1k} & x_{2k} & \cdots & x_{nk} \end{bmatrix} \begin{bmatrix} 1 & x_{11} & x_{12} & \cdots & x_{1k} \\ 1 & x_{21} & x_{22} & \cdots & x_{2k} \\ \vdots & \vdots & \vdots & & \vdots \\ 1 & x_{n1} & x_{n2} & \cdots & x_{nk} \end{bmatrix}$$

$$= \begin{bmatrix} n & \sum_i x_{i1} & \sum_i x_{i2} & \cdots & \sum_i x_{ik} \\ \sum_i x_{i1} & \sum_i x_{i1}^2 & \sum_i x_{i1}x_{i2} & \cdots & \sum_i x_{i1}x_{ik} \\ \vdots & \vdots & \vdots & & \vdots \\ \sum_i x_{ik} & \sum_i x_{ik}x_{i1} & \sum_i x_{ik}x_{i2} & \cdots & \sum_i x_{ik}^2 \end{bmatrix}$$

y

$$\mathbf{X}'\mathbf{Y} = \begin{bmatrix} \sum_i Y_i \\ \sum_i x_{i1}Y_i \\ \vdots \\ \sum_i x_{ik}Y_i \end{bmatrix}$$

Ahora se ve fácilmente que la ecuación matricial

$$\mathbf{X}'\mathbf{X}\mathbf{B} = \mathbf{X}'\mathbf{Y}$$

es equivalente al conjunto de ecuaciones normales 9.10.1. Suponiendo que $(\mathbf{X}'\mathbf{X})^{-1}$ existe, lo cual casi siempre ocurre, obtenemos, después de multiplicarlo a ambos lados de la ecuación anterior, que los estimadores de mínimos cuadrados están dados por

$$\mathbf{B} = (\mathbf{X}'\mathbf{X})^{-1}\mathbf{X}'\mathbf{Y} \tag{9.10.3}$$

El programa 9.10 calcula los estimados de mínimos cuadrados, la matriz inversa $(\mathbf{X}'\mathbf{X})^{-1}$, y SS_R.

EJEMPLO 9.10a La tabla 9.4 relaciona la tasa de suicidios, el tamaño de la población y la tasa de divorcios de 8 localidades diferentes.

TABLA 9.4

Localidad	Población en miles	Tasa de divorcios por 100 000	Tasa de suicidios por 100 000
Akron, Ohio	679	30.4	11.6
Anaheim, Ca.	1 420	34.1	16.1
Buffalo, N.Y.	1 349	17.2	9.3
Austin, Texas	296	26.8	9.1
Chicago, Ill.	6 975	29.1	8.4
Columbia, S.C.	323	18.7	7.7
Detroit, Mich.	4 200	32.6	11.3
Gary, Indiana	633	32.5	8.4

Ajuste un modelo de regresión lineal múltiple a estos datos. Es decir, ajuste un modelo de la forma

$$Y = \beta_0 + \beta_1 x_1 + \beta_2 x_2 + e$$

donde Y es la tasa de suicidios, x_1 es la población, y x_2 la tasa de divorcios.

SOLUCIÓN Corremos el programa 9.10. Los resultados se incluyen en las figuras 9.15, 9.16 y 9.17. Así que la línea de regresión estimada es,

$$Y = 3.5073 - .0002x_1 + .2609x_2$$

El valor de B_1 indica que la población no juega un papel importante en la predicción de la tasa de suicidios (por lo menos cuando se da también la tasa de divorcios). Tal vez la densidad de la población, más que la población real, podría haber sido más útil. ∎

De la ecuación 9.10.3 se sigue que los estimadores de mínimos cuadrados $B_0, B_1, \ldots, B_k$ —los elementos de la matriz **B**— son combinaciones lineales de las variables aleatorias independientes normales $Y_1, \ldots, Y_n$ y de esta manera estarán también normalmente distribuidos. En tales situaciones —cuando cada uno de los miembros de un conjunto de variables aleatorias puede ser expresado como una combinación lineal de variables aleatorias independientes normales— decimos que el conjunto de variables aleatorias tiene una *distribución normal multivariada* conjunta.

Los estimadores de mínimos cuadrados resultan ser insesgados. Esto se puede demostrar como sigue:

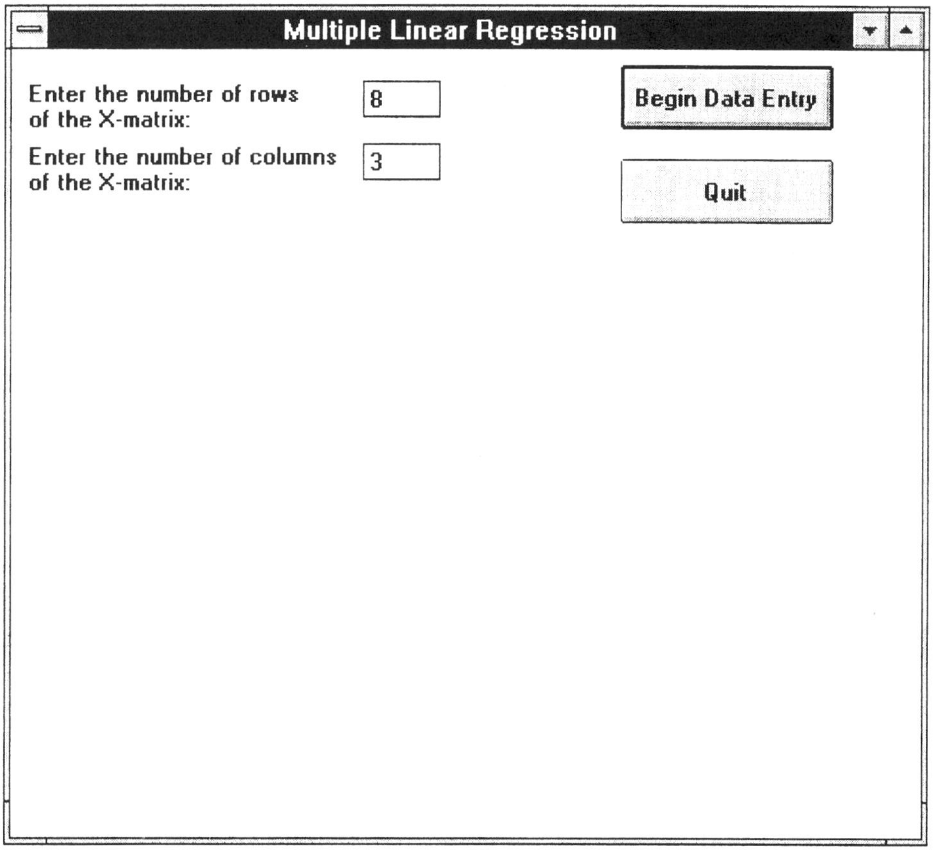

FIGURA 9.15

$$E[\mathbf{B}] = E[(\mathbf{X}'\mathbf{X})^{-1}\mathbf{X}'\mathbf{Y}]$$

$$= E[(\mathbf{X}'\mathbf{X})^{-1}\mathbf{X}'(\mathbf{X}\beta + \mathbf{e})] \quad \text{ya que } \mathbf{Y} = \mathbf{X}\beta + \mathbf{e}$$

$$= E[(\mathbf{X}'\mathbf{X})^{-1}\mathbf{X}'\mathbf{X}\beta + (\mathbf{X}'\mathbf{X})^{-1}\mathbf{X}'\mathbf{e}]$$

$$= E[\beta + (\mathbf{X}'\mathbf{X})^{-1}\mathbf{X}'\mathbf{e}]$$

$$= \beta + (\mathbf{X}'\mathbf{X})^{-1}\mathbf{X}'E[\mathbf{e}]$$

$$= \beta$$

Los estimadores de mínimos cuadrados se pueden obtener de la matriz $(\mathbf{X}'\mathbf{X})^{-1}$. Los valores de esta matriz están relacionados con las covarianzas de las B_i. Específicamente el elemento en el renglón $(i+1)$, columna $(j+1)$ de $(\mathbf{X}'\mathbf{X})^{-1}$ es igual a $\text{Cov}(B_i, B_j)/\sigma^2$.

Para verificar la afirmación anterior respecto a $\text{Cov}(B_i, B_j)$, sea

$$\mathbf{C} = (\mathbf{X}'\mathbf{X})^{-1}\mathbf{X}'$$

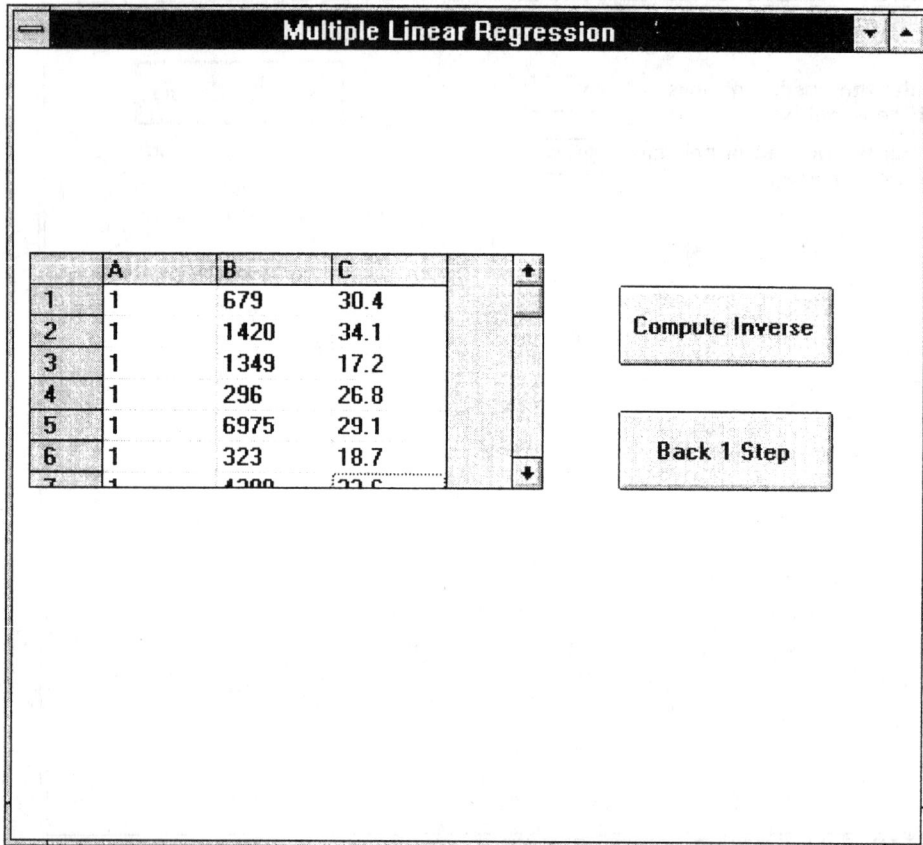

FIGURA 9.16

Debido a que $\mathbf{X}$ es una matriz de $n \times p$ y $\mathbf{X'}$ una matriz de $p \times n$, tenemos que $\mathbf{X'X}$ es de $p \times p$, así como $(\mathbf{X'X})^{-1}$, y por lo tanto $\mathbf{C}$ será una matriz de $p \times n$. Sea C_{ij} el elemento en el renglón i, columna j de esta matriz. Ahora

$$
\begin{bmatrix} B_0 \\ \vdots \\ B_{i-1} \\ \vdots \\ B_k \end{bmatrix} = \mathbf{B} = \mathbf{CY} = \begin{bmatrix} C_{11} & \cdots & C_{1n} \\ \vdots & & \vdots \\ C_{i1} & \cdots & C_{in} \\ \vdots & & \vdots \\ C_{p1} & \cdots & C_{pn} \end{bmatrix} \begin{bmatrix} Y_1 \\ \vdots \\ Y_n \end{bmatrix}
$$

y así

$$
B_{i-1} = \sum_{l=1}^{n} C_{il} Y_l
$$

$$
B_{j-1} = \sum_{r=1}^{n} C_{jr} Y_r
$$

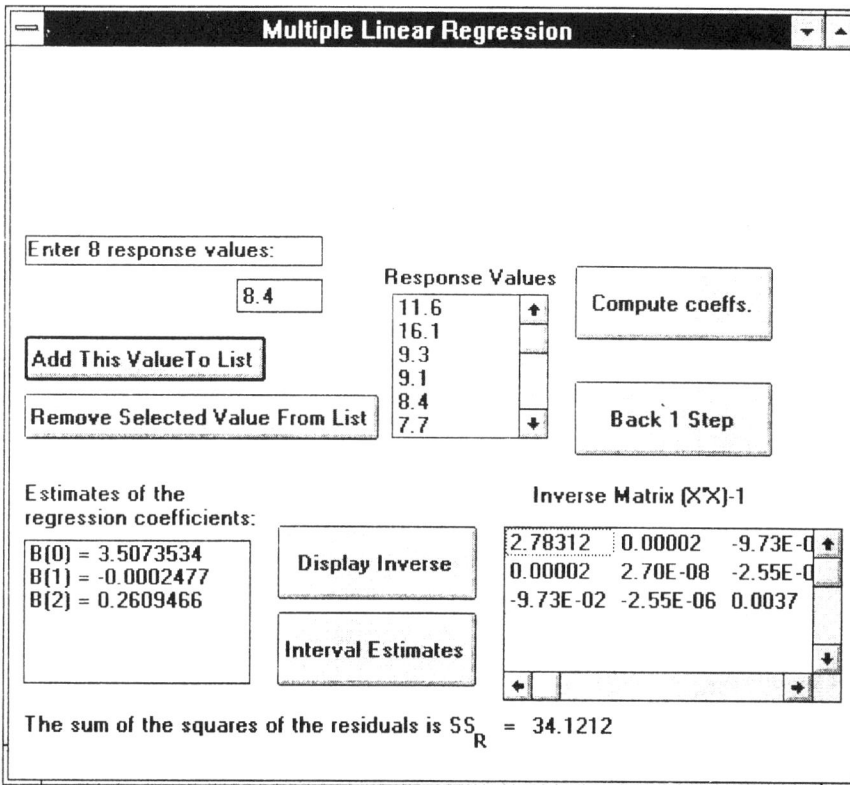

FIGURA 9.17

Por lo que

$$\text{Cov}(B_{i-1}, B_{j-1}) = \text{Cov}\left(\sum_{l=1}^{n} C_{il} Y_l, \sum_{r=1}^{n} C_{jr} Y_r\right)$$

$$= \sum_{r=1}^{n} \sum_{l=1}^{n} C_{il} C_{jr} \text{Cov}(Y_l, Y_r)$$

Ahora si $l \neq r$, Y_l y Y_r son independientes, y así

$$\text{Cov}(Y_l, Y_r) = \begin{cases} 0 & \text{si } l \neq r \\ \text{Var}(Y_r) & \text{si } l = r \end{cases}$$

Ya que $\text{Var}(Y_r) = \sigma^2$, entonces

$$\text{Cov}(B_{i-1}, B_{j-1}) = \sigma^2 \sum_{r=1}^{n} C_{ir} C_{jr} \tag{9.10.4}$$

$$= \sigma^2 (\mathbf{CC}')_{ij}$$

donde $(\mathbf{CC}')_{ij}$ es el elemento en el renglón i, columna j de $\mathbf{CC}'$.

Si ahora $\text{Cov}(\mathbf{B})$ denota la matriz de covarianzas; es decir,

$$\text{Cov}(\mathbf{B}) = \begin{bmatrix} \text{Cov}(B_0, B_0) & \cdots & \text{Cov}(B_0, B_k) \\ \vdots & & \vdots \\ \text{Cov}(B_k, B_0) & \cdots & \text{Cov}(B_k, B_k) \end{bmatrix}$$

entonces, por la ecuación 9.10.4 tenemos que

$$\text{Cov}(\mathbf{B}) = \sigma^2 \mathbf{CC}' \tag{9.10.5}$$

Ahora

$$\mathbf{C}' = \left((\mathbf{X'X})^{-1} \mathbf{X}' \right)'$$

$$= \mathbf{X} \left((\mathbf{X'X})^{-1} \right)'$$

$$= \mathbf{X}(\mathbf{X'X})^{-1}$$

donde la última igualdad se debe a que $(\mathbf{X'X})^{-1}$ es simétrica (ya que $\mathbf{X'X}$ lo es) con lo que es igual a su transpuesta. Por lo que

$$\mathbf{CC}' = (\mathbf{X'X})^{-1} \mathbf{X'X} (\mathbf{X'X})^{-1}$$

$$= (\mathbf{X'X})^{-1}$$

y así de la ecuación 9.10.5 podemos concluir que

$$\text{Cov}(\mathbf{B}) = \sigma^2 (\mathbf{X'X})^{-1} \tag{9.10.6}$$

Debido a que, $\text{Cov}(B_i, B_i) = \text{Var}(B_i)$, las varianzas de los estimadores de mínimos cuadrados están dados por σ^2 multiplicada por los elementos de la diagonal de $(\mathbf{X'X})^{-1}$.

La cantidad σ^2 se estima usando la suma de cuadrados de los residuales. Es decir, si

$$SS_R = \sum_{i=1}^{n} (Y_i - B_0 - B_1 x_{i1} - B_2 x_{i2} - \cdots - B_k x_{ik})^2$$

entonces se demuestra que

$$\frac{SS_R}{\sigma^2} \sim \chi^2_{n-(k+1)}$$

y así

$$E\left[\frac{SS_R}{\sigma^2}\right] = n - k - 1$$

o

$$E[SS_R/(n - k - 1)] = \sigma^2$$

Esto es, $SS_R/(n - k - 1)$ es un estimador insesgado de σ^2. Además, como en el caso de la regresión lineal simple, SS_R será independiente de los estimadores de mínimos cuadrados $B_0, B_1, \ldots, B_k$.

OBSERVACIONES

Si r_i denota el residual i-ésimo

$$r_i = Y_i - B_0 - B_1 x_{i1} - \cdots - B_k x_{ik}, \quad i = 1, \ldots, n$$

entonces

$$\mathbf{r} = \mathbf{Y} - \mathbf{XB}$$

donde

$$\mathbf{r} = \begin{bmatrix} r_1 \\ r_2 \\ \vdots \\ r_n \end{bmatrix}$$

Por lo que podemos escribir

$$SS_R = \sum_{i=1}^{n} r_i^2 \tag{9.10.7}$$
$$= \mathbf{r}'\mathbf{r}$$
$$= (\mathbf{Y} - \mathbf{XB})'(\mathbf{Y} - \mathbf{XB})$$
$$= [\mathbf{Y}' - (\mathbf{XB})'](\mathbf{Y} - \mathbf{XB})$$
$$= (\mathbf{Y}' - \mathbf{B}'\mathbf{X}')(\mathbf{Y} - \mathbf{XB})$$
$$= \mathbf{Y}'\mathbf{Y} - \mathbf{Y}'\mathbf{XB} - \mathbf{B}'\mathbf{X}'\mathbf{Y} + \mathbf{B}'\mathbf{X}'\mathbf{XB}$$
$$= \mathbf{Y}'\mathbf{Y} - \mathbf{Y}'\mathbf{XB}$$

donde la última igualdad es continuación de las ecuaciones normales

$$\mathbf{X}'\mathbf{XB} = \mathbf{X}'\mathbf{Y}$$

Debido a que $\mathbf{Y}'$ es de $1 \times n$, $\mathbf{X}$ es de $n \times p$, y $\mathbf{B}$ es de $p \times 1$, $\mathbf{Y}'\mathbf{XB}$ es una matriz de 1×1. Es decir, $\mathbf{Y}'\mathbf{XB}$ es un escalar y, por ende, es igual a su transpuesta, lo que demuestra que

$$\mathbf{Y'XB} = (\mathbf{Y'XB})'$$

$$= \mathbf{B'X'Y}$$

Por lo tanto, con la ecuación 9.10.7 hemos probado la siguiente identidad:

$$SS_R = \mathbf{Y'Y} - \mathbf{B'X'Y}$$

La fórmula anterior es una fórmula útil para el cálculo de SS_R (aunque al usarla hay que tener cuidado con los errores de redondeo).

EJEMPLO 9.10b Para los datos del ejemplo 9.10a, calculamos que $SS_R = 34.12$. Como $n = 8$, $k = 2$, el estimado de σ^2 es $34.12/5 = 6.824$. ∎

EJEMPLO 9.10c El diámetro de un árbol a la altura del pecho está influenciado por muchos factores. Los datos de la tabla 9.5 relacionan el diámetro de un determinado tipo de árboles de eucalipto con su edad, promedio de precipitación pluvial en su localidad, elevación de la localidad y la gravedad específica media de la madera. (Los datos provienen de R. G. Skolmen, 1975, "Shrinkage and Specific Gravity Variation in Robusta Eucaliptus Wood Grown in Hawaii". USDA Forest Service PSW-298.)

TABLA 9.5

	Edad (en años)	Elevación (en miles de pies)	Precipitación (en pulgadas)	Gravedad específica	Diámetro a altura del pecho (en pulgadas)
1	44	1.3	250	.63	18.1
2	33	2.2	115	.59	19.6
3	33	2.2	75	.56	16.6
4	32	2.6	85	.55	16.4
5	34	2.0	100	.54	16.9
6	31	1.8	75	.59	17.0
7	33	2.2	85	.56	20.0
8	30	3.6	75	.46	16.6
9	34	1.6	225	.63	16.2
10	34	1.5	250	.60	18.5
11	33	2.2	255	.63	18.7
12	36	1.7	175	.58	19.4
13	33	2.2	75	.55	17.6
14	34	1.3	85	.57	18.3
15	37	2.6	90	.62	18.8

Suponiendo un modelo de regresión lineal de la forma

$$Y = \beta_0 + \beta_1 x_1 + \beta_2 x_2 + \beta_3 x_3 + \beta_4 x_4 + e$$

donde x_1 es la edad, x_2 es la elevación, x_3 es la precipitación pluvial, x_4 es la gravedad específica, y Y es el diámetro del árbol, pruebe la hipótesis de que $\beta_2 = 0$. Es decir, pruebe la hipótesis de que, dados los otros tres factores, la elevación del árbol no afecta su diámetro.

SOLUCIÓN Para probar esta hipótesis, empezamos por correr el programa 9.10, el cual nos ofrece entre otras cuestiones lo siguiente:

$$(\mathbf{X}'\mathbf{X})^{-1}_{3,3} = .379, \qquad SS_R = 19.262, \qquad B_2 = .075$$

Ahora, con la ecuación 9.10.6 tenemos que

$$\text{Var}(B_2) = .379\sigma^2$$

Debido a que B_2 es normal y

$$E[B_2] = \beta_2$$

entonces

$$\frac{B_2 - \beta_2}{.616\sigma} \sim N(0, 1)$$

Sustituyendo σ por su estimador $SS_R/10$ se transforma la distribución normal unitaria anterior en una distribución t con 10 $(= n - k - 1)$ grados de libertad. Es decir,

$$\frac{B_2 - \beta_2}{.616\sqrt{SS_R/10}} \sim t_{10}$$

Por lo que si $\beta_2 = 0$ entonces

$$\frac{\sqrt{10/SS_R}B_2}{.616} \sim t_{10}$$

Como el valor del estadístico anterior es $(\sqrt{10/19.262})(.075)/.616 = .088$, el valor p de la prueba de hipótesis de que $\beta_2 = 0$, es

$$\text{valor } p = P\{|T_{10}| > .088\}$$
$$= 2P\{T_{10} > .088\}$$
$$= .9316 \qquad \text{mediante el programa 5.8.2.A}$$

Por lo que se acepta la hipótesis (que sería aceptada para cualquier nivel de significancia menor a .9316) ∎

OBSERVACIONES

A la cantidad

$$R^2 = 1 - \frac{SS_R}{\sum_i (Y_i - \overline{Y})^2}$$

que mide la reducción en la suma de cuadrados de los residuales con el modelo

$$Y = \beta_0 + \beta_1 x_1 + \cdots + \beta_n x_n + e$$

en oposición al modelo

$$Y = \beta_0 + e$$

se le llama el *coeficiente de determinación múltiple*.

9.10.1 PREDICCIÓN DE RESPUESTAS FUTURAS

Suponga que se van a llevar a cabo una serie de experimentos usando niveles de entrada $x_1, \ldots, x_k$. Considere que, basándose en nuestros datos, que consisten en la respuestas previas $Y_1, \ldots, Y_n$, queremos estimar la respuesta media. Como la respuesta media es

$$E[Y|x] = \beta_0 + \beta_1 x_1 + \cdots + \beta_k x_k$$

una estimación puntual de este valor es simplemente $\sum_{i=0}^{k} B_i x_i$, donde $x_0 \equiv 1$.

Para determinar un estimador de intervalo de confianza, necesitamos la distribución de $\sum_{i=0}^{k} B_i x_i$. Debido a que ésta se puede expresar como una combinación lineal de variables aleatorias independientes normales Y_i, $i = 1, \ldots, n$, entonces también tiene una distribución normal. Su media y varianza se obtienen como sigue:

$$E\left[\sum_{i=0}^{k} x_i B_i\right] = \sum_{i=0}^{k} x_i E[B_i] \tag{9.10.8}$$

$$= \sum_{i=0}^{k} x_i \beta_i \quad \text{ya que } E[B_i] = \beta_i$$

Es decir, se trata de un estimador insesgado. Usando el hecho de que la varianza de una variable aleatoria es igual a la covarianza entre la variable aleatoria y ella misma, observamos que

$$\text{Var}\left(\sum_{i=0}^{k} x_i B_i\right) = \text{Cov}\left(\sum_{i=0}^{k} x_i B_i, \sum_{j=0}^{k} x_j B_j\right) \tag{9.10.9}$$

$$= \sum_{i=0}^{k} \sum_{j=0}^{k} x_i x_j \, \text{Cov}(B_i, B_j)$$

Si denotamos con x a la matriz

$$\mathbf{x} = \begin{bmatrix} x_0 \\ x_1 \\ \vdots \\ x_k \end{bmatrix}$$

entonces, recordando que $\text{Cov}(B_i, B_j)/\sigma^2$ es el elemento en el renglón $(i+1)$ y en la columna $(j+1)$ de $(\mathbf{X'X})^{-1}$, expresamos la ecuación 9.10.9 como

$$\text{Var}\left(\sum_{i=0}^{k} x_i B_i\right) = \mathbf{x}'(\mathbf{X'X})^{-1}\mathbf{x}\sigma^2 \tag{9.10.10}$$

Con la ecuación 9.10.8 y 9.10.10 vemos que

$$\frac{\sum_{i=0}^{k} x_i B_i - \sum_{i=0}^{k} x_i \beta_i}{\sigma\sqrt{\mathbf{x}'(\mathbf{X'X})^{-1}\mathbf{x}}} \sim N(0, 1)$$

Si sustituimos σ por su estimador $\sqrt{SS_R/(n-k-1)}$, mediante el argumento usual, obtenemos que

$$\frac{\sum_{i=0}^{k} x_i B_i - \sum_{i=0}^{k} x_i \beta_i}{\sqrt{\dfrac{SS_R}{(n-k-1)}}\sqrt{\mathbf{x}'(\mathbf{X'X})^{-1}\mathbf{x}}} \sim t_{n-k-1}$$

lo que da lugar al siguiente estimador de intervalo de confianza de $\sum_{i=0}^{k} x_i \beta_i$.

Estimado de intervalo de confianza para $E[Y|\mathbf{x}] = \sum_{i=0}^{k} x_i \beta_i$, $(x_0 \equiv 1)$

Un estimado de intervalo de confianza de $100(1-a)$ por ciento para $\sum_{i=0}^{k} x_i \beta_i$ está dado por

$$\sum_{i=0}^{k} x_i b_i \pm \sqrt{\frac{ss_r}{(n-k-1)}}\sqrt{\mathbf{x}'(\mathbf{X'X})^{-1}\mathbf{x}} \quad t_{a/2, n-k-1}$$

donde $b_0, \ldots, b_k$ son los valores de los estimadores de mínimos cuadrados de $B_0, B_1, \ldots, B_k$ y ss_r es el valor de SS_R.

EJEMPLO 9.10d Un empresa de acero planea producir hojas de acero laminadas en frío que contienen .15 por ciento de cobre, cocidas a una temperatura de 1 150 (grados F), y busca determinar la dureza promedio de las hojas. Para ello reúne los datos de 10 tipos diferentes de hojas de acero con diferentes contenidos de cobre y con diferentes temperaturas de cocción; estos datos se dan en la tabla 9.6.

TABLA 9.6

Dureza	Contenido de cobre	Temperatura de cocción (en miles de grados F)
79.2	.02	1.05
64.0	.03	1.20
55.7	.03	1.25
56.3	.04	1.30
58.6	.10	1.30
84.3	.15	1.00
70.4	.15	1.10
61.3	.09	1.20
51.3	.13	1.40
49.8	.09	1.40

Estime la dureza promedio y determine un intervalo de confianza de 95 por ciento en el cual se encuentre esta dureza promedio.

SOLUCIÓN Lo primero que hacemos es correr el programa 9.10, el cual nos da los resultados que se muestran en las figuras 9.18, 9.19 y 9.20.

Por tanto, un estimado puntual de la dureza esperada de hojas de acero con un .15 por ciento de cobre, cocidas a una temperatura de 1 150 grados, es 69.862. Además, como $t_{.025,7} = 2.365$, tenemos que un intervalo de confianza de 95 por ciento para este valor es

$$69.862 \pm 4.083 \quad \blacksquare$$

Cuando se va a realizar un solo experimento con los niveles de entrada $x_1, \ldots, x_k$, estamos más interesados en predecir el valor verdadero de respuesta que su valor medio. Es decir, nos interesa utilizar nuestro conjunto de datos $Y_1, \ldots, Y_n$ para predecir

$$Y(\mathbf{x}) = \sum_{i=0}^{k} \beta_i x_i + e, \qquad \text{donde } x_0 = 1$$

Una predicción puntual está dada por $\sum_{i=0}^{k} B_i x_i$, donde B_i es el estimador de mínimos cuadrados de β_i con base en el conjunto de respuestas anteriores $Y_1, \ldots, Y_n$, $i = 1, \ldots, k$.

Para determinar un intervalo de predicción para $Y(\mathbf{x})$, observamos primero que ya que $B_0, \ldots, B_k$ están basadas en respuestas anteriores, entonces son independientes de $Y(\mathbf{x})$. Por lo que tenemos que $Y(\mathbf{x}) - \sum_{i=0}^{k} B_i x_i$ es normal con media 0 y varianza dada por

$$\text{Var}\left[Y(\mathbf{x}) - \sum_{i=0}^{k} B_i x_i \right] = \text{Var}[Y(\mathbf{x})] + \text{Var}\left(\sum_{i=0}^{k} B_i x_i \right) \qquad \text{por la independencia}$$

$$= \sigma^2 + \sigma^2 \mathbf{x}'(\mathbf{X}'\mathbf{X})^{-1}\mathbf{x} \qquad \text{con la ecuación 9.10.10}$$

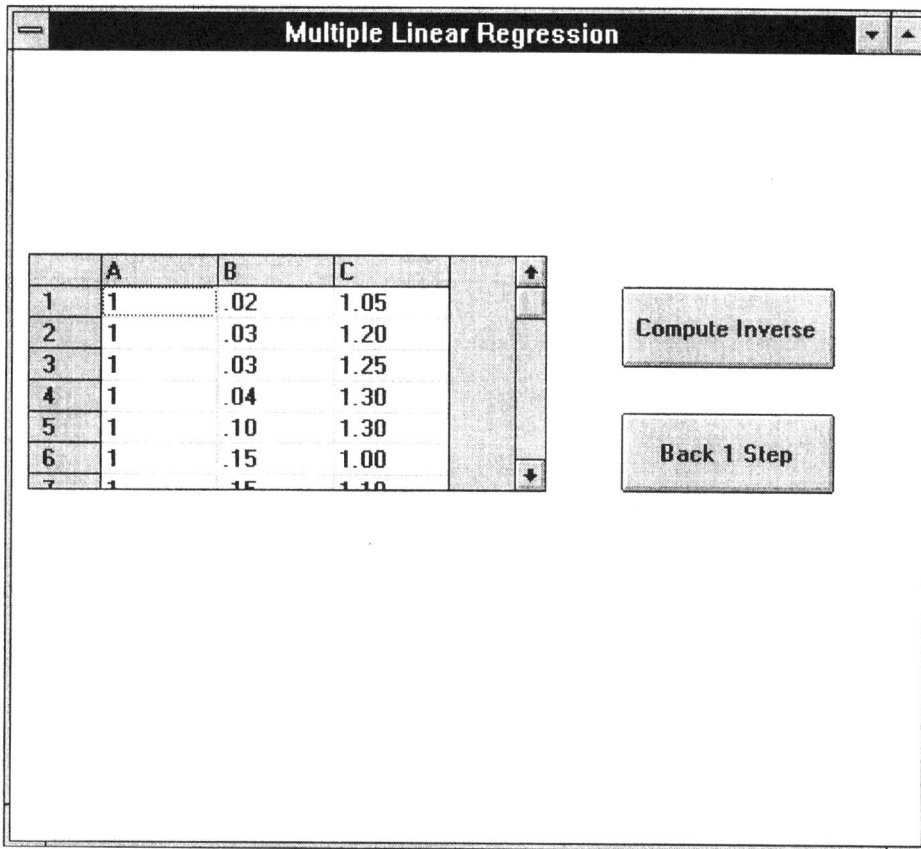

FIGURA 9.18

y así

$$\frac{Y(\mathbf{x}) - \sum_{i=0}^{k} B_i x_i}{\sigma \sqrt{1 + \mathbf{x}'(\mathbf{X}'\mathbf{X})^{-1}\mathbf{x}}} \sim N(0, 1)$$

que después de sustituir σ por su estimador nos da

$$\frac{Y(\mathbf{x}) - \sum_{i=0}^{k} B_i x_i}{\sqrt{\dfrac{SS_R}{(n-k-1)}} \sqrt{1 + \mathbf{x}'(\mathbf{X}'\mathbf{X})^{-1}\mathbf{x}}} \sim t_{n-k-1}$$

Tenemos:

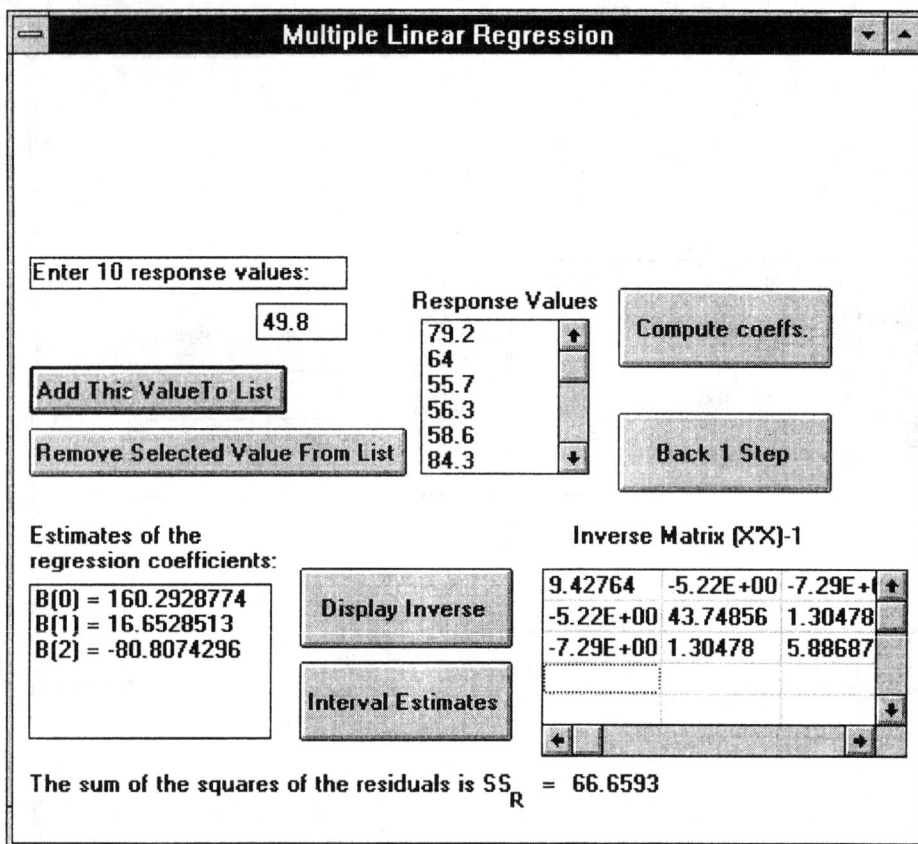

FIGURA 9.19

Intervalo de predicción para $Y(\mathbf{x})$

Con $100(1 - a)$ por ciento de confianza $Y(\mathbf{x})$ estará entre

$$\sum_{i=0}^{k} x_i b_i \pm \sqrt{\frac{ss_r}{(n - k - 1)}} \sqrt{1 + \mathbf{x}'(\mathbf{X}'\mathbf{X})^{-1}\mathbf{x}} \qquad t_{a/2, n-k-1}$$

donde $b_0, \ldots, b_k$ son los valores de los estimadores de mínimos cuadrados de $B_0, B_1, \ldots, B_k$ y ss_r es el valor de SS_R.

EJEMPLO 9.10e Si en el ejemplo 9.10d quisiéramos determinar un intervalo donde estuviera una sola hoja de acero, producida con un contenido de carbón de .15 por ciento y a una temperatura de 1 150°F, entonces el punto medio del intervalo de predicción sería como el dado antes. Sin embargo, la longitud de la mitad de este intervalo de predicción diferiría de la del intervalo de

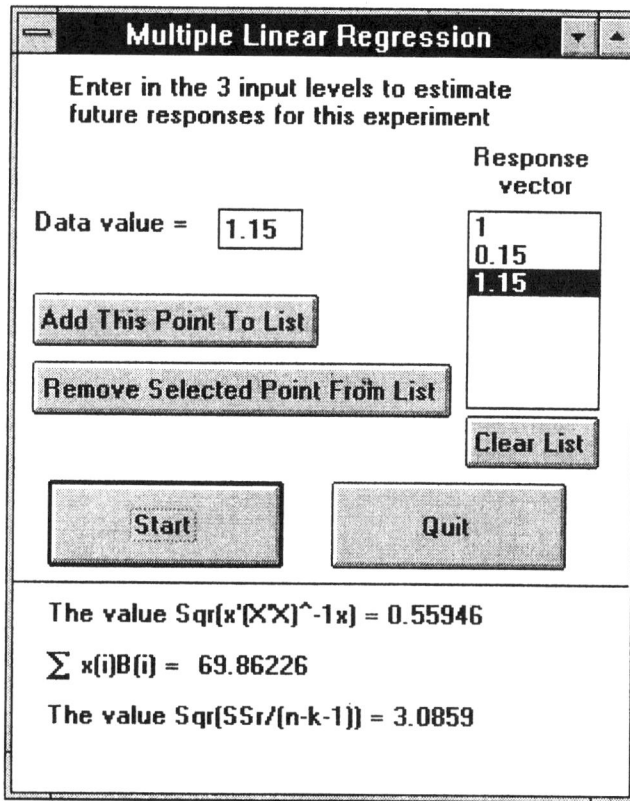

FIGURA 9.20

confianza en el valor medio multiplicado por el factor $\sqrt{1.313}/\sqrt{.313}$. Es decir, el intervalo de predicción del 95 por ciento de confianza es

$$69.862 \pm 8.363 \quad \blacksquare$$

Problemas

1. Los siguientes datos relacionan la humedad x, de una mezcla húmeda de cierto producto, con la densidad Y, del producto terminado.

x_i	Y_i
5	7.4
6	9.3
7	10.6
10	15.4
12	18.1
15	22.2
18	24.1
20	24.8

(a) Dibuje un diagrama de dispersión.

(b) Ajuste una curva lineal a los datos.

2. En la tabla siguiente se da el número de unidades ordenadas de cierto artículo, en función de su precio, en seis lugares diferentes.

Número ordenado	88	112	123	136	158	172
Precio	50	40	35	30	20	15

¿Cuántas unidades piensa usted que serían ordenadas si el precio fuera 25?

3. Se estudia la corrosión, de cierta sustancia metálica, en oxígeno seco a 500 grados centígrados. El aumento de peso después de diferentes periodos de exposición sirve como una medida de la cantidad de oxígeno que ha reaccionado con la muestra. Aquí están los datos:

Horas	Aumento en por ciento
1.0	.02
2.0	.03
2.5	.035
3.0	.042
3.5	.05
4.0	.054

(a) Dibuje un diagrama de dispersión.

(b) Ajuste una relación lineal.

(c) Diga cuál será el porcentaje de aumento de peso después de una exposición de 3.2 horas.

4. Los siguientes datos indican la relación entre x, la gravedad específica de una muestra de madera, y Y, su resistencia máxima al desquebrajo por compresión paralela a la veta.

x_i	y_i(psi)	x_i	y_i(psi)
.41	1 850	.39	1 760
.46	2 620	.41	2 500
.44	2 340	.44	2 750
.47	2 690	.43	2 730
.42	2 160	.44	3 120

(a) Trace un diagrama de dispersión. ¿Es razonable pensar que exista una relación lineal?

(b) Estime los coeficientes de regresión.

(c) Prediga la resistencia máxima al desquebrajo de una muestra de madera de gravedad específica .43.

5. Los datos siguientes dan el aumento en la velocidad de lectura, de 10 alumnos en un curso de velocidad lectora, contra el número de semanas en el curso.

Número de semanas	Aumento en la velocidad (palabras/min)
2	21
3	42
8	102
11	130
4	52
5	57
9	105
7	85
5	62
7	90

(a) Trace un diagrama de dispersión para saber si se indica una relación lineal.

(b) Encuentre los estimados de mínimos cuadrados del coeficiente de regresión.

(c) Estime cuál será el aumento en la velocidad de un estudiante que tome el curso 7 semanas.

6. La espectroscopia de infrarrojo se usa, con frecuencia, para determinar el contenido de hule natural en mezclas de hule natural y hule sintético. Para mezclas con porcentajes conocidos se obtuvieron las siguientes lecturas de infrarrojo:

Porcentaje	0	20	40	60	80	100
Lectura	.734	.885	1.050	1.191	1.314	1.432

Estime el porcentaje de hule natural en una mezcla que dé una lectura de 1.15 de espectroscopia de infrarrojo.

7. La tabla siguiente nos da, para cada uno de los estados de Estados Unidos y para el distrito de Columbia, los promedios de las puntuaciones en matemáticas y en habilidad verbal en el examen SAT de 1996, así como el porcentaje de los estudiantes graduados de la escuela de segunda enseñanza que hicieron el examen. Utilice los datos de las primeras 20 localidades (Alabama a Maine) para desarrollar una predicción sobre el puntaje medio en matemáticas en términos del porcentaje de estudiantes que realizaron el examen. Después compare los valores obtenidos según su predicción (basada en el porcentaje que hizo el examen en ese estado) para los siguientes 5 estados con la verdadera puntuación media en matemáticas.

Puntuaciones medias en el SAT, dadas por estados, 1996 (escala recentrada)

	1996		% graduados que hizo el examen
	Habilidad verbal	Matemáticas	
Alabama	565	558	8
Alaska	521	513	47
Arizona	525	521	28

(continúa)

	1996 Habilidad		% graduados que hizo
	verbal	Matemáticas	el examen
Arkansas	566	550	6
California	495	511	45
Colorado	536	538	30
Connecticut	507	504	79
Delaware	508	495	66
Dist. of Columbia	489	473	50
Florida	498	496	48
Georgia	484	477	63
Hawali	485	510	54
Idaho	543	536	15
Illinois	564	575	14
Indiana	494	494	57
Iowa	590	600	5
Kansas	579	571	9
Kentucky	549	544	12
Louisiana	559	550	9
Maine	504	498	68
Maryland	507	504	64
Massachusetts	507	504	80
Michigan	557	565	11
Minnesota	582	593	9
Mississippi	569	557	4
Missouri	570	569	9
Montana	546	547	21
Nebraska	567	568	9
Nevada	508	507	31
New Hampshire	520	514	70
New Jersey	498	505	69
New Mexico	554	548	12
New York	497	499	73
North Carolina	490	486	59
North Dakota	596	599	5
Ohio	536	535	24
Oklahoma	566	557	8
Oregon	523	521	50
Pennsylvania	498	492	71
Rhode Island	501	491	69
South Carolina	480	474	57
South Dakota	574	566	5
Tennessee	563	552	14

(continúa)

| | 1996 | | % graduados |
| | Habilidad | | que hizo |
	verbal	Matemáticas	el examen
Texas	495	500	48
Utah	583	575	4
Vermont	506	500	70
Virginia	507	496	68
Washington	519	519	47
West Virginia	526	506	17
Wisconsin	577	586	8
Wyoming	544	544	11
National Average	505	508	41

Fuente: The College Board

8. Verifique la ecuación 9.3.3 que dice que

$$\text{Var}(A) = \frac{\sigma^2 \sum_{i=1}^{n} x_i^2}{n \sum_{i=1}^{n} (x_i - \overline{x})^2}$$

9. En el problema 4,

   (a) Estime la varianza de una respuesta individual.
   (b) Determine un intervalo de 95 por ciento de confianza para la varianza.

10. Verifique que

$$SS_R = \frac{S_{xx} S_{YY} - S_{xY}^2}{S_{xx}}$$

11. La tabla siguiente relaciona el número de manchas solares aparecidas cada año desde 1970 hasta 1983 con el número de fallecimientos por accidentes automovilísticos en el año correspondiente. Pruebe la hipótesis de que el número de fallecimientos por accidentes automovilísticos no se ve afectado por el número de manchas solares. (Los datos sobre las manchas solares se obtuvieron de Jastrow and Thompson, *Fundamentals and Frontiers of Astronomy*, y los datos sobre fallecimientos por accidentes automovilísticos de *General Statistics of the U.S. 1985*.)

Año	Manchas solares	Fallecimientos por accidentes automovilísticos (miles)
70	165	54.6
71	89	53.3
72	55	56.3
73	34	49.6
74	9	47.1
75	30	45.9
76	59	48.5
77	83	50.1
78	109	52.4
79	127	52.5
80	153	53.2
81	112	51.4
82	80	46
83	45	44.6

12. El siguiente conjunto de datos presenta las estaturas de 12 hombres, compañeros en la escuela de derecho, cuyas puntuaciones en el examen de la escuela de derecho fueron aproximadamente iguales. También indica sus salarios anuales 5 años después de haberse graduado. Todos se dedicaron a derecho corporativo. La estatura se ofrece en pulgadas y el salario en miles de dólares.

Estatura	Salario
64	91
65	94
66	88
67	103
69	77
70	96
72	105
72	88
74	122
74	102
75	90
76	114

(a) ¿Demuestran, los datos anteriores, la hipótesis de que el salario de un abogado está relacionado con su estatura? Use 5 por ciento como nivel de significancia.

(b) ¿Cuál fue la hipótesis nula en el inciso (a)?

13. Suponga el modelo de regresión lineal simple

$$Y = \alpha + \beta x + e$$

que $0 < \beta < 1$.

(a) Muestre que si $x < \alpha/(1 - \beta)$, entonces

$$x < E[Y] < \frac{\alpha}{1 - \beta}$$

(b) Demuestre que si $x > \alpha/(1 - \beta)$, tenemos que

$$x > E[Y] > \frac{\alpha}{1 - \beta}$$

y concluya que $E[Y]$ siempre está entre x y $\alpha/(1 - \beta)$.

14. En un estudio se demostró que un buen modelo para la relación entre X y Y, promedios de bateo de un jugador de la liga mayor de beisbol, tomado aleatoriamente, de su primer y segundo año, es

$$Y = .159 + .4X + e$$

donde e es una variable aleatoria normal con media 0. Es decir, el modelo es una regresión lineal simple con regresión hacia la media.

(a) Si en el primer año el promedio de bateo de un jugador es .200, ¿qué pronosticaría usted para el segundo año?

(b) Si en el primer año el promedio de bateo de un jugador es .265, ¿qué pronosticaría usted para el segundo año?

(c) Si en el primer año el promedio de bateo de un jugador es .310, ¿qué pronosticaría usted para el segundo año?

15. Un experimentado instructor de vuelo dice que, por lo general, las alabanzas por un aterrizaje excepcional se ven seguidas de un mal aterrizaje en el siguiente intento; mientras que las críticas por un mal aterrizaje se ven seguidas de un mejor aterrizaje. ¿Debemos concluir que las alabanzas verbales tienden a disminuir el nivel de desempeño, mientras que las críticas tienden a aumentarlo? ¿O existe alguna otra explicación posible?

16. Verifique la ecuación 9.4.3.

17. Los siguientes son datos de 10 aviones, y en ellos se relaciona el número de errores de alineación con el número de remaches faltantes.

Número de remaches faltantes = x	Número de errores de alineación = y
13	7
15	7
10	5
22	12
30	15
7	2
25	13
16	9
20	11
15	8

(a) Trace un diagrama de dispersión.

(b) Estime el coeficiente de regresión.

(c) Pruebe la hipótesis de que $\alpha = 1$.

(d) Estime el valor esperado para el número de errores de alineación de un avión al que le faltan 24 remaches.

(e) Calcule un estimado para un intervalo de 90 por ciento de confianza para la cantidad en el inciso (d).

18. Los siguientes datos dan el precio promedio de todos los libros reseñados en la revista *Science* desde 1990 hasta 1996.

Precio (en dólares)						
1990	1991	1992	1993	1994	1995	1996
54.43	54.08	57.58	51.21	59.96	60.52	62.13

Dé un intervalo que con 95 por ciento de confianza contenga el precio promedio de todos los libros reseñados en la revista *Science* en 1997.

Los problemas 19 a 23 se refieren a los datos siguientes. En ellos se relaciona fumar con tasa de fallecimientos en 14 estados (de Estados Unidos), a causa de 4 tipos de cánceres. Los datos se basan en registros de recaudación de impuestos por la venta de cigarros en 1960.

Fumar cigarros y tasa de fallecimiento por cáncer

Estado	Cigarros por persona	Fallecimientos por año por cada 100 000 personas			
		Cáncer de vesícula	Cáncer pulmonar	Cáncer de riñón	Leucemia
California	2,860	4.46	22.07	2.66	7.06
Idaho	2,010	3.08	13.58	2.46	6.62
Illinois	2,791	4.75	22.80	2.95	7.27
Indiana	2,618	4.09	20.30	2.81	7.00
Iowa	2,212	4.23	16.59	2.90	7.69
Kansas	2,184	2.91	16.84	2.88	7.42
Kentucky	2,344	2.86	17.71	2.13	6.41
Massachusetts	2,692	4.69	22.04	3.03	6.89
Minnesota	2,206	3.72	14.20	3.54	8.28
New York	2,914	5.30	25.02	3.10	7.23
Alaska	3,034	3.46	25.88	4.32	4.90
Nevada	4,240	6.54	23.03	2.85	6.67
Utah	1,400	3.31	12.01	2.20	6.71
Texas	2,257	3.21	20.74	2.69	7.02

19. (a) Trace un diagrama de dispersión del consumo de cigarros contra la tasa de fallecimientos a causa de cáncer de vesícula.

(b) ¿Indica el diagrama la posibilidad de una relación lineal?

(c) Encuentre el mejor ajuste lineal.

(d) Si el consumo de cigarros del año siguiente es de 2 500, ¿cuál es la tasa de fallecimientos a causa de cáncer de vesícula que pronosticaría usted?

20. **(a)** Trace un diagrama de dispersión que relacione el consumo de cigarros, con la tasa de fallecimientos a causa de cáncer pulmonar.

    (b) Estime los parámetros de regresión α y β.

    (c) Con un nivel de significancia de .05, pruebe la hipótesis de que el consumo de cigarros no afecta la tasa de fallecimientos a causa de cáncer pulmonar.

    (d) ¿Cuál es el valor p de la prueba en el inciso (c)?

21. **(a)** Trace un diagrama de dispersión que relacione el consumo de cigarros, con la tasa de fallecimientos a causa de cáncer de riñón.

    (b) Estime la línea de regresión.

    (c) ¿Cuál es el valor p de la prueba donde la pendiente de la línea de regresión es 0?

    (d) Determine un intervalo de 90 por ciento para la tasa media de fallecimientos a causa de cáncer de riñón en un estado en el que sus ciudadanos fuman un promedio anual de 3 400 cigarros.

22. **(a)** Trace un diagrama de dispersión de cigarros fumados contra tasas de fallecimientos a causa de leucemia.

    (b) Estime el coeficiente de regresión.

    (c) Pruebe la hipótesis de que no hay regresión de la tasa de fallecimientos a causa de leucemia, en el número de cigarros consumidos. Es decir, pruebe que $\beta = 0$.

    (d) Determine un intervalo de predicción de 90 por ciento para la tasa de fallecimiento a causa de leucemia en un estado en el que sus ciudadanos fuman un promedio de 2 500 cigarros. ·

23. **(a)** En los problemas 19 a 22 estime las varianzas.

    (b) Determine un intervalo de confianza de 95 por ciento para la varianza de los datos relacionados con cáncer pulmonar.

    (c) Divida los datos sobre cáncer pulmonar en dos partes: la primera con los datos de los estados donde el consumo medio de cigarros es menor a 2 300, y la segunda con los de los estados en los que es mayor. Para ambos conjuntos de datos, suponga un modelo de regresión lineal. ¿Cómo probaría usted la hipótesis de que en los dos conjuntos de datos la varianza, de una respuesta, es la misma?

    (d) ¿Es la prueba del inciso (c) significante para un nivel de .05?

24. Grafique los residuales estandarizados de los datos del problema 1. ¿Qué indican los datos acerca de las suposiciones del modelo de regresión lineal?

25. Medir directamente la cantidad de proteína en una muestra de hígado resulta difícil y tardado. Por esta razón, los laboratorios médicos con frecuencia usan el hecho de que la cantidad de proteína está relacionada con la cantidad de luz absorbida por la muestra. Lo que se hace, es hacer pasar la luz emitida por un espectrómetro a través de la solución que contiene la muestra de hígado y usar la cantidad de luz que es absorbida para estimar la cantidad de proteína.

    Empleando este procedimiento en cinco muestras con cantidades de proteína conocidas se obtuvieron los resultados siguientes.

Luz absorbida	Cantidad de proteína (en miligramos)
.44	2
.82	16
1.20	30
1.61	46
1.83	55

(a) Determine el coeficiente de determinación.

(b) ¿Es ésta una manera razonable de estimar la cantidad de proteína en una muestra de hígado?

(c) ¿Cuál es el estimado de la cantidad de proteína si la cantidad de luz absorbida es de 1.5?

(d) Determine un intervalo de predicción en el que podamos tener un 90 por ciento de confianza para la cantidad en el inciso (c).

26. Determinar la resistencia a la rotura, de puntos de soldadura, es relativamente difícil; mientras que medir su diámetro es relativamente fácil. Por esta razón, sería ventajoso si la resistencia a la rotura se predijera a partir del diámetro de un punto de soldadura. Los datos son los siguientes:

Resistencia a la rotura (psi)	Diámetro del punto de soldadura (en .0001 de pulg.)
370	400
780	800
1 210	1 250
1 560	1 600
1 980	2 000
2 450	2 500
3 070	3 100
3 550	3 600
3 940	4 000
3 950	4 000

(a) Trace un diagrama de dispersión.

(b) Encuentre los estimados de mínimos cuadrados de los coeficientes de regresión.

(c) Pruebe la hipótesis de que la pendiente de la línea de regresión es igual a 1, para un nivel de significancia de .05.

(d) Estime el valor esperado de resistencia a la rotura si el diámetro de la soldadura es de .2500.

(e) Encuentre un intervalo de predicción tal que, con 95 por ciento de confianza, el valor de la resistencia a la rotura, correspondiente a un diámetro de soldadura de .2250 pulgadas, esté contenido en él.

(f) Grafique los residuales estandarizados.

(g) ¿Respalda la gráfica obtenida en el inciso (f), las suposiciones del modelo?

27. Un fabricante de tornillos quiere proporcionar a sus clientes datos de la relación entre la longitud nominal y la verdadera longitud. Se obtuvieron los siguientes datos observados (en pulgadas).

x nominal		y verdadera	
$\frac{1}{4}$	.262	.262	.245
$\frac{1}{2}$	.496	.512	.490
$\frac{3}{4}$	.743	.744	.751
1	.976	1.010	1.004
$1\frac{1}{4}$	1.265	1.254	1.252
$1\frac{1}{2}$	1.498	1.518	1.504
$1\frac{3}{4}$	1.738	1.759	1.750
2	2.005	1.992	1.992

(a) Estime los coeficientes de regresión.

(b) Estime la varianza que se tiene en la fabricación de un tornillo.

(c) Encuentre un intervalo de confianza de 90 por ciento para la longitud promedio en un conjunto grande de tornillos que tienen una longitud nominal de 1 pulgada.

(d) Encuentre un intervalo de predicción de 90 por ciento para la longitud verdadera de un tornillo cuya longitud nominal es de 1 pulgada.

(e) Grafique los residuales estandarizados.

(f) ¿Indican, los residuales del inciso (e), alguna falla en el modelo de regresión?

(g) Determine el índice de ajuste.

28. El vidrio juega un papel clave en las investigaciones criminales, debido a que, la actividad criminal siempre ocasiona que se rompan ventanas u otros objetos de vidrio. Ya que con frecuencia, quedan fragmentos de vidrio en la ropa del criminal, es muy importante poder determinar si esos fragmentos provienen de la escena del crimen. Existen dos propiedades del vidrio que son útiles en estos casos: su índice de refracción, que es relativamente fácil de medir, y su densidad, que es mucho más difícil de medir. Sin embargo, la medición exacta de la densidad se facilita mucho si, antes de empezar con el experimento de laboratorio, necesario para determinarla con exactitud, se tiene una buena estimación de su valor. De manera que sería muy útil si uno utilizara el índice de refracción de un fragmento de vidrio para estimar su densidad.

Los datos siguientes relacionan el índice de refracción de 18 pedazos de vidrio, con su densidad.

Índice de refracción	Densidad	Índice de refracción	Densidad
1.5139	2.4801	1.5161	2.4843
1.5153	2.4819	1.5165	2.4858
1.5155	2.4791	1.5178	2.4950
1.5155	2.4796	1.5181	2.4922
1.5156	2.4773	1.5191	2.5035
1.5157	2.4811	1.5227	2.5086
1.5158	2.4765	1.5227	2.5117
1.5159	2.4781	1.5232	2.5146
1.5160	2.4909	1.5253	2.5187

(a) Pronostique la densidad de un pedazo de vidrio con un índice de refracción de 1.52.

(b) Determine un intervalo que, con 95 por ciento de confianza, contenga la densidad del vidrio del inciso (a).

29. Al siguiente modelo de regresión

$$Y = \beta x + e, \qquad e \sim N(0, \sigma^2)$$

se le llama regresión a través del origen, porque presupone que la respuesta esperada, correspondiente a un nivel de entrada $x = 0$, es igual a 0. Suponga que $(x_i, Y_i), i = 1, \ldots, n$ es un conjunto de datos de este modelo.

(a) Determine el estimador de mínimos cuadrados B de β.

(b) ¿Cuál es la distribución de B?

(c) Defina SS_R y dé su distribución.

(d) Deduzca una prueba de $H_0 : \beta = \beta_0$ contra $H_1 : \beta \neq \beta_0$.

(e) Determine un intervalo de predicción de $100(1 - a)$ por ciento, para $Y(x_0)$, que responda al nivel de entrada x_0.

30. Pruebe la siguiente igualdad

$$R^2 = \frac{S_{xY}^2}{S_{xx}S_{YY}}$$

31. En la tabla siguiente se dan los pesos y las presiones sanguíneas sistólicas de hombres, entre 25 y 30 años de edad, tomados de manera aleatoria.

Sujeto	Peso	Presión sanguínea sistólica	Sujeto	Peso	Presión sanguínea sistólica
1	165	130	11	172	153
2	167	133	12	159	128
3	180	150	13	168	132
4	155	128	14	174	149
5	212	151	15	183	158
6	175	146	16	215	150
7	190	150	17	195	163
8	210	140	18	180	156
9	200	148	19	143	124
10	149	125	20	240	170

(a) Estime los coeficientes de regresión.

(b) ¿Respaldan los datos la afirmación de que la presión sistólica no depende del peso del individuo?

(c) Si se les toma la presión sanguínea a un número grande de hombres cuyo peso es de 182 libras, determine un intervalo que, con 95 por ciento de confianza, contenga a su presión promedio.

(d) Analice los residuales estandarizados.

(e) Determine el coeficiente de correlación muestral.

32. Se ha determinado que la relación entre tensión (S) y ciclos de falla (N) de una aleación particular está dada por

$$S = \frac{A}{N^m}$$

donde A y m son constantes desconocidas. Se realiza un experimento con los siguientes resultados:

Tensión (en miles de psi)	N (en millones de ciclos de falla)
55.0	.223
50.5	.925
43.5	6.75
42.5	18.1
42.0	29.1
41.0	50.5
35.7	126
34.5	215
33.0	445
32.0	420

Estime A y m.

33. En 1957 el ingeniero industrial holandés J. R. DeJong propuso el modelo siguiente para el tiempo que toma realizar una tarea manual sencilla, como función del número de veces que se ha realizado.

$$T \approx ts^{-n}$$

donde T es el tiempo, n es el número de veces que se ha realizado la tarea, y t y s son parámetros que dependen de la tarea y del individuo. Basándose en los datos siguientes estime t y s.

T	22.4	21.3	19.7	15.6	15.2	13.9	13.7
n	0	1	2	3	4	5	6

34. La cantidad de cloro residual en una alberca, en varios tiempos, después de que se ha limpiado es el siguiente

Tiempo (hrs)	Cloro residual (en pt/millón)
2	1.8
4	1.5
6	1.45
8	1.42
10	1.38
12	1.36

Ajuste una curva de la forma

$$Y \approx ae^{-bx}$$

¿Qué cantidad de cloro residual pronosticaría usted 15 horas después de que se ha limpiado la alberca?

35. La proporción de una elevación de temperatura que ha desaparecido al tiempo t, después de que se desconectó la fuente, es de la forma

$$P = 1 - e^{-\alpha t}$$

donde α es una constante desconocida. Con los datos siguientes

P	.07	.21	.32	.38	.40	.45	.51
t	.1	.2	.3	.4	.5	.6	.7

estime el valor de α. Calcule el valor de t al que ha desaparecido la mitad de la elevación de la temperatura.

36. Los datos siguientes representan la cuenta bacteriana en cinco individuos, a diferentes tiempos después de haber sido inoculados con una vacuna que contenía a la bacteria.

Días después de la inoculación	Cuenta bacteriana
3	121 000
6	134 000
7	147 000
8	210 000
9	330 000

(a) Ajuste una curva.

(b) Estime la cuenta bacteriana de un nuevo paciente después de 8 días.

37. Los datos siguientes presentan la cantidad de hidrógeno presente (en partes por millón), en el corazón de una perforación, de un determinado tamaño, a las distancias siguientes (en pies), desde la base de un tiro de vacío.

Distancia	1	2	3	4	5	6	7	8	9	10
Cantidad	1.28	1.50	1.12	.94	.82	.75	.60	.72	.95	1.20

(a) Dibuje un diagrama de dispersión.

(b) Ajuste a los datos una curva de la forma

$$Y = \alpha + \beta x + \gamma x^2 + e$$

38. Para determinar la efectividad de una nueva droga en la reducción de tumores cancerosos, se hicieron prueba en 10 ratones, cada uno tenía un tumor de 4 gramos. Se varió la cantidad de droga para determinar la reducción consecuente en el peso del tumor. Los datos obtenidos fueron los siguientes:

Cantidad codificada de droga	Reducción en el peso del tumor
1	.50
2	.90
3	1.20
4	1.35
5	1.50
6	1.60
7	1.53
8	1.38
9	1.21
10	.65

Estime la máxima reducción, esperada, en el tumor y la cantidad de droga necesaria para ello, ajustando una ecuación de regresión cuadrática de la forma

$$Y = \beta_0 + \beta_1 x + \beta_2 x^2 + e$$

39. Los datos siguientes representan la relación entre el número de latas dañadas en un envío de latas en un vagón cerrado y la velocidad del vagón en el momento del impacto.

Velocidad	Número de latas dañadas
3	54
3	62
3	65
5	94
5	122
5	84
6	142
7	139
7	184
8	254

(a) Analícelos como un modelo de regresión lineal simple.

(b) Grafique los residuales estandarizados.

(c) ¿Indican los resultados del inciso (b) algún error en el modelo?

(d) Si su respuesta al inciso (c) es sí, sugiera un modelo mejor y estime los parámetros correspondientes.

40. Vuelva a resolver el problema 5 bajo la suposición de que la varianza del aumento en la velocidad lectora es proporcional al número de semanas en el curso.

41. Los datos siguientes fueron generados con el siguiente modelo

$$Y = 20 + 4x + e$$

donde e es normal con media 0 y varianza $15/(5 + x)$:

x_i	y_i
1	23.9
2	27.9
3	31.0
4	36.8
5	41.8
6	43.6
7	48.0
8	49.9
9	56.0
10	59.7

(a) Grafique los datos.

(b) Ajuste los datos mediante una línea recta usando el método común de mínimos cuadrados.

(c) Ajuste los datos usando el método de mínimos cuadrados ponderados.

(d) Grafique, juntos, los datos y las líneas obtenidas en los incisos (c) y (d).

42. El siguiente conjunto de datos se refiere al ejemplo 9.8c.

Número de coches (diarios)	Número de accidentes (mensuales)
2 000	15
2 300	27
2 500	20
2 600	21
2 800	31
3 000	16
3 100	22
3 400	23
3 700	40
3 800	39
4 000	27
4 600	43
4 800	53

(a) Estime el número de accidentes en un mes si el número de coches que usan la autopista es 3 500.

(b) Use el modelo

$$\sqrt{Y} = \alpha + \beta x + e$$

y vuelva a resolver el inciso (a).

43. La descarga pico de un río constituye un parámetro importante en muchos problemas de ingeniería de diseño. Se pueden obtener estimados de este parámetro relacionándolo con el área de la cuenca (x_1) y con la pendiente de la cuenca (x_2). Basándose en los datos siguientes estime la relación.

x_1 (mi^2)	x_2 (ft/ft)	Descarga pico (ft^3/seg)
36	.005	50
37	.040	40
45	.004	45
87	.002	110
450	.004	490
550	.001	400
1 200	.002	650
4 000	.0005	1 550

44. La carga de sedimento de un río está relacionada con el área de los desagües contribuyentes (x_1) y con el promedio de las corrientes de descarga (x_2). Estime esta relación usando los datos siguientes.

Área ($\times 10^3$ mi^2)	Descarga (ft^3/seg)	Cantidad de sedimento (millones de tons/año)
8	65	1.8
19	625	6.4
31	1 450	3.3
16	2 400	1.4
41	6 700	10.8
24	8 500	15.0
3	1 550	1.7
3	3 500	.8
3	4 300	.4
7	12 100	1.6

45. Ajuste una ecuación de regresión lineal múltiple al conjunto de datos siguiente.

x_1	x_2	x_3	x_4	y
1	11	16	4	275
2	10	9	3	183
3	9	4	2	140
4	8	1	1	82
5	7	2	1	97
6	6	1	−1	122
7	5	4	−2	146
8	4	9	−3	246
9	3	16	−4	359
10	2	25	−5	482

46. Los datos siguientes se refieren a transplantes de corazón en Stanford. En ellos se relaciona el tiempo de sobrevivencia del paciente con la edad a la que se le hizo el transplante y con una, así llamada, puntuación de desajuste, que se supone que es un indicador de qué tan bien el corazón transplantado se adapta al receptor.

Tiempo de sobrevivencia (en días)	Puntuación de desajuste	Edad
624	1.32	51.0
46	.61	42.5
64	1.89	54.6
1 350	.87	54.1
280	1.12	49.5
10	2.76	55.3
1 024	1.13	43.4
39	1.38	42.8
730	.96	58.4
136	1.62	52.0
836	1.58	45.0
60	.69	64.5

(a) Tomando como variable dependiente el tiempo del logaritmo de sobrevivencia, ajuste una regresión a las variables independientes puntuación de desajuste y edad.

(b) Estime la varianza del término del error.

47. (a) Ajuste una ecuación de regresión lineal múltiple al siguiente conjunto de datos.

(b) Pruebe la hipótesis de que $\beta_0 = 0$.

(c) Pruebe la hipótesis de que $\beta_3 = 0$.

(d) Pruebe la hipótesis de que la respuesta media para los niveles de entrada $x_1 = x_2 = x_3 = 1$ es 8.5.

x_1	x_2	x_3	y
7.1	.68	4	41.53
9.9	.64	1	63.75
3.6	.58	1	16.38
9.3	.21	3	45.54
2.3	.89	5	15.52
4.6	.00	8	28.55
.2	.37	5	5.65
5.4	.11	3	25.02
8.2	.87	4	52.49
7.1	.00	6	38.05
4.7	.76	0	30.76
5.4	.87	8	39.69
1.7	.52	1	17.59
1.9	.31	3	13.22
9.2	.19	5	50.98

48. Se piensa que la resistencia a la tensión de cierta fibra sintética está relacionada con x_1, el porcentaje de algodón en la fibra, y x_2, el tiempo de secado de la fibra. Una prueba con 10 trozos de fibra producidos en diferentes condiciones dieron los resultados siguientes

Y = Resistencia a la tensión	x_1 = Porcentaje de algodón	x_2 = Tiempo de secado
213	13	2.1
220	15	2.3
216	14	2.2
225	18	2.5
235	19	3.2
218	20	2.4
239	22	3.4
243	17	4.1
233	16	4.0
240	18	4.3

(a) Ajuste una ecuación de regresión múltiple.

(b) Determine un intervalo de confianza de 90 por ciento para la resistencia media a la tensión de una fibra sintética que tiene 21 por ciento de algodón y cuyo tiempo de secado es 3.6.

49. El tiempo que tarda en fallar un componente de una máquina está relacionado con el voltaje de operación (x_1), la velocidad del motor en revoluciones por minuto (x_2) y la temperatura de operación (x_3).

En el laboratorio de desarrollo se lleva a cabo un experimento y se obtienen los resultados siguientes, donde y es el tiempo, en minutos, que tarda en fallar el componente.

y	x_1	x_2	x_3
2 145	110	750	140
2 155	110	850	180
2 220	110	1 000	140
2 225	110	1 100	180
2 260	120	750	140
2 266	120	850	180
2 334	120	1 000	140
2 340	130	1 000	180
2 212	115	840	150
2 180	115	880	150

(a) Ajuste un modelo de regresión múltiple a estos datos.

(b) Estime el error de la varianza.

(c) Determine un intervalo de confianza de 95 por ciento para el tiempo medio que tarda en fallar el componente, si el voltaje de operación es 125, la velocidad del motor es 900 y la temperatura de operación es 160.

50. Explique por qué, con los mismos datos, un intervalo de predicción para una respuesta futura contiene siempre el correspondiente intervalo de confianza para la respuesta media.

51. Considere el siguiente conjunto de datos.

x_1	x_2	y
5.1	2	55.42
5.4	8	100.21
5.9	−2	27.07
6.6	12	169.95
7.5	−6	−17.93
8.6	16	197.77
9.9	−10	−25.66
11.4	20	264.18
13.1	−14	−53.88
15	24	317.84
17.1	−18	−72.53
19.4	28	385.53

(a) Encuentre una relación lineal entre y y x_i.

(b) Determine la varianza del término del error.

(c) Determine un intervalo que, con 95 por ciento de confianza, contenga a la respuesta si las entradas son $x_1 = 10.2$ y $x_2 = 17$.

52. El costo de producir energía, por kilowatt hora, es una función del factor de carga y del costo del carbón en centavos por un millón de Btu. Los siguientes datos se obtuvieron de 12 fábricas.

Factor de carga (porcentaje)	Costo del carbón	Costo de la energía
84	14	4.1
81	16	4.4
73	22	5.6
74	24	5.1
67	20	5.0
87	29	5.3
77	26	5.4
76	15	4.8
69	29	6.1
82	24	5.5
90	25	4.7
88	13	3.9

(a) Estime la relación.

(b) Pruebe la hipótesis de que el coeficiente del factor de carga es 0.

(c) Determine un intervalo de predicción, del 95 por ciento, para el costo de la energía, si el factor de carga es 85 y el costo del carbón es 20.

53. Los datos siguientes relacionan la presión sanguínea sistólica con la edad (x_1) y el peso (x_2) de un conjunto de individuos con un tipo de cuerpo y un estilo de vida similares.

Edad	Peso	Presión sanguínea
25	162	112
25	184	144
42	166	138
55	150	145
30	192	152
40	155	110
66	184	118
60	202	160
38	174	108

(a) Pruebe la hipótesis de que, si se conoce el peso de un individuo, la edad no ofrece ninguna información adicional para pronosticar su presión sanguínea.

(b) Determine un intervalo que, con 95 por ciento de confianza, contenga la presión sanguínea promedio de todos los individuos del tipo indicado que tienen 45 años y pesan 180 libras.

(c) Determine un intervalo que, con 95 por ciento de confianza, contenga la presión sanguínea de un determinado individuo del tipo indicado que tenga 45 años y pese 180 libras.

54. Un estudio trata de relacionar la satisfacción en el trabajo con el ingreso (en miles) y la antigüedad, en una muestra aleatoria de 9 trabajadores municipales. La satisfacción laboral fue evaluada por los mismos trabajadores con una puntuación en la que 1 es lo más bajo y 10 es lo más alto. Se obtuvieron los datos siguientes.

Ingreso anual	Antigüedad en años	Satisfacción laboral
27	8	5.6
22	4	6.3
34	12	6.8
28	9	6.7
36	16	7.0
39	14	7.7
33	10	7.0
42	15	8.0
46	22	7.8

(a) Estime los parámetros de regresión.

(b) ¿Qué conclusión, cuantitativa, puede usted sacar respecto al cambio en la satisfacción en el trabajo si el ingreso permanece constante y el número de años de servicio aumenta?

(c) Pronostique la satisfacción laboral de un empleado que lleva 5 años en el trabajo y gana un salario anual de $31 000.

55. En el problema 54 suponga que la satisfacción laboral sólo estuviera relacionada con los años de servicio, y que se tuvieran los siguientes datos.

Años en el trabajo	Satisfacción laboral
8	5.6
4	6.3
12	6.8
9	6.7
16	7.0
14	7.7
10	7.0
15	8.0
22	7.8

(a) Estime los parámetros de regresión α y β.

(b) ¿Cuál es la relación cuantitativa entre años de servicio y satisfacción laboral? Es decir, ¿qué parece ocurrir con la satisfacción en el trabajo conforme aumentan los años?

(c) Compare su respuesta al inciso (b) con la respuesta que dio en el inciso (b) del problema 54.

(d) ¿Qué conclusión, si es que puede haber alguna, obtiene de su respuesta en el inciso (c)?

Capítulo 10

ANÁLISIS DE VARIANZA

10.1 INTRODUCCIÓN

Una empresa grande piensa comprar, al mayoreo, de uno de cuatro paquetes para computadora diseñados para aprender un nuevo lenguaje de programación. Una de las personas influyentes de la empresa asegura que no hay gran diferencia entre los cuatro paquetes, en el sentido de que el que se escoja tendrá poco efecto en la competencia de sus usuarios. Para probar esta hipótesis la empresa ha decidido escoger a 160 de sus ingenieros y dividirlos en 4 grupos, de 40 ingenieros cada uno. A cada miembro del grupo i, $i = 1, 2, 3, 4$ se le dará el paquete i para que aprenda el nuevo lenguaje. Cuando todos los ingenieros terminen su estudio, se les aplicará un examen. Con los resultados de este examen, la empresa determinará si realmente es igual cualquiera de los paquetes que se use. ¿Cómo puede hacer esto la empresa?

Antes de contestar a esta pregunta, observemos que queremos concluir claramente que los paquetes de enseñanza son iguales, si las puntuaciones promedio del examen en los cuatro grupos son semejantes, o concluir que los paquetes son esencialmente diferentes, si hay una gran variación entre las puntuaciones promedio del examen. Para llegar a tal conclusión, observemos que el método que se utilice para dividir a los 160 ingenieros en 4 grupos, es de vital importancia. Ya que, suponiendo que los miembros del primer grupo obtengan puntuaciones significativamente mayores que las de los otros grupos. ¿Qué conclusión obtendríamos de esto? Es decir, ¿se debe esto a que el paquete 1 es mejor, o se debe al hecho de que los ingenieros en el grupo 1 son mejores para aprender? Para concluir lo primero, resulta esencial que se dividan a los 160 ingenieros en 4 grupos, de manera que sea muy improbable el que uno de estos grupos sea inherentemente mejor. Con el tiempo, se ha comprobado que la forma de hacer esto consiste en dividir a los ingenieros en 4 grupos de manera aleatoria. Es decir, hay que hacerlo de modo que todas las divisiones factibles tengan la misma posibilidad de ocurrir. Ya que así sería muy poco probable que uno de los grupos fuera mejor que los otros. Suponga, pues, que realmente se hizo la división de los ingenieros "en forma aleatoria". (Aunque no es obvio por completo como se consigue esto. Un procedimiento eficiente consiste en empezar por numerar de manera arbitraria a los 160 ingenieros. Después, se genera una permutación aleatoria de los números 1, 2,..., 160 y se asignan a los ingenieros cuyos números están entre los primeros 40 números de la permutación en el grupo 1, a aquellos cuyos números están entre el 41 y el 80 de la permutación en el grupo 2 y así sucesivamente.)

Ahora sí parece razonable suponer, que la calificación obtenida en el examen por un determinado individuo será, aproximadamente, una variable aleatoria normal, cuyos parámetros dependen del paquete que use. También parece razonable suponer que mientras la puntuación promedio de un ingeniero depende del paquete que use, la variabilidad en las puntuaciones del examen será resultado de la variación inherente a 160 personas diferentes y no del paquete que utilice. Si denotamos por X_{ij}, $i = 1,\ldots, 4$, $j = 1,\ldots, 40$, la puntuación obtenida en el examen por el ingeniero j-ésimo del grupo i, un modelo razonable puede ser suponer que las X_{ij} son variables aleatorias independientes, con X_{ij} distribuidas normalmente con media desconocida μ_i y varianza desconocida σ^2. La hipótesis de que no hay diferencia entre los paquetes es, entonces, equivalente a la hipótesis de que $\mu_1 = \mu_2 = \mu_3 = \mu_4$.

En este capítulo presentamos una técnica que sirve para probar tal hipótesis. La técnica, que es bastante general y se utiliza para realizar inferencias respecto de una multitud de parámetros relacionados con medias poblacionales, se conoce como *análisis de varianza*.

10.2 UNA VISIÓN GENERAL

Las pruebas de hipótesis relativas a dos medias poblacionales se estudiaron en el capítulo 8, las pruebas relacionadas con múltiples medias poblacionales se considerarán en el presente capítulo. En la sección 10.3, suponemos que se tienen muestras de tamaño n provenientes de m poblaciones distintas, y que deseamos utilizar estos datos para probar la hipótesis de que las m medias poblacionales son iguales. Como la media de una variable aleatoria depende sólo de un factor, la muestra de la que proviene la variable, se dice que este escenario constituye un *análisis de varianza de un factor*. Se presenta un procedimiento para probar esta hipótesis. Además, en la sección 10.3.1 mostramos cómo obtener comparaciones múltiples de las $\binom{m}{2}$ diferencias entre los pares de medias poblacionales; y en la sección 10.3.2 mostramos cómo se prueba la hipótesis de igualdad de medias, si los tamaños de las m muestras no son iguales.

En las secciones 10.4 y 10.5, consideramos modelos donde se supone que hay dos factores que determinan el valor medio de una variable. En dichos modelos, se puede concebir a la variable como ordenada en un arreglo rectangular, de manera que el valor medio de una determinada variable dependa del renglón y de la columna en que se encuentre localizada. A tal modelo se le llama *análisis de varianza de dos factores*. En esta sección suponemos que el valor medio de una variable depende de su renglón y de su columna de un modo aditivo; es decir, que la media de la variable en el renglón i, columna j se puede escribir como $\mu + \alpha_i + \beta_j$. En la sección 10.4, mostramos cómo estimar dichos parámetros; y en la sección 10.5, cómo probar hipótesis a efecto de que un factor dado —ya sea el renglón o la columna en que se encuentra la variable— no afecte a la media. En la sección 10.6, consideramos la situación en la que se permite que la media de una variable dependa de su renglón y de su columna de una manera no lineal, permitiendo así una posible *interacción* entre los dos factores. Mostramos cómo probar la hipótesis de que no hay interacción, así como la concerniente a la pérdida del efecto de un renglón y a la pérdida del efecto de una columna en el valor medio de una variable.

En todos los modelos considerados en este capítulo, suponemos que los datos están distribuidos normalmente, con una misma (aunque desconocida) varianza σ^2. El método de análisis de varianza para probar una hipótesis nula H_0, de parámetros múltiples relacionados con las medias poblacionales, se basa en obtener dos estimadores de la varianza común σ^2. El primer estimador es un estimador de σ^2, válido, ya sea que la hipótesis nula sea o no verdadera. Mientras que el segundo es válido sólo si H_0 es verdadera. Además, si H_0 no es verdadera, este estimador tiende a ser mayor que σ^2. La prueba consiste en calcular los valores de estos dos estimadores, y rechazar H_0 si la relación del segundo entre el primero es suficientemente grande. En otras palabras, como H_0 es verdadera, los dos estimadores estarán cercanos uno al otro (porque en este caso ambos estiman σ^2), mientras que el segundo estimador tenderá a ser mayor que el primero si H_0 no es verdadera, y es natural rechazar H_0 si el segundo estimador es significativamente mayor que el primero.

Obtendremos estimadores de la varianza σ^2 haciendo uso de ciertos hechos relacionados con las variables aleatorias chi cuadrada, los cuales presentaremos ahora. Suponga que $X_1, \ldots, X_N$ son variables aleatorias independientes, normales, que pueden tener medias diferentes, pero una varianza común σ^2, y sea $\mu_i = E[X_i]$, $i = 1, \ldots, N$. Como las variables

$$Z_i = (X_i - \mu_i)/\sigma, \qquad i = 1, \ldots, N$$

tienen distribución normal estándar, según la definición de una variable aleatoria chi cuadrada

$$\sum_{i=1}^{N} Z_i^2 = \sum_{i=1}^{N}(X_i - \mu_i)^2/\sigma^2 \tag{10.2.1}$$

es una variable aleatoria chi cuadrada con N grados de libertad. Considere, ahora, que cada uno de los valores μ_i, $i = 1, \ldots, N$ se expresa como una función lineal de un conjunto fijo de k parámetros desconocidos. Suponga, además, que es posible determinar estimadores de estos k parámetros, los que de esta manera nos dan estimadores de los valores de las medias μ_i. Si denotamos con $\hat{\mu}_i$ al estimador resultante de μ_i, $i = 1, \ldots, N$, demuestra, entonces, que la igualdad

$$\sum_{i=1}^{N}(X_i - \hat{\mu}_i)^2/\sigma^2$$

tendrá una distribución chi cuadrada con $N - k$ grados de libertad.

En otras palabras, empezamos con

$$\sum_{i=1}^{N}(X_i - E[X_i])^2/\sigma^2$$

que es una variable aleatoria chi cuadrada con N grados de libertad. Si escribimos ahora $E[X_i]$ como una función lineal de k parámetros y después sustituimos cada uno de estos parámetros por su estimador, la expresión resultante sigue siendo chi cuadrada, pero con un grado de libertad que se reduce en 1 por cada parámetro que se sustituye por su estimador.

Como ilustración de lo anterior consideremos el caso donde se sabe que todas las medias son iguales; es decir,

$$E[X_i] = \mu, \qquad i = 1, \ldots, N$$

Entonces, $k = 1$ porque sólo hay un parámetro que se necesita estimar. Sustituyendo en la ecuación 10.2.1 a μ_i por $\overline{X}$, estimador de la media común μ, obtenemos la cantidad

$$\sum_{i=1}^{N} (X_i - \overline{X})^2 / \sigma^2 \tag{10.2.2}$$

y la conclusión es que esta cantidad es una variable aleatoria chi cuadrada con $N-1$ grados de libertad. Sin embargo, en este caso, donde todas las medias son iguales, los datos $X_1, \ldots, X_N$ constituyen una muestra de una población normal y, de esta manera, la ecuación 10.2.2 es igual a $(N-1)S^2$, donde S^2 es la varianza muestral. En otras palabras, la conclusión, en este caso, es precisamente el conocido resultado (véase sección 6.5.2) de que $(N-1)S^2/\sigma^2$ es una variable chi cuadrada con $N-1$ grados de libertad.

10.3 ANÁLISIS DE VARIANZA DE UN FACTOR

Consideremos m muestras independientes, cada una de tamaño n, donde los miembros de la muestra i, $X_{i1}, X_{i2}, \ldots, X_{in}$, son variables aleatorias independientes con media conocida μ_i y varianza desconocida σ^2. Es decir,

$$X_{ij} \sim N(\mu_i, \sigma^2), \qquad i = 1, \ldots, m, \qquad j = 1, \ldots, n$$

Lo que nos interesa probar es

$$H_0 : \mu_1 = \mu_2 = \cdots = \mu_m$$

contra
$$H_1 : \text{no todas las medias son iguales}$$

Es decir, probaremos la hipótesis nula de que todas las medias poblacionales son iguales, contra la hipótesis alternativa de que por lo menos dos de ellas son diferentes. Una manera de concebir esto, es imaginar que tenemos m tratamientos diferentes, donde el resultado de aplicar el tratamiento i a un objeto es una variable aleatoria normal con media μ_i y varianza σ^2. Lo que nos interesa, entonces, es, aplicando cada tratamiento a muestras (diferentes) de n artículos y analizando después el resultado, probar la hipótesis de que todos los tratamientos tienen el mismo efecto.

Como hay, en total, nm variables aleatorias independientes normales X_{ij}, tenemos que la suma de los cuadrados de sus versiones estandarizadas serán variables aleatorias chi cuadrada con nm grados de libertad. Es decir,

$$\sum_{i=1}^{m} \sum_{j=1}^{n} (X_{ij} - E[X_{ij}])^2 / \sigma^2 = \sum_{i=1}^{m} \sum_{j=1}^{n} (X_{ij} - \mu_i)^2 / \sigma^2 \sim \chi^2_{nm} \tag{10.3.1}$$

Para obtener estimadores de los m parámetros desconocidos, $\mu_1, \ldots, \mu_m$, sea $X_{i\cdot}$ el promedio de todos los elementos en la muestra i; es decir,

$$X_{i\cdot} = \sum_{j=1}^{n} X_{ij} / n$$

La variable X_i es la media muestral de la población i-ésima, y como tal es el estimador de la media poblacional μ_i, para $i = 1, \ldots, m$. Por lo que, si sustituimos, en la ecuación 10.3.1, a la media μ_i, por el estimador X_i, para $i = 1, \ldots, m$, entonces la variable resultante

$$\sum_{i=1}^{m} \sum_{j=1}^{n} (X_{ij} - X_{i\cdot})^2 / \sigma^2 \tag{10.3.2}$$

tendrá una distribución chi cuadrada con $nm - m$ grados de libertad. (Recuerde que se pierde un grado de libertad por cada parámetro estimado.) Sea

$$SS_W = \sum_{i=1}^{m} \sum_{j=1}^{n} (X_{ij} - X_{i\cdot})^2$$

entonces, la variable en la expresión 10.3.2 es SS_W/σ^2. Como el valor esperado de la variable aleatoria chi cuadrada es su número de grados de libertad, tenemos, después de tomar la esperanza de la variable en 10.3.2, que

$$E[SS_W]/\sigma^2 = nm - m$$

o, lo que es equivalente,

$$E[SS_W/(nm - m)] = \sigma^2$$

De esta manera, obtenemos nuestro primer estimador de σ^2, llamado $SS_W/(nm - m)$. Observemos, que dicho estimador se obtuvo sin ninguna suposición acerca de la verdad o falsedad de la hipótesis nula.

Definición

Al estadístico,

$$SS_W = \sum_{i=1}^{m} \sum_{j=1}^{n} (X_{ij} - X_{i\cdot})^2$$

se le llama la *suma de cuadrados dentro de la muestra* debido a que se obtiene sustituyendo, en la expresión 10.3.1, a las medias poblacionales por las medias poblacionales de la muestra. El estadístico

$$SS_W/(nm - m)$$

es un estimador de σ^2.

Nuestro segundo estimador de σ^2 será válido solamente si la hipótesis nula, H_0, es verdadera. Supongamos que H_0 es verdadera, y de esta manera observamos que todas las medias poblacionales μ_i son iguales, digamos $\mu_i = \mu$ para toda i. En estas condiciones las m medias muestrales $X_{1\cdot}, X_{2\cdot}, \ldots, X_{m\cdot}$ estarán distribuidas con la misma media μ y la misma varianza σ^2/n. Por lo tanto, la suma de los cuadrados de las m variables estándar

$$\frac{X_{i.} - \mu}{\sqrt{\sigma^2/n}} = \sqrt{n}(X_{i.} - \mu)/\sigma$$

será una variable aleatoria chi cuadrada con m grados de libertad. Es decir, si H_0 es verdadera,

$$n\sum_{i=1}^{m}(X_{i.} - \mu)^2/\sigma^2 \sim \chi_m^2 \qquad (10.3.3)$$

Si todas las medias poblacionales son iguales a μ, entonces el estimador de μ es el promedio de los nm valores de los datos. Es decir, el estimador de μ es $X..$, dado por

$$X_{..} = \frac{\sum_{i=1}^{m}\sum_{j=1}^{n}X_{ij}}{nm} = \frac{\sum_{i=1}^{m}X_{i.}}{m}$$

Si ahora, en la expresión 10.3.3, sustituimos μ o $X..$, tenemos que, si H_0 es verdadera, la cantidad que nos resulta

$$n\sum_{i=1}^{m}(X_{i.} - X_{..})^2/\sigma^2$$

es una variable aleatoria chi cuadrada con $m-1$ grados de libertad. Es decir, si definimos SS_b como

$$SS_b = n\sum_{i=1}^{m}(X_{i.} - X_{..})^2$$

entonces

si H_0 es verdadera,
SS_b/σ^2 es chi cuadrada con $m-1$ grados de libertad

De lo anterior obtenemos que si H_0 es verdadera,

$$E[SS_b]/\sigma^2 = m - 1$$

o, lo que es equivalente,

$$E[SS_b/(m - 1)] = \sigma^2 \qquad (10.3.4)$$

De manera que, si H_0 es verdadera, $SS_b/(m-1)$ es también un estimador de σ^2.

Definición

Al estadístico

$$SS_b = n\sum_{i=1}^{m}(X_{i.} - X_{..})^2$$

se le llama la *suma de cuadrados entre muestras*. Si H_0 es verdadera, $SS_b/(m-1)$ es un estimador de σ^2.

Hemos demostrado que

$$SS_W/(nm - m) \qquad \text{estima siempre a } \sigma^2$$

$$SS_b/(m - 1) \qquad \text{estima a } \sigma^2 \text{ si } H_0 \text{ es verdadera}$$

Puesto que $SS_b/(m-1)$ tiende a ser mayor que σ^2 si H_0 no es verdadera, es razonable tomar a

$$TS = \frac{SS_b/(m-1)}{SS_W/(nm-m)}$$

como el estadístico de prueba, y rechazar H_0 si el estadístico de prueba TS es suficientemente grande.

Para determinar qué tan grande debe ser TS de manera que se justifique el rechazo de H_0, usamos el hecho de que se puede mostrar que si H_0 es verdadera, entonces SS_b y SS_W son independientes. Por lo que, si H_0 es verdadera, TS tiene una distribución F con $m-1$ grados de libertad en el numerador y $nm-m$ grados de libertad en el denominador. Sea $F_{m-1, nm-m, \alpha}$ el $100(1-\alpha)$ percentil de esta distribución, es decir,

$$P\{F_{m-1,nm-m} > F_{m-1,nm-m,\alpha}\} = \alpha$$

donde usamos la notación $F_{r,s}$ para representar una variable aleatoria F con r grados de libertad en el numerador y s grados de libertad en el denominador.

La prueba de nivel de significancia α para H_0 es la siguiente:

$$\text{rechazar} \quad H_0 \quad \text{si} \quad \frac{SS_b/(m-1)}{SS_W/(nm-m)} > F_{m-1,nm-m,\alpha}$$

$$\text{no rechazar} \quad H_0 \quad \text{de otra manera}$$

En la tabla A4 del apéndice se presenta un cuadro de valores de $F_{r,s,.05}$ para distintos valores de r y s. En la tabla 10.1 se presenta de manera parcial dicha tabla, donde vemos, por ejemplo, que hay un 5 por ciento de posibilidades de que una variable aleatoria F con 3 grados de libertad en el numerador y 10 grados de libertad en el denominador sea mayor que 3.71.

Otra manera de realizar los cálculos para la prueba de hipótesis, de que todas las medias poblacionales son iguales, consiste en calcular el valor p. Si el valor del estadístico de prueba es $TS = v$, entonces el valor p estará dado por

$$\text{valor } p = P\{F_{m-1,nm-m} \geq v\}$$

El programa 10.3 calcula el valor del estadístico TS y el correspondiente valor p.

TABLA 10.1 *Valores de $F_{r,s,.05}$*

$s =$ grados de libertad del denominador	$r =$ grados de libertad del numerador			
	1	2	3	4
4	7.71	6.94	6.59	6.39
5	6.61	5.79	5.41	5.19
10	4.96	4.10	3.71	3.48

EJEMPLO 10.3a Para probar 3 marcas distintas de gasolina, una empresa de alquiler de vehículos usa 15 motores idénticos, ajustados para correr a una velocidad fija. A 5 motores se les asigna una marca distinta de gasolina, y cada uno de éstos corre con 10 galones de gasolina hasta que se le acaba el combustible. Las siguientes son las millas dadas por cada motor:

Gasolina 1:	220	251	226	246	260
Gasolina 2:	244	235	232	242	225
Gasolina 3:	252	272	250	238	256

Pruebe la hipótesis de que el tipo de gasolina empleado no afecta el rendimiento promedio obtenido. Use el nivel de significancia de 5 por ciento.

SOLUCIÓN Al correr el programa 10.3, para obtener los resultados que se muestran en la figura 10.1. Como el valor p es mayor a .05, no es posible rechazar la hipótesis nula de que el rendimiento promedio es el mismo con los tres tipos de gasolina. ∎

Si se hacen los cálculos a mano, resulta útil la siguiente identidad algebraica, llamada la identidad de suma de cuadrados.

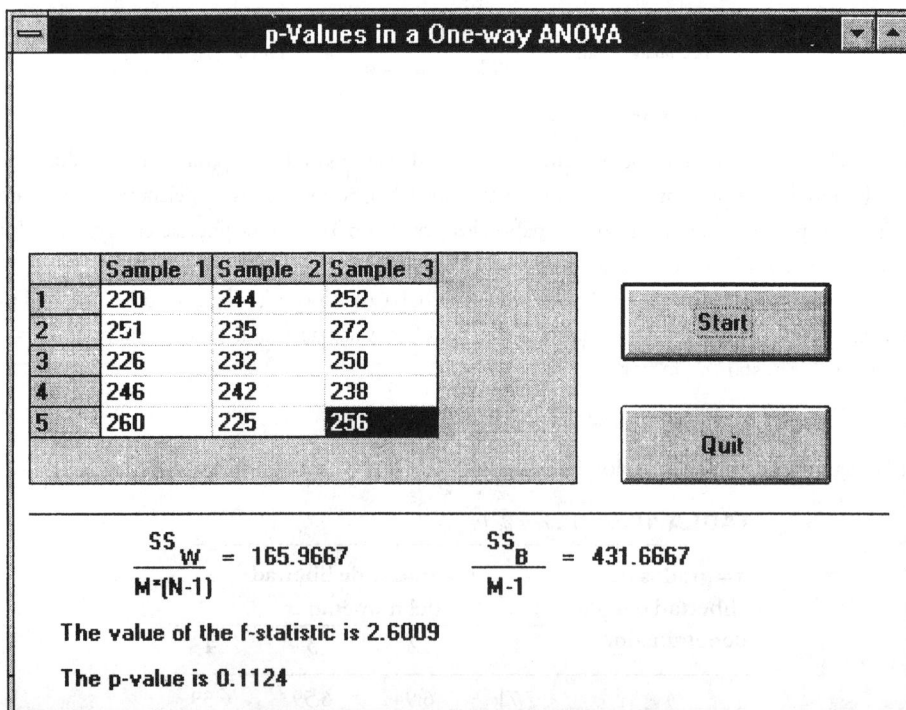

p-Values in a One-way ANOVA

	Sample 1	Sample 2	Sample 3
1	220	244	252
2	251	235	272
3	226	232	250
4	246	242	238
5	260	225	256

Start

Quit

$$\frac{SS_W}{M \cdot (N-1)} = 165.9667 \qquad \frac{SS_B}{M-1} = 431.6667$$

The value of the f-statistic is 2.6009

The p-value is 0.1124

FIGURA 10.1

Identidad de suma de cuadrados

$$\sum_{i=1}^{m} \sum_{j=1}^{n} X_{ij}^2 = nmX_{..}^2 + SS_b + SS_W$$

Si se hacen los cálculos a mano, hay que calcular primero la cantidad SS_b definida por

$$SS_b = n \sum_{i=1}^{m} (X_{i.} - X_{..})^2$$

Una vez que se ha calculado SS_b, se obtiene SS_W a partir de la identidad de la suma de cuadrados. Es decir, hay que calcular $\sum_{i=1}^{m} \sum_{j=1}^{n} X_{ij}^2$ y $X_{..}^2$ y determinar SS_W mediante

$$SS_W = \sum_{i=1}^{m} \sum_{j=1}^{n} X_{ij}^2 - nmX_{..}^2 - SS_b$$

EJEMPLO 10.3b Ahora realizaremos a mano los cálculos del ejemplo 10.3a. La primera cuestión que hay que notar es que restar una cantidad constante de cada uno de los valores de los datos no afecta al estadístico de prueba. De manera que restamos 220 a cada uno de los datos y obtenemos la información siguiente:

Gasolina		Millas				$\sum_j X_{ij}$	$\sum_j X_{ij}^2$
1	0	31	6	26	40	103	3 273
2	24	15	12	22	5	78	1 454
3	32	52	30	18	36	168	6 248

Ahora como $m = 3$ y $n = 5$

$$X_{1.} = 103/5 = 20.6$$

$$X_{2.} = 78/5 = 15.6$$

$$X_{3.} = 168/5 = 33.6$$

$$X_{..} = (103 + 78 + 168)/15 = 23.2667, \qquad X_{..}^2 = 541.3393$$

Entonces,

$$SS_b = 5[(20.6 - 23.2667)^2 + (15.6 - 23.2667)^2 + (33.6 - 23.2667)^2] = 863.3335$$

Y

$$\sum \sum X_{ij}^2 = 3\ 273 + 1\ 454 + 6\ 248 = 10\ 975$$

De la identidad de la suma de cuadrados,

$$SS_W = 10\ 975 - 15(541.3393) - 863.3335 = 1991.5785$$

Con lo que, el valor del estadístico de prueba es

$$TS = \frac{863.3335/2}{1991.5785/12} = 2.60$$

Ahora en la tabla A4 del apéndice encontramos que $F_{2,12,.05} = 3.89$. Por lo tanto, como el valor del estadístico de prueba no es mayor que 3.89, no es posible rechazar la hipótesis nula de que las 3 gasolinas den el mismo rendimiento, para un nivel de significancia de .05. ∎

La tabla 10.2 resume los resultados obtenidos en esta sección.

TABLA 10.2 *Tabla de ANOVA de un factor*

Fuente de variación	Suma de cuadrados	Grados de libertad	Valor del estadístico de prueba
Entre las muestras	$SS_b = n \sum_{i=1}^{m} (X_{i.} - X_{..})^2$	$m - 1$	
Dentro de las muestras	$SS_W = \sum_{i=1}^{m} \sum_{j=1}^{n} (X_{ij} - X_{i.})^2$	$nm - m$	

$$TS = \frac{SS_b/(m-1)}{SS_W/(nm-m)}$$

Prueba de nivel de significancia α:

rechazar H_0 si $TS \geq F_{m-1,nm-m,\alpha}$

no rechazar de otra manera

Si $TS = v$, entonces el valor $p = P\{F_{m-1,\,nm-m} \geq v\}$

10.3.1 COMPARACIONES MÚLTIPLES DE MEDIAS MUESTRALES

Con frecuencia ocurre, cuando se rechaza la hipótesis nula de la igualdad de las medias, que nos interesa una comparación entre las diferentes medias muestrales $\mu_1, \ldots, \mu_m$. Un procedimiento, usado con frecuencia, con este propósito, es el llamado método T. Para un determinado valor α, este procedimiento da, para las $\binom{m}{2}$ diferencias $\mu_i - \mu_j$, $i \neq j$, $i, j = 1, \ldots, m$, intervalos de confianza conjuntos, de manera que con probabilidad $1 - \alpha$, todos los intervalos de confianza contengan a sus respectivas cantidades $\mu_i - \mu_j$. El método T se basa en lo siguiente:

Con probabilidad $1 - \alpha$, para toda $i \neq j$

$$X_{i.} - X_{j.} - W < \mu_i - \mu_j < X_{i.} - X_{j.} + W$$

donde

$$W = \frac{1}{\sqrt{n}} C(m, nm - m, \alpha) \sqrt{SS_W/(nm - m)}$$

y donde los valores de $C(m, nm - m, \alpha)$ están dados para $\alpha = .05$ y para $\alpha = .01$ en la tabla A5.

EJEMPLO 10.3c Un administrador universitario afirma que no hay diferencia entre los promedios de calificaciones de los estudiantes de primer año, provenientes de tres diferentes escuelas de preparatoria. Los datos siguientes indican los promedios de calificaciones obtenidos por 12 estudiantes de primer año, tomados al azar, 4 de cada una de las escuelas de preparatoria. Empleando un nivel de significancia de 5 por ciento, ¿refutan estos datos la afirmación realizada por el administrador? Si es así, determine intervalos de confianza para la diferencia entre las medias de los estudiantes de diferentes preparatorias, de manera que podamos tener un 95 por ciento de confianza de que cada uno de los intervalos sea válido.

Escuela 1	Escuela 2	Escuela 3
3.2	3.4	2.8
3.4	3.0	2.6
3.3	3.7	3.0
3.5	3.3	2.7

SOLUCIÓN Para empezar, observemos que hay $m = 3$ muestras, cada una de tamaño $n = 4$. El programa 10.3 del libro de texto nos da los resultados siguientes:

$$SS_W/9 = .0431$$

$$\text{valor } p = .0046$$

de manera que se rechaza la hipótesis de la igualdad de las calificaciones promedio de los estudiantes de las tres escuelas.

Para determinar los intervalos de confianza para las diferencias entre las medias poblacionales, observamos primero que las medias muestrales son

$$X_{1.} = 3.350, \qquad X_{2.} = 3.350, \qquad X_{3.} = 2.775$$

En la tabla A5 del apéndice encontramos que $C(3, 9, .05) = 3.95$; entonces, como $W = \frac{1}{\sqrt{4}} 3.95 \sqrt{.0431}$ $= .410$, obtenemos los siguientes intervalos de confianza

$$-.410 < \mu_1 - \mu_2 < .410$$

$$.165 < \mu_1 - \mu_3 < .985$$

$$.165 < \mu_2 - \mu_3 < .985$$

Por lo tanto, con 95 por ciento de confianza, concluimos que la calificación promedio de los estudiantes de primer año provenientes de la escuela 3 es inferior a la calificación promedio de los estudiantes de primer año, provenientes de la escuela 1 o de la escuela 2, en una cantidad que oscila entre .165 y .985, y que la diferencia entre las calificaciones promedio de los estudiantes de las escuelas 1 y 2 es menor que .410. ∎

10.3.2 ANÁLISIS DE VARIANZA DE UN FACTOR CON MUESTRAS DE DIFERENTE TAMAÑO

El modelo de la sección anterior suponía que había el mismo número de datos en cada muestra. Y aunque ésta es una situación deseable (véase la observación al final de esta sección), no siempre se cuenta con ella. Así es que, supongamos que tenemos m muestras normales de tamaños respectivos, $n_1, n_2, \ldots, n_m$. Es decir, que los datos consisten en $\sum_{i=1}^{m} n_i$ variables aleatorias independientes $X_{ij}, j = 1, \ldots, n_i, i = 1, \ldots, m$, donde

$$X_{ij} \sim \mathcal{N}(\mu_i, \sigma^2)$$

Lo que nos interesa, una vez más, es probar la hipótesis H_0, de que todas las medias son iguales.

Para deducir una prueba para H_0, partimos del hecho de que

$$\sum_{i=1}^{m} \sum_{j=1}^{n_i} (X_{ij} - E[X_{ij}])^2 / \sigma^2 = \sum_{i=1}^{m} \sum_{j=1}^{n_i} (X_{ij} - \mu_i)^2 / \sigma^2$$

es una variable aleatoria chi cuadrada con $\sum_{i=1}^{m} n_i$ grados de libertad. Sustituyendo cada una de las medias μ_i por su estimador $X_{i\cdot}$, el promedio de los elementos en la muestra i, obtenemos

$$\sum_{i=1}^{m} \sum_{j=1}^{n_i} (X_{ij} - X_{i\cdot})^2 / \sigma^2$$

que es chi cuadrada con $\sum_{i=1}^{m} n_i - m$ grados de libertad. Por lo tanto, tomando

$$SS_W = \sum_{i=1}^{m} \sum_{j=1}^{n_i} (X_{ij} - X_{i\cdot})^2$$

tenemos que $SS_W / (\sum_{i=1}^{m} n_i - m)$ es un estimador insesgado de σ^2.

Más aún, si H_0 es verdadera y μ es la media común, entonces las variables aleatorias $X_{i\cdot}, i = 1, \ldots, m$, serán variables aleatorias normales independientes con

$$E[X_{i\cdot}] = \mu, \qquad \mathrm{Var}(X_{i\cdot}) = \sigma^2 / n_i$$

Entonces, si H_0 es verdadera,

$$\sum_{i=1}^{m} \frac{(X_{i\cdot} - \mu)^2}{\sigma^2 / n_i} = \sum_{i=1}^{m} n_i (X_{i\cdot} - \mu)^2 / \sigma^2$$

es chi cuadrada con m grados de libertad; sustituyendo en la ecuación anterior a μ por su estimador $X_{\cdot\cdot}$, el promedio de todas las X_{ij}, obtenemos, el estadístico

$$\sum_{i=1}^{m} n_i (X_{i\cdot} - X_{\cdot\cdot})^2 / \sigma^2$$

que es chi cuadrada con $m - 1$ grados de libertad. Entonces, tomando

$$SS_b = \sum_{i=1}^{m} n_i (X_{i\cdot} - X_{\cdot\cdot})^2$$

tenemos, que si H_0 es verdadera, $SS_b/(m-1)$ es también un estimador insesgado de σ^2. Debido a que se puede mostrar que si H_0 es verdadera, las cantidades SS_b y SS_W son independientes, bajo estas condiciones tenemos que el estadístico

$$\frac{SS_b/(m-1)}{SS_W \Big/ \left(\sum_{i=1}^{m} n_i - m \right)}$$

es una variable aleatoria F con $m - 1$ grados de libertad en el numerador y $\sum_{i=1}^{m} n_i - m$ grados de libertad en el denominador. De esto, podemos concluir que una prueba de nivel de significancia α para la hipótesis nula

$$H_0 : \mu_1 = \cdots = \mu_m$$

es

$$\text{rechazar} \quad H_0 \quad \text{si} \quad \frac{SS_b/(m-1)}{SS_W \Big/ \left(\sum_{i=1}^{m} n_i - m \right)} > F_{m-1, \sum_{i=1}^{m} n_i - m, \alpha}$$

$$\text{no rechazar} \quad H_0 \quad \text{de otra manera}$$

OBSERVACIONES

Cuando tenemos muestras de distintos tamaños decimos que estamos en el caso *desbalanceado*. Siempre que sea posible es preferible tener un diseño balanceado que uno desbalanceado. La razón es que el estadístico de prueba en un diseño balanceado es relativamente insensible a pequeñas desviaciones de la suposición de la igualdad en las varianzas poblacionales. (Es decir, el diseño balanceado es más robusto que el desbalanceado.)

10.4 ANÁLISIS DE VARIANZA DE DOS FACTORES: INTRODUCCIÓN Y ESTIMACIÓN DE PARÁMETROS

Aunque el modelo de la sección 10.3 nos permitió estudiar el efecto de un solo factor sobre un conjunto de datos, también vamos a estudiar el efecto de diversos factores. En esta sección suponemos que cada uno de los valores de los datos se ve afectado por dos factores.

EJEMPLO 10.4a A cada uno de 5 estudiantes se le aplicaron 4 pruebas diferentes de habilidades de lectura y las puntuaciones que obtuvieron se presentan en la tabla siguiente. Cada valor en este conjunto de 20 datos se ve afectado por dos factores, el examen y el estudiante que obtuvo la calificación, dada en la tabla, en ese examen. El factor examen puede tener 4 valores o *niveles*; y el factor estudiante, 5 niveles.

		Estudiante			
Examen	1	2	3	4	5
1	75	73	60	70	86
2	78	71	64	72	90
3	80	69	62	70	85
4	73	67	63	80	92

En general, supongamos que puede haber m niveles para el primer factor, y n para el segundo factor. Sea X_{ij} el valor obtenido si el primer factor está en el nivel i y el segundo factor está en el nivel j. Con frecuencia presentaremos los datos de la manera siguiente, acomodados en renglones y columnas.

$$
\begin{array}{ccccc}
X_{11} & X_{12} & \cdots & X_{1j} & \cdots & X_{1n} \\
X_{21} & X_{22} & \cdots & X_{2j} & \cdots & X_{2n} \\
X_{i1} & X_{i2} & \cdots & X_{ij} & \cdots & X_{in} \\
X_{m1} & X_{m2} & \cdots & X_{mj} & \cdots & X_{mn}
\end{array}
$$

Ya que nos referiremos al primer factor como el factor "renglón", y al segundo factor como el factor "columna".

Como en la sección 10.3, supondremos que los datos X_{ij}, $i = 1,\ldots, m$ $j = 1,\ldots, n$ son variables aleatorias independientes normales con una varianza común σ^2. No obstante, mientras que en la sección 10.3 supusimos que el valor medio de un dato estaba afectado por un solo factor —la muestra a la que pertenecía—, en la sección presente supondremos que el valor medio de los datos depende de una manera aditiva tanto del renglón como de la columna.

Si, en el modelo de la sección 10.3, representamos con X_{ij} el valor del miembro j de la muestra i, entonces ese modelo se podría representar de manera simbólica como

$$E[X_{ij}] = \mu_i$$

Pero si representamos con μ al promedio de las μ_i, es decir,

$$\mu = \sum_{i=1}^{m} \mu_i / m$$

entonces reescribimos el modelo como

$$E[X_{ij}] = \mu + \alpha_i$$

donde $\alpha_i = \mu_i - \mu$. Con esta definición de α_i como la desviación de μ_i del promedio del valor medio, es fácil ver que

$$\sum_{i=1}^{m} \alpha_i = 0$$

Un modelo aditivo de dos factores se expresa también en términos de desviaciones de renglón y de columna. Si tomamos $\mu_{ij} = E[X_{ij}]$, entonces el modelo aditivo supone que para algunas constantes a_i, $i = 1,\ldots, m$ y b_j, $j = 1,\ldots, n$

$$\mu_{ij} = a_i + b_j$$

Continuando con el uso de nuestra notación "punto" (o *promedial*), denotamos

$$\mu_{i\cdot} = \sum_{j=1}^{n} \mu_{ij}/n, \qquad \mu_{\cdot j} = \sum_{i=1}^{m} \mu_{ij}/m, \qquad \mu_{\cdot\cdot} = \sum_{i=1}^{m}\sum_{j=1}^{n} \mu_{ij}/nm$$

y también

$$a_\cdot = \sum_{i=1}^{m} a_i/m, \qquad b_\cdot = \sum_{j=1}^{n} b_j/n$$

Observe que

$$\mu_{i\cdot} = \sum_{j=1}^{n} (a_i + b_j)/n = a_i + b_\cdot$$

De manera similar,

$$\mu_{\cdot j} = a_\cdot + b_j, \quad \mu_{\cdot\cdot} = a_\cdot + b_\cdot$$

Si ahora denotamos

$$\mu = \mu_{\cdot\cdot} = a_\cdot + b_\cdot$$
$$\alpha_i = \mu_{i\cdot} - \mu = a_i - a_\cdot$$
$$\beta_j = \mu_{\cdot j} - \mu = b_j - b_\cdot$$

el modelo se escribe como

$$\mu_{ij} = E[X_{ij}] = \mu + \alpha_i + \beta_j$$

donde

$$\sum_{i=1}^{m} \alpha_i = \sum_{j=1}^{n} \beta_j = 0$$

Al valor μ se le llama la *gran media*, α_i es la *desviación de la gran media debida al renglón i*, y β_j es la *desviación de la gran media debida a la columna j*.

Ahora vamos a determinar estimadores para los parámetros μ, α_i, β_j, $i = 1,\ldots, m, j = 1,\ldots, n$. Para esto, continuando con el uso de la notación "punto", denotamos

$$X_{i\cdot} = \sum_{j=1}^{n} X_{ij}/n = \text{ promedio de los valores en el renglón } i$$

$$X_{\cdot j} = \sum_{i=1}^{m} X_{ij}/m = \text{ promedio de los valores en la columna } j$$

$$X_{\cdot\cdot} = \sum_{i=1}^{m}\sum_{j=1}^{n} X_{ij}/nm = \text{ promedio de todos los valores}$$

Ahora,

$$E[X_{i\cdot}] = \sum_{j=1}^{n} E[X_{ij}]/n$$

$$= \mu + \sum_{j=1}^{n}\alpha_i/n + \sum_{j=1}^{n}\beta_j/n$$

$$= \mu + \alpha_i \quad \text{ya que } \sum_{j=1}^{n}\beta_j = 0$$

De manera similar,

$$E[X_{\cdot j}] = \mu + \beta_j$$

$$E[X_{\cdot\cdot}] = \mu$$

Debido a que lo anterior es equivalente a

$$E[X_{\cdot\cdot}] = \mu$$

$$E[X_{i\cdot} - X_{\cdot\cdot}] = \alpha_i$$

$$E[X_{\cdot j} - X_{\cdot\cdot}] = \beta_j$$

vemos que los estimadores insesgados de μ, α_i, β_j —llamémosles $\hat{\mu}$, $\hat{\alpha}_i$, $\hat{\beta}_j$— están dados por

$$\hat{\mu} = X_{\cdot\cdot}$$

$$\hat{\alpha}_i = X_{i\cdot} - X_{\cdot\cdot}$$

$$\hat{\beta}_j = X_{\cdot j} - X_{\cdot\cdot} \quad \blacksquare$$

EJEMPLO 10.4b Los siguientes datos del ejemplo 10.4a presentan las puntuaciones obtenidas por 5 estudiantes a los que se les aplicaron 4 pruebas de lectura a cada uno. Utilice estos datos para estimar los parámetros del modelo.

Examen	Estudiante					Totales de los renglones	$X_{i\cdot}$
	1	2	3	4	5		
1	75	73	60	70	86	364	72.8
2	78	71	64	72	90	375	75
3	80	69	62	70	85	366	73.2
4	73	67	63	80	92	375	75
Tot. de las cols.	306	280	249	292	353	1480	← gran total
$X_{\cdot j}$	76.5	70	62.25	73	88.25		

$$X_{\cdot\cdot} = \frac{1480}{20} = 74$$

SOLUCIÓN Los estimadores son

$$\hat{\mu} = 74$$

$$\hat{\alpha}_1 = 72.8 - 74 = -1.2 \qquad \hat{\beta}_1 = 76.5 - 74 = 2.5$$

$$\hat{\alpha}_2 = 75 - 74 = 1 \qquad \hat{\beta}_2 = 70 - 74 = -4$$

$$\hat{\alpha}_3 = 73.2 - 74 = -.8 \qquad \hat{\beta}_3 = 62.25 - 74 = -11.75$$

$$\hat{\alpha}_4 = 75 - 74 = 1 \qquad \hat{\beta}_4 = 73 - 74 = -1$$

$$\hat{\beta}_5 = 88.25 - 74 = 14.25$$

De esta manera si, por ejemplo, se escoge de manera aleatoria a uno de los estudiantes y se le da aleatoriamente uno de los exámenes, entonces nuestro estimado de la puntuación media que obtendrá es $\hat{\mu} = 74$. Si nos dijeran que se le dio el examen i, entonces esto incrementaría nuestro estimado de la puntuación media en la cantidad $\hat{\alpha}_i$; y si nos dijeran que el estudiante escogido fue el estudiante j, esto aumentaría nuestro estimado de la media de la puntuación en la cantidad $\hat{\beta}_j$. Así, por ejemplo, estimaríamos que la puntuación obtenida en el examen 1 por el estudiante 2 es el valor de la variable aleatoria cuya media es $\hat{\mu} + \hat{\alpha}_1 + \hat{\beta}_2 = 74 - 1.2 - 4 = 68.8$. ■

10.5 ANÁLISIS DE VARIANZA DE DOS FACTORES: PRUEBA DE HIPÓTESIS

Consideremos el modelo de dos factores en el que uno tiene datos X_{ij}, $i = 1, \ldots, m$ y $j = 1, \ldots, n$. Se supone que estos datos son variables aleatorias independientes normales con una varianza común σ^2 y con valores medios que satisfacen

$$E[X_{ij}] = \mu + \alpha_i + \beta_j$$

donde

$$\sum_{i=1}^{m} \alpha_i = \sum_{j=1}^{n} \beta_j = 0$$

En esta sección nos ocuparemos de probar la hipótesis

$$H_0: \text{todas las } \alpha_i = 0$$

contra

$$H_1: \text{no todas las } \alpha_i \text{ son iguales a } 0$$

Esta hipótesis nula dice que no hay efecto de renglón, ya que el valor de un dato no se ve afectado por su nivel de factor renglón.

Probaremos también la hipótesis análoga para columnas; es decir

$$H_0: \text{todas las } \beta_j \text{ son iguales a } 0$$

contra

$$H_1: \text{no todas las } \beta_j \text{ son iguales a } 0$$

Para probar las hipótesis nulas anteriores, usaremos el método de análisis de varianza donde se obtienen dos estimadores para la varianza σ^2. El primero será un estimador que será válido siempre; mientras que el segundo, sólo será válido si la hipótesis nula es verdadera. Además el segundo estimador tenderá a ser mayor que σ^2, si la hipótesis nula no es verdadera.

Para obtener nuestro primer estimador de σ^2, partimos del hecho de que

$$\sum_{i=1}^{m} \sum_{j=1}^{n} (X_{ij} - E[X_{ij}])^2/\sigma^2 = \sum_{i=1}^{m} \sum_{j=1}^{n} (X_{ij} - \mu - \alpha_i - \beta_j)^2/\sigma^2$$

es chi cuadrada con nm grados de libertad. Si en la expresión anterior sustituimos los parámetros desconocidos $\mu, \alpha_1, \alpha_2, \ldots, \alpha_m, \beta_1, \beta_2, \ldots, \beta_n$, por sus estimadores $\hat{\mu}, \hat{\alpha}_1, \hat{\alpha}_2, \ldots, \hat{\alpha}_m, \hat{\beta}_1, \hat{\beta}_2, \ldots, \hat{\beta}_n$, entonces resulta que la expresión que se obtiene seguirá siendo chi cuadrada, pero perderá un grado de libertad por cada parámetro estimado. Para determinar el número de parámetros que habrá que estimar, debemos de tener cuidado en recordar que $\sum_{i=1}^{m} \alpha_i = \sum_{j=1}^{n} \beta_j = 0$. Ya que la suma de todas las α_i es igual a 0, tenemos que una vez que hemos estimado $m-1$ de las α_i queda estimada también la última. Por lo que para determinar todos los estimadores de $\hat{\alpha}_i$, únicamente se deberán estimar $n-1$ parámetros. Por la misma razón, para determinar los n estimadores de las β_j sólo habrá que estimar $n-1$ de ellas. Debido a que también habrá que estimar μ, vemos que el número de parámetros a estimar es $1 + m - 1 + n - 1 = n + m - 1$. Entonces, tenemos como resultado que

$$\sum_{i=1}^{m} \sum_{j=1}^{n} (X_{ij} - \hat{\mu} - \hat{\alpha}_i - \hat{\beta}_j)^2/\sigma^2$$

es una variable aleatoria chi cuadrada con $nm - (n + m - 1) = (n - 1)(m - 1)$ grados de libertad.

Como $\hat{\mu} = X.., \hat{\alpha}_i = X_{i\cdot} - X.., \hat{\beta}_j = X_{\cdot j} - X..$, tenemos que $\hat{\mu} + \hat{\alpha}_i + \hat{\beta}_j = X_{i\cdot} + X_{\cdot j} - X..$; así,

$$\sum_{i=1}^{m} \sum_{j=1}^{n} (X_{ij} - X_{i\cdot} - X_{\cdot j} + X..)^2 / \sigma^2 \tag{10.5.1}$$

es una variable chi cuadrada con $(n - 1)(m - 1)$ grados de libertad.

Definición

Al estadístico SS_e definido por

$$SS_e = \sum_{i=1}^{m} \sum_{j=1}^{n} (X_{ij} - X_{i\cdot} - X_{\cdot j} + X..)^2$$

se le llama *suma de cuadrados del error.*

Si pensamos que la diferencia entre un valor y su media estimada sea un "error", entonces SS_e es igual a la suma de los cuadrados de los errores. Como SS_e / σ^2 es precisamente la expresión en 10.5.1, entonces SS_e / σ^2 es chi cuadrada con $(n - 1)(m - 1)$ grados de libertad. Como el valor esperado de una variable aleatoria chi cuadrada es igual a su número de grados de libertad, resulta que

$$E[SS_e / \sigma^2] = (n - 1)(m - 1)$$

o

$$E[SS_e / (n - 1)(m - 1)] = \sigma^2$$

Es decir,

$$SS_e / (n - 1)(m - 1)$$

es un estimador insesgado de σ^2.

Supongamos ahora que deseamos probar la hipótesis nula de que no hay efecto de renglón; es decir, queremos probar

$$H_0 : \text{todas las } \alpha_i \text{ son iguales a } 0$$

contra

$$H_1 : \text{no todas las } \alpha_i \text{ son iguales a } 0$$

Para obtener un segundo estimador de σ^2, consideremos los promedios de renglones $X_{i\cdot}, i = 1, \ldots, m$. Observemos que si H_0 es verdadera, todas las α_i son iguales a 0, y así

$$E[X_{i\cdot}] = \mu + \alpha_i = \mu$$

Ya que $X_{i\cdot}$ es el promedio de n variables aleatorias, cada una con varianza σ^2, resulta que

$$\mathrm{Var}(X_{i\cdot}) = \sigma^2/n$$

De esta manera vemos que cuando H_0 es verdadera

$$\sum_{i=1}^{m}(X_{i\cdot} - E[X_{i\cdot}])^2/\mathrm{Var}(X_{i\cdot}) = n\sum_{i=1}^{m}(X_{i\cdot} - \mu)^2/\sigma^2$$

será chi cuadrada con m grados de libertad. Si en la igualdad anterior sustituimos a μ por su estimador $X_{\cdot\cdot}$, entonces, la expresión resultante seguirá siendo chi cuadrada pero con 1 grado menos de libertad. Por lo que:

si H_0 es verdadera

$$n\sum_{i=1}^{m}(X_{i\cdot} - X_{\cdot\cdot})^2/\sigma^2$$

es chi cuadrada con $m - 1$ grados de libertad.

Definición

El estadístico SS_r está definido por

$$SS_r = n\sum_{i=1}^{m}(X_{i\cdot} - X_{\cdot\cdot})^2$$

y se le llama *suma de cuadrados de renglón*.

Ya vimos antes que si H_0 es verdadera, SS_r/σ^2 es chi cuadrada con $m - 1$ grados de libertad. Lo cual da como resultado que si H_0 es verdadera,

$$E[SS_r/\sigma^2] = m - 1$$

o lo que es equivalente,

$$E[SS_r/(m - 1)] = \sigma^2$$

Además, se puede mostrar que $SS_r/(m-1)$ tenderá a ser mayor que σ^2 si H_0 no es verdadera. Una vez más hemos obtenido dos estimadores para σ^2. El primer estimador, $SS_e/(n - 1)(m - 1)$ es un estimador válido ya sea que la hipótesis nula sea verdadera o no; mientras que el segundo estimador, $SS_r/(m-1)$, sólo es un estimador válido de σ^2 si H_0 es verdadera, y si H_0 no es verdadera tiende a ser mayor que σ^2.

Basamos nuestra prueba de la hipótesis nula H_0 de que no hay efecto de renglón, en la relación entre dos estimadores de σ^2. Concretamente, usamos el estadístico

$$TS = \frac{SS_r/(m-1)}{SS_e/(n-1)(m-1)}$$

Debido a que se puede demostrar que los estimadores son independientes, si H_0 es verdadera, tenemos que la prueba de nivel de significancia α es

$$\text{rechazar} \quad H_0 \quad \text{si} \quad TS \geq F_{m-1,(n-1)(m-1),\alpha}$$

$$\text{no rechazar} \quad H_0 \quad \text{de otra manera}$$

De manera alternativa, la prueba se lleva a cabo calculando el valor p. Si el valor del estadístico de prueba es v, entonces el valor p está dado por

$$\text{valor } p = P\{F_{m-1,(n-1)(m-1)} \geq v\}$$

Una prueba similar se puede deducir para probar la hipótesis nula de que no hay efecto de columna; es decir, que todas las β_j son iguales a 0. Los resultados se resumen en la tabla 10.3. El programa 10.5 realiza los cálculos y asigna el valor p.

EJEMPLO 10.5a Los datos siguientes* representan el número de especies de macroinvertebrados recolectados en 6 estaciones cerca de una descarga térmica, desde 1970 hasta 1977.

Para probar la hipótesis de que los datos permanecen invariables (a) de año en año, y (b) de una estación a otra, corremos el programa 10.5. Los resultados se presentan en la figura 10.2. De manera que se rechazan, para un nivel de significancia muy pequeño, tanto la hipótesis de que la distribución de los datos no depende del año, como la hipótesis de que no depende de la estación. ■

TABLA 10.3 *ANOVA de dos factores*

	Suma de cuadrados	Grados de libertad
Renglón	$SS_r = n\sum_{i=1}^{m}(X_{i.} - X_{..})^2$	$m-1$
Columna	$SS_c = m\sum_{j=1}^{n}(X_{.j} - X_{..})^2$	$n-1$
Error	$SS_e = \sum_{i=1}^{m}\sum_{j=1}^{n}(X_{ij} - X_{i.} - X_{.j} + X_{..})^2$	$(n-1)(m-1)$

Sea $N = (n-1)(m-1)$

Hipótesis nula	Estadístico de prueba	Prueba de nivel de significancia α	Valor p si $TS = v$
Para toda $\alpha_i = 0$	$\dfrac{SS_r/(m-1)}{SS_e/N}$	Rechazar si $TS \geq F_{m-1,N,\alpha}$	$P\{F_{m-1,N} \geq v\}$
Para toda $\beta_j = 0$	$\dfrac{SS_c/(n-1)}{SS_e/N}$	Rechazar si $TS \geq F_{n-1,N,\alpha}$	$P\{F_{n-1,N} \geq v\}$

* Tomado de Wartz y Skinner, "A 12 year macroinvertebrate study in the vicinity of 2 thermal discharges to the Susquehanna River near York, Haven, PA." *Jour. of Testing and Evaluation.* vol. 12, núm. 3, mayo 1984, pp. 157-163.

	Estación					
Año	1	2	3	4	5	6
1970	53	35	31	37	40	43
1971	36	34	17	21	30	18
1972	47	37	17	31	45	26
1973	55	31	17	23	43	37
1974	40	32	19	26	45	37
1975	52	42	20	27	26	32
1976	39	28	21	21	36	28
1977	40	32	21	21	36	35

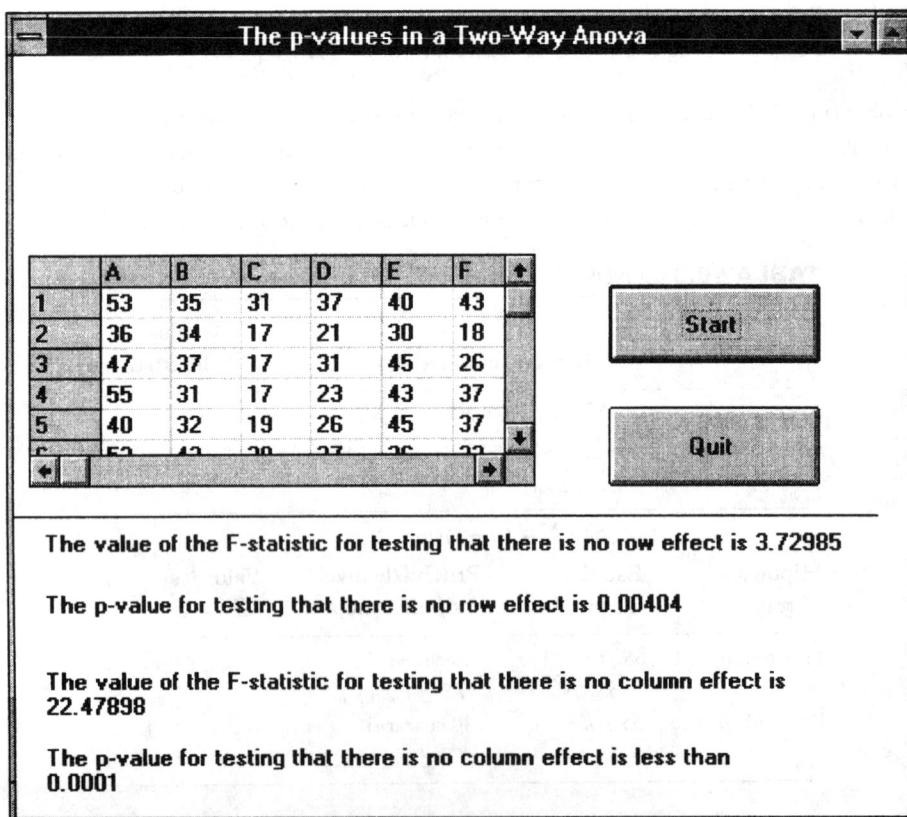

FIGURA 10.2

10.6 ANÁLISIS DE VARIANZA DE DOS FACTORES CON INTERACCIÓN

En las secciones 10.4 y 10.5, consideramos experimentos donde la distribución de los datos observados dependía de dos factores —a los que llamamos el factor de renglón y el factor de columna—. Concretamente, supusimos que el valor medio de X_{ij}, el dato en el renglón i y columna j, se expresa como la suma de dos términos —uno que depende del renglón del elemento y uno que depende de la columna—. Es decir, supusimos que

$$X_{ij} \sim \mathcal{N}(\mu + \alpha_i + \beta_j, \sigma^2), \qquad i = 1, \ldots, m, \qquad j = 1, \ldots, n$$

Sin embargo, una debilidad de este modelo es que al suponer que los efectos de renglón y de columna son aditivos, no se admite la posibilidad de una interacción de renglón y columna.

Consideremos, por ejemplo, un experimento diseñado para determinar el número medio de artículos defectuosos producidos por cuatro trabajadores diferentes que usan tres máquinas distintas. Al analizar los datos resultantes, supondríamos que el creciente número de artículos defectuosos que se obtuvo al usar una determinada máquina haya sido el mismo para todos los trabajadores. No obstante, es posible que la máquina interactúe de manera diferente con trabajadores diferentes. Es decir, quizá haya una interacción trabajador-máquina que no permite el modelo aditivo.

Para admitir la posibilidad de una interacción de renglón y columna, sea

$$\mu_{ij} = E[X_{ij}]$$

y definamos las cantidades μ, α_i, β_j, γ_{ij}, $i = 1,\ldots, m, j = 1,\ldots, n$ como sigue:

$$\mu = \mu_{..}$$

$$\alpha_i = \mu_{i.} - \mu_{..}$$

$$\beta_j = \mu_{.j} - \mu_{..}$$

$$\gamma_{ij} = \mu_{ij} - \mu_{i.} - \mu_{.j} + \mu_{..}$$

Es claro que

$$\mu_{ij} = \mu + \alpha_i + \beta_j + \gamma_{ij}$$

y es fácil de verificar que

$$\sum_{i=1}^{m} \alpha_i = \sum_{j=1}^{n} \beta_j = \sum_{i=1}^{m} \gamma_{ij} = \sum_{j=1}^{n} \gamma_{ij} = 0$$

El parámetro μ es el promedio de los nm valores medios; se le llama la *gran media*. El parámetro α_i es la cantidad en la que el promedio de los valores medios de las variables en el renglón i sobrepasa a la gran media; se le llama el *efecto del renglón i*. El parámetro β_j es la cantidad en la que el promedio de los valores medios de las variables en la columna j sobrepasa a la gran media; se le llama el *efecto de la columna j*. El parámetro $\gamma_{ij} = \mu_{ij} - (\mu + \alpha_i + \beta_j)$ es la cantidad en la que μ_{ij} sobrepasa a la suma de la gran media y los incrementos debidos al renglón i y a la columna j; es una medida de la desviación de la aditividad de renglón y columna del valor medio μ_{ij}, y se le llama la *interacción del renglón i y la columna j*.

Como veremos, para probar la hipótesis de que no hay interacción de renglón y columna —es decir, que $\gamma_{ij} = 0$— es necesario tener más de una observación para cada par de factores. Supongamos entonces, que tenemos l observaciones para cada renglón y columna. Es decir, considere que los datos son $\{X_{ijk}, i = 1,\ldots, m, j = 1,\ldots, n, k = 1,\ldots, l\}$, donde X_{ijk} es la observación k en el renglón i y la columna j. Como se supone que todas las observaciones son variables aleatorias independientes normales con una varianza común σ^2, el modelo es

$$X_{ijk} \sim \mathcal{N}(\mu + \alpha_i + \beta_j + \gamma_{ij}, \sigma^2)$$

donde

$$\sum_{i=1}^{m} \alpha_i = \sum_{j=1}^{n} \beta_j = \sum_{i=1}^{m} \gamma_{ij} = \sum_{j=1}^{n} \gamma_{ij} = 0 \qquad (10.6.1)$$

Estimaremos los parámetros anteriores y probaremos las siguientes hipótesis nulas

$$H_0^r : \alpha_i = 0, \qquad \text{para toda } i$$
$$H_0^c : \beta_j = 0, \qquad \text{para toda } j$$
$$H_0^{int} : \gamma_{ij} = 0, \qquad \text{para toda } i, j$$

Es decir, H_0^r es la hipótesis de que no hay efecto de renglón; H_0^c es la hipótesis de que no hay efecto de columna, y H_0^{int} es la hipótesis de que no hay interacción de renglón y columna.

Para estimar los parámetros observemos que por la ecuación 10.6.1 y la identidad

$$E[X_{ijk}] = \mu_{ij} = \mu + \alpha_i + \beta_j + \gamma_{ij}$$

es fácil verificar que

$$E[X_{ij.}] = \mu_{ij} = \mu + \alpha_i + \beta_j + \gamma_{ij}$$
$$E[X_{i..}] = \mu + \alpha_i$$
$$E[X_{.j.}] = \mu + \beta_j$$
$$E[X_{...}] = \mu$$

De lo anterior obtenemos que los estimadores insesgados, denotados mediante un "sombrero" sobre el parámetro, están dados por

$$\hat{\mu} = X_{...}$$

$$\hat{\beta}_j = X_{\cdot j \cdot} - X_{...}$$

$$\hat{\alpha}_i = X_{i \cdot \cdot} - X_{...}$$

$$\hat{\gamma}_{ij} = X_{ij \cdot} - \hat{\mu} - \hat{\beta}_j - \hat{\alpha}_i = X_{ij \cdot} - X_{i \cdot \cdot} - X_{\cdot j \cdot} + X_{...}$$

Para desarrollar pruebas para las hipótesis nulas H_0^{int}, H_0^r y H_0^c partimos del hecho de que

$$\sum_{k=1}^{l} \sum_{j=1}^{n} \sum_{i=1}^{m} \frac{(X_{ijk} - \mu - \alpha_i - \beta_j - \gamma_{ij})^2}{\sigma^2}$$

es una variable aleatoria chi cuadrada con nml grados de libertad. Por lo que,

$$\sum_{k=1}^{l} \sum_{j=1}^{n} \sum_{i=1}^{m} \frac{(X_{ijk} - \hat{\mu} - \hat{\alpha}_i - \hat{\beta}_j - \hat{\gamma}_{ij})^2}{\sigma^2}$$

será también chi cuadrada, pero con 1 grado menos de libertad por cada parámetro que se estime. Ahora, como $\Sigma_i \alpha_i = 0$, tenemos que $m - 1$ de las α_i necesita ser estimada; de manera análoga, $n - 1$ de las β_j necesita estimarse. Como también $\Sigma_i \gamma_{ij} = \Sigma_j \gamma_{ij} = 0$, tenemos que si ordenamos a todas las γ_{ij} en un arreglo rectangular con m renglones y n columnas, entonces todas las sumas de los renglones y de las columnas serán iguales a 0, y de esta manera, los valores de las cantidades en el último renglón y en la última columna quedarán determinados por los valores de todos los otros; por lo que, únicamente tendremos que estimar $(m - 1)(n - 1)$ de dichas cantidades. Como también tenemos que estimar μ, en total tendremos que estimar

$$n - 1 + m - 1 + (n - 1)(m - 1) + 1 = nm$$

parámetros. Como

$$\hat{\mu} + \hat{\alpha}_i + \hat{\beta}_j + \hat{\gamma}_{ij} = X_{ij \cdot}$$

por lo anterior, tenemos, que si denotamos

$$SS_e = \sum_{k=1}^{l} \sum_{j=1}^{n} \sum_{i=1}^{m} (X_{ijk} - X_{ij \cdot})^2$$

entonces

$$\frac{SS_e}{\sigma^2} \text{ es chi cuadrada con } nm(l - 1) \text{ grados de libertad}$$

Por lo que,

$$\frac{SS_e}{nm(l - 1)} \text{ es un estimador insesgado de } \sigma^2$$

Supongamos ahora que deseamos probar la hipótesis de que no hay interacción de renglón y columna; es decir, que queremos probar

$$H_0^{int} : \gamma_{ij} = 0, \qquad i = 1, \ldots, m, \qquad j = 1, \ldots, n$$

Si H_0^{int} es verdadera, entonces las variables aleatorias $X_{ij.}$ serán normales con media

$$E[X_{ij.}] = \mu + \alpha_i + \beta_j$$

Además, como cada uno de estos términos es el promedio de l variables aleatorias normales con varianza σ^2, tenemos que

$$\text{Var}(X_{ij.}) = \sigma^2 / l$$

Por lo tanto, si se supone que no hay interacción,

$$\sum_{j=1}^{n} \sum_{i=1}^{m} \frac{l(X_{ij.} - \mu - \alpha_i - \beta_j)^2}{\sigma^2}$$

es una variable aleatoria chi cuadrada con nm grados de libertad. Ya que en total hay que estimar $1 + m - 1 + n - 1 = n + m - 1$ de los parámetros $\mu, \alpha_i, i = 1, \ldots, m, \beta_j, j = 1, \ldots, n$, tenemos que si denotamos

$$SS_{int} = \sum_{j=1}^{n} \sum_{i=1}^{m} l(X_{ij.} - \hat{\mu} - \hat{\alpha}_i - \hat{\beta}_j)^2 = \sum_{j=1}^{n} \sum_{i=1}^{m} l(X_{ij.} - X_{i..} - X_{.j.} + X_{...})^2$$

entonces, bajo H_0^{int},

$$\frac{SS_{int}}{\sigma^2} \text{ es chi cuadrada con } (n-1)(m-1) \text{ grados de libertad}$$

Por lo que, si suponemos que no hay interacción,

$$\frac{SS_{int}}{(n-1)(m-1)} \text{ es un estimador insesgado de } \sigma^2$$

Debido a que es posible demostrar, que si se supone que no hay interacción, entonces SS_e y SS_{int} son independientes, entonces si H_0^{int} es verdadera

$$F_{int} = \frac{SS_{int}/(n-1)(m-1)}{SS_e/nm(l-1)}$$

es una variable aleatoria F con $(n-1)(m-1)$ grados de libertad en el numerador y $nm(l-1)$ grados de libertad en el denominador. Esto da lugar a la siguiente prueba de nivel de significancia α,

$$H_0^{int} : \text{ todas las } \gamma_{ij} = 0$$

Que es,

$$\text{rechazar} \quad H_0^{int} \quad \text{si} \quad \frac{SS_{int}/(n-1)(m-1)}{SS_e/nm(l-1)} > F_{(n-1)(m-1),nm(l-1),\alpha}$$

$$\text{no rechazar} \quad H_0^{int} \quad \text{de otra manera}$$

Otra alternativa consiste en calcular el valor p. Si $F_{int} = v$, el valor p, para la hipótesis nula de que todas las interacciones son iguales a 0 es

$$\text{valor } p = P\{F_{(n-1)(m-1),nm(l-1)} > v\}$$

Si queremos probar la hipótesis nula

$$H_0^r : \alpha_i = 0, \, i = 1, \ldots, m$$

entonces, usamos el hecho de que si H_0^r es verdadera, $X_{i..}$ es el promedio de nl variables aleatorias independiente normales, cada una con media μ y varianza σ^2. Por lo que, bajo H_0^r,

$$E[X_{i..}] = \mu, \qquad \text{Var}(X_{i..}) = \sigma^2/nl$$

y así

$$\sum_{i=1}^{m} nl \frac{(X_{i..} - \mu)^2}{\sigma^2}$$

es chi cuadrada con m grados de libertad. De modo que, si denotamos

$$SS_r = \sum_{i=1}^{m} nl(X_{i..} - \hat{\mu})^2 = \sum_{i=1}^{m} nl(X_{i..} - X_{..})^2$$

entonces, si H_0^r es verdadera,

$$\frac{SS_r}{\sigma^2} \text{ es chi cuadrada con } m - 1 \text{ grados de libertad}$$

y así

$$\frac{SS_r}{m-1} \text{ es un estimador insesgado de } \sigma^2$$

Como es posible mostrar que, bajo H_0^r, SS_e y SS_r son independientes, tenemos que si H_0^r es verdadera,

$$\frac{SS_r/(m-1)}{SS_e/nm(l-1)} \text{ es una variable aleatoria } F_{m-1,\,nm(l-1)}$$

De esa manera existe la siguiente prueba, de nivel de significancia α, para

$$H_0^r : \text{todas las } \alpha_i = 0$$

contra

$$H_1^r : \text{por lo menos una } \alpha_i \neq 0$$

Es decir,

$$\text{rechazar} \quad H_0^r \quad \text{si} \quad \frac{SS_r/(m-1)}{SS_e/nm(l-1)} > F_{m-1,nm(l-1),\alpha}$$

$$\text{no rechazar} \quad H_0^r \quad \text{de otra manera}$$

Por otra parte, si $\dfrac{SS_r/(m-1)}{SS_e/nm(l-1)} = v$, entonces

$$\text{valor } p = P\{F_{m-1,nm(l-1)} > v\}$$

Debido a que se puede mostrar que al probar H_0: todas las $\beta_j = 0$, se tiene un resultado análogo, obtenemos, para el ANOVA, la información que se presenta en la tabla 10.4.

Observe que todas las pruebas anteriores piden el rechazo sólo cuando su correspondiente estadístico F es grande. La razón por la que sólo valores grandes (y no pequeños) piden el rechazo de la hipótesis nula, es que cuando H_0 no es verdadera el numerador del estadístico F, tenderá a ser mayor que cuando es verdadera; mientras que la distribución del denominador sigue siendo la misma, sea H_0 verdadera o no.

El programa 10.6 calcula los valores del estadístico F y de sus correspondientes valores p.

EJEMPLO 10.6a Se cree que la vida de un determinado tipo de generador depende del material que se utiliza en su fabricación y de la temperatura en el lugar en que se emplea. La tabla siguiente indica los tiempos de vida de 24 generadores fabricados con tres distintos materiales y usados a dos temperaturas diferentes. ¿Tales datos indican que realmente afectan, el material y la temperatura, al tiempo de vida del generador? ¿Existen evidencias de un efecto de interacción?

Material	Temperatura 10°C	Temperatura 18°C
1	135, 150	50, 55
	176, 85	64, 38
2	150, 162	76, 88
	171, 120	91, 57
3	138, 111	68, 60
	140, 106	74, 51

TABLA 10.4 *Análisis de varianza de dos factores con l observaciones por celda: $N = nm(l-1)$*

Fuente de variación	Grados de libertad	Suma de cuadrados	Estadístico F	Prueba de nivel α	Valor p si $F = \nu$
Renglón	$m-1$	$SS_r = ln \sum_{i=1}^{m}(X_{i\cdot\cdot} - X_{\cdots})^2$	$F_r = \dfrac{SS_r/(m-1)}{SS_e/N}$	Rechazar H_0^r si $F_r > F_{m-1,N,\alpha}$	$P\{F_{m-1,N} > v\}$
Columna	$n-1$	$SS_c = lm \sum_{j=1}^{n}(X_{\cdot j\cdot} - X_{\cdots})^2$	$F_c = \dfrac{SS_c/(n-1)}{SS_e/N}$	Rechazar H_0^c si $F_c > F_{n-1,N,\alpha}$	$P\{F_{n-1,N} > v\}$
Interacción	$(n-1)(m-1)$	$SS_{int} = l \sum_{j=1}^{n}\sum_{i=1}^{m}(X_{ij\cdot} - X_{i\cdot\cdot} - X_{\cdot j\cdot} + X_{\cdots})^2$	$F_{int} = \dfrac{SS_{int}/(n-1)(m-1)}{SS_e/N}$	Rechazar H_0^{int} si $F_{int} > F_{(n-1)(m-1),N,\alpha}$	$P\{F_{(n-1)(m-1),N} > v\}$
Error	N	$SS_e = \sum_{k=1}^{l}\sum_{j=1}^{n}\sum_{i=1}^{m}(X_{ijk} - X_{ij\cdot})^2$			

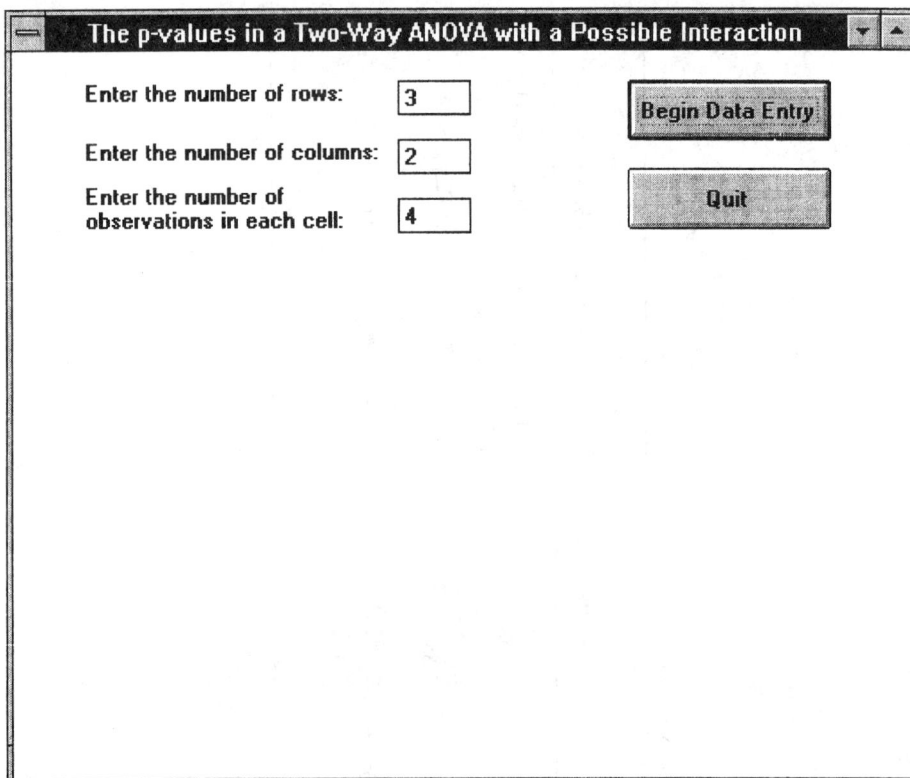

```
┌──────────────────────────────────────────────────────────────────┐
│ ─   The p-values in a Two-Way ANOVA with a Possible Interaction ▼ ▲│
├──────────────────────────────────────────────────────────────────┤
│                                                                    │
│     Enter the number of rows:        ┌───┐                         │
│                                      │ 3 │      ┌──────────────┐    │
│                                      └───┘      │Begin Data Entry│  │
│     Enter the number of columns:     ┌───┐      └──────────────┘    │
│                                      │ 2 │                          │
│                                      └───┘      ┌──────────────┐    │
│     Enter the number of              ┌───┐      │     Quit     │    │
│     observations in each cell:       │ 4 │      └──────────────┘    │
│                                      └───┘                          │
│                                                                    │
│                                                                    │
│                                                                    │
│                                                                    │
│                                                                    │
│                                                                    │
│                                                                    │
│                                                                    │
│                                                                    │
│                                                                    │
│                                                                    │
└──────────────────────────────────────────────────────────────────┘
```

FIGURA 10.3

SOLUCIÓN Corremos el programa 10.6 (véase figuras 10.3 y 10.4). ■

Problemas

1. En su proceso de purificación, un producto químico pasa en solución a través de una resina en la cual se absorben las impurezas. Para probar la efectividad de 3 resinas diferentes, un ingeniero químico divide una solución del producto químico en 15 partes y prueba 5 veces cada resina, midiendo la concentración de impurezas en la solución resultante. Se obtienen los siguientes datos:

Concentración de impurezas		
Resina I	Resina II	Resina III
.046	.038	.031
.025	.035	.042
.014	.031	.020
.017	.022	.018
.043	.012	.039

Pruebe la hipótesis de que no hay diferencia en la efectividad de las tres resinas.

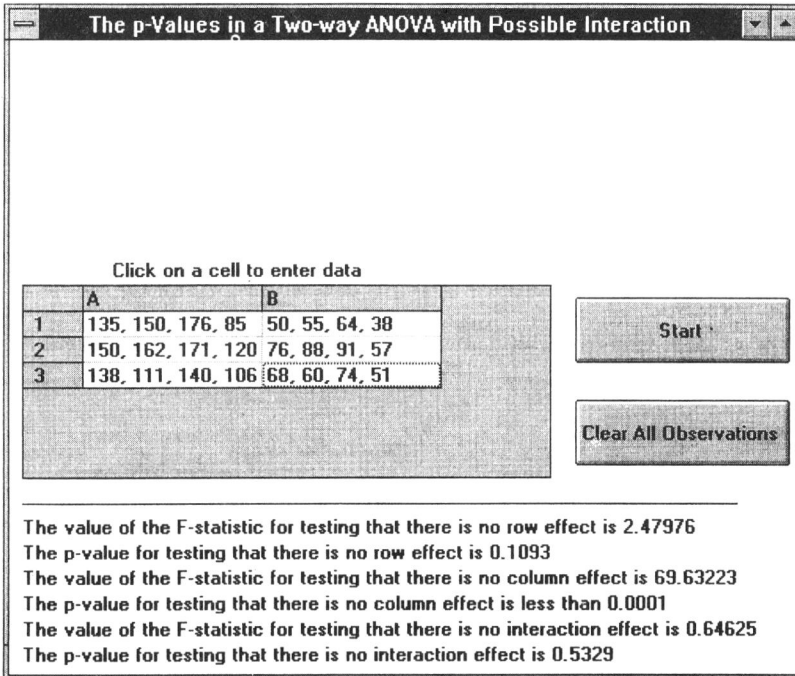

FIGURA 10.4

2. Queremos saber qué tipo de filtro debemos colocar sobre la pantalla de un osciloscopio de rayos catódicos, de manera que el operador de un radar identifique con facilidad el objetivo, en cuanto se aparezca. Para esto se hizo la siguiente prueba. Primero, se introdujo un ruido en la pantalla, con el propósito de dificultar la localización del blanco. Se introdujo una segunda señal en la pantalla, que representaba el objetivo, y se incrementó su intensidad, desde cero, hasta que el operador pudiera detectarla. Luego se registró la intensidad a la que el operador notó la señal del objetivo. El experimento se repitió 20 veces con cada filtro. Los valores numéricos dados en la siguiente tabla son proporcionales a la intensidad que alcanzó el blanco en el momento en el que el operador la detectó.

Filtro 1	Filtro 2	Filtro 3
90	88	95
87	90	95
93	97	89
96	87	98
94	90	96
88	96	81
90	90	92
84	90	79

(continúa)

Filtro 1	Filtro 2	Filtro 3
101	100	105
96	93	98
90	95	92
82	86	85
93	89	97
90	92	90
96	98	87
87	95	90
99	102	101
101	105	100
79	85	84
98	97	102

Para un nivel de significancia de 5 por ciento, pruebe la hipótesis de que los filtros son iguales.

3. Explique por qué no podemos probar, de manera eficiente, la hipótesis $H_0 : \mu_1 = \mu_2 = \ldots = \mu_m$ mediante pruebas t para los $\binom{m}{2}$ pares de muestras.

4. Una tienda de máquinas tiene 3 hornos diferentes para calentar muestras de metal. Se supone que los 3 alcanzan la misma temperatura, sujeta a fluctuaciones aleatorias. Para probar esta hipótesis, se calentará cada horno 15 veces observándose las temperatura siguientes.

Horno	Temperatura
1	492.4, 493.6, 498.5, 488.6, 494
2	488.5, 485.3, 482, 479.4, 478
3	502.1, 492, 497.5, 495.3, 486.7

¿Alcanzan, todos los hornos la misma temperatura? Use el nivel de significancia del 5 por ciento. ¿Cuál es el valor p?

5. Para determinar el contenido de magnesio en un compuesto químico, se emplean cuatro procedimientos distintos. Cada uno se usa cuatro veces en el mismo compuesto químico y se obtienen los siguientes resultados.

	Método		
1	2	3	4
76.42	80.41	74.20	86.20
78.62	82.26	72.68	86.04
80.40	81.15	78.84	84.36
78.20	79.20	80.32	80.68

¿Indican estos datos que los cuatro procedimientos dan resultados equivalentes?

6. Se tomaron 20 individuos con más de 40 libras de sobrepeso y se les asignó de manera aleatoria una de dos dietas. Después de 10 semanas las cantidades que bajaron (en libras) fueron las siguientes.

Pérdida de peso	
Dieta 1	Dieta 2
22.2	24.2
23.4	16.8
24.2	14.6
16.1	13.7
9.4	19.5
12.5	17.6
18.6	11.2
32.2	9.5
8.8	30.1
7.6	21.5

Pruebe, para un nivel de significancia de 5 por ciento, la hipótesis de que las dos dietas tienen el mismo efecto.

7. Para probar la capacidad de un determinado polímero para eliminar desechos tóxicos del agua, se hicieron experimentos a tres temperaturas diferentes. Los datos siguientes indican los porcentajes de impurezas eliminadas por el polímero en 21 ensayos independientes.

A baja temperatura	A temperatura media	A alta temperatura
42	36	33
41	35	44
37	32	40
29	38	36
35	39	44
40	42	37
32	34	45

Pruebe la hipótesis de que el polímero trabaja igualmente bien a las tres temperaturas. Use el nivel de significancia **(a)** del 5 por ciento, y **(b)** del 1 por ciento.

8. En el modelo de análisis de varianza de un factor con n observaciones por muestra, sea $S_i^2, i = 1,\ldots, m$ la varianza muestral de las m muestras. Muestre que

$$SS_W = (n - 1) \sum_{i=1}^{m} S_i^2$$

9. Los datos siguientes dan las edades a las que murieron ratas que fueron alimentadas con tres tipos distintos de dietas. Un grupo de 30 ratas, que tiene un periodo corto de vida, se dividió en tres grupos, cada uno de tamaño 10. La media y la varianza muestrales de las edades (medidas en meses) a las que murieron las ratas de cada uno de los tres grupos son las siguientes:

	Muy pocas calorías	Cantidad moderada de calorías	Muchas calorías
Media muestral	22.4	16.8	13.7
Varianza muestral	24.0	23.2	17.1

Para un nivel de significancia de 5 por ciento, pruebe la hipótesis de que la dieta no afecta al tiempo medio de vida de las ratas. ¿Y qué pasa si se usa el nivel de significancia del 1 por ciento?

10. Los niveles del bradykininógeno del plasma se relacionan con la capacidad del cuerpo de resistir a la inflamación. En un estudio hecho en 1968 (Eilam, N., Johnson, P. K., Johnson, N. L. y Creger, W., "Bradykininogen levels in Hodgkin's disease", *Cancer*, **22**, pp. 631-634), los niveles fueron medidos en pacientes normales, en pacientes con la enfermedad activa de Hodgkin, y en pacientes con la enfermedad inactiva de Hodgkin. Se obtuvieron los datos siguientes (en microgramos de bradykininógeno por mililitro de plasma).

Normal	Enfermedad activa de Hodgkin	Enfermedad inactiva de Hodgkin
5.37	3.96	5.37
5.80	3.04	10.60
4.70	5.28	5.02
5.70	3.40	14.30
3.40	4.10	9.90
8.60	3.61	4.27
7.48	6.16	5.75
5.77	3.22	5.03
7.15	7.48	5.74
6.49	3.87	7.85
4.09	4.27	6.82
5.94	4.05	7.90
6.38	2.40	8.36

Para un nivel de significancia del 5 por ciento, pruebe la hipótesis de que los niveles medios de bradykininógeno son los mismos en los tres grupos.

11. Un estudio de la fuerza muscular del músculo flexor del tronco, realizado en 75 niñas entre 3 a 7 años fue publicado por Baldauf, K., Swenson, D., Medeiros, J. y Radtka, S., "Clinical assessment of trunk flexor muxcle strength in hearlthy girls 3 to 7 ", *Physical Therapy*, **64**, pp. 1203-1208, 1984. Midiendo la fuerza muscular con una escala de 0 a 5 y tomando 15 niñas de cada categoría de edad, obtuvieron las medias y desviaciones estándar muestrales siguientes.

Edad	3	4	5	6	7
Media muestral	3.3	3.7	4.1	4.4	4.8
Desviación estándar muestral	.9	1.1	1.1	.9	.5

Para el nivel de significancia del 5 por ciento, pruebe la hipótesis de que la fuerza del músculo flexor del tronco es la misma para las cinco categorías de edades.

12. Un médico de la estación de emergencia quería saber si había alguna diferencia en el tiempo que tres esteroides inhalados tardaban en aliviar un ataque asmático leve. Durante un periodo de varias semanas administró estos esteroides en forma aleatoria a las víctimas del asma, y observó el tiempo que tardaban en descongestionar los pulmones de los pacientes. Luego, descubrió que habían tratado a 12 pacientes con cada tipo de esteroide, y obtuvo las medias y varianzas muestrales (en minutos) que se presentan a continuación.

Esteroide	$\overline{X}_i$	S_i^2
A	32	145
B	40	138
C	30	150

(a) Pruebe la hipótesis de que los tres esteroides tienen el mismo tiempo promedio en calmar un ataque asmático suave.

(b) Encuentre intervalos de confianza para todas las cantidades $\mu_i - \mu_j$, que sean válidos, con un 95 por ciento de confianza.

13. Se determinó el contenido de grasa en cinco porciones de carne procesada, cada una de distinta marca. La información (en porcentaje de grasa por gramo) es:

Marca	1	2	3
	32	41	36
Contenido	34	32	37
de grasa	31	33	30
	35	29	28
	33	35	33

(a) ¿Varía la proporción de grasas dependiendo de la marca?

(b) Encuentre intervalos de confianza, válidos, con un 95 por ciento de confianza, para las cantidades $\mu_i - \mu_j$.

14. Un nutricionista dividió de manera aleatoria a 15 ciclistas en 3 grupos de 5 cada uno. Al primero se le dio un suplemento vitamínico para tomarlo con las comidas durante 3 semanas. Al segun-

do se le ordenó comer, durante las siguientes tres semanas, un tipo determinado de cereal integral de la alto contenido en fibra. Al tercer grupo se le dejó comer como lo hacían normalmente. Transcurrido el periodo de tres semanas, el nutricionista hizo recorrer 6 millas a cada uno de ciclistas. Los tiempos obtenidos fueron

Grupo de las vitaminas:	15.6	16.4	17.2	15.5	16.3
Grupo del cereal:	17.1	16.3	15.8	16.4	16.0
Grupo de control:	15.9	17.2	16.4	15.4	16.8

(a) ¿Son los datos consistentes con la hipótesis de que ni las vitaminas ni el cereal de fibra afectaron la velocidad de los ciclistas? Use el nivel de significancia del 5 por ciento.

(b) Encuentre intervalos de confianza para las cantidades $\mu_i - \mu_j$, que sean válidos con un 95 por ciento de confianza.

15. Pruebe la hipótesis de que las siguientes tres muestras independientes provienen de la misma distribución de probabilidad normal.

Muestra 1	Muestra 2	Muestra 3
35	29	44
37	38	52
29	34	56
27	30	
30	32	

16. Para un conjunto de datos x_{ij}, $i = 1, \ldots, m$, $j = 1, \ldots, n$ muestre que

$$x_{..} = \sum_{i=1}^{m} x_{i\cdot}/m = \sum_{j=1}^{n} x_{\cdot j}/n$$

17. Si $x_{ij} = i + j^2$, determine

(a) $\sum_{j=1}^{3} \sum_{i=1}^{2} x_{ij}$;

(b) $\sum_{i=1}^{2} \sum_{j=1}^{3} x_{ij}$.

18. Si $x_{ij} = a_i + b_j$, muestre que

$$\sum_{i=1}^{m} \sum_{j=1}^{n} x_{ij} = n \sum_{i=1}^{m} a_i + m \sum_{j=1}^{n} b_j$$

19. Se hizo un estudio en flores de piretro para determinar el contenido de piretrina, una sustancia química que se emplea en los insecticidas. Hay cuatro métodos de extracción de esta sustancia, y las muestras se obtienen de flores almacenadas en tres condiciones diferentes: flores frescas, flores almacenadas 1 año, y flores almacenadas 1 año y tratadas. Se supone que no hay ninguna interacción. Los datos son:

Contenido de piretrina, en porciento

Condiciones de almace-namiento	Método			
	A	B	C	D
1	1.35	1.13	1.06	.98
2	1.40	1.23	1.26	1.22
3	1.49	1.46	1.40	1.35

Sugiera un modelo para la información dada y utilice los datos para estimar sus parámetros.

20. Los datos siguientes dan el número de fallecimientos por cada 10 000 adultos, en una ciudad grande del este, en las diferentes estaciones del año, de 1982 a 1986.

Año	Invierno	Primavera	Verano	Otoño
1982	33.6	31.4	29.8	32.1
1983	32.5	30.1	28.5	29.9
1984	35.3	33.2	29.5	28.7
1985	34.4	28.6	33.9	30.1
1986	37.3	34.1	28.5	29.4

(a) Considerando un modelo de dos factores, estime los parámetros.

(b) Pruebe la hipótesis de que la tasa de mortalidad no depende de la estación. Use un nivel de significancia del 5 por ciento.

(c) Pruebe, para un nivel de significancia del 5 por ciento, que no hay ningún efecto debido al año de que se trate.

21. Considere el modelo del problema 19.

(a) ¿Hay alguna diferencia entre los métodos de extracción?

(b) ¿Afectan las condiciones de extracción al contenido? Pruebe esto, para el nivel de significancia $\alpha = .05$.

22. Se emplearon tres lavadoras diferentes para probar cuatro detergentes distintos. Los datos siguientes dan una puntuación codificada de la efectividad de cada lavadora.

	Máquina		
	1	2	3
Detergente 1	53	50	59
Detergente 2	54	54	60
Detergente 3	56	58	62
Detergente 4	50	45	57

(a) Determine el aumento en el valor medio si se usa el detergente 1 en lugar del i) detergente 2; ii) detergente 3; iii) detergente 4.

(b) Estime el aumento en el valor medio si se usa la lavadora 3 en lugar de i) la lavadora 1; ii) la lavadora 2.

(c) Pruebe la hipótesis de que el detergente usado no afecta a la puntuación.

(d) Pruebe la hipótesis de que la lavadora utilizada no afecta a la puntuación.

Tanto en el inciso (c), como en el (d), use como nivel de significancia 5 por ciento.

23. Un experimento fue ideado para probar el efecto al emplear 3 tipos de gasolina con 3 tipos de aditivo. Nueve motores idénticos se hicieron funcionar con 5 galones, cada uno, de los distintos pares de combinaciones gasolina-aditivo. Se obtuvieron los datos siguientes:

Rendimiento obtenido

Gasolina	Aditivo		
	1	2	3
1	124.1	131.5	127
2	126.4	130.6	128.4
3	127.2	132.7	125.6

(a) Pruebe la hipótesis de que la gasolina usada no afecta el rendimiento.

(b) Pruebe la hipótesis de que los aditivos son equivalentes.

(c) ¿Cuáles son las suposiciones que hace?

24. Suponga, que en el problema 6, las 10 personas que siguen la dieta son 5 hombres y 5 mujeres, y que se obtienen estos resultados:

	Dieta 1	Dieta 2
Mujeres	7.6	19.5
	8.8	17.6
	12.5	16.8
	16.1	13.7
	18.6	21.5
Hombres	22.2	30.1
	23.4	24.2
	24.2	9.5
	32.2	14.6
	9.4	11.2

(a) Pruebe la hipótesis de que no hay interacción entre género y dieta.

(b) Pruebe la hipótesis de que la dieta tiene el mismo efecto en los hombres que en las mujeres.

25. Un investigador está interesado en comparar la resistencia a la rotura de diversas vigas laminadas hechas a partir de 3 tipos diferentes de pegamento y de 3 variedades de madera. Para hacer la comparación, se fabricaron 5 vigas de cada una de las 9 combinaciones y se sometieron a una prueba de tensión. La siguiente tabla indica las presiones a las que se rompieron cada una de las vigas.

Madera \ Pegamento	G_1		G_2		G_3	
W_1	196	208	214	216	258	250
	247	216	235	240	264	248
	221		252		272	
W_2	216	228	215	217	246	247
	240	224	235	219	261	250
	236		241		255	
W_3	230	242	212	218	255	251
	232	244	216	224	261	258
	228		222		247	

(a) Pruebe la hipótesis de que los efectos de la madera y del pegamento son aditivos.
(b) Pruebe la hipótesis de que la madera usada no afecta la resistencia a la rotura.
(c) Pruebe la hipótesis de que el pegamento utilizado no afecta la resistencia a la rotura.

26. Se hizo un estudio para determinar cómo se ve afectada la concentración de cierto medicamento en la sangre, después de 24 horas de haber sido inyectado, por género y edad. Un análisis de las muestras de sangre de 40 personas a las que se les inyectó el medicamento indicó las concentraciones siguientes.

	Grupos por edades			
	11−25	**26−40**	**41−65**	**Más de 65**
Masculino	52	52.5	53.2	82.4
	56.6	49.6	53.6	86.2
	68.2	48.7	49.8	101.3
	82.5	44.6	50.0	92.4
	85.6	43.4	51.2	78.6
Femenino	68.6	60.2	58.7	82.2
	80.4	58.4	55.9	79.6
	86.2	56.2	56.0	81.4
	81.3	54.2	57.2	80.6
	77.2	61.1	60.0	82.2

(a) Pruebe la hipótesis de que no hay interacción entre género y edad.

(b) Pruebe la hipótesis de que el género no afecta la concentración en la sangre.

(c) Pruebe la hipótesis de que la edad no afecta a la concentración en la sangre.

27. Considere, que en el problema 23, hubo una controversia acerca de la suposición de que no hay ninguna interacción entre el aditivo y la gasolina usados. Para probar la posibilidad de un efecto de interacción entre gasolina y aditivo, se probaron 36 motores, 4 en cada grupo. Los resultados obtenidos fueron:

Gasolina	Aditivo		
	1	2	3
1	126.2	130.4	127
	124.8	131.6	126.6
	125.3	132.5	129.4
	127.0	128.6	130.1
2	127.2	142.1	129.5
	126.6	132.6	142.6
	125.8	128.5	140.5
	128.4	131.2	138.7
3	127.1	132.3	125.2
	128.3	134.1	123.3
	125.1	130.6	122.6
	124.9	133.0	120.9

(a) ¿Indican los datos algún efecto de interacción?

(b) ¿Dan todas las gasolinas los mismos resultados?

(c) Pruebe si el aditivo tiene o no algún efecto, o si todos los aditivos funcionan igualmente bien.

(d) ¿Qué conclusiones obtiene?

28. Se ideó un experimento para probar la hipótesis de que se podía mejorar la capacidad de retención en la memoria de las personas mayores, mediante una serie de "tratamientos con oxígeno". Un grupo de científicos administraron este tratamiento a hombres y mujeres. Tanto a los hombres como a las mujeres se les dividió aleatoriamente en 4 grupos, de 5 personas cada uno. A las personas en el grupo i se les administró el tratamiento durante $(i-1)$ semanas, $i = 1, 2, 3, 4$. (Los dos grupos a los que no se les dio ningún tratamiento sirvieron como "control".) Los tratamientos se hicieron de tal manera que todos los individuos pensaban que estaban recibiendo el tratamiento durante las 3 semanas. Al terminar el tratamiento se les hizo una prueba para evaluar su capacidad de retención en la memoria. Los resultados (en los que una puntuación mayor indica una mejor retención en la memoria) se muestran en la tabla adjunta.

(a) Pruebe si hay o no un efecto de interacción.

(b) Pruebe la hipótesis de que la duración del tratamiento no afecta la capacidad de retención en la memoria.

(c) ¿Hay alguna diferencia entre los géneros?

(d) A un grupo de 5 hombres mayores, elegido de manera aleatoria, a los que no se les había administrado el tratamiento, se les hizo una prueba para evaluar su capacidad de retención en la memoria. Sus puntuaciones fueron 37, 35, 33, 39, 29. ¿Qué conclusión obtiene?

Puntuación

	Número de semanas que duró el tratamiento con oxígeno			
	0	**1**	**2**	**3**
Hombres	42	39	38	42
	54	52	50	55
	46	51	47	39
	38	50	45	38
	51	47	43	51
Mujeres	49	48	27	61
	44	51	42	55
	50	52	47	45
	45	54	53	40
	43	40	58	42

29. En un estudio sobre la producción de plaquetas, se pusieron 16 ratas a una altitud de 15 000 pies, mientras que otras 16 se mantuvieron al nivel del mar (Rand, K., Anderson, T., Lukis, G. y Creger, W., "Effect of hypoxia on platelet level in the rat", *Clinical Research*, **18**, p. 178, 1970). En cada grupo a la mitad de las ratas se le extirpó el bazo. Abajo se dan los niveles de fibrinógeno (en miligramos por ciento) medidos el día 21.

	Sin bazo	Bazo normal
Altitud	528	434
	444	331
	338	312
	342	575
	338	472
	331	444
	288	575
	319	384
Al nivel del mar	294	272
	254	275
	352	350
	241	350
	291	466
	175	388
	241	425
	238	344

(a) Pruebe la hipótesis de que no hay interacción.

(b) Pruebe la hipótesis de que no hay ningún efecto debido a la altitud.

(c) Pruebe la hipótesis de que no hay ningún efecto por quitarles el bazo.

   En todos los casos use 5 por ciento como nivel de significancia.

Capítulo 11

PRUEBAS DE BONDAD DE AJUSTE Y ANÁLISIS DE DATOS CATEGÓRICOS

11.1 INTRODUCCIÓN

Con frecuencia queremos determinar si un modelo probabilístico es apropiado para cierto fenómeno aleatorio. Tal determinación, a menudo se reduce a probar si la muestra aleatoria dada proviene de una determinada distribución de probabilidad, especificada, o parcialmente especificada. Por ejemplo, puede ser que *a priori* creamos que el número de accidentes industriales que ocurren diariamente en una determinada planta industrial constituya una muestra aleatoria de una distribución de Poisson. Dicha hipótesis se puede probar observando el número de accidentes durante varios días y probando después si realmente es razonable suponer que la distribución correspondiente sea la de Poisson. A las pruebas estadísticas que determinan si un mecanismo probabilístico dado es apropiado se les llaman pruebas de *bondad de ajuste*.

El método clásico para obtener una prueba de bondad de ajuste de una prueba de hipótesis nula, que dice que una muestra tiene una distribución de probabilidad específica, consiste en hacer una partición de los posibles valores de una variable aleatoria, en un número finito de regiones. Después el número de valores muestrales que caen en cada región se determina y se compara con el número teóricamente esperado bajo la distribución de probabilidad especificada, y si la diferencia es significativa se rechaza la hipótesis nula. En la sección 11.2 se presentan los detalles de estas pruebas, bajo la suposición de que la distribución de probabilidad de la hipótesis nula está completamente especificada. En la sección 11.3 se explica cómo hacer el análisis cuando algunos de los parámetros de la distribución de la hipótesis nula no se han especificado. Es decir, la hipótesis nula puede ser, por ejemplo, que la distribución muestral sea una distribución normal, pero no se especifica la media ni la varianza de esta distribución. En las secciones 11.4 y 11.5 se consideran las situaciones donde cada miembro de una población se clasifica de acuerdo con dos características distintas, y vemos cómo usamos nuestro análisis anterior para probar la hipótesis de que las características de un miembro de la población tomado en forma aleatoria son independientes. Como un ejemplo, demostramos cómo probar la hipótesis de que m poblaciones tengan la misma distribución de probabilidad discreta. Por último en la sección opcional, la sección 11.6, se regresa al problema de probar que los datos de la muestra provienen de una distribución de probabilidad determinada, que por ahora supondremos continua. En lugar de discretizar los datos para usar la prueba dada en la sección 11.2, tratamos los datos como nos son dados, y utilizamos la prueba de *Kolmogorov-Smirnov*.

11.2 PRUEBAS DE BONDAD DE AJUSTE CUANDO TODOS LOS PARÁMETROS ESTÁN ESPECIFICADOS

Suponga que se van a observar n variables aleatorias independientes, $Y_1, \ldots, Y_n$, cada una de las cuales toma uno de los valores $1, 2, \ldots, k$, y que se desea probar la hipótesis nula de que $\{p_i, i = 1, \ldots, k\}$ es la función de masa de probabilidad de las Y_j. Es decir, si Y representa una de las Y_j, entonces la hipótesis nula es

$$H_0 : P\{Y = i\} = p_i, \qquad i = 1, \ldots, k$$

mientras que la hipótesis alternativa es

$$H_1 : P\{Y = i\} \neq p_i, \qquad \text{para alguna } i = 1, \ldots, k$$

Para probar esta hipótesis, sea $X_i, i = 1, \ldots, k$ el número de las Y_j que son iguales a i. Entonces, como cada Y_j será de manera independiente igual a i con probabilidad $P\{Y = i\}$, entonces bajo H_0, X_i es binomial con parámetros n y p_i. Por lo tanto, si H_0 es verdadera,

$$E[X_i] = np_i$$

y de esta manera $(X_i - np_i)^2$ es una indicación de qué tan posible es que p_i sea realmente igual a la probabilidad de que $Y = i$. Si este valor es grande, digamos, en relación con np_i, entonces es una indicación de que la hipótesis nula no es correcta. Este razonamiento nos lleva a considerar el estadístico de prueba siguiente:

$$T = \sum_{i=1}^{k} \frac{(X_i - np_i)^2}{np_i} \tag{11.2.1}$$

y a rechazar la hipótesis nula si T es grande.

Para determinar la región crítica necesitamos, primero, especificar un nivel de significancia α y después determinar el valor crítico c tal que

$$P_{H_0}\{T \geq c\} = \alpha$$

Es decir, necesitamos determinar c de manera que la probabilidad, si H_0 es verdadera, de que el estadístico de prueba T, sea, por lo menos, tan grande como c, sea α. Entonces, la prueba consiste en rechazar la hipótesis, para el nivel de significancia α, si $T \geq c$, y aceptarla si $T < c$.

Queda por determinar c. La manera clásica de hacer esto, es usar el hecho de que si n es grande, y si H_0 es verdadera, T tendrá, aproximadamente, una distribución chi cuadrada con $k - 1$ grados de libertad (con una aproximación que se vuelve exacta conforme n se acerca al infinito). Por lo que, para n grande, se puede tomar c igual a $\chi^2_{\alpha, k-1}$; y de esta manera la prueba aproximada para el nivel α es

$$\text{rechazar} \quad H_0 \quad \text{si} \quad T \geq \chi^2_{\alpha, k-1}$$

$$\text{aceptar} \quad H_0 \quad \text{de otra manera}$$

Si el valor observado de T es $T = t$, entonces la prueba anterior es equivalente a rechazar H_0 si el nivel de significancia α es, por lo menos, tan grande como el valor p que está dado por

$$\text{valor } p = P_{H_0}\{T \geq t\}$$

$$\approx P\{\chi^2_{k-1} \geq t\}$$

donde χ^2_{k-1} es una variable aleatoria chi cuadrada con $k - 1$ grados de libertad.

Una regla para saber qué tan grande debe ser n para que la anterior sea una buena aproximación es que n debe ser suficientemente grande para que $np_i \geq 1$ para toda i, $i = 1, \ldots, k$, y para que al menos el 80 por ciento de los valores de np_i sean mayores que 5.

OBSERVACIONES

(a) Se puede obtener una fórmula de cálculo más simple para T expandiendo los cuadrados en la ecuación 11.2.1 y usando el hecho de que $\Sigma_i\, p_i = 1$ y $\Sigma_i X_i = n$ (¿a qué se debe que esto sea verdad?):

$$T = \sum_{i=1}^{k} \frac{X_i^2 - 2np_iX_i + n^2p_i^2}{np_i} \tag{11.2.2}$$

$$= \sum_i X_i^2/np_i - 2\sum_i X_i + n\sum_i p_i$$

$$= \sum_i X_i^2/np_i - n$$

(b) La razón intuitiva por la que T, que depende de los k valores $X_1, \ldots, X_k$, tiene únicamente $k - 1$ grados de libertad es que debido a la relación lineal $\Sigma_i X_i = n$, se pierde un grado de libertad.

(c) Aunque la prueba de que T tiene, de manera asintótica, una distribución chi cuadrada, es compleja, se puede demostrar fácilmente para $k = 2$. En tal caso, como $X_1 + X_2 = n$, y $p_1 + p_2 = 1$, vemos que

$$T = \frac{(X_1 - np_1)^2}{np_1} + \frac{(X_2 - np_2)^2}{np_2}$$

$$= \frac{(X_1 - np_1)^2}{np_1} + \frac{(n - X_1 - n[1 - p_1])^2}{n(1 - p_1)}$$

$$= \frac{(X_1 - np_1)^2}{np_1} + \frac{(X_1 - np_1)^2}{n(1 - p_1)}$$

$$= \frac{(X_1 - np_1)^2}{np_1(1 - p_1)} \quad \text{ya que} \quad \frac{1}{p} + \frac{1}{1 - p} = \frac{1}{p(1 - p)}$$

No obstante, X_1 es una variable aleatoria binomial con media np_1 y varianza $np_1(1 - p_1)$ y, de esta manera, mediante la aproximación normal a la binomial, tenemos que $(X_1 - np_1) / \sqrt{np_1(1 - p_1)}$ tiene, para n grande, de manera aproximada, una distribución normal unitaria; y entonces su cuadrado tiene aproximadamente una distribución chi cuadrada con 1 grado de libertad.

EJEMPLO 11.2a En los últimos años es cada vez más aceptado el hecho de que haya una relación entre bienestar mental y bienestar físico. Un análisis de las fechas de nacimiento y de fallecimiento de personas famosas serviría como una evidencia adicional, en el estudio de esta correlación. Para usar tales datos, suponemos que, el esperar algo con alegría, mejora el estado mental de la persona; y que las personas famosas probablemente, debido a la atención, el afecto, etcétera, que recibirán, esperan con alegría el día de su cumpleaños. Si una persona famosa está muy mal de salud y está muriéndose, entonces, el que esté cerca el día de su cumpleaños, probablemente, "lo animará y por lo tanto mejorará su salud y quizá disminuirá la posibilidad de que muera poco antes de su cumpleaños". Los datos podrían indicarnos que es menos probable que una persona famosa, muera en los meses antes de su cumpleaños, y más probable que muera en los meses después de él.

SOLUCIÓN Para probar lo anterior se tomaron, de manera aleatoria, de *Who Was Who in America*, 1 251 estadounidenses (desaparecidos) y se anotaron sus fechas de nacimiento y fallecimiento. (Los datos se tomaron de D. Philips, "Death Day and Birthday: An Unexpected Connection", en *Statistics: A Guide to the Unknown*, Holden-Day, 1972.) En la tabla 11.1 se presentan, resumidos, los datos.

Si la fecha de fallecimiento no depende de la fecha de cumpleaños, entonces, cada uno de los 1 251 individuos tendrá la misma posibilidad de caer en cualquiera de las 12 categorías. Probemos la hipótesis nula

$$H_0 = p_i = \frac{1}{12}, \qquad i = 1, \dots, 12$$

Como $np_i = 1\ 251/12 = 104.25$, entonces el estadístico de prueba chi cuadrada para esta hipótesis es

$$T = \frac{(90)^2 + (100)^2 + (87)^2 + \cdots + (106)^2}{104.25} - 1\ 251$$

$$= 17.192$$

El valor p es

$$\text{valor } p \approx P\{\chi_{11}^2 \geq 17.192\}$$

$$= 1 - .8977 = .1023 \qquad \text{mediante el programa 5.8.1a}$$

El resultado de esta prueba nos deja un poco en el aire acerca de la hipótesis de que la cercanía del cumpleaños no tiene efecto en el tiempo de vida que le queda a un individuo. Puesto que los datos no son suficientemente fuertes para rechazar la hipótesis (por lo menos para el nivel de significancia del 10 por ciento), sí sugieren que pueda ser falsa. Es posible que hayamos tomado demasiadas categorías

TABLA 11.1 *Número de fallecimientos antes, durante y después del mes del cumpleaños*

	6 meses antes	5 meses antes	4 meses antes	3 meses antes	2 meses antes	1 mes antes	En ese mes	1 mes después	2 meses después	3 meses después	4 meses después	5 meses después
Número de fallecimientos	90	100	87	96	101	86	119	118	121	114	113	106

$n = 1\ 251$

$n/12 = 104.25$

(12), y que pudiéramos obtener una prueba más fuerte tomando menos categorías. Por ejemplo, veamos cuál sería el resultado si agrupamos los datos en 4 posibles resultados:

$$\text{resultado } 1 = -6, -5, -4$$

$$\text{resultado } 2 = -3, -2, -1$$

$$\text{resultado } 3 = 0, 1, 2$$

$$\text{resultado } 4 = 3, 4, 5$$

Es decir, si un individuo murió 3 meses antes de su cumpleaños pertenecerá al resultado 2. Con esta clasificación los datos serían:

Resultado	Número de veces que se presentó
1	277
2	283
3	358
4	333

$n = 1\ 251$
$n/4 = 312.75$

El estadístico de prueba para probar $H_0 = p_i = 1/4$, $i = 1, 2, 3, 4$ es

$$T = \frac{(277)^2 + (283)^2 + (358)^2 + (333)^2}{312.75} - 1\ 251$$

$$= 14.775$$

Por lo tanto, como $\chi^2_{.01,3} = 11.345$, la hipótesis nula sería rechazada aun para un nivel de significancia del 1 por ciento. El programa 5.8.1a nos indica que

$$\text{valor } p \approx P\{\chi^2_3 \geq 14.775\} = 1 - .998 = .002$$

Pero, el análisis anterior está sujeto a la crítica de que se escogió la hipótesis nula, una vez observados los datos. Y aunque no es incorrecto usar un conjunto de datos para determinar la "manera correcta" de expresar la hipótesis nula, el uso adicional de esos datos para probar precisamente esa hipótesis, es ciertamente cuestionable. Por lo que para estar seguros de la conclusión obtenida en este ejemplo, lo prudente es tomar una segunda muestra aleatoria —agrupar los valores como antes— y probar otra vez $H_0 : p_i = 1/4$, $i = 1, 2, 3, 4$ (véase problema 3). ■

Para calcular con rapidez el valor T se puede usar el programa 11.2.1.

EJEMPLO 11.2b A un contratista que compra una gran cantidad de focos fluorescentes, el fabricante le informa que los bulbos no tienen una calidad uniforme, sino que fueron producidos de manera que cada uno tiene independientemente el nivel de calidad A, B, C, D, o E, con sus respectivas probabilidades .15, .25, .35, .20, .05. Al contratista le parece que le han dado demasiados bulbos de nivel de calidad E (el nivel más bajo) y decide tomarse el tiempo y el trabajo de probar la calidad de 30 de estos focos. Suponga que encuentra que de los 30 focos, 3 son del nivel A, 6 son del nivel B, 9 del nivel de C, 7 del nivel D, y 5 son del nivel E. ¿Permiten estos datos, al contratista, refutar lo que afirma el fabricante con un nivel de significancia de 5 por ciento?

SOLUCIÓN   El programa 11.2.1 da un valor de 9.348 para el estadístico de prueba. Por lo tanto,

$$\text{valor } p = P_{H_0}\{T \geq 9.348\}$$

$$\approx P\{\chi_4^2 \geq 9.348\}$$

$$= 1 - .947 \qquad \text{mediante el programa 5.8.1a}$$

$$= .053$$

De manera que la hipótesis no se rechazaría para un nivel de significancia del 5 por ciento (pero, como se rechazaría para todos los niveles de significancia mayores a .053, al contratista le quedarán todavía algunas dudas).   ∎

11.2.1 DETERMINACIÓN DE LA REGIÓN CRÍTICA MEDIANTE SIMULACIÓN

Desde 1900, cuando Karl Pearson mostró por primera vez que T tenía aproximadamente (siendo más exacta conforme n se aproxima al infinito) una distribución chi cuadrada con $k - 1$ grados de libertad, hasta fechas muy recientes, dicha aproximación era el único medio disponible para determinar el valor p de la bondad de la prueba de ajuste. Sin embargo, con el advenimiento del rápido y asequible poder de la computación se dispone de un método potencialmente más exacto, que es usar la simulación para obtener, con un alto nivel de precisión, el valor p del estadístico de prueba.

El método de simulación es como sigue. Primero se determina el valor de T, digamos, $T = t$. Para determinar si se acepta o no H_0, para un nivel de significancia α, necesitamos conocer la probabilidad de que T sea por lo menos tan grande como t cuando H_0 es verdadera. Para determinar esta probabilidad, simulamos n variables aleatorias independientes $Y_1^{(1)}, \ldots, Y_n^{(1)}$, cada una con una función de masa de probabilidad $\{p_i, i = 1, \ldots, k\}$, es decir,

$$P\{Y_j^{(1)} = i\} = p_i, \qquad i = 1, \ldots, k, \qquad j = 1, \ldots, n$$

Ahora denotamos

$$X_i^{(1)} = \text{número de } j : Y_j^{(1)} = i$$

y tomamos

$$T^{(1)} = \sum_{i=1}^{k} \frac{(X_i^{(1)} - np_i)^2}{np_i}$$

Repetimos este procedimiento simulando un segundo conjunto, independiente del primero, de n variables aleatorias independientes $Y_1^{(2)}, \ldots, Y_n^{(2)}$, cada una con una función de masa de probabilidad $\{p_i, i = 1, \ldots, k\}$, y luego determinando $T^{(2)}$ como lo hicimos con el primer conjunto. Repitiendo este procedimiento un número grande r de veces, obtenemos r variables aleatorias independientes $T^{(1)}$, $T^{(2)}, \ldots, T^{(r)}$, cada una de las cuales tiene, si H_0 es verdadera, la misma distribución que el estadístico de prueba T. Por lo tanto, por la ley de los grandes números, la proporción de las T_i que son tan grandes como t variará casi igual que la probabilidad de que T sea tan grande como t cuando H_0 es verdadera, es decir,

$$\frac{\text{número de } l : T^{(l)} \geq t}{r} \approx P_{H_0}\{T \geq t\}$$

Tomando r suficientemente grande, es probable que se considere que la anterior es casi una igualdad. Por lo que, si esa proporción es menor o igual a α, entonces el valor p, que es la probabilidad de obtener una T tan grande como t cuando H_0 es verdadera, es menor que α y de esta manera H_0 deberá rechazarse.

OBSERVACIONES

(a) Para utilizar el método de simulación anterior para determinar si se acepta o no H_0 cuando se observa T, se requiere especificar cómo simular, o generar, una variable aleatoria Y, tal que $P\{Y = i\} = p_i, i = 1, \ldots, k$. Una manera de hacerlo es la siguiente:

Paso 1: Generar un número aleatorio U.
Paso 2: Si

$$p_1 + \cdots + p_{i-1} \leq U < p_1 + \cdots + p_i$$

sea $Y = i$ (donde $p_1 + \cdots + p_{i-1} \equiv 0$ si $i = 1$). Es decir,

$$U < p_1 \Rightarrow Y = 1$$

$$p_1 \leq U < p_1 + p_2 \Rightarrow Y = 2$$

$$\vdots$$

$$p_1 + \cdots + p_{i-1} \leq U < p_1 + \cdots + p_i \Rightarrow Y = i$$

$$\vdots$$

$$p_1 + \cdots + p_{n-1} < U \Rightarrow Y = n$$

Como un número aleatorio es equivalente a una variable aleatoria uniforme $(0, 1)$ tenemos que

$$P\{a < U < b\} = b - a, \qquad 0 < a < b < 1$$

y de esta manera

$$P\{Y = i\} = P\{p_1 + \cdots + p_{i-1} < U < p_1 + \cdots + p_i\} = p_i$$

(b) Todavía nos queda la cuestión de cuántas simulaciones habrá que correr. Se ha demostrado que r = 100 es, por lo general, suficiente para el nivel de significancia convencional del 5 por ciento.*

EJEMPLO 11.2c Consideremos el problema del ejemplo 11.2b. Un estudio de simulación dio los resultados siguientes:

$$P_{H_0}\{T \leq 9.52381\} = .95$$

y entonces el valor crítico será 9.52381, que está notablemente cerca de $\chi^2_{.05, 4} = 9.488$, dado como el valor crítico por la aproximación chi cuadrada, lo cual es muy interesante, ya que la regla que nos dice cuándo se puede usar la aproximación chi cuadrada —que es que $np_i \geq 1$ y que por lo menos 80 por ciento de los np_i sea mayor a 5— no se aplica, por lo que puede que ésta sea bastante conservadora. ■

Se utiliza el programa 11.2.2 para determinar el valor p.

Para tener más información sobre qué tan bien se comporta la aproximación chi cuadrada, tome en cuenta el ejemplo siguiente.

EJEMPLO 11.2d Considere un experimento que puede tener uno de seis resultados cuyas probabilidades son, hipotéticamente, .1, .1, .05, .4, .2 y .15. Se va a probar esto, llevando a cabo 40 repeticiones independientes del experimento. ¿Debe aceptarse la hipótesis, si el número de veces que se presenta, cada uno de los seis resultados, es 3, 3, 5, 18, 4, 7?

SOLUCIÓN Mediante un cálculo directo o con el programa 11.2.1 se obtiene que el valor del estadístico de prueba es 7.4167. Utilizando el programa 5.8.1a:

$$P\{\chi^2_5 \leq 7.4167\} = .8088$$

y así

$$\text{valor } p \approx .1912$$

Para verificar la aproximación anterior, corrimos el programa 11.2.2, usando 10 000 corridas de simulación, y obtuvimos un estimado del valor p igual a .1843 (véase figura 11.1).

Como el número de los 10^4 valores simulados mayores a 7.4167 es una variable aleatoria binomial con parámetros $n = 10^4$ y $p = $ valor p, entonces un intervalo de confianza del 90 por ciento para el valor p es

$$\text{valor } p \in .1843 \pm 1.645\sqrt{.1843(.8157)/10^4}$$

Es decir, con 90 por ciento de confianza

$$\text{valor } p \in (.1779, .1907) ■$$

---

* Véase Hope, A., "A Simplifed Monte Carlo Significance Test Procedure", *J. of Royal Statistic Soc.*, B. 30, 582-598, 1968.

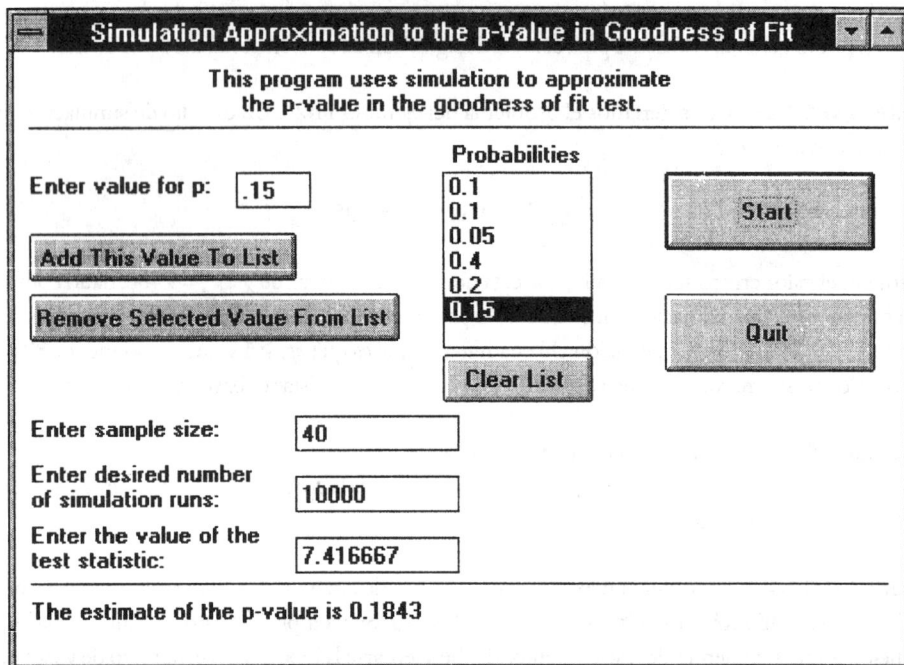

FIGURA 11.1

11.3 PRUEBAS DE BONDAD DE AJUSTE CUANDO NO SE ESPECIFICAN ALGUNOS PARÁMETROS

También podemos llevar a cabo pruebas de bondad de ajuste de una hipótesis nula donde no se especifican por completo las probabilidades $\{p_i, i = 1,\ldots, k\}$. Por ejemplo, considere la situación antes mencionada, donde se quiere probar si el número de accidentes que ocurren diariamente en cierta planta industrial tiene una distribución de Poisson con alguna media desconocida λ. Para probar esta hipótesis suponga que se registra el número diario de accidentes durante n días —sean éstos $Y_1,\ldots,$ Y_n—. Para analizar tales datos la primera dificultad con la que nos encontramos es que Y_i puede tomar un número infinito de valores. Sin embargo, esta dificultad es fácil de solucionar partiendo del conjunto de los posibles datos en un número finito k de regiones, y considerando después la región en la que cae cada Y_i. Por ejemplo, podemos decir que el número de accidentes en un día determinado es un resultado que cae en la región 1 si hay 0 accidentes, en la región 2 si hay 1 accidente, en la región 3 si hay 2 o 3 accidentes, en la región 4 si hay 4 o 5 accidentes, y en la región 5 si hay más de 5 accidentes. Por lo tanto, si la distribución tiene, en realidad, una distribución de Poisson con media λ, entonces

$$P_1 = P\{Y = 0\} = e^{-\lambda} \tag{11.3.1}$$

$$P_2 = P\{Y = 1\} = \lambda e^{-\lambda}$$

$$P_3 = P\{Y = 2\} + P\{Y = 3\} = \frac{e^{-\lambda}\lambda^2}{2} + \frac{e^{-\lambda}\lambda^3}{6}$$

$$P_4 = P\{Y = 4\} + P\{Y = 5\} = \frac{e^{-\lambda}\lambda^4}{24} + \frac{e^{-\lambda}\lambda^5}{120}$$

$$P_5 = P\{Y > 5\} = 1 - e^{-\lambda} - \lambda e^{-\lambda} - \frac{e^{-\lambda}\lambda^2}{2} - \frac{e^{-\lambda}\lambda^3}{6} - \frac{e^{-\lambda}\lambda^4}{24} - \frac{e^{-\lambda}\lambda^5}{120}$$

La segunda dificultad es que, al obtener una prueba de bondad de ajuste, resulta del hecho de que el valor de la media λ no está especificado. Intuitivamente, lo que hay que hacer es suponer que H_0 es verdadera y estimarla a partir de los datos —digamos que $\hat{\lambda}$ es el estimado de λ— y después calcular el estadístico de prueba

$$T = \sum_{i=1}^{k} \frac{(X_i - n\hat{p}_i)^2}{n\hat{p}_i}$$

donde X_i es, como antes, el número de las Y_j que caen en la región i, $i = 1,\ldots, k$, y $\hat{p}_i$ es la probabilidad estimada de que Y_j caiga en la región i, lo cual se determina sustituyendo, λ por $\hat{\lambda}$, en la expresión 13.3.1 para p_i.

En general este método se utiliza siempre que en la hipótesis nula haya parámetros no especificados, que se tengan que usar para calcular las cantidades p_i, $i = 1,\ldots, k$. Suponga que hay m de estos parámetros y los vamos a estimar usando el método de máxima verosimilitud. Entonces, se prueba que para n grande y H_0 verdadera, el estadístico de prueba T tendrá, aproximadamente, una distribución chi cuadrada con $k - 1 - m$ grados de libertad. (En otras palabras, se pierde un grado de libertad por cada parámetro que se estima.) Por lo tanto, la prueba es

$$\text{rechazar} \quad H_0 \quad \text{si} \quad T \geq \chi^2_{\alpha, k-1-m}$$

$$\text{aceptar} \quad H_0 \quad \text{de otra manera}$$

Otra manera, equivalente, de realizar lo anterior consiste en determinar primero el valor del estadístico de prueba T, digamos $T = t$, y calcular después

$$\text{valor } p \approx P\{\chi^2_{k-1-m} \geq t\}$$

La hipótesis se rechazará si $\alpha \geq$ valor p.

EJEMPLO 11.3a Suponga que el número de accidentes semanales durante un periodo de 30 semanas fue:

8	0	0	1	3	4	0	2	12	5
1	8	0	2	0	1	9	3	4	5
3	3	4	7	4	0	1	2	1	2

Pruebe la hipótesis de que el número de accidentes semanales tiene una distribución de Poisson.

SOLUCIÓN Como el número total de accidentes en las 30 semanas es 95, el estimado de máxima verosimilitud de la media de la distribución de Poisson es

$$\hat{\lambda} = \frac{95}{30} = 3.16667$$

Como el estimado de $P\{Y = i\}$ es entonces

$$P\{Y = i\} \stackrel{\text{est}}{=} \frac{e^{-\hat{\lambda}}\hat{\lambda}^i}{i!}$$

obtenemos, después de algunos cálculos, que para las cinco regiones dadas al principio de esta sección,

$$\hat{p}_1 = .04214$$

$$\hat{p}_2 = .13346$$

$$\hat{p}_3 = .43434$$

$$\hat{p}_4 = .28841$$

$$\hat{p}_5 = .10164$$

Usando los valores de los datos $X_1 = 6$, $X_2 = 5$, $X_3 = 8$, $X_4 = 6$, $X_5 = 5$, y mediante algunos cálculos más, el valor del estadístico de prueba es

$$T = \sum_{i=1}^{5} \frac{(X_i - 30\hat{p}_i)^2}{30\hat{p}_i} = 21.99156$$

Para calcular el valor p, corremos el programa 5.8.1a:

$$\text{valor } p \approx P\{\chi_3^2 > 21.99\}$$

$$= 1 - .999936$$

$$= .000064$$

y de esta manera se rechaza la hipótesis de que existe una distribución de Poisson. (Es claro que hubo demasiadas semanas con 0 accidentes, como para que sea defendible la hipótesis de que la distribución correspondiente sea una distribución de Poisson con media 3.167.) ∎

11.4 PRUEBAS DE INDEPENDENCIA EN TABLAS DE CONTINGENCIA

En esta sección consideramos problemas donde cada elemento de la población se clasifica de acuerdo con dos características distintas, que denotaremos como la característica X y la característica Y. Suponemos que la característica X puede tomar r valores diferentes; y la característica Y, s valores diferentes. Denotamos con

$$P_{ij} = P\{X = i, Y = j\}$$

para $i = 1, \ldots, r$, $j = 1, \ldots, s$. Es decir, P_{ij} representa la probabilidad de que un miembro de la población, tomado en forma aleatoria, tenga el valor i de la característica X y el valor j de la característica Y. Se supondrá que los distintos miembros de la población son independientes. Denotemos también

$$p_i = P\{X = i\} = \sum_{j=1}^{s} P_{ij}, \qquad i = 1, \dots, r$$

y

$$q_j = P\{Y = j\} = \sum_{i=1}^{r} P_{ij}, \qquad j = 1, \dots, s$$

Es decir, p_i es igual a la probabilidad de que un miembro arbitrario de la población tenga el valor i de la característica X, y q_j es la probabilidad de que tome el valor j de la característica Y.

Queremos probar la hipótesis de que las características X y Y de un miembro de la población son independientes. Por ende, probamos

$$H_0 : P_{ij} = p_i q_j, \quad \text{para toda } \; i = 1, \dots, r$$
$$j = 1, \dots, s$$

contra la hipótesis alternativa

$$H_1 : P_{ij} \neq p_i q_j, \quad \text{para alguna } i, j \quad i = 1, \dots, r$$
$$j = 1, \dots, s$$

Para probar dicha hipótesis, suponga que se tomaron n miembros de la población, y N_{ij} de ellos tuvieron simultáneamente el valor i de la característica X y el valor j de la característica Y, $i = 1, \dots, r$, $j = 1, \dots, s$.

Como en la hipótesis nula no se especifican las cantidades p_i, $i = 1, \dots, r$ y q_j, $j = 1, \dots, s$, es necesario estimarlas. Como

$$N_i = \sum_{j=1}^{s} N_{ij}, \qquad i = 1, \dots, r$$

representa el número de miembros en la población muestral que tienen el valor i de la característica X, un estimador natural (que es el estimado de máxima verosimilitud) de p_i es

$$\hat{p}_i = \frac{N_i}{n}, \qquad i = 1, \dots, r$$

De manera similar, si

$$M_j = \sum_{i=1}^{r} N_{ij}, \qquad j = 1, \dots, s$$

denota el número de miembros de la muestra que toman el valor j de la característica Y, un estimador natural de q_j es

$$\hat{q}_j = \frac{M_j}{n}, \qquad j = 1, \dots, s$$

A primera vista, parece que hemos tenido que usar los datos para estimar $r + s$ parámetros. Sin embargo, como las p_i y las q_j deben sumar 1 —es decir, $\sum_{i=1}^{r} p_i = \sum_{j=1}^{s} q_j = 1$— solamente necesitamos estimar $r - 1$ de las p y $s - 1$ de las q. (Por ejemplo, si r fuera igual a 2, un estimado de p_1 nos daría de manera automática un estimado de p_2 debido a que $p_2 = 1 - p_1$.) Por lo que en realidad sólo necesitamos estimar $r - 1 + s - 1 = r + s - 2$ parámetros, y como los miembros de la población pueden tomar $k = rs$ valores diferentes, tenemos que, para n grande, el estadístico de prueba resultante tendrá aproximadamente una distribución chi cuadrada con $rs - 1 - (r + s - 2) = (r - 1)(s - 1)$ grados de libertad.

Por último, como

$$E[N_{ij}] = nP_{ij}$$

$$= np_i q_j \qquad \text{si } H_0 \text{ es verdadera}$$

entonces el estadístico de prueba está dado por

$$T = \sum_{j=1}^{s} \sum_{i=1}^{r} \frac{(N_{ij} - n\hat{p}_i\hat{q}_j)^2}{n\hat{p}_i\hat{q}_j} = \sum_{j=1}^{s} \sum_{i=1}^{r} \frac{N_{ij}^2}{n\hat{p}_i\hat{q}_j} - n$$

y la prueba aproximada de nivel de significancia α es

$$\text{rechazar} \quad H_0 \quad \text{si} \quad T \geq \chi^2_{\alpha,(r-1)(s-1)}$$

$$\text{no rechazar} \quad H_0 \quad \text{de otra manera}$$

EJEMPLO 11.4a Se tomó de manera aleatoria, una muestra de 300 personas y se les clasificó de acuerdo con su género y a su afiliación política: demócrata, republicano o independiente. Los resultados obtenidos se despliegan en la tabla siguiente, a la que se le llama una *tabla de contingencia*.

		j		
i	Demócrata	Republicano	Independiente	Total
Mujeres	68	56	32	156
Hombres	52	72	20	144
Total	120	128	52	300

La tabla de contingencia nos indica, por ejemplo, que en la muestra de tamaño 300 había 68 mujeres que se consideraban demócratas, 56 mujeres que se clasificaban como republicanas y 32 mujeres que se consideraban independientes; es decir, $N_{11} = 68$, $N_{12} = 56$, y $N_{13} = 32$. Similarmente $N_{21} = 52$, $N_{22} = 72$ y $N_{23} = 20$.

Use los datos para probar la hipótesis de que el género y la afiliación política de un individuo, tomado en forma aleatoria, son independientes.

SOLUCIÓN De los datos anteriores obtenemos que los seis valores $n\hat{p}_i\hat{q}_j = N_i\,M_j/n$ son los siguientes:

$$\frac{N_1M_1}{n} = \frac{156 \times 120}{300} = 62.40$$

$$\frac{N_1M_2}{n} = \frac{156 \times 128}{300} = 66.56$$

$$\frac{N_1M_3}{n} = \frac{156 \times 52}{300} = 27.04$$

$$\frac{N_2M_1}{n} = \frac{144 \times 120}{300} = 57.60$$

$$\frac{N_2M_2}{n} = \frac{144 \times 128}{300} = 61.44$$

$$\frac{N_2M_3}{n} = \frac{144 \times 52}{300} = 24.96$$

Entonces el valor del estadístico de prueba es

$$TS = \frac{(68 - 62.40)^2}{62.40} + \frac{(56 - 66.56)^2}{66.56} + \frac{(32 - 27.04)^2}{27.04} + \frac{(52 - 57.60)^2}{57.60}$$

$$+ \frac{(72 - 61.44)^2}{61.44} + \frac{(20 - 24.96)^2}{24.96}$$

$$= 6.433$$

Como $(r-1)(s-1) = 2$, tenemos que comparar el valor de TS con el valor crítico $\chi^2_{.05,2}$. En la tabla A2 encontramos

$$\chi^2_{.05,2} = 5.991$$

Como $TS \geq 5.991$, se rechaza la hipótesis nula para el nivel de significancia de 5 por ciento. Es decir, para un nivel de significancia de 5 por ciento, se rechaza la hipótesis de que el género y la afiliación política de los miembros de la muestra sean independientes. ■

Los resultados de la prueba de la independencia de características de un miembro de la población, tomado en forma aleatoria, se obtienen también calculando el valor p. Si el valor observado en el estadístico de prueba es $T = t$, entonces la prueba de nivel de significancia α pedirá que se rechace la hipótesis de independencia si el valor p es menor o igual a α, donde

$$\text{valor } p = P_{H_0}\{T \geq t\}$$

$$\approx P\{\chi^2_{(r-1)(s-1)} \geq t\}$$

El programa 11.4 calcula el valor de T.

EJEMPLO 11.4b Una compañía trabaja con cuatro máquinas en tres turnos diarios. La siguiente tabla de contingencia presenta las veces que fallaron y se pararon las máquinas durante un periodo de 6 meses.

Número de paros por falla

	Máquina				
	A	**B**	**C**	**D**	**Total por turno**
Turno 1	10	12	6	7	35
Turno 2	10	24	9	10	53
Turno 3	13	20	7	10	50
Total por máquina	33	56	22	27	138

Suponga que se quiere determinar, si la probabilidad de paro de una de las máquinas durante un determinado turno se ve influenciada por el turno. En otras palabras, para un paro arbitrario, queremos probar si la máquina que ocasiona el paro y el turno en el que ocurre son independientes.

SOLUCIÓN Mediante un cálculo directo o mediante el uso del programa 11.4, obtenemos que el valor del estadístico de prueba es 1.8148 (véase figura 11.2). Utilizando el programa 5.8.1a obtenemos que

$$\text{valor}\,p \approx P\{\chi_6^2 \geq 1.8148\}$$
$$= 1 - .0641$$
$$= .9359$$

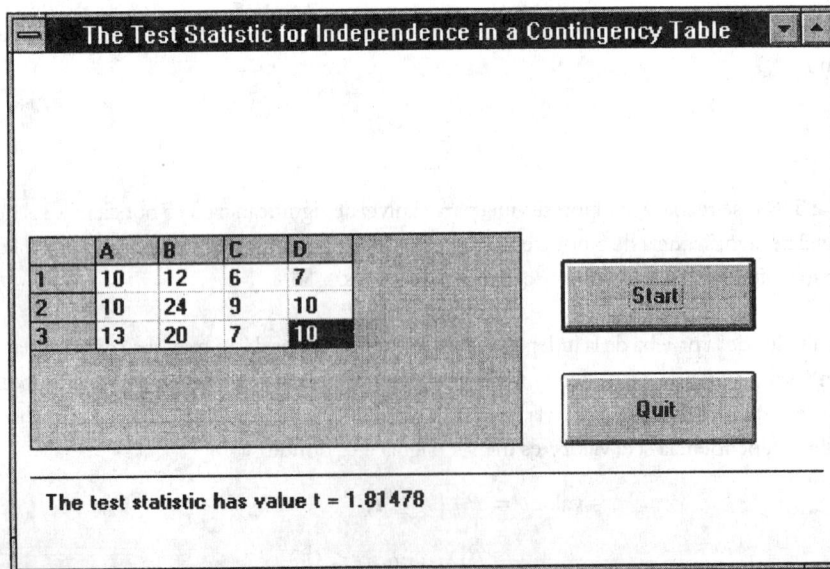

FIGURA 11.2

y de esta manera se acepta la hipótesis de que la máquina que ocasiona el paro y el turno en el que ocurre el mismo son independientes.   ■

11.5 PRUEBAS DE INDEPENDENCIA EN TABLAS DE CONTINGENCIA QUE TIENEN TOTALES MARGINALES FIJOS

En el ejemplo 11.4a nos interesaba determinar si género y afiliación política eran independientes en una población. Para probar esta hipótesis, tomamos primero una muestra aleatoria, de las personas de esta población y después observamos sus características. Otra manera de obtener datos consiste en fijar con anticipación el número de hombres y de mujeres en la muestra y tomar muestras aleatorias de esos tamaños de las subpoblaciones de hombres y de mujeres. Es decir, en lugar de dejar que el número de hombres y de mujeres en la muestra quede determinado por el azar, es posible escoger estos números de antemano. Como al hacerlo así el número total de hombres y de mujeres en la muestra serán valores fijos, especificados, se dice que las tablas de contingencia así obtenidas tienen *márgenes fijos* (ya que los totales se dan en los márgenes de la tabla).

Resulta ser que aunque se recolecten los datos de la manera arriba descrita se usa la misma prueba de hipótesis dada en la sección 11.4, para probar la independencia de las dos características. El estadístico de prueba sigue siendo

$$TS = \sum_i \sum_j \frac{(N_{ij} - \hat{e}_{ij})^2}{\hat{e}_{ij}}$$

donde

$N_{ij} =$ número de miembros de la muestra que tienen la característica i de X
       y la característica j de Y
$N_i =$ número de miembros de la muestra que tienen la característica i de X
$M_j =$ número de miembros de la muestra que tienen la característica j de Y

y

$$\hat{e}_{ij} = n\hat{p}_i\hat{q}_j = \frac{N_i M_j}{n}$$

donde n es el tamaño de toda la muestra.

Además sigue siendo verdad que, si H_0 es verdadera, TS tendrá aproximadamente una distribución chi cuadrada con $(r-1)(s-1)$ grados de libertad. (Por supuesto que los valores r y s se refieren al número de los valores que puede tomar la característica X y la característica Y, respectivamente.) En otras palabras, a la prueba sobre la hipótesis de independencia no le afecta que los totales marginales de una de las características se fijen con anticipación, o que sean resultado de una muestra aleatoria de toda la población.

EJEMPLO 11.5a Durante un periodo de 10 años se hizo un seguimiento de un grupo de 10 000 fumadores y de otro de 20 000 no fumadores, tomados en forma aleatoria. La tabla siguiente nos ofrece el número de los integrantes de cada grupo que, durante este periodo, desarrollaron cáncer pulmonar.

	Fumadores	**No fumadores**	**Total**
Con cáncer pulmonar	62	14	76
Sin cáncer pulmonar	9 938	19 986	29 924
Total	10 000	20 000	30 000

Pruebe la hipótesis de que fumar y padecer cáncer pulmonar son independientes. Use el nivel de significancia de 1 por ciento.

SOLUCIÓN Los estimados de los números esperados en cada una de las celdillas ij, suponiendo que fumar y tener cáncer pulmonar sean independientes, son los siguientes:

$$\hat{e}_{11} = \frac{(76)(10\ 000)}{30\ 000} = 25.33$$

$$\hat{e}_{12} = \frac{(76)(20\ 000)}{30\ 000} = 50.67$$

$$\hat{e}_{21} = \frac{(29\ 924)(10\ 000)}{30\ 000} = 9\ 974.67$$

$$\hat{e}_{22} = \frac{(29\ 924)(20\ 000)}{30\ 000} = 19\ 949.33$$

Por lo que, el valor del estadístico de prueba es

$$TS = \frac{(62 - 25.33)^2}{25.33} + \frac{(14 - 50.67)^2}{50.67} + \frac{(9\ 938 - 9\ 974.67)^2}{9\ 974.67}$$

$$+ \frac{(19\ 986 - 19\ 949.33)^2}{19\ 949.33}$$

$$= 53.09 + 26.54 + .13 + .07 = 79.83$$

Como éste es mucho más grande que $\chi^2_{.01,1} = 6.635$, entonces se rechaza la hipótesis nula de que si una persona tomada al azar desarrolla cáncer pulmonar, esto es independiente de si ella es o no fumadora. ■

Ahora, demostramos cómo usar el contexto de esta sección para probar la hipótesis de que m distribuciones poblacionales discretas son iguales. Consideremos m poblaciones separadas, en las que cada uno de sus miembros toma los valores $1,\ldots,n$. Suponga que un miembro de la población i, tomado en forma aleatoria, tome el valor j con probabilidad

$$p_{i,j}, \qquad i = 1, \ldots, m, \qquad j = 1, \ldots, n$$

y consideremos la prueba de la hipótesis nula

$$H_0 : p_{1,j} = p_{2,j} = p_{3,j} = \cdots = p_{m,j}, \qquad \text{para toda } j = 1, \ldots, n$$

Para obtener una prueba de esta hipótesis nula, consideremos primero la superpoblación que consiste de todos los miembros de las m poblaciones. Todo miembro de esta superpoblación se puede clasificar de acuerdo con dos características. La primera característica especifica de cuál de las m poblaciones proviene, y la segunda característica especifica su valor. La hipótesis de que las distribuciones poblacionales sean iguales se convierte en la hipótesis de que, para cada valor, las proporciones de los miembros de cada población que tienen ese valor son iguales. Pero esto es exactamente lo mismo que decir que las dos características, en un miembro de la superpoblación, tomado en forma aleatoria son independientes. (Es decir, el valor de un miembro de la población, tomado de manera aleatoria, es independiente de la población a la que pertenezca.)

Por lo que probamos H_0, tomando en forma aleatoria, miembros de cada población. Si denotamos con M_i el tamaño de la muestra tomada de la población i y con $N_{i,j}$ el número de valores en esa muestra que son iguales a j, $i = 1,\ldots, m$, $j = 1,\ldots, n$, entonces podemos probar H_0, probando la independencia en la siguiente tabla de contingencia:

Valor	Población				Totales
	1	2	$\cdots i \cdots$	m	
1	$N_{1,1}$	$N_{2,1}\ldots$	$N_{i,1}\ldots$	$N_{m,1}$	N_1
2					
$\vdots$					
j	$N_{1,j}$	$N_{2,j}\ldots$	$N_{i,j}\ldots$	$N_{m,j}$	N_j
$\vdots$					
n	$N_{1,n}$	$N_{2,n}\ldots$	$N_{i,n}$	$N_{m,n}$	N_n
Totales	M_1	$M_2\ldots$	$M_i\ldots$	M_m	

Observe que N_j denota el número de elementos muestreados que tienen el valor j.

EJEMPLO 11.5b Un estudio reciente reporta que en cuatro países distintos, se tomó, en cada uno, una muestra aleatoria de 500 oficinistas, mujeres, para hacerles algunas preguntas. Una de las preguntas era si con frecuencia sufrían problemas de acoso sexual o verbal en sus trabajos. Los resultados obtenidos fueron:

País	Número de acosos reportados
Australia	28
Alemania	30
Japón	51
Estados Unidos	55

Con base en tales datos, ¿es plausible afirmar que la proporción de oficinistas que sienten que con frecuencia hay acoso, es la misma en estos cuatro países?

SOLUCIÓN Si ponemos los datos anteriores en forma de una tabla de contingencia obtenemos

	País				
	1	**2**	**3**	**4**	**Totales**
Recibieron acosos	28	30	58	55	171
No recibieron acosos	472	470	442	445	1 829
Totales	500	500	500	500	2 000

Se prueba la hipótesis nula probando la independencia en la tabla de contingencia anterior. Si corremos el programa 11.4, obtenemos los resultados siguientes para el valor del estadístico de prueba, y para el correspondiente valor p:

$$TS = 19.51, \qquad \text{valor } p \approx .0002$$

Por lo tanto, la hipótesis nula que afirma que en estos países el porcentaje de mujeres que sienten que hay abusos en sus trabajos es el mismo, se rechaza para el nivel de significancia de 1 por ciento (y también para todo nivel de significancia arriba de .02 por ciento). ∎

*11.6 LA PRUEBA DE BONDAD DE AJUSTE DE KOLMOGOROV-SMIRNOV PARA DATOS CONTINUOS

Suponga que $Y_1, \ldots, Y_n$ representan datos muestrales de una distribución continua, y que se desea probar la hipótesis nula H_0 que afirma que F es la distribución poblacional, donde F es una función de distribución continua especificada. Una manera de probar H_0 es, partir el conjunto de los valores que pueden tomar las Y_j en k intervalos distintos, digamos

$$(y_0, y_1), (y_1, y_2), \ldots, (y_{k-1}, y_k), \qquad \text{donde } y_0 = -\infty, \ y_k = +\infty$$

* Sección opcional.

y considerar, después, las variables aleatorias discretizadas Y_j^d, $j = 1, \ldots, n$, definidas mediante

$$Y_j^d = i \qquad \text{si } Y_j \text{ se encuentra en el intervalo } (y_{i-1}, y_i)$$

La hipótesis nula implica, entonces que

$$P\{Y_j^d = i\} = F(y_i) - F(y_{i-1}), \qquad i = 1, \ldots, k$$

y esto se puede probar mediante la prueba de bondad de ajuste chi cuadrada, ya presentada antes.

Sin embargo hay otra manera que, generalmente, es más eficiente que la discretización, para probar que las Y_j provienen de la función de distribución continua F, es como sigue. Una vez observadas $Y_1, \ldots, Y_n$, sea F_e la función de distribución empírica definida mediante

$$F_e(x) = \frac{\#i : Y_i \le x}{n}$$

Es decir, $F_e(x)$ es la proporción de los valores observados que son menores o iguales a x. Como $F_e(x)$ es un estimador natural de la probabilidad de que una observación sea menor o igual a x, entonces si la hipótesis nula de que F es la distribución subyacente es correcta, deberá parecerse a $F(x)$. Como esto vale para toda x, una cantidad natural en la cual basar una prueba H_0 es la cantidad de prueba

$$D \equiv \underset{x}{\text{Máximo}} \; |F_e(x) - F(x)|$$

donde se toma el máximo sobre todos los valores de x desde $-\infty$ hasta $+\infty$. A la cantidad D se le llama *estadístico de prueba Kolmogorov-Smirnov.*

Para calcular el valor de D de un conjunto de datos dado $Y_j = y_j$, $j = 1, \ldots, n$, denotamos con $y_{(1)}$, $y_{(2)} \ldots, y_{(n)}$ los valores de las y_j en orden creciente. Es decir,

$$y_{(j)} = j \text{ el valor mínimo de } y_1, \ldots, y_n$$

Por ejemplo, si $n = 3$, y $y_1 = 3$, $y_2 = 5$ y $y_3 = 1$, entonces $y_{(1)} = 1$, $y_{(2)} = 3$, $y_{(3)} = 5$. Como $F_e(x)$ se escribe como

$$F_e(x) = \begin{cases} 0 & \text{si } x < y_{(1)} \\ \dfrac{1}{n} & \text{si } y_{(1)} \le x < y_{(2)} \\ \vdots \\ \dfrac{j}{n} & \text{si } y_{(j)} \le x < y_{(j+1)} \\ \vdots \\ 1 & \text{si } y_{(n)} \le x \end{cases}$$

vemos que $F_e(x)$ es constante dentro de los intervalos $(y_{(j-1)}, y_{(j)})$ y después da un salto de $1/n$, en los puntos $y_{(1)}, \ldots, y_{(n)}$. Como $F(x)$ es una función creciente de x, acotada por 1, el valor máximo de $F_e(x) - F(x)$ no es negativo y se presenta en uno de los puntos $y_{(j)}$, $j = 1, \ldots, n$ (véase figura 11.3).

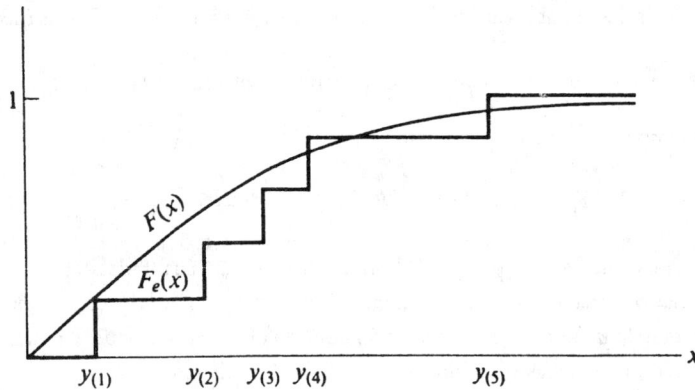

FIGURA 11.3

Es decir,

$$\underset{x}{\text{Máximo}}\{F_e(x) - F(x)\} = \underset{j=1,\ldots,n}{\text{Máximo}} \left\{ \frac{j}{n} - F(y_{(j)}) \right\} \qquad (11.6.1)$$

De manera análoga, el valor máximo de $F(x) - F_e(x)$ también es no negativo y se presenta inmediatamente antes de uno de los puntos de salto $y_{(j)}$; y de esta manera

$$\underset{x}{\text{Máximo}}\{F(x) - F_e(x)\} = \underset{j=1,\ldots,n}{\text{Máximo}} \left\{ F(y_{(j)}) - \frac{j-1}{n} \right\} \qquad (11.6.2)$$

Con las ecuaciones 11.6.1 y 11.6.2 tenemos que

$$\begin{aligned} D &= \underset{x}{\text{Máximo}} \ |F_e(x) - F(x)| \\ &= \text{Máximo} \ \{ \ \text{Máximo} \ \{F_e(x) - F(x)\}, \ \text{Máximo} \ \{F(x) - F_e(x)\}\} \\ &= \text{Máximo} \ \left\{ \frac{j}{n} - F(y_{(j)}), F(y_{(j)}) - \frac{j-1}{n}, j = 1, \ldots, n \right\} \qquad (11.6.3) \end{aligned}$$

La ecuación 11.6.3 sirve para calcular el valor de D.

Suponga ahora que observamos las Y_j y que sus valores son tales que $D = d$. Como un valor grande de D parecería inconsistente con la hipótesis nula de que F es la distribución correspondiente, entonces el valor p de este conjunto de datos está dado por

$$\text{valor} \, p = P_F\{D \geq d\}$$

donde escribimos P_F para hacer explícito que esta probabilidad se debe calcular bajo la suposición de que H_0 es correcta (y de esta manera F es la distribución subyacente).

El valor p dado arriba se calcula mediante una simulación que se hace con más facilidad mediante la proposición siguiente, que nos muestra que $P_F\{D \geq d\}$ no depende de la distribución F subyacente. Esto nos permite estimar el valor p, haciendo la simulación con cualquier distribución F continua que escojamos [de manera que es posible usar la distribución uniforme $(0, 1)$].

PROPOSICIÓN 11.6.1

$P_F\{D \ge d\}$ es la misma para toda función continua F.

Demostración

$$P_F\{D \ge d\} = P_F\left\{ \underset{x}{\text{Máximo}} \left| \frac{\#i : Y_i \le x}{n} - F(x) \right| \ge d \right\}$$

$$= P_F\left\{ \underset{x}{\text{Máximo}} \left| \frac{\#i : F(Y_i) \le F(x)}{n} - F(x) \right| \ge d \right\}$$

$$= P\left\{ \underset{x}{\text{Máximo}} \left| \frac{\#i : U_i \le F(x)}{n} - F(x) \right| \ge d \right\}$$

donde $U_1, \ldots, U_n$ son variables aleatorias independientes uniformes $(0, 1)$: la primera igualdad se debe a que F es una función creciente y, de esta manera, $Y \le x$ es equivalente a $F(Y) \le F(x)$; la segunda, a que si Y tiene una distribución continua F, entonces la variable aleatoria $F(Y)$ es uniforme en $(0, 1)$. (La prueba de esto último se deja como ejercicio.)

Continuando con lo anterior, tomando $y = F(x)$ y observando que así como x va desde $-\infty$ hasta $+\infty$, y $F(x)$ va desde 0 hasta 1, entonces

$$P_F\{D \ge d\} = P\left\{ \underset{0 \le y \le 1}{\text{Máximo}} \left| \frac{\#i : U_i \le y}{n} - y \right| \ge d \right\}$$

lo que muestra que la distribución de D, si H_0 es verdadera, no depende de la verdadera distribución F. ∎

De la anterior proposición sigue, que después de que se ha determinado el valor de D a partir de los datos, digamos, $D = d$, el valor de p se puede obtener haciendo una simulación con la distribución uniforme $(0, 1)$. Es decir, generamos un conjunto de n números aleatorios $U_1, \ldots, U_n$ y después verificamos si es válida la igualdad

$$\underset{0 \le y \le 1}{\text{Máximo}} \left| \frac{\#i : U_i \le y}{n} - y \right| \ge d$$

Esto se repite después muchas veces, y la proporción de veces que es válida es nuestro estimado del valor p para el conjunto de datos. Como ya se dijo antes, el lado izquierdo de la desigualdad se puede calcular ordenando los números aleatorios y usando después la identidad

$$\text{Máx.} \left| \frac{\#i : U_i \le y}{n} - y \right| = \text{Máx.} \left\{ \frac{j}{n} - U_{(j)}, U_{(j)} - \frac{(j-1)}{n}, j = 1, \ldots, n \right\}$$

donde $U_{(j)}$ es el valor en la posición j de $U_1, \ldots, U_n$ ordenados de menor a mayor. Por ejemplo, si $n = 3$ y $U_1 = .7$, $U_2 = .6$, y $U_3 = .4$, entonces $U_{(1)} = .4$, $U_{(2)} = .6$, $U_{(3)} = .7$ y el valor de D para este conjunto de datos es

$$D = \text{Máx.} \left\{ \frac{1}{3} - .4, \frac{2}{3} - .6, 1 - .7, .4, .6 - \frac{1}{3}, .7 - \frac{2}{3} \right\} = .4$$

Es posible obtener una prueba de nivel de significancia α considerando la cantidad D^* definida mediante

$$D^* = (\sqrt{n} + .12 + .11/\sqrt{n})D$$

Si tomamos d_α^* de manera que

$$P_F\{D^* \geq d_\alpha^*\} = \alpha$$

entonces las siguientes son aproximaciones exactas de d_α^* para diversos valores:

$$d_{.1}^* = 1.224, \quad d_{.05}^* = 1.358, \quad d_{.025}^* = 1.480, \quad d_{.01}^* = 1.626$$

La prueba de nivel α rechazará la hipótesis nula de que F es la distribución si el valor observado de D^* es por lo menos tan grande como d_α^*.

EJEMPLO 11.6a   Suponga que queremos probar la hipótesis de que una distribución poblacional dada es exponencial con media 100; es decir, $F(x) = 1 - e^{-x/100}$. Si los valores (ordenados), de una muestra de tamaño 10, de esta distribución son

$$66, 72, 81, 94, 112, 116, 124, 140, 145, 155$$

¿qué conclusión se puede obtener?

SOLUCIÓN   Para contestar a lo anterior, empleamos, primero la ecuación 11.6.3, para calcular el valor de la cantidad D de la prueba de Kolmogorov-Smirnov. Después de algunos cálculos obtenemos como resultado $D = .4831487$, lo que da como resultado

$$D^* = .48315(\sqrt{10} + 0.12 + 0.11/\sqrt{10}) = 1.603$$

Debido a que esto es mayor que $d_{.025}^* = 1.480$, tenemos que, para un nivel de significancia de 2.5 por ciento, se rechaza la hipótesis nula de que los datos provienen de una distribución exponencial con media 100. (Por otro lado, no se hubiera rechazado para el nivel de significancia de 1 por ciento.)   ∎

Problemas

1. De acuerdo con la teoría genética de Mendel, una determinada planta de guisantes en jardín producirá flores, ya sea blancas, rosas o rojas, con probabilidades respectivas de $\frac{1}{4}, \frac{1}{2}, \frac{1}{4}$. Para probar esta teoría, se estudió una muestra de 564 guisantes, de los cuales 141 produjeron flores blancas, 291 flores rosas y 132 flores rojas. ¿Qué conclusión se podría obtener, usando la aproximación chi cuadrada con el nivel de significancia de 5 por ciento?

2. Para comprobar si un dado determinado es o no legal, se tira 1 000 veces. Los resultados son

Resultado	Núm. de veces que ocurrió
1	158
2	172
3	164
4	181
5	160
6	165

Pruebe la hipótesis de que el dado es legal (es decir, de que $p_i = \frac{1}{6}$, $i = 1,\ldots, 6$), para el nivel de significancia del 5 por ciento. Utilice la aproximación chi cuadrada.

3. Determine la fecha de nacimiento y de defunción de 100 personas famosas, y con el método de las cuatro categorías del ejemplo 11.2a, pruebe la hipótesis de que el mes de nacimiento no afecta al mes de fallecimiento. Use la aproximación chi cuadrada.

4. Se cree que el número diario de apagones por fallas de energía eléctrica en una determinada ciudad del oeste medio (de Estados Unidos) es una variable aleatoria de Poisson con media 4.2. Pruebe esta hipótesis, si a lo largo de 150 días, se detectó que el número de días que tuvieron *i* apagones fue:

Apagones	Número de días
0	0
1	5
2	22
3	23
4	32
5	22
6	19
7	13
8	6
9	4
10	4
11	0

5. Se probaron 100 tubos de vacío; de éstos, 41 tuvieron un tiempo de vida menor a 30 horas, 31 tuvieron un tiempo de vida entre 30 y 60 horas, 13 tuvieron un tiempo de vida entre 60 y 90 horas, y 15 tuvieron un tiempo de vida mayor a 90 horas. ¿Estos datos son consistentes con la hipótesis de que el tiempo de vida de los tubos de vacío está distribuido exponencialmente con una media de 50 horas?

6. La producción más reciente de una máquina indica que cada unidad producida será:

   de la más alta calidad   con probabilidad   .40

   de alta calidad   con probabilidad   .30

   de media calidad   con probabilidad   .20

   de baja calidad   con probabilidad   .10

   Una nueva máquina diseñada para realizar el mismo trabajo produjo 500 unidades con los siguiente resultados.

   de la más alta calidad   234

   de alta calidad   117

   de media calidad   81

   de baja calidad   68

   ¿Se le puede atribuir la diferencia en la producción sólo a la casualidad?

7. Durante varios días se observó la radiación del neutrino del espacio exterior. Se registraron las frecuencias de las señales en cada hora sideral:

Frecuencias de las radiaciones del neutrino del espacio exterior

Hora Empezando a las	Frecuencia de la señal	Hora Empezando a las	Frecuencia de la señal
0	24	12	29
1	24	13	26
2	36	14	38
3	32	15	26
4	33	16	37
5	36	17	28
6	41	18	43
7	24	19	30
8	37	20	40
9	37	21	22
10	49	22	30
11	51	23	42

Pruebe si las señales están distribuidas de manera uniforme durante las 24 horas.

8. La radiación del neutrino se observó a lo largo de determinado periodo y se registró el número de horas en las que se recibieron 0, 1, 2,... señales.

Número de señales por hora	Número de horas con esta frecuencia de señales
0	1 924
1	541
2	103
3	17
4	1
5	1
6 o más	0

Pruebe la hipótesis de que las observaciones provienen de poblaciones que tienen una distribución de Poisson con media .3.

9. En determinada región, los datos de las aseguradoras indican que 82 por ciento de los conductores no tienen ningún accidente en un año, 15 por ciento tienen exactamente 1 accidente, y 3 por ciento tienen 2 o más accidentes. En una muestra aleatoria de 440 ingenieros, 366 no tuvieron ningún accidente, 68 tuvieron exactamente 1 accidente, y 6 tuvieron 2 o más. ¿Puede usted concluir que los ingenieros siguen un perfil de accidentes diferente al del resto de los conductores de la región?

10. Se hizo un estudio para saber si los terremotos, en el sur de California, de grado por lo menos moderado (con un valor por lo menos de 4.4 en la escala Richter) tiene más probabilidades de ocurrir en un día determinado de la semana. Los catálogos dieron los siguientes resultados en 1 100 terremotos.

Día	Domingo	Lunes	Martes	Miércoles	Jueves	Viernes	Sábado
Número de terremotos	156	144	170	158	172	148	152

Para el nivel de significancia de 5 por ciento, pruebe la hipótesis de que un terremoto tiene la misma posibilidad de ocurrir en cualquiera de los días de la semana.

11. Algunas veces los datos reportados se ajustan tan bien a un modelo que uno sospecha que no se estén reportando exactamente. Por ejemplo, un amigo mío reportó que lanzó una moneda legal 40 000 veces y obtuvo 20 004 caras y 19 996 cruces. ¿Es creíble tal resultado? Explique su razonamiento.

12. En el problema 1, use simulación para determinar el valor p y compárelo con el resultado que obtiene utilizando la aproximación chi cuadrada. El número de simulaciones corridas deberá ser

(a) 1 000;

(b) 5 000;

(c) 10 000.

13. Una muestra de tamaño 120 tuvo una media muestral de 100 y una desviación estándar muestral de 15. De estos 120 valores de los datos, 3 fueron menores a 70; 18 estuvieron entre 70 y 85; 30 estuvieron entre 85 y 100; 35 estuvieron entre 100 y 115; 32 estuvieron entre 115 y 130; y 2 fueron mayores a 130. Pruebe la hipótesis de que la distribución muestral era normal.

14. En el problema 4 pruebe la hipótesis de que el número de apagones diarios tiene una distribución de Poisson.

15. Se clasificó una muestra aleatoria de 500 familias según su ingreso (en miles de $) y región. Los datos resultantes fueron

Ingreso	Sur	Norte
0–10	42	53
10–20	55	90
20–30	47	88
>30	36	89

Determine el valor p de la prueba de que el ingreso y la región de las familias son independientes.

16. La siguiente tabla relaciona la edad de la madre con el peso en gramos de su hijo al nacer.

	Peso al nacer	
Edad de la madre	Menos de 2 500 gramos	Más de 2 500 gramos
20 años o menos	10	40
Mayor de 20	15	135

Pruebe la hipótesis de que el peso del niño al nacer es independiente de la edad de la madre.

17. Repita el problema 6 tomando el doble de los datos; es decir, con los datos:

20	80
30	270

18. La mortalidad infantil como función del peso (en gramos) del niño al nacer, para 72 730 niños que nacieron vivos en 1974 en Nueva York, es como sigue:

	Resultados después de un año	
Peso al nacer	Vivos	Muertos
Menor que 2 500	4 597	618
Mayor que 2 500	67 093	422

Pruebe la hipótesis de que el peso al nacer es independiente de si el recién nacido sobrevive o no a su primer año de vida.

19. En un experimento diseñado para estudiar la relación entre la hipertensión y el fumar se obtuvieron los datos siguientes:

	No fumadores	Fumadores moderados	Fuertes fumadores
Con hipertensión	20	38	28
Sin hipertensión	50	27	18

Pruebe la hipótesis, de si el hecho de que un individuo tenga hipertensión es independiente de cuánto fume.

20. La tabla siguiente muestra el número de artículos defectuosos, aceptables y de calidad superior, en una muestra tomada antes y después de hacer una modificación a un proceso de producción.

	Defectuosos	Aceptables	De calidad superior
Antes	25	218	22
Después	9	103	14

¿Es significativo este cambio para el nivel de significancia .05?

21. Durante un año se siguió una muestra de 300 conductores de automóvil con teléfono celular y otra de 400 conductores sin teléfono celular. La tabla siguiente da el número de accidentes, durante ese año, en cada uno de los dos grupos.

	Algún accidente	Ningún accidente
Con teléfono celular	22	278
Sin teléfono celular	26	374

Emplee los datos anteriores para probar la hipótesis de que llevar teléfono celular en el coche y sufrir un accidente son independientes. Use el nivel de significancia de 5 por ciento.

22. Para estudiar el efecto en las caries del suministro de agua fluorada, se tomaron dos comunidades de aproximadamente el mismo nivel socioeconómico. Una de las cuales recibió agua fluorada, mientras que la otra no. Se tomaron muestras aleatorias de 200 jóvenes de cada una de las comunidades y se les registró el número de caries. Se obtuvieron los siguientes datos:

Caries	Agua fluorada	Agua no fluorada
0	154	133
1	20	18
2	14	21
3 o más	12	28

¿Se puede establecer mediante estos datos, para el nivel de significancia de 5 por ciento, que el número de caries que tiene una persona no es independiente de si tiene o no un suministro de agua fluorada? ¿Y para el nivel de significancia de 1 por ciento?

23. Para determinar si una demanda por negligencia profesional es más frecuente a consecuencia de ciertos tipos de cirugías, se estudiaron muestras aleatorias de tres tipos diferentes de cirugías, y se obtuvieron los resultados siguientes.

Tipo de operación	Número de muestras	Número que llevaron a una demanda
Cirugía del corazón	400	16
Cirugía del cerebro	300	19
Apendectomía	300	7

Pruebe la hipótesis de que el porcentaje de intervenciones quirúrgicas que llevan a una demanda es el mismo para los tres tipos de operaciones.

(a) Use el nivel de significancia de 5 por ciento.

(b) Use el nivel de significancia de 1 por ciento.

24. En un famoso artículo (S. Russell, "A red sky at night ...", *Metropolitan Magazine London*, **61**, p. 15, 1926) se presentaron los datos siguientes sobre la frecuencia de los colores en las puestas de sol y si eran seguidos de lluvia o no.

Color del cielo	Número de observaciones	Número de veces seguidas por lluvia
Rojo	61	26
Principalmente rojo	194	52
Amarillo	159	81
Principalmente amarillo	188	86
Rojo y amarillo	194	52
Gris	302	167

Pruebe la hipótesis de que el hecho de que llueva o no mañana es independiente del color del cielo hoy al atardecer.

25. Se dice que un conjunto de datos proviene de una distribución *lognormal* con parámetros μ y σ, si los logaritmos naturales de los datos están distribuidos normalmente con media μ y desviación estándar σ. Use la prueba de Kolmogorov-Smirnov, con un nivel de significancia de .05, para decidir si, los siguientes tiempos de vida (en días) de una muestra de ratas cancerosas, que habían sido sometidas a cierto tratamiento contra el cáncer, pueden provenir de una distribución lognormal con parámetros $\mu = 3$ y $\sigma = 4$.

24, 12, 36, 40, 16, 10, 12, 30, 38, 14, 22, 18

Capítulo 12

PRUEBAS DE HIPÓTESIS NO PARAMÉTRICAS

12.1 INTRODUCCIÓN

En este capítulo desarrollaremos algunas pruebas de hipótesis en situaciones donde los datos provienen de una distribución de probabilidad cuya forma subyacente no se especifica. Es decir, no se supondrá que la distribución subyacente es normal, o exponencial, o de cualquier otro tipo determinado. Como no se supone que la distribución subyacente de que se trate tenga alguna forma paramétrica particular, a estas pruebas se les llama pruebas *no paramétricas*.

La fuerza de una prueba no paramétrica reside en el hecho de que se puede usar sin tener que hacer ninguna suposición acerca de la forma de la distribución correspondiente. Por supuesto, si se justifica suponer una forma paramétrica particular, como por ejemplo, la normal, entonces se debe emplear la prueba paramétrica apropiada.

En la sección 12.2 estudiamos hipótesis relacionadas con la mediana de una distribución continua, y mostramos cómo se puede usar la *prueba de los signos* para su estudio. En la sección 12.3, consideramos la prueba de los *rangos con signo*, que sirve para probar la hipótesis de que una distribución poblacional continua sea simétrica respecto a un valor determinado. En la sección 12.4, consideramos el problema de las dos muestras, donde se quiere usar los datos de dos distribuciones continuas, separadas, para probar la hipótesis de que las distribuciones son iguales, y presentamos la *prueba de la suma de rangos*. Por último, en la sección 12.5, estudiamos la *prueba de corridas*, que se utiliza para probar la hipótesis de que una secuencia de 0 y 1 constituye una secuencia aleatoria que no sigue ningún patrón específico.

12.2 PRUEBA DE LOS SIGNOS

Sea $X_1, \ldots, X_n$ una muestra proveniente de una distribución F continua y suponga que queremos probar la hipótesis de que la mediana de F, llamémosle m, es igual a un valor específico m_0. Es decir, consideremos una prueba de

$$H_0 : m = m_0 \qquad \text{contra} \qquad H_1 : m \neq m_0$$

donde m es tal que $F(m) = .5$.

Esta hipótesis se prueba con facilidad, fijándonos en que cada una de las observaciones será independientemente menor que m_0 con probabilidad $F(m_0)$. Por lo que, si

$$I_i = \begin{cases} 1 & \text{si } X_i < m_0 \\ 0 & \text{si } X_i \geq m_0 \end{cases}$$

donde $I_1, \ldots, I_n$ son variables aleatorias, independientes, de Bernoulli con parámetro $p = F(m_0)$, y de esta manera la hipótesis nula es equivalente a afirmar que el parámetro de Bernoulli es igual a $\frac{1}{2}$. Si el valor observado de $\Sigma_{i=1}^{n} I_i$ es v —es decir, si v es el número de valores en los datos que son menores a m_0— entonces según los resultados de la sección 8.6, el valor p para la prueba de que este parámetro de Bernoulli es igual a $\frac{1}{2}$ es

$$\text{valor } p = 2 \ \text{mín}(P\{\text{Bin}(n, 1/2) \leq v\}, P\{\text{Bin}(n, 1/2) \geq v\}) \tag{12.2.1}$$

donde $\text{Bin}(n, p)$ es una variable aleatoria binomial con parámetros n y p.

Sin embargo,

$$P\{\text{Bin}(n, p) \geq v\} = P\{n - \text{Bin}(n, p) \leq n - v\}$$
$$= P\{\text{Bin}(n, 1 - p) \leq n - v\} \quad (\text{¿por qué?})$$

y, de esta manera, de la ecuación 12.2.1 vemos que el valor p está dado por

$$\text{valor } p = 2 \ \text{mín}(P\{\text{Bin}(n, 1/2) \leq v\}, P\{\text{Bin}(n, 1/2) \leq n - v\}) \tag{12.2.2}$$

$$= \begin{cases} 2P\{\text{Bin}(n, 1/2) \leq v\} & \text{si } v \leq \dfrac{n}{2} \\ 2P\{\text{Bin}(n, 1/2) \leq n - v\} & \text{si } v \geq \dfrac{n}{2} \end{cases}$$

A la prueba anterior se le llama la *prueba de los signos* a causa de que el valor de $v = \Sigma_{i=1}^{n} I_i$ depende de los signos de los términos $X_i - m_0$.

EJEMPLO 12.2a Si en una muestra de tamaño 200, 120 de los valores son menores a m_0, y 80 son mayores, ¿cuál es el valor p de la prueba de la hipótesis de que la mediana es igual a m_0?

SOLUCIÓN Según la ecuación 12.2.2 el valor p es igual al doble de la probabilidad de que una variable aleatoria binomial con parámetros 200, $\frac{1}{2}$ sea menor o igual a 80.

El disco del texto indica que

$$P\{\text{Bin}(200, .5) \leq 80\} = .00284$$

Por lo tanto, el valor p es .00568, y la hipótesis nula se rechazará, aun para el nivel de significancia del 1 por ciento. ■

La prueba de los signos se utiliza también en situaciones semejantes a aquellas en donde antes usamos la prueba t por pares. Por ejemplo, consideremos el ejemplo 8.4c donde se quería probar si un programa de seguridad industrial instituido recientemente había tenido algún efecto en el número de horas-hombre perdidas por accidentes. Para cada una de 10 plantas se tenían pares de datos X_i, Y_i que respectivamente representaban la pérdida semanal promedio en la planta i, antes y después del programa. Si tomamos $Z_i = X_i - Y_i$, $i = 1, \ldots, 10$, entonces, si el programa no tuvo ningún efecto, Z_i, $i = 1, \ldots, 10$ será una muestra de una distribución cuyo valor mediano es 0. Como en los valores obtenidos para Z_i, digamos 7.5, −2.3, 2.6, 3.7, 1.5, −.5, −1, 4.9, 4.8, 1.6, hay tres con signo negativo y siete con signo positivo, tenemos que la hipótesis de que la mediana de Z es 0 será rechazada para un nivel de significancia α si

$$\sum_{i=0}^{3} \binom{10}{i} \left(\frac{1}{2}\right)^{10} \leq \frac{\alpha}{2}$$

Como

$$\sum_{i=0}^{3} \binom{10}{i} \left(\frac{1}{2}\right)^{10} = \frac{176}{1,024} = .172$$

se aceptará la hipótesis para el nivel de significancia de 5 por ciento (en realidad se aceptará para todo nivel de significancia menor al valor p que es igual a .344).

En contradicción con el resultado obtenido en el ejemplo 8.4c, en donde se supuso que las diferencias estaban distribuidas de manera normal, la prueba de los signos no nos permite concluir que el programa de seguridad haya tenido algún efecto estadísticamente significativo. La razón de esta disparidad es que el hecho de suponer normalidad nos permite tomar en cuenta no sólo el número de valores mayores a 0 (que es todo lo que considera la prueba de los signos), sino también la magnitud de estos valores. (La siguiente prueba a ser considerada, aunque es también una prueba no paramétrica, es mejor que la prueba de los signos, porque considera si los valores que más se alejan de la mediana hipotética m_0, tienden a estar a uno de los lados de m_0; es decir, si tienden a ser mayores o menores que m_0.)

También podemos usar la prueba de los signos para pruebas de hipótesis unilaterales acerca de la mediana poblacional. Por ejemplo, suponga que queremos probar

$$H_0 : m \leq m_0 \qquad \text{contra} \qquad H_1 : m > m_0$$

donde m es la mediana poblacional y m_0 es un valor especificado. Denotemos con p la probabilidad de que un valor de la población sea menor a m_0, y observemos que si la hipótesis nula es verdadera, entonces $p \geq 1/2$, y si la hipótesis alternativa es verdadera, entonces $p < 1/2$ (véase figura 12.1).

Con el propósito de usar la prueba de los signos para probar la hipótesis anterior, tomamos una muestra aleatoria de n miembros de la población. Si de estos valores, v son menores que m_0, entonces el valor p que se obtiene es la probabilidad de que se haya presentado, por casualidad, un valor como v o menor, dado que cada elemento tenía una probabilidad de $1/2$ de ser menor que m_0. Es decir,

$$\text{valor } p = P\{\text{Bin}(n, 1/2) \leq v\}$$

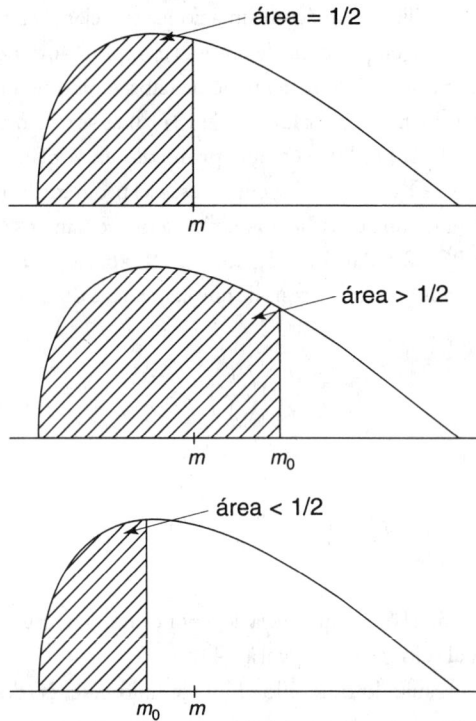

FIGURA 12.1

EJEMPLO 12.2b Una institución financiera va a abrir una oficina en cierta comunidad, pero sólo si se puede determinar que el ingreso mediano anual de las familias de la comunidad es mayor a $90 000. Para esto, se tomó una muestra aleatoria de 80 familias y se determinó el ingreso familiar. Si 28 de estas familias tenían un ingreso anual más bajo, y 52 tenían un ingreso anual mayor a $90 000, ¿ello es suficientemente significativo para decir, con un nivel de significancia de 5 por ciento, que el ingreso mediano anual en la comunidad es mayor a $90 000?

SOLUCIÓN Necesitamos saber si los datos son suficientes como para permitirnos rechazar la hipótesis nula si probamos

$$H_0 : m \leq 90 \qquad \text{contra} \qquad H_1 : m > 90$$

Lo cual es equivalente a probar

$$H_0 : p \geq 1/2 \qquad \text{contra} \qquad H_1 : p < 1/2$$

donde p es la probabilidad de que un miembro de la población, tomado en forma aleatoria, tenga un ingreso anual menor a $90 000. Por lo tanto, el valor p es

$$\text{valor } p = P\{\text{Bin}(80, 1/2) \leq 28\} = .0048$$

y de esta manera se rechaza la hipótesis nula de que el ingreso mediano anual es menor o igual a $90 000. ■

De forma similar se obtiene una prueba de la hipótesis nula unilateral de que la mediana sea por lo menos m_0. Si se toma una muestra aleatoria de tamaño n, y el número de valores menores a m_0 es v, entonces el valor p es

$$\text{valor } p = P\{\text{Bin}(n, 1/2) \geq v\}$$

12.3 PRUEBA DE RANGOS CON SIGNOS

La prueba de los signos se emplea para probar la hipótesis de que la mediana de una distribución F continua sea igual a un determinado valor m_0. Sin embargo, en muchos casos no sólo se quiere probar si la mediana es m_0, sino también si la distribución es simétrica respecto a m_0. Es decir, si X tiene una función de distribución F, se quiere probar la hipótesis $H_0 : P\{X < m_0 - a\} = P\{X > m_0 + a\}$ para toda $a > 0$ (véase figura 12.2). Aunque podría usarse la prueba de los signos para probar la hipótesis anterior, dicha prueba tiene el inconveniente de que sólo compara el número de valores que son menores que m_0 con el número de valores que son mayores a m_0, y no toma en cuenta si uno de estos conjuntos tiende a estar más alejado de m_0 que el otro. Una prueba no paramétrica que sí toma esto en cuenta es la llamada *prueba de rangos con signo*. La cual describimos a continuación:

Sea $Y_i = X_i - m_0$, $i = 1, \ldots, n$ y démosle rangos (es decir, ordenemos) a los valores absolutos $|Y_1|$, $|Y_2|, \ldots, |Y_n|$. Para $j = 1, \ldots, n$ definimos

$$I_j = \begin{cases} 1 & \text{si el menor valor } j \text{ en el conjunto de datos ordenados proviene de un} \\ & \text{valor que es menor que } m_0 \\ 0 & \text{de otra manera} \end{cases}$$

Mientras que, $\sum_{j=1}^{n} I_j$ representa el estadístico de prueba para la prueba de los signos, la prueba de rangos con signo usa el estadístico $T = \sum_{j=1}^{n} j I_j$. Es decir, al igual que la prueba de los signos, considera

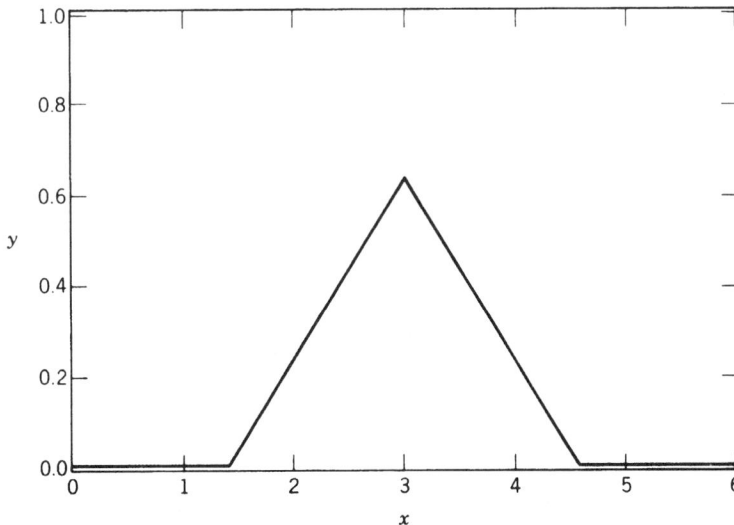

FIGURA 12.2 *Una densidad simétrica: m = 3.*

$$f(x) = \begin{cases} \text{máx}\{0, .4(x - 3) + \sqrt{.4}\} & x \leq 3 \\ \text{máx}\{0, -.4(x - 3) + \sqrt{.4}\} & x > 3 \end{cases}$$

a aquellos valores que son menores a m_0, pero en lugar de darles a todos el mismo peso, da mayor peso a aquellos valores que están más lejos de m_0.

EJEMPLO 12.3a Si $n = 4$, $m_0 = 2$, y los valores de los datos son $X_1 = 4.2$, $X_2 = 1.8$, $X_3 = 5.3$, $X_4 = 1.7$, entonces dando rangos a $|X_i - 2|$ tenemos .2, .3, 2.2, 3.3. Como el primero de estos valores —el .2— proviene del dato X_2 que es menor que 2, entonces $I_1 = 1$. De manera similar, $I_2 = 1$ e I_3 e I_4 son iguales a 0. Por lo tanto, el valor del estadístico de prueba $T = 1 + 2 = 3$.   ■

Si H_0 es verdadera, se calcula fácilmente la media y la varianza del estadístico de prueba T. Para lo cual observamos que, como la distribución de $Y_j = X_j - m_0$, es simétrica respecto a 0, para todo valor $|Y_j|$ —digamos $|Y_j| = y$— hay las mismas posibilidades de que $Y_j = y$ o de que $Y_j = -y$. A partir de esto se puede ver que bajo H_0, $I_1, \ldots, I_n$ serán variables aleatorias independientes tales que

$$P\{I_j = 1\} = \tfrac{1}{2} = P\{I_j = 0\}, \quad j = 1, \ldots, n$$

Por lo que podemos concluir que bajo H_0,

$$E[T] = E\left[\sum_{j=1}^{n} jI_j\right]$$

$$= \sum_{j=1}^{n} \frac{j}{2} = \frac{n(n+1)}{4} \tag{12.3.1}$$

$$\mathrm{Var}(T) = \mathrm{Var}\left(\sum_{j=1}^{n} jI_j\right)$$

$$= \sum_{j=1}^{n} j^2 \, \mathrm{Var}(I_j)$$

$$= \sum_{j=1}^{n} \frac{j^2}{4} = \frac{n(n+1)(2n+1)}{24} \tag{12.3.2}$$

donde se usa el hecho de que la varianza de la variable aleatoria de Bernoulli I_j es $\tfrac{1}{2}(1 - \tfrac{1}{2}) = \tfrac{1}{4}$.

Es posible mostrar que para valores de n moderadamente grandes (es común que se tome como suficiente $n > 25$) T tendrá, si H_0 es verdadera, una distribución normal aproximada con media y varianza como las dadas por las ecuaciones 12.3.1 y 12.3.2. Aunque esta aproximación puede usarse para obtener una prueba aproximada de nivel α para H_0 (que ha sido el método usual hasta el advenimiento de la computación), no seguiremos este método, sino que determinaremos el valor p de un conjunto dado de datos mediante un cálculo explícito de las probabilidades relevantes. Esto se hace como sigue.

Suponga que deseamos una prueba significativa de nivel α para H_0. Como la hipótesis alternativa es que la mediana no es igual a m_0, se trata de una prueba bilateral. Es decir, si el valor observado de T es igual a t, entonces se rechazará H_0 si

$$P_{H_0}\{T \le t\} \le \frac{\alpha}{2} \qquad \text{o} \qquad P_{H_0}\{T \ge t\} \le \frac{\alpha}{2} \qquad (12.3.3)$$

el valor p para los datos de la prueba cuando $T = t$ está dado por

$$\text{valor } p = 2 \ \text{mín}(P_{H_0}\{T \le t\}, P_{H_0}\{T \ge t\}) \qquad (12.3.4)$$

Es decir, si $T = t$, la prueba de rangos con signos pide que se rechace la hipótesis nula si el nivel de significancia α es por lo menos tan grande como el valor p. La cantidad de cálculos necesarios para calcular el valor p se puede reducir, utilizando la igualdad siguiente (cuya demostración aparece al final de la sección).

$$P_{H_0}\{T \ge t\} = P_{H_0}\left\{T \le \frac{n(n+1)}{2} - t\right\}$$

Usando la ecuación 12.3.4 el valor p está dado por

$$\text{valor } p = 2 \ \text{mín}\left(P_{H_0}\{T \le t\}, P_{H_0}\left\{T \le \frac{n(n+1)}{2} - t\right\}\right)$$

$$= 2P_{H_0}\{T \le t^*\}$$

donde

$$t^* = \text{mín}\left(t, \frac{n(n+1)}{2} - t\right)$$

Queda por calcular $P_{H_0}\{T \le t^*\}$. Para esto, sea $P_k(i)$ la probabilidad, bajo H_0, de que el estadístico T de los rangos con signos sea menor o igual a i cuando el tamaño de la muestra es k. Determinaremos una fórmula recursiva para $P_k(i)$ empezando con $k = 1$. Cuando $k = 1$, como hay un solo valor, el cual, si H_0 es verdadera, tiene las mismas posibilidades de ser mayor o menor que m_0, tenemos que hay las mismas posibilidades de que T sea 0 o 1. De esta manera,

$$P_1(i) = \begin{cases} 0 & i < 0 \\ \frac{1}{2} & i = 0 \\ 1 & i \ge 1 \end{cases} \qquad (12.3.5)$$

Suponga ahora que el tamaño de la muestra es k. Para calcular $P_k(i)$, condicionamos en el valor de I_k como sigue:

$$P_k(i) = P_{H_0}\left\{\sum_{j=1}^{k} jI_j \le i\right\}$$

$$= P_{H_0}\left\{\sum_{j=1}^{k} jI_j \le i | I_k = 1\right\} P_{H_0}\{I_k = 1\}$$

$$+ P_{H_0}\left\{\sum_{j=1}^{k} jI_j \le i | I_k = 0\right\} P_{H_0}\{I_k = 0\}$$

$$= P_{H_0} \left\{ \sum_{j=1}^{k-1} jI_j \le i - k | I_k = 1 \right\} P_{H_0}\{I_k = 1\}$$

$$+ P_{H_0} \left\{ \sum_{j=1}^{k-1} jI_j \le i | I_k = 0 \right\} P_{H_0}\{I_k = 0\}$$

$$= P_{H_0} \left\{ \sum_{j=1}^{k-1} jI_j \le i - k \right\} P_{H_0}\{I_k = 1\} + P_{H_0} \left\{ \sum_{j=1}^{k-1} jI_j \le i \right\} P_{H_0}\{I_k = 0\}$$

donde la última igualdad utiliza la independencia de $I_1,\ldots, I_{k-1}$ e I_k (cuando H_0 es verdadera). Ahora $\sum_{j=1}^{k-1} jI_j$ tiene la misma distribución que el estadístico de los rangos con signo de una muestra de tamaño $k - 1$, y como

$$P_{H_0}\{I_k = 1\} = P_{H_0}\{I_k = 0\} = \tfrac{1}{2}$$

vemos que

$$P_k(i) = \tfrac{1}{2}P_{k-1}(i - k) + \tfrac{1}{2}P_{k-1}(i) \tag{12.3.6}$$

La ecuación 12.3.6 se puede usar, empezando con la ecuación 12.3.5, para calcular $P_2(\cdot)$, después $P_3(\cdot)$, y así sucesivamente, terminando cuando se haya llegado al valor deseado, $P_n(t^*)$.

EJEMPLO 12.3b Para los datos del ejemplo 12.3a,

$$t^* = \min\left(3, \frac{4 \cdot 5}{2} - 3 \right) = 3$$

Por lo que el valor p es $2P_4(3)$, que se calcula como sigue:

$$P_2(0) = \tfrac{1}{2}[P_1(-2) + P_1(0)] = \tfrac{1}{4}$$

$$P_2(1) = \tfrac{1}{2}[P_1(-1) + P_1(1)] = \tfrac{1}{2}$$

$$P_2(2) = \tfrac{1}{2}[P_1(0) + P_1(2)] = \tfrac{3}{4}$$

$$P_2(3) = \tfrac{1}{2}[P_1(1) + P_1(3)] = 1$$

$$P_3(0) = \tfrac{1}{2}[P_2(-3) + P_2(0)] = \tfrac{1}{8} \quad \text{ya que } P_2(-3) = 0$$

$$P_3(1) = \tfrac{1}{2}[P_2(-2) + P_2(1)] = \tfrac{1}{4}$$

$$P_3(2) = \tfrac{1}{2}[P_2(-1) + P_2(2)] = \tfrac{3}{8}$$

$$P_3(3) = \tfrac{1}{2}[P_2(0) + P_2(3)] = \tfrac{5}{8}$$

$$P_4(0) = \tfrac{1}{2}[P_3(-4) + P_3(0)] = \tfrac{1}{16}$$

$$P_4(1) = \tfrac{1}{2}[P_3(-3) + P_3(1)] = \tfrac{1}{8}$$

$$P_4(2) = \tfrac{1}{2}[P_3(-2) + P_3(2)] = \tfrac{3}{16}$$

$$P_4(3) = \tfrac{1}{2}[P_3(-1) + P_3(3)] = \tfrac{5}{16} \quad \blacksquare$$

El programa 12.3 usa la recursión dada en las ecuaciones 12.3.5 y 12.3.6 para calcular el valor p para los datos de la prueba de rangos con signo. Al programa hay que darle el tamaño n de la muestra y el valor del estadístico T.

EJEMPLO 12.3c Suponga que queremos determinar si cierta población tiene una distribución de probabilidad subyacente que es simétrica respecto a 0. Si para una muestra de tamaño 20 de esta población se obtiene un estadístico de prueba para los rangos con signo, cuyo valor es 142, ¿qué conclusión se obtiene con el nivel de significancia de 10 por ciento?

SOLUCIÓN Corriendo el programa 12.3 obtenemos que

$$\text{valor } p = .177$$

De manera que la hipótesis de que la distribución poblacional es simétrica respecto a 0 se acepta para el nivel de significancia $\alpha = .10$. $\blacksquare$

Terminamos esta sección con una prueba de la igualdad

$$P_{H_0}\{T \geq t\} = P_{H_0}\left\{ T \leq \frac{n(n+1)}{2} - t \right\}$$

Para verificar esta igualdad, observemos que $1 - I_j$ será igual a 1 si el valor en la posición j de $|Y_1|,\ldots,$ $|Y_n|$ viene de un dato cuyo valor sea mayor que m_0, y será igual si no es así. Por lo que si hacemos

$$T^1 = \sum_{j=1}^{n} j(1 - I_j)$$

entonces, T^1 representará la suma de los rangos de las $|Y_j|$ que corresponden a datos cuyos valores son mayores que m_0. Por simetría, T^1 tendrá bajo H_0 la misma distribución que T. Como

$$T^1 = \sum_{j=1}^{n} j - \sum_{j=1}^{n} jI_j = \frac{n(n+1)}{2} - T$$

entonces

$$P\{T \geq t\} = P\{T^1 \geq t\} \qquad \text{ya que } T \text{ y } T^1 \text{ tienen la misma distribución}$$

$$= P\left\{ \frac{n(n+1)}{2} - T \geq t \right\}$$

$$= P\left\{ T \leq \frac{n(n+1)}{2} - t \right\}$$

OBSERVACIÓN SOBRE EMPATES

Como supusimos que la distribución poblacional es continua, no hay posibilidad de empates; es decir, con probabilidad 1 todas las observaciones tendrán valores diferentes. No obstante, como en la práctica todas las mediciones están redondeadas, siempre puede haber empates. Si se presentan empates, entonces el peso que se les dará a los valores menores a m_0 será el promedio de los distintos pesos que hubieran tenido si los valores fueran ligeramente diferentes. Por ejemplo, si $m_0 = 0$ y los valores de los datos son 2, 4, 7, −5, −7, entonces los valores absolutos observados son 2, 4, 5, 7, 7. Como 7 tiene el rango 4 y el rango 5, el valor del estadístico de prueba T es $T = 3 + 4.5 = 7.5$. El valor p se calculará como cuando se supone que todos los valores son distintos. (Aunque técnicamente esto no es correcto, la discrepancia generalmente es menor.)

12.4 EL PROBLEMA DE DOS MUESTRAS

Suponga que estamos considerando dos métodos distintos para producir objetos que tienen alguna característica que se puede medir, y que nos interesa determinar si los dos métodos producen artículos estadísticamente idénticos.

Para abordar el problema sea $X_1, \ldots, X_n$ una muestra de valores mensurables de n objetos producidos por el método 1, y $Y_1, \ldots, Y_m$ los valores correspondientes de m artículos producidos por el método 2. Si denotamos con F y G las correspondientes funciones de distribución de las dos muestras, que suponemos continuas, entonces la hipótesis que queremos probar es $H_0: F = G$.

Un procedimiento para probar H_0 —conocido por los nombres de prueba de la suma del rango, prueba de Mann-Whitney o prueba de Wilcoxon— indica que primero se les dé rango o se ordenen los $n + m$ valores de los datos $X_1, \ldots, X_n, Y_1, \ldots, Y_m$. Ya que suponemos que F y G son continuas, este orden de los datos será único, es decir, no habrá empates. Al dato más pequeño se le asigna el rango 1, al que le sigue el rango 2, ..., y al último el rango $m + n$. Para $i = 1, \ldots, n$, sea

$$R_i = \text{al rango del dato } X_i$$

La prueba de la suma del rango utiliza un estadístico de prueba T igual a la suma de los rangos de la primera muestra:

$$T = \sum_{i=1}^{n} R_i$$

EJEMPLO 12.4a En un experimento se sometieron piezas de alambre a dos tratamientos contra la corrosión, con el objetivo de comparar éstos. Se obtuvieron los siguientes datos.

Tratamiento 1	65.2, 67.1, 69.4, 78.2, 74, 80.3
Tratamiento 2	59.4, 72.1, 68, 66.2, 58.5

(Los datos representan la profundidad máxima de los hoyos en milésimas de pulgada.) Los valores ordenados son 58.5, 59.4, 65.2*, 66.2, 67.1*, 68, 69.4*, 72.1, 74*, 78.2*, 80.3*, donde los valores que provienen de la muestra 1 están marcados con un asterisco. Por lo que el valor del estadístico de prueba es $T = 3 + 5 + 7 + 9 + 10 + 11 = 45$.   ∎

Ahora queremos una prueba de nivel de significancia α de H_0. Si el valor observado de T es $T = t$, entonces se rechazará H_0 si

$$P_{H_0}\{T \leq t\} \leq \frac{\alpha}{2} \qquad \text{o} \qquad P_{H_0}\{T \geq t\} \leq \frac{\alpha}{2} \tag{12.4.1}$$

Es decir, se rechazará la hipótesis de que las dos muestras son equivalentes si la suma de los rangos de la primera muestra es demasiado pequeña o demasiado grande como para atribuirse a la casualidad.

Como para t entero,

$$P\{T \geq t\} = 1 - P\{T < t\}$$
$$= 1 - P\{T \leq t - 1\}$$

tenemos según la ecuación 12.4.1 que se rechazará H_0 si

$$P_{H_0}\{T \leq t\} \leq \frac{\alpha}{2} \qquad \text{o} \qquad P_{H_0}\{T \leq t - 1\} \geq 1 - \frac{\alpha}{2} \tag{12.4.2}$$

Para calcular las probabilidades de la ecuación 12.4.2, sea $P(N, M, K)$ la probabilidad de que la suma de los rangos en la primera muestra sea menor o igual a K, si los tamaños de las muestras son N y M, y H_0 es verdadera. Ahora determinaremos una fórmula recursiva para $P(N, M, K)$, que nos permitirá obtener las cantidades buscadas $P(n, m, t) = P_{H_0}\{T \leq t\}$ y $P(n, m, t - 1)$.

Para calcular la probabilidad de que la suma de los rangos de la primera muestra sea menor o igual a K siendo N y M los tamaños de las muestras y H_0 verdadera, condicionaremos de acuerdo a si el mayor de los $N + M$ datos pertenece a la primera o a la segunda muestra. Si pertenece a la primera muestra, entonces la suma de los rangos de esta muestra es igual a $N + M$ más la suma de los rangos de los otros $N - 1$ valores de la primera muestra. Por lo que, esta suma será menor o igual a K si la suma de los rangos de los otros $N - 1$ valores es menor o igual que $K - (N + M)$. Pero como los $N - 1 + M$ valores restantes; es decir, todos menos el mayor, provienen de la misma distribución (si H_0 es verdadera), tenemos que la suma de los rangos de $N - 1$ de estos valores será menor o igual a $K - (N + M)$ con probabilidad $P(N - 1, M, K - N - M)$. Mediante un argumento similar podemos mostrar que si el valor más grande pertenece a la segunda muestra, la suma de los rangos de la primera muestra será menor o igual a K con probabilidad $P(N, M - 1, K)$. También como el valor más grande tiene las mismas posibilidades de ser cualquiera de los $N + M$ valores $X_1, \ldots, X_N, Y_1, \ldots, Y_M$, entonces provendrá de la primera muestra con probabilidad $N/(N + M)$. Por lo que obtenemos que

$$P(N, M, K) = \frac{N}{N + M} P(N - 1, M, K - N - M)$$
$$+ \frac{M}{N + M} P(N, M - 1, K) \tag{12.4.3}$$

Comenzando con la condición de frontera

$$P(1, 0, K) = \begin{cases} 0 & K \le 0 \\ 1 & K > 0 \end{cases}, \qquad P(0, 1, K) = \begin{cases} 0 & K < 0 \\ 1 & K \ge 0 \end{cases}$$

La ecuación 12.4.3 se puede resolver recursivamente para obtener $P(n, m, t-1)$ y $P(n, m, t)$.

EJEMPLO 12.4b Suponga que queremos determinar $P(2, 1, 3)$. Usamos la ecuación 12.4.3 como sigue:

$$P(2, 1, 3) = \tfrac{2}{3}P(1, 1, 0) + \tfrac{1}{3}P(2, 0, 3)$$

y

$$P(1, 1, 0) = \tfrac{1}{2}P(0, 1, -2) + \tfrac{1}{2}P(1, 0, 0) = 0$$

$$P(2, 0, 3) = P(1, 0, 1)$$

$$= P(0, 0, 0) = 1$$

Por lo tanto,

$$P(2, 1, 3) = \tfrac{1}{3}$$

lo cual es correcto ya que para que la suma de los rangos de los dos valores de X sea menor o igual a 3, el mayor de los valores X_1, X_2, Y_1, debe ser igual a Y_1, la que, cuando H_0 es verdadera, tiene probabilidad $\tfrac{1}{3}$. ∎

Como la prueba de la suma de los rangos pide el rechazo cuando

$$2P(n, m, t) \le \alpha \qquad \text{o} \qquad \alpha \ge 2[1 - P(n, m, t - 1)]$$

tenemos que el valor p del estadístico de prueba cuando $T = t$ es

$$\text{valor } p = 2 \ \text{mín}\{P(n, m, t), 1 - P(n, m, t - 1)\}$$

El programa 12.4 usa la recursión de la ecuación 12.4.3 para calcular el valor p de la prueba de la suma de los rangos. Los datos que hay que darle al programa son los tamaños de la primera y de la segunda muestras y la suma de los rangos de los elementos de la primera muestra. Aunque cualquiera de las muestras se puede escoger como primera muestra, el programa correrá más rápido si se toma como primera muestra aquella cuya suma de los rangos sea menor.

EJEMPLO 12.4c En el ejemplo 12.4a los tamaños de las dos muestras son 5 y 6, respectivamente, y la suma de los rangos de la primera muestra es 21. El programa 12.4 nos da como resultado:

$$\text{valor } p = .1255 \quad ∎$$

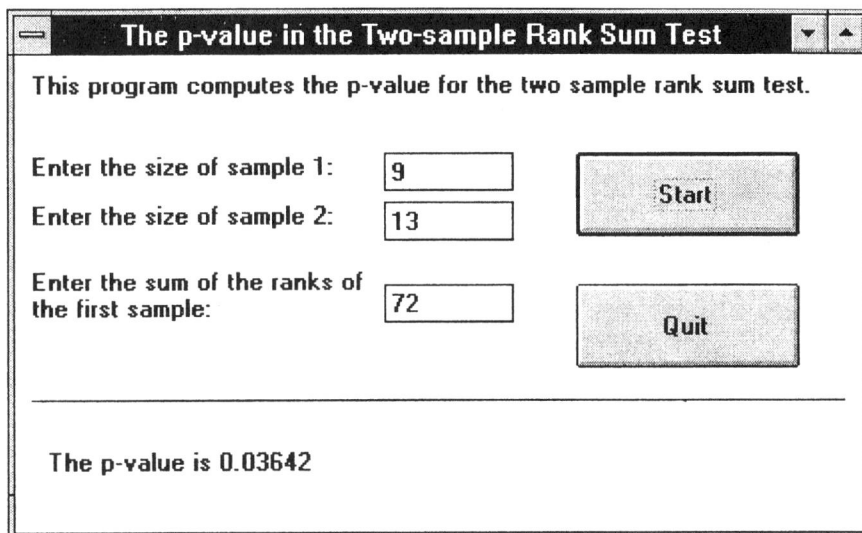

```
┌──────────────────────────────────────────────────────────┐
│ ▭   The p-value in the Two-sample Rank Sum Test   ▼  ▲    │
├──────────────────────────────────────────────────────────┤
│  This program computes the p-value for the two sample rank sum test. │
│                                                          │
│                                                          │
│  Enter the size of sample 1:   ┌──────┐   ┌────────────┐ │
│                                │ 9    │   │            │ │
│  Enter the size of sample 2:   ┌──────┐   │   Start    │ │
│                                │ 13   │   │            │ │
│                                └──────┘   └────────────┘ │
│  Enter the sum of the ranks of                           │
│  the first sample:             ┌──────┐   ┌────────────┐ │
│                                │ 72   │   │            │ │
│                                └──────┘   │    Quit    │ │
│                                           │            │ │
│                                           └────────────┘ │
│ ──────────────────────────────────────────────────────── │
│                                                          │
│     The p-value is 0.03642                               │
│                                                          │
└──────────────────────────────────────────────────────────┘
```

FIGURA 12.3

EJEMPLO 12.4d Suponga que al probar si dos métodos de producción dan resultados idénticos, se producen 9 artículos usando el primer método y 13 usando el segundo método. Si la suma de los rangos de los 9 artículos producidos por el primer método es 72, ¿cuál sería su conclusión?

SOLUCIÓN Corremos el programa 12.4, para obtener el resultado que se muestra en la figura 12.3. De manera que la hipótesis de resultados idénticos se rechaza, para un nivel de significancia de 5 por ciento. ■

Falta aún calcular el valor del estadístico de prueba T. Es bastante eficiente calcular T usando primero un algoritmo estándar de la computación (como, por ejemplo "quicksort") para ordenar los $n + m$ valores. Otra alternativa, fácil de programar, pero que sólo es eficiente para valores pequeños de n y de m, usa la identidad siguiente.

PROPOSICIÓN 12.4.1

Para $i = 1,\ldots, n, j = 1,\ldots, m$, sea

$$W_{ij} = \begin{cases} 1 & \text{si } X_i > Y_j \\ 0 & \text{de otra manera} \end{cases}$$

Entonces

$$T = \frac{n(n+1)}{2} + \sum_{i=1}^{n} \sum_{j=1}^{m} W_{ij}$$

Demostración

Considere los valores $X_1, \ldots, X_n$ de la primera muestra y ordenémoslos. Sea $X_{(i)}$ el elemento en la posición i, $i = 1, \ldots, n$, una vez que se reordenan de menor a mayor. Ahora considere el rango que tiene $X_{(i)}$, dentro de los $n + m$ valores de los datos, el cual está dado por

$$\text{rango de } X_{(i)} = i + \text{ número de las } j : Y_j < X_{(i)}$$

Sumando sobre todas la i obtenemos

$$\sum_{i=1}^{n} \text{rango de } X_{(i)} = \sum_{i=1}^{n} i + \sum_{i=1}^{n} (\text{número de las } j : Y_j < X_{(i)}) \qquad (12.4.4)$$

Pero como el orden en el que se sumen los términos no modifica el resultado de la suma,

$$\sum_{i=1}^{n} \text{rango de } X_{(i)} = \sum_{i=1}^{n} \text{rango de } X_i = T \qquad (12.4.5)$$

$$\sum_{i=1}^{n} (\text{número de las } j : Y_j < X_{(i)}) = \sum_{i=1}^{n} (\text{número de las } j : Y_j < X_i)$$

Por lo tanto, de las ecuaciones 12.4.4 y 12.4.5 resulta que

$$T = \sum_{i=1}^{n} i + \sum_{i=1}^{n} (\text{número de las } j : Y_j < X_i)$$

$$= \frac{n(n+1)}{2} + \sum_{i=1}^{n} \sum_{j=1}^{m} W_{ij} \quad \square$$

12.4.1 LA APROXIMACIÓN Y LA SIMULACIÓN CLÁSICAS

El problema que se presenta al emplear la fórmula de recursión de la ecuación 12.4.3, para calcular el valor p de la prueba estadística de la suma de rangos con dos muestras, es que la cantidad de cálculos crece enormemente conforme aumenta el tamaño de la muestra. Por ejemplo, para $n = m = 200$, aún tomando, como estadístico de prueba, a la menor suma de los rangos, puesto que la suma de todos los rangos es $1 + 2 + \cdots + 400 = 80\,200$, es posible que el estadístico de prueba alcance un valor hasta de 40 100. Por lo tanto, para calcular el valor p, tal vez haya que calcular hasta 1.604×10^9 valores de $P(N, M, K)$. De manera que el método basado en la recursión, dada en la ecuación 12.4.3, no es viable para muestras grandes. Dos métodos que se pueden utilizar en tales casos son (a) un método clásico que se basa en aproximar la distribución del estadístico de prueba y (b) la simulación.

(a) *La aproximación clásica*   Si la hipótesis nula es verdadera, de manera que $F = G$, entonces todos los $n + m$ valores de los datos provienen de la misma distribución y entonces, todas las $(n + m)!$ maneras distintas de ordenar a los valores $X_1, \ldots, X_n, Y_1, \ldots, Y_m$ son igualmente posibles. De lo cual se sigue que tomar los n rangos de la primera muestra es probabilísticamente equivalente a tomar de manera aleatoria n de los valores (rangos posibles) $1, 2,\ldots, n + m$. Usando esto, es posible mostrar que T tiene media y varianza dadas por

$$E_{H_0}[T] = \frac{n(n + m + 1)}{2}$$

$$\mathrm{Var}_{H_0}(T) = \frac{nm(n + m + 1)}{12}$$

Además, se puede mostrar que si tanto n como m son de tamaño moderado (es suficiente que ambos sean mayores a 7) entonces T tiene, bajo H_0, aproximadamente, una distribución normal. Por lo tanto, si H_0 es verdadera

$$\frac{T - \dfrac{n(n + m + 1)}{2}}{\sqrt{\dfrac{nm(n + m + 1)}{12}}} \overset{.}{\sim} \mathcal{N}(0, 1) \tag{12.4.6}$$

Si denotamos con d al valor absoluto de la diferencia entre el valor observado de T y su valor medio dado arriba, entonces, basándonos en la ecuación 12.4.6, el valor aproximado de p es

$$\text{valor } p = P_{H_0}\left\{|T - E_{H_0}[T]| > d\right\}$$

$$\approx P\left\{|Z| > d/\sqrt{\frac{nm(n + m + 1)}{12}}\right\} \quad \text{donde } Z \sim \mathcal{N}(0, 1)$$

$$= 2P\left\{Z > d/\sqrt{\frac{nm(n + m + 1)}{12}}\right\}$$

EJEMPLO 12.4e En el ejemplo 12.4a, $n = 5$, $m = 6$, y el valor del estadístico de prueba es 21. Como

$$\frac{n(n + m + 1)}{2} = 30$$

$$\frac{nm(n + m + 1)}{12} = 30$$

$d = 9$ y así

$$\text{valor } p \approx 2P\left\{Z > \frac{9}{\sqrt{30}}\right\}$$

$$= 2P\{Z > 1.643108\}$$

$$= 2(1 - .9498)$$

$$= .1004$$

que se puede comparar con su valor exacto .1225, dado en el ejemplo 12.4c.

En el ejemplo 12.4d, $n = 9$, $m = 13$ y, de esta manera,

$$\frac{n(n + m + 1)}{2} = 103.5$$

$$\frac{nm(n + m + 1)}{12} = 224.25$$

Ya que $T = 72$, resulta que

$$d = |72 - 103.5| = 31.5$$

Por lo tanto, el valor aproximado de p es

$$\text{valor } p \approx 2P\left\{Z > \frac{31.5}{\sqrt{224.25}}\right\}$$
$$= 2P\{Z > 2.103509\}$$
$$= 2(1 - .9823) = .0354$$

el cual está bastante cercano al valor exacto de $p = .0364$ (que se dio en el ejemplo 12.4d).

En estos dos ejemplos, la aproximación normal funciona bastante bien en el segundo ejemplo —donde se satisface el requerimiento de que el tamaño de las muestras sea mayor a 7— pero no tan bien en el primer ejemplo —donde no se satisface dicho lineamiento—. ■

(b) *Simulación* Si el valor observado del estadístico de prueba es $T = t$, entonces, el valor p, está dado por

$$\text{valor } p = 2 \ \text{mín}\left\{P_{H_0}\{T \geq t\}, P_{H_0}\{T \leq t\}\right\}$$

Este valor se puede aproximar simulando, repetidas veces, una selección aleatoria de n de los valores $1, 2,\ldots, n + m$ y anotando en cada ocasión la suma de los n valores. El valor $P_{H_0}\{T \geq t\}$ se puede aproximar por la proporción de las veces cuando la suma obtenida es mayor o igual a t, y $P_{H_0}\{T \leq t\}$, por la proporción de las veces en las que la suma es menor o igual a t.

Un programa, del disco del texto, para el capítulo 12, aproxima el valor de p realizando la simulación anterior. El programa correrá de manera más eficiente si se toma como primera muestra a la muestra de menor tamaño.

EJEMPLO 12.4f Corriendo el programa del disco con los datos del ejemplo 12.4c se obtiene el resultado que aparece en la figura 12.4, que son muy cercanos al valor exacto: .1225. Corriendo el programa con los datos del ejemplo 12.4d se obtiene el resultado que se observa en la figura 12.5, que también está bastante cercano al valor exacto: .0364. ■

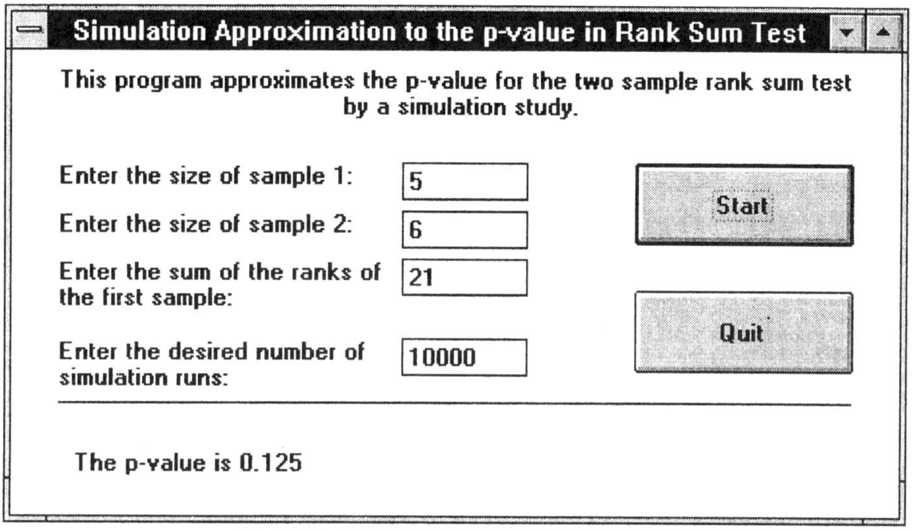

FIGURA 12.4

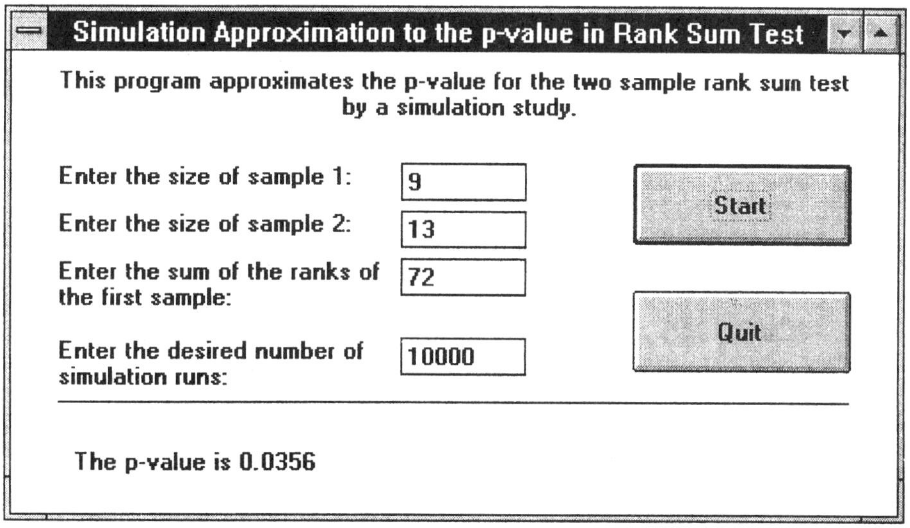

FIGURA 12.5

Ambos métodos de aproximación funcionan bastante bien. La aproximación normal, cuando tanto *n* como *m* son mayores a 7 es, por lo general, bastante exacta y casi no requiere tiempo de cálculo. Por otro lado, el método de la simulación puede necesitar mucho tiempo de cálculo. Sin embargo, si se quiere una gran exactitud y no se necesita una respuesta inmediata, la simulación se vuelve tan exacta como se quiera, corriendo un número grande de casos.

12.5 PRUEBA DE CORRIDAS PARA ALEATORIEDAD

Una suposición básica en gran parte de la estadística, es que el conjunto de datos constituye una muestra aleatoria de alguna población. Sin embargo, en algunos casos los datos no se generan mediante un proceso verdaderamente aleatorio, sino mediante un proceso que sigue alguna tendencia o algún tipo de patrón crítico. En esta sección, consideraremos una prueba —llamada la prueba de corridas— de la hipótesis H_0 de que un conjunto dado constituye una muestra aleatoria.

Para empezar, supongamos que cada uno de los valores de los datos es un 0 o un 1. Es decir, supondremos que cada uno de los valores de los datos se puede dicotomizar y considerar como un éxito o como un fracaso. Sea $X_1, \ldots, X_N$ un conjunto de datos. A toda secuencia que consista únicamente de 1 o de 0 se le llama una *corrida*. Por ejemplo, el conjunto de datos

$$1\ 0\ 0\ 1\ 1\ 1\ 0\ 0\ 1\ 0\ 1\ 1\ 1\ 1\ 0\ 1\ 0\ 0\ 0\ 0\ 1\ 1$$

contiene 11 corridas: 6 corridas de 1 y 5 corridas de 0. Suponga que el conjunto de datos $X_1, \ldots, X_N$ contiene n 1 y m 0, donde $n + m = N$, y denotemos con R el número de corridas. Ahora, si H_0 fuera verdadera, entonces sería igualmente posible que $X_1, \ldots, X_N$ fuera cualquiera de las $N!/n!m!$ permutaciones de n 1 y m 0; y por lo tanto, dado un total de n 1 y m 0, tenemos que, bajo H_0, la función de masa de probabilidad de R, el número de corridas, está dada por

$$P_{H_0}\{R = k\} = \frac{\text{Número de permutaciones de } n \text{ 1 y } m \text{ 0, obtenidas en } k \text{ corridas}}{\dbinom{n+m}{n}}$$

El número de permutaciones se puede determinar de manera explícita y se puede mostrar que

$$P_{H_0}\{R = 2k\} = 2\frac{\dbinom{m-1}{k-1}\dbinom{n-1}{k-1}}{\dbinom{m+n}{n}}$$

$$P_{H_0}\{R = 2k+1\} = \frac{\dbinom{m-1}{k-1}\dbinom{n-1}{k} + \dbinom{m-1}{k}\dbinom{n-1}{k-1}}{\dbinom{n+m}{n}}$$

(12.5.1)

Si la muestra contiene n 1 y m 0, entonces la prueba de corridas pide que se rechace la hipótesis de que los datos constituyen una muestra aleatoria, si el número de corridas observado es demasiado grande o demasiado pequeño para atribuirse a la casualidad. Concretamente, si el número de corridas es r, entonces el valor p de la prueba de corridas es

$$\text{valor } p = 2 \ \text{mín}(P_{H_0}\{R \geq r\}, P_{H_0}\{R \leq r\})$$

El programa 12.5 usa la ecuación 12.5.1 para calcular el valor p.

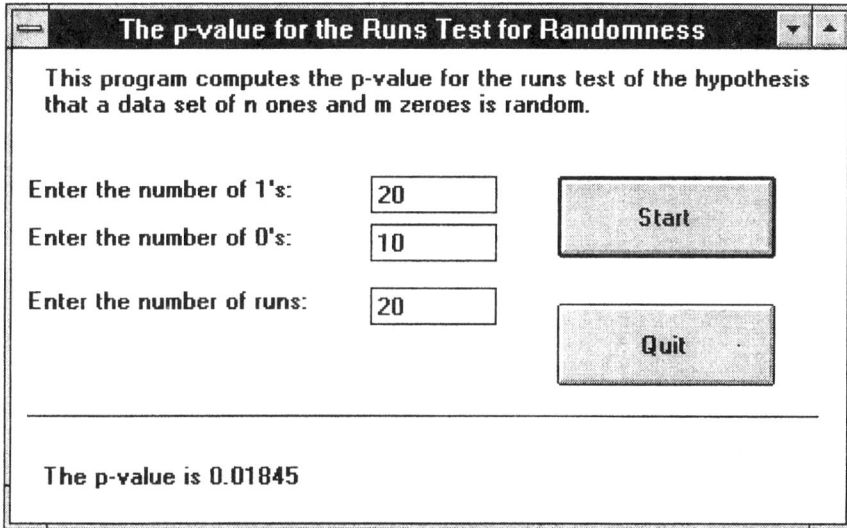

FIGURA 12.6

EJEMPLO 12.5a A continuación damos los resultados que obtuvo un equipo atlético en por lo menos 30 juegos; aquí *W* significa ganó (*win*) y *L* significa perdió (*loss*).

$$W\ W\ W\ L\ W\ W\ L\ W\ W\ L\ W\ L\ W\ W\ L\ W\ W\ W\ W\ L\ W\ L\ W\ W\ W\ L\ W\ L\ W\ L$$

¿Son consistentes estos datos con la aleatoriedad pura?

SOLUCIÓN Para probar la hipótesis de la aleatoriedad, observemos que en los datos, que consisten de 20 *W* y 10 *L*, hay 20 corridas. Para ver si esto justifica el rechazo, para un nivel de significancia de 5 por ciento, corremos el programa 12.5 y observamos los resultados que damos en la figura 12.6. Por lo tanto, la hipótesis de la aleatoriedad se rechazaría para un nivel de significancia de 5 por ciento. (Lo que llama la atención en este conjunto de datos es que el equipo siempre vuelve a ganar después de perder un juego, lo cual es muy poco probable si todos los resultados con 20 ganados y 10 perdidos tuvieran la misma probabilidad.) ■

Lo anterior también sirve para probar aleatoriedad cuando los valores de los datos no son sólo 0 y 1. Para probar si los datos $X_1, \ldots, X_N$ constituyen una muestra aleatoria, sea s-med la mediana muestral. Sea *n* el número de valores de los datos que son menores o iguales a s-med, y *m* el número de los que son mayores. (De manera que si N es par y todos los valores son distintos, entonces $n = m = N/2$.) Definamos $I_1, \ldots, I_N$ mediante

$$I_j = \begin{cases} 1 & \text{si } X_j \leq s\text{-med} \\ 0 & \text{de otra manera} \end{cases}$$

Si los datos originales constituyeran una muestra aleatoria, entonces el número de corridas en $I_1, \ldots, I_N$ sería una función de masa de probabilidad dada por la ecuación 12.5.1. Así, vemos que podemos usar el método de las corridas, dado arriba, en los valores de los datos $I_1, \ldots, I_N$ para probar si los datos originales son aleatorios.

EJEMPLO 12.5b   Los tiempos de vida de 19 baterías de almacenamiento producidas sucesivamente fueron

$$145 \ 152 \ 148 \ 155 \ 176 \ 134 \ 184 \ 132 \ 145 \ 162 \ 165$$
$$185 \ 174 \ 198 \ 179 \ 194 \ 201 \ 169 \ 182$$

La mediana muestral es el décimo valor, que es 169. Los datos que indican si los valores sucesivos son menores, iguales o mayores a la mediana son:

$$1 \ 1 \ 1 \ 1 \ 0 \ 1 \ 0 \ 1 \ 1 \ 1 \ 1 \ 0 \ 0 \ 0 \ 0 \ 0 \ 0 \ 1 \ 0$$

Por lo que el número de corridas es 8. Para determinar si este valor es estadísticamente significativo, corremos el programa 12.5 (con $n = 10$, $m = 9$) y obtenemos el resultado:

$$\text{valor } p = .357$$

Por lo que se acepta la hipótesis de aleatoriedad.   ■

Se puede demostrar que cuando tanto n como m son grandes y H_0 es verdadera, R tendrá, aproximadamente, una distribución normal con media y desviación estándar dadas por

$$\mu = \frac{2nm}{n+m} + 1 \qquad y \qquad \sigma = \sqrt{\frac{2nm(2nm - n - m)}{(n+m)^2(n+m-1)}} \qquad (12.5.2)$$

por lo que si n y m son grandes

$$P_{H_0}\{R \leq r\} = P_{H_0}\left\{ \frac{R - \mu}{\sigma} \leq \frac{r - \mu}{\sigma} \right\}$$

$$\approx P\left\{ Z \leq \frac{r - \mu}{\sigma} \right\}, \qquad Z \sim \mathcal{N}(0, 1)$$

$$= \Phi(\frac{r - \mu}{\sigma})$$

y, de manera similar,

$$P_{H_0}\{R \geq r\} \approx 1 - \Phi\left(\frac{r - \mu}{\sigma} \right)$$

Por lo tanto, para n y m grandes, el valor p de la prueba de corridas para aleatoriedad está dado aproximadamente por

$$\text{valor } p \approx 2 \ \min\left\{ \Phi\left(\frac{r - \mu}{\sigma} \right), 1 - \Phi\left(\frac{r - \mu}{\sigma} \right) \right\}$$

donde, μ y σ están dadas por la ecuación 12.5.2 y r es el número de corridas observadas.

EJEMPLO 12.5c Suponga que en una secuencia de sesenta 1 y sesenta 0 se tuvieron 75 corridas. Como

$$\mu = 61 \qquad y \qquad \sigma = \sqrt{\frac{3\,540}{119}} = 5.454$$

vemos que el valor p aproximado es

$$\text{valor } p \approx 2 \text{ mín}\{\Phi(2.567),\, 1 - \Phi(2.567)\}$$
$$= 2 \times (1 - .9949)$$
$$= .0102$$

Por otro lado, corriendo el programa 12.5, obtenemos que el valor p exacto es

$$\text{valor } p = .0130$$

Si el número de corridas hubiera sido 70 en lugar de 75, entonces el valor p aproximado hubiera sido

$$\text{valor } p \approx 2[1 - \Phi(1.650)] = .0990$$

que no coincide con el valor exacto

$$\text{valor } p = .1189 \quad \blacksquare$$

Problemas

1. En 18 pacientes se probó una nueva medicina contra hipertensión. Después de 40 días de tratamiento se observaron los siguientes cambios en la presión diastólica.

$$-5, \quad -1, \quad +2, \quad +8, \quad -25, \quad +1, \quad +5, \quad -12, \quad -16$$
$$-9, \quad -8, \quad -18, \quad -5, \quad -22, \quad +4, \quad -21, \quad -15, \quad -11$$

Use la prueba de los signos para determinar si el medicamento tiene algún efecto en la presión sanguínea. ¿Cuál es el valor p?

2. Una empresa de ingenieros va a comprar un sistema de computación, y tiene que decidir entre dos fabricantes. La empresa da 8 problemas a cada uno de los fabricantes y les pide a los fabricantes que midan el número de segundos que su software tarda en resolver los problemas. Los tiempos fueron:

Problema	1	2	3	4	5	6	7	8
Tiempo con la computadora 1	15	32	17	26	42	29	12	38
Tiempo con la computadora 2	22	29	1	23	46	25	19	47

Determine el valor p de la prueba de los signos para la prueba de hipótesis de que no hay diferencia en la distribución del tiempo que les toma a los dos tipos de software resolver los problemas.

3. El valor publicado para la presión sanguínea sistólica mediana, de hombres de edad media, es 128. Para determinar si ha habido algún cambio en este valor, se tomó una muestra aleatoria de 100 hombres. Pruebe la hipótesis de que la mediana es igual a 128, si

(a) en 60 hombres el valor fue superior a 128;
(b) en 70 hombres el valor fue superior a 128;
(c) en 80 hombres el valor fue superior a 128.

En cada caso determine el valor p.

4. Para probar la hipótesis de que el peso promedio de las mujeres de 16 años de Los Ángeles es por lo menos de 110 libras, se tomó una muestra aleatoria de 200 de estas mujeres. Si 120 mujeres pesaron menos de 110 libras, ¿desacredita esto a la hipótesis? Utilice el nivel de significancia del 5 por ciento. ¿Cuál es el valor p?

5. En 1987, el ingreso nacional mediano de los médicos en Estados Unidos era $124 400. Una muestra reciente de 14 médicos mostró, en 1990, ingresos de (en miles de $)

$$125.5, 130.3, 133.0, 102.6, 198.0, 232.5, 106.8,$$
$$114.5, 122.0, 100.0, 118.8, 108.6, 312.7, 125.5$$

Use estos datos para probar la hipótesis de que el salario mediano de los médicos en 1990 no es mayor que en 1987. ¿Cuál es el valor p?

6. Se hizo un experimento para estudiar el efecto, en el rendimiento de la gasolina, de un aditivo nuevo. Los datos siguientes representan los rendimientos por galón en 8 automóviles, antes y después, de utilizar el aditivo.

Coche	Rendimiento sin el aditivo	Rendimiento con el aditivo
1	24.2	23.5
2	30.4	29.6
3	32.7	32.3
4	19.8	17.6
5	25.0	25.3
6	24.9	25.4
7	22.2	20.6
8	21.5	20.7

Encuentre el valor p de la prueba de hipótesis de que el aditivo no afecta al rendimiento de la gasolina si

(a) se usa la prueba de los signos;
(b) se usa la prueba de los rangos con signo.

7. En los problemas 1 y 2, determine el valor p, usando la prueba de los rangos con signo.

8. A 12 pacientes que tenían un contenido alto de albúmina en la sangre, se les trató con un medicamento. En cada uno de ellos, se midió el contenido de albúmina en la sangre, antes y después del tratamiento. Los valores obtenidos se presentan en la tabla siguiente.

Contenido de albúmina en la sangre*

Paciente N	Antes del tratamiento	Después del tratamiento
1	5.02	4.66
2	5.08	5.15
3	4.75	4.30
4	5.25	5.07
5	4.80	5.38
6	5.77	5.10
7	4.85	4.80
8	5.09	4.91
9	6.05	5.22
10	4.77	4.50
11	4.85	4.85
12	5.24	4.56

* Valores dados en gramos por cada 100 ml.

¿El efecto de la medicina es significativo para el nivel de 5 por ciento?

(a) Use la prueba de los signos.

(b) Utilice la prueba de los rangos con signo.

9. Un ingeniero afirma que el pintar el exterior de un avión afecta su velocidad de vuelo. Para verificar esto, los siguientes 10 aviones de la línea de ensamblado se volaron, antes de pintarlos, luego se pintaron y se volvieron a volar. Los datos obtenidos fueron

	Velocidad de vuelo (en nudos)	
Avión	Sin pintar	Pintado
1	426.1	416.7
2	418.4	403.2
3	424.4	420.1
4	438.5	431.0
5	440.6	432.6
6	421.8	404.2
7	412.2	398.3
8	409.8	405.4
9	427.5	422.8
10	441.2	444.8

¿Los datos respaldan la afirmación del ingeniero?

10. A continuación se presentan los valores obtenidos en diez pares de determinaciones espectroquímicas duplicadas de níquel. Los datos en la columna 2 se obtuvieron con un instrumento de medición y los datos en la columna 3 con otro instrumento de medición.

Muestra	Duplicado	
1	1.94	2.00
2	1.99	2.09
3	1.98	1.95
4	2.07	2.03
5	2.03	2.08
6	1.96	1.98
7	1.95	2.03
8	1.96	2.03
9	1.92	2.01
10	2.00	2.12

Para el nivel de significancia de 5 por ciento, pruebe la hipótesis de que los dos instrumentos de medición ofrecen resultados equivalentes.

11. Sea $X_1,\ldots, X_n$ una muestra de la distribución continua F con mediana m; y suponga que queremos probar la hipótesis $H_0 : m = m_0$ contra la hipótesis alternativa unilateral $H_1 : m > m_0$. Presente el análogo unilateral para la prueba de los rangos con signo. Explique cómo se calculará el valor p.

12. Para un estudio de habilidades bilingües se dividió a un grupo de 12 estudiantes universitarios bilingües (español e inglés) en dos grupos. Ambos grupos leyeron un artículo escrito en inglés, y ambos grupos contestaron una serie de 25 preguntas de opción múltiple sobre el contenido del artículo. A uno de los grupos se le da las preguntas escritas en inglés y al otro grupo, escritas en español. Las puntuaciones (total de respuestas correctas) obtenidas en los dos grupos fueron:

Examen en español	11	12	16	22	25	25
Examen en inglés	10	13	17	19	21	24

¿Para el nivel de significancia de 5 por ciento, se trata de una evidencia de que hay dificultad al traducir la información de un idioma a otro?

13. Se escogen 15 ciudades de aproximadamente el mismo tamaño para un estudio de seguridad vial. De éstas se escogen de manera aleatoria 8 ciudades y en éstas, durante 1 mes, aparecen en el periódico artículos sobre seguridad vial. El número de accidentes de tráfico reportado al siguiente mes de esta campaña fue:

Grupo de tratamiento	19	31	39	45	47	66	74	81
Grupo de control	28	36	44	49	52	52	60	

Determine, exactamente, el valor p para la prueba de hipótesis de que los artículos no tuvieron efecto alguno.

14. En el problema 13 determine el valor de p

   (a) con la aproximación normal;

   (b) con un estudio de simulación.

15. Los tiempos de ignición en segundos de dos tipos diferentes de cúmulos de humo flotante fueron:

Tipo X		Tipo Y	
481	572	526	537
506	561	511	582
527	501	556	601
661	487	542	558
500	524	491	578

Queremos probar la hipótesis de que los tiempos de ignición son iguales.

(a) Determine el valor exacto de p.

(b) Determine el valor de p dado por la aproximación normal.

(c) Corra un estudio de simulación para estimar el valor de p.

16. En un experimento realizado en 1943 (Whitlock y Bliss, "A bioassay technique for antihel-minthics", *Journal of Parasitology*, **29**, pp. 48-58, 10) se usaron ratas albinas para estudiar la efectividad del tetracloruro de carbono en el tratamiento de gusanos. A cada rata se le aplicó una inyección de larvas de gusanos. Ocho días después se dividieron las ratas, en forma aleatoria, en dos grupos de 5 cada uno; a cada rata del primer grupo se le dio una dosis de .032 cc de tetracloruro de carbono; mientras que la dosis para las ratas del segundo grupo fue de .063 cc. Dos días después se sacrificaron las ratas y se determinó el número de gusanos adultos en cada rata. En el grupo al que se le administró la dosis de .032, los númcros encontrados fueron

421, 462, 400, 378, 413

mientras que en el grupo al que se le administró la dosis de .063 cc los números fueron

207, 17, 412, 74, 116

¿Prueban estos datos que la dosis mayor resultó más efectiva que la dosis más pequeña?

17. En un estudio realizado durante 10 años, sobre el patrón de dispersión de los castores (Sun y Muller-Schwarze, "Statistical resampling methods in bilogy: A case study of beaver dispersal patterns", *American Journal of Mathematical and Management Sciences*, **16**, pp. 463-502, 1996) se capturaron 332 castores en Allegany State Park en el sur de Nueva York. Los castores se marcaron (para identificarlos cuando se volviera a capturar) y se liberaron nuevamente. Con el tiempo, se encontró que 32 de ellos, 9 hembras y 23 machos, se habían reestablecido en otros sitios. Los datos siguientes dan las distancias de dispersión (en kilómetros) entre su ubicación original y su nueva ubicación, tanto para las hembras como para los machos.

Hembras: .660, .984, .984, 1.992, 4.368, 6.960, 10.656, 21.600, 31.680

Machos: .288, .312, .456, .528, .576, .720, .792, .984, 1.224, 1.584, 2.304, 2.328, 2.496, 2.688, 3.096, 3.408, 4.296, 4.884, 5.928, 6.192, 6.384, 13.224, 27.600

¿Prueban estos datos que las distancias de dispersión están relacionadas con el género?

18. El problema de las m muestras: considere m muestras aleatorias, independientes, de tamaños respectivos $n_1,\ldots, n_m$ provenientes de las distribuciones poblacionales $F_1,\ldots, F_m$, respectivas; y considere el problema de probar $H_0 : F_1 = F_2 = \ldots = F_m$. Para idear una prueba, sea R_i la suma de los rangos de los n_i elementos de la muestra i, $i = 1,\ldots, m$. Demuestre que si H_0 es verdadera

    (a) $E[R_i] = \dfrac{n_i(N + 1)}{2}$ donde $N = \sum n_i$.

    (b) Usando lo anterior y obteniendo alguna idea de la bondad del estadístico de la prueba de ajuste, determine un estadístico de prueba apropiado para H_0.

    (c) Explique cómo se puede utilizar un algoritmo que genera una permutación aleatoria de los enteros $1, 2,\ldots, N$, en un estudio de simulación para determinar el valor p cuando se emplea el estadístico del inciso (b) para probar H_0.

19. En una producción de 50 artículos se obtienen 11 defectuosos, y en los artículos numerados por su orden de producción, los defectuosos son los siguientes: 8, 12, 13, 14, 31, 32, 37, 38, 40, 41, 42. ¿Podemos concluir que esos artículos sucesivos no constituyen una muestra aleatoria?

20. Los siguientes datos son los niveles de calidad sucesivos de 25 artículos: 100, 110, 122, 132, 99, 96, 88, 75, 45, 211, 154, 143, 161, 142, 99, 111, 105, 133, 142, 150, 153, 121, 126, 117, 155. ¿Estos datos parecen ser una muestra aleatoria de alguna población?

21. ¿Podemos usar la prueba de corridas para determinar si cada uno de los valores de los datos es mayor o menor que algún valor predeterminado, en lugar del valor s-med?

22. La siguiente tabla (tomada de Quinn, W. H., Neal, T. V. y Antunez de Mayolo, 1987, "El Niño occurrences over the past four-and-a-half centuries", *Journal of Geophysical Research*, **92** (C13), pp. 14,449-14,461) presenta los años y la magnitud (moderada o fuerte) de los principales años del fenómeno conocido como El Niño, entre 1800 y 1987. Use los datos para probar la hipótesis de que las magnitudes sucesivas de El Niño constituyen una muestra aleatoria.

Año y magnitud (0 = moderada, 1 = fuerte) de los principales eventos de El Niño, 1800-1987

Año	Magnitud	Año	Magnitud	Año	Magnitud
1803	1	1866	0	1918	0
1806	0	1867	0	1923	0
1812	0	1871	1	1925	1
1814	1	1874	0	1930	0
1817	0	1877	1	1932	1
1819	0	1880	0	1939	0
1821	0	1884	1	1940	1
1824	0	1887	0	1943	0
1828	1	1891	1	1951	0
1832	0	1896	0	1953	0
1837	0	1899	1	1957	1
1844	1	1902	0	1965	0
1850	0	1905	0	1972	1
1854	0	1907	0	1976	0
1857	0	1911	1	1982	1
1860	0	1914	0	1987	0
1864	1	1917	1		

Capítulo 13

CONTROL DE CALIDAD

13.1 INTRODUCCIÓN

En casi todos los procesos de producción hay alguna variación aleatoria en los artículos producidos. Es decir, no importa qué tan rigurosamente se controle el proceso, siempre habrá alguna variación entre la producción total. A esta variación se le llama *variación casual* y se considera que es inherente al proceso. Pero, hay también otro tipo de variaciones que a veces se presentan, las cuales, lejos de ser inherentes al proceso, se pueden *asignar a alguna causa* y, generalmente, tienen un efecto adverso en la calidad del artículo que se produce. Estas últimas variaciones pueden surgir, por ejemplo, por un mal ajuste de máquina, por mala calidad de las materias primas que se estén usando, por un software inadecuado, por un error humano, o por un gran número de otras posibilidades. Si la única variación presente se debe a la casualidad, y no hay causa atribuible, decimos que el proceso está bajo control, y un problema clave consiste en determinar si un proceso está bajo control o *fuera de control*.

La determinación de si un proceso está bajo control o fuera de control se facilita enormemente mediante el uso de *diagramas de control*, que están determinadas por dos números: el límite de control inferior y el límite de control superior. Para emplear tales diagramas, se dividen en subgrupos los datos generados por el proceso de fabricación, y se calculan estadísticos de estos subgrupos —como por ejemplo, la media y la desviación estándar del subgrupo—. Si el estadístico de un subgrupo no cae dentro de los límites de control superior e inferior, concluimos que el proceso está fuera de control.

En las secciones 13.2 y 13.3 se asume que los artículos producidos de manera sucesiva tienen características que son medibles, y cuya media y varianza son valores fijos cuando el proceso está bajo control. Demostramos cómo construir diagramas de control con base en los promedios de los subgrupos (en la sección 13.2) y en la desviación estándar de los subgrupos (en la sección 13.3). En la sección 13.4 en lugar de suponer que cada artículo tiene una característica medible, se supone que a cada artículo se le juzga por un *atributo*, es decir, se clasifica como aceptable o inaceptable. Después mostramos cómo se puede construir un diagrama de control que se puede usar para indicar algún cambio en la calidad de los artículos producidos. En la sección 13.5, consideramos diagramas de control en situaciones en donde cada artículo producido tiene un número aleatorio de defectos. Por último, en la sección 13.6 se consideran tipos de diagramas de control más complejos; es decir, aquellas que no consideran aislado el valor de cada subgrupo, sino que también toman en cuenta los valores de otros subgrupos. En la sección 13.6 se presentan tres diagramas de control de este tipo, que se conocen como promedio móvil, promedio móvil ponderado y diagramas de control de suma acumulada.

13.2 DIAGRAMAS DE CONTROL PARA VALORES PROMEDIO: LOS DIAGRAMAS DE CONTROL $\overline{X}$

Suponga que cuando el proceso está bajo control los artículos producidos de manera sucesiva, tienen características medibles que son variables aleatorias normales, independientes, con media μ y varianza σ^2. Sin embargo, considere que debido a circunstancias especiales el proceso se sale de control y empieza a producir artículos que tienen otra distribución. Quisiéramos poder reconocer cuándo ocurre esto, de manera que seamos capaces de detener el proceso, observar qué pasa y corregirlo.

Sean $X_1, X_2, \ldots$ las características medibles de los artículos producidos sucesivamente. Para determinar cuándo el proceso se sale de control, empezamos por dividir a los datos en subgrupos de un tamaño fijo, digamos de tamaño n. El valor de n se elige de manera que haya uniformidad dentro de los subgrupos. Es decir, n, se debe escoger de tal forma que todos los artículos dentro de un grupo hayan sido producidos el mismo día o en el mismo turno o con un mismo ajuste de máquina, etcétera. En otras palabras, el valor de n se escoge de manera que sea razonable que un desplazamiento en la distribución ocurra entre subgrupos y no dentro de un subgrupo. Valores típicos para n son 4, 5 o 6.

Sea $\overline{X}_i, i = 1, 2, \ldots$ el promedio del subgrupo i. Es decir,

$$\overline{X}_1 = \frac{X_1 + \cdots + X_n}{n}$$

$$\overline{X}_2 = \frac{X_{n+1} + \cdots + X_{2n}}{n}$$

$$\overline{X}_3 = \frac{X_{2n+1} + \cdots + X_{3n}}{n}$$

y así sucesivamente. Debido a que el proceso está bajo control, cada una de las X_i tiene media μ y varianza σ^2, tenemos que

$$E(\overline{X}_i) = \mu$$

$$\text{Var}(\overline{X}_i) = \frac{\sigma^2}{n}$$

y entonces

$$\frac{\overline{X}_i - \mu}{\sqrt{\dfrac{\sigma^2}{n}}} \sim \mathcal{N}(0, 1)$$

Es decir, si el proceso está bajo control durante la producción del subgrupo i, $\sqrt{n}\,(\overline{X}_i - \mu)/\sigma$ tiene una distribución normal unitaria. Como una variable aleatoria normal unitaria Z estará casi siempre entre -3 y $+3$ (de hecho $P\{-3 < Z < 3\} = .9973$). Entonces, si el proceso está bajo control durante la producción de los artículos del subgrupo i, esperaríamos que

$$-3 < \sqrt{n}\frac{\overline{X}_i - \mu}{\sigma} < 3$$

o, lo que es equivalente, que

$$\mu - \frac{3\sigma}{\sqrt{n}} < \overline{X}_i < \mu + \frac{3\sigma}{\sqrt{n}}$$

A los valores

$$\text{UCL} \equiv \mu + \frac{3\sigma}{\sqrt{n}}$$

y

$$\text{LCL} \equiv \mu - \frac{3\sigma}{\sqrt{n}}$$

se les llama, el *límite de control superior* y el *límite de control inferior*, respectivamente.

El diagrama de control $\overline{X}$, que está diseñado para detectar un cambio en el valor promedio de los artículos producidos, se obtiene graficando los promedios de subgrupos sucesivos $\overline{X}_i$ y declarando al proceso fuera de control, la primera vez que un $\overline{X}_i$ no caiga entre LCL y UCL (véase figura 13.1).

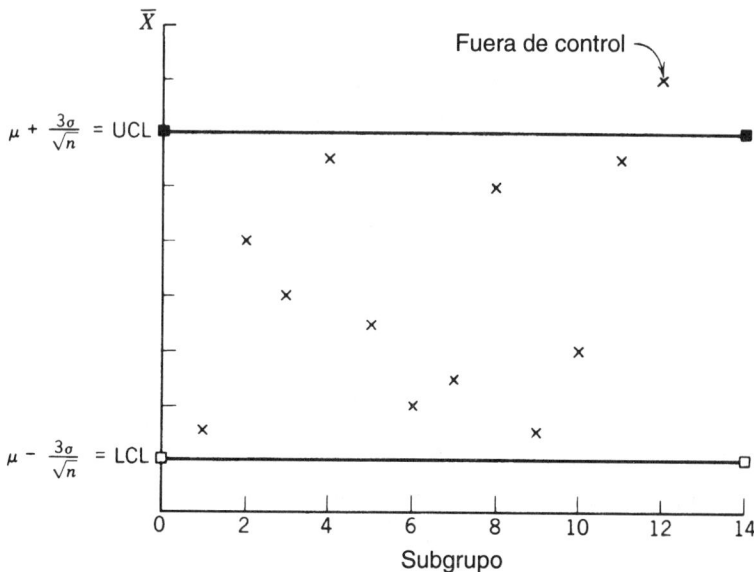

FIGURA 13.1   *Diagrama de control para* $\overline{X}$, *n = tamaño del subgrupo.*

EJEMPLO 13.2a Un fabricante produce ejes de acero cuyos diámetros deben estar normalmente distribuidos con media 3 mm y desviación estándar .1 mm. En muestras sucesivas de 4 ejes cada una se obtuvieron los siguientes promedios muestrales, en milímetros.

Muestra	$\overline{X}$	Muestra	$\overline{X}$
1	3.01	6	3.02
2	2.97	7	3.10
3	3.12	8	3.14
4	2.99	9	3.09
5	3.03	10	3.20

¿A qué conclusión se puede llegar?

SOLUCIÓN Si el proceso está bajo control, los diámetros sucesivos tendrán media $\mu = 3$ y desviación estándar $\sigma = .1$, de manera que con $n = 4$, los límites de control serán

$$\text{LCL} = 3 - \frac{3(.1)}{\sqrt{4}} = 2.85, \qquad \text{UCL} = 3 + \frac{3(.1)}{\sqrt{4}} = 3.15$$

Como la muestra número 10 cae arriba del límite de control superior, parece ser que hay razón para pensar que ahora el diámetro medio de los ejes difiere de 3. (A juzgar por los resultados de las muestras 6 a 10, el diámetro parece claramente haberse incrementado más allá de 3.) ∎

OBSERVACIONES

(a) Lo anterior supone que si el proceso está bajo control, la distribución subyacente es normal. Sin embargo, aun cuando éste no sea el caso, por el teorema del límite central, tenemos que los promedios de los subgrupos tendrán una distribución que es aproximadamente normal y, de esta manera, existen pocas posibilidades de que difieran de su media en más de 3 desviaciones estándar.
(b) Con frecuencia, no se determinan las cantidades medibles de todos los artículos producidos, sino sólo las de un subconjunto (de éstos) tomado de manera aleatoria. Si es así, entonces resulta natural seleccionar, como subgrupo, artículos que sean producidos aproximadamente en un mismo tiempo. ∎

Es importante notar, que aunque el proceso esté bajo control, hay una posibilidad —de .0027— de que el promedio de un subgrupo caiga fuera del límite de control, lo cual ocasionará que uno detenga incorrectamente el proceso para buscar la razón inexistente del problema.

Supongamos que el proceso acaba de salirse de control, gracias al cambio en el valor medio de un artículo, de μ a $\mu + a$ donde $a > 0$. ¿Cuánto tiempo pasará (suponiendo que no vuelve a cambiar) hasta que el diagrama indique que el proceso está fuera de control? Para responder a esta pregunta observe que el promedio de un subgrupo estará dentro de los límites de control si

$$-3 < \sqrt{n}\frac{\overline{X} - \mu}{\sigma} < 3$$

o, lo que es equivalente, si

$$-3 - \frac{a\sqrt{n}}{\sigma} < \sqrt{n}\frac{\overline{X} - \mu}{\sigma} - \frac{a\sqrt{n}}{\sigma} < 3 - \frac{a\sqrt{n}}{\sigma}$$

o

$$-3 - \frac{a\sqrt{n}}{\sigma} < \sqrt{n}\frac{\overline{X} - \mu - a}{\sigma} < 3 - \frac{a\sqrt{n}}{\sigma}$$

Por lo que como $\overline{X}$ es normal con media $\mu + a$ y varianza σ^2/n y entonces $\sqrt{n}\,(\overline{X} - \mu - a)/\sigma$ tiene una distribución normal unitaria, la probabilidad de que caiga dentro de los límites de control es

$$P\left\{-3 - \frac{a\sqrt{n}}{\sigma} < Z < 3 - \frac{a\sqrt{n}}{\sigma}\right\} = \Phi\left(3 - \frac{a\sqrt{n}}{\sigma}\right) - \Phi\left(-3 - \frac{a\sqrt{n}}{\sigma}\right)$$

$$\approx \Phi\left(3 - \frac{a\sqrt{n}}{\sigma}\right)$$

y así la probabilidad de que caiga fuera es aproximadamente $1 - \Phi(3 - a\sqrt{n}/\sigma)$. Por ejemplo, si el tamaño de los subgrupos es $n = 4$, entonces un aumento en el valor medio de una desviación estándar —es decir $a = \sigma$— ocasionará que el promedio del subgrupo caiga fuera de los límites de control con probabilidad $1 - \Phi(1) = .1587$. Como cada uno de los promedios de un subgrupo caerá fuera de los límites de control, independientemente, con probabilidad $1 - \Phi(3 - a\sqrt{n}/\sigma)$, entonces el número de subgrupos que se necesitarán para detectar este desplazamiento tiene una distribución geométrica con media $\{1 - \Phi(3 - a\sqrt{n}/\sigma)\}^{-1}$. (En el caso mencionado antes con $n = 4$, el número de subgrupos que uno tendría que graficar para detectar un cambio en la media, de 1 desviación estándar, tiene una distribución geométrica con media 6.3.)

13.2.1 Caso de μ y σ desconocidas

Si uno está empezando a elaborar un diagrama de control y no tiene datos históricos confiables, entonces no se conocerán μ y σ y tendrán que estimarse. Para esto empleamos k de los subgrupos, donde k deberá escogerse de manera que $k \geq 20$ y $nk \geq 100$. Si $\overline{X}_i, i = 1,\ldots, k$ es el promedio del subgrupo i, entonces es natural estimar a μ mediante $\overline{\overline{X}}$ el promedio de los promedios de los subgrupos. Es decir,

$$\overline{\overline{X}} = \frac{\overline{X}_1 + \cdots + \overline{X}_k}{k}$$

Para estimar σ, sea S_i la desviación estándar muestral del subgrupo $i, i = 1,\ldots, k$. Es decir,

$$S_1 = \sqrt{\sum_{i=1}^{n} \frac{(X_i - \overline{X}_1)^2}{n - 1}}$$

$$S_2 = \sqrt{\sum_{i=1}^{n} \frac{(X_{n+i} - \overline{X}_2)^2}{n-1}}$$

$$\vdots$$

$$S_k = \sqrt{\sum_{i=1}^{n} \frac{(X_{(k-1)n+i} - \overline{X}_k)^2}{n-1}}$$

Sea

$$\overline{S} = (S_1 + \cdots + S_k)/k$$

El estadístico $\overline{S}$ no es un estimador insesgado de σ; es decir, $E[\overline{S}] \neq \sigma$. Para transformarlo en un estimador insesgado tenemos que calcular primero $E[\overline{S}]$, que se obtiene como sigue

$$E[\overline{S}] = \frac{E[S_1] + \cdots + E[S_k]}{k} \tag{13.2.1}$$

$$= E[S_1]$$

donde la última igualdad se debe a que $S_1, \ldots, S_k$ son independientes e idénticamente distribuidos (y, por lo tanto, tienen la misma media). Para calcular $E[S_1]$, utilizamos la siguiente igualdad fundamental acerca de muestras normales:

$$\frac{(n-1)S_1^2}{\sigma^2} = \sum_{i=1}^{n} \frac{(X_i - \overline{X}_1)^2}{\sigma^2} \sim \chi_{n-1}^2 \tag{13.2.2}$$

Ahora, no es difícil demostrar (véase problema 3) que

$$E[\sqrt{Y}] = \frac{\sqrt{2}\Gamma(n/2)}{\Gamma(\frac{n-1}{2})} \quad \text{cuando } Y \sim \chi_{n-1}^2 \tag{13.2.3}$$

Como,

$$E[\sqrt{(n-1)S^2/\sigma^2}] = \sqrt{n-1}E[S_1]/\sigma$$

de las ecuaciones 13.2.2 y 13.2.3 observamos que

$$E[S_1] = \frac{\sqrt{2}\Gamma(n/2)\sigma}{\sqrt{n-1}\Gamma(\frac{n-1}{2})}$$

Por lo que, si denotamos

$$c(n) = \frac{\sqrt{2}\Gamma(n/2)}{\sqrt{n-1}\Gamma(\frac{n-1}{2})}$$

TABLA 13.1 *Valores de c(n).*

$c(\ 2)$	$=$	.7978849
$c(\ 3)$	$=$	.8862266
$c(\ 4)$	$=$	.9213181
$c(\ 5)$	$=$	.9399851
$c(\ 6)$	$=$	.9515332
$c(\ 7)$	$=$	.9593684
$c(\ 8)$	$=$	.9650309
$c(\ 9)$	$=$	.9693103
$c(10)$	$=$	.9726596

entonces, tenemos, por la ecuación 13.2.1 que $\overline{S}/c(n)$ es un estimador insesgado de σ.

La tabla 13.1 presenta los valores de $c(n)$ para $n = 2$ hasta $n = 10$.

OBSERVACIONES TÉCNICAS

Para determinar los valores en la tabla 13.1, el cálculo de $\Gamma(n/2)$ y de $\Gamma(n - 1/2)$ se hicieron con base en la siguiente fórmula recursiva

$$\Gamma(a) = (a - 1)\Gamma(a - 1)$$

la cual se estableció en la sección 5.7. Para un entero n, esta recursión nos indica que

$$\Gamma(n) = (n - 1)(n - 2)\cdots 3 \cdot 2 \cdot 1 \cdot \Gamma(1)$$

$$= (n - 1)! \quad \text{ya que } \Gamma(1) = \int_0^\infty e^{-x}\, dx = 1$$

La recursión también nos dice que

$$\Gamma\left(\frac{n + 1}{2}\right) = \left(\frac{n - 1}{2}\right)\left(n - \frac{3}{2}\right)\cdots\frac{3}{2} \cdot \frac{1}{2} \cdot \Gamma\left(\frac{1}{2}\right)$$

con

$$\Gamma\left(\frac{1}{2}\right) = \int_0^\infty e^{-x}x^{-1/2}\, dx$$

$$= \int_0^\infty e^{-y^2/2}\frac{\sqrt{2}}{y}y\, dy \quad \text{ya que } x = \frac{y^2}{2} \quad dx = y\, dy$$

$$= \sqrt{2}\int_0^\infty e^{-y^2/2}\, dy$$

$$= 2\sqrt{\pi}\frac{1}{\sqrt{2\pi}}\int_0^\infty e^{-y^2/2}\, dy$$

$$= 2\sqrt{\pi}P[N(0, 1) > 0]$$

$$= \sqrt{\pi}$$

Los estimados anteriores de μ y σ, utilizan k subgrupos y, por esto, sólo serán razonables si el proceso se ha mantenido bajo control a través de todos los subgrupos. Para comprobar lo anterior, calculamos los límites de control con base en estos estimados de μ y σ de

$$\text{LCL} = \overline{\overline{X}} - \frac{3\overline{S}}{\sqrt{n}c(n)}$$

$$\text{UCL} = \overline{\overline{X}} + \frac{3\overline{S}}{\sqrt{n}c(n)}$$

(13.2.4)

Ahora comprobamos que cada uno de los promedios $\overline{X}_i$ de los subgrupos caiga dentro de los límites superior e inferior. Si hay algún subgrupo cuyo promedio no esté dentro de dichos límites, se quita (suponemos que el proceso estuvo temporalmente fuera de control) y se vuelve a calcular el estimado. Una vez más comprobemos que los promedios de todos los subgrupos que quedaron estén dentro de los límites de control. Si no es así, se quitan, y así sucesivamente. Por supuesto que si son muchos los promedios de los subgrupos que caen fuera de los límites de control, entonces resulta claro que no se ha establecido ningún control.

EJEMPLO 13.2b Consideremos nuevamente el ejemplo 13.2a, pero ahora bajo la suposición de que no se conocen μ y σ. Supongamos también que las desviaciones estándar muestrales fueron las siguientes:

	$\overline{X}$	S		$\overline{X}$	S
1	3.01	.12	6	3.02	.08
2	2.97	.14	7	3.10	.15
3	3.12	.08	8	3.14	.16
4	2.99	.11	9	3.09	.13
5	3.03	.09	10	3.20	.16

Como $\overline{\overline{X}} = 3.067, \overline{S} = .122, c(4) = .9213$, los límites de control son

$$\text{LCL} = 3.067 - \frac{3(.122)}{2 \times .9213} = 2.868$$

$$\text{UCL} = 3.067 + \frac{3(.122)}{2 \times .9213} = 3.266$$

Como todas las $\overline{X}_i$ caen dentro de estos límites, suponemos que el proceso está bajo control con $\mu = 3.067$ y $\sigma = \overline{S}/c(4) = .1324$.

Ahora suponga que los valores de los artículos producidos están dentro de las especificaciones $3 \pm .1$. Considerando que el proceso permaneció bajo control y que los anteriores son estimados exactos de la media verdadera y desviación estándar, ¿qué proporción de los artículos satisfarán las especificaciones deseadas?

SOLUCIÓN Para contestar a esta pregunta, observamos que si $\mu = 3.067$ y $\sigma = .1324$,

$$P\{2.9 \le X \le 3.1\} = P\left\{\frac{2.9 - 3.067}{.1324} \le \frac{X - 3.067}{.1324} \le \frac{3.1 - 3.067}{.1324}\right\}$$

$$= \Phi(.2492) - \Phi(-1.2613)$$

$$= .5984 - (1 - .8964)$$

$$= .4948$$

Por lo que, 49 por ciento de los artículos producidos estarán dentro de las especificaciones. ∎

OBSERVACIONES

(a) El estimador $\overline{\overline{X}}$ es igual al promedio de todas las nk mediciones y es, por lo tanto, el estimador obvio de μ. Sin embargo, quizás no resulte inmediatamente claro por qué la desviación estándar muestral de todas las nk mediciones,

$$S \equiv \sqrt{\sum_{i=1}^{nk} \frac{(X_i - \overline{\overline{X}})^2}{nk - 1}}$$

no se usa como el estimador inicial de σ. La razón no es que el proceso pueda no haber estado bajo control a lo largo de los k primeros subgrupos, y que por esto, dicho estimador pudiera estar muy alejado del verdadero valor. Además, con frecuencia ocurre que un proceso se salga de control debido a algo que ocasiona que cambie su valor medio μ, sin que cambie su desviación estándar. En tal caso, las desviaciones muestrales de los subgrupos seguirían siendo estimadores de σ, mientras que la desviación estándar de toda la muestra no. Pero, aun en el caso donde el proceso parece permanecer bajo cabal control, se prefiere el estimador de σ dado, a la desviación estándar muestral S. Esto se debe a que no podemos estar seguros de que la media no ha cambiado durante todo este tiempo. Es decir, aunque todos los promedios de los subgrupos caigan dentro de los límites de control y, por lo tanto, hayamos concluido que el proceso está bajo control, no hay ninguna seguridad de que no exista alguna causa de variación atribuible (que pueda haber ocasionado una variación en la media, que aún no haya sido detectada por el diagrama). Ello únicamente significa que, para fines prácticos, conviene hacer como si el proceso estuviera bajo control y dejar que siga produciendo artículos. No obstante, como puede haber algunas causas asignables de variación, se ha comprobado que $\overline{S}/c(n)$ es un estimador "más seguro" que la desviación estándar muestral. Es decir, aunque no es muy bueno cuando el proceso realmente ha permanecido bajo control, puede ser mucho mejor cuando ha habido algún pequeño desplazamiento de la media.

(b) Antes se empleaba un estimador de σ que se basaba en los rangos de los subgrupos —definidos como la diferencia entre el mayor y menor valor en los subgrupos—. Esto se hacía para simplificar los cálculos (es claro que es mucho más fácil calcular el rango que calcular las desviaciones estándar muestrales de los subgrupos). Sin embargo, con el moderno poder de la computación, ya no necesita tomarse en consideración, y como el estimador de la desviación estándar tiene menor variación y es más robusto que el estimador del rango (en el sentido de que aunque la población considerada no fuera normal, de todas maneras nos daría un estimado razonable de la desviación estándar poblacional), en este texto no consideraremos al último estimador.

13.3 DIAGRAMAS DE CONTROL S

Los diagramas de control $\overline{X}$, presentados en la sección anterior, están diseñados para detectar cambios en la media poblacional. Si también nos interesan los cambios que puedan presentarse en la varianza poblacional, podemos utilizar los diagramas de control S.

Suponga, como antes, que cuando el proceso está bajo control, los artículos producidos tienen una característica medible, que está distribuida normalmente con media μ y desviación estándar σ^2. Si S_i es la desviación estándar muestral del subgrupo i, es decir,

$$S_i = \sqrt{\sum_{j=1}^{n} \frac{(X_{(i-1)n+j} - \overline{X}_i)^2}{(n-1)}}$$

entonces, como se mostró en la sección 13.2.1

$$E[S_i] = c(n)\sigma \tag{13.3.1}$$

Además,

$$\begin{aligned} \text{Var}(S_i) &= E[S_i^2] - (E[S_i])^2 \\ &= \sigma^2 - c^2(n)\sigma^2 \\ &= \sigma^2[1 - c^2(n)] \end{aligned} \tag{13.3.2}$$

donde la penúltima igualdad sigue de la ecuación 13.2.2 y del hecho de que el valor esperado de una variable aleatoria chi cuadrada es igual a su parámetro de grados de libertad.

Al usar el hecho de que, si el proceso está bajo control, S_i tiene la distribución de una constante (igual a $\sigma/\sqrt{n-1}$) por la raíz cuadrada de una variable aleatoria chi cuadrada con $n-1$ grados de libertad, es posible mostrar que S_i estará, con probabilidad cercana a 1, dentro de 3 desviaciones estándar alrededor de su media. Es decir,

$$P\{E[S_i] - 3\sqrt{\text{Var}(S_i)} < S_i < E[S_i] + 3\sqrt{\text{Var}(S_i)}\} \approx .99$$

En consecuencia, usando las fórmulas 13.3.1 y 13.3.2 para $E[S_i]$ y $\text{Var}(S_i)$, es natural establecer los límites de control, superior e inferior, del diagrama de control S mediante

$$\text{UCL} = \sigma[c(n) + 3\sqrt{1 - c^2(n)}]$$
$$\text{LCL} = \sigma[c(n) - 3\sqrt{1 - c^2(n)}] \tag{13.3.3}$$

Los sucesivos valores de S_i se deberán graficar para asegurarse de que caen dentro de los límites de control inferior y superior. Si un valor cae afuera se deberá parar el proceso y deberá declararse fuera de control.

Cuando uno está apenas empezando un diagrama de control y no se conoce σ, se puede estimar a partir de $\overline{S}/c(n)$. Usando lo anterior, los límites de control estimados serían entonces

$$\text{UCL} = \overline{S}[1 + 3\sqrt{1/c^2(n) - 1}] \tag{13.3.4}$$

$$\text{LCL} = \overline{S}[1 - 3\sqrt{1/c^2(n) - 1}]$$

Como en el caso en el que se empieza un diagrama de control $\overline{X}$, habrá que verificar que las k desviaciones estándar de los subgrupos $S_1, S_2, \ldots, S_k$ caigan, todas, dentro de los límites de control. Si alguna cae fuera, se deberá descartar y volver a calcular $\overline{S}$.

EJEMPLO 13.3a Los siguientes son los valores de $\overline{X}$ y de S de 20 subgrupos de tamaño 5, de un proceso recién iniciado.

Subgrupo	$\overline{X}$	S	Subgrupo	$\overline{X}$	S	Subgrupo	$\overline{X}$	S	Subgrupo	$\overline{X}$	S
1	35.1	4.2	6	36.4	4.5	11	38.1	4.2	16	41.3	8.2
2	33.2	4.4	7	35.9	3.4	12	37.6	3.9	17	35.7	8.1
3	31.7	2.5	8	38.4	5.1	13	38.8	3.2	18	36.3	4.2
4	35.4	3.2	9	35.7	3.8	14	34.3	4.0	19	35.4	4.1
5	34.5	2.6	10	27.2	6.2	15	43.2	3.5	20	34.6	3.7

Como $\overline{\overline{X}} = 35.94$, $\overline{S} = 4.35$, $c(5) = .9400$, por las ecuaciones 13.2.4 y 13.3.4 vemos que los límites de control superior e inferior preliminares para $\overline{X}$ y para S son

$$\text{UCL}(\overline{X}) = 42.149$$

$$\text{LCL}(\overline{X}) = 29.731$$

$$\text{UCL}(S) = 9.087$$

$$\text{LCL}(S) = -.386$$

En las figuras 13.2a y 13.2b se muestran los diagramas de control para $\overline{X}$ y para S con los límites de control anteriores. Como $\overline{X}_{10}$ y $\overline{X}_{15}$ caen fuera de los límites de control $\overline{X}$ se deben eliminar estos subgrupos y volver a calcular los límites de control. Los cálculos necesarios quedan como ejercicio. ■

13.4 DIAGRAMAS DE CONTROL PARA LA FRACCIÓN DE DEFECTUOSOS

Los diagramas de control $\overline{X}$ y S se usan cuando los datos son mediciones que pueden variar continuamente dentro de una región. Pero también hay situaciones donde los artículos produci-

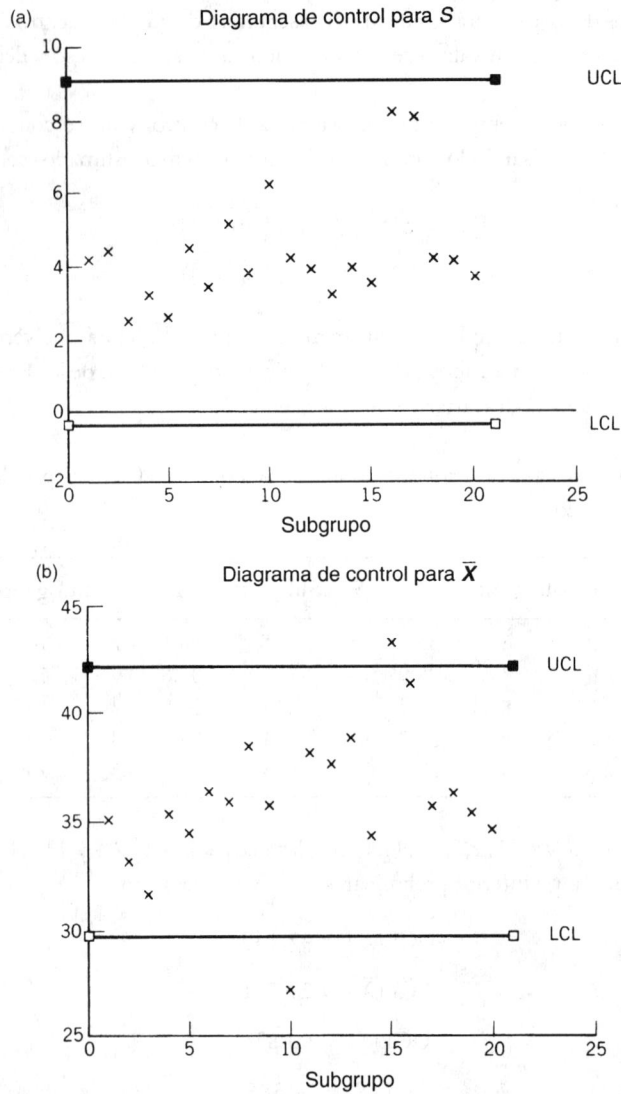

(a)
Diagrama de control para S

(b)
Diagrama de control para $\overline{X}$

FIGURA 13.2

dos tienen características de calidad que los clasifican como defectuosos o no defectuosos. En esta situación también se pueden construir diagramas de control.

Supongamos que cuando el proceso está bajo control, cada artículo producido será defectuoso, independientemente, con probabilidad p. Si X denota el número de artículos defectuosos en un subgrupo de n artículos, entonces, suponiendo que el proceso está bajo control, X será una variable aleatoria binomial con parámetros (n, p). Si $F = X/n$ es la fracción del subgrupo que está defectuosa, entonces, suponiendo que el proceso esté bajo control, su media y su desviación estándar están dadas por

$$E[F] = \frac{E[X]}{n} = \frac{np}{n} = p$$

$$\sqrt{\text{Var}(F)} = \sqrt{\frac{\text{Var}(X)}{n^2}} = \sqrt{\frac{np(1-p)}{n^2}} = \sqrt{\frac{p(1-p)}{n}}$$

Por lo tanto, cuando el proceso está bajo control, la fracción de defectuosos en un subgrupo de tamaño n estará, con mucha probabilidad, entre los límites

$$\text{LCL} = p - 3\sqrt{\frac{p(1-p)}{n}}, \qquad \text{UCL} = p + 3\sqrt{\frac{p(1-p)}{n}}$$

El tamaño n del subgrupo, normalmente es mucho mayor que los valores típicos, entre 4 y 10, usados en los diagramas $\overline{X}$ y S. La razón principal es que si p es pequeña y n no es de tamaño razonable, entonces, aun cuando el proceso esté fuera de control, la mayoría de los subgrupos tendrá cero defectos. En consecuencia, tomará más tiempo detectar un desplazamiento en la calidad si n fuera elegida de manera que np no estuviera cercano a cero.

Para empezar a hacer uno de estos diagramas de control, es necesario primero estimar p. Para esto, escogemos k de los subgrupos, tratando, una vez más, de tomar $k \geq 20$; denotamos con F_i la fracción de defectuosos del subgrupo i. El estimado de p está dado por $\overline{F}$, que está definido por

$$\overline{F} = \frac{F_1 + \cdots + F_k}{k}$$

Como nF_i es igual al número de defectuosos en el subgrupo i, vemos que también se puede expresar $\overline{F}$ como

$$\overline{F} = \frac{nF_1 + \cdots + nF_k}{nk}$$

$$= \frac{\text{total de defectuosos en todos los subgrupos}}{\text{número de artículos en el subgrupo}}$$

En otras palabras, el estimado de p es precisamente la proporción de artículos inspeccionados que están defectuosos.

Los límites de control superior e inferior están dados por

$$\text{LCL} = \overline{F} - 3\sqrt{\frac{\overline{F}(1-\overline{F})}{n}}, \qquad \text{UCL} = \overline{F} + 3\sqrt{\frac{\overline{F}(1-\overline{F})}{n}}$$

Ahora tenemos que verificar que las fracciones de los subgrupos $F_1, F_2, \ldots, F_k$ caigan dentro de estos límites de control. Si alguno de estos subgrupos cae fuera, entonces se eliminarán los subgrupos correspondientes, y se recalculará $\overline{F}$.

EJEMPLO 13.4a De la producción, de una hora, de una máquina automática para hacer tornillos, se tomaron muestras sucesivas de 50 tornillos, y se clasificó a cada tornillo como aceptable o defectuoso. Se tomaron 20 de estas muestras y se obtuvieron los resultados siguientes.

Subgrupo	Defectuosos	F	Subgrupo	Defectuosos	F
1	6	.12	11	1	.02
2	5	.10	12	3	.06
3	3	.06	13	2	.04
4	0	.00	14	0	.00
5	1	.02	15	1	.02
6	2	.04	16	1	.02
7	1	.02	17	0	.00
8	0	.00	18	2	.04
9	2	.04	19	1	.02
10	1	.02	20	2	.04

Calculamos los límites de control del proceso como sigue:

$$\overline{F} = \frac{\text{número total de defectuosos}}{\text{número total de artículos}} = \frac{34}{1\ 000} = .034$$

y de esta manera

$$\text{UCL} = .034 + 3\sqrt{\frac{(.034)(.968)}{50}} = .1109$$

$$\text{LCL} = .034 - 3\sqrt{\frac{(.034)(.966)}{50}} = -.0429$$

Como la proporción de defectuosos del primer subgrupo cae fuera del límite de control superior, eliminamos ese subgrupo y recalculamos $\overline{F}$ de la siguiente manera

$$\overline{F} = \frac{34 - 6}{950} = .0295$$

Los nuevos límites de control, superior e inferior, son $.0295 \pm \sqrt{(.0295)(1 - .0295)/50}$, o

$$\text{LCL} = -.0423, \qquad \text{UCL} = .1013$$

Como la fracción de defectuosos en el resto de los subgrupos cae dentro de los límites de control, podemos aceptar que, cuando el proceso esté bajo control, la fracción de artículos defectuosos en un subgrupo será menor de .1013. ■

OBSERVACIONES

Observe que estamos tratando de detectar cualquier cambio en la calidad, aun cuando éste, dé por resultado un mejoramiento de la calidad del producto. Es decir, incluso cuando disminuya la probabilidad de obtener un artículo defectuoso, consideraremos que el proceso está fuera de control. La razón es que para poder evaluar la razón del cambio, es importante detectar cualquier cambio en la calidad, ya sea para mayor o para menor. En otras palabras, si mejora la calidad del producto, es importante analizar el proceso de producción para determinar la razón de esta mejoría. (Es decir, para detectar ¿qué es lo que estamos haciendo bien?)

13.5 DIAGRAMAS DE CONTROL PARA EL NÚMERO DE DEFECTOS

En esta sección, consideramos situaciones donde los datos son números de defectos por unidad, y donde las unidades son un artículo o un grupo de ellos. Puede ser, por ejemplo, el número de remaches defectuosos en el ala de un aeroplano, o el número de chips defectuosos producidos diariamente en una empresa. Como con frecuencia se presenta el caso en que hay una gran cantidad de cosas que puedan estar defectuosas, cada una con una probabilidad muy pequeña de estar defectuosa, es razonable suponer que el número de defectos tenga una distribución de Poisson.* Así que supongamos que si el proceso está bajo control, el número de defectos por unidad tiene una distribución de Poisson con media λ.

Si denotamos con X_i el número de defectos en la unidad i, entonces como cuando el proceso está bajo control, la varianza de una variable aleatoria de Poisson es igual a su media

$$E[X_i] = \lambda, \qquad \text{Var}(X_i) = \lambda$$

Por lo tanto, cuando el proceso está bajo control, cada X_i estará, con una gran probabilidad, dentro de $\lambda \pm 3\sqrt{\lambda}$, y de esta manera los límites de control superior e inferior estarán dados por

$$\text{UCL} = \lambda + 3\sqrt{\lambda}, \qquad \text{LCL} = \lambda - 3\sqrt{\lambda}$$

También aquí, al empezar a hacer un diagrama de control, como λ no se conoce, se toma una muestra de k unidades y se estima λ mediante

$$\overline{X} = (X_1 + \cdots + X_k)/k$$

Por lo que los límites de control del proceso serán

$$\overline{X} + 3\sqrt{\overline{X}} \qquad \text{y} \qquad \overline{X} - 3\sqrt{\overline{X}}$$

Si todas las $X_i, i = 1,\ldots, k$ caen dentro de estos límites, entonces suponemos que el proceso está bajo control con $\lambda = \overline{X}$. Si alguno cae fuera, entonces se elimina y se vuelve a calcular $\overline{X}$, y así sucesivamente.

En situaciones en las que el número medio de defectos por artículo (o por día) es pequeño, hay que combinar artículos (o días) y usar como dato el número de defectos en un número dado, n, de artículos (o de días). Puesto que la suma de variables aleatorias independientes de Poisson es una variable aleatoria de Poisson, los valores de los datos tendrán una distribución de Poisson con

* Véase sección 5.2 para una explicación teórica.

una mayor media λ. Esta combinación de artículos es útil cuando el número medio de defectos por artículo es menor a 25.

Para tener una apreciación de la ventaja de combinar artículos, suponga, que cuando el proceso está bajo control, el número medio de defectos por artículo es 4, y además que sucede algo que hace que este número cambie de 4 a 6; es decir, un incremento en una desviación estándar. Si los datos consisten del número de defectos en n artículos, veamos cuántos artículos, en promedio, deberán producirse hasta que el proceso sea declarado fuera de control.

Como el número de defectos en una muestra de n artículos, cuando el proceso está bajo control, tiene una distribución de Poisson con media y varianza igual a $4n$, los límites de control son $4n \pm 3\sqrt{4n}$ o $4n \pm 6\sqrt{n}$. Ahora, si el número medio de defectos por artículo cambia a 6, entonces el valor de un dato será Poisson con media $6n$ y la probabilidad, $p(n)$, de que caiga fuera de los límites de control estará dada por

$$p(n) = P\{Y > 4n + 6\sqrt{n}\} + P\{Y < 4n - 6\sqrt{n}\}$$

si Y es Poisson con media $6n$. Ahora

$$p(n) \approx P\{Y > 4n + 6\sqrt{n}\}$$

$$= P\left\{\frac{Y - 6n}{\sqrt{6n}} > \frac{6\sqrt{n} - 2n}{\sqrt{6n}}\right\}$$

$$\approx P\left\{Z > \frac{6\sqrt{n} - 2n}{\sqrt{6n}}\right\} \qquad \text{donde } Z \sim N(0, 1)$$

$$= 1 - \Phi\left(\sqrt{6} - 2\sqrt{\frac{n}{6}}\right)$$

Debido a que cada uno de los datos estará fuera de los límites de control con probabilidad $p(n)$, el número de datos necesarios para obtener uno fuera de los límites es una variable aleatoria geométrica con parámetro $p(n)$, y, por lo tanto, con media $1/p(n)$. Por último, como hay n artículos por cada valor, entonces el número de artículos producidos antes de que se note que el proceso está fuera de control tiene un valor medio de $n/p(n)$:

$$\begin{array}{l}\text{Número promedio de artículos producidos} \\ \text{mientras el proceso está fuera de control}\end{array} = \frac{n}{1 - \Phi\left(\sqrt{6} - \sqrt{\frac{2n}{3}}\right)}$$

En la tabla 13.2 graficamos este valor para varias n. Como es mejor tener valores grandes de n, cuando el proceso está bajo control (debido a que el número de artículos producidos antes de que incorrectamente se declare que el proceso está fuera de control es aproximadamente $n/.0027$), en la tabla 13.2 vemos claramente que se deberán combinar por lo menos 9 artículos. Esto significa que cada valor (igual al número de defectos en el conjunto combinado) tendrá una media de por lo menos $9 \times 4 = 36$.

TABLA 13.2

n	Número promedio de artículos
1	19.6
2	20.66
3	19.80
4	19.32
5	18.80
6	18.18
7	18.13
8	18.02
9	18
10	18.18
11	18.33
12	18.51

EJEMPLO 13.5a Los siguientes datos representan el número de defectos encontrados en unidades sucesivas de 10 coches de una fábrica.

Coche	Defecto	Coche	Defecto	Coche	Defecto	Coche	Defecto
1	141	6	74	11	63	16	68
2	162	7	85	12	74	17	95
3	150	8	95	13	103	18	81
4	111	9	76	14	81	19	102
5	92	10	68	15	94	20	73

¿Parece que esté bajo control a lo largo de todo el proceso?

SOLUCIÓN Como $\overline{X} = 94.4$, tenemos que los límites de control de proceso son

$$\text{LCL} = 94.4 - 3\sqrt{94.4} = 65.25$$

$$\text{UCL} = 94.4 + 3\sqrt{94.4} = 123.55$$

Ya que los primeros tres valores son mayores que el UCL, se eliminan y se vuelve a calcular la media muestral. Esto nos da:

$$\overline{X} = \frac{(94.4)20 - (141 + 162 + 150)}{17} = 84.41$$

y, por lo tanto, los nuevos límites de control del proceso son

$$\text{LCL} = 84.41 - 3\sqrt{84.41} = 56.85$$

$$\text{UCL} = 84.41 + 3\sqrt{84.41} = 111.97$$

Debido a que ahora los 17 valores restantes caen dentro de los límites, podríamos decir que ahora el proceso está bajo control con una nueva media de 84.41. No obstante, como antes de tener el proceso bajo control, el número medio de defectos era más alto, parece bastante plausible que el valor X_4 se haya originado antes de que el proceso estuviera bajo control. Por lo que en esta situación parece bastante prudente eliminar X_4 y calcular nuevamente la media. Ahora con base en los 16 datos restantes, obtenemos

$$\overline{X} = 82.56$$

$$\text{LCL} = 82.56 - 3\sqrt{82.56} = 55.30$$

$$\text{UCL} = 82.56 + 3\sqrt{82.56} = 109.82$$

y así parece que el proceso está bajo control con una nueva media de 82.56. ■

13.6 OTROS DIAGRAMAS DE CONTROL PARA DETECTAR CAMBIOS EN LA MEDIA POBLACIONAL

La principal desventaja del diagrama de control $\overline{X}$, presentado en la sección 13.2, es que es relativamente insensible a cambios pequeños en la media poblacional. Es decir, cuando ocurre uno de estos cambios, como cada valor graficado se basa sólo en un subgrupo, y por lo tanto, tiende a tener una varianza relativamente grande, en promedio se necesita un número grande de valores graficados para detectar el cambio. Una manera de remediar tal debilidad consiste en hacer que cada valor graficado dependa no sólo del promedio del grupo más reciente, sino también de los promedios de algunos otros subgrupos. Tres métodos, que se ha encontrado que son bastante efectivos, para hacer esto son 1) promedios móviles, 2) promedios móviles ponderados exponencialmente y 3) diagramas de control de suma acumulada.

13.6.1 DIAGRAMAS DE CONTROL PARA PROMEDIOS MÓVILES

Los diagramas de control para promedios móviles con un generador de tamaño k se obtienen graficando, uno tras otro, los promedios de los últimos k subgrupos. Es decir, el promedio móvil en el tiempo t, que se denomina M_t, se define como

$$M_t = \frac{\overline{X}_t + \overline{X}_{t-1} + \cdots + \overline{X}_{t-k+1}}{k}$$

donde $\overline{X}_i$ es el promedio de los valores del subgrupo i. Los cálculos sucesivos se pueden realizar fácilmente observando que

$$kM_t = \overline{X}_t + \overline{X}_{t-1} + \cdots + \overline{X}_{t-k+1}$$

y sustituyendo t por $t + 1$.

$$kM_{t+1} = \overline{X}_{t+1} + \overline{X}_t + \cdots + \overline{X}_{t-k+2}$$

Sustrayendo obtenemos

$$kM_{t+1} - kM_t = \overline{X}_{t+1} - \overline{X}_{t-k+1}$$

o

$$M_{t+1} = M_t + \frac{\overline{X}_{t+1} - \overline{X}_{t-k+1}}{k}$$

Es decir, el promedio móvil en el tiempo $t+1$ es igual al promedio móvil en el tiempo t más $1/k$ veces la diferencia entre el nuevo valor que se agrega y el valor que se elimina del promedio móvil. Para valores de t menores a k, definimos M_t como el promedio de los primeros t subgrupos. Es decir,

$$M_t = \frac{\overline{X}_1 + \cdots + \overline{X}_t}{t} \qquad \text{si } t < k$$

Suponga ahora que cuando el proceso está bajo control, los valores sucesivos provienen de una población normal con media μ y varianza σ^2. Por lo tanto, si n es el tamaño del subgrupo, tenemos que $\overline{X}_i$ es normal con media μ y varianza σ^2/n. De lo anterior vemos que el promedio de m de estos $\overline{X}_i$ será normal con media μ y varianza dada por $\text{Var}(\overline{X}_i)/m = \sigma^2/nm$ y, por lo tanto, cuando el proceso está bajo control

$$E[M_t] = \mu$$

$$\text{Var}(M_t) = \begin{cases} \sigma^2/nt & \text{si } t < k \\ \sigma^2/nk & \text{de otra manera} \end{cases}$$

Como una variable aleatoria normal está dentro de 3 desviaciones estándar de su media, tenemos los siguientes límites de control superior e inferior par M_t:

$$\text{UCL} = \begin{cases} \mu + 3\sigma/\sqrt{nt} & \text{si } t < k \\ \mu + 3\sigma/\sqrt{nk} & \text{de otra manera} \end{cases}$$

$$\text{LCL} = \begin{cases} \mu - 3\sigma/\sqrt{nt} & \text{si } t < k \\ \mu - 3\sigma/\sqrt{nk} & \text{de otra manera} \end{cases}$$

En otras palabras, aparte de los primeros $k-1$ promedios móviles, el proceso será declarado fuera de control siempre que un promedio móvil difiera de μ en más de $3\sigma/\sqrt{nk}$.

EJEMPLO 13.6a Cuando cierto proceso de fabricación está bajo control produce artículos cuyos valores están normalmente distribuidos con media 10 y desviación estándar 2. Los siguientes datos simulados representan el valor de 25 promedios de subgrupos de tamaño 5 provenientes de una población normal con media 11 y desviación estándar 2. Es decir, los datos representan los

TABLA 13.3

t	$\overline{X}_t$	M_t	LCL	UCL
1	9.617728	9.617728	7.316719	12.68328
2	10.25437	9.936049	8.102634	11.89737
3	9.876195	9.913098	8.450807	11.54919
4	10.79338	10.13317	8.658359	11.34164
5	10.60699	10.22793	8.8	11.2
6	10.48396	10.2706	8.904554	11.09545
7	13.33961	10.70903	8.95815	11.01419
8	9.462969	10.55328	9.051318	10.94868
9	10.14556	10.61926	$\vdots$	$\vdots$
10	11.66342	10.79539		
*11	11.55484	11.00634		
*12	11.26203	11.06492		
*13	12.31473	11.27839		
*14	9.220009	11.1204		
15	11.25206	10.85945		
16	10.48662	10.98741		
17	9.025091	10.84735		
18	9.693386	10.6011		
19	11.45989	10.58923		
20	12.44213	10.73674		
21	11.18981	10.59613		
22	11.56674	10.88947		
23	9.869849	10.71669		
24	12.11311	10.92		
*25	11.48656	11.22768		

* = *Fuera de control.*

promedios de subgrupos, una vez que el proceso se ha salido de control y su valor medio ha aumentado de 10 a 11. La tabla 13.3 representa estos 25 valores junto con sus promedios móviles basados en generadores de tamaño $k = 8$, así como los límites de control superior e inferior. Los límites de control para $t > 8$ son 9.051318 y 10.94868.

Como el lector puede observar, el primer promedio móvil que cae fuera de sus límites de control se presenta en el tiempo 11, y los siguientes en los tiempos 12, 13, 14, 16 y 25. (Es interesante notar que los diagramas de control comunes, es decir, el promedio móvil con $k = 1$, hubieran declarado al proceso fuera de control ya en el tiempo 7 debido a que $\overline{X}_7$ fue demasiado grande. Sin embargo, éste es el único punto donde el diagrama habría indicado una falta de control (véase figura 13.3).

Hay una relación inversa entre el tamaño del cambio en la media que se quiere evitar y el tamaño adecuado del generador k del promedio móvil. Es decir, cuanto menor sea el cambio, mayor deberá ser k. ∎

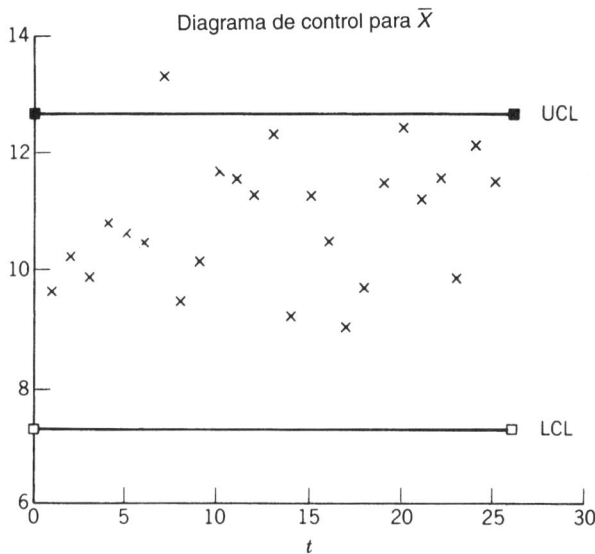

FIGURA   13.3

13.6.2 DIAGRAMAS DE CONTROL PARA PROMEDIOS MÓVILES PONDERADOS EXPONENCIALMENTE

Los diagramas de control para promedios móviles de la sección 13.6.1, consideraban para cada tiempo t un promedio ponderado, de todos los promedios de los subgrupos hasta ese tiempo t, dándoles el peso $1/k$ a los valores k más recientes, y el peso 0 a los otros. Como este procedimiento parece ser el más efectivo para detectar pequeños cambios en la media poblacional, surge la posibilidad de que también puedan ser adecuados otros conjuntos de datos. Un conjunto de pesos que se utiliza con frecuencia se obtiene disminuyendo el peso dado al promedio del subgrupo anterior en un factor constante.

Sea

$$W_t = \alpha \overline{X}_t + (1 - \alpha) W_{t-1} \tag{13.6.1}$$

donde α es una constante entre 0 y 1, y donde

$$W_0 = \mu$$

A la secuencia de valores W_t, $t = 0, 1, 2, \ldots$ se le llama *promedios móviles ponderados exponencialmente*. Para entender por qué se les da ese nombre, observe que si sustituimos continuamente el término en W del lado derecho de la ecuación 13.6.1, resulta que

$$W_t = \alpha\overline{X}_t + (1-\alpha)[\alpha\overline{X}_{t-1} + (1-\alpha)W_{t-2}] \tag{13.6.2}$$

$$= \alpha\overline{X}_t + \alpha(1-\alpha)\overline{X}_{t-1} + (1-\alpha)^2 W_{t-2}$$

$$= \alpha\overline{X}_t + \alpha(1-\alpha)\overline{X}_{t-1} + (1-\alpha)^2[\alpha\overline{X}_{t-2} + (1-\alpha)W_{t-3}]$$

$$= \alpha\overline{X}_t + \alpha(1-\alpha)\overline{X}_{t-1} + \alpha(1-\alpha)^2\overline{X}_{t-2} + (1-\alpha)^3 W_{t-3}$$

$$\vdots$$

$$= \alpha\overline{X}_t + \alpha(1-\alpha)\overline{X}_{t-1} + \alpha(1-\alpha)^2\overline{X}_{t-2} + \cdots + \alpha(1-\alpha)^{t-1}\overline{X}_1 + (1-\alpha)^t\mu$$

donde se hace uso de que $W_0 = \mu$. De la ecuación 13.6.2 vemos que W_t es un promedio ponderado de todos los promedios de los subgrupos hasta el tiempo t, dándole el peso α al subgrupo más reciente, y disminuyendo sucesivamente los pesos de los promedios de los subgrupos anteriores por un factor constante $1 - \alpha$, y asignándole después el peso $(1 - \alpha)^t$ a la media poblacional del proceso bajo control.

Cuanto más pequeño sea el valor de α, más uniformes serán los pesos sucesivos. Por ejemplo, si $\alpha = .1$, entonces el peso inicial es $.1$ y los pesos sucesivos decrecen por un factor de $.9$; es decir, los pesos son $.1, .09, .081, .073, .066, .059$, etcétera. Por otro lado, si escogemos, por ejemplo, $\alpha = .4$, entonces los pesos sucesivos son $.4, .24, .144, .087, .052,...$ Como los pesos sucesivos $\alpha(1 - \alpha)^{i-1}$, $i = 1, 2,...$, se pueden escribir como

$$\alpha(1-\alpha)^{i-1} = \overline{\alpha}e^{-\beta i}$$

donde

$$\overline{\alpha} = \frac{\alpha}{1-\alpha}, \qquad \beta = -\log(1-\alpha)$$

decimos que los valores anteriores están sucesivamente "ponderados exponencialmente" (véase la figura 13.4).

Para calcular la media y la varianza de las W_t, recuerde que, cuando el proceso está bajo control, los promedios de los subgrupos $\overline{X}_i$ son variables aleatorias normales independientes, cada uno con media μ y varianza σ^2/n. Por lo tanto, con la ecuación 13.6.2, vemos que

$$E[W_t] = \mu[\alpha + \alpha(1-\alpha) + \alpha(1-\alpha)^2 + \cdots + \alpha(1-\alpha)^{t-1} + (1-\alpha)^t]$$

$$= \frac{\mu\alpha[1-(1-\alpha)^t]}{1-(1-\alpha)} + \mu(1-\alpha)^t$$

$$= \mu$$

Para determinar la varianza, usamos una vez más la ecuación 13.6.2:

$$\text{Var}(W_t) = \frac{\sigma^2}{n}\left\{\alpha^2 + [\alpha(1-\alpha)]^2 + [\alpha(1-\alpha)^2]^2 + \cdots + [\alpha(1-\alpha)^{t-1}]^2\right\}$$

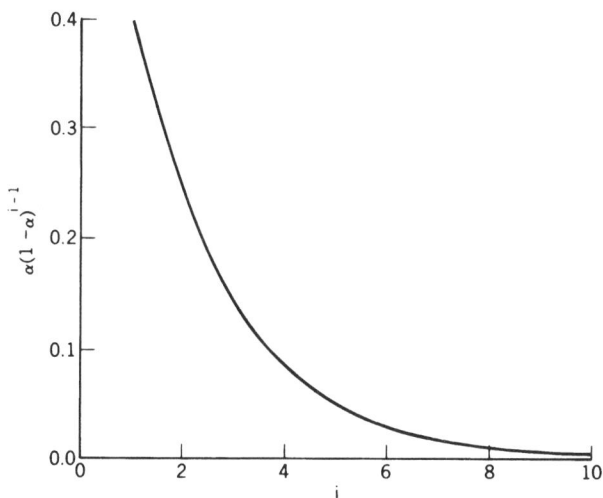

FIGURA 13.4   *Gráfica de* $\alpha(1-\alpha)^{i-1}$ *para* $\alpha = 4$.

$$= \frac{\sigma^2}{n}\alpha^2[1 + \beta + \beta^2 + \cdots + \beta^{t-1}] \qquad \text{donde } \beta = (1-\alpha)^2$$

$$= \frac{\sigma^2\alpha^2[1 - (1-\alpha)^{2t}]}{n[1 - (1-\alpha)^2]}$$

$$= \frac{\sigma^2\alpha[1 - (1-\alpha)^{2t}]}{n(2-\alpha)}$$

Por lo tanto, si t es grande vemos que, siempre que el proceso haya permanecido bajo control,

$$E[W_t] = \mu$$

$$\mathrm{Var}(W_t) \approx \frac{\sigma^2\alpha}{n(2-\alpha)} \quad \text{ya que } (1-\alpha)^{2t} \approx 0$$

Por lo que, los límites de control superior e inferior de W_t están dados por

$$\mathrm{UCL} = \mu + 3\sigma\sqrt{\frac{\alpha}{n(2-\alpha)}}$$

$$\mathrm{LCL} = \mu - 3\sigma\sqrt{\frac{\alpha}{n(2-\alpha)}}$$

Observe que los límites de control anteriores son los mismos que los del diagrama de control para promedios móviles con k generadores (después de los k valores iniciales) si

$$\frac{3\sigma}{\sqrt{nk}} = 3\sigma\sqrt{\frac{\alpha}{n(2-\alpha)}}$$

o, equivalentemente, si

$$k = \frac{2-\alpha}{\alpha} \qquad o \qquad \alpha = \frac{2}{k+1}$$

EJEMPLO 13.6b Un negocio de reparaciones va a mandar a uno de sus empleados a una casa a reparar un equipo electrónico. Inmediatamente después de pedido el servicio, despachan a su empleado a quien le han indicado que llame en cuanto termine el trabajo. Datos históricos indican que el tiempo que transcurre desde que sale el empleado hasta que llama es una variable aleatoria normal, con media de 62 minutos y varianza de 24 minutos. Para evitar cualquier cambio en esta distribución, el negocio de reparaciones grafica un diagrama de control de promedios movibles ponderados exponencialmente (EWMA, por sus siglas en inglés), en la que cada dato es el promedio de 4 tiempos consecutivos y con un factor de peso $\alpha = .25$. Si el último valor del diagrama es 60 y los números dados a continuación son los promedios de los 16 siguientes subgrupos, ¿qué podemos concluir?

$$48, 52, 70, 62, 57, 81, 56, 59, 77, 82, 78, 80, 74, 82, 68, 84$$

SOLUCIÓN Empezando con $W_0 = 60$, los valores sucesivos de $W_1, \ldots, W_{16}$ se pueden obtener mediante la fórmula

$$W_t = .25\overline{X}_t + .75 W_{t-1}$$

Esto nos da

$$W_1 = (.25)(48) + (.75)(60) = 57$$

$$W_2 = (.25)(52) + (.75)(57) = 55.75$$

$$W_3 = (.25)(70) + (.75)(55.75) = 59.31$$

$$W_4 = (.25)(62) + (.75)(59.31) = 59.98$$

$$W_5 = (.25)(57) + (.75)(59.98) = 59.24$$

$$W_6 = (.25)(81) + (.75)(59.24) = 64.68$$

etcétera. Siendo los valores de W_7 a W_{16}:

$$62.50, 61.61, 65.48, 69.60, 71.70, 73.78, 73.83, 75.87, 73.90, 76.43$$

Como

$$3\sqrt{\frac{.25}{1.75} \frac{24}{\sqrt{4}}} = 13.61$$

los límites de control del diagrama estándar de control EWMA con factor de peso $\alpha = .25$ son

$$\text{LCL} = 62 - 13.61 = 48.39$$

$$\text{UCL} = 62 + 13.61 = 75.61$$

Por lo que, después de determinar W_{14} (y también después de W_{16}) el diagrama de control EWMA habría declarado al sistema fuera de control. Por otro lado, como una desviación estándar de subgrupo es $\sigma/\sqrt{n} = 12$, resulta interesante que ningún dato difirió de $\mu = 62$ en más de 2 desviaciones estándar de subgrupo y, por lo tanto, el diagrama de control $\overline{X}$ estándar no hubiera declarado al sistema fuera de control. ∎

EJEMPLO 13.6c Considere los datos del ejemplo 13.6a, pero ahora usemos diagramas de control para promedios móviles ponderados exponencialmente con $\alpha = 2/9$. Lo cual da lugar al siguiente conjunto de datos.

t	$\overline{X}_t$	W_t	t	$\overline{X}_t$	W_t
1	9.617728	9.915051	14	9.220009	10.84522
2	10.25437	9.990456	15	11.25206	10.93563
3	9.867195	9.963064	16	10.48662	10.83585
4	10.79338	10.14758	17	9.025091	10.43346
5	10.60699	10.24967	18	9.693386	10.269
6	10.48396	10.30174	19	11.45989	10.53364
*7	13.33961	10.97682	*20	12.44213	10.95775
8	9.462969	10.64041	*21	11.18981	11.00932
9	10.14556	10.53044	*22	11.56674	11.13319
10	11.66342	10.78221	23	9.869849	10.85245
*11	11.55484	10.95391	*24	12.11311	11.13259
*12	11.26203	11.02238	*25	11.48656	11.21125
*13	12.31473	11.30957			

* = Fuera de control.

Como

$$\text{UCL} = 10.94868$$

$$\text{LCL} = 9.051318$$

vemos que ya en $t = 7$, hubiéramos podido declarar al proceso fuera de control (véase figura 13.5). ∎

13.6.3 Diagramas de control de suma acumulada

Para detectar cambios, de pequeños a moderados en la media, el principal competidor del diagrama de control de promedios móviles, es el diagrama de control de suma acumulada (con frecuencia se dice sólo cum-sum (cumulative sum).

Como antes, suponga, que $\overline{X}_1$, $\overline{X}_2$,... representan sucesivos promedios de subgrupos de tamaño n y que cuando el proceso está bajo control, estas variables aleatorias tienen media μ y desviación estándar $\sigma/\sqrt{n}$. Considere, inicialmente, que sólo nos interesa determinar si se presenta algún incremento en el valor de la media. El diagrama de control (unilateral) de suma acumulada para detectar algún incremento en el valor de la media opera como sigue: Se eligen constantes positivas d y B, y se toma

$$Y_j = \overline{X}_j - \mu - d\sigma/\sqrt{n}, \quad j \geq 1$$

Observe que cuando el proceso está bajo control y, por lo tanto, $E[\overline{X}_j] = \mu$,

$$E[Y_j] = -d\sigma/\sqrt{n} < 0$$

Ahora, sea

$$S_0 = 0$$

$$S_{j+1} = \text{máx}\{S_j + Y_{j+1}, 0\}, \quad j \geq 0$$

El diagrama de control de suma acumulada con parámetros d y B va graficando S_j, y con la primera j tal que

$$S_j > B\sigma/\sqrt{n}$$

declara que el valor medio se ha incrementado.

Para entender la idea detrás de este diagrama de control, suponga que vamos a ir graficando continuamente todas las variables aleatorias Y_i que se van observando. Es decir, supongamos que vamos a graficar los sucesivos valores P_j, donde

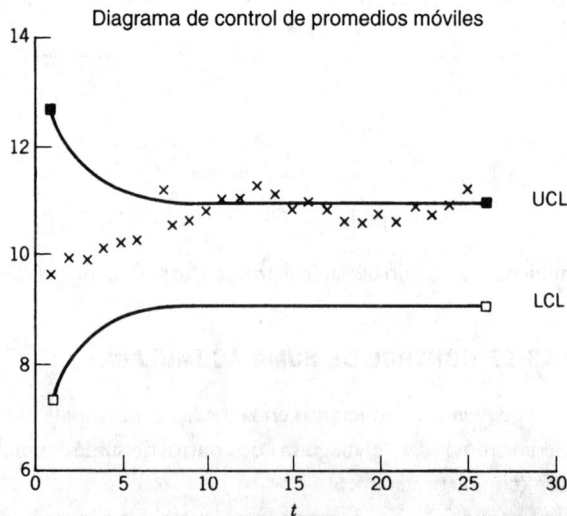

Diagrama de control de promedios móviles

FIGURA 13.5

$$P_j = \sum_{i=1}^{j} Y_i$$

que también se puede escribir como

$$P_0 = 0$$

$$P_{j+1} = P_j + Y_{j+1}, \quad j \geq 0$$

Si el sistema ha permanecido siempre bajo control, entonces todas las Y_i tendrán valor esperado negativo, así que se espera que su suma sea negativa. Por lo tanto, si en algún momento, el valor de P_j se hace grande —digamos, mayor a $B\sigma/\sqrt{n}$ — esto conformará una fuerte evidencia de que el proceso se ha salido de control (debido a que hubo un aumento en el valor medio de un artículo producido). El problema es que si pasa mucho tiempo antes de que el sistema se salga de control, el valor de P_j en ese momento será muy negativo (ya que hasta entonces habríamos estado sumando variables aleatorias con una media negativa), y entonces tardará mucho tiempo hasta que este valor se vuelve mayor a $B\sigma/\sqrt{n}$. Por lo que para evitar que la suma se vuelva muy negativa mientras el proceso está bajo control, el diagrama de control de suma acumulada utiliza el sencillo truco de volver al valor 0 cada vez que la suma se vuelve negativa. Es decir, la cantidad S_j es la suma acumulada de los Y_i hasta el tiempo j, con la excepción de que en cualquier momento en que esta suma se vuelva negativa, su valor se pone en 0.

EJEMPLO 13.6d Suponga que la media y la desviación estándar de un promedio de subgrupo son $\mu = 30$ y $\sigma/\sqrt{n} = 8$, respectivamente y considere el diagrama de control de suma acumulada con $d = .5$, $B = 5$. Si los 8 primeros promedios de subgrupo son

$$29, 33, 35, 42, 36, 44, 43, 45$$

entonces los valores sucesivos de $Y_j = \overline{X}_j - 30 - 4 = \overline{X}_j - 34$ son

$$Y_1 = -5, \ Y_2 = -1, \ Y_3 = 1, \ Y_4 = 8, \ Y_5 = 2, \ Y_6 = 10, \ Y_7 = 9, \ Y_8 = 11$$

Por lo que

$$S_1 = \text{máx}\{-5, 0\} = 0$$

$$S_2 = \text{máx}\{-1, 0\} = 0$$

$$S_3 = \text{máx}\{1, 0\} = 1$$

$$S_4 = \text{máx}\{9, 0\} = 9$$

$$S_5 = \text{máx}\{11, 0\} = 11$$

$$S_6 = \text{máx}\{21, 0\} = 21$$

$$S_7 = \text{máx}\{30, 0\} = 30$$

$$S_8 = \text{máx}\{41, 0\} = 41$$

Ya que el límite de control es

$$B\sigma/\sqrt{n} = 5(8) = 40$$

el diagrama de suma acumulada, después de observar el octavo promedio de subgrupo, podría declarar que la media se ha incrementado. ∎

Para detectar un cambio en la media, ya sea positivo o negativo, empleamos simultáneamente dos diagramas unilaterales de suma acumulada. Empezamos por observar que una disminución en $E[X_i]$ es equivalente a un aumento en $E[-X_i]$. Por lo tanto, detectamos una disminución en el valor medio de un artículo mediante un diagrama de suma acumulada unilateral empleando los negativos de los promedios de subgrupo. Es decir, para d y B dados, no sólo graficamos las cantidades S_j como antes, sino que además hacemos

$$W_j = -\overline{X}_j - (-\mu) - d\sigma/\sqrt{n} = \mu - \overline{X}_j - d\sigma/\sqrt{n}$$

y después graficamos también los valores T_j, donde

$$T_0 = 0$$

$$T_{j+1} = \text{máx}\{T_j + W_{j+1}, 0\}, \qquad j \geq 0$$

Se dice que el proceso está fuera de control, cuando se presenta la primera S_j o T_j mayor a $B\sigma/\sqrt{n}$.

Resumiendo, mediante los siguientes pasos se obtiene un diagrama de control de suma acumulada para detectar un cambio en el valor de la media de un artículo producido: Elegir constantes positivas d y B; usar los promedios sucesivos de subgrupos para determinar S_j y T_j; en cuanto uno de estos dos valores sea mayor a $B\sigma/\sqrt{n}$ declarar que el proceso está fuera de control. Tres pares de valores usados con frecuencia para d y para B son $d = .25$ y $B = 8.00$ o $d = .50$ y $B = 4.77$ o $d = 1$ y $B = 2.49$. Con cualquiera de estos pares de valores se obtiene una regla de control con aproximadamente la misma proporción de falsas alarmas que el diagrama de control $\overline{X}$, que declara al proceso fuera de control en cuanto aparece un promedio de subgrupo que difiera de μ en más de $3\sigma/\sqrt{n}$. Como regla general, cuanto más pequeño sea el cambio en la media que uno quiere evitar, más pequeño deberá tomarse el valor de d.

Problemas

1. Suponga que se producen artículos que tienen una distribución normal con media 35 y desviación estándar 3. Para supervisar este proceso, se muestran subgrupos de tamaño 5. Si los promedios de los primeros 20 subgrupos son los que se dan en la tabla de la página siguiente, ¿indica esto que el proceso está bajo control?

2. Suponga que el proceso está bajo control con $\mu = 14$ y $\sigma = 2$. Se emplea un diagrama de control $\overline{X}$ basado en subgrupos de tamaño 5. Si ocurre un desplazamiento de 2.2 unidades en

Subgrupo núm.	$\overline{X}$	Subgrupo núm.	$\overline{X}$
1	34.0	11	35.8
2	31.6	12	35.8
3	30.8	13	34.0
4	33.0	14	35.0
5	35.0	15	33.8
6	32.2	16	31.6
7	33.0	17	33.0
8	32.6	18	33.2
9	33.8	19	31.8
10	35.8	20	35.6

la media, ¿cuál es la probabilidad de que el siguiente promedio de subgrupo caiga fuera de los límites de control? ¿Cuántos subgrupos, en promedio, se deberán inspeccionar para detectar este desplazamiento?

3. Si Y tiene una distribución chi cuadrada con $n - 1$ grados de libertad, demuestre que

$$E[\sqrt{Y}] = \sqrt{2}\frac{\Gamma(n/2)}{\Gamma[(n-1)/2]}$$

(*Sugerencia:* escriba

$$E[\sqrt{Y}] = \int_0^\infty \sqrt{y} f_{\chi_{n-1}^2}(y)\,dy$$

$$= \int_0^\infty \sqrt{y}\,\frac{e^{-y/2}y^{(n-1)/2-1}\,dy}{2^{(n-1)/2}\Gamma\left[\dfrac{(n-1)}{2}\right]}$$

$$= \int_0^\infty \frac{e^{-y/2}y^{n/2-1}\,dy}{2^{(n-1)/2}\Gamma\left[\dfrac{(n-1)}{2}\right]}$$

Ahora haga la transformación $x = y/2$.)

4. A intervalos regulares, se toman muestras de tamaño 5 de un proceso de producción y se calculan los valores de los promedios muestrales y de las desviaciones estándar muestrales. Suponga que la suma de las $\overline{X}$ y la de las S, para las primeras 25 muestras son

$$\sum \overline{X}_i = 357.2, \qquad \sum S_i = 4.88$$

(a) Suponiendo control, determine los límites de control de un diagrama de control $\overline{X}$.

(b) Considere que los valores medibles de los artículos producidos están dentro de los límites $14.3 \pm .45$. Suponga que el proceso permanece bajo control con una media y una varianza que son aproximadamente iguales a los estimados deducidos. ¿Qué porcentaje, aproximadamente, de los artículos producidos caerá dentro de los límites especificados?

5. Determine los límites de control $\overline{X}$ y S para los datos del ejemplo 13.3a.

6. En el problema 4 determine los límites de control para un diagrama de control S.

7. Los siguientes son valores de $\overline{X}$ y de S para 20 subgrupos de tamaño 5.

Subgrupo	$\overline{X}$	S	Subgrupo	$\overline{X}$	S	Subgrupo	$\overline{X}$	S
1	33.8	5.1	8	36.1	4.1	15	35.6	4.8
2	37.2	5.4	9	38.2	7.3	16	36.4	4.6
3	40.4	6.1	10	32.4	6.6	17	37.2	6.1
4	39.3	5.5	11	29.7	5.1	18	31.3	5.7
5	41.1	5.2	12	31.6	5.3	19	33.6	5.5
6	40.4	4.8	13	38.4	5.8	20	36.7	4.2
7	35.0	5.0	14	40.2	6.4			

(a) Determine los límites de control del proceso para un diagrama de control $\overline{X}$.

(b) Determine los límites de control del proceso para un diagrama de control S.

(c) ¿Parece que el proceso haya permanecido bajo control?

(d) Si su respuesta al inciso (c) fue no, sugiera valores para los límites de control superior e inferior que se puedan usar con subgrupos subsiguientes.

(e) Si se supone que el valor de cada artículo es 35 ± 10, ¿cuál es su estimado del porcentaje de artículos que están dentro de estas especificaciones?

8. Se mantienen diagramas de control para $\overline{X}$ y S de la resistencia a la rotura de puntos de soldadura. Después de 30 subgrupos de tamaño 4, $\sum \overline{X}_i = 12\,660$ y $\sum S_i = 500$. Suponiendo que el proceso está bajo control,

(a) ¿cuáles son los límites de control $\overline{X}$?

(b) ¿cuáles son los límites de control S?

(c) Estime la desviación estándar del proceso.

(d) Si la especificación mínima para esta soldadura es de 400 libras, ¿qué porcentaje de las soldaduras no cumplirán con las especificaciones mínimas?

9. Se mantienen diagramas de control $\overline{X}$ y S para resistencias (en ohms). El tamaño del subgrupo es 4. Para cada subgrupo se calculan los valores de $\overline{X}$ y de S. Después de 20 subgrupos, $\sum \overline{X}_i = 8\,620$ y $\sum S_i = 450$.

(a) Calcule el valor de los límites para los diagramas $\overline{X}$ y S.

(b) Estime el valor de σ suponiendo que el proceso está bajo control estadístico.

(c) Si los límites de las especificaciones son 430 ± 30, ¿qué conclusiones obtiene respecto a la capacidad del proceso para producir artículos dentro de estas especificaciones?

(d) Si μ tiene un aumento de 60, ¿cuál es la probabilidad de que el promedio de un subgrupo caiga fuera de los límites de control?

10. Los datos siguientes se refieren a las cantidades, en .001 pulgadas, en las cuales los diámetros de cojinetes esféricos de 1/4 de pulgada se desvían de este valor. El tamaño de los subgrupos es de $n = 5$.

Subgrupo	Valor				
1	2.5	.5	2.0	−1.2	1.4
2	.2	.3	.5	1.1	1.5
3	1.5	1.3	1.2	−1.0	.7
4	.2	.5	−2.0	.0	−1.3
5	−.2	.1	.3	−.6	.5
6	1.1	−.5	.6	.5	.2
7	1.1	−1.0	−1.2	1.3	.1
8	.2	−1.5	−.5	1.5	.3
9	−2.0	−1.5	1.6	1.4	.1
10	−.5	3.2	−.1	−1.0	−1.5
11	.1	1.5	−.2	.3	2.1
12	.0	−2.0	−.5	.6	−.5
13	−1.0	−.5	−.5	−1.0	.2
14	.5	1.3	−1.2	−.5	−2.7
15	1.1	.8	1.5	−1.5	1.2

(a) Establezca los límites de control del proceso para diagramas de control $\overline{X}$ y S.

(b) ¿Parece que el proceso ha estado bajo control durante el muestreo completo?

(c) Si la respuesta al inciso (b) es no, construya nuevos límites de control.

11. A intervalos regulares se toman muestras de tamaño $n = 6$ artículos de un proceso de fabricación. Se mide una cualidad característica distribuida normalmente, y para cada muestra se calculan $\overline{X}$ y S. Después de que se han analizado 50 subgrupos, tenemos

$$\sum_{i=1}^{50} \overline{X}_i = 970 \qquad \text{y} \qquad \sum_{i=1}^{50} S_i = 85$$

(a) Calcule el límite de control para los diagramas de control $\overline{X}$ y S. Suponga que en ambos diagramas todos los puntos caen dentro de los límites de control.

(b) Si los límites de las especificaciones son 19 ± 4.0, ¿cuáles son sus conclusiones con respecto a la capacidad del proceso de producir artículos de acuerdo con las especificaciones?

12. Los datos siguientes presentan el número de cojinetes y de sellos (juntas) defectuosos en muestras de tamaño 100.

Muestra número	Número de defectuosos	Muestra número	Número de defectuosos
1	5	11	4
2	2	12	10
3	1	13	0

(continúa)

Muestra número	Número de defectuosos	Muestra número	Número de defectuosos
4	5	14	8
5	9	15	3
6	4	16	6
7	3	17	2
8	3	18	1
9	2	19	6
10	5	20	10

¿Parece que el proceso se haya mantenido bajo control? Si no es así, determine nuevos límites de control si es posible.

13. Los siguientes datos se obtuvieron al inspeccionar todas las computadoras personales producidas durante los últimos 12 días en una determinada planta.

Día	Número de unidades	Número de defectuosos
1	80	5
2	110	7
3	90	4
4	80	9
5	100	12
6	90	10
7	80	4
8	70	3
9	80	5
10	90	6
11	90	5
12	110	7

¿Se mantuvo el proceso bajo control? Determine límites de control para producciones futuras.

14. Suponga que cuando un proceso está bajo control, cada artículo tiene una probabilidad de .04 de estar defectuoso. Suponga además que su diagrama de control pide que se tomen muestras diarias de tamaño 500. Si de repente la probabilidad que tiene cada artículo de estar defectuoso se desplaza a .08, ¿cuál es la probabilidad de que su diagrama de control detecte este desplazamiento en la siguiente muestra?

15. Los datos siguientes dan el número de chips defectuosos producidos durante los últimos 15 días: 121, 133, 98, 85, 101, 78, 66, 82, 90, 78, 85, 81, 100, 75, 89. ¿Concluiría usted que el proceso ha estado bajo control durante estos 15 días? ¿Qué límites de control recomendaría usar para producciones futuras?

16. Se contó el número de defectos en 25 placas rectangulares de acero. Abajo se presentan los resultados obtenidos. Elabore un diagrama de control. ¿Le parece que el proceso que produce estas placas esté bajo control estadístico?

Placa número	Número de defectos	Placa número	Número de defectos
1	2	6	2
2	3	7	5
3	4	8	0
4	3	9	2
5	1	10	5
11	1	19	4
12	7	20	6
13	8	21	3
14	10	22	7
15	2	23	0
16	2	24	2
17	6	25	4
18	5		

17. Los datos siguientes representan 25 promedios sucesivos de subgrupo y promedios móviles, con un generador de tamaño 5, de estos promedios de subgrupo. Los datos se obtuvieron mediante un proceso que, cuando está bajo control, produce artículos distribuidos normalmente con media 30 y varianza 40. Los subgrupos son de tamaño 4. ¿Pensaría que el proceso ha estado bajo control?

$\overline{X}_t$	M_t	$\overline{X}_t$	M_t
35.62938	35.62938	35.80945	32.34106
39.13018	37.37978	30.9136	33.1748
29.45974	34.73976	30.54829	32.47771
32.5872	34.20162	36.39414	33.17019
30.06041	33.37338	27.62703	32.2585
26.54353	31.55621	34.02624	31.90186
37.75199	31.28057	27.81629	31.2824
26.88128	30.76488	26.99926	30.57259
32.4807	30.74358	32.44703	29.78317
26.7449	30.08048	38.53433	31.96463
34.03377	31.57853	28.53698	30.86678
32.93174	30.61448	28.65725	31.03497
32.18547	31.67531		

18. Los datos mostrados en la tabla siguiente dan promedios de subgrupo y promedios móviles de los valores del problema 17. El generador de los promedios móviles es $k = 8$. Si el proceso

está bajo control, los promedios de los subgrupos están distribuidos normalmente con media 50 y varianza 5. ¿Qué puede concluir?

19. Resuelva nuevamente el problema 17 empleando un diagrama de control para promedios móviles ponderados exponencialmente, con $\alpha = \frac{1}{3}$.

20. Analice los datos del problema 18 con un diagrama de control para promedios móviles ponderados exponencialmente, con $\alpha = \frac{2}{9}$.

$\overline{X}_t$	M_t
50.79806	50.79806
46.21413	48.50609
51.85793	49.62337
50.27771	49.78696
53.81512	50.59259
50.67635	50.60655
51.39083	50.71859
51.65246	50.83533
52.15607	51.00508
54.57523	52.05022
53.08497	52.2036
55.02968	52.79759
54.25338	52.85237
50.48405	52.82834
50.34928	52.69814
50.86896	52.6002
52.03695	52.58531
53.23255	52.41748
48.12588	51.79759
52.23154	51.44783

21. Explique por qué un diagrama de control para promedios móviles con un generador de tamaño k tiene que usar límites de control diferentes para los $k - 1$ primeros promedios móviles, mientras que un diagrama de control para promedios móviles ponderados exponencialmente puede usar los mismos límites de control para todos los valores. [*Sugerencia*: Use el argumento de que Var(M_t) decrece en t, mientras que Var(W_t) se incrementa, y explique por qué es esto relevante.]

22. Haga nuevamente el problema 17, usando esta vez un diagrama de control de suma acumulada con

   (a) $d = .25$, $B = 8$
   (b) $d = .5$, $B = 4.77$

23. Repita el problema 18, usando esta vez un diagrama de control de suma acumulada con $d = 1$ y $B = 2.49$.

Capítulo 14*

PRUEBAS DE VIDA

14.1 INTRODUCCIÓN

En este capítulo, consideramos una población de objetos que tienen tiempos de vida, que se supone que son variables aleatorias independientes con una distribución común, especificada por completo, a excepción de un parámetro desconocido. Lo que interesa es usar todo tipo de datos disponibles para estimar este parámetro.

En la sección 14.2, presentamos el concepto de funciones de tasa de riesgo (o de falla) —un concepto de la ingeniería que sirve para especificar distribuciones de tiempos de vida. En la sección 14.3, suponemos que la distribución subyacente de los tiempos de vida es exponencial y mostramos cómo se obtienen estimados (puntual, de intervalo y bayesiano) de su media, empleando diversos planes de muestreo. En la sección 14.4 desarrollamos una prueba de hipótesis de que dos poblaciones distribuidas exponencialmente tienen una media común. En la sección 14.5 consideramos dos métodos para estimar los parámetros de una distribución de Weibull.

14.2 FUNCIONES DE TASA DE RIESGO

Considere una variable aleatoria continua positiva X que interpretamos como el tiempo de vida de algún objeto que tiene una función de distribución F y densidad f. La función (algunas veces llamada *función de falla*) de *tasa de riesgo* $\lambda(t)$ de F está definida por

$$\lambda(t) = \frac{f(t)}{1 - F(t)}$$

Para interpretar $\lambda(t)$, suponga que el objeto ha sobrevivido t horas y queremos conocer la probabilidad de que no sobreviva un tiempo adicional dt. Es decir, consideremos $P\{X \in (t, t+dt)|X > t\}$. Pero, ahora

* Capítulo opcional.

$$P\{X \in (t, t + dt)|X > t\} = \frac{P\{X \in (t, t + dt), X > t\}}{P\{X > t\}}$$

$$= \frac{P\{X \in (t, t + dt)\}}{P\{X > t\}}$$

$$\approx \frac{f(t)}{1 - F(t)}\, dt$$

Es decir, $\lambda(t)$ representa la intensidad de la probabilidad condicional de que un objeto de edad t falle en el siguiente momento.

Suponga ahora que la distribución del tiempo de vida es exponencial. Entonces por la propiedad de la falta de memoria de la distribución exponencial tenemos que la distribución del tiempo de vida que le queda a un objeto de t años es la misma que para un objeto nuevo. Por lo que $\lambda(t)$ deberá ser constante, lo cual se verifica como sigue:

$$\lambda(t) = \frac{f(t)}{1 - F(t)}$$

$$= \frac{\lambda e^{-\lambda t}}{e^{-\lambda t}}$$

$$= \lambda$$

Por lo tanto, la función de tasa de falla para la distribución exponencial es constante. Al parámetro λ se le conoce con frecuencia como la *tasa* de la distribución.

Ahora mostramos que la función de tasa de fallo $\lambda(t)$, $t \geq 0$ determina de manera única la distribución F. Para demostrar esto observemos que por definición

$$\lambda(s) = \frac{f(s)}{1 - F(s)}$$

$$= \frac{\frac{d}{ds} F(s)}{1 - F(s)}$$

$$= \frac{d}{ds} \{-\log[1 - F(s)]\}$$

Integrando a ambos lados de la ecuación desde 0 hasta t resultó

$$\int_0^t \lambda(s)\, ds = -\log[1 - F(t)] + \log[1 - F(0)]$$

$$= -\log[1 - F(t)] \quad \text{ya que } F(0) = 0$$

lo que implica que

$$1 - F(t) = \exp\left\{ -\int_0^t \lambda(s)\, ds \right\} \tag{14.2.1}$$

Por lo que una función de distribución de una variable aleatoria continua positiva se especifica dando su función de tasa de riesgo por ejemplo, si una variable aleatoria tiene una función de tasa de riesgo lineal, es decir, si

$$\lambda(t) = a + bt$$

entonces la función de distribución está dada por

$$F(t) = 1 - e^{-at - bt^2/2}$$

y mediante diferenciación obtenemos que su densidad es

$$f(t) = (a + bt)e^{-(at + bt^2/2)}, \qquad t \geq 0$$

Para $a = 0$ la función anterior se conoce como *función de densidad de Rayleigh.*

EJEMPLO 14.2a   Con frecuencia se escucha que la tasa de mortalidad de una persona que fuma es, para toda edad, el doble de quien no fuma. ¿Qué significa esto? ¿Significa que una persona que no fuma tiene el doble de probabilidad de sobrevivir que un fumador de la misma edad?

SOLUCIÓN   Si $\lambda_s(t)$ denota la tasa de riesgo de un fumador de edad t y $\lambda_n(t)$ la de una persona que no fuma de edad t, entonces lo anterior es equivalente a decir que

$$\lambda_s(t) = 2\lambda_n(t)$$

La probabilidad de que una persona de A años que no fuma sobreviva hasta la edad B, $A < B$, es

$$P\{\text{persona de } A \text{ años que no fuma llegue a la edad } B\}$$
$$= P\{\text{tiempo de vida de una persona que no fume} >$$
$$\quad B \mid \text{tiempo de vida de una persona que no fume} > A\}$$
$$= \frac{1 - F_{\text{non}}(B)}{1 - F_{\text{non}}(A)}$$
$$= \frac{\exp\left\{ -\int_0^B \lambda_n(t)\, dt \right\}}{\exp\left\{ -\int_0^A \lambda_n(t)\, dt \right\}} \qquad \text{por la ecuación 14.2.1}$$
$$= \exp\left\{ -\int_A^B \lambda_n(t)\, dt \right\}$$

mientras que la probabilidad correspondiente para un fumador es, por el mismo razonamiento,

$$P\{\text{un fumador de } A \text{ años llegue a la edad } B\} = \exp\left\{ -\int_A^B \lambda_s(t)\, dt \right\}$$
$$= \exp\left\{ -2\int_A^B \lambda_n(t)\, dt \right\}$$

$$= \left[\exp \left\{ - \int_A^B \lambda_n(t)\, dt \right\} \right]^2$$

En otras palabras, de dos individuos de la misma edad, uno de los cuales fuma y el otro no, la probabilidad de que el fumador sobreviva a una dada edad, es la *raíz cuadrada* (no la mitad) de la probabilidad correspondiente para quien no fuma. Por ejemplo, si $\lambda_n(t) = 1/20$, $50 \le t \le 60$, entonces la probabilidad de que una persona de 50 años que no fuma llegue a la edad de 60 es $e^{-1/2} = .607$; mientras que la probabilidad correspondiente para un fumador es $e^{-1} = .368$. ∎

OBSERVACIONES SOBRE LA TERMINOLOGÍA

Diremos que X tiene función de tasa de falla $\lambda(t)$ si lo que queremos decir con más precisión es que la función de distribución de X tiene un función de tasa de falla $\lambda(t)$.

14.3 LA DISTRIBUCIÓN EXPONENCIAL EN PRUEBAS DE VIDA

14.3.1 PRUEBA SIMULTÁNEA, DETENIÉNDOLA A LA *r*-ÉSIMA FALLA

Suponga que estamos probando objetos cuya distribución de vida es exponencial con media desconocida θ. Ponemos a prueba, simultáneamente, n objetos independientes y detenemos el experimento cuando sucedan r fallas, $r \le n$. El problema consiste en usar los datos observados para estimar la media θ.

Los datos observados serán los siguientes:

$$\text{Datos:} \quad x_1 \le x_2 \le \cdots \le x_r, \qquad i_1, i_2, \ldots, i_r \qquad (14.3.1)$$

entendiéndose que el objeto j en fallar fue el objeto i_j y fue al tiempo x_j. Si denotamos con X_i, $i = 1, \ldots, n$ el tiempo de vida del componente i, entonces los datos serán como se dieron en la ecuación 14.3.1 si

$$X_{i_1} = x_1, X_{i_2} = x_2, \ldots, X_{i_r} = x_r$$

otras $n - r$ de las X_j son todas mayores que x_r.

Ahora la densidad de probabilidad de X_{i_j} es

$$f_{X_{i_j}}(x_j) = \frac{1}{\theta} e^{-x_j/\theta}, \qquad j = 1, \ldots, r$$

y de esta manera, por la independencia, la densidad de probabilidad conjunta de $X_{i_j}, j = 1, \ldots, r$ es

$$f_{X_{i_1}, \ldots, X_{i_r}}(x_1, \ldots, x_r) = \prod_{j=1}^r \frac{1}{\theta} e^{-x_j/\theta}$$

Asimismo, la probabilidad de que las otras $n - r$ de X sean todas mayores que x_r es, usando una vez más la independencia,

$$P\{X_j > x_r \text{ para } j \neq i_1 \text{ o } i_2 \cdots \text{ o } i_r\} = (e^{-x_r/\theta})^{n-r}$$

Por lo tanto, notamos que la *verosimilitud* de los datos observados, $L(x_1, \ldots, x_r, i_1, \ldots, i_r)$, para $x_1 \leq x_2 \leq \ldots x_r$, es

$$L(x_1, \ldots, x_r, i_1, \ldots, i_r) \qquad (14.3.2)$$

$$= f_{X_{i_1}, X_{i_2}, \ldots, X_{i_r}}(x_1, \ldots, x_r) P\{X_j > x_r, j \neq i_1, \ldots, i_r\}$$

$$= \frac{1}{\theta} e^{-x_1/\theta} \cdots \frac{1}{\theta} e^{-x_r/\theta} (e^{-x_r/\theta})^{n-r}$$

$$= \frac{1}{\theta^r} \exp\left\{ -\frac{\sum_{i=1}^{r} x_i}{\theta} - \frac{(n-r)x_r}{\theta} \right\}$$

OBSERVACIONES

En la ecuación 14.3.2, la verosimilitud no sólo especifica que las r primeras fallas ocurrieron a los tiempos $x_1 \leq x_2 \leq \ldots \leq x_r$, sino que también que los r objetos que fallaron fueron, en orden, i_1, $i_2, \ldots, i_r$. Si lo único que queremos es la función de densidad de las r primeras fallas, entonces como hay $n(n-1)\ldots(n-(r-1)) = n!/(n-r)!$ maneras posibles de elegir (ordenar) a los r primeros objetos que fallan, tenemos que la densidad conjunta, para $x_1 \leq x_2 \leq \ldots \leq x_r$, es

$$f(x_1, x_2, \ldots, x_r) = \frac{n!}{(n-r)!} \frac{1}{\theta^r} \exp\left\{ -\frac{\sum_{i=1}^{r} x_i}{\theta} - \frac{(n-r)}{\theta} x_r) \right\}$$

Para obtener el estimador de máxima verosimilitud de θ, tomamos logaritmos a ambos lados de la ecuación 14.3.2. Esto nos da

$$\log L(x_1, \ldots, x_r, i_1, \ldots, i_r) = -r \log \theta - \frac{\sum_{i=1}^{r} x_i}{\theta} - \frac{(n-r)x_r}{\theta}$$

y entonces

$$\frac{\partial}{\partial \theta} \log L(x_1, \ldots, x_r, i_1, \ldots, i_r) = -\frac{r}{\theta} + \frac{\sum_{i=1}^{r} x_i}{\theta^2} + \frac{(n-r)x_r}{\theta^2}$$

Igualando a 0 y despejando obtenemos que $\hat{\theta}$, el estimado de máxima verosimilitud, está dado por

$$\hat{\theta} = \frac{\sum_{i=1}^{r} x_i + (n-r)x_r}{r}$$

Por lo tanto, si denotamos con $X_{(i)}$ el tiempo en el que ocurrió la i-ésima falla (a $X_{(i)}$ se le llama el *estadístico de orden i-ésimo*), entonces el estimador de máxima verosimilitud de θ es

$$\hat{\theta} = \frac{\sum_{i=1}^{r} X_{(i)} + (n-r)X_{(r)}}{r} \tag{14.3.3}$$

$$= \frac{\tau}{r}$$

donde a τ definido como el denominador de la ecuación 14.3.3, se le llama el *estadístico de prueba del tiempo total*. Le llamamos así porque el objeto que es el i-ésimo en fallar funciona durante un tiempo $X_{(i)}$ (y después falla), $i = 1,\ldots, r$, mientras que los otros $n - r$ objetos funcionan durante toda la prueba (que dura un tiempo $X_{(r)}$). Por lo tanto, la suma de los tiempos en que están todos los objetos en la prueba es igual a τ.

Para obtener un intervalo de confianza para θ, determinaremos la distribución de τ, el total de tiempo en la prueba. Recordando que $X_{(i)}$ es el tiempo que tarda en presentarse la i-ésima falla, $i = 1,\ldots, r$, rescribiremos la expresión para τ. Para escribir una expresión para τ, en lugar de sumar el tiempo total en la prueba de cada uno de los objetos, preguntamos cuánto tiempo más de funcionamiento se generó entre cada falla sucesiva. Es decir, denotamos con Y_i, $i = 1,\ldots, r$, el tiempo extra en la prueba generado entre la falla $(i-1)$ y la i-ésima falla. Hasta las primeras $X_{(1)}$ unidades de tiempo (ya que todos los n objetos funcionaron durante este intervalo), el tiempo total en la prueba es

$$Y_1 = nX_{(1)}$$

Entre la primera y la segunda falla hay en total $n - 1$ objetos funcionando, por lo que

$$Y_2 = (n-1)(X_{(2)} - X_{(1)})$$

en general tenemos

$$Y_1 = nX_{(1)}$$

$$Y_2 = (n-1)(X_{(2)} - X_{(1)})$$

$$\vdots$$

$$Y_j = (n-j+1)(X_{(j)} - X_{(j-1)})$$

$$\vdots$$

$$Y_r = (n-r+1)(X_{(r)} - X_{(r-1)})$$

y

$$\tau = \sum_{j=1}^{r} Y_j$$

La importancia que tiene representar a τ de esta manera se debe al hecho de que las distribuciones de Y_j se obtienen fácilmente de la manera siguiente. Como $X_{(1)}$, el tiempo que tarda en ocurrir la primera falla, es el mínimo de los n tiempos de vida exponenciales independientes, cada uno con tasa $1/\theta$, tenemos por la proposición 5.6.1 que también $X_{(1)}$ está distribuido exponencialmente con tasa $1/\theta$. Es decir, $X_{(1)}$ es exponencial con media θ/n, y por lo tanto, $nX_{(1)}$ es exponencial con media θ. Asimismo, en el momento cuando se presenta la primera falla, los $n-1$ objetos que siguen funcionando están, por la propiedad de la falta de memoria de la exponencial, como si fueran nuevos y, por lo tanto, cada uno tendrá un tiempo de vida adicional que es exponencial con media θ, por lo que el tiempo adicional hasta que uno de ellos falla es exponencial con tasa $(n-1)/\theta$. Es decir, independientemente de $X_{(1)}$, $X_{(2)} - X_{(1)}$ es exponencial con media $\theta/(n-1)$ y de esta manera $Y_2 = (n-1)(X_{(2)} - X_{(1)})$ es exponencial con media θ. Y continuando con este argumento obtenemos la conclusión siguiente:

$$Y_1,\ldots, Y_r \text{ son variables aleatorias exponenciales}$$
$$\text{independientes con media } \theta \tag{14.3.4}$$

Ya que la suma de variables aleatorias exponenciales independientes e idénticamente distribuidas tiene una distribución gamma (véase corolario 5.7.2), entonces

$$\tau \sim \text{gamma}(r, 1/\theta)$$

Es decir, τ tiene una distribución gamma con parámetros r y $1/\theta$. De manera equivalente, si recordamos que una variable aleatoria gamma con parámetros $(r, 1/\theta)$ es equivalente a $\theta/2$ veces una variable aleatoria chi cuadrada con $2r$ grados de libertad (véase sección 5.8.1), obtenemos que

$$\frac{2\tau}{\theta} \sim \chi^2_{2r} \tag{14.3.5}$$

Es decir, $2\tau/\theta$ tiene una distribución chi cuadrada con $2r$ grados de libertad. Por lo que

$$P\{\chi^2_{1-\alpha/2, 2r} < 2\tau/\theta < \chi^2_{\alpha/2, 2r}\} = 1 - \alpha$$

y de esta manera, un intervalo de $100(1 - \alpha)$ por ciento de confianza para θ es

$$\theta \in \left(\frac{2\tau}{\chi^2_{\alpha/2, 2r}}, \frac{2\tau}{\chi^2_{1-\alpha/2, 2r}} \right) \tag{14.3.6}$$

de manera similar se puede obtener un intervalo de confianza unilateral.

EJEMPLO 14.3a Una muestra de 50 transistores se someten simultáneamente a una prueba que terminará en cuanto se presente la decimoquinta falla. Si el tiempo total en la prueba de todos los transistores es de 525 horas, determine un intervalo de confianza de 95 por ciento para el tiempo de vida medio de un transistor. Suponga que la distribución correspondiente es exponencial.

SOLUCIÓN Del programa 5.8.1b se obtiene

$$\chi^2_{.025,30} = 46.98, \qquad \chi^2_{.975,30} = 16.89$$

y de esta manera usando la ecuación 14.3.6, podemos afirmar, con un 95 por ciento de confianza, que

$$\theta \in (22.35, 62.17) \quad \blacksquare$$

Al probar una hipótesis acerca de θ, utilizamos la ecuación 14.3.6 para determinar el valor p para los datos de la prueba. Por ejemplo, suponga que nos interesa la prueba unilateral de

$$H_0 : \theta \geq \theta_0$$

contra la hipótesis alternativa

$$H_1 : \theta < \theta_0$$

Esto se prueba calculando primero el valor del estadístico de prueba $2\tau/\theta_0$ —llamemos v a este valor— y calculando después la probabilidad de que una variable aleatoria chi cuadrada con $2r$ grados de libertad sea menor o igual a v. Esta probabilidad es el valor p en el sentido de que representa la probabilidad (máxima) de que se observe un valor tan pequeño como $2\tau/\theta_0$, siendo H_0 verdadera. La hipótesis se rechazará para todo nivel de significancia mayor o igual al valor p.

EJEMPLO 14.3b Un fabricante de baterías asegura que el tiempo de vida de su producto tiene una distribución exponencial con una vida media de por lo menos 150 horas. Para demostrarlo se someten simultáneamente 100 baterías a una prueba, que terminará en el momento en el que se presente la vigésima falla. Si al terminar la prueba el tiempo total de prueba de las 100 baterías es de 1 800 horas, ¿se aceptará la afirmación del fabricante?

SOLUCIÓN Como $2\tau/\theta_0 = 3\,600/150 = 24$, el valor p es

$$\text{valor } p = P\{\chi^2_{40} \leq 24\}$$

$$= .021 \qquad \text{del programa 5.8.1a}$$

Por lo que la afirmación del fabricante se rechaza para un nivel de significancia del 5 por ciento (y en realidad para todo nivel de significancia mayor o igual a .021). $\blacksquare$

De la ecuación 14.3.5 se sigue que la precisión del estimador τ/r depende únicamente de r y no de n, el número de artículos sometidos a prueba. La importancia de n reside en el hecho de que tomándola suficientemente grande podemos asegurar, que con gran probabilidad, la prueba será de corta duración. Los momentos de $X_{(r)}$, el tiempo al que termina la prueba, se obtiene fácilmente. Como para $X_{(0)} \equiv 0$,

$$X_{(j)} - X_{(j-1)} = \frac{Y_j}{n-j+1}, \qquad j = 1, \ldots, r$$

después de sumar, tenemos que

$$X_{(r)} = \sum_{j=1}^{r} \frac{Y_j}{n-j+1}$$

Por lo que, según la ecuación 14.3.4, $X_{(r)}$ es la suma de r variables aleatorias, independientes, exponenciales con medias respectivas, θ/n, $\theta/(n-1), \ldots, \theta/(n-r+1)$. Usando esto, vemos que

$$E[X_{(r)}] = \sum_{j=1}^{r} \frac{\theta}{n-j+1} = \theta \sum_{j=n-r+1}^{n} \frac{1}{j} \tag{14.3.7}$$

$$\mathrm{Var}(X_{(r)}) = \sum_{j=1}^{r} \left(\frac{\theta}{n-j+1} \right)^2 = \theta^2 \sum_{j=n-r+1}^{n} \frac{1}{j^2}$$

donde la segunda igualdad usa el hecho de que la varianza de una variable exponencial es igual al cuadrado de su media. Para n grande, podemos aproximar la suma anterior como sigue:

$$\sum_{j=n-r+1}^{n} \frac{1}{j} \approx \int_{n-r+1}^{n} \frac{dx}{x} = \log \left(\frac{n}{n-r+1} \right)$$

$$\sum_{j=n-r+1}^{n} \frac{1}{j^2} \approx \int_{n-r+1}^{n} \frac{dx}{x^2} = \frac{1}{n-r+1} - \frac{1}{n} = \frac{r-1}{n(n-r+1)}$$

Así, por ejemplo, en el ejemplo 14.3b la verdadera vida media fue 120 horas, y entonces la esperanza y la varianza de la duración de la prueba están dadas, aproximadamente, por

$$E[X_{(20)}] \approx 120 \log \left(\frac{100}{81} \right) = 25.29$$

$$\mathrm{Var}(X_{(20)}) \approx (120)^2 \frac{19}{100(81)} = 33.78$$

14.3.2 Prueba secuencial

Suponga ahora que tenemos una cantidad infinita de objetos, cada uno con una vida exponencial que tienen una media desconocida θ, y que van a ser probados secuencialmente, en el sentido de que se pone a prueba el primer artículo, y en cuanto falla, se pone a prueba el segundo, y así sucesivamente. En otras palabras, tan pronto como un artículo falla se remplaza de inmediato por otro. Suponemos que en algún momento determinado T, la prueba termina.

Los datos observados consistirán de los siguientes:

$$\text{Datos:} \qquad r, x_1, x_2, \ldots, x_r$$

entendiéndose que hubo en total r fallas y que el i-ésimo artículo en la prueba funcionó durante un tiempo x_i. Ahora, los anteriores serán los datos observados si

$$X_i = x_i, \qquad i = 1, \ldots, r, \qquad \sum_{i=1}^{r} x_i < T \qquad (14.3.8)$$

$$X_{r+1} > T - \sum_{i=1}^{r} x_i$$

donde X_i es el tiempo de vida funcional del artículo i que se va a poner en uso. Esto se debe a que para tener r fallas, la r-ésima falla debe ocurrir antes del tiempo T, y de esta manera $\sum_{i=1}^{r} X_i < T$, y la vida funcional del artículo $(r+1)$ debe ser mayor a $T - \sum_{i=1}^{r} X_i$ (véase figura 14.1).

De la fórmula 14.3.8 obtenemos que la verosimilitud de los datos $r, x_1, \ldots, x_r$ es:

$$f(r, x_1, \ldots, x_r | \theta)$$

$$= f_{X_1, \ldots, X_r}(x_1, \ldots, x_r) P \left\{ X_{r+1} > T - \sum_{i=1}^{r} x_i \right\}, \qquad \sum_{i=1}^{r} x_i < T$$

$$= \frac{1}{\theta^r} e^{-\sum_{i=1}^{r} x_i / \theta} e^{-(T - \sum_{i=1}^{r} x_i)/\theta}$$

$$= \frac{1}{\theta^r} e^{-T/\theta}$$

Por consiguiente,

$$\log f(r, x_1, \ldots, x_r | \theta) = -r \log \theta - \frac{T}{\theta}$$

y de esta manera

$$\frac{\partial}{\partial \theta} \log f(r, x_1, \ldots, x_r | \theta) = -\frac{r}{\theta} + \frac{T}{\theta^2}$$

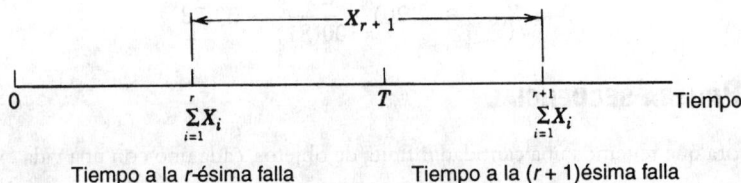

FIGURA 14.1 *r fallas hasta el tiempo T.*

Igualando a 0 y despejando obtenemos que el estimado de máxima verosimilitud de θ es

$$\hat{\theta} = \frac{T}{r}$$

Debido a que T es el tiempo total en la prueba de todos los artículos, tenemos, una vez más, que el estimado de máxima verosimilitud de la media exponencial desconocida es igual al tiempo total en la prueba dividido entre el número de fallas observadas durante ese tiempo.

Si denotamos con $N(T)$ el número de fallas hasta el tiempo T, entonces el estimado de máxima verosimilitud de θ es $T/N(T)$. Suponga ahora que el valor observado de $N(T)$ es $N(T) = r$. Para determinar un estimado de intervalo de confianza de $100(1 - \alpha)$ por ciento para θ, determinaremos primero el valor de θ_L y θ_U los cuales son tales que

$$P_{\theta_U}\{N(T) \geq r\} = \frac{\alpha}{2}, \qquad P_{\theta_L}\{N(T) \leq r\} = \frac{\alpha}{2}$$

donde $P_\theta(A)$ significa que estamos calculando la probabilidad del evento A bajo la suposición de que θ es la media verdadera. El estimado del intervalo de confianza de $100(1 - \alpha)$ por ciento para θ es

$$\theta \in (\theta_L, \theta_U)$$

Para entender por qué no se incluyen en el intervalo de confianza a aquellos valores de θ para los que $\theta < \theta_L$ o $\theta > \theta_U$, observe que $P_\theta\{N(T) \geq r\}$ decrece y $P_\theta\{N(T) \leq r\}$ crece en θ (¿por qué?). Por lo tanto

$$\text{si } \theta < \theta_L, \text{ entonces } P_\theta\{N(T) \leq r\} < P_{\theta_L}\{N(T) \leq r\} = \frac{\alpha}{2}$$

$$\text{si } \theta > \theta_U, \text{ entonces } P_\theta\{N(T) \geq r\} < P_{\theta_U}\{N(T) \geq r\} = \frac{\alpha}{2}$$

Falta todavía determinar θ_L y θ_U. Para ello observe que $N(T) \geq r$ es equivalente a decir que la r-ésima falla ocurrió en el tiempo T o antes de él. Es decir,

$$N(T) \geq r \Leftrightarrow X_1 + \cdots + X_r \leq T$$

y de esta manera

$$P_\theta\{N(T) \geq r\} = P_\theta\{X_1 + \cdots + X_r \leq T\}$$
$$= P\{\text{gamma}(r, 1/\theta) \leq T\}$$
$$= P\left\{\frac{\theta}{2}\chi^2_{2r} \leq T\right\}$$
$$= P\{\chi^2_{2r} \leq 2T/\theta\}$$

Por lo tanto, después de evaluar lo anterior para $\theta = \theta_U$, y usando el hecho de que $P\{\chi^2_{2r} \leq \chi^2_{1-\alpha/2,2r}\}$ $= \alpha/2$, obtenemos que

$$\frac{\alpha}{2} = P\left\{\chi^2_{2r} \leq \frac{2T}{\theta_U}\right\}$$

Además de que

$$\frac{2T}{\theta_U} = \chi^2_{1-\alpha/2,2r}$$

o

$$\theta_U = 2T/\chi^2_{1-\alpha/2,2r}$$

De manera similar podemos demostrar que

$$\theta_L = 2T/\chi^2_{\alpha/2,2r}$$

y entonces el estimado del intervalo de confianza de $100(1-\alpha)$ por ciento para θ es

$$\theta \in (2T/\chi^2_{\alpha/2,2r}, 2T/\chi^2_{1-\alpha/2,2r})$$

EJEMPLO 14.3c Si en una prueba secuencial, de uno por uno, se obtuvieron 10 fallas en un tiempo determinado de $T = 500$ horas, entonces el estimado de máxima verosimilitud de θ es $500/10 = 50$ horas. Y un estimado de un intervalo de confianza de 95 por ciento para θ es

$$\theta \in (1,000/\chi^2_{.025,20}, 1,000/\chi^2_{.975,20})$$

El programa 5.8.1b nos indica que

$$\chi^2_{.025,20} = 34.17, \qquad \chi^2_{.975,20} = 9.66$$

y de esta manera con 95 por ciento de confianza

$$\theta \in (29.27, 103.52) \quad \blacksquare$$

Si quisiéramos probar la hipótesis

$$H_0 : \theta = \theta_0$$

contra la hipótesis alternativa

$$H_1 : \theta \neq \theta_0$$

entonces, determinaríamos primero el valor de $N(T)$. Si $N(T) = r$, entonces la hipótesis se rechazaría siempre que

$$P_{\theta_0}\{N(T) \leq r\} \leq \frac{\alpha}{2} \qquad \text{o} \qquad P_{\theta_0}\{N(T) \geq r\} \leq \frac{\alpha}{2}$$

En otras palabras H_0 se rechazaría para todos los niveles de significancia mayores o iguales al valor p dado por

$$\text{valor } p = 2 \min(P_{\theta_0}\{N(T) \geq r\}, P_{\theta_0}\{N(T) \leq r\})$$

$$\text{valor } p = 2 \min(P_{\theta_0}\{N(T) \geq r\}, 1 - P_{\theta_0}\{N(T) \geq r + 1\})$$

$$= 2 \min\left(P\left\{ \chi^2_{2r} \leq \frac{2T}{\theta_0} \right\}, 1 - P\left\{ \chi^2_{2(r+1)} \leq \frac{2T}{\theta_0} \right\} \right)$$

El valor p para una prueba unilateral se obtiene de manera similar.

Las probabilidades para chi cuadrada se pueden calcular con el programa 5.8.1a.

EJEMPLO 14.3d   Una empresa asegura que el tiempo medio de vida de los semiconductores que produce es por lo menos de 25 horas. Para comprobar esto se contrata una compañía independiente que realizará una prueba secuencial, de uno en uno, de 600 horas, de los semiconductores producidos por la empresa. Si durante este tiempo fallan 30 semiconductores, ¿qué se puede decir de lo que asegura la empresa? Emplee 10 por ciento como nivel de significancia.

SOLUCIÓN   Ésta es una prueba unilateral de

$$H_0 : \theta \geq 25 \qquad \text{contra} \qquad H_1 : \theta < 25$$

La probabilidad relevante para determinar el valor p es la probabilidad de que haya habido 30 fallas pues la vida media era 25. Es decir,

$$\text{valor } p = P_{25}\{N(600) \geq 30\}$$

$$= P\{\chi^2_{60} \leq 1,200/25\}$$

$$= .132 \qquad \text{mediante el programa 5.8.1a}$$

De manera que se aceptaría H_0 si el nivel de significancia es .10.   ∎

14.3.3 Prueba simultánea, deteniéndola en un tiempo fijo

Suponga una vez más que estamos probando objetos cuyas distribuciones de vida son variables aleatorias exponenciales independientes, con una media común desconocida θ. Como en la sección 14.3.1, se ponen a prueba simultáneamente los n objetos, pero ahora suponemos que la prueba se detiene después de un tiempo fijo T, o en cuanto todos los n objetos hayan fallado —lo que ocurra primero—. El problema es usar los datos observados para estimar θ.

Los datos observados serán como sigue:

$$Datos: \quad i_1, i_2, \ldots, i_r, \quad\quad x_1, x_2, \ldots, x_r$$

entendiendo que este resultado se obtiene cuando se observó que los r artículos $i_1, \ldots, i_r$ fallaron, respectivamente, a los tiempos $x_1, \ldots, x_r$, y los $n - r$ artículos restantes han llegado al tiempo T sin fallar.

Ya que un artículo no habrá fallado hasta el tiempo T, si y sólo si su tiempo de vida es mayor que T, vemos que la verosimilitud de los datos anteriores es

$$f(i_1, \ldots, i_r, x_1, \ldots, x_r) = f_{X_{i_1}, \ldots, X_{i_r}}(x_1, \ldots, x_r) P\{X_j > T, j \neq i_1, \ldots, i_r\}$$

$$= \frac{1}{\theta} e^{-x_1/\theta} \cdots \frac{1}{\theta} e^{-x_r/\theta} (e^{-T/\theta})^{n-r}$$

$$= \frac{1}{\theta^r} \exp\left\{ -\frac{\sum\limits_{i=1}^{r} x_i}{\theta} - \frac{(n-r)T}{\theta} \right\}$$

Para obtener el estimado de máxima verosimilitud, con logaritmos determinamos

$$\log f(i_1, \ldots, i_r, x_1, \ldots, x_r) = -r \log \theta - \frac{\sum\limits_{1}^{r} x_i}{\theta} - \frac{(n-r)T}{\theta}$$

Por lo tanto,

$$\frac{\partial}{\partial \theta} \log f(i_1, \ldots, i_r, x_1, \ldots, x_r) = -\frac{r}{\theta} + \frac{\sum\limits_{1}^{r} x_i + (n-r)T}{\theta^2}$$

Igualando a 0 y despejando obtenemos que $\hat{\theta}$, el estimado de máxima verosimilitud, está dado por

$$\hat{\theta} = \frac{\sum\limits_{i=1}^{r} x_i + (n-r)T}{r}$$

Por lo tanto, si denotamos con R el número de objetos que han fallado hasta el tiempo T y por $X_{(i)}$ el tiempo (en orden de menor a mayor) de la i-ésima falla, $i = 1, \ldots, R$, entonces el estimador de máxima verosimilitud de θ es

$$\hat{\theta} = \frac{\sum\limits_{i=1}^{R} X_{(i)} + (n-R)T}{R}$$

Sea τ la suma de los tiempos en que están todos los objetos en la prueba de vida —es decir, τ— es el estadístico del tiempo total en la prueba. Entonces como R artículos que fallaron estuvieron en la prueba durante tiempos $X_{(1)},\ldots, X_{(R)}$ mientras que $n - R$ artículos que no fallaron estuvieron en la prueba durante un tiempo T, tenemos que

$$\tau = \sum_{i=1}^{R} X_{(i)} + (n - R)T$$

y así podemos escribir el estimador de máxima verosimilitud como

$$\hat{\theta} = \frac{\tau}{R}$$

Dicho con palabras, el estimador de máxima verosimilitud de la vida media es (como en los procedimientos de las pruebas de vida de las secciones 14.3.1 y 14.3.2) igual al tiempo total en la prueba dividido entre el número de artículos observados que fallaron.

OBSERVACIONES

Como el lector ya habrá conjeturado, resulta que en todos los esquemas de pruebas de vida para la distribución exponencial, el estimador de máxima verosimilitud de la media desconocida θ será siempre igual al tiempo total en la prueba dividido entre el número de fallas observadas. Para demostrar por qué es esto verdad, consideremos *cualquier* situación de prueba y supongamos que r artículos fallaron después de haber estado en la prueba durante los respectivos tiempos $x_1,\ldots, x_r$ y que hay todavía s artículos que no han fallado al terminar la prueba, tiempo en el que estos artículos han estado en la prueba durante los tiempos respectivos $y_1,\ldots, y_s$. La verosimilitud de este resultado será

$$\text{verosimilitud} = K\frac{1}{\theta}e^{-x_1/\theta}\cdots\frac{1}{\theta}e^{-x_r/\theta}e^{-y_1/\theta}\cdots e^{-y_s/\theta} \tag{14.3.9}$$

$$= \frac{K}{\theta^r}\exp\left\{-\frac{\left(\sum_{i=1}^{r}x_i + \sum_{i=1}^{s}y_i\right)}{\theta}\right\}$$

donde K, que es una función del esquema de prueba y de los datos, no depende de θ. (Por ejemplo, K puede relacionarse con un procedimiento de prueba donde la decisión de cuándo detener la prueba no sólo depende de los datos observados, sino que se deja al azar.) De lo anterior se sigue que el estimado de máxima verosimilitud de θ será

$$\hat{\theta} = \frac{\sum_{i=1}^{r}x_i + \sum_{i=1}^{s}y_i}{r} \tag{14.3.10}$$

Pero, $\sum_{i=1}^{r} x_i + \sum_{i=1}^{s} y_i$ es precisamente el estadístico del tiempo total en la prueba, por lo que el estimador de máxima verosimilitud de θ es, realmente, el tiempo total en la prueba dividido entre el número de fallas observadas durante ese tiempo.

La distribución de τ/R es bastante complicada para el esquema de pruebas de vida que se describe en esta sección,* por lo que no nos será fácil deducir un estimador para un intervalo de confianza de θ. Debido a esto no nos ocuparemos más de este problema, y consideraremos el método bayesiano para estimar θ.

14.3.4 EL ENFOQUE BAYESIANO

Considere que se someten a una prueba de vida objetos que tienen tiempos de vida distribuidos exponencialmente de manera independiente e idéntica y con una media desconocida θ. Entonces, como ya hicimos notar en las observaciones de la sección 14.3.3, la verosimilitud de los datos se expresa como

$$f(\text{datos} \mid \theta) = \frac{K}{\theta^r} e^{-t/\theta}$$

donde t es el tiempo total en la prueba —es decir, la suma de los tiempos en la prueba de todos los objetos usados— y r es el número de fallas observadas en los datos dados.

Sea $\lambda = 1/\theta$ la tasa de la distribución exponencial. En el método bayesiano es más conveniente trabajar con la tasa λ que con su recíproco. De lo anterior observaríamos que

$$f(\text{datos} \mid \lambda) = K\lambda^r e^{-\lambda t}$$

Si antes de la prueba suponemos que λ está distribuida de acuerdo con la densidad *a priori* $g(\lambda)$, entonces la densidad *a posteriori* de λ dados los datos observados es como sigue:

$$f(\lambda \mid \text{datos}) = \frac{f(\text{datos} \mid \lambda) g(\lambda)}{\int f(\text{datos} \mid \lambda) g(\lambda) \, d\lambda} \qquad (14.3.11)$$

$$= \frac{\lambda^r e^{-\lambda t} g(\lambda)}{\int \lambda^r e^{-\lambda t} g(\lambda) \, d\lambda}$$

Trabajar con la anterior densidad *a posteriori* se vuelve especialmente conveniente cuando g es una función de densidad gamma con parámetros, digamos, (a, b); es decir, cuando

$$g(\lambda) = \frac{a e^{-a\lambda} (a\lambda)^{b-1}}{\Gamma(b)}, \qquad \lambda > 0$$

para constantes no negativas a y b. En este caso, por la ecuación 14.3.11 tenemos que

$$f(\lambda \mid \text{datos}) = C e^{-(a+t)\lambda} \lambda^{r+b-1}$$

$$= K e^{-(a+t)\lambda} [(a+t)\lambda]^{b+r-1}$$

---

* Por ejemplo, en el esquema considerado, τ y R no sólo son aleatorias, sino también independientes.

donde C y K no dependen de λ. Puesto que reconocemos lo anterior como la densidad gamma con parámetros $(b + r, a + t)$, podemos rescribirlo como

$$f(\lambda \mid \text{datos}) = \frac{(a + t)e^{-(a+t)\lambda}[(a + t)\lambda]^{b+r-1}}{\Gamma(b + r)}, \qquad \lambda > 0$$

En otras palabras, si la distribución *a priori* de λ es gamma con parámetros (a, b), entonces sin importar cuál sea el esquema de prueba, la distribución condicional (*a posteriori*) de λ, dados los datos, es gamma con parámetros $(b + R, a + \tau)$, donde τ y R representan, respectivamente, el estadístico del tiempo total en la prueba y el número de fallas observadas. Como la media de una variable aleatoria gamma con parámetros (a, b) es igual a b/a (véase sección 5.7), concluimos que $E[\lambda \mid \text{datos}]$, el estimador bayesiano de λ, es

$$E(\lambda \mid \text{datos}) = \frac{b + R}{a + \tau}$$

EJEMPLO 14.3e Suponga que 20 objetos, que tienen una distribución de vida exponencial con una tasa desconocida λ, se someten a una prueba de vida en varios tiempos. Al terminar la prueba se observaron 10 fallas, cuyos tiempos de vida (en horas) son 5, 7, 6.2, 8.1, 7.9, 15, 18, 3.9, 4.6, 5.8. Los 10 objetos que no fallaron, habían estado a prueba, en el momento en que terminó la prueba, durante los siguientes tiempos (en horas) 3, 3.2, 4.1, 1.8, 1.6, 2.7, 1.2, 5.4, 10.3, 1.5. Si antes de la prueba se pensó que se podía considerar a λ como una variable aleatoria gamma con parámetros (2, 20), ¿cuál es el estimador de Bayes para λ?

SOLUCIÓN Debido a que

$$\tau = 116.1, \qquad R = 10$$

tenemos que el estimador de Bayes para λ es

$$E(\lambda \mid \text{datos}) = \frac{12}{136.1} = .088 \quad \blacksquare$$

OBSERVACIONES

Como hemos visto, el hecho de elegir una distribución gamma *a priori* para la tasa de una distribución exponencial permite que los cálculos sean bastante simples. Aunque desde el punto de vista de la aplicación, ello no es una razón suficiente, la justificación es que la flexibilidad que se tiene para determinar los dos parámetros de gamma *a priori*, normalmente nos permite una aproximación razonable a la verdadera idea *a priori*.

14.4 UN PROBLEMA DE DOS MUESTRAS

Una empresa ha instalado dos plantas separadas para producir tubos de vacío. La empresa supone que los tubos producidos en la planta I funcionan durante un tiempo distribuido exponencialmente con una media desconocida θ_1; mientras que los tubos producidos en la planta II funcionan durante un tiempo distribuido exponencialmente con una media desconocida θ_2. Para probar la hipótesis de que no hay diferencia entre las dos plantas (por lo menos respecto al tiempo de vida de los tubos que producen), la empresa toma una muestra de n tubos de la planta I y una muestra de m tubos de la planta II, para determinar sus tiempos de vida. ¿Cómo los pueden determinar si las dos plantas son idénticas?

Si denotamos con $X_1,\ldots, X_n$ los tiempos de vida de los n tubos de la planta I y con $Y_1,\ldots, Y_m$ los tiempos de vida de los m tubos de la planta II, entonces el problema consiste en probar la hipótesis de que $\theta_1 = \theta_2$ siendo las X_i, $i = 1,\ldots, n$ una muestra aleatoria de una distribución exponencial, con media θ_1 y las Y_i, $i = 1,\ldots, m$ una muestra aleatoria de una distribución exponencial con media θ_2. Tomemos en cuenta que, además, las dos muestras son independientes.

Para desarrollar una prueba de hipótesis para $\theta_1 = \theta_2$, empecemos por observar que $\sum_{i=1}^{n} X_i$ y $\sum_{i=1}^{m} Y_i$ (siendo la suma de variables exponenciales, independientes e idénticamente distribuidas) son variables aleatorias gamma independientes con parámetros respectivos $(n, 1/\theta_1)$ y $(m, 1/\theta_2)$. Por lo tanto, por la equivalencia de las distribuciones gamma y chi cuadrada,

$$\frac{2}{\theta_1} \sum_{i=1}^{n} X_i \sim \chi^2_{2n}$$

$$\frac{2}{\theta_2} \sum_{i=1}^{m} Y_i \sim \chi^2_{2m}$$

Y de la definición de la distribución F se sigue que

$$\frac{\left(\dfrac{2}{\theta_1} \sum_{i=1}^{n} X_i\right)}{2n} \Bigg/ \frac{\left(\dfrac{2}{\theta_2} \sum_{i=1}^{m} Y_i\right)}{2m} \sim F_{n,m}$$

Es decir si $\overline{X}$ y $\overline{Y}$ son las respectivas medias muestrales, entonces,

$$\frac{\theta_2 \overline{X}}{\theta_1 \overline{Y}} \qquad \text{tiene una distribución } F \text{ con } n \text{ y } m \text{ grados de libertad}$$

Por lo tanto, si la hipótesis, $\theta_1 = \theta_2$, es verdadera, vemos que $\overline{X}/\overline{Y}$ tiene una distribución F con n y m grados de libertad, lo cual sugiere la siguiente prueba de hipótesis de $\theta_1 = \theta_2$.

Prueba: $H_0: \theta_1 = \theta_2$ contra $H_1: \theta_1 \neq \theta_2$

Paso 1: Seleccionar un nivel de significancia α.

Paso 2: Determinar el valor del estadístico de prueba $\overline{X}/\overline{Y}$ —llamémosle v a este valor—.

Paso 3: Calcular $P\{F \leq v\}$ donde $F \sim F_{n,m}$. Si esta probabilidad es menor que $\alpha/2$ (lo cual ocurre cuando $\overline{X}$ es significativamente menor que $\overline{Y}$) o mayor que $1 - \alpha/2$ (lo que ocurre cuando $\overline{X}$ es significativamente mayor que $\overline{Y}$), entonces se rechaza la hipótesis.

En otras palabras, el valor p para los datos de la prueba está dado por

$$\text{valor } p = 2 \min(P\{F \le v\}, \ 1 - P\{F \le v\})$$

EJEMPLO 14.4a Para el nivel de significancia del 5 por ciento, pruebe la hipótesis de que los tiempos de vida de los artículos producidos en dos plantas tienen la misma distribución de vida exponencial, si una muestra de tamaño 10 de la primera planta tiene un tiempo de vida total de 420 horas; mientras que una muestra de 15 artículos de la segunda planta tiene un tiempo de vida total de 510 horas.

SOLUCIÓN El valor del estadístico de prueba $\overline{X}/\overline{Y}$ es $42/34 = 1.2353$. Para calcular la probabilidad de que una variable aleatoria F con parámetros 10, 15 sea menor que este valor, corremos el programa 5.8.3a para obtener que

$$P\{F_{10,15} < 1.2353\} = .6554$$

Como el valor de p es igual a $2(1 - .6554) = .6892$, no es posible rechazar H_0. ■

14.5 LA DISTRIBUCIÓN DE WEIBULL EN PRUEBAS DE VIDA

Aunque la distribución exponencial surge como la distribución de vida cuando se supone que la función de tasa de riesgos $\lambda(t)$ permanece constante a través del tiempo, hay muchas situaciones donde es más realista suponer que $\lambda(t)$ crece o decrece con el paso del tiempo. Un ejemplo de estas funciones de tasa de riesgos está dado por

$$\lambda(t) = \alpha \beta t^{\beta-1}, \qquad t > 0 \tag{14.5.1}$$

donde α y β son constantes positivas. A la distribución cuya función de tasa de riesgos está dada por la ecuación 14.5.1 se le llama la distribución de *Weibull* con parámetros (α, β). Observe que $\lambda(t)$ crece cuando $\beta > 1$; decrece cuando $\beta < 1$, y es constante (reduciéndose a la exponencial) cuando $\beta = 1$.

La función de distribución de Weibull se obtiene de la ecuación 14.5.1 como sigue:

$$F(t) = 1 - \exp\left\{-\int_0^t \lambda(s)\, ds\right\}, \qquad t > 0$$

$$= 1 - \exp\{-\alpha t^\beta\}$$

Diferenciando obtenemos su función de densidad:

$$f(t) = \alpha \beta t^{\beta-1} \exp\{-\alpha t^\beta\}, \qquad t > 0 \tag{14.5.2}$$

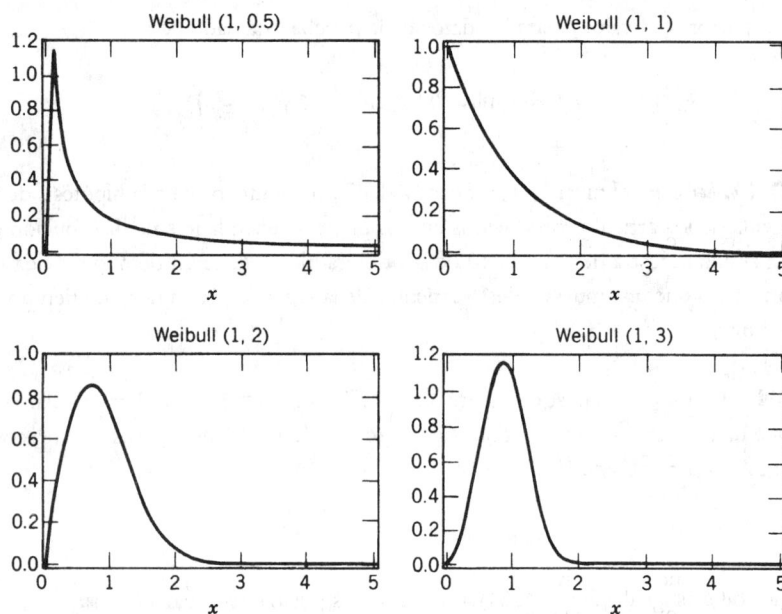

FIGURA 14.2 *Función de densidad de Weibull.*

En la figura 14.2 se grafica esta densidad para diversos valores de α y β.

Suponga ahora que $X_1, \ldots, X_n$ son variables aleatorias, independientes, de Weibull cada una con parámetros (α, β) que se suponen son desconocidos. Para estimar α y β se emplea el método de máxima verosimilitud. La ecuación 14.5.2 nos da la verosimilitud, que está dada por

$$f(x_1, \ldots, x_n) = \alpha^n \beta^n x_1^{\beta-1} \cdots x_n^{\beta-1} \exp\left\{ -\alpha \sum_{i=1}^{n} x_i^{\beta} \right\}$$

Por lo que

$$\log f(x_1, \ldots, x_n) = n \log \alpha + n \log \beta + (\beta - 1) \sum_{i=1}^{n} \log x_i - \alpha \sum_{i=1}^{n} x_i^{\beta}$$

y

$$\frac{\partial}{\partial \alpha} \log f(x_1, \ldots, x_n) = \frac{n}{\alpha} - \sum_{i=1}^{n} x_i^{\beta}$$

$$\frac{\partial}{\partial \beta} \log f(x_1, \ldots, x_n) = \frac{n}{\beta} + \sum_{i=1}^{n} \log x_i - \alpha \sum_{i=1}^{n} x_i^{\beta} \log x_i$$

Igualando a 0 vemos que los estimados de máxima verosimilitud de $\hat{\alpha}$ y $\hat{\beta}$ son las soluciones de

$$\frac{n}{\hat{\alpha}} = \sum_{i=1}^{n} x_i^{\hat{\beta}}$$

$$\frac{n}{\hat{\beta}} + \sum_{i=1}^{n} \log x_i = \hat{\alpha} \sum_{i=1}^{n} x_i^{\hat{\beta}} \log x_i$$

o, lo que es equivalente,

$$\hat{\alpha} = \frac{n}{\sum_{i=1}^{n} x_i^{\hat{\beta}}}$$

$$n + \hat{\beta} \log\left(\prod_{i=1}^{n} x_i\right) = \frac{n\hat{\beta} \sum_{i=1}^{n} x_i^{\hat{\beta}} \log x_i}{\sum_{i=1}^{n} x_i^{\hat{\beta}}}$$

Estas ecuaciones se pueden resolver numéricamente para $\hat{\beta}$, con lo cual también se determinará $\hat{\alpha}$. Pero en lugar de continuar con este método, consideremos un segundo método que no sólo es más sencillo desde el punto de vista de los cálculos, sino que además parece, según indican los estudios de simulación, genera estimados más exactos.

14.5.1 Estimación de parámetros mediante mínimos cuadrados

Sea $X_1, \ldots, X_n$ una muestra de la distribución

$$F(x) = 1 - e^{-\alpha x^{\beta}}, \qquad x \geq 0$$

Observe que

$$\log(1 - F(x)) = -\alpha x^{\beta}$$

o

$$\log\left(\frac{1}{1 - F(x)}\right) = \alpha x^{\beta}$$

y de esta manera

$$\log \log\left(\frac{1}{1 - F(x)}\right) = \beta \log x + \log \alpha \tag{14.5.3}$$

Ahora denotemos con $X_{(1)} < X_{(2)} < \ldots < X_{(n)}$ los valores ordenados de la muestra, es decir, para $i = 1, \ldots, n$,

$$X_{(i)} = \text{es el } i\text{-ésimo de los } X_1, \ldots, X_n \text{ ordenados de menor a mayor}$$

y suponga que tenemos que $X_{(i)} = x_{(i)}$. Si pudiéramos aproximar las cantidades $\log \log(1/[1 - F(x_{(i)})])$ —digamos, mediante los valores $y_1, \ldots, y_n$— entonces por la ecuación 14.5.3, concluiríamos que

$$y_i \approx \beta \log x_{(i)} + \log \alpha, \qquad i = 1, \ldots, n \tag{14.5.4}$$

Entonces podemos escoger α y β a manera de minimizar la suma de los cuadrados de los errores; es decir, α y β se escogen de manera que

$$\underset{\alpha, \beta}{\text{minimicen}} \sum_{i=1}^{n} (y_i - \beta \log x_{(i)} - \log \alpha)^2$$

Empleando la proposición 9.2.1 obtenemos que el mínimo anterior se obtiene cuando $\alpha = \hat{\alpha}$ y $\beta = \hat{\beta}$, donde

$$\hat{\beta} = \frac{\displaystyle\sum_{i=1}^{n} y_i \log x_{(i)} - n \overline{\log x} \, \overline{y}}{\displaystyle\sum_{i=1}^{n} (\log x_{(i)})^2 - n(\overline{\log x})^2}$$

$$\log \hat{\alpha} = \overline{y} - \beta \overline{\log x}$$

donde

$$\overline{\log x} = \sum_{i=1}^{n} (\log x_{(i)}) \bigg/ n, \qquad \overline{y} = \sum_{i=1}^{n} y_i \bigg/ n$$

Para poder utilizar lo anterior, necesitamos determinar valores y_i que aproximen $\log \log (1/[1 - F(x_{(i)})]) = \log[-\log(1 - F(x_{(i)}))]$, $i = 1, \ldots, n$. A continuación presentamos dos métodos para hacer esto.

Método 1: Este método usa el hecho de que

$$E[F(X_{(i)})] = \frac{i}{(n+1)} \tag{14.5.5}$$

y después aproxima $F(x_{(i)})$ mediante $E[F(X_{(i)})]$. De manera que este método pide usar

$$y_i = \log\{-\log(1 - E[F(X_{(i)})])\} \tag{14.5.6}$$

$$= \log\left\{-\log\left(1 - \frac{i}{(n+1)}\right)\right\}$$

$$= \log\left\{-\log\left(\frac{n+1-i}{n+1}\right)\right\}$$

Método 2: Este método usa el hecho de que

$$E[-\log(1 - F(X_{(i)}))] = \frac{1}{n} + \frac{1}{n-1} + \frac{1}{n-2} + \cdots + \frac{1}{n-i+1} \tag{14.5.7}$$

y después aproxima $-\log(1 - F(x_{(i)}))$ mediante lo anterior. De manera que el segundo método pide hacer

$$y_i = \log\left[\frac{1}{n} + \frac{1}{(n-1)} + \cdots + \frac{1}{(n-i+1)}\right] \qquad (14.5.8)$$

OBSERVACIONES

(a) Hasta el momento no es claro qué método proporciona mejores estimados de los parámetros de la distribución de Weibull; para determinarlo, sería necesario un estudio de simulación más amplio.

(b) Las pruebas de las ecuaciones 14.5.5 y 14.5.7 [que se satisfacen siempre que $X_{(i)}$ sea el i-ésimo elemento de una muestra de tamaño n, tomada de una distribución F continua, y en la que se han ordenado los elementos de menor a mayor] se bosquejan en los problemas 28 a 30.

Problemas

1. Si una variable aleatoria tiene una función de distribución dada por

$$F(t) = 1 - \exp\{-\alpha t^{\beta}\}, \qquad t \geq 0$$

entonces se dice que tiene una distribución de Weibull con parámetros α, β. Calcule su función de tasa de fallas.

2. Si X y Y son variables aleatorias independientes con función de tasa de fallas $\lambda_x(t)$ y $\lambda_y(t)$, muestre que la función de tasa de fallas de $Z = \text{mín}(X, Y)$ es

$$\lambda_z(t) = \lambda_x(t) + \lambda_y(t)$$

3. La tasa de cáncer pulmonar de un fumador hombre de t años es $\lambda(t)$

$$\lambda(t) = .027 + .025 \left(\frac{t - 40}{10}\right)^4, \qquad t \geq 40$$

Suponiendo que un fumador, hombre, de 40 años sobreviva a todos los otros riesgos, ¿cuál es la probabilidad de que sobreviva **(a)** a la edad de 50 años, **(b)** a la edad de 60 años, sin contraer cáncer pulmonar? Estamos suponiendo que el fumador sigue siendo un fumador durante toda su vida.

4. Considere que la distribución de vida de un artículo tiene función de tasa de fallas $\lambda(t) = t^3$, $0 < t < \infty$.

   (a) ¿Cuál es la probabilidad de que un artículo sobreviva a la edad de 2 años?
   (b) ¿Cuál es la probabilidad de que la vida del artículo esté entre .4 y 1.4?

(c) ¿Cuál es la vida media del artículo?

(d) ¿Cuál es la probabilidad de que un artículo de un año sobreviva hasta la edad de 2 años?

5. Se dice que una distribución de vida continua es una distribución IFR (tasa de fallas creciente [increasing failure rate]) si su función de tasa de fallas $\lambda(t)$ es no decreciente en t.

(a) Muestre que la distribución gamma con densidad

$$f(t) = \lambda^2 t e^{-\lambda t}, \qquad t > 0$$

es IFR.

(b) Muestre, de manera general, que la distribución gamma con parámetros α, λ es IFR siempre que $\alpha \geq 1$.

Sugerencia: Escriba

$$\lambda(t) = \left[\frac{\int_t^\infty \lambda e^{-\lambda s}(\lambda s)^{\alpha-1}\, ds}{\lambda e^{-\lambda t}(\lambda t)^{\alpha-1}} \right]^{-1}$$

6. Muestre que la distribución uniforme en (a, b) es una distribución IFR.

7. Para el modelo de la sección 14.3.1 explique cómo se puede usar la figura siguiente para mostrar que

$$\tau = \sum_{j=1}^{r} Y_j$$

donde

$$Y_j = (n - j + 1)(X_{(j)} - X_{(j-1)})$$

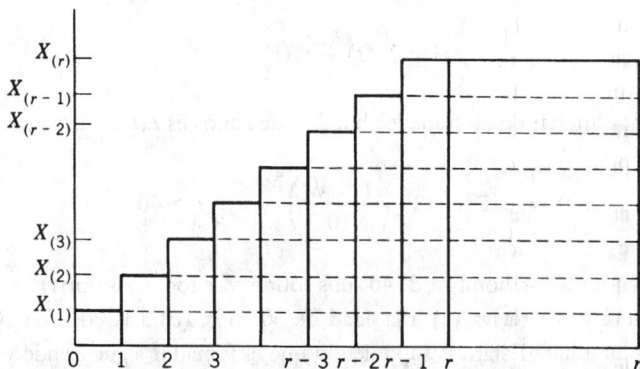

(*Sugerencia:* Argumente que tanto τ como $\sum_{j=1}^{r} Y_j$ son iguales al área total de la figura mostrada.)

8. Al someter 30 transistores simultáneamente a una prueba de vida que se terminaría cuando se presentara la décima falla, se observaron los siguientes tiempos de falla (en horas) 4.1, 7.3, 13.2, 18.8, 24.5, 30.8, 38.1, 45.5, 53, 62.2. Suponga una distribución de vida exponencial.

   (a) ¿Cuál es el estimado de máxima verosimilitud de la vida media de un transistor?

   (b) Calcule un intervalo bilateral de confianza de 95 por ciento para la vida media de un transistor.

   (c) Determine un valor c para el que podamos decir, con 95 por ciento de confianza, que es menor que la vida media de un transistor.

   (d) Pruebe, para el nivel de significancia $\alpha = .10$, la hipótesis de que el tiempo medio de vida es de 7.5 horas, contra la hipótesis alternativa de que no es de 7.5 horas.

9. Considere una prueba de $H_0 : \theta = \theta_0$ contra $H_1 : \theta \neq \theta_0$ para el modelo de la sección 14.3.1. Suponga que el valor observado de $2\tau/\theta_0$ es v. Muestre que la hipótesis debe rechazarse para el nivel de significancia α siempre que sea menor que el valor p dado por

$$\text{valor } p = 2 \min{(P\{\chi_{2r}^2 < v\}, \ 1 - P\{\chi_{2r}^2 < v\})}$$

   donde χ_{2r}^2 es una variable aleatoria chi cuadrada con $2r$ grados de libertad.

10. Suponga que se someten 30 artículos a una prueba que se detendrá cuando se presente la octava falla. Si los tiempos de falla, en horas, son .35, .73, .99, 1.40, 1.45, 1.83, 2.20, 2.72, pruebe, para el nivel de significancia del 5 por ciento, la hipótesis de que la vida media es igual a 10 horas. Suponga que la distribución correspondiente es exponencial.

11. Suponga que 20 artículos se someten a una prueba que terminará cuando se presente la décima falla. Si la distribución del tiempo de vida es exponencial con media de 10 horas, calcule las cantidades siguientes:

   (a) La longitud media del periodo de prueba.

   (b) La varianza del periodo de prueba.

12. En una planta se producen tubos de vacío que se supone tienen una distribución de vida exponencial con media desconocida θ. Para estimar θ se van a poner n tubos a prueba y se detendrá la prueba en cuanto se presente la décima falla. Si los encargados de la planta quieren que la duración media del periodo de prueba sea de 3 horas si el valor de θ es $\theta = 20$, ¿de qué tamaño, aproximadamente, debe de ser n?

13. Un esquema de prueba de vida secuencial de uno en uno se ha planeado para que se desarrolle durante 300 horas. Durante este tiempo fallan 16 artículos en total. Suponiendo una distribución de vida exponencial con media desconocida θ (medida en horas):

   (a) Determine el estimado de máxima verosimilitud para θ.

   (b) Para el nivel de significancia de .05, pruebe la hipótesis de que $\theta = 20$ contra la hipótesis alternativa de que $\theta \neq 20$.

   (c) Determine un intervalo de confianza de 95 por ciento para θ.

14. Usando el hecho de que un proceso de Poisson se presenta cuando los tiempos entre eventos sucesivos son variables aleatorias exponenciales independientes e idénticamente distribuidas, muestre que

$$P\{X \geq n\} = F_{\chi_{2n}^2}(x)$$

si X es una variable aleatoria de Poisson con media $x/2$ y $F_{\chi^2_{2n}}$ es la función de distribución chi cuadrada con $2n$ grados de libertad. (*Sugerencia*: Use los resultados de la sección 14.3.2.)

15. De una muestra de artículos con una distribución de vida exponencial y media desconocida θ, se prueban artículos en forma secuencial. La prueba continua hasta que se presente la r-ésima falla o una vez transcurrido un tiempo T.

    (a) Determine la función de verosimilitud.
    (b) Verifique que el estimador de máxima verosimilitud de θ es igual al tiempo total en la prueba de todos los artículos dividido entre el número de fallas observadas.

16. Verifique que el estimado de máxima verosimilitud correspondiente a la ecuación 14.3.9 está dado por la ecuación 14.3.10.

17. Un laboratorio realiza pruebas de vida simultáneas a 5 componentes. El laboratorio probó una muestra de 10 componentes provenientes de una distribución exponencial común poniendo, primero, 5 componentes a prueba y remplazando a los que fallaran con los componentes que todavía estaban en espera de probarse. La prueba se diseñó para terminar después de 200 horas o cuando todos los componentes hubieran fallado. Si en total hubo 9 fallas que ocurrieron a los tiempos 15, 28.2, 46, 62.2, 76, 86, 128, 153, 197, ¿cuál es el estimado de máxima verosimilitud de la vida media de un componente?

18. Suponga que el tiempo de remisión, en semanas, de pacientes con leucemia que se han sometido a un tratamiento de quimioterapia es una variable aleatoria exponencial con una media desconocida θ. Se sigue el desarrollo de 20 de estos pacientes y en un momento sus tiempos de remisión (en semanas) son 1.2, 1.8*, 2.2, 4.1, 5.6, 8.4,11.8*, 13.4*, 16.2, 21.7, 29*, 41, 42*, 42.4*, 49.3, 60.5, 61*, 94, 98, 99.2*, en donde un asterisco al lado del dato indica que la remisión del paciente continúa aún; mientras que un dato sin asterisco indica que la remisión del paciente terminó después del tiempo dado. ¿Cuál es el estimado de máxima verosimilitud de θ?

19. En el problema 17, supongamos que antes de la fase de prueba, y con base en experiencias pasadas, uno cree que el valor de $\lambda = 1/\theta$ podría tomarse como resultado de una variable aleatoria gamma con parámetros 1, 100. ¿Cuál es el estimado de Bayes de λ?

20. ¿Cuál es el estimado de Bayes de $\lambda = 1/\theta$ en el problema 18 si la distribución *a priori* para λ es exponencial con media $1/30$?

21. Los siguientes son tiempos de falla, en minutos, de dos tipos de aislantes eléctricos sujetos a un cierto voltaje.

Tipo I	212, 88.5, 122.3, 116.4, 125, 132, 66
Tipo II	34.6, 54, 162, 49, 78, 121, 128

Pruebe la hipótesis de que los dos conjuntos de datos provienen de la misma distribución exponencial.

22. Suponga que las distribuciones de vida de dos tipos de transistores son exponenciales. Para probar la igualdad de las medias de estas dos distribuciones, n_1 transistores de tipo 1 se someten a una prueba de vida simultánea que terminará cuando en total se tengan r_1 fallas. De manera similar, n_2 transistores de tipo 2 se someten a una prueba de vida simultánea que terminará cuando en total se tengan r_2 fallas.

(a) Usando los resultados de la sección 14.3.1, demuestre que se puede probar la hipótesis de que las medias son iguales usando el estadístico de prueba que tiene una distribución F con $2r_1$ y $2r_2$ grados de libertad, cuando las medias son iguales.

(b) Suponga que $n_1 = 20$, $r_1 = 10$, $n_2 = 10$ y $r_2 = 7$ y que se obtuvieron los datos siguientes.

Para el tipo I, fallas a los tiempos:

$$10.4, 23.2, 31.4, 45, 61.1, 69.6, 81.3, 95.2, 112, 129.4$$

Para el tipo II, fallas a los tiempos:

$$6.1, 13.8, 21.2, 31.6, 46.4, 66.7, 92.4$$

¿Cuál es el menor nivel de significancia α para el que se rechazaría la hipótesis de la igualdad de las medias? (Es decir, ¿cuál es el valor p para los datos de la prueba?)

23. Si X es una variable aleatoria de Weibull, con parámetros (α, β) muestre que

$$E[X] = \alpha^{-1/\beta}\Gamma(1 + 1/\beta)$$

donde $\Gamma(y)$ es la función gamma definida por

$$\Gamma(y) = \int_0^\infty e^{-x}x^{y-1}\, dx$$

Sugerencia: Escriba

$$E[X] = \int_0^\infty t\alpha\beta t^{\beta-1} \exp\{-\alpha t^\beta\}\, dt$$

y haga los cambios de variables

$$x = \alpha t^\beta, \qquad dx = \alpha\beta t^{\beta-1}\, dt$$

24. Muestre que si X es una variable aleatoria de Weibull, con parámetros (α, β), entonces

$$\mathrm{Var}(X) = \alpha^{-2/\beta}\left[\Gamma\left(1 + \frac{2}{\beta}\right) - \left(\Gamma\left(1 + \frac{1}{\beta}\right)\right)^2\right]$$

25. Si los siguientes son los datos de una muestra proveniente de una población de Weibull con parámetros desconocidos α y β, determine los estimados de mínimos cuadrados de estas cantidades, usando cualquiera de los métodos presentados.

Datos: 15.4, 16.8, 6.2, 10.6, 21.4, 18.2, 1.6, 12.5, 19.4, 17

26. Muestre que si X es una variable aleatoria de Weibull, con parámetros (α, β), entonces αX^β es una variable aleatoria exponencial con media 1.

27. Si U está distribuida de manera uniforme en $(0, 1)$, es decir, U es un número aleatorio, muestre que $[-(1/\alpha) \log U]^{1/\beta}$ es una variable aleatoria de Weibull, con parámetros (α, β).

Los tres problemas siguientes están relacionados con la verificación de las ecuaciones 14.5.5. y 14.5.7.

28. Si X es una variable aleatoria continua que tiene una distribución F, muestre que
   (a) $F(X)$ está uniformemente distribuida en $(0, 1)$;
   (b) $1 - F(X)$ está uniformemente distribuida en $(0, 1)$.

29. En una muestra de tamaño n, de una función de distribución continua F, sea $X_{(i)}$ el i-ésimo de los elementos de la muestra ordenados de menor a mayor. Asimismo, en una muestra de tamaño n, de una distribución uniforme $(0, 1)$, sea $U_{(i)}$ el i-ésimo de los elementos de la muestra ordenados de menor a mayor.

   (a) Argumente que la función de densidad de $U_{(i)}$ está dada por

$$f_{U_{(i)}}(t) = \frac{n!}{(n-i)!(i-1)!} t^{i-1}(1-t)^{n-i}, \qquad 0 < t < 1$$

   [*Sugerencia*: Para que el i-ésimo elemento de la muestra ordenado de menor a mayor de n variables aleatorias uniformes $(0, 1)$ sea igual a t, ¿cuántos elementos deben ser menores a t y cuántos mayores? ¿De cuántas maneras se puede partir un conjunto de n elementos en tres conjuntos de tamaños $i - 1$, 1 y $n - i$, respectivamente?]
   (b) Use el inciso (a) para demostrar que $E[U_{(i)}] = i/(n + 1)$ [*Sugerencia*: Para evaluar la integral que se obtiene use el hecho de que la densidad en el inciso a) debe integrarse a 1.]
   (c) Utilice el inciso (b) y el problema 28a para concluir que $E[F(X_{(i)})] = i/(n + 1)$.

30. Si U está uniformemente distribuida en $(0, 1)$ muestre que $-\log U$ tiene una distribución exponencial con media 1. Ahora use la ecuación 14.3.7 y los resultados de los problemas anteriores para establecer la ecuación 14.5.7.

APÉNDICE DE TABLAS

A1: Función de distribución normal estándar
A2: Probabilidades para variables aleatorias chi cuadrada
A3: Probabilidades para variables aleatorias t
A4: Probabilidades para variables aleatorias F
A5: Constantes de comparación múltiple ANOVA

TABLA A1 *Función de distribución normal estándar:* $\Phi(x) = \dfrac{1}{\sqrt{2\pi}} \int_{-\infty}^{x} e^{-y^2/2}\, dy$

x	.00	.01	.02	.03	.04	.05	.06	.07	.08	.09
.0	.5000	.5040	.5080	.5120	.5160	.5199	.5239	.5279	.5319	.5359
.1	.5398	.5438	.5478	.5517	.5557	.5596	.5636	.5675	.5714	.5753
.2	.5793	.5832	.5871	.5910	.5948	.5987	.6026	.6064	.6103	.6141
.3	.6179	.6217	.6255	.6293	.6331	.6368	.6406	.6443	.6480	.6517
.4	.6554	.6591	.6628	.6664	.6700	.6736	.6772	.6808	.6844	.6879
.5	.6915	.6950	.6985	.7019	.7054	.7088	.7123	.7157	.7190	.7224
.6	.7257	.7291	.7324	.7357	.7389	.7422	.7454	.7486	.7517	.7549
.7	.7580	.7611	.7642	.7673	.7704	.7734	.7764	.7794	.7823	.7852
.8	.7881	.7910	.7939	.7967	.7995	.8023	.8051	.8078	.8106	.8133
.9	.8159	.8186	.8212	.8238	.8264	.8289	.8315	.8340	.8365	.8389
1.0	.8413	.8438	.8461	.8485	.8508	.8531	.8554	.8577	.8599	.8621
1.1	.8643	.8665	.8686	.8708	.8729	.8749	.8770	.8790	.8810	.8830
1.2	.8849	.8869	.8888	.8907	.8925	.8944	.8962	.8980	.8997	.9015
1.3	.9032	.9049	.9066	.9082	.9099	.9115	.9131	.9147	.9162	.9177
1.4	.9192	.9207	.9222	.9236	.9251	.9265	.9279	.9292	.9306	.9319
1.5	.9332	.9345	.9357	.9370	.9382	.9394	.9406	.9418	.9429	.9441
1.6	.9452	.9463	.9474	.9484	.9495	.9505	.9515	.9525	.9535	.9545
1.7	.9554	.9564	.9573	.9582	.9591	.9599	.9608	.9616	.9625	.9633
1.8	.9641	.9649	.9656	.9664	.9671	.9678	.9686	.9693	.9699	.9706
1.9	.9713	.9719	.9726	.9732	.9738	.9744	.9750	.9756	.9761	.9767
2.0	.9772	.9778	.9783	.9788	.9793	.9798	.9803	.9808	.9812	.9817
2.1	.9821	.9826	.9830	.9834	.9838	.9842	.9846	.9850	.9854	.9857
2.2	.9861	.9864	.9868	.9871	.9875	.9878	.9881	.9884	.9887	.9890
2.3	.9893	.9896	.9898	.9901	.9904	.9906	.9909	.9911	.9913	.9916
2.4	.9918	.9920	.9922	.9925	.9927	.9929	.9931	.9932	.9934	.9936
2.5	.9938	.9940	.9941	.9943	.9945	.9946	.9948	.9949	.9951	.9952
2.6	.9953	.9955	.9956	.9957	.9959	.9960	.9961	.9962	.9963	.9964
2.7	.9965	.9966	.9967	.9968	.9969	.9970	.9971	.9972	.9973	.9974
2.8	.9974	.9975	.9976	.9977	.9977	.9978	.9979	.9979	.9980	.9981
2.9	.9981	.9982	.9982	.9983	.9984	.9984	.9985	.9985	.9986	.9986
3.0	.9987	.9987	.9987	.9988	.9988	.9989	.9989	.9989	.9990	.9990
3.1	.9990	.9991	.9991	.9991	.9992	.9992	.9992	.9992	.9993	.9993
3.2	.9993	.9993	.9994	.9994	.9994	.9994	.9994	.9995	.9995	.9995
3.3	.9995	.9995	.9995	.9996	.9996	.9996	.9996	.9996	.9996	.9997
3.4	.9997	.9997	.9997	.9997	.9997	.9997	.9997	.9997	.9997	.9998

TABLA A2   *Valores de* $x^2_{\alpha,n}$

n	$\alpha = .995$	$\alpha = .99$	$\alpha = .975$	$\alpha = .95$	$\alpha = .05$	$\alpha = .025$	$\alpha = .01$	$\alpha = .005$
1	.0000393	.000157	.000982	.00393	3.841	5.024	6.635	7.879
2	.0100	.0201	.0506	.103	5.991	7.378	9.210	10.597
3	.0717	.115	.216	.352	7.815	9.348	11.345	12.838
4	.207	.297	.484	.711	9.488	11.143	13.277	14.860
5	.412	.554	.831	1.145	11.070	12.832	13.086	16.750
6	.676	.872	1.237	1.635	12.592	14.449	16.812	18.548
7	.989	1.239	1.690	2.167	14.067	16.013	18.475	20.278
8	1.344	1.646	2.180	2.733	15.507	17.535	20.090	21.955
9	1.735	2.088	2.700	3.325	16.919	19.023	21.666	23.589
10	2.156	2.558	3.247	3.940	18.307	20.483	23.209	25.188
11	2.603	3.053	3.816	4.575	19.675	21.920	24.725	26.757
12	3.074	3.571	4.404	5.226	21.026	23.337	26.217	28.300
13	3.565	4.107	5.009	5.892	22.362	24.736	27.688	29.819
14	4.075	4.660	5.629	6.571	23.685	26.119	29.141	31.319
15	4.601	5.229	6.262	7.261	24.996	27.488	30.578	32.801
16	5.142	5.812	6.908	7.962	26.296	28.845	32.000	34.267
17	5.697	6.408	7.564	8.672	27.587	30.191	33.409	35.718
18	6.265	7.015	8.231	9.390	28.869	31.526	34.805	37.156
19	6.844	7.633	8.907	10.117	30.144	32.852	36.191	38.582
20	7.434	8.260	9.591	10.851	31.410	34.170	37.566	39.997
21	8.034	8.897	10.283	11.591	32.671	35.479	38.932	41.401
22	8.643	9.542	10.982	12.338	33.924	36.781	40.289	42.796
23	9.260	10.196	11.689	13.091	35.172	38.076	41.638	44.181
24	9.886	10.856	12.401	13.484	36.415	39.364	42.980	45.558
25	10.520	11.524	13.120	14.611	37.652	40.646	44.314	46.928
26	11.160	12.198	13.844	15.379	38.885	41.923	45.642	48.290
27	11.808	12.879	14.573	16.151	40.113	43.194	46.963	49.645
28	12.461	13.565	15.308	16.928	41.337	44.461	48.278	50.993
29	13.121	14.256	16.047	17.708	42.557	45.772	49.588	52.336
30	13.787	14.953	16.791	18.493	43.773	46.979	50.892	53.672

Otras probabilidades chi cuadrada:
$x^2_{9,9} = 4.2$ $P\{x^2_{16} < 14.3\} = .425$ $P\{x^2_{11} < 17.1875\} = .8976.$

TABLA A3 *Valores de $t_{\alpha,n}$*

n	$\alpha = .10$	$\alpha = .05$	$\alpha = .025$	$\alpha = .01$	$\alpha = .005$
1	3.078	6.314	12.706	31.821	63.657
2	1.886	2.920	4.303	6.965	9.925
3	1.638	2.353	3.182	4.541	5.841
4	1.533	2.132	2.776	3.474	4.604
5	1.476	2.015	2.571	3.365	4.032
6	1.440	1.943	2.447	3.143	3.707
7	1.415	1.895	2.365	2.998	3.499
8	1.397	1.860	2.306	2.896	3.355
9	1.383	1.833	2.262	2.821	3.250
10	1.372	1.812	2.228	2.764	3.169
11	1.363	1.796	2.201	2.718	3.106
12	1.356	1.782	2.179	2.681	3.055
13	1.350	1.771	2.160	2.650	3.012
14	1.345	1.761	2.145	2.624	2.977
15	1.341	1.753	2.131	2.602	2.947
16	1.337	1.746	2.120	2.583	2.921
17	1.333	1.740	2.110	2.567	2.898
18	1.330	1.734	2.101	2.552	2.878
19	1.328	1.729	2.093	2.539	2.861
20	1.325	1.725	2.086	2.528	2.845
21	1.323	1.721	2.080	2.518	2.831
22	1.321	1.717	2.074	2.508	2.819
23	1.319	1.714	2.069	2.500	2.807
24	1.318	1.711	2.064	2.492	2.797
25	1.316	1.708	2.060	2.485	2.787
26	1.315	1.706	2.056	2.479	2.779
27	1.314	1.703	2.052	2.473	2.771
28	1.313	1.701	2.048	2.467	2.763
29	1.311	1.699	2.045	2.462	2.756
∞	1.282	1.645	1.960	2.326	2.576

Otras probabilidades t:
$P\{T_8 < 2.541\} = .9825$ $P\{T_8 < 2.7\} = .9864$ $P\{T_{11} < .7635\} = .77$ $P\{T_{11} < .934\} = .81$ $P\{T_{11} < 1.66\} = .94$ $P\{T_{12} < 2.8\} = .984$.

TABLA A4   *Valores de $F_{.05,n,m}$*

$m =$Grados de libertad para el denominador	$n =$ Grados de libertad para el numerador				
	1	**2**	**3**	**4**	**5**
1	161	200	216	225	230
2	18.50	19.00	19.20	19.20	19.30
3	10.10	9.55	9.28	9.12	9.01
4	7.71	6.94	6.59	6.39	6.26
5	6.61	5.79	5.41	5.19	5.05
6	5.99	5.14	4.76	4.53	4.39
7	5.59	4.74	4.35	4.12	3.97
8	5.32	4.46	4.07	3.84	3.69
9	5.12	4.26	3.86	3.63	3.48
10	4.96	4.10	3.71	3.48	3.33
11	4.84	3.98	3.59	3.36	3.20
12	4.75	3.89	3.49	3.26	3.11
13	4.67	3.81	3.41	3.18	3.03
14	4.60	3.74	3.34	3.11	2.96
15	4.54	3.68	3.29	3.06	2.90
16	4.49	3.63	3.24	3.01	2.85
17	3.45	3.59	3.20	2.96	2.81
18	4.41	3.55	3.16	2.93	2.77
19	4.38	3.52	3.13	2.90	2.74
20	4.35	3.49	3.10	2.87	2.71
21	4.32	3.47	3.07	2.84	2.68
22	4.30	3.44	3.05	2.82	2.66
23	4.28	3.42	3.03	2.80	2.64
24	4.26	3.40	3.01	2.78	2.62
25	4.24	3.39	2.99	2.76	2.60
30	4.17	3.32	2.92	2.69	2.53
40	4.08	3.23	2.84	2.61	2.45
60	4.00	3.15	2.76	2.53	2.37
120	3.92	3.07	2.68	2.45	2.29
∞	3.84	3.00	2.60	2.37	2.21

Otras probabilidades F:

$F_{.1,7,5} = .337$ $P\{F_{7,7} < 1.376\} = .316$ $P\{F_{20,14} < 2.461\} = .911$ $P\{F_{9,4} < .5\} = .1782.$

TABLA A5 *Valores de* $C(m, d, \alpha)$

							m				
d	α	2	3	4	5	6	7	8	9	10	11
5	.05	3.64	4.60	5.22	5.67	6.03	6.33	6.58	6.80	6.99	7.17
	.01	5.70	6.98	7.80	8.42	8.91	9.32	9.67	9.97	10.24	10.48
6	.05	3.46	4.34	4.90	5.30	5.63	5.90	6.12	6.32	6.49	6.65
	.01	5.24	6.33	7.03	7.56	7.97	8.32	8.61	8.87	9.10	9.30
7	.05	3.34	4.16	4.68	5.06	5.36	5.61	5.82	6.00	6.16	6.30
	.01	4.95	5.92	6.54	7.01	7.37	7.68	7.94	8.17	8.37	8.55
8	.05	3.26	4.04	4.53	4.89	5.17	5.40	5.60	5.77	5.92	6.05
	.01	4.75	5.64	6.20	6.62	6.96	7.24	7.47	7.68	7.86	8.03
9	.05	3.20	3.95	4.41	4.76	5.02	5.24	5.43	5.59	5.74	5.87
	.01	4.60	5.43	5.96	6.35	6.66	6.91	7.13	7.33	7.49	7.65
10	.05	3.15	3.88	4.33	4.65	4.91	5.12	5.30	5.46	5.60	5.72
	.01	4.48	5.27	5.77	6.14	6.43	6.67	6.87	7.05	7.21	7.36
11	.05	3.11	3.82	4.26	4.57	4.82	5.03	5.20	5.35	5.49	5.61
	.01	4.39	5.15	5.62	5.97	6.25	6.48	6.67	6.84	6.99	7.13
12	.05	3.08	3.77	4.20	4.51	4.75	4.95	5.12	5.27	5.39	5.51
	.01	4.32	5.05	5.50	5.84	6.10	6.32	6.51	6.67	6.81	6.94
13	.05	3.06	3.73	4.15	4.45	4.69	4.88	5.05	5.19	5.32	5.43
	.01	4.26	4.96	5.40	5.73	5.98	6.19	6.37	6.53	6.67	6.79
14	.05	3.03	3.70	4.11	4.41	4.64	4.83	4.99	5.13	5.25	5.36
	.01	4.21	4.89	5.32	5.63	5.88	6.08	6.26	6.41	6.54	6.66
15	.05	3.01	3.67	4.08	4.37	4.59	4.78	4.94	5.08	5.20	5.31
	.01	4.17	4.84	5.25	5.56	5.80	5.99	6.16	6.31	6.44	6.55
16	.05	3.00	3.65	4.05	4.33	4.56	4.74	4.90	5.03	5.15	5.26
	.01	4.13	4.79	5.19	5.49	5.72	5.92	6.08	6.22	6.35	6.46
17	.05	2.98	3.63	4.02	4.30	4.52	4.70	4.86	4.99	5.11	5.21
	.01	4.10	4.74	5.14	5.43	5.66	5.85	6.01	6.15	6.27	6.38
18	.05	2.97	3.61	4.00	4.28	4.49	4.67	4.82	4.96	5.07	5.17
	.01	4.07	4.70	5.09	5.38	5.60	5.79	5.94	6.08	6.20	6.31
19	.05	2.96	3.59	3.98	4.25	4.47	4.65	4.79	4.92	5.04	5.14
	.01	4.05	4.67	5.05	5.33	5.55	5.73	5.89	6.02	6.14	6.25
20	.05	2.95	3.58	3.96	4.23	4.45	4.62	4.77	4.90	5.01	5.11
	.01	4.02	4.64	5.02	5.29	5.51	5.69	5.84	5.97	6.09	6.19
24	.05	2.92	3.53	3.90	4.17	4.37	4.54	4.68	4.81	4.92	5.01
	.01	3.96	4.55	4.91	5.17	5.37	5.54	5.69	5.81	5.92	6.02
30	.05	2.89	3.49	3.85	4.10	4.30	4.46	4.60	4.72	4.82	4.92
	.01	3.89	4.45	4.80	5.05	5.24	5.40	5.54	5.65	5.76	5.85
40	.05	2.86	3.44	3.79	4.04	4.23	4.39	4.52	4.63	4.73	4.82
	.01	3.82	4.37	4.70	4.93	5.11	5.26	5.39	5.50	5.60	5.69
60	.05	2.83	3.40	3.74	3.98	4.16	4.31	4.44	4.55	4.65	4.73
	.01	3.76	4.28	4.59	4.82	4.99	5.13	5.25	5.36	5.45	5.53
120	.05	2.80	3.36	3.68	3.92	4.10	4.24	4.36	4.47	4.56	4.64
	.01	3.70	4.20	4.50	4.71	4.87	5.01	5.12	5.21	5.30	5.37
∞	.05	2.77	3.31	3.63	3.86	4.03	4.17	4.29	4.39	4.47	4.55
	.01	3.64	4.12	4.40	4.60	4.76	4.88	4.99	5.08	5.16	5.23

ÍNDICE

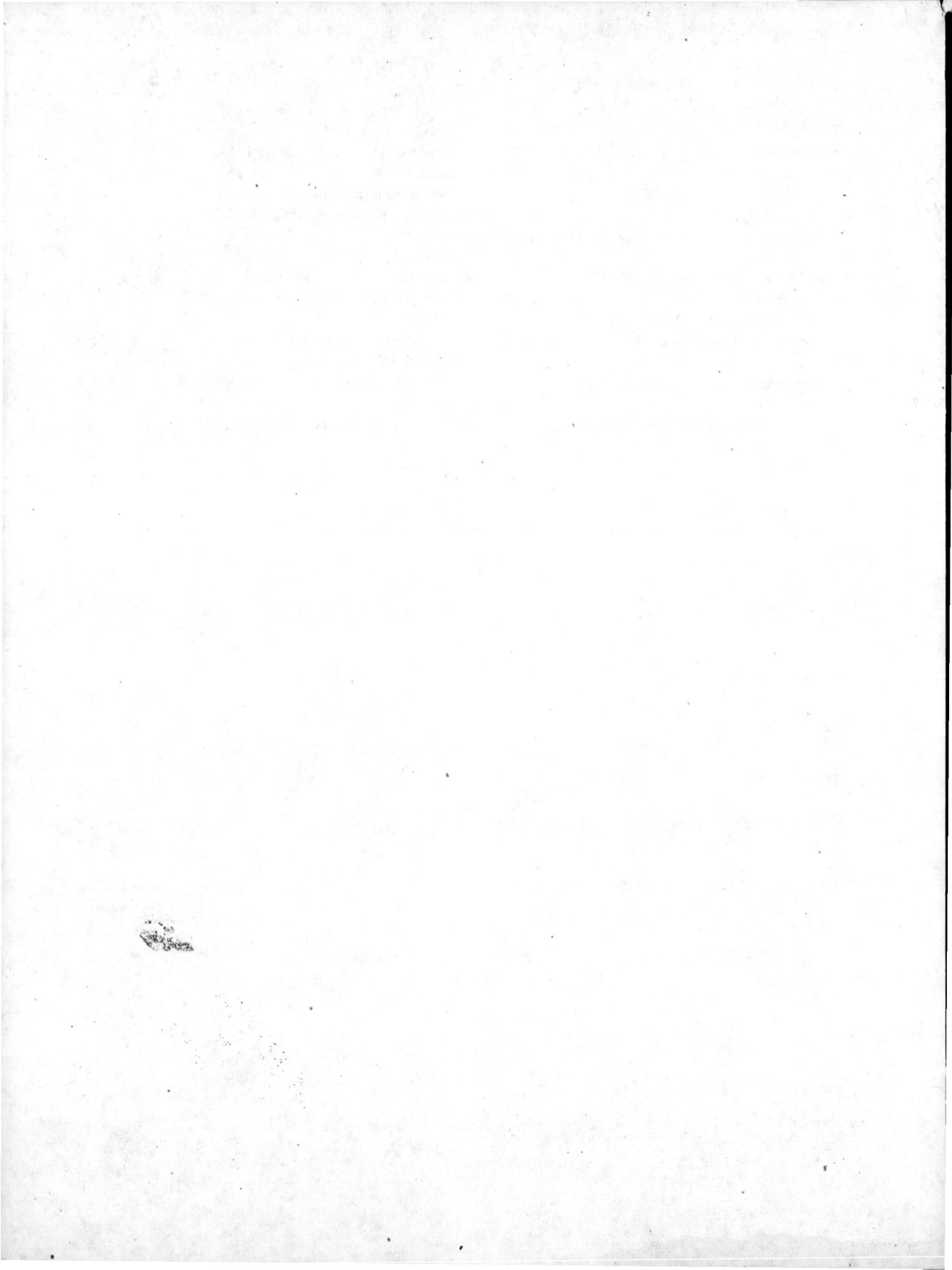